De Robertis
Biologia Celular e Molecular

O GEN | Grupo Editorial Nacional – maior plataforma editorial brasileira no segmento científico, técnico e profissional – publica conteúdos nas áreas de ciências da saúde, exatas, humanas, jurídicas e sociais aplicadas, além de prover serviços direcionados à educação continuada e à preparação para concursos.

As editoras que integram o GEN, das mais respeitadas no mercado editorial, construíram catálogos inigualáveis, com obras decisivas para a formação acadêmica e o aperfeiçoamento de várias gerações de profissionais e estudantes, tendo se tornado sinônimo de qualidade e seriedade.

A missão do GEN e dos núcleos de conteúdo que o compõem é prover a melhor informação científica e distribuí-la de maneira flexível e conveniente, a preços justos, gerando benefícios e servindo a autores, docentes, livreiros, funcionários, colaboradores e acionistas.

Nosso comportamento ético incondicional e nossa responsabilidade social e ambiental são reforçados pela natureza educacional de nossa atividade e dão sustentabilidade ao crescimento contínuo e à rentabilidade do grupo.

De Robertis
Biologia Celular e Molecular

Edward M. De Robertis

Profesor Norman Sprague de Química Biológica de la
Universidad de California, Los Angeles, EUA.
Investigador del Howard Hughes Medical Institute, EUA.
Miembro de la Academia Pontificia de Ciencias, Vaticano.
Miembro de la Academia Nacional de Ciencias, EUA.

José Hib

Profesor de Biología Celular, Histología y Embriología
de la Universidad Abierta Interamericana, Buenos Aires, Argentina.
Profesor de Biología Celular y Embriología del Centro
Latinoamericano de Economía Humana, Punta del Este, Uruguay.
Exprofesor de Biología Celular, Histología, Embriología y Genética de la
Facultad de Medicina de la Universidad de Buenos Aires, Argentina.

Revisão técnica

Silvana Allodi

Doutora em Ciências pelo Instituto de Biofísica Carlos Chagas Filho (IBCCF)
da Universidade Federal do Rio de Janeiro (UFRJ). Professora Associada do IBCCF-RJ.

Tradução

Iara Gonzalez Gil
Maria de Fátima Azevedo

Décima sexta edição

- Os autores deste livro e a EDITORA GUANABARA KOOGAN empenharam seus melhores esforços para assegurar que as informações e os procedimentos apresentados no texto estejam em acordo com os padrões aceitos à época da publicação. Entretanto, tendo em conta a evolução das ciências da saúde, as mudanças regulamentares governamentais e o constante fluxo de novas informações sobre terapêutica medicamentosa e reações adversas a fármacos, recomendamos enfaticamente que os leitores consultem sempre outras fontes fidedignas, de modo a se certificarem de que as informações contidas neste livro estão corretas e de que não houve alterações nas dosagens recomendadas ou na legislação regulamentadora.

- Os autores e a editora se empenharam para citar adequadamente e dar o devido crédito a todos os detentores de direitos autorais de qualquer material utilizado neste livro, dispondo-se a possíveis acertos posteriores caso, inadvertida e involuntariamente, a identificação de algum deles tenha sido omitida.

- **Atendimento ao cliente: (11) 5080-0751** | faleconosco@grupogen.com.br

- Traduzido de
De Robertis - Biología Celular y Molecular, 16ª edición
Copyright © 2012, Grupo ILHSA S.A.
Buenos Aires: Hipocrático, 2012.
ISBN: 978-987-24255-9-3
Todos os direitos reservados.

- Direitos exclusivos para a língua portuguesa
Copyright © 2014 by
EDITORA GUANABARA KOOGAN LTDA.
Uma editora integrante do GEN | Grupo Editorial Nacional
Travessa do Ouvidor, 11
Rio de Janeiro – RJ – CEP 20040-040
www.grupogen.com.br

  Reservados todos os direitos. É proibida a duplicação ou reprodução deste volume, no todo ou em parte, em quaisquer formas ou por quaisquer meios (eletrônico, mecânico, gravação, fotocópia, distribuição pela Internet ou outros), sem permissão, por escrito, da EDITORA GUANABARA KOOGAN LTDA.

- Capa: Bruno Sales
Editoração eletrônica: R.O. Moura

- Ficha catalográfica

D32b
16. ed.

    De Robertis, E. M. F., 1947-
        Biologia celular e molecular / Edward M. De Robertis , José Hib ; tradução Iara Gonzalez Gil , Maria de Fátima Azevedo. - 16. ed. - [Reimpr.] - Rio de Janeiro : Guanabara Koogan, 2025.
        il.

    Tradução de: De Robertis – Biología celular y molecular
    ISBN 978-85-277-2363-3

    1. Citologia. 2. Biologia molecular. I. Hib, José. II. Título.

13-06859   CDD: 571.6
                                  CDU: 576

Prefácio

O Professor Eduardo D. P. De Robertis (1913-1988) teve uma participação muito importante na investigação científica e no ensino da biologia celular. Sua contribuição mais extraordinária como pesquisador foram a identificação e o isolamento das vesículas sinápticas, o que possibilitou a compreensão dos mecanismos básicos da neurotransmissão. A dedicação às pesquisas científicas não comprometeu sua vocação para o magistério, manifestada principalmente pela elaboração de um texto inovador com o propósito de ensinar biologia celular para pessoas de todo o mundo. Em 1946, o Professor Eduardo D. P. De Robertis associou-se ao bioquímico Wiktor Nowinski e ao geneticista Francisco A. Saez para escrever uma obra sobre a morfologia e as funções celulares, pouco conhecidas na época. Essa obra representou grande avanço em comparação com os livros que abordavam apenas a temática morfológica. Ela foi intitulada *Citología General*, sendo traduzida para oito idiomas. Pode-se afirmar que essa abordagem moderna foi precursora no ensino de biologia celular. "Em termos morfológicos, a citologia moderna foi além da mera descrição das estruturas visíveis à microscopia e, graças à aplicação de novos métodos, teve início a análise da organização submicroscópica, ou seja, da arquitetura das moléculas e micelas que compõem a matéria viva. Em termos funcionais, superou a fase simplesmente descritiva das alterações fisiológicas para buscar os mecanismos dos processos físico-químicos e metabólicos do protoplasma.", palavras do autor no prefácio da primeira edição. Desde o início, como se pode observar, o Professor Eduardo D. P. De Robertis apoiou o conceito de que as formas e as funções das estruturas subcelulares são duas facetas do mesmo fenômeno e que estão integradas no nível molecular.

O avanço contínuo sobre os mecanismos celulares resultou na mudança do título do livro em mais de uma ocasião. A partir de 1965 passou a ser chamado *Biología Celular*. Na edição de 1980, já com o Professor De Robertis (filho) como coautor, passou a se chamar *Biología Celular y Molecular*. Na edição de 1996, após a morte de seu criador, decidimos que o nome do Professor De Robertis seria integrado ao título do livro, e na edição atual consideramos que seria mais justo que seu nome precedesse o título.

Preferimos não detalhar as modificações realizadas nesta edição, tanto nas seções revisadas e atualizadas, como na qualidade editorial. O leitor poderá apreciá-las ao mero manusear do livro. Todavia, por motivos didáticos, o capítulo *Métodos de estudo em biologia celular* foi transferido para o final do livro, e temas como citosol, peroxissomos e morte celular ganharam capítulos próprios. Além disso, as subestruturas das células vegetais, com exceção dos cloroplastos que são descritos em um capítulo separado, são compardas às das células animais nas últimas páginas dos respectivos capítulos.

A preparação de um livro desta importância demanda a colaboração de muitas pessoas e a elas dedicamos nosso apreço. Uma homenagem deve ser prestada a Ana Demartini, revisora do texto. Não podemos esquecer a colaboração do desenhista gráfico Alejandro F. Demartini, cuja habilidade e criatividade estão impressas nas ilustrações, e na composição e no *layout* das páginas. O interesse e o suporte da Editora Promed foram fundamentais para esta nova edição.

Nosso maior desejo é que *De Robertis | Biologia Celular e Molecular* auxilie o trabalho dos docentes e o aprendizado dos estudantes.

Os autores

Sumário

1 Célula, 1

2 Componentes Químicos da Célula, 15

3 Membranas Celulares | Permeabilidade das Membranas, 37

4 Citosol, 57

5 Citoesqueleto | Forma e Motilidade, 63

6 União Intercelular e União das Células com a Matriz Extracelular, 89

7 Sistema de Endomembranas | Digestão e Secreção, 99

8 Mitocôndrias | Energia Celular I, 131

9 Cloroplastos | Energia Celular II, 149

10 Peroxissomos | Detoxificação Celular, 159

11 Comunicação Intercelular e Transmissão Intracelular de Sinais, 163

12 Núcleo, 181

13 Genes, 197

14 Transcrição do DNA, 205

15 Processamento do RNA, 221

16 Tradução do mRNA | Síntese de Proteínas, 231

17 Replicação do DNA | Mutação e Reparação, 247

18 Mitose | Controle do Ciclo Celular, 265

19 Meiose | Fecundação, 281

20 Citogenética, 299

21 Diferenciação Celular, 309

22 Morte Celular, 323

23 Métodos de Estudo em Biologia Celular, 329

Índice Alfabético, 355

Célula 1

Introdução

1.1 As células são as unidades que constituem os organismos vivos

O estudo do universo biológico nos mostra que a evolução produziu uma imensa variedade de formas vivas. Existem cerca de quatro milhões de espécies de animais, vegetais, protozoários e bactérias cujos comportamentos, morfologias e funções diferem entre si. Contudo, em nível molecular e celular, esses seres vivos apresentam um único padrão de organização. O campo da biologia celular e molecular é, justamente, o estudo desse padrão de organização unificado; em outras palavras, é a análise das moléculas e dos componentes celulares que constituem todas as formas de vida.

A célula é a unidade estrutural e funcional fundamental dos seres vivos, assim como o átomo é a estrutura essencial das estruturas químicas. Se, de alguma maneira, a estrutura celular é destruída, a função da célula também é alterada.

Os estudos bioquímicos demonstraram que a matéria viva é composta pelos mesmos elementos que constituem o mundo inorgânico, ainda que com diferenças em sua organização. No mundo inanimado, existe uma tendência contínua ao equilíbrio termodinâmico, no decorrer do qual acontecem transformações contingentes entre a energia e a matéria. Em compensação, nos organismos vivos, existe uma ordem real nas transformações químicas, de modo que as estruturas e as funções biológicas não se alteram.

No *Capítulo 23* estão descritos detalhadamente os métodos de estudo que proporcionaram os conhecimentos essenciais sobre a estrutura íntima das células e possibilitaram a descoberta da estrutura subcelular até o nível molecular.

Este capítulo tem como principais objetivos oferecer uma introdução ao estudo da estrutura e das funções da célula e apresentar a nomenclatura dos componentes celulares. Após mencionar os níveis de organização referentes à biologia, será descrita a organização estrutural dos procariontes e eucariontes – os dois tipos principais de organismos vivos – e serão apontadas suas semelhanças e diferenças. Também introduzirá o leitor aos processos gerais das divisões mitótica e meiótica das células.

Por meio da leitura atenta deste capítulo, obtém-se a perspectiva global da célula, que servirá de base para o aprendizado do material apresentado no resto do livro.

Níveis de organização

1.2 Níveis de organização em biologia celular e poder de resolução dos equipamentos utilizados

Os estudos modernos da matéria viva demonstram que as manifestações vitais do organismo resultam de uma série de níveis de organização integrados. O conceito de níveis de organização significa que, no universo inteiro, tanto no mundo inanimado como no animado, há diversos níveis de complexidade. Assim, as leis ou regras que existem em um nível podem não se manifestar em outros.

A Tabela 1.1 mostra os limites que separam o estudo dos sistemas biológicos em diferentes níveis. Os limites são definidos artificialmente de acordo com o poder de resolução dos instrumentos utilizados. O olho humano somente pode resolver (discriminar) dois pontos separados por mais de 0,1 mm (100 μm). A maioria das células é muito menor e, para estudá-las, é necessário o poder de

2 ■ Biologia Celular e Molecular

Tabela 1.1 Áreas da morfologia.

Dimensão	Área	Estrutura	Método
> 0,1 mm	Anatomia	Órgãos	Olho e lente simples
100 a 10 μm	Histologia	Tecidos	Vários tipos de microscópios ópticos
10 a 0,2 μm	Citologia	Células Bactérias	Vários tipos de microscópios ópticos
200 a 0,4 nm	Morfologia submiscroscópica Ultraestrutura	Componentes celulares Vírus	Microscopia eletrônica
< 1 nm	Estrutura molecular e atômica	Posição dos átomos	Difração de raios X

1 mm = 1.000 μm; 1 μm = 1.000 nm.

resolução de um microscópio óptico (0,2 μm). A maior parte das subestruturas celulares é ainda menor e requer a resolução do microscópio eletrônico (ver Seção 23.11). Com esse equipamento, é possível obter informações sobre subestruturas que medem entre 0,4 e 200 nm, o que aumenta o campo de observação até o nível das macromoléculas. Os resultados alcançados pelo uso da microscopia eletrônica transformaram de tal maneira o campo da citologia que grande parte deste livro é dedicada ao estudo dos conhecimentos obtidos com essa técnica. Por outro lado, os estudos da configuração molecular de proteínas, ácidos nucleicos e outros complexos moleculares de tamanho grande – como alguns vírus – são realizados mediante análise das amostras por difração de raios X.

Na Figura 1.1 estão indicados, em escala logarítmica, os tamanhos das células eucariontes, das bactérias, dos vírus e das moléculas. Estes são comparados com os comprimentos de onda das radiações e com os limites de resolução do olho humano, do microscópio óptico e do microscópio eletrônico. Pode-se dizer que o microscópio óptico possibilita um aumento de 500 vezes com relação à resolução do olho, e o microscópio eletrônico um aumento 500 vezes maior do que o do microscópio óptico.

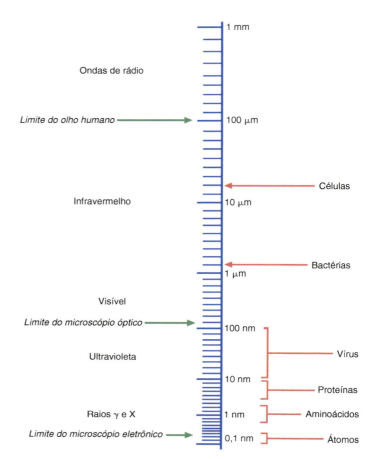

Figura 1.1 Escala logarítmica das dimensões microscópicas. Cada divisão principal representa um tamanho 10 vezes menor que a anterior. *À esquerda* está indicada a posição dos diferentes comprimentos de onda do espectro eletromagnético e os limites de resolução do olho humano, do microscópio óptico e do microscópio eletrônico. *À direita* aparecem os tamanhos das células, das bactérias, dos vírus, das moléculas e dos átomos.

Na Tabela 1.2 são mostradas as relações gerais entre as dimensões lineares e os pesos utilizados na análise química da matéria viva. É essencial familiarizar-se com essas relações para o estudo da biologia molecular da célula. A massa dos componentes celulares é expressa em **picogramas** (1 pg = 1 μμg, ou seja, 10^{-12} g) e o das moléculas em **dálton**. Um dálton (Da) é equivalente ao peso de um átomo de hidrogênio, mas frequentemente é utilizado o múltiplo **kilodálton** (1 kDa = 1.000 Da). Por exemplo, uma molécula de água pesa 18 Da e uma de hemoglobina, 64,5 kDa.

Tabela 1.2 Relações entre as dimensões lineares e os pesos.

Dimensão linear	Peso	Terminologia	
1 cm	1 g	Bioquímica convencional	
1 mm	1 mg, 10^{-3}g	Microquímica	
100 μm	1 μg, 10^{-6}g	Histoquímica	Ultramicroquímica
1 μm	1 pg, 10^{-12}g	Citoquímica	

Características gerais das células

1.3 Há células procariontes e células eucariontes

No início do capítulo, dissemos que a vida se manifesta em milhões de espécies diferentes que têm comportamentos, formas e funções próprias. As espécies organizam-se em grupos de organismos cada vez mais variados – gêneros, famílias, ordens – até chegar ao nível dos reinos clássicos: vegetal e animal. Uma das classificações mais usadas propõe a divisão em cinco reinos: monera, protista, fungos, vegetal e animal, com suas correspondentes subdivisões (Tabela 1.3).

Esse quadro pode ser simplificado se as diferentes formas vivas forem examinadas em nível celular. Desse modo, é possível classificar as células em duas categorias reconhecíveis: **procariontes** e **eucariontes**. Na Tabela 1.3 observa-se que somente os organismos pertencentes ao reino monera (ou seja, as bactérias e algas azuis) são células procariontes, enquanto todos os outros reinos são compostos por organismos formados por células eucariontes.

A principal diferença entre esses tipos celulares é que os procariontes não têm membrana nuclear. O cromossomo dos procariontes ocupa um espaço dentro da célula denominado nucleoide e está em contato direto com o resto do protoplasma. Por outro lado, as células eucariontes têm um núcleo verdadeiro com um complexo envoltório nuclear, pelo qual ocorrem as trocas nucleocitoplasmáticas. Na Tabela 1.4 mostra-se a comparação entre a organização estrutural dos procariontes e dos eucariontes, ilustrando as diferenças e as semelhanças entre os dois tipos celulares.

Do ponto de vista evolutivo, considera-se que os procariontes antecedem os eucariontes. Os fósseis com data de três bilhões de anos manifestam-se unicamente como procariontes, pois os eucariontes apareceram, provavelmente, há um bilhão de anos. Apesar das diferenças entre procariontes e eucariontes, existem grandes semelhanças em sua organização molecular e em suas funções. Por exemplo, ambos os tipos de organismos utilizam um mesmo código genético e uma maquinaria semelhante para sintetizar proteínas.

Tabela 1.3 Classificação das células e dos organismos.

Células	Reino	Organismos representativos
Procariontes	Monera	Bactérias
		Algas azuis
Eucariontes	Protista	Protozoários
		Crisófitas
	Fungos	Bolores
		Fungos verdadeiros
	Vegetal	Algas verdes
		Algas vermelhas
		Algas pardas
		Briófitas
		Traqueófitas
	Animal	Metazoários

Tabela 1.4 Organização celular em procariontes e eucariontes.

Estrutura	Procariontes	Eucariontes
Envoltório nuclear	Ausente	Presente
DNA	Sem envoltório nuclear	Ligado a proteínas
Cromossomos	Únicos	Múltiplos
Nucléolos	Ausentes	Presentes
Divisão	Fissão binária	Mitose ou meiose
Ribossomos	70S* (50S + 30S)	80S (60S + 40S)
Endomembranas	Ausentes	Presentes
Mitocôndrias	Ausentes	Presentes
Cloroplastos	Ausentes	Presentes em células vegetais
Parede celular	Não celulósica	Celulósica em células vegetais
Exocitose e endocitose	Ausentes	Presentes
Citoesqueleto	Ausente	Presente

*S é a unidade Svedberg de sedimentação, que depende da densidade e do formato da molécula.

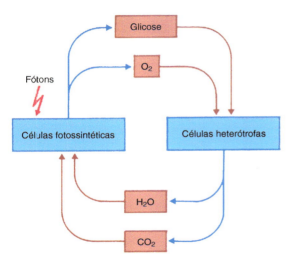

Figura 1.2 Esquema do ciclo de energia entre as células autótrofas (fotossintéticas) e heterótrofas.

1.4 Há organismos autótrofos e organismos heterótrofos

O sol é a fonte principal de energia para os organismos vivos. A energia contida nos fótons é capturada pelo pigmento denominado clorofila – encontrado nos cloroplastos dos vegetais verdes – e acumula-se em forma de energia química nos diferentes alimentos consumidos por outros organismos.

As células e os organismos pluricelulares podem ser reunidos em dois grupos principais, de acordo com o mecanismo utilizado para extrair energia para seu próprio metabolismo. Aqueles que pertencem ao primeiro grupo – denominados **autótrofos** (p. ex., os vegetais verdes) – utilizam o processo de **fotossíntese** para transformar CO_2 e H_2O em carboidratos simples, a partir dos quais podem produzir moléculas mais complexas. Aqueles que pertencem ao segundo grupo – denominados **heterótrofos** (p. ex., os animais) – obtêm a energia dos carboidratos, gorduras e proteínas sintetizados pelos organismos autótrofos. A energia contida nessas moléculas orgânicas é liberada mediante a combustão do O_2 atmosférico (ou seja, por oxidação), por meio de um processo conhecido como **respiração aeróbica**. A liberação de H_2O e CO_2, pelos organismos heterótrofos, ocasionada por esse processo completa o ciclo energético (Figura 1.2).

Tais ciclos energéticos têm se relacionado no decorrer da evolução. Dentre os procariontes, existem algumas espécies autótrofas e outras heterótrofas. Os vegetais (com algumas exceções) são autótrofos, enquanto os animais e os fungos são heterótrofos.

1.5 Organização geral das células procariontes

Bactérias. Apesar de este livro ser dedicado às células eucariontes dos organismos mais complexos, grande parte do conhecimento sobre a biologia celular provém de estudos realizados em vírus e bactérias. Uma célula bacteriana como a *Escherichia coli* apresenta a vantagem de ser facilmente cultivada a 37°C em soluções aquosas de íons inorgânicos, glicose, aminoácidos e nucleotídios, nas quais duplica sua massa e se divide em, aproximadamente, 20 min. Vale lembrar que a *Escherichia coli* pertence à classe de bactérias que não são coradas pelo método de coloração desenvolvido pelo microbiologista H. C. Gram – por essa razão, são conhecidas como bactérias gram-negativas.

Tanto a micrografia quanto o esquema da Figura 1.3 mostram que a membrana plasmática dessas bactérias é envolvida por uma **parede celular**, que tem a função de proteção mecânica, é rígida e é composta por duas camadas: uma interna de peptidoglicano e outra conhecida como membrana externa. Observe que as duas estão separadas pelo espaço periplasmático. O peptidoglicano é uma macromolécula contínua composta por carboidratos não usuais unidos por peptídios curtos. Já a membrana externa é uma bicamada de lipoproteínas e lipossacarídios semelhante à estrutura da membrana plasmática. Um dos complexos proteicos presentes na membrana externa é conhecido como **porina**, por formar um canal transmembranoso que possibilita a livre difusão dos solutos.

A **membrana plasmática** é uma estrutura lipoproteica que atua como barreira aos elementos presentes no meio circundante. Essa membrana, ao controlar a entrada e a saída dos solutos, contribui para estabelecer um meio perfeitamente regulado no protoplasma da bactéria. É oportuno citar que, nos procariontes, os complexos proteicos da cadeia respiratória (ver *Seção 8.11*) e os fotossistemas utilizados na fotossíntese (ver *Seção 9.8*) estão localizados na membrana plasmática.

No **protoplasma** são encontradas partículas de 25 nm de diâmetro, denominadas **ribossomos**, constituídas por ácido ribonucleico (RNA) e proteínas. Os ribossomos têm uma subunidade grande e outra pequena. Encontram-se agrupados em polirribossomos e neles ocorre a síntese proteica. Além disso, o protoplasma contém água, íons, outros tipos de RNA, proteínas estruturais e enzimáticas, diversas moléculas pequenas etc.

O **cromossomo** bacteriano é uma molécula circular única de DNA não recoberto, compactamente dobrado dentro do **nucleoide**, que, ao microscópio eletrônico, é visto como a região mais clara do protoplasma (Figura 1.3). É importante lembrar que o DNA da *Escherichia coli*, que tem um comprimento aproximado de 10^6 nm (1 mm), contém informação genética suficiente para codificar de 2.000 a 3.000 proteínas diferentes.

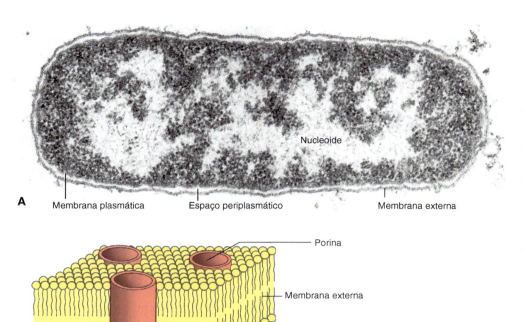

Figura 1.3 A. Eletromicrografia de *Escherichia coli*, que mostra, externamente à membrana plasmática, o espaço periplasmático e a membrana externa da parede celular. O nucleoide aparece como uma região irregular de pouca eletrodensidade. O restante do protoplasma está ocupado por ribossomos. (Cortesia de B. Menge, M. Wurtz e E. Kellenberger.) **B.** Esquema da parede celular de uma bactéria gram-negativa. Observe o peptidoglicano e a membrana externa cuja bicamada lipídica é atravessada por porinas. Na parte inferior da figura, observa-se uma porção da membrana plasmática.

O cromossomo dos procariontes está unido à membrana plasmática. Acredita-se que esta união contribua para a separação dos cromossomos-filhos após a duplicação do DNA. Essa separação ocorreria com o crescimento da membrana plasmática interposta entre ambos os cromossomos.

Além do cromossomo, algumas bactérias contêm um DNA pequeno – também circular – denominado **plasmídio**. O plasmídio pode conferir à célula bacteriana resistência a um ou a vários antibióticos. Por meio do uso de técnicas de engenharia genética (ver *Seção 23.25*), é possível isolar os plasmídios, inserir-lhes fragmentos específicos de DNA (genes) e depois transplantá-los a outras bactérias.

Micoplasmas. A maioria das células procariontes é pequena (elas medem entre 1 e 10 μm), mas algumas podem alcançar um diâmetro de até 60 μm. Entre os organismos vivos de massa menor, os que melhor se adaptam a seu estudo são as pequenas bactérias chamadas micoplasmas, as quais produzem doenças infecciosas em diferentes animais e no homem e podem ser cultivadas *in vitro* como qualquer outra bactéria. Esses agentes têm um diâmetro de 0,1 a 0,25 μm, semelhante ao de alguns grandes vírus. São biologicamente importantes, pois têm massa mil vezes menor do que o tamanho médio de uma bactéria e um milhão de vezes menor que o de uma célula eucarionte.

Vírus. Os vírus foram reconhecidos pela sua propriedade de atravessar os poros de um filtro de porcelana (essa é a origem de sua denominação inicial de vírus filtráveis) e pelas alterações patológicas que produzem nas células. O tamanho dos vírus varia entre 30 e 300 nm e sua estrutura apresenta diferentes graus de complexidade. Muitos apresentam simetria icosaédrica (Figura 1.4); ela deriva do modo como são combinadas entre si certas unidades proteicas chamadas **capsômeros**, que constituem o envoltório do vírus, o **capsídio**.

Os vírus não são considerados células verdadeiras. Ainda que apresentem algumas propriedades celulares – como a autorreprodução, a hereditariedade e a mutação genética – dependem de células hospedeiras (procariontes ou eucariontes) para manifestá-las. Fora da célula hospedeira, os vírus são metabolicamente inertes e podem até cristalizar-se. São ativados (ou seja, se reproduzem) quando entram em uma célula.

De acordo com o tipo de ácido nucleico que possuam, existirão dois tipos de vírus: (1) os **retrovírus**, que contém RNA (p. ex., o vírus da AIDS); e (2) os vírus bacterianos ou **bacteriófagos**, que contêm DNA.

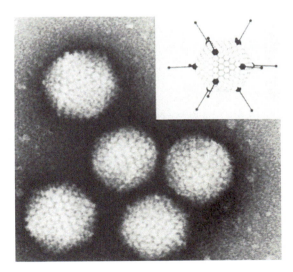

Figura 1.4 Eletromicrografia de vírus corados negativamente. O desenho do quadro mostra a estrutura icosaédrica do vírus e as pentonas (*cor preta*) e hexonas dos capsômeros.

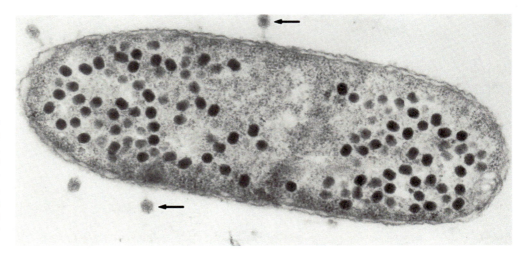

Figura 1.5 *Escherichia coli* infectada por um bacteriófago (compare com a Figura 1.3 para controle). Observam-se alguns resíduos do bacteriófago aderidos à parede celular (*setas*), após a entrada do DNA. Não se observa o nucleoide e a célula aparece repleta de vírus. (Cortesia de B. Menge, M. Wurtz e E. Kellenberger.)

Os vírus replicam seus genes para se reproduzir. Também os transcrevem (em RNA mensageiro), mas dependem da maquinaria biossintética da célula hospedeira (ou seja, ribossomos, RNA transportador, enzimas, aminoácidos etc.) para sintetizar suas proteínas (p. ex., os capsômeros).

Os vírus são produzidos por um processo de agregação macromolecular. Ou seja, isso significa que seus componentes são sintetizados separadamente, em diferentes locais da célula hospedeira, e logo reunidos de maneira coordenada em outra área da mesma célula.

Os bacteriófagos são vírus que usam como hospedeiras as células bacterianas. O DNA está localizado na cabeça do bacteriófago e é injetado na bactéria por meio de uma cauda que adere à parede da célula hospedeira e atua como seringa. Os processos seguintes na bactéria são muito rápidos e começam com a hidrólise enzimática de seu DNA. Os nucleotídios resultantes são utilizados para sintetizar o DNA dos novos bacteriófagos. A partir desse DNA, são sintetizados os RNA mensageiros e as proteínas estruturais dos vírus. Finalmente, todos esses componentes são reunidos e são arranjados os bacteriófagos maduros dentro da bactéria infectada. Conforme observado na Figura 1.5, depois de ter sido infectada por um bacteriófago, a *Escherichia coli* aparece repleta de vírus e pronta para romper-se e libertar os novos bacteriófagos.

Quando se trata de vírus que infectam as células eucariontes, o processo é mais complexo. Assim, o DNA ou o RNA do vírus se replica no núcleo da célula hospedeira e as proteínas virais são sintetizadas nos ribossomos citoplasmáticos. A seguir, as novas estruturas virais combinam-se entre si no interior da célula.

Para concluir o estudo dos vírus, vamos compará-los com as células verdadeiras, que têm:

(1) Um programa genético específico que possibilita a formação de novas células semelhantes às antecessoras
(2) Uma membrana plasmática que regula as trocas entre o interior e exterior celular
(3) Uma estrutura que capta a energia dos alimentos
(4) Uma maquinaria que sintetiza proteínas.

Conforme vimos, os vírus apresentam somente a primeira dessas propriedades e não as demais. Por esse motivo, não são considerados células verdadeiras, apesar de conter o padrão genético necessário para codificar suas proteínas e se reproduzir.

1.6 Organização geral das células eucariontes

Uma vez estudada a organização das células procariontes, é conveniente voltar a observar a Tabela 1.4, em que estão resumidas as principais diferenças com as células eucariontes. Se compararmos a organização da *Escherichia coli* (Figura 1.3) com a de uma célula animal (Figura 1.6) ou com a de uma célula vegetal (Figura 1.7), evidencia-se a complexidade dessas últimas.

Na célula eucarionte em interfase, o **núcleo** constitui um compartimento separado, limitado pelo envoltório nuclear. Outro compartimento é o **citoplasma**, envolvido pela **membrana plasmática**, que costuma apresentar diferenciações. Cada um desses três componentes principais contém, por sua vez, vários subcomponentes ou subcompartimentos.

Pode-se usar a Tabela 1.5 como guia de orientação que resume essa complexa organização, já que nela estão enumeradas as funções mais importantes de cada componente.

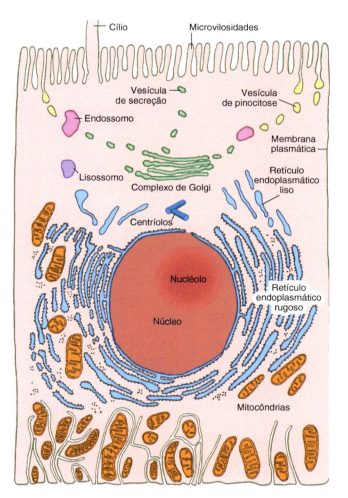

Figura 1.6 Esquema da ultraestrutura de uma célula animal idealizada e seus principais componentes.

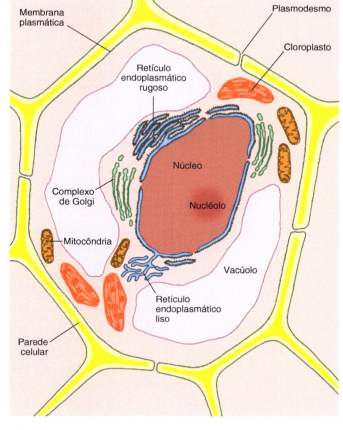

Figura 1.7 Esquema geral da ultraestrutura de uma célula vegetal padrão e seus principais componentes.

Tabela 1.5 Organização geral da célula eucarionte.

Estruturas principais	Subestruturas	Função principal
Membrana celular	Parede celular Glicocálice Membrana plasmática	Proteção Interações celulares Permeabilidade, endocitose e exocitose
Núcleo	Cromossomos Nucléolos	Informação genética Síntese de ribossomos
Citosol	Enzimas solúveis Ribossomos	Glicólise Síntese proteica
Citoesqueleto	Filamentos intermediários Microtúbulos e centrossomo Filamentos de actina	Formato e mobilidade da célula
Estruturas microtubulares	Corpos basais e cílios Centríolos	Mobilidade ciliar
Organoides do sistema de endomembranas	Retículo endoplasmático Complexo de Golgi Endossomos e lisossomos	Síntese e processamento de lipídios e glicídios Digestão
Outros organoides	Mitocôndrias Cloroplastos Peroxissomos	Síntese de ATP Fotossíntese Detoxificação

1.7 Há grande variedade morfológica entre as células eucariontes

As células de um organismo multicelular apresentam formas e estruturas variáveis e são diferenciadas de acordo com sua função específica nos diversos tecidos. Essa especialização funcional faz com que as células adquiram características únicas, mesmo quando em todas elas persiste um modelo de organização comum (Figura 1.8).

Alguns tipos de células, como os leucócitos, mudam de formato constantemente. Outros, como os neurônios e a maioria das células vegetais, apresentam conformação bastante estável. O formato de uma célula depende de suas adaptações funcionais, do citoesqueleto presente no seu citoplasma, da ação mecânica exercida pelas células adjacentes e da rigidez da membrana plasmática.

O tamanho das células oscila dentro de amplos limites. Apesar de algumas células poderem ser vistas a olho nu, a maioria só pode ser observada com o microscópio, pois têm poucos micrômetros de diâmetro (Figura 1.1).

O volume da célula é bem constante nos diferentes tipos celulares e independe do tamanho do organismo. Por exemplo, as células dos rins ou do fígado têm quase o mesmo tamanho em um elefante ou um rato. Portanto, a massa de um órgão depende do número e não do volume das células.

1.8 A membrana plasmática separa o conteúdo da célula do meio externo

A estrutura que separa o conteúdo da célula do meio externo é a **membrana plasmática**. Trata-se de uma fina película de 6 a 10 nm de espessura, composta por uma bicamada lipídica contínua e proteínas intercaladas ou aderidas à superfície.

A membrana plasmática só pode ser vista com o microscópio eletrônico, que revela suas numerosas especializações e os diferentes tipos de estrutura que unem as células entre si, ou as conectam com certos componentes da matriz extracelular (Figura 1.6).

Além disso, a membrana plasmática controla de maneira seletiva a passagem de solutos. Promove, também, a entrada e saída de macromoléculas por meio dos processos chamados de endocitose e exocitose, respectivamente (Tabela 1.5). Nas células animais, a membrana plasmática costuma ter inúmeros carboidratos (Figura 3.14), enquanto, nas células vegetais, sua superfície é coberta por um segundo envoltório de espessura relativamente estável, denominado **parede celular** (Figura 1.7).

1.9 O citoplasma contém matriz denominada citosol

O compartimento citoplasmático apresenta uma organização estrutural muito complexa, já que seu estudo com o microscópio eletrônico revela uma grande quantidade de membranas.

Esse sistema de endomembranas ocupa grande parte do citoplasma – dividindo-o em numerosas seções e subseções – e é tão polimorfo que é muito difícil defini-lo e descrevê-lo. Entretanto, em geral, considera-se que o citoplasma é dividido em dois grandes compartimentos: um dentro do sistema de endomembranas e outro – o **citosol** (ou **matriz citoplasmática**) – que fica fora dele. Muitos componentes importantes do citoplasma estão no citosol, ou seja, fora do sistema de endomembranas.

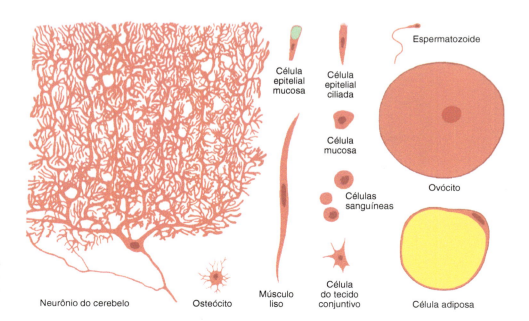

Figura 1.8 Alguns dos tipos de células encontrados em tecidos animais. Observe a diferença de formatos e tamanhos.

O citosol constitui o verdadeiro meio interno da célula. Contém os **ribossomos** e os filamentos do citoesqueleto – nos quais ocorre a síntese proteica – e diversas classes de moléculas vinculadas a inúmeras atividades metabólicas.

1.10 O citoesqueleto é composto por três tipos de filamentos principais

Três tipos de filamentos principais – os de actina, os intermediários e os microtúbulos – e vários tipos de proteínas acessórias compõem uma espécie de **citoesqueleto**, que se distribui por todo o citosol. O citoesqueleto é responsável pelo formato da célula e tem influência em outras importantes funções.

Os **filamentos de actina** medem 8 nm de diâmetro (Figura 1.9). Entre suas funções mais importantes está a de proporcionar motilidade às células.

Os **filamentos intermediários**, de 10 nm de diâmetro, são compostos por proteínas fibrosas e sua função principal é mecânica. Já os **microtúbulos** são estruturas tubulares rígidas de cerca de 25 nm de diâmetro (Figura 1.9). Nascem de uma estrutura chamada **centrossomo**, na qual se encontram os centríolos. Com os filamentos de actina, têm a função de deslocamento das organelas pelo citoplasma. Além disso, os microtúbulos constituem as fibras do fuso mitótico durante a divisão celular.

Os **centríolos** são estruturas cilíndricas que medem, aproximadamente, 0,2 μm por 0,4 μm e suas paredes são formadas por microtúbulos. Em geral, são duplos e suas duas unidades estão dispostas perpendicularmente. Quando estão nos centrossomos, não interferem na formação dos microtúbulos (as células vegetais não têm centríolos e os microtúbulos são formados mesmo assim). Durante a mitose, os centríolos migram para os polos das células.

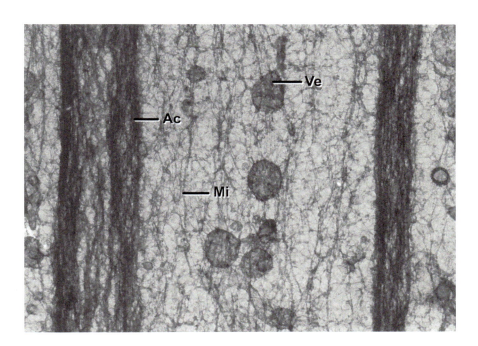

Figura 1.9 Eletromicrografia de uma célula cultivada. Observam-se dois feixes de filamentos de actina (*Ac*), um grande número de microtúbulos (*Mi*) e vesículas cheias de material (*Ve*). (Cortesia de K. R. Porter.)

1.11 O sistema de endomembranas engloba o complexo de Golgi, o retículo endoplasmático, os endossomos e os lisossomos

A Figura 1.6 ilustra a continuidade e as interconexões funcionais dos diversos componentes do sistema de **endomembranas** no citoplasma.

Por sua vez, o **retículo endoplasmático** constitui a parte mais extensa do sistema de endomembranas (Figuras 1.6 e 1.10). É composto por cisternas e túbulos. A superfície externa do retículo endoplasmático rugoso é coberta por ribossomos, os quais sintetizam as proteínas destinadas ao sistema de endomembranas e à membrana plasmática. O retículo endoplasmático liso é uma continuidade do rugoso e interfere na síntese de diversas moléculas. Do retículo endoplasmático provém o **envoltório nuclear**, composto por duas membranas concêntricas. Estas se unem entre si no nível dos poros nucleares, que são orifícios que tornam possível a passagem de moléculas entre o núcleo e o citosol. A membrana nuclear interna está em contato com os cromossomos, enquanto a externa costuma estar coberta por ribossomos.

10 ■ Biologia Celular e Molecular

O **complexo de Golgi** é formado por pilhas de cisternas, tubos e vesículas (Figuras 1.6 e 1.10). Nele são processadas as moléculas provenientes do retículo endoplasmático, as quais são logo incorporadas a endossomos ou liberadas (secretadas) para fora da célula por exocitose.

Os **endossomos** são organelas destinadas a receber enzimas hidrolíticas provenientes do complexo de Golgi, além do material que entra na célula por endocitose.

Já os **lisossomos** são organelas polimorfas derivadas dos endossomos (Figuras 1.6 e 1.11). Também contêm as enzimas hidrolíticas responsáveis pela digestão das substâncias incorporadas à célula por endocitose e degradam as proteínas da membrana plasmática que já não estão sendo utilizadas e as organelas obsoletas (autofagia).

1.12 As mitocôndrias e os plastídios são organelas fundamentais para o funcionamento celular

As **mitocôndrias** são encontradas em praticamente todas as células eucariontes. São estruturas cilíndricas de cerca de 3 μm de comprimento por 0,5 μm de diâmetro com duas membranas. A membrana mitocondrial externa está separada da interna pelo espaço intermembranoso. A membrana interna circunda

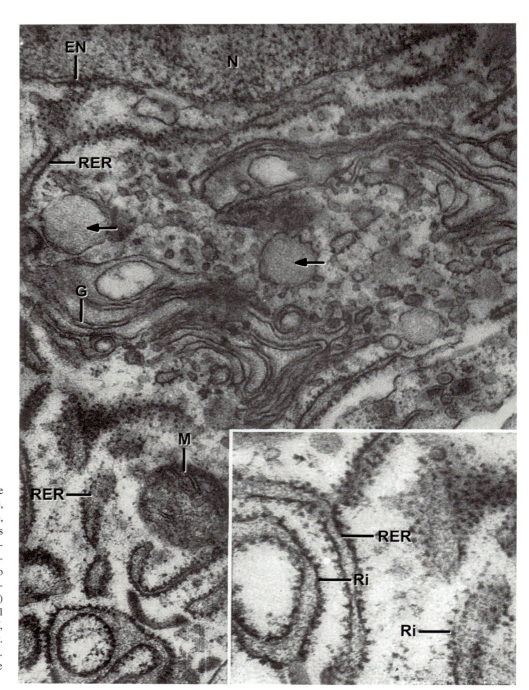

Figura 1.10 Eletromicrografia de um plasmócito. Perto do núcleo (*N*), observa-se o complexo de Golgi (*G*), constituído por pequenas cisternas aplanadas e vesículas. Algumas vesículas apresentam-se cheias de material (*setas*). Em volta do complexo de Golgi, existe um abundante retículo endoplasmático rugoso (*RER*) com cisternas cheias de material amorfo (*setas*). *Ri*, ribossomos; *M*, mitocôndrias; *EN*, envoltório nuclear. 48.000×; inserto, 100.000×. (De E. D. de Robertis e A. Pellegrino de Iraldi.)

a matriz mitocondrial e encontra-se dobrada. As pregas dão lugar às chamadas cristas mitocondriais, que "invadem" a matriz (Figuras 1.6 e 1.11). A membrana interna e a matriz mitocondrial contêm numerosas enzimas que interferem na extração de energia dos alimentos e em sua transferência ao ATP.

As células vegetais têm organelas denominadas **plastídios**, que estão ausentes nas células animais. Alguns, como os leucoplastos, são incolores e participam no armazenamento do amido. Outros contêm pigmentos e são denominados cromoplastos – entre os mais importantes, estão os **cloroplastos**, com um pigmento verde chamado clorofila (Figura 1.7). O cloroplasto tem duas membranas, um estroma e um compartimento único formado por cisternas denominadas tilacoides. Nos cloroplastos ocorre a fotossíntese, que é o processo pelo qual as plantas captam a energia da luz e, com o aporte de H_2O e CO_2, sintetizam diversos compostos orgânicos que utilizam como alimento e que servem para alimentar os organismos heterótrofos.

Tanto as mitocôndrias quanto os cloroplastos contêm cromossomos circulares pequenos, cujos genes formam tRNA, ribossomos e alguns mRNA necessários para elaborar algumas proteínas pertencentes às próprias organelas.

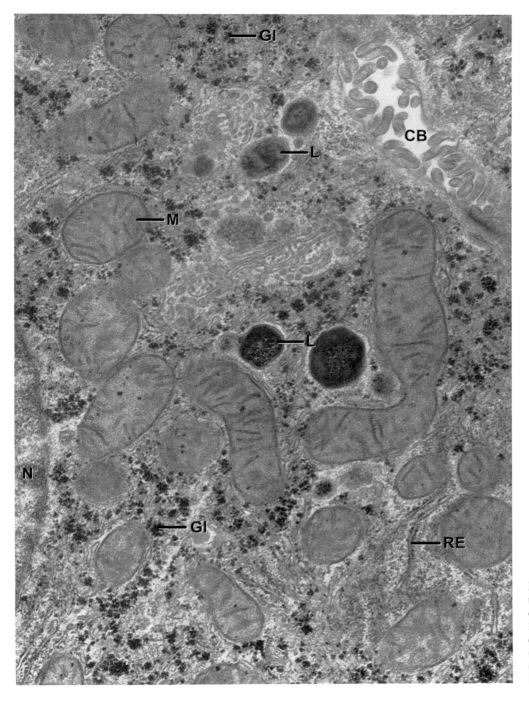

Figura 1.11 Região periférica de uma célula hepática na qual, entre outros componentes, observam-se lisossomos (*L*), o núcleo (*N*), um canalículo biliar (*CB*), mitocôndrias (*M*), o retículo endoplasmático (*RE*) e inclusões de glicogênio (*GI*). 31.000×. (Cortesia de K. R. Porter.)

1.13 Os peroxissomos têm função detoxificante

Os **peroxissomos** são rodeados por uma membrana única. Contêm enzimas vinculadas à degradação do peróxido de hidrogênio (H_2O_2) e uma de suas funções é proteger a célula.

1.14 O núcleo é uma característica da célula eucarionte

Salvo exceções, as células eucariontes têm **núcleo**. Em geral, a forma do núcleo e a da célula estão relacionadas. Por exemplo, nas células esféricas, cúbicas e poliédricas, o núcleo costuma ser esférico, enquanto, nas células cilíndricas e fusiformes, costuma ser elipsoidal.

Nas diferentes células somáticas, os núcleos têm tamanhos específicos, que dependem das proteínas contidas neles. Esses tamanhos variam pouco com relação à atividade nuclear. Em geral, existe uma proporção ótima entre o volume do núcleo e o volume do citoplasma. Essa proporção é conhecida como **relação nucleocitoplasmática**.

Quase todas as células são mononucleadas, mas existem algumas binucleadas (p. ex., as células hepáticas e as cartilaginosas) e outras polinucleadas. Nos plasmódios e sincícios – que são grandes massas citoplasmáticas não divididas em territórios celulares independentes –, os núcleos podem ser extraordinariamente numerosos. Esse é o caso da célula muscular estriada e do sinciciotrofoblasto placentário, que pode conter várias centenas de núcleos.

O crescimento e o desenvolvimento dos organismos vivos dependem do crescimento e da multiplicação de suas células. Nos organismos unicelulares, a divisão celular envolve sua reprodução; por meio desse processo, a partir de uma célula, originam-se duas células-filhas independentes. Ao contrário, os organismos multicelulares derivam somente de uma célula – o zigoto – e a repetida multiplicação dela e de seus descendentes determina o desenvolvimento e o crescimento corporal do indivíduo.

A célula cresce e duplica todas as suas moléculas e estrutura antes que ocorra sua divisão. Esse processo volta a se repetir nas duas células-filhas, de modo que o volume total das células descendentes é quatro vezes maior que o da célula original, e assim sucessivamente.

As células passam por dois períodos no decorrer de suas vidas: um de **interfase** (sem divisão) e outro de **divisão** (em que são produzidas as células-filhas). Esse ciclo repete-se em cada geração celular, mas o período varia bastante nos diferentes tipos celulares. A função essencial do núcleo é proporcionar à célula a informação genética armazenada no DNA.

As moléculas de DNA se duplicam durante um período específico da interfase denominado **fase S** (de síntese de DNA), preparando-se para a divisão celular (Figura 18.2).

Durante a interfase, a informação contida nos genes é transcrita em diferentes tipos de moléculas de RNA (mensageiro, ribossômico e transportador), as quais, depois de passar para o citoplasma, traduzem essas informações e sintetizam proteínas específicas.

No núcleo interfásico humano são identificadas as seguintes estruturas (Figura 1.6):

(1) **Membrana nuclear** (ou **carioteca**), composta por duas membranas perfuradas por orifícios chamados poros nucleares
(2) **Matriz nuclear** (ou **nucleoplasma**), que ocupa grande parte do espaço nuclear
(3) **Nucléolo**, que é maior nas células com síntese proteica muito ativa (em geral, esférico), e pode ser único ou múltiplo (nele são sintetizados os RNA ribossômicos, que se associam a diversas proteínas para formar os ribossomos)
(4) **46 cromossomos** (ou **fibras de cromatina**); estes são compostos por DNA e proteínas básicas chamadas histonas.

O DNA e as histonas formam estruturas granulares de cerca de 10 nm de diâmetro – conhecidas como **nucleossomo** – que são alternadas por ramos de DNA sem histonas. A cromatina disposta dessa maneira é mais fina (Figura 12.10) e é capaz de se enrolar sobre si mesma em diversos graus. Na interfase, podem ser vistas regiões de **eucromatina**, nas quais as fibras estão menos enoveladas, e regiões de **heterocromatina**, que representam as partes mais condensadas da cromatina. Durante a divisão celular, as fibras de cromatina se enovelam ao máximo e podem ser observadas no microscópio óptico sob a forma de cromossomos (do grego *khrôma*, cor e *sōma*, corpo) (Figura 12.14).

1.15 Os núcleos das células somáticas contêm dois pares de cromossomos homólogos

Os organismos pluricelulares que se reproduzem sexualmente se desenvolvem a partir de uma única célula – o **zigoto** (ou **célula-ovo**) –, resultado da união de um ovócito com um espermatozoide durante a fecundação.

As células somáticas que descendem do zigoto contêm dois pares idênticos de cromossomos. Em outras palavras, os cromossomos aparecem em pares. Um cromossomo de cada par é transmitido pelo ovócito e outro, pelo espermatozoide.

Os dois membros de cada par de cromossomos são denominados **homólogos**, e, para indicar o número de cromossomos de uma espécie, é feita referência aos pares de cromossomos ou aos pares de homólogos. Por exemplo, o ser humano tem 23 pares de cromossomos, 46 no total. Os homólogos de cada par são praticamente idênticos, mas os diversos pares de homólogos são diferentes entre si.

Para se referir à existência dos dois pares de cromossomos homólogos, utiliza-se a expressão **diploide** (2n). Nas células somáticas, os dois pares de cromossomos são conservados durante as sucessivas divisões celulares no decorrer do desenvolvimento embrionário, no crescimento corporal e na manutenção dos tecidos na vida após o nascimento.

1.16 A mitose mantém a continuidade e o número diploide de cromossomos

A estabilidade do número de cromossomos é mantida por meio de um tipo especial de divisão celular, denominada **mitose**. Nela são gerados núcleos-filhos com o mesmo número de cromossomos. Consequentemente, com relação à constituição cromossômica, as células-filhas são idênticas entre si e às suas antecessoras.

A mitose compreende uma série consecutiva de fases, conhecidas como **prófase**, **prometáfase**, **metáfase**, **anáfase** e **telófase**.

Na mitose, o núcleo passa por uma série de mudanças complexas. Entre as mais importantes está o desaparecimento do envoltório nuclear e maior condensação das fibras de cromatina, que são convertidas em cromossomos detectáveis.

Vimos que, no núcleo interfásico, os cromossomos não podem ser individualizados, pois, nessa etapa do ciclo celular, as fibras de cromatina estão mais esticadas.

Na Figura 1.12 estão representados 2 dos 46 pares de cromossomos homólogos presentes normalmente nas células somáticas humanas. Como foi visto anteriormente, os cromossomos duplicam-se

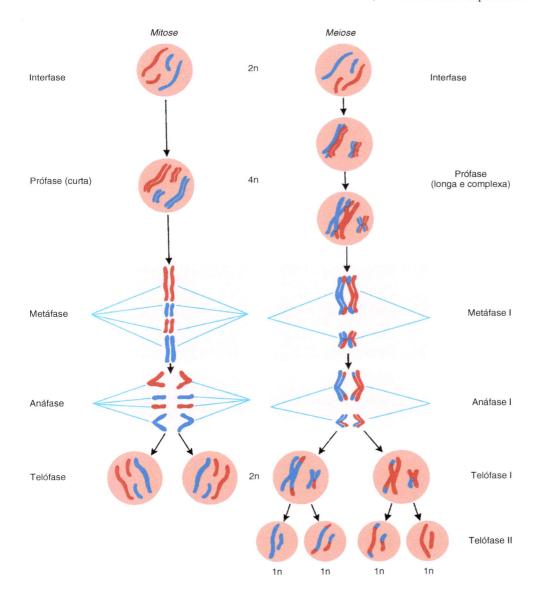

Figura 1.12 Esquemas comparativos da mitose e meiose de uma célula diploide (2n) com quatro cromossomos. Os cromossomos procedentes de cada progenitor estão representados em azul e vermelho, respectivamente. Na mitose, a divisão é equacional, enquanto, na meiose, é reducional. As duas divisões da meiose geram a quatro células haploides (1n) que têm somente dois cromossomos. Além disso, durante a meiose, existe troca de segmentos entre os cromossomos.

na fase S da interfase. Na prófase inicial, cada cromossomo – composto por duas fibras de cromatina – aparece como um filamento muito fino. No final da prófase, converte-se em um bastão curto e compacto, pois suas duas fibras de cromatina se enovelam, passando a se chamar **cromátides**. Após a metáfase, no decorrer da anáfase, as cromátides se separam e cada cromátide-filha – ou seja, cada cromossomo-filho – se dirige a um dos polos da célula. Finalmente, na telófase, são formados dois núcleos a partir dos dois conjuntos de cromossomos separados.

A divisão celular termina com a divisão do citoplasma, conhecida como **citocinese**.

Dessa maneira, a mitose mantém o número diploide de cromossomos (2n) no núcleo das células somáticas durante toda a vida do indivíduo.

1.17 A meiose reduz os cromossomos a um número haploide

Se os gametas (ovócito e espermatozoide) fossem diploides, o zigoto teria o dobro do número diploide de cromossomos. Para evitar que isso ocorra, as células sexuais antecessoras dos gametas passam por um tipo especial de divisão celular denominado **meiose**, em que o número diploide é reduzido à metade, **haploide** (n), em cada gameta formado. Assim, o zigoto será novamente diploide.

A divisão meiótica ocorre nos animais (ver *Seção 19.1*) e vegetais (ver *Seção 19.20*) que se reproduzem sexualmente e acontece no decorrer da gametogênese (Figura 1.12). A meiose reduz o número de cromossomos por meio de duas divisões nucleares sucessivas – a primeira e a segunda divisões meióticas – que são acompanhadas por apenas uma duplicação cromossômica.

Essencialmente, o processo é o seguinte. Na prófase da primeira divisão, os cromossomos homólogos são pareados. Como cada cromossomo é composto por duas cromátides, formam um bivalente composto por quatro cromátides (por isso, também pode ser chamado tétrade). Além disso, partes das cromátides pareadas costumam intercambiar-se de um homólogo a outro. Esse fenômeno recebe o nome de **recombinação genética** (em inglês, *crossing-over*).

Na metáfase da mesma divisão, os bivalentes (ou tétrades) dispõem-se em um plano equatorial da célula. Na anáfase, cada cromossomo homólogo – com suas duas cromátides – dirige-se a um dos polos opostos.

Depois de um curto período de interfase, já na anáfase da segunda divisão meiótica, as duas cromátides de cada homólogo separam-se, de modo a cada cromátide terminar localizada em cada um dos quatro gametas resultantes. Consequentemente, nos gametas, o núcleo contém um número simples (ou haploide) de cromossomos (Figura 1.12).

Bibliografia

Bauneister W. (1978) Biological horizons in molecular microscopy. Cytobiologie 17:246.

Bernal J.D. and Synge A. (1973) The origin of life. In: Readings in Genetics and Evolution. Oxford University Press, London.

Bevéridge T.J. (1981) Ultrastructure, chemistry and function of bacterial wall. Int. Rev. Cytol. 72:299.

Claude A. (1975) The coming of age of the cell. Science 189:433.

de Duve C. (2007) The origin of eukaryotes: a reappraisal. Nature Rev. Genet. 8:395.

De Robertis E.D.P. and De Robertis E.M.F. (1981). Essentials of Cell and Molecular Biology. Saunders, Philadelphia.

Diener T.O. (1981) Viroids. Sci. Am. 244:66.

Giese A.C. (1979) Cell Physiology, 5th Ed. Saunders, Philadelphia.

Gray M.W. (1989) The evolutionary origins of organelles. Trends Genet. 5:294.

Hayflick L. (1980) The cell biology of human aging. Sci. Am. 242: 58.

Hess E.L. (1970) Origins of molecular biology. Science 168:664.

Jacob F. (1977) Evolution and tinkering. Science 196:1161.

Johnson J.E. (1982) Aging and Cell Structure, Vol 1. Academic Press, New York.

Joyce G.F. (1992) Directed molecular evolution. Sci. Am. 267:90.

Lodish H., Berk A., Kaiser C. et al. (2007) Molecular Cell Biology, 6th Ed. W.H. Freeman, New York.

Margulis L. (1971) Symbiosis and evolution. Sci. Am. 225:48.

Margulis L. and Schwartz K.V. (1982) Five Kingdoms. An Illustrated Guide to the Phyla of Life on Earth. W.H. Freeman & Co, New York.

Monod J. (1971) Chance and Necessity. Random House, New York.

National Center for Biotechnology Information. http://www.ncbi.nlm.nih.gov/

Orgel L.E. (1992) Molecular replication, Nature 358:203.

Pennisi E (2004) The birth of the nucleus. Science 305:766.

Schwartz R. and Dayhoff M. (1978) Origins of prokaryotes, eukaryotes, mitochondria and chloroplasts. Science 199:395.

Watson J.D., Baker T.A., et al. (2007) Molecular Biology of the Gene, 6th Ed. W.A. Benjamin-Cummings, Menlo Park.

Woese C.R. and Fox G.E. (1977) Phylogenetic structure of the prokaryotic domain: the primary kingdoms. Proc. Natl. Acad. Sci. USA 74:5088.

Componentes Químicos da Célula 2

Introdução

2.1 Os componentes químicos da célula são classificados em inorgânicos e orgânicos

A estrutura da célula provém da combinação de moléculas organizadas de modo bastante preciso. Embora ainda haja muito a ser descoberto, já são conhecidos os princípios gerais da organização molecular de todas as estruturas celulares, como os cromossomos, as membranas, os ribossomos, as mitocôndrias e os cloroplastos. A biologia da célula é inseparável da biologia das moléculas; do mesmo modo que as células são os blocos com os quais se formam os tecidos e os organismos, as moléculas são os blocos com os quais se constroem as células.

A princípio, o estudo da composição química da célula foi realizado por meio de análise bioquímica de órgãos e tecidos inteiros, como o fígado, o cérebro, a pele ou o meristema vegetal. Esses estudos somente têm valor citológico relativo, pois o material analisado geralmente consiste em uma mistura de diferentes tipos celulares e material extracelular. Nos últimos anos, o desenvolvimento de novos métodos de estudo dos componentes químicos da célula (ver *Capítulo 23*) possibilitou o isolamento dos elementos subcelulares e a coleta de informações bem precisas sobre as estruturas moleculares destes.

Os componentes químicos da célula são classificados em inorgânicos (água e sais minerais) e orgânicos (ácidos nucleicos, carboidratos, lipídios e proteínas).

Do total dos componentes da célula, aproximadamente 75 a 85% correspondem a **água**, 2 a 3% são **sais inorgânicos** e o restante são compostos orgânicos, os quais representam as moléculas da vida. A maioria das estruturas celulares contém **lipídios** e moléculas muito grandes – denominadas macromoléculas ou **polímeros** – integradas por unidades ou monômeros que se conectam por meio de ligações covalentes.

Existem três polímeros importantes nos organismos:

(1) **Ácidos nucleicos**, que são formados pela associação de quatro unidades químicas diferentes denominadas nucleotídios (a sequência linear dos quatro tipos de nucleotídios na molécula de DNA é a fonte primária da informação genética)

(2) **Polissacarídios**, que podem ser polímeros de glicose – com a qual são formados glicogênio, amido ou celulose – ou repetições de outros monossacarídios, com os quais são formados polissacarídios mais complexos

(3) **Proteínas** (polipeptídios), constituídas por aminoácidos – existem 20 tipos – combinados em diferentes proporções.

As diferentes quantidades e organizações possíveis desses 20 monômeros resultam em um número extraordinário de combinações, o que determina não apenas a especificidade, mas também a atividade biológica das moléculas proteicas.

Além de destacar as características e propriedades dos componentes químicos da célula, neste capítulo abordaremos o estudo das **enzimas** – um tipo específico de proteínas – como instrumentos moleculares capazes de promover transformações em muitos desses componentes.

Além disso, mostraremos como as macromoléculas conseguem se agregar e organizar em estruturas supramoleculares mais complexas até se tornarem visíveis à microscopia eletrônica. É provável que esses agregados moleculares tenham participado na evolução química e biológica que deu origem à primeira célula. Por esse motivo, ao final do capítulo teceremos algumas conjecturas sobre a possível origem das células procariontes e eucariontes, ou seja, sobre o aparecimento da vida em nosso planeta. Os conceitos apresentados neste capítulo são uma introdução básica para a compreensão da biologia molecular e celular. O estudo mais amplo de seus temas compete aos textos de bioquímica.

Água e minerais

2.2 A água é o componente mais abundante dos tecidos

Água. Com poucas exceções, como, por exemplo, os ossos e os dentes, a água é o componente mais abundante nos tecidos. O teor de água do organismo está relacionado com a idade e com a atividade metabólica. Ela está em maior quantidade no embrião (90 a 95%) e diminui com o passar dos anos. A água é o solvente natural dos íons, além de ser o meio de dispersão coloidal da maioria das macromoléculas. Também é indispensável à atividade metabólica, visto que os processos fisiológicos ocorrem exclusivamente em meios aquosos.

Na célula, a água é encontrada na forma livre e na forma ligada. A **água livre** representa 95% da água total, e funciona principalmente como solvente de solutos e como meio de dispersão do sistema coloidal. A **água ligada** representa apenas 5% e é a que está unida fracamente a outras moléculas por uniões não covalentes (ver *Seção 2.20*), ou seja, representa a água "imobilizada" no seio das macromoléculas.

Como resultado da distribuição assimétrica de suas cargas elétricas, uma molécula de água se comporta como um dipolo, conforme é mostrado na Figura 2.1. Em virtude de seus grupamentos com cargas elétricas positivas e negativas, a água consegue se ligar eletrostaticamente a ânions e cátions, assim como a moléculas portadoras dos dois tipos de carga elétrica (p. ex., proteínas). Outra propriedade da molécula da água é sua ionização em um ânion hidroxila (OH^-) e um próton ou íon hidrogênio (H^+). A 25°C de temperatura, são dissociados 10^{-7} M de H^+ por litro de água, concentração que corresponde ao pH neutro (pH = 7).

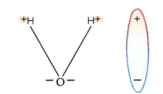

Figura 2.1 Esquema que mostra a distribuição assimétrica das cargas elétricas na molécula de água.

A água atua na eliminação de substâncias da célula, além de absorver calor (em razão de seu elevado coeficiente calórico), o que evita o surgimento de oscilações drásticas da temperatura na célula.

Sais minerais. A concentração intracelular de íons é diferente da concentração de íons no meio que circunda as células (meio extracelular). Assim, a célula apresenta elevada concentração de cátions K^+ e Mg^{2+}, enquanto o Na^+ e o Cl^- estão localizados, principalmente, no líquido extracelular. Os ânions intracelulares dominantes são o fosfato (HPO_4^{2-}) e o bicarbonato (HCO_3^-).

Os sais dissociados em ânions (p. ex., Cl^-) e cátions (Na^+ e K^+) são importantes para a manutenção da pressão osmótica e do equilíbrio acidobásico da célula. A retenção de íons resulta em aumento da pressão osmótica e, consequentemente, da entrada de água na célula.

Alguns íons inorgânicos (como Mg^{2+}) são indispensáveis como cofatores enzimáticos, enquanto outros fazem parte de diferentes moléculas. O fosfato, por exemplo, é encontrado nos fosfolipídios e nos nucleotídios. Um desses nucleotídios, o adenosina trifosfato (ATP), é a principal fonte de energia para os processos vitais da célula. Os íons cálcio (Ca^{2+}) encontrados nas células desempenham um papel importante como transmissores de sinais. Outros íons são encontrados nas células, como o sulfato e o carbonato.

Determinados sais minerais são encontrados na forma não ionizada. Um exemplo disso é o cálcio, que, nos ossos e nos dentes, está ligado ao fosfato e ao carbonato na forma de cristais. Outro exemplo é o ferro que, na hemoglobina, na ferritina, nos citocromos e em várias enzimas, é encontrado na forma de ligações carbono-metal.

Para manter a atividade celular normal, são indispensáveis pequenas concentrações de magnésio, cobre, cobalto, iodo, selênio, níquel, molibdênio e zinco. Quase todos esses elementos vestigiais (ou oligoelementos) são essenciais para a atividade de determinadas enzimas. O iodo é um componente dos hormônios tireóideos.

Ácidos nucleicos

2.3 Há duas classes de ácidos nucleicos: DNA e RNA

Os ácidos nucleicos são macromoléculas de enorme importância biológica. Todos os seres vivos têm dois tipos de ácidos nucleicos, chamados **ácido desoxirribonucleico (DNA)** e **ácido ribonucleico (RNA)**. Os vírus apresentam apenas um tipo de ácido nucleico, o DNA ou o RNA.

O DNA é o repositório da informação genética. Essa informação é copiada (ou **transcrita**) em moléculas de RNA mensageiro, cujas sequências de nucleotídios contêm o código que estabelece a sequência dos aminoácidos nas proteínas. Por isso, a síntese proteica também é conhecida como

tradução do RNA. Essa série de fenômenos representa o **dogma central** da biologia molecular, que pode ser expresso da seguinte maneira:

$$DNA \xrightarrow{\text{Transcrição}} RNA \xrightarrow{\text{Tradução}} Proteína$$

Nos *Capítulos 12 a 17* serão descritas com detalhes as funções biológicas dos ácidos nucleicos. Neste capítulo será apresentada a estrutura química dos ácidos nucleicos, o que possibilitará a compreensão das suas funções.

Nas células superiores, o DNA está localizado no núcleo, integrando os cromossomos (uma pequena quantidade é encontrada no citoplasma, dentro das mitocôndrias e dos cloroplastos). O RNA localiza-se tanto no núcleo (onde é formado) como no citoplasma, para onde vai para regular a síntese proteica (Tabela 2.1).

Tabela 2.1 Ácidos nucleicos.

	Ácido desoxirribonucleico	Ácido ribonucleico
Localização	Principalmente no núcleo (também nas mitocôndrias e nos cloroplastos)	Principalmente no citoplasma (também no núcleo, nas mitocôndrias e nos cloroplastos)
Função nas células	Informação genética	Síntese de proteínas
Pentose	Desoxirribose	Ribose
Bases pirimidínicas	Citosina Timina	Citosina Uracila
Bases purínicas	Adenina Guanina	Adenina Guanina

Os ácidos nucleicos contêm carboidratos (pentoses), bases nitrogenadas (purinas e pirimidinas) e ácido fosfórico. A hidrólise do DNA e do RNA forma:

		DNA	RNA
Pentoses		Desoxirribose	Ribose
Bases nitrogenadas	{Purinas Pirimidinas	Adenina, guanina Citosina, timina	Adenina, guanina Citosina, uracila
Ácido fosfórico		PO_4H_3	PO_4H_3

A molécula de ácido nucleico é um polímero cujos monômeros são nucleotídios ligados sucessivamente por **ligações diésteres** (Figura 2.2). Nessas ligações, os fosfatos ligam o carbono 3′ da pentose de um nucleotídio com o carbono 5′ da pentose do nucleotídio seguinte. Como consequência disso, o eixo do ácido nucleico é formado por pentoses e fosfatos, e as bases nitrogenadas advêm das pentoses. A extremidade da molécula que contém a pentose com o C5′ livre é denominada extremidade 5′; a que tem a pentose com o C3′ livre é denominada extremidade 3′.

Conforme mostra a Figura 2.2, o **ácido fosfórico** utiliza dois de seus três grupamentos ácidos nas ligações 3′,5′-diéster. O grupamento restante confere ao ácido nucleico suas propriedades ácidas, o que possibilita a formação de ligações iônicas com proteínas básicas (na *Seção 1.14* foi mostrado que, nas células eucariontes, o DNA está associado a proteínas básicas denominadas histonas, com as quais forma o complexo nucleoproteico denominado cromatina). Além disso, esse grupamento ácido livre torna basófilos os ácidos nucleicos (são evidenciados por corantes básicos).

Existem dois tipos de **pentoses**: **desoxirribose** no DNA e **ribose** no RNA. A diferença entre esses carboidratos é que a desoxirribose tem um átomo de oxigênio a menos (Figura 2.2). Para visualizar o DNA à microscopia óptica, pode ser empregada uma reação citoquímica específica, denominada reação de Feulgen (ver *Seção 23.21*).

As **bases nitrogenadas** encontradas nos ácidos nucleicos são também de dois tipos: pirimidinas e purinas. As **pirimidinas** possuem um anel heterocíclico, enquanto as **purinas** apresentam dois anéis fundidos entre si. No DNA, as pirimidinas são a **timina** (T) e a **citosina** (C) e as purinas são a **adenina** (A) e **guanina** (G) (Figura 2.5). O RNA

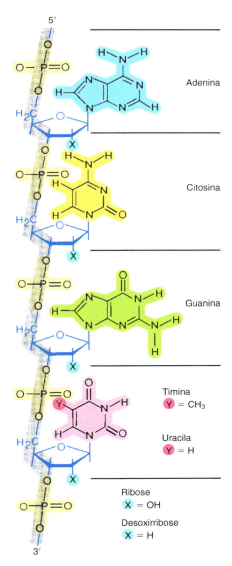

Figura 2.2 Fragmento de uma cadeia de ácido nucleico mostrando os diferentes tipos de nucleotídios que a compõem.

18 ■ Biologia Celular e Molecular

contém **uracila** (**U**) em vez de timina. Existem três diferenças fundamentais entre o DNA e o RNA. Como acabamos de descrever, o DNA contém desoxirribose e timina (T), enquanto o RNA contém ribose e uracila (U). Outra diferença é que a molécula de DNA é sempre dupla (contém duas cadeias de polinucleotídios), conforme veremos na próxima seção.

A associação de uma base nitrogenada a uma pentose (sem fosfato) constitui um **nucleosídio**. Por exemplo, a adenosina (adenina + ribose) é um nucleosídio, enquanto a adenosina monofosfato (**AMP**), a adenosina difosfato (**ADP**) e a adenosina trifosfato (**ATP**) são exemplos de **nucleotídios** (Figura 2.3).

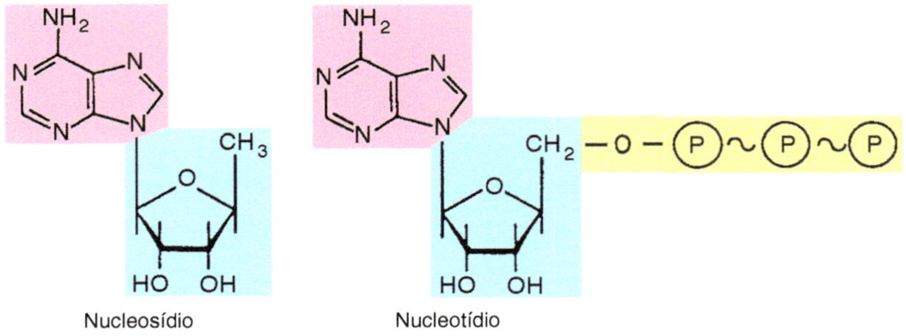

Nucleosídio   Nucleotídio

Figura 2.3 Estrutura química do nucleosídio adenosina e do nucleotídio adenosina trifosfato (ATP).

Além de atuar como blocos para a construção dos ácidos nucleicos, os nucleotídios – por exemplo, o recém-mencionado ATP – são utilizados na deposição e na transferência de energia química. A Figura 2.3 mostra que as duas ligações fosfato terminais do ATP contêm grande quantidade de energia. Quando ocorre a hidrólise dessas ligações, a energia liberada pode ser usada pela célula para desempenhar suas atividades (Figura 8.1). A ligação fosfato de alta energia possibilita que a célula acumule muita energia em um espaço reduzido e que a mantenha pronta para quando for necessária a sua utilização.

Outros nucleotídios, como a citidina trifosfato (**CTP**), a uridina trifosfato (**UTP**), a guanosina trifosfato (**GTP**) e a timosina trifosfato (**TTP**), também apresentam ligações de alta energia; contudo, a principal fonte de energia da célula é o ATP.

Nos organismos vivos, o DNA é encontrado na forma de moléculas de peso molecular muito elevado. Por exemplo, a bactéria *Escherichia coli* contém uma molécula de DNA circular com 3.400.000 pares de bases e um comprimento de 1,4 mm. A quantidade de DNA nos organismos superiores pode ser centenas de vezes maior, chegando a 1.200 vezes no caso dos seres humanos. Assim, se o DNA de uma célula diploide humana fosse completamente esticado, teria um comprimento total de, aproximadamente, 1,70 m.

Toda a informação genética de um organismo vivo está acumulada na sequência linear das quatro bases nitrogenadas de seus ácidos nucleicos. A estrutura primária de todas as proteínas (ou seja, a quantidade e a sequência de seus aminoácidos) é codificada por um alfabeto de quatro letras (A, T, G, C). Uma das descobertas mais extraordinárias da biologia molecular foi o achado e a interpretação desse **código genético** (ver *Seção 13.4*).

Uma etapa importante que antecedeu esse descobrimento – que teve grande influência na elucidação da estrutura do DNA – foi saber que, em cada molécula de DNA, a quantidade de adenina é igual à de timina (A = T) e a quantidade de citosina é igual à de guanina (C = G). Desse modo, o número de purinas é idêntico ao de pirimidinas (A + G = C + T). Evidentemente, a razão AT/GC varia entre as espécies (p. ex., nos seres humanos, a razão é de 1,52 e na *Escherichia coli* é de 0,93).

2.4 O DNA é uma dupla-hélice

Em 1953, com base nos dados obtidos em estudos com difração de raios X por Williams e Franklin, Watson e Crick propuseram um modelo para a estrutura do DNA. Este contemplava as propriedades químicas já descritas, porém também as propriedades biológicas, sobretudo a capacidade de duplicação da molécula.

A molécula de DNA está ilustrada na Figura 2.4. Ela é formada por **duas cadeias** de ácidos nucleicos helicoidais com rotação para a direita, que constituem uma **dupla hélice** em torno de um eixo central único. As duas cadeias são **antiparalelas**, o que significa que suas ligações 3′,5′-fosfodiéster têm sentidos contrários. As bases nitrogenadas estão localizadas na face interna da dupla hélice, quase em ângulo reto com o eixo helicoidal. Cada volta completa da dupla hélice é composta por 10,5 pares de nucleotídios e mede 3,4 nm.

As duas cadeias estão unidas entre si por pontes de hidrogênio entre os pares de bases nitrogenadas (ver *Seção 2.20*). Visto que existe uma distância fixa entre as pentoses das cadeias opostas, apenas certos pares de bases podem se estabelecer dentro da estrutura. Como se pode ver nas Figuras 2.4 e 2.5, os únicos pares de bases possíveis são **A-T, T-A, C-G** e **G-C**. Convém observar que, entre as bases A e T, são formadas duas pontes de hidrogênio e, entre as C e G, são formadas três pontes de hidrogênio. Assim, o par G-C é mais estável que o par A-T. A dupla estrutura helicoidal é mantida estável em virtude das pontes de hidrogênio e das interações hidrofóbicas existentes entre as bases nitrogenadas de cada cadeia.

Embora nas diferentes moléculas de DNA as sequências de bases ao longo da cadeia variem consideravelmente, em uma mesma molécula de DNA as sequências de bases nas duas cadeias são **complementares**, conforme se pode ver no seguinte exemplo:

```
Cadeia 1    5' T G C T G A C G T 3'
               | | | | | | | | |
Cadeia 2    3' A C G A C T G C A 5'
```

Em decorrência dessa propriedade, ao separarem-se as cadeias durante a duplicação do DNA, cada cadeia serve de molde para a síntese de uma nova cadeia complementar. Dessa maneira, são produzidas duas moléculas-filhas de DNA com a mesma constituição molecular que tinha a progenitora (ver *Seção 17.2*).

2.5 Há vários tipos de RNA

A estrutura do RNA é semelhante à do DNA, exceto pela existência de ribose em vez de desoxirribose e de uracila em vez de timina (Tabela 2.1). Além disso, a molécula de RNA é formada por **uma única cadeia** de nucleotídeos.

Existem três classes principais de RNA: (1) **RNA mensageiro** (**mRNA**); (2) **RNA ribossômico** (**rRNA**); e (3) **RNA de transferência** (**tRNA**). As três atuam na síntese proteica. O mRNA carreia a informação genética (copiada do DNA) que estabelece a sequência de aminoácidos na proteína. O rRNA representa 50% da massa do ribossomo (os 50% restantes são proteínas), que é a estrutura que dá suporte molecular para as reações químicas ocorridas durante a síntese proteica. Os tRNA identificam e transportam os aminoácidos até o ribossomo.

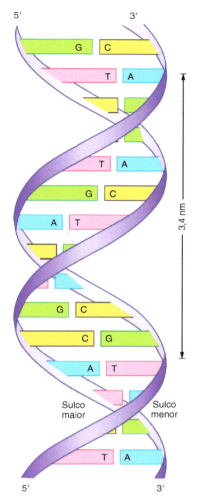

Figura 2.4 Dupla hélice do DNA. As cadeias formadas por desoxirribose-fosfato são mostradas como fitas. As bases são perpendiculares ao eixo do DNA; portanto, nessa vista lateral, são representadas como barras horizontais. É preciso lembrar que as duas cadeias são antiparalelas e que a dupla hélice dá uma volta completa a cada 10 pares de bases (3,4 nm). Observe, também, que a dupla hélice apresenta duas fendas exteriores, o *sulco maior* e o *sulco menor* do DNA.

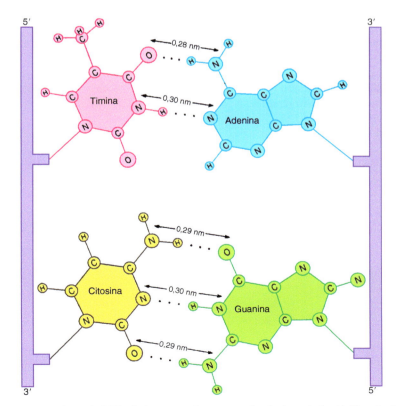

Figura 2.5 Dois pares de bases do DNA. As bases complementares são adenina e timina (A-T) e citosina e guanina (C-G). Observe que, no par A-T, há duas pontes de hidrogênio, enquanto, no par C-G, há três. A distância entre as cadeias de desoxirribose-fosfato é de, aproximadamente, 1,1 nm. (De L. Pauling e R. B. Corey.)

Embora cada molécula de RNA tenha apenas uma cadeia de nucleotídios, isso não quer dizer que sempre é encontrada como uma estrutura linear simples. Nas moléculas de RNA, podem existir ramificações com bases complementares, dando origem a pontes de hidrogênio e formação de pares de nucleotídios A-U e C-G entre várias regiões da mesma molécula. As Figuras 14.20, 15.4, 15.5, 15.11 e 16.3 mostram como a molécula de RNA consegue emparelhar algumas de suas partes. Nesses locais, pode ser formada uma estrutura helicoidal semelhante à do DNA. As estruturas tridimensionais dos RNA têm importantes repercussões biológicas.

Carboidratos

2.6 Os carboidratos são a principal fonte de energia da célula

Os carboidratos, constituídos por carbono, hidrogênio e oxigênio, representam a principal fonte de energia para a célula e são componentes estruturais importantes das membranas celulares e da matriz extracelular. Dependendo do número de monômeros que contêm, são classificados como monossacarídios, dissacarídios, oligossacarídios e polissacarídios.

Monossacarídios. Os monossacarídios são açúcares simples, com a fórmula geral $C_n(H_2O)_n$. Com base nos números de átomos de carbono que contêm, são classificados como trioses, tetroses, pentoses e hexoses.

Conforme já foi mencionado, as pentoses **ribose** e **desoxirribose** são encontradas nos nucleotídios (Figura 2.2). A **xilose** é uma pentose encontrada em algumas glicoproteínas (Figura 2.11). A **glicose**, uma hexose (Figura 2.6), é a fonte primária de energia da célula. Outras hexoses muito difundidas, que podem estar associadas entre si na forma de oligossacarídios ou polissacarídios, são a **galactose**, a **manose**, a **frutose**, a **fucose**, o **ácido glicurônico** e o **ácido idurônico**. Algumas têm um grupamento amino e são acetiladas, como a **N-acetilglicosamina** e a **N-acetilgalactosamina**. O **ácido N-acetilneuramínico** (ou **ácido siálico**) resulta da união de uma amino-hexose com um composto de três carbonos, o ácido pirúvico.

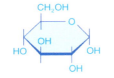

Figura 2.6 Molécula de glicose.

Dissacarídios. Os dissacarídios são açúcares formados pela combinação de dois monômeros de hexose, com a perda correspondente de uma molécula de água. Assim, sua fórmula é $C_{12}H_{22}O_{11}$. Um dissacarídio importante nos mamíferos é a **lactose** (glicose + galactose), o açúcar do leite.

Oligossacarídios. No organismo, os oligossacarídios não são encontrados na forma livre, mas ligados a lipídios e proteínas, de modo que os oligossacarídios fazem parte de glicolipídios e de glicoproteínas. Esses carboidratos são cadeias, às vezes ramificadas, constituídas por diferentes combinações de vários tipos de monossacarídios.

Os oligossacarídios correspondentes aos **glicolipídios** serão analisados com os lipídios na próxima seção.

Os oligossacarídios das **glicoproteínas** se ligam à cadeia proteica por meio do grupamento OH (**ligação O-glicosídica** ou **união O**) de uma serina ou de uma treonina ou por meio do grupamento amida (**ligação N-glicosídica** ou **união N**) de uma asparagina. A serina, a treonina e a asparagina são aminoácidos (ver *Seção 2.8*).

No caso dos oligossacarídios, nas ligações O-glicosídicas, costuma intervir uma N-acetilgalactosamina; e, nos N-glicosídicos, uma N-acetilglicosamina (Figuras 2.7 e 2.8). Desse modo, esses monossacarídios são os mais próximos da proteína. Em contrapartida, os ácidos siálicos costumam estar localizados na periferia do oligossacarídio.

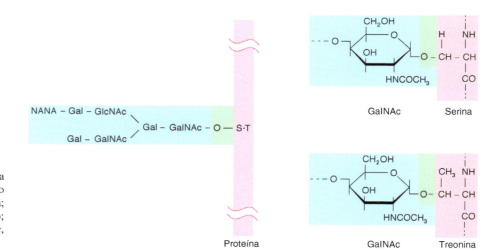

Figura 2.7 Oligossacarídio conectado a uma proteína por meio de uma ligação O-glicosídica. *S-T*, serina ou treonina; *NANA*, ácido N-acetilneuramínico; *GalNAc*, N-acetilgalactosamina; *GlcNAc*, N-acetilglicosamina; *Gal*, galactose.

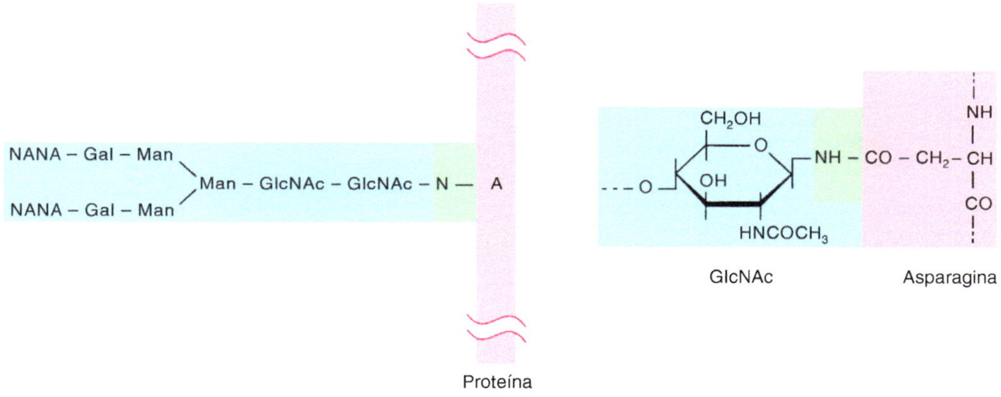

Figura 2.8 Oligossacarídio conectado a uma proteína por uma ligação N-glicosídica. *Man*, manose; *A*, asparagina.

Os oligossacarídios ligados por uniões O (ou seja, a uma serina ou a uma treonina) costumam apresentar uma galactose unida à primeira N-acetilgalactosamina (Figura 2.7). Os monossacarídios restantes se combinam de modo diferente, de acordo com o tipo de oligossacarídio.

Os oligossacarídios ligados com uniões N contêm um núcleo pentassacarídico comum que é constituído por duas N-acetilglicosaminas (uma delas ligada à asparagina) e três manoses (Figura 2.8). Os monossacarídios restantes se ligam a esse núcleo em diferentes combinações, resultando em uma grande variedade de oligossacarídios e, portanto, em uma grande diversidade de glicoproteínas.

É preciso lembrar que o número de cadeias oligossacarídicas que se ligam a uma mesma proteína é muito variável.

Polissacarídios. Os polissacarídios resultam da combinação de muitos monômeros de hexoses com a correspondente perda de moléculas de água. Sua fórmula é $(C_6H_{10}O_5)_n$. A hidrólise dos polissacarídios dá origem a monossacarídios. Os polissacarídios como o **amido** e o **glicogênio** representam as substâncias de reserva alimentar das células vegetais e animais, respectivamente (Figura 2.9). Outro polissacarídio, a **celulose**, é o elemento estrutural mais importante da parede da célula vegetal (Figura 3.30).

Os três polissacarídios mencionados são polímeros de glicose, mas são diferentes, pois apresentam tipos distintos de ligações entre seus monômeros. O glicogênio, por exemplo, é uma molécula ramificada na qual as glicoses estão conectadas por ligações α1-4 e α1-6 (Figura 2.9).

Existem polissacarídios complexos denominados **glicosaminoglicanos** (**GAG**) que são compostos por uma sucessão de uma mesma unidade dissacarídica, na qual um dos dois monômeros é um ácido

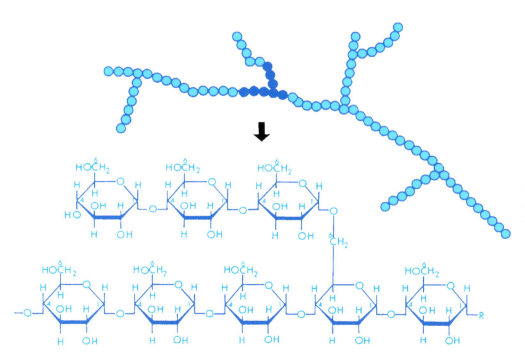

Figura 2.9 O glicogênio é uma molécula ramificada que contém até 30.000 unidades de glicose. As ligações glicosídicas se estabelecem entre os carbonos 1 e 4 das glicoses, exceto nos pontos de ramificação (1 e 6). A parte superior da figura apresenta um esquema da molécula com pequeno aumento. Na parte inferior é mostrada a composição química do segmento molecular realçado em azul-escuro.

22 ■ Biologia Celular e Molecular

Figura 2.10 Representação de uma pequena ramificação de um glicosaminoglicano (GAG). *A,* Ácido glicurônico ou ácido idurônico ou galactose; *B,* N-acetilgalactosamina ou N-acetilglicosamina.

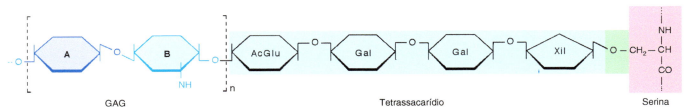

Figura 2.11 Representação de um proteoglicano. Observe como o GAG se liga à proteína. *AcGlu,* ácido glicurônico; *Gal,* galactose; *Xil,* xilose.

glicurônico, um ácido idurônico ou uma galactose. O outro monômero apresenta um grupamento amino, visto que é uma N-acetilglicosamina ou uma N-acetilgalactosamina (Figura 2.10).

Os GAG mais difundidos são o **ácido hialurônico**, o **sulfato de condroitina**, o **sulfato de dermatano**, o **sulfato de heparano** e o **sulfato de queratano**. Na Tabela 6.1 são arroladas as unidades dissacarídicas repetitivas que compõem esses GAG. Como se pode verificar nessa tabela são todos, com exceção do ácido hialurônico, sulfatados.

Quase todos os GAG estão ligados a proteínas com as quais formam glicoproteínas complexas denominadas **proteoglicanos** (Figura 2.11). Essas moléculas predominam no meio extracelular (ver *Seção 6.3*). O GAG se une à proteína por meio de um tetrassacarídio constituído por uma xilose, duas galactoses e um ácido glicurônico. A xilose está conectada a uma serina da proteína por meio de uma ligação O, enquanto o ácido glicurônico está conectado com a primeira hexose do GAG.

Lipídios

2.7 Os triglicerídios, os fosfolipídios e os esteroides são os lipídios mais abundantes da célula

Os lipídios são um grupo de moléculas caracterizadas por serem insolúveis na água e solúveis em solventes orgânicos. Essas propriedades se devemao fato de pterem grandes cadeias de hidrocarbonetos alifáticos ou anéis benzênicos, que são estruturas apolares ou hidrofóbicas. Em alguns lipídios, essascadeias podem estar ligadasa um grupamento polar que lhes possibilita unir-se à água. Os lipídios mais frequentes nas células são triglicerídios, fosfolipídios, glicolipídios, esteroides e poliprenoides.

Triglicerídios. Os **triglicerídios** são triésteres de ácidos graxos com glicerol. Cada ácido graxo é constituído por uma grande cadeia hidrocarbonada, cuja fórmula geral é:

$$\begin{array}{c} COOH \\ | \\ (CH_2)_n \\ | \\ CH_3 \end{array}$$

Os grupamentos carboxila desses ácidos reagem com os grupamentos hidroxila do glicerol (ver Figura 2.12).

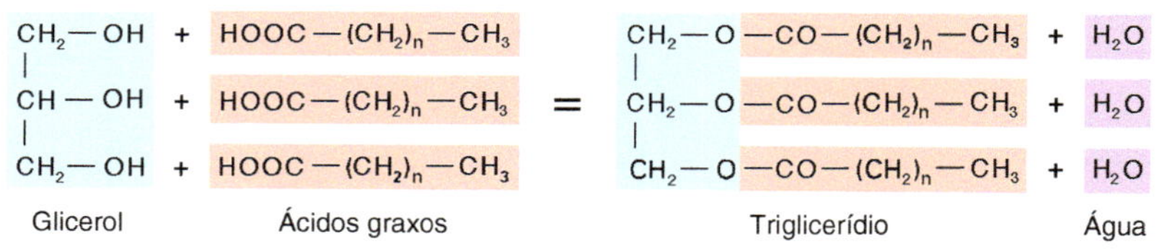

Figura 2.12 Formação de um triglicerídio (1 glicerol + 3 ácidos graxos).

$$CH_2-OH + HOOC-(CH_2)_n-CH_3 \qquad CH_2-O-CO-(CH_2)_n-CH_3 + H_2O$$
$$CH-OH + HOOC-(CH_2)_n-CH_3 = CH-O-CO-(CH_2)_n-CH_3 + H_2O$$
$$CH_2-OH + HOOC-(CH_2)_n-CH_3 \qquad CH_2-O-CO-(CH_2)_n-CH_3 + H_2O$$

Glicerol Ácidos graxos Triglicerídio Água

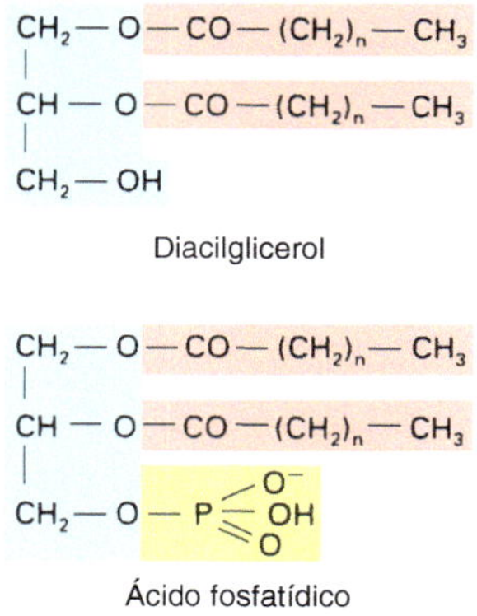

Capítulo 2 | Componentes Químicos da Célula ■ 23

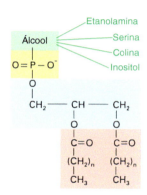

Figura 2.13 Fórmulas do diacilglicerol (DAG) e do ácido fosfatídico (AF).

Figura 2.14 Estrutura química geral dos glicerofosfolipídios.

Quando apenas dois carbonos do glicerol estão conectados a ácidos graxos, a molécula é denominada **diacilglicerol** (**DAG**). (Figura 2.13).

Os ácidos graxos sempre têm um número par de carbonos, pois são sintetizados a partir dos grupamentos acetila de dois carbonos. O ácido palmítico, por exemplo, tem 16 carbonos, enquanto os ácidos esteárico e oleico, 18. A cadeia hidrocarbonada costuma apresentar ligações duplas (–C=C–) e, nesse caso, diz-se que o ácido graxo é insaturado. Essas duplas ligações são importantes, porque produzem ângulos nas cadeias hidrocarbonadas (Figura 2.20).

Os triglicerídios servem como reserva de energia para o organismo. Seus ácidos graxos liberam muita energia quando são oxidados, mais de o dobro da energia liberada pelos carboidratos.

Fosfolipídios. Nas células existem duas classes de fosfolipídios, os glicerofosfolipídios e os esfingofosfolipídios.

Os **glicerofosfolipídios** apresentam dois ácidos graxos unidos a uma molécula de glicerol, enquanto o terceiro grupamento hidroxila desse álcool se encontra esterificado com um fosfato. O fosfato, por sua vez, está ligado a um segundo álcool (Figura 2.14).

A combinação do glicerol com os dois ácidos graxos e o fosfato resulta em uma molécula denominada **ácido fosfatídico** (**AF**) (Figura 2.13), que constitui a estrutura básica dos glicerofosfolipídios. Conforme foi mencionado há pouco, os glicerofosfolipídios apresentam um segundo álcool, que pode ser a etanolamina, a serina, a colina ou o inositol (Figura 2.14). Com eles, são obtidos os fosfolipídios denominados **fosfatidiletanolamina** (**PE**), **fosfatidilserina** (**PS**), **fosfatidilcolina** (**PC**) e **fosfatidilinositol** (**PI**) (Figura 2.15).

Visto que o inositol do PI costuma estar combinado a um, dois ou três fosfatos, a célula também tem **fosfatidilinositol 4-fosfato** (**PIP**), **fosfatidilinositol 4,5-difosfato** (**PIP$_2$**) e **fosfatidilinositol 3,4,5-trifosfato** (**PIP$_3$**) (Figura 2.16).

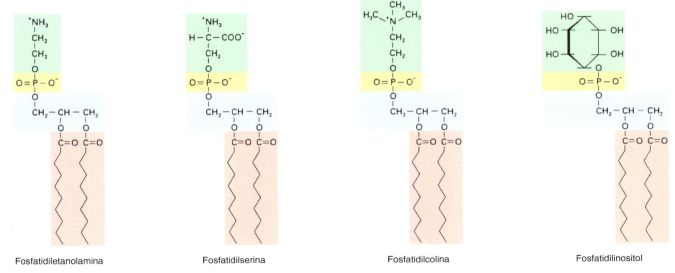

Figura 2.15 Representação dos glicerofosfolipídios fosfatidiletanolamina (PE), fosfatidilserina (PS), fosfatidilcolina (PC) e fosfatidilinositol (PI).

Fosfatidilinositol fosfato   Fosfatidilinositol difosfato   Fosfatidilinositol trifosfato

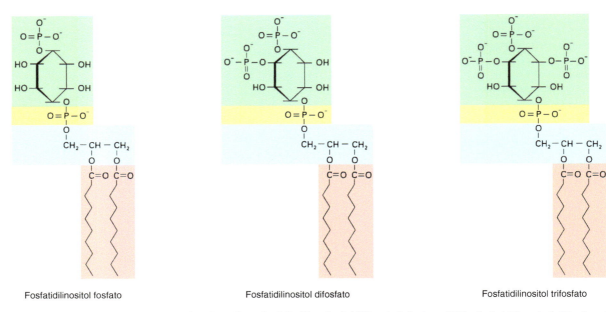

Figura 2.16 Representação da estrutura química dos glicerofosfolipídios fosfatidilinositol fosfato (PIP), fosfatidilinositol difosfato (PIP_2) e fosfatidilinositol trifosfato (PIP_3).

Por outro lado, na membrana interna das mitocôndrias, existe um glicerofosfolipídio duplo denominado **difosfatidilglicerol**. Com frequência, o difosfatidilglicerol é chamado de **cardiolipina** (ver *Seção 8.11*). A cardiolipina é formada por dois ácidos fosfatídicos ligados entre si por uma terceira molécula de glicerol (Figura 2.17).

O **esfingolipídio** existente nas células é a **esfingomielina**, que provém da combinação da fosforilcolina e ceramida (Figura 2.18). A fosforilcolina (um fosfato unido à colina) também é encontrada na fosfatidilcolina (Figura 2.15), enquanto a **ceramida** provém da associação de um ácido graxo à **esfingosina**. Como se vê na Figura 2.19, a esfingosina é um amino-álcool que apresenta uma cadeia hidrocarbonada relativamente grande.

A Figura 2.20 mostra que os fosfolipídios apresentam duas caudas hidrofóbicas apolares longas (dois ácidos graxos) e uma cabeça hidrofílica polar constituída por glicerol (exceto na esfingomielina), um segundo álcool e um fosfato. Por conseguinte, os fosfolipídios são moléculas anfipáticas.

Os fosfolipídios são os principais componentes das membranas celulares e, tanto suas características anfipáticas como as características de seus ácidos graxos (número de carbonos, existência de duplas ligações), conferem a eles muitas de suas propriedades. Além disso, quando os fosfolipí-

Cardiolipina

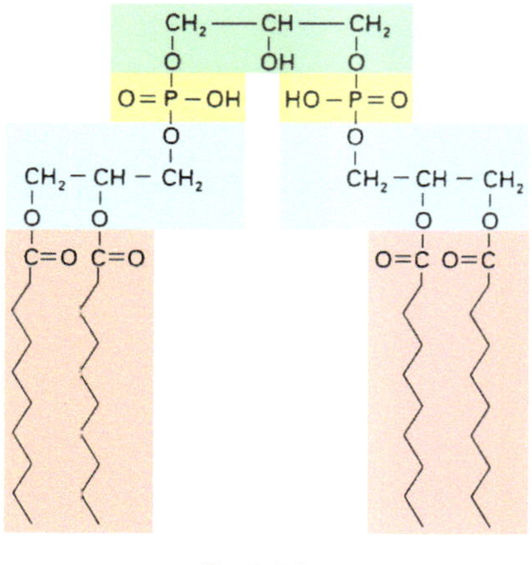

Figura 2.17 Molécula do difosfatilglicerol (ou cardiolipina).

Esfingomielina

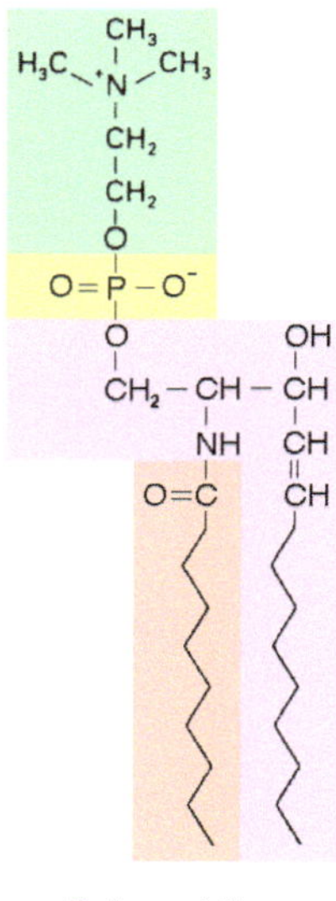

Figura 2.18 Representação do esfingofosfolipídio esfingomielina (EM).

Ceramida   Esfingosina

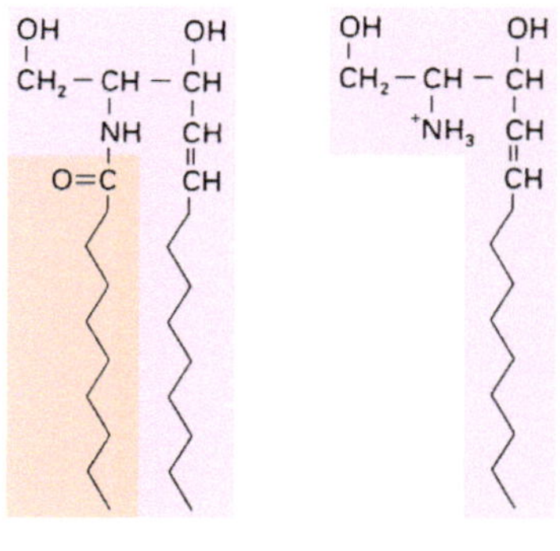

Figura 2.19 Representação das moléculas de ceramida e esfingosina.

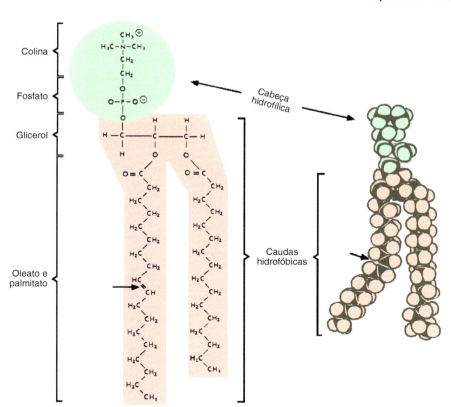

Figura 2.20 Fosfolipídio com sua cabeça hidrofílica e suas duas caudas hidrofóbicas. O fosfolipídio aqui representado é palmitoil-oleil-fosfatidilcolina. Observe que a dupla ligação no ácido oleico provoca mudança de direção na cadeia hidrocarbonada (*seta*).

dios se dispersam na água, adotam espontaneamente uma organização idêntica à das membranas celulares, com suas cabeças polares dirigidas para fora e suas caudas apolares de frente uma para outra no interior da bicamada (ver *Seção 3.2*).

Glicolipídios. Os glicolipídios existentes nas células são classificados em cerebrosídios e gangliosídios.

Os **cerebrosídios** resultam da união de uma glicose ou de uma galactose com a ceramida (Figura 2.21). Assim, são esfingomielinas cujas fosforilcolinas foram substituídas por um desses monossacarídios.

A estrutura básica dos **gangliosídios** é semelhante à dos cerebrosídios, embora o carboidrato não seja glicose nem galactose e, sim, um oligossacarídio formado por vários monômeros – um a três deles são ácidos siálicos (Figura 2.22). Os distintos tipos de gangliosídios diferem entre si não apenas pelo número, mas também pela distribuição relativa de seus monômeros. O monossacarídio ligado à ceramida é quase sempre uma glicose seguida por uma galactose. Após essa galactose, vem uma N-acetilgalactosamina ou uma N-acetilglicosamina e, depois, outra glicose ou outra galactose. Às vezes, é encontrada uma fucose. De modo geral, ele ou os ácidos siálicos se localizam na parte final do oligossacarídio.

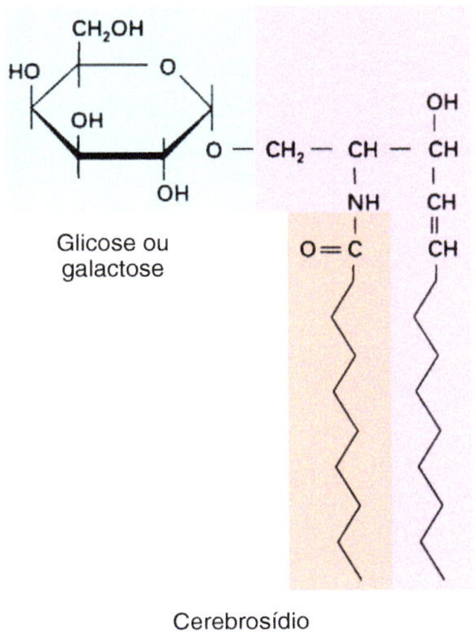

Figura 2.21 Representação de um cerebrosídio.

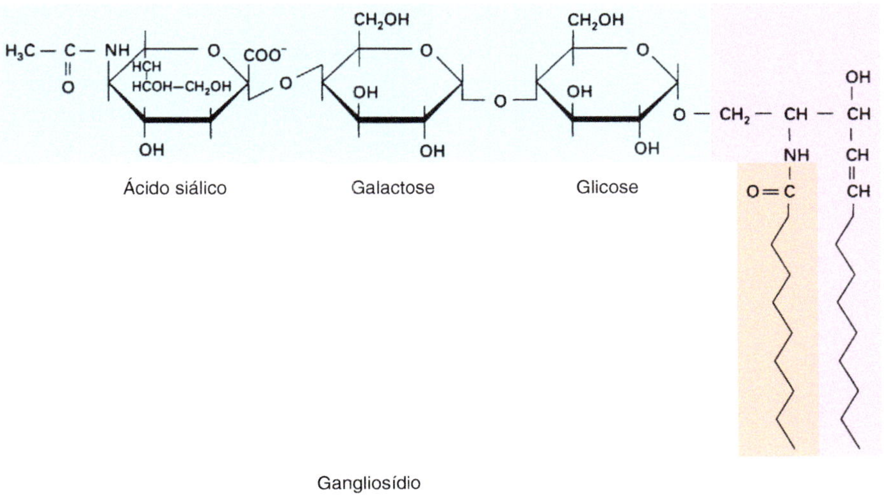

Figura 2.22 Representação de um gangliosídio.

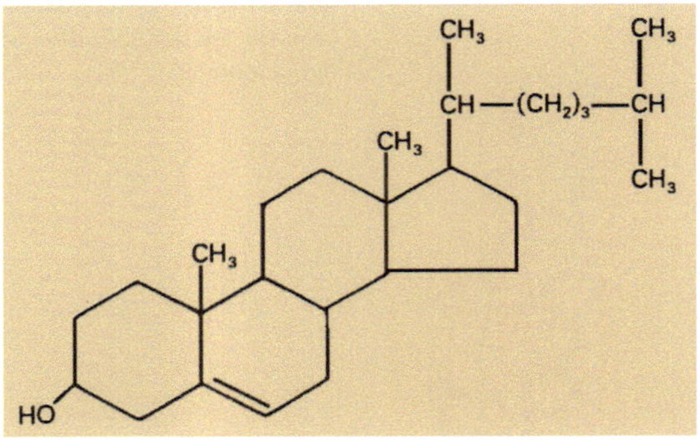

26 ■ Biologia Celular e Molecular

Figura 2.23 Molécula de colesterol, derivada do composto de 17 carbonos chamado ciclopentanoperidrofenantreno.

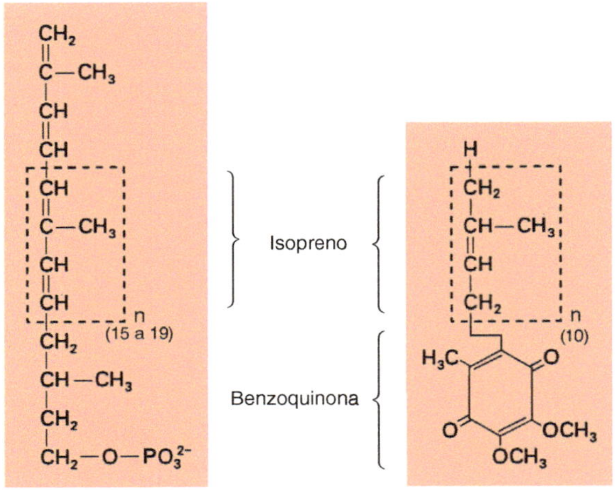

Figura 2.24 Moléculas de dolicol (composta por 17 a 21 isoprenos) e de ubiquinona (com seus 10 isoprenos).

Esteroides. Os esteroides são lipídios derivados de um composto denominado ciclopentanoperidrofenantreno. Um dos mais difundidos é o **colesterol** (Figura 2.23), que é encontrado nas membranas e em outras partes da célula. O colesterol também é encontrado fora das células. A hidroxila de seu carbono 3′ confere ao colesterol suas propriedades anfipáticas.

Os esteroides desempenham funções diferentes de acordo com os grupamentos químicos unidos a sua estrutura básica. Os principais esteroides do organismo são os hormônios sexuais (estrógenos, progesterona, testosterona), os hormônios suprarrenais (cortisol, aldosterona), a vitamina D e os ácidos biliares.

Poliprenoides. Os poliprenoides são derivados do hidrocarboneto **isopreno** (Figura 2.24). Um dos poliprenoides é o **fosfato de dolicol**, uma molécula encontrada na membrana do retículo endoplasmático que tem como função incorporar oligossacarídios aos polipeptídios durante a formação das glicoproteínas (ver *Seção 7.16*). O fosfato de dolicol é uma cadeia de 17 a 21 isoprenos que contém entre 85 e 105 átomos de carbono, esterificada com um fosfato (Figura 2.24). Outro poliprenoide frequentemente encontrado nas células faz parte da **ubiquinona**, uma molécula da membrana mitocondrial interna (ver *Seção 8.11*) composta por uma cadeia de 10 isoprenos e de uma benzoquinona (Figura 2.24).

Proteínas

2.8 As proteínas são cadeias de aminoácidos unidos por ligações peptídicas

Os monômeros que compõem as proteínas são os **aminoácidos**. Um aminoácido é um ácido orgânico no qual o carbono ligado ao grupamento carboxila (–COOH) também está ligado a um grupamento amino (–NH_2). Esse carbono também está ligado a um H e a um resíduo lateral (R) que é diferente em cada tipo de aminoácido.

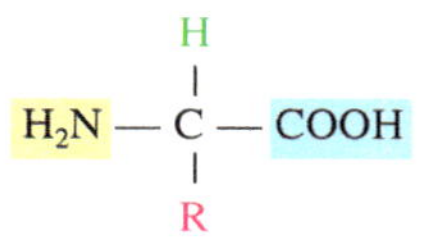

$$H_2N - \overset{\overset{\displaystyle H}{|}}{\underset{\underset{\displaystyle R}{|}}{C}} - COOH$$

Na alanina, por exemplo, a cadeia lateral R contém um único carbono, enquanto, na leucina, a cadeia lateral R tem quatro carbonos.

A Figura 2.25 mostra a estrutura dos 20 tipos de aminoácidos existentes nas proteínas. Dois aminoácidos são **ácidos** (ácido aspártico, ácido glutâmico); três aminoácidos são **básicos** (histidina, lisina, arginina); cinco aminoácidos são **neutros polares** ou hidrofílicos (serina, treonina, tirosina, asparagina, glutamina); e dez aminoácidos são **neutros apolares** ou hidrofóbicos (glicina, alanina,

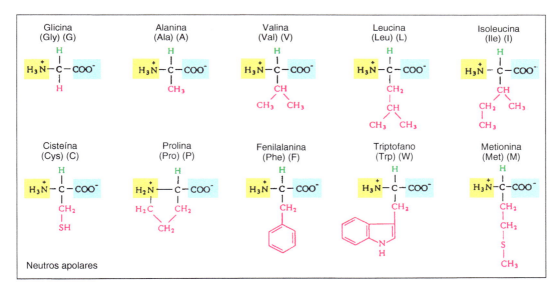

Figura 2.25 Estrutura química dos vinte aminoácidos, classificados como ácidos, básicos, neutros polares (hidrofílicos) e neutros apolares (hidrofóbicos). As estruturas abaixo dos grupamentos amino e carboxila são as cadeias laterais R.

valina, leucina, isoleucina, cisteína, prolina, fenilalanina, triptofano, metionina). Os nomes dos aminoácidos são abreviados usando-se as três primeiras letras da nomenclatura inglesa (salvo cinco exceções) ou segundo um código empregando-se uma única letra.

Vale lembrar que dois aminoácidos contêm um átomo de enxofre. No caso da cisteína, duas moléculas desse aminoácido podem formar uma ponte dissulfeto (–S–S–). Essa ligação é do tipo covalente, visto que os átomos de hidrogênio dos dois grupamentos –SH são eliminados (Figura 2.27).

A combinação dos aminoácidos para formar uma molécula proteica é feita de modo que o grupamento NH_2 de um aminoácido se combina com o grupamento COOH do aminoácido seguinte com perda de uma molécula de água (Figura 2.26). A combinação –NH–CO– é conhecida como **ligação peptídica**. A molécula formada conserva seu caráter anfotérico, pois sempre contém um grupamento

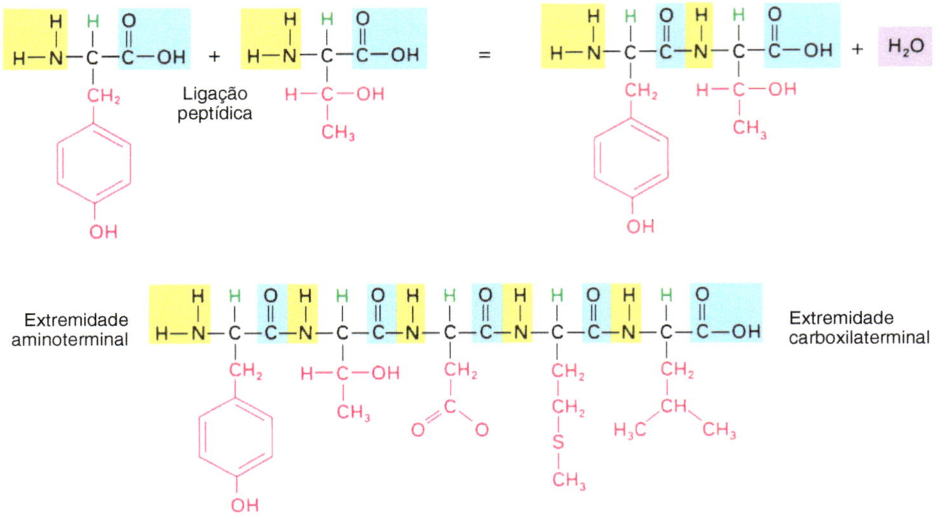

Figura 2.26 Formação de uma ligação peptídica entre dois aminoácidos. Também é mostrado um pentapeptídio formado, desde a extremidade aminoterminal até a extremidade carboxilaterminal, por uma tirosina, uma treonina, um ácido aspártico, uma metionina e uma leucina.

NH_2 em uma extremidade (aminoterminal) e um grupamento COOH na outra (carboxilaterminal), além dos resíduos laterais básicos e ácidos.

Uma combinação de dois aminoácidos forma um **dipeptídio** e a combinação de três aminoácidos é um **tripeptídio**. Quando ocorre a ligação de alguns aminoácidos, o composto é um **oligopeptídio** (Figura 2.26). Por fim, um **polipeptídio** é formado por muitos aminoácidos. A maior proteína do organismo contém, aproximadamente, 27.000 aminoácidos (ver *Seção 5.33*).

A distância entre duas ligações peptídicas é de, aproximadamente, 0,35 nm. Uma proteína com peso molecular de 30 kDa é constituída por 300 aminoácidos e, esticada, tem comprimento de cerca de 100 nm e largura de 1 nm.

O termo proteína (do grego *proteîon*, "protagonista") sugere que todas as funções básicas das células dependem de proteínas específicas. Pode-se dizer que, sem as proteínas, não existiria vida; estão presentes em todas as células e em todas as organelas celulares. Além disso, as proteínas podem ser estruturais ou enzimáticas.

Existem **proteínas conjugadas**, unidas a partes não proteicas (grupamentos prostéticos). A essa categoria pertencem as **glicoproteínas** (associadas a carboidratos), as **nucleoproteínas** (associadas a ácidos nucleicos), as **lipoproteínas** (associadas a lipídios) e as **cromoproteínas** (cujo grupo prostético é um pigmento). Dois exemplos de cromoproteínas são a hemoglobina e a mioglobina, cujo grupo prostético é o heme, um composto orgânico que contém ferro e se combina com oxigênio.

2.9 Há quatro níveis de organização estrutural nas proteínas

As proteínas apresentam quatro níveis estruturais sucessivos de organização.

A **estrutura primária** consiste na sequência dos aminoácidos que formam a cadeia proteica (Figura 2.27). Tal sequência determina os demais níveis de organização da molécula. Um exemplo de sua importância biológica é a enfermidade hereditária denominada anemia falciforme, na qual ocorrem substanciais alterações funcionais em decorrência da substituição de um único aminoácido na molécula de hemoglobina.

A **estrutura secundária** é a configuração espacial da proteína, que deriva da posição de determinados aminoácidos em sua cadeia. Assim, algumas proteínas (ou partes delas) têm uma forma cilíndrica denominada **α-hélice** (α porque foi a primeira a ser descoberta). Nela, a cadeia polipeptídica se enrola em torno de um cilindro imaginário, devido à formação de pontes de hidrogênio entre os grupamentos amino de alguns aminoácidos e dos grupamentos carboxila de outros aminoácidos localizados quatro posições mais adiante (Figura 2.28).

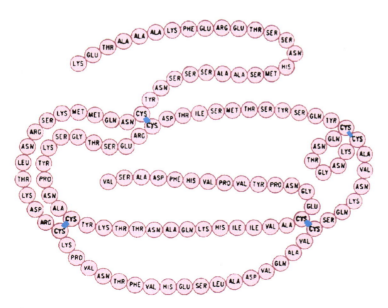

Figura 2.27 Estrutura primária de uma proteína (ribonuclease pancreática bovina). Existem quatro pontes dissulfeto entre as cisteínas. (De C. B. Anfinsen.)

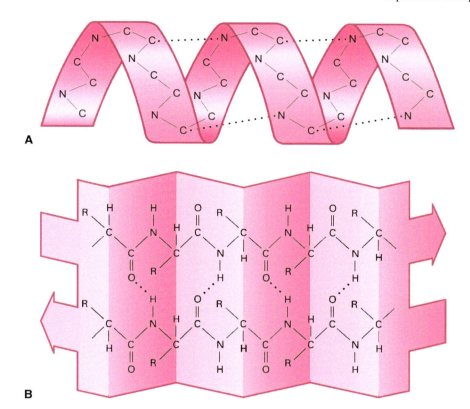

Figura 2.28 Estruturas secundárias das proteínas. **A.** α-hélice. **B.** Folha pregueada β.

Outras proteínas (ou partes delas) apresentam uma estrutura denominada **folha pregueada** β. Nela, a molécula assume a configuração de uma folha pregueada, devido à união, por pontes de hidrogênio laterais, de grupamentos amino e grupamentos carboxila da mesma cadeia polipeptídica (Figura 2.28).

A **estrutura terciária** é consequência da formação de novos pregueamentos nas estruturas secundárias α-hélice e folha pregueada β, que dão origem à configuração tridimensional da proteína. Os novos pregueamentos são formados porque determinados aminoácidos distantes entre si na cadeia polipeptídica se relacionam quimicamente. Dependendo do padrão de pregueamento adotado, são formadas proteínas fibrosas ou globulares (Figura 2.29). As **proteínas fibrosas** são formadas a partir de cadeias polipeptídicas (ou de tramas proteicas) com estrutura secundária exclusivamente do tipo α-hélice. Em contrapartida, as **proteínas globulares** são formadas tanto a partir de α-hélices como de folhas pregueadas β, ou de uma combinação de ambas.

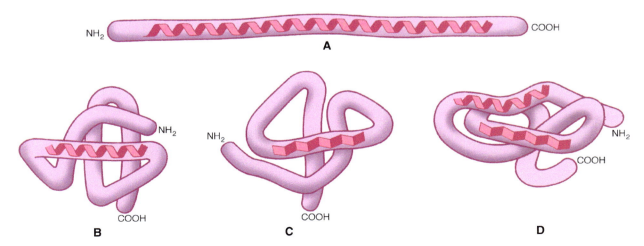

Figura 2.29 Estruturas terciárias das proteínas. **A.** Fibrosa. **B**, **C** e **D.** Globular.

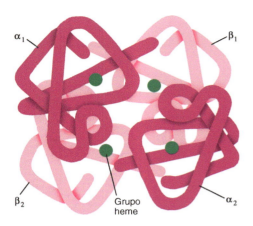

Figura 2.30 Estrutura quaternária das proteínas. Representação da hemoglobina, composta por quatro subunidades – duas α e duas β – e são mostrados os sítios onde se localizam os quatro grupos heme.

A **estrutura quaternária** resulta da combinação de dois ou mais polipeptídios, o que origina moléculas de grande complexidade. Por exemplo, a hemoglobina é o resultado da integração de quatro cadeias polipeptídicas (Figura 2.30).

2.10 Diferentes tipos de ligações químicas determinam a estrutura das proteínas

A disposição espacial de uma molécula proteica é predeterminada pela sequência de seus aminoácidos (estrutura terciária). Os demais níveis de organização dependem do estabelecimento de diferentes tipos de ligações químicas entre os átomos dos aminoácidos. Assim, são formadas ligações **covalentes** (p. ex., pontes –S–S– entre os grupamentos –SH de duas cisteínas) e vários tipos de ligações fracas, ou seja, **uniões não covalentes**. São exemplos de ligações não covalentes (Figura 2.31):

(1) **Pontes de hidrogênio**, que são produzidas quando um próton (H^+) é compartilhado por dois átomos eletronegativos (de oxigênio ou nitrogênio) próximos entre si. Já mostramos que as pontes de hidrogênio são essenciais para o pareamento específico entre as bases complementares dos ácidos nucleicos, produzindo a força necessária para manter unidas as duas cadeias de DNA. As Figuras 2.5 e 2.31 mostram, respectivamente, as pontes de hidrogênio no DNA e nas proteínas

(2) **Ligações iônicas ou eletrostáticas**, que resultam da força de atração entre grupamentos ionizados com cargas elétricas opostas

(3) **Interações hidrofóbicas**, que dão origem à associação de grupamentos apolares nos quais é excluído o contato com a água. Vale a pena mencionar que, nas proteínas globulares, as cadeias laterais mais hidrofóbicas se localizam no interior das moléculas, enquanto os grupamentos hidrofílicos se localizam na superfície. Desse modo, os resíduos hidrofóbicos repelem as moléculas de água que circundam as proteínas e determinam que sua estrutura globular se torne mais compacta

(4) **Interações de van der Waals**, que ocorrem quando os átomos estão muito próximos. Essa proximidade induz flutuações em suas cargas elétricas, causa de atrações mútuas entre os átomos.

A diferença fundamental entre as ligações químicas covalentes e as não covalentes está na quantidade de energia necessária para rompê-las. Por exemplo, para romper uma ponte de hidrogênio, são necessárias 4,5 kcal/mol^{-1}, um valor bastante inferior às 110 kcal/mol^{-1} necessárias para romper a ligação covalente O–H da água. De modo geral, as ligações covalentes são rompidas por enzimas, enquanto as ligações não covalentes são dissociadas por forças físico-químicas. Embora individualmente as ligações não covalentes sejam frágeis, quando numerosas, estabilizam a estrutura molecular, conforme ocorre com a dupla cadeia de DNA.

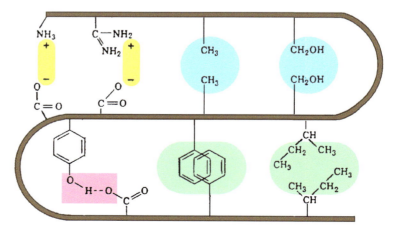

Figura 2.31 Tipos de ligações não covalentes que estabilizam a estrutura das proteínas: ligação iônica (*amarela*); interação de van der Waals (*azul*); pontes de hidrogênio (*rosa*); interação hidrofóbica (*verde*). (De C. B. Anfinsen.)

2.11 As proteínas têm cargas elétricas positivas e negativas, contudo, no ponto isoelétrico, sua carga elétrica é igual a zero

A carga elétrica real de uma molécula proteica é o resultado da soma de todas as suas cargas elétricas. Visto que os grupamentos ácidos e básicos se dissociam em diferentes concentrações de íons hidrogênio no meio, o pH influencia a carga elétrica final da molécula. A Figura 2.32 mostra que, em meio ácido, os grupamentos amino capturam H$^+$ e se comportam como bases (–NH$_2$ + H$^+$ → –NH$_3$), enquanto, em um meio alcalino, ocorre o fenômeno oposto e os grupamentos carboxila se dissociam (–COOH → COO$^-$ + H$^+$).

Existe um pH definido para cada proteína no qual a soma das cargas elétricas positivas e negativas é igual a zero (Figura 2.32). Esse pH é denominado **ponto isoelétrico**. Nesse pH, as proteínas colocadas em um campo elétrico não migram para nenhum dos polos, enquanto, em um pH mais baixo, as proteínas se deslocam para um cátodo e, em um pH mais elevado, o deslocamento é em direção ao ânodo. O processo que promove esses movimentos chama-se **eletroforese** (ver *Seção 23.31*).

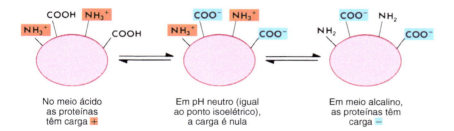

Figura 2.32 A ionização das proteínas depende do pH do meio.

Enzimas

2.12 As proteínas enzimáticas catalisam as reações químicas

A célula pode ser comparada a um laboratório minúsculo, no qual ocorrem a síntese e a degradação de numerosas substâncias. Esses processos são realizados por **enzimas** (do grego *en*, "dentro", e *zúmē*, "levedura") que atuam na temperatura do organismo e dentro de limites estreitos de pH. As enzimas são os catalisadores biológicos. Um catalisador é uma substância que acelera as reações químicas sem sofrer modificações. Isso significa que a enzima pode ser utilizada mais de uma vez.

O conjunto das enzimas constitui o grupo de proteínas mais amplo e mais especializado do organismo, sendo responsável pela coordenação da complexa rede de reações químicas que ocorrem na célula.

As enzimas (E) são proteínas ou glicoproteínas que contêm um ou mais locais denominados **sítios ativos**, aos quais se une o substrato (S), ou seja, a substância sobre a qual a enzima atua. O substrato é modificado quimicamente e convertido a um ou mais produtos (P). Como essa reação é geralmente reversível, pode ser expressa pela seguinte equação:

$$E + S \rightleftharpoons [ES] \rightleftharpoons E + P,$$

em que [ES] é um complexo enzima-substrato que se forma transitoriamente. Os diferentes tipos de enzimas podem formar ligações covalentes entre os átomos do substrato (síntese) ou podem rompê-las (degradação). As enzimas aceleram a reação até que seja alcançado um ponto de equilíbrio e podem ser tão eficientes que a velocidade da reação chega a alcançar 10^8 a 10^{11} vezes mais do que na ausência do catalisador.

Uma característica muito importante da atividade enzimática é sua **especificidade**, o que significa que cada classe de enzima atua sobre um substrato apenas. As enzimas costumam ser tão específicas que não conseguem atuar sobre substâncias estreitamente relacionadas; assim, por exemplo, não exercem efeito sobre um estereoisômero do mesmo substrato.

De modo geral, as enzimas são denominadas de acordo com o substrato que modificam ou segundo a atividade que exercem, mais o sufixo "ase". Desse modo, existem nucleases ou endonucleases (degradam ácidos nucleicos), fosfatases (subtraem fosfatos), quinases (agregam fosfatos), sulfatases, proteases, glicosidases, lipases, oxidases, redutases, desidrogenases e assim por diante.

Vale a pena mencionar que, na célula, existem moléculas com atividade enzimática que não são proteínas e, sim, ácidos ribonucleicos. Essas moléculas são denominadas **ribozimas** e catalisam a formação ou a ruptura das ligações diésteres entre os nucleotídios (ver *Seções 15.5 e 16.10*).

2.13 Algumas enzimas precisam de cofatores

Algumas enzimas precisam de substâncias denominadas **coenzimas** para poderem atuar. As desidrogenases, por exemplo, precisam das coenzimas nicotinamida adenina dinucleotídio (NAD^+ ou $NADP^+$) ou flavina adenina dinucleotídio (FAD) (Figura 8.4), pois essas são as moléculas que recebem o hidrogênio extraído do substrato. A reação é a seguinte:

$$E + S(H_2) + NAD^+ \rightarrow E + S + NADH + H^+$$

Em alguns casos, a coenzima é um metal ou outro grupamento prostético unido de modo covalente à proteína enzimática. Em outros casos, as coenzimas se associam às enzimas de maneira fraca. Numerosas coenzimas são vitaminas pertencentes ao grupo B.

2.14 Os substratos se unem ao sítio ativo das enzimas

Conforme já vimos, as enzimas têm uma grande especificidade para seus substratos e costumam não aceitar moléculas correlatas ou que apresentem um formato ligeiramente diferente. Isso pode ser explicado pelo fato de que a enzima e o substrato apresentam uma interação semelhante à de uma fechadura com sua chave. Na Figura 2.33, observa-se que a enzima tem um sítio ativo complementar a um dos domínios do substrato. Embora a imagem da fechadura e da chave seja válida, isso não quer dizer que as enzimas e os substratos sejam moléculas estruturalmente rígidas. Assim, o sítio ativo da enzima pode se tornar complementar ao substrato somente depois da união entre eles; é o chamado **encaixe induzido**. Como se observa na Figura 2.33, a união com o substrato induz uma mudança na conformação da enzima e, assim, apenas os grupos catalíticos entram em íntimo contato com o substrato.

Na união do substrato com o sítio ativo da enzima, atuam forças químicas de natureza não covalente (ligações iônicas, pontes de hidrogênio, forças de van der Waals) cujo raio de ação é muito limitado. Isso explica por que o complexo enzima-substrato só pode ser formado se a enzima apresentar um sítio exatamente complementar ao exposto na superfície do substrato.

2.15 O comportamento cinético de muitas enzimas é definido pelos parâmetros $V_{máx}$ e K_m

As reações enzimáticas ocorrem em duas etapas. A primeira corresponde à ligação da enzima com o substrato e pode ser descrita da seguinte maneira:

$$E + S \quad \overset{K_1}{\underset{K_2}{}} \quad [ES]$$

Na segunda etapa, o complexo ES se desdobra no produto e na enzima. A enzima torna-se, portanto, disponível para atuar sobre uma nova molécula de substrato:

$$[ES] \quad \overset{K_3}{\underset{K_4}{}} \quad E + P$$

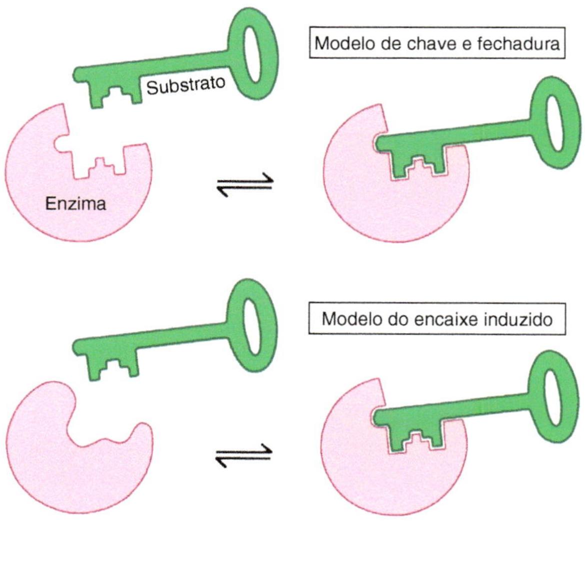

Figura 2.33 Os substratos reagem de modo muito preciso com o sítio ativo da enzima. Algumas enzimas apresentam um encaixe induzido, visto que o sítio ativo é complementar ao substrato somente depois que ele se une à enzima.

Os valores K_1, K_2, K_3 e K_4 são constantes de velocidade das reações.

Conforme ilustra a Figura 2.34, a velocidade da reação depende da concentração do substrato. Quando a concentração do substrato é baixa, a velocidade inicial (V) da reação é descrita como uma **hipérbole**. Todavia, à medida que aumenta a concentração do substrato, a reação se satura e alcança um platô. Nesse ponto, que corresponde à $V_{máx}$, toda a enzima participa na formação do complexo ES. A equação da curva é:

$$V = \frac{V_{máx} [S]}{K_m + [S]},$$

em que K_m é a constante de Michaelis, que pode ser definida como a concentração do substrato, na qual a metade das moléculas da enzima forma complexos ES. Quanto menor é o valor de K_m, maior será a afinidade da enzima pelo substrato. Portanto, o comportamento cinético de uma enzima é definido pelos valores $V_{máx}$ e K_m.

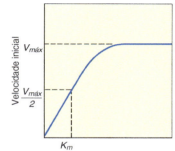

Figura 2.34 Diagrama da velocidade de reação de uma enzima em concentrações de substrato progressivamente maiores. No texto são descritas a $V_{máx}$ e a K_m. A curva é uma hipérbole cuja primeira parte segue uma cinética de primeira ordem (ou seja, a reação é proporcional à concentração do substrato); a segunda parte corresponde à saturação, que apresenta cinética de ordem zero (visto que não depende da concentração do substrato).

2.16 Algumas enzimas estão sujeitas a regulações alostéricas

Na seção anterior foi mostrado que, se for plotada a velocidade de reação de uma enzima em função da concentração crescente do substrato, percebe-se que, para muitas enzimas, a curva desenha uma hipérbole (Figura 2.34). Assim, à medida que aumenta a concentração de substrato, aumenta a quantidade de enzima no complexo E-S e a velocidade de aparecimento do produto. Todavia, em concentrações elevadas de substrato, quase todas as moléculas da enzima se encontram no complexo ES e é alcançada a velocidade máxima ($V_{máx}$) da reação.

Outras enzimas não obedecem à cinética descrita previamente, já que mostram cooperatividade e estão sujeitas ao controle alostérico. Por isso, em vez de uma hipérbole, ocorre uma **curva sigmoide** (Figura 2.35).

2.17 Os inibidores das enzimas são muito específicos

As enzimas podem ser inibidas de modo reversível ou irreversível.

A **inibição irreversível** pode ser consequente à desnaturação da enzima ou à formação de uma ligação covalente entre a enzima e outra substância.

Existem duas formas de **inibição reversível**: competitiva e não competitiva. Na forma competitiva de inibição reversível, um composto com estrutura semelhante à do substrato forma um complexo com a enzima análogo ao complexo ES. Esse tipo de inibição pode ser revertido com concentrações elevadas de substrato. Na inibição reversível não competitiva, o inibidor e o substrato não são relacionados estruturalmente, contudo, ligam-se por meio de determinados pontos de suas moléculas.

2.18 As enzimas da célula estão distribuídas em múltiplos compartimentos

As enzimas catalisam as incontáveis reações químicas que ocorrem nas células. Em alguns casos, as enzimas de uma via metabólica estão localizadas no citosol, e o substrato e os sucessivos produtos passam de uma enzima para a seguinte de maneira encadeada. Em outros casos, as enzimas que atuam em uma cadeia de reações estão associadas e atuam em conjunto sob a forma de um complexo multienzimático. As enzimas que sintetizam os ácidos graxos, por exemplo, são intimamente vinculadas. Os sistemas multienzimáticos facilitam as reações sucessivas, pois elas ocorrem a pouca distância uma da outra.

As enzimas apresentam padrões de distribuição muito específicos. Algumas enzimas hidrolíticas, por exemplo, estão localizadas nos lisossomos, enquanto outras enzimas estão localizadas nas cisternas do complexo de Golgi, e outras ainda, como as RNA polimerases e DNA polimerases, no núcleo.

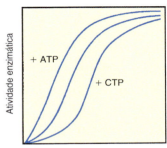

Origem das células

2.19 Os mecanismos de autoarranjo deram origem às primeiras células

Na *Seção 2.9*, vimos que uma proteína complexa (como a hemoglobina) é resultado do **autoarranjo** de várias unidades proteicas menores. Na *Seção 2.7*, estudamos que os fosfolipídios dispersos na água desenvolvem espontaneamente uma bicamada lipídica semelhante à das membranas celulares. Outro exemplo de autoarranjo é encontrado nos vírus (*ver Seção 1.5*), que se formam no inte-

Figura 2.35 Cinética da enzima alostérica ATPase, apresentando uma curva sigmoide característica em vez de uma hipérbole. São observados os efeitos de um ativador (*ATP*) e de um inibidor (*CTP*).

rior da célula hospedeira a partir de material genético (DNA ou RNA) e proteínas (capsômeros). Como se pode notar, os mecanismos de autoarranjo conseguem formar tanto macromoléculas quanto estruturas subcelulares de complexidade variável.

As causas pelas quais se formam nas células estruturas seguindo uma ordem cada vez mais complexa devem ser buscadas na informação contida no DNA. Esta é quem determina a estrutura das proteínas. Por outro lado, é da interação entre duas ou mais proteínas diferentes e da interação entre proteínas e carboidratos, lipídios e ácidos nucleicos que resultam a formação de complexos macromoleculares e estruturas de maior complexidade.

Um problema fundamental é determinar os mecanismos pelos quais se originou em nosso planeta a organização supramolecular que deu origem à formação das células procariontes e eucariontes. Evidentemente, qualquer explicação desse assunto é meramente especulativa, pois tem a ver com nada menos que a origem da vida.

Embora ainda não se saiba como se formaram as primeiras células, é possível estabelecer, por meio de registros fósseis, que os organismos procariontes precederam os eucariontes e surgiram há, aproximadamente, três bilhões de anos. Observações recentes demonstraram que somente depois de um bilhão de anos da formação da Terra surgiram organismos semelhantes às bactérias atuais. Antes disso, deve ter havido um longo período de evolução química durante o qual se originaram as moléculas com carbono e as unidades precursoras das futuras macromoléculas dos organismos vivos, como os aminoácidos, os monossacarídios e as bases dos nucleotídios. Após isso, por polimerização, formaram-se moléculas cada vez mais complexas. É possível que, durante esse período, tenham entrado em ação os mecanismos de autoarranjo mencionados anteriormente, até se formar a primeira estrutura supramolecular com capacidade de autorreprodução (Figura 2.36).

2.20 A evolução química produziu moléculas orgânicas com carbono

Na era prebiótica, ou seja, antes do aparecimento da vida, a atmosfera do planeta Terra não continha oxigênio, como ocorre em outros planetas do sistema solar. A atmosfera da Terra continha hidrogênio, nitrogênio, amoníaco, metano, monóxido de carbono e dióxido de carbono, além de água, que cobria parte da superfície terrestre na forma de vapor. Embora normalmente essas moléculas sejam pouco reativas, podem ter interagido por causa da energia proveniente da radiação ultravioleta, do calor e das descargas elétricas dos raios.

Naquela época, a atmosfera não apresentava a camada protetora de ozônio, de modo que a radiação ultravioleta alcançava a superfície da Terra com uma intensidade que seria muito prejudicial para a vida atual. Isso originou moléculas intermediárias extremamente reativas, como acetaldeído, cianeto, formaldeído e outras, a partir das quais foram sintetizadas moléculas cada vez mais complexas.

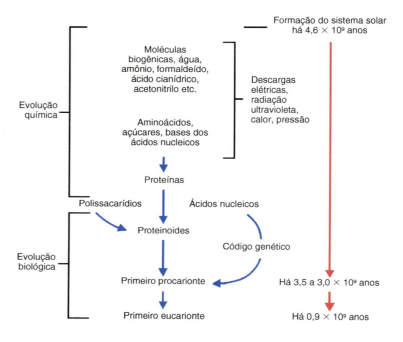

Figura 2.36 Sequência temporal da origem das células.

Em 1920, Oparin e Haldane sugeriram a hipótese de que a polimerização dessas moléculas pode ter dado origem às proteínas, aos ácidos nucleicos e aos carboidratos existentes nos organismos vivos. Em 1953, Miller realizou um experimento fundamental, no qual foram imitadas as condições da atmosfera no período prebiótico. Ele produziu descargas elétricas em um recipiente dentro do qual foram colocados água, hidrogênio, amoníaco e metano. Na água que se condensou, formaram-se aminoácidos (glicina, alanina, ácido aspártico e ácido glutâmico). Mediante experimentos semelhantes, foram obtidos quase todos os aminoácidos encontrados nas proteínas, além de vários monossacarídios, ácidos graxos e as bases dos nucleotídios.

2.21 Os mecanismos de agregação formaram os proteinoides primitivos

A etapa seguinte foi, provavelmente, a polimerização dos aminoácidos para a formação de proteínas. Isso foi possível em razão da ação catalítica das argilas. Todos esses processos podem ter acontecido em meios aquosos (lagunas), nos quais as moléculas orgânicas se concentraram e formaram uma espécie de "caldo" que favoreceu as interações moleculares.

Após a formação da primeira proteína foi possível a ação dos mecanismos de agregação ou autoarranjo descritos anteriormente. Dessa maneira, podem ter se originado as funções enzimáticas. É provável que, no "caldo" primordial, as macromoléculas tenham formado complexos maiores, denominados **protenoides** ou **coacervados**, que apresentam uma parede semelhante à de uma membrana e um interior líquido. Esses proteinoides primitivos puderam apresentar atividade enzimática e permeabilidade, como no caso das membranas artificiais que mencionaremos na *Seção 3.2*. Não obstante, a ausência de ácidos nucleicos impediu sua continuidade, e é possível que tenham tido uma vida muito curta, visto que não podiam se autorreproduzir.

2.22 As células procariontes precederam as eucariontes

Somente depois do aparecimento dos ácidos nucleicos, teve origem um organismo capaz de autoperpetuação. Nessa época, deve ter surgido a primeira célula procarionte e, assim, a vida na Terra.

É provável que o RNA, e não o DNA, tenha sido o primeiro material genético a surgir em nosso planeta, de modo que, do ponto de vista cronológico, as macromoléculas tenham evoluído da seguinte maneira:

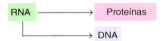

A replicação do RNA é mais simples do que a do DNA, pois exige um número menor de enzimas. Além disso, o RNA pode ser usado como material genético e como RNA mensageiro, e muitas das etapas da síntese proteica dependem de interações RNA-RNA (mRNA-tRNA, mRNA-rRNA, rRNA-tRNA).

Todos os organismos vivos têm o mesmo código genético e isso seria uma prova de que a vida na Terra se iniciou de um único organismo precursor. As forças da evolução, ao selecionar as mutações favoráveis às células, resultaram, posteriormente, em uma variedade extraordinária de formas de vida.

É possível que os primeiros procariontes tenham sido heterotróficos (ou seja, nutriam-se de moléculas orgânicas). Posteriormente, surgiram os procariontes autotróficos, como as algas azuis. Em decorrência da fotossíntese, foi produzido e acumulado oxigênio na atmosfera e isso possibilitou o aparecimento de células procariontes aeróbicas.

Existe a possibilidade de que a célula eucarionte tenha se originado depois do aparecimento de uma célula eucarionte anaeróbica. Essa célula deve ter sido parasitada por uma célula procarionte aeróbica, que, mais tarde, se transformaria em uma mitocôndria (ver *Seção 8.29*).

De acordo com alguns restos fósseis, os organismos eucariontes devem ter surgido há, aproximadamente, 1,5 bilhão de anos, ao ser estabelecida uma atmosfera de oxigênio estável – e, conforme dissemos, esses organismos podem ter sido primeiro anaeróbios e, depois, aeróbios. Até então, a vida em nosso planeta só existia na água e, depois disso, as plantas e os animais se tornaram terrestres.

O aparecimento da reprodução sexuada, milhões de anos depois, acelerou a evolução das formas vivas, que, até então, era relativamente lenta. Sexos distintos possibilitaram a troca de informação genética entre os indivíduos, enquanto a mutação e a seleção produziram as diferentes formas vivas encontradas atualmente em nosso planeta.

Bibliografia

Anfinsen C.B. (1973) Principles that govern the folding of protein chains. Science 181:223.

Atkins PW and De Paula JD (2006) Physical Chemistry for the Life Sciences. Oxford University Press, Oxford.

Attenborough D. (1979) Life on Earth. Collins, England.

Berg J.M., Tymoczko J.L. and Stryer L. (2006) Biochemistry, 6th Ed. WH Freeman, New York.

Bernal J.D. and Synge A. (1973) The origin of life. In: Readings in Genetics and Evolution. Oxford University Press, Oxford.

Blanco A. (2000) Química Biológica, 7a Ed. El Ateneo, Buenos Aires.

Butler P.J.G. and Klug A. (1978) The assembly of a virus. Sci. Am. 239:62.

Cavalier-Smith T. (1975) The origin of nuclei and eukaryotic cells. Nature 256:463.

Davidson J.N. (1976) The Biochemistry of the Nucleic Acids, 8th Ed. Chapman & Hall, London.

de Duve Ch. (1996) The birth of complex cells. Sci Am. 274 (4):38.

Dickerson R.E. (1978) Chemical evolution and the origin of life. Sci. Am. 239:68.

Eigen M. (1971) Molecular self-organization and the early stages of evolution. Q. Rev. Biophys. 4:149.

Eisenberg D. (2003) The discovery of the alpha-helix and beta-sheet, the principle structural features of proteins. Proc. Natl. Acad. Sci. USA 100:11207.

Fersht A. (1977) Enzyme Structure and Mechanism. W.H. Freeman & Co, San Francisco.

Fox S. and Dose K. (1972) Molecular Evolution and the Origin of Life. W.H. Freeman & Co, San Francisco.

Frieden E. (1972) The chemical elements of life. Sci. Am. 227:52.

Gupta R.S. and Golding G.B. (1996) The origin of eukaryotic cell. TIBS 21:166.

Hillis D.M. (1997) Biology recapitulates phylogeny. Science 276: 218.

Hudder A., Nathanson L. and Deutscher M.P. (2003) Organization of mammalian cytoplasm. Mol. Cell Biol. 23:9318.

Jacob F. (1982) Evolution and tinkering. Science 196:121.

Judson H.F. (1979) The Eight Day of Creation: Makers of the Revolution in Biology. Simon and Schuster, New York.

Klug A. (1972) Assembly of tobacco mosaic virus. Fed. Proc. 31:30.

Lehninger A.L., Nelson D.L. and Cox M.M. (2008) Principles of Biochemistry, 5th Ed. W.H. Freeman, New York.

Murray R.K. et al. (1996) Harper's Biochemistry, 14th Ed. Appleton & Lange, New York.

Oparin A.I. (1974) Evolution of the Concepts on the Origin of Life: Seminar on the Origin of Life. Moscow.

Oparin A.I. (1978) The origin of life. Scientia 113:7.

Ostro M.J. (1987) Liposomes. Sci. Am. 256 (1):102.

Pellicena P. and Kuriyan J. (2006) Protein-protein interactions in the allosteric regulation of protein kinases. Curr. Opin. Struct. Biol. 16:702.

Perutz M. (1978) Hemoglobin structure and respiratory transport. Sci. Am. 239:68.

Petsko G.A. and Ringe D. (2004) Protein Structure and Function. New Science Press, London.

Phillips D.C. and North A.C.T. (1975) Protein Structure. Oxford Biology Readers, Vol 34. Oxford University Press, Oxford.

Richards F.M. (1991). The protein folding problem. Sci. Am. 264:54.

Rossmann M.G. and Argos P. (1978) Protein folding. Annu. Rev. Biochem. 50:497.

Saenger W. (1984) Principles of Nucleic Acid Structure. Springer, New York.

Schopf W. (1978) The evolution of the earliest cells. Sci. Am. 239:110.

Sharon N. (1980) Carbohydrates. Sci. Am. 243:90.

Spiegelman S. (1971) An approach to the experimental analysis of precellular evolution. Q. Rev. Biophys. 4:213.

Stryer L. (1995) Biochemistry, 4th Ed. W.H. Freeman & Co, New York.

Watson J.D. et al. (1987) Molecular Biology of the Gene, 4th Ed. W.A. Benjamin-Cummings, Menlo Park.

Watson J.D. and Crick F.H.C. (1953) Molecular structure of nucleic acids. A structure for deoxyribose nucleic acid. Nature 171:737.

Weinberg R.A. (1985) The molecules of life. Sci. Am. 253 (4):34.

Wilson A.C. (1985) The molecular basis of evolution. Sci. Am. 253 (4):148.

Membranas Celulares
Permeabilidade das Membranas

3

3.1 As membranas celulares exercem diversas funções

A célula é envolta pela membrana plasmática, uma fina camada de 6 a 10 nm de espessura constituída por lipídios, proteínas e carboidratos (Figura 3.1). A estrutura básica da membrana plasmática é semelhante à de outras membranas da célula que circundam as organelas do sistema de endomembranas, inclusive a membrana nuclear, as mitocôndrias e os peroxissomos.

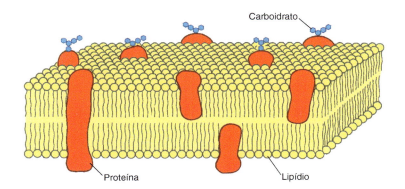

Figura 3.1 Representação tridimensional de uma membrana celular.

As membranas celulares não são apenas fronteiras inertes que formam compartimentos na célula. As membranas celulares são, na verdade, estruturas que exercem atividades complexas, como as seguintes:

(1) São verdadeiras barreiras com permeabilidade seletiva que controlam a passagem de íons e moléculas pequenas, como os solutos. Assim, a permeabilidade seletiva das membranas impede a troca indiscriminada dos componentes das organelas entre si e dos componentes extracelulares com os intracelulares

(2) Proporcionam o suporte físico para a atividade ordenada das enzimas que nelas se situam

(3) Possibilitam o deslocamento de substâncias pelo citoplasma, mediante a formação de pequenas vesículas transportadoras (ver *Seção 7.1*)

(4) A membrana plasmática participa dos processos de endocitose e de exocitose. Na endocitose, a célula incorpora substâncias a partir do exterior (ver *Seção 7.29*) e, na exocitose, a célula secreta substâncias (ver *Seção 7.22*)

(5) Na membrana plasmática existem moléculas que possibilitam que as células se reconheçam e promovam a aderência entre si e com componentes da matriz extracelular (ver *Seção 6.1*)

(6) A membrana plasmática tem receptores que interagem especificamente com moléculas provenientes do exterior, como hormônios, neurotransmissores, fatores do crescimento e outros indutores químicos. A partir desses receptores, são desencadeados sinais que serão transmitidos para o interior das células. Suas primeiras conexões estão localizadas perto do receptor, geralmente na própria membrana plasmática (ver *Seção 11.8*).

Estrutura das membranas celulares

3.2 A estrutura básica das membranas celulares consiste em uma bicamada lipídica

Os lipídios fundamentais das membranas biológicas são fosfolipídios de classes diferentes e colesterol. Na *Seção 2.7* foi demonstrada a natureza anfipática dos fosfolipídios; são moléculas que apresentam uma cabeça polar ou hidrofílica e grandes cadeias apolares ou hidrofóbicas de hidrocarbonetos. Essa dualidade é extremamente importante para a estruturação das membranas.

Quando os fosfolipídios são colocados entre um óleo e uma solução aquosa, formam uma camada de uma molécula de espessura (monocamada), na qual todas as cabeças polares se orientam para a solução aquosa e os ácidos graxos se afastam dela, de tal modo que os fosfolipídios ficam perpendiculares ao plano de interface água/óleo (Figura 3.2). Se, além disso, os fosfolipídios e o óleo forem "empurrados" para o interior da solução aquosa, surgem pequenas vesículas, com as cabeças dos fosfolipídios na periferia (em contato com o meio aquoso) e os ácidos graxos orientados para o óleo no interior da vesícula (Figura 3.2).

Por outro lado, nas soluções aquosas puras, os fosfolipídios não formam monocamadas, mas bicamadas que se fecham sobre si mesmas, originando vesículas com até 1 μm de diâmetro denominadas **lipossomos** (Figura 3.3). Assim, os ácidos graxos hidrofóbicos se unem no interior da bicamada e as cabeças polares hidrofílicas de cada monocamada se orientam para as soluções aquosas. Visto que os lipossomos conseguem se fundir com as membranas plasmáticas, são empregados como veículos para incorporar diversos compostos às células. Para isso são construídos em um meio aquoso ao qual se agrega um ou mais compostos (medicamentos, cosméticos), o que assegura a incorporação desses compostos ao interior das vesículas.

Quando fosfolipídios são colocados entre duas soluções aquosas separadas parcialmente, formam uma bicamada lipídica que completa a separação (Figura 3.4). Aqui também as cabeças polares dos fosfolipídios são direcionadas para as soluções aquosas e os ácidos graxos se orientam para o interior da bicamada, a qual, por isso, se torna intensamente hidrofóbica. Essas **bicamadas lipídicas artificiais** são criadas para possibilitar o estudo da permeabilidade e das propriedades físico-químicas das membranas biológicas, pois apresentam estrutura básica e comportamento semelhantes.

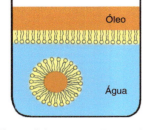

Figura 3.2 Esquema ilustrando a disposição dos fosfolipídios quando são colocados em uma interfase de óleo e água.

Figura 3.3 Lipossomo derivado do arranjo espontâneo dos fosfolipídios quando são colocados em um meio aquoso.

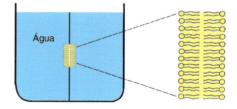

Figura 3.4 Bicamada lipídica artificial formada quando fosfolipídios são colocados entre dois meios aquosos.

3.3 Os fosfolipídios são os lipídios mais abundantes das membranas celulares

As membranas celulares são formadas por bicamadas lipídicas semelhantes às descritas na seção anterior. Na Figura 3.5 são mostradas quatro bicamadas lipídicas, como são visualizadas à microscopia eletrônica.

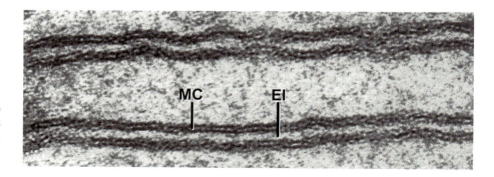

Figura 3.5 Eletromicrografia de quatro membranas celulares (*MC*). Em cada uma, observa-se a bicamada lipídica. *EI*, espaço intercelular. 240.000×. (De E. D. De Robertis.)

Tais bicamadas contêm fosfolipídios e colesterol. Contudo, os fosfolipídios costumam ser as moléculas lipídicas mais abundantes.

As estruturas das diferentes classes de fosfolipídios encontradas nas membranas foram descritas na *Seção 2.7*. Vale lembrar que as cadeias de hidrocarbonetos dos ácidos graxos podem ou não ser saturadas (Figura 2.20). Nas cadeias saturadas, as ligações simples entre os carbonos conferem uma configuração estendida aos ácidos graxos e, por isso, os ácidos graxos estão perpendiculares ao plano da bicamada lipídica e, em cada monocamada, os fosfolipídios estão agrupados em conjuntos bastante compactos. Em contrapartida, as ligações duplas das cadeias não saturadas resultam na formação de ângulos nos ácidos graxos que separam os fosfolipídios e resultam em configuração menos compacta da bicamada (Figura 3.6).

O fosfolipídio predominante nas membranas celulares é a **fosfatidilcolina**. Em ordem, seguem a **fosfatidiletanolamina**, a **fosfatidilserina**, a **esfingomielina** e o **fosfatidilinositol**. Um derivado do fosfatidilinositol, o fosfatidilinositol 4,5-difosfato ou PIP_2 (Figura 2.16), quando hidrolisado, resulta em diacilglicerol (DAG) e inositol 1,4,5-trifosfato (IP_3). Essas duas pequenas moléculas participam na transmissão de sinais intracelulares (ver *Seções 11.14* e *11.17*). Em contrapartida, quando se acrescenta ao PIP_2, um fosfato se torna fosfatidilinositol 3,4,5-trifosfato ou PIP_3 (ver *Seções 11.14* e *11.20*).

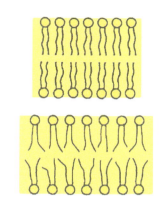

Figura 3.6 Esquemas que ilustram como as ligações duplas nos ácidos graxos afastam os fosfolipídios nas bicamadas lipídicas.

A membrana mitocondrial interna apresenta um fosfolipídio duplo denominado **difosfatidilglicerol** ou **cardiolipina** (ver *Seção 2.7*) (Figura 2.17).

O **colesterol** é um componente quantitativamente importante das membranas celulares, sobretudo na membrana plasmática. Visto que o colesterol é anfipático, ele fica localizado, em cada monocamada, entre os fosfolipídios, com o grupamento OH do C3' de seu núcleo cíclico orientado para a solução aquosa (ver *Seção 2.7*) (Figura 3.7).

Na membrana do retículo endoplasmático, existe um lipídio especial denominado **dolicol** (Figuras 2.24 e 7.15) que é essencial à incorporação dos oligossacarídios às moléculas proteicas durante a formação de algumas glicoproteínas (ver *Seção 7.16*).

Os componentes lipídicos distintos são mantidos na bicamada devido às suas interações com o meio aquoso e com os ácidos graxos dos fosfolipídios vizinhos, sem que ocorram ligações covalentes entre eles.

As duas camadas da bicamada lipídica não apresentam composição idêntica e, por isso, diz-se que as membranas são assimétricas. A fosfatidiletanolamina, a fosfatidilserina e o fosfatidilinositol predominam na camada que está em contato com o citosol, enquanto a fosfatidilcolina e a esfingomielina predominam na camada não citosólica (na membrana plasmática, é a camada voltada para o exterior e, nas organelas, é a camada voltada para a sua cavidade).

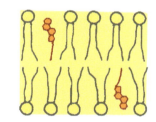

Figura 3.7 Moléculas de colesterol entre os fosfolipídios das membranas celulares.

A composição das membranas celulares apresenta diferenças quantitativas e qualitativas, dependendo da análise que se faz – se é da membrana plasmática ou da membrana de uma organela específica. A membrana mitocondrial interna, por exemplo, apresenta difosfatidilglicerol e a membrana do retículo endoplasmático contém dolicol, lipídios que não são encontrados em outras membranas. Em contrapartida, a membrana plasmática é rica em colesterol e a membrana mitocondrial interna é pobre em colesterol. Também há diferenças entre as membranas quando elas são analisadas nos diferentes tipos de células.

Em temperaturas fisiológicas, a bicamada lipídica se comporta como uma estrutura fluida. A fluidez aumenta à medida que aumenta a proporção de ácidos graxos de cadeia curta e não saturados nos fosfolipídios. Conforme já mencionado, a saturação dos ácidos graxos faz com que os fosfolipídios se agrupem em conjuntos mais compactos, o que resulta em uma dupla camada lipídica mais rígida. O colesterol promove consequências semelhantes.

Dizer que a bicamada lipídica se comporta como uma estrutura fluida significa que seus componentes giram em torno de seus eixos e se deslocam livremente pela superfície da membrana (Figura 3.8). Além desses movimentos, os lipídios conseguem migrar de uma camada para a outra devido ao movimento denominado *flip-flop* (por causa da semelhança com um salto acrobático). Esse movimento de *flip-flop* é pouco comum em comparação com a rotação e o deslocamento lateral.

Na *Seção 3.7* é mostrado como alguns lipídios das membranas estão associados a carboidratos sob a forma de glicolipídios.

3.4 As proteínas das membranas celulares são classificadas como integrais e periféricas

As membranas celulares contêm quantidades significativas de proteínas. Na média, a proporção de lipídios e de proteínas é equivalente, embora varie, dependendo do tipo de membrana. A membrana das bainhas de mielina, por exemplo, apresenta 80% de lipídios e 20% de proteínas, enquanto, na membrana mitocondrial interna, essa relação se inverte.

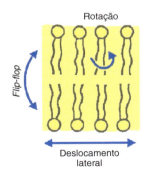

Figura 3.8 Movimentos dos fosfolipídios nas membranas das células.

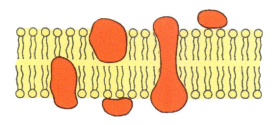

Figura 3.9 Posições das proteínas integrais e das proteínas periféricas nas membranas celulares.

As proteínas das membranas celulares apresentam assimetria maior que os lipídios e são classificadas em periféricas e integrais (Figura 3.9).

Existem **proteínas periféricas** nas duas faces da membrana, conectadas às cabeças dos fosfolipídios ou às proteínas integrais por ligações não covalentes. Assim, podem ser extraídas mais facilmente após tratamentos com soluções salinas. Da superfície das proteínas emergem os resíduos dos aminoácidos polares (Figura 2.25), que interagem com grupamentos químicos da própria membrana e dos meios circunjacentes.

As **proteínas integrais** estão encaixadas nas membranas, entre os lipídios da bicamada. Por isso, sua extração exige procedimentos relativamente agressivos, por meio de detergentes ou solventes especiais. Algumas proteínas integrais se estendem desde a zona hidrofóbica da bicamada lipídica até uma das faces da membrana, por onde emergem (Figura 3.9). Outras proteínas integrais, em contrapartida, atravessam toda a bicamada lipídica, sendo denominadas **proteínas transmembrana** (Figura 3.9). A extremidade carboxila dessas proteínas costuma estar localizada no lado citosólico da membrana e a extremidade amino, no lado não citosólico. Essas extremidades entram em contato com os meios aquosos que banham as duas superfícies da membrana e, por isso, existe um predomínio de aminoácidos hidrofílicos. Por outro lado, as partes das proteínas integrais que se encontram entre os ácidos graxos dos fosfolipídios apresentam uma maior proporção de aminoácidos hidrofóbicos. Com frequência, a zona intramembranosa apresenta estrutura secundária em α-hélice, com sua superfície exterior hidrofóbica estando em contato com os ácidos graxos também hidrofóbicos (Figura 3.10).

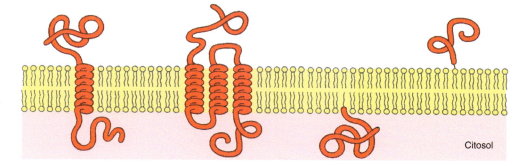

Figura 3.10 Esquemas de quatro proteínas integrais, duas transmembrana (uma delas do tipo multipasso) e duas localizadas em posições periféricas.

Muitas proteínas transmembrana atravessam a bicamada lipídica mais de uma vez e são chamadas de **multipasso**. Essa denominação provém do fato de que formam uma sucessão de alças cujas curvas emergem dos dois lados da membrana (Figura 3.10).

Algumas proteínas transmembrana se associam entre si para formar estruturas cilíndricas ocas, como as mostradas na Figura 3.21. Seus aminoácidos estão distribuídos de tal modo que a parede exterior do cilindro oco – em contato com os ácidos graxos – torna-se apolar, enquanto a superfície interna está coberta por grupamentos polares que delimitam um túnel cujas extremidades se abrem para os dois lados da bicamada lipídica. Mais adiante serão descritas as características desses túneis e sua importância para o transporte dos solutos através das membranas.

Convém mencionar que existem proteínas que se comportam como integrais, pois exigem métodos drásticos para serem removidas, mas que apresentam posições periféricas. Sua estabilidade na membrana se deve ao fato de que estão conectadas por ligações covalentes a um ácido graxo ou a um fosfatidilinositol, dependendo de estarem no lado citosólico ou no lado não citosólico, respectivamente (Figura 3.10).

Na *Seção 3.7*, mostraremos que muitas proteínas das membranas estão associadas a carboidratos, ou seja, são glicoproteínas. Mais ainda, na membrana plasmática, quase todas as proteínas pertencem a esta categoria.

3.5 As membranas celulares obedecem ao modelo denominado mosaico fluido

Como os lipídios, as proteínas também conseguem girar em torno de seus próprios eixos e se deslocar lateralmente no plano da bicamada lipídica. As proteínas já foram comparadas a *icebergs* que flutuam na bicamada lipídica. A essa propriedade dinâmica das membranas biológicas dá-se o nome de mosaico fluido.

A capacidade de migrar pela bicamada lipídica indicaria que as inter-relações químicas das proteínas e dos lipídios são efêmeras. Não obstante, na maioria dos casos, as inter-relações químicas mostram alguma estabilidade. Assim, os lipídios que circundam determinada proteína se mantêm associados a ela, o que parece ser importante para assegurar a configuração da proteína. Comumente, as proteínas das membranas apresentam propriedades diferentes quando são isoladas e purificadas. Isso resultou na reavaliação do meio lipídico em que as proteínas estão localizadas e no reconhecimento da existência de movimentos combinados das proteínas com os lipídios. Além disso, as atividades das proteínas podem variar de acordo com modificações nos lipídios associados.

Algumas proteínas da membrana plasmática apresentam mobilidade lateral restringida pelo fato de estarem ligadas a componentes do citoesqueleto, os quais as imobilizam em determinados pontos da membrana (ver *Seção 5.24*) (Figura 5.31). Em contrapartida, as zônulas de oclusão (ver *Seção 6.11*) (Figura 6.9) impedem que as proteínas passem de um lado para outro do limite demarcado por ela (Figura 3.27).

3.6 A fluidez das proteínas na bicamada lipídica foi comprovada por técnicas biológicas diferentes

Vimos que a fluidez da membrana se refere ao deslocamento dos lipídios e das proteínas no plano da bicamada. Essa fluidez foi comprovada por anticorpos marcados com fluorocromos, que são fáceis de se detectar à microscopia de fluorescência (ver *Seção 23.25*). Examinemos os experimentos a seguir.

Se os linfócitos são tratados com anticorpos fluorescentes que se unem a receptores (proteínas) localizados em suas membranas plasmáticas, pode-se observar o aparecimento de um tipo de "capuz" (Figura 3.11). Essa estrutura se forma porque os receptores se deslocam pela membrana e se agrupam em um polo da célula. Além disso, nesse local, a membrana plasmática pode se invaginar em direção ao citosol e formar vesículas de endocitose (ver *Seção 7.29*). Isso também pode ser detectado à microscopia de fluorescência.

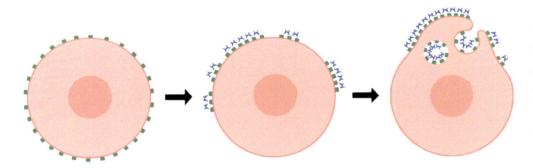

Figura 3.11 Linfócito tratado com um anticorpo fluorescente que se liga a receptores proteicos da membrana plasmática. Observe o deslocamento dos receptores e seu agrupamento em um polo da célula (próximo ao complexo de Golgi), no qual conseguem penetrar por endocitose. (De S. de Pretris e M. C. Raff.)

Se em uma cultura de células houver a fusão de duas células de espécies diferentes (p. ex., uma humana e outra de camundongo), será obtida uma célula com dois núcleos denominada **heterocário**. O heterocário compartilha os citoplasmas, os núcleos e as membranas plasmáticas das células participantes (Figura 3.12) (ver *Seção 21.4*). A união das células é feita com o auxílio do vírus *Sendai* inativado ou de polietilenoglicol, cujas propriedades fusogênicas propiciam o contato e a integração das membranas plasmáticas. Se as células forem marcadas previamente com sondas de anticorpos fluorescentes de cores diferentes (como a fluoresceína, que é verde, e a rodamina, que é vermelha), logo após a fusão é possível reconhecer na membrana plasmática do heterocário as partes provenientes de cada célula. Todavia, como os receptores marcados se deslocam ao longo da membrana, rapidamente as duas cores se misturam em toda a superfície da célula.

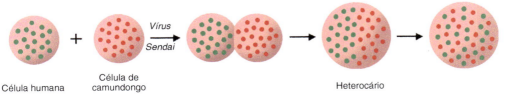

Figura 3.12 Criação de um heterocário por meio da união de duas células de espécies diferentes em decorrência do vírus *Sendai* inativado.

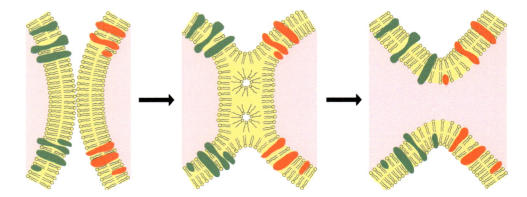

Figura 3.13 Esquema que mostra o possível mecanismo molecular responsável pela fusão de duas membranas celulares. (De R. Schaier e P. Overath.)

Na Figura 3.13 está representado o possível mecanismo molecular de fusão das membranas. Quando as células estão próximas e sob a influência de elementos fusogênicos (nesse caso, o vírus *Sendai* ou o polietilenoglicol), os seguintes fenômenos ocorrem:

(1) As proteínas da membrana são "derramadas", o que torna a bicamada constituída apenas por lipídios
(2) As bicamadas estabelecem íntimo contato pelas respectivas monocamadas apostas
(3) Essas camadas desaparecem e surge uma interfase de estruturas lipídicas hexagonais entre as duas monocamadas restantes (essa interfase parece ser essencial em todos os processos de fusão de membranas)
(4) Por fim, a interfase desaparece e a fusão se completa.

O mecanismo descrito é encontrado em todos os processos fisiológicos de fusão de membranas e **agentes fusogênicos** encontrados no citosol participam desses processos. Eles serão descritos durante a análise da dinâmica das vesículas transportadoras no sistema de endomembranas (ver *Seção 7.41*) e a fusão do espermatozoide com o ovócito durante a fecundação (ver *Seção 19.19*).

Outro método utilizado no estudo do deslocamento lateral das proteínas no plano das membranas é a técnica de **recuperação da fluorescência após fotobranqueamento**, conhecida pela sigla **FRAP** (*fluorescence recovery after photobleaching*). Nessa técnica, algumas proteínas das membranas são marcadas com fluorocromos e um pequeno setor da membrana é irradiado com *laser*. Esse setor "branqueia", ou seja, perde a fluorescência. Todavia, é rapidamente invadido por proteínas fluorescentes provenientes das regiões não irradiadas. A velocidade de recuperação da fluorescência pode ser calculada mediante um índice denominado "coeficiente de difusão".

3.7 Os carboidratos das membranas celulares fazem parte de glicolipídios e glicoproteínas

As membranas celulares contêm entre 2 e 10% dos carboidratos. Os carboidratos estão unidos de modo covalente a lipídios e a proteínas da membrana, ou seja, como glicolipídios e glicoproteínas (Figura 3.14).

Os **glicolipídios** são classificados em cerebrosídios e gangliosídios (ver *Seção 2.7*). Os **cerebrosídios** resultam da união de uma galactose ou de uma glicose com a ceramida (Figura 2.21). A estrutura dos **gangliosídios** é semelhante; contudo, o carboidrato não é um monossacarídio, mas um oligossacarídio que contém um a três ácidos siálicos (Figura 2.22).

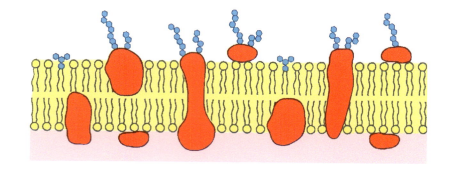

Figura 3.14 Existência de carboidratos (componentes de glicolipídios e glicoproteínas) na face não citosólica das membranas celulares.

Por outro lado, as **glicoproteínas** das membranas contêm oligossacarídios ou polissacarídios.

Os **oligossacarídios** estão ligados às proteínas por ligações **N-glicosídicas** ou **O-glicosídicas** (ver *Seção 2.6*) (Figuras 2.7 e 2.8). Habitualmente, os monômeros localizados na periferia dos oligossacarídios são ácidos siálicos. Uma proteína pode conter uma ou várias cadeias oligossacarídicas (Figura 3.14).

Os **polissacarídios** ligados a proteínas chamam-se **glicosaminoglicanos** (um a vários por proteína), e destes são formadas glicoproteínas denominadas **proteoglicanos** (ver *Seção 2.6*) (Figuras 2.10 e 2.11). Nas *Seções 6.3* e *7.28* veremos que muitos proteoglicanos são transferidos para o meio extracelular, onde são abundantes. No entanto, alguns proteoglicanos regressam para a célula e se instalam na membrana plasmática como glicoproteínas periféricas. Assim, pode-se dizer que esses proteoglicanos são moléculas recuperadas pela célula.

3.8 Os carboidratos desempenham funções importantes nas membranas celulares

Os carboidratos dos glicolipídios e das glicoproteínas localizados na superfície não citosólica (ou luminal) da membrana das organelas pertencentes ao sistema de endomembranas desempenham diversas funções. Os carboidratos encontrados na membrana dos lisossomos, por exemplo, protegem a membrana da ação das enzimas hidrolíticas existentes no interior dessas organelas (ver *Seção 7.33*).

Os carboidratos dos glicolipídios e das glicoproteínas localizados na face externa da membrana plasmática formam um revestimento denominado **glicocálice** (Figura 3.14). Suas funções são as seguintes:

(1) Proteção da superfície da célula de agressões mecânicas e químicas. O glicocálice das células situadas na superfície da mucosa intestinal, por exemplo, protege essas células do contato com os alimentos e dos efeitos destrutivos das enzimas digestivas

(2) Por causa dos ácidos siálicos existentes em muitos dos oligossacarídios do glicocálice, a carga elétrica em sua superfície é negativa. Isso atrai os cátions do meio extracelular, que são retidos na superfície externa da célula. Essa condição é importante, sobretudo, nas células nervosas e nas células musculares que precisam incorporar muito Na^+ durante a despolarização de suas membranas

(3) Alguns oligossacarídios do glicocálice são essenciais para os processos de reconhecimento e de adesão celular (ver *Seções 6.8* e *6.9*)

(4) A membrana plasmática que envolve várias vezes o axônio de alguns neurônios para formar a bainha de mielina é rica em glicolipídios. Esses glicolipídios contribuem para o isolamento elétrico do axônio

(5) A especificidade do sistema ABO de grupos sanguíneos é determinada por certos oligossacarídios de cadeia muita curta e parecidos entre si, que são encontrados na membrana plasmática dos eritrócitos. Esses oligossacarídios só diferem por seus monômeros terminais e estão ligados a uma proteína transmembrana ou a uma ceramida, como mostra a Figura 3.15. Desse modo, nos eritrócitos pertencentes ao grupo A, o monossacarídio terminal da cadeia oligossacarídica é a N-acetilgalactosamina e, nos eritrócitos do grupo B, é a galactose. Quando não existem esses monossacarídios terminais, os eritrócitos pertencem ao grupo sanguíneo O (Figura 3.15)

(6) Nas células tumorais malignas, foram observadas trocas em alguns oligossacarídios da membrana e isso levou à especulação de que influem na conduta anômala dessas células. Acredita-se que haja alteração da recepção dos sinais que controlam as divisões celulares

(7) Algumas toxinas, bactérias e vírus se ligam a oligossacarídios específicos existentes na membrana plasmática das células por eles atacadas. Algumas bactérias, por exemplo, sabi-

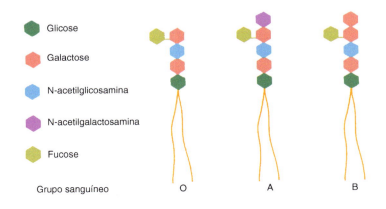

Figura 3.15 Oligossacarídios da membrana plasmática do eritrócito, determinantes dos grupos sanguíneos O, A e B.

damente se unem às manoses de oligossacarídios da membrana plasmática das células infectadas por elas como um passo prévio à sua invasão. Por outro lado, para iniciar suas ações patogênicas, algumas toxinas (como as elaboradas pelas bactérias do cólera, do tétano do botulismo e da difteria) conectam-se seletivamente a oligossacarídios de gangliosídios existentes na superfície celular

(8) Em algumas células, determinadas glicoproteínas do glicocálice têm propriedades enzimáticas. Por exemplo, diversas glicoproteínas encontradas no glicocálice das células de revestimento do intestino são peptidases e glicosidases cuja função é completar a degradação das proteínas e dos carboidratos ingeridos que foi iniciada por outras enzimas digestivas.

Permeabilidade das membranas celulares

3.9 Os solutos e as macromoléculas atravessam as membranas celulares por mecanismos diferentes

Existe um fluxo contínuo de substâncias que entram e saem das células e circulam em seu interior. Para que isso ocorra, os **solutos** (ou seja, os íons e as moléculas pequenas) devem atravessar as membranas celulares. Esse fenômeno é denominado **permeabilidade** e será estudado nas próximas seções desse capítulo.

No tocante às macromoléculas, para atravessar as membranas, algumas delas utilizam canais proteicos especiais denominados **translócons**, enquanto outras atravessam **poros** de alta complexidade e, outras ainda, são transportadas por pequenas **vesículas**. Essas transferências serão analisadas nos capítulos sobre o sistema de endomembranas (ver *Seções 7.1* e *7.12*), mitocôndrias (ver *Seção 8.28*), peroxissomos (ver *Seção 10.5*) e envoltório nuclear (ver *Seção 12.4*).

3.10 A passagem dos solutos através das membranas celulares pode ser passiva ou ativa

A troca incessante de solutos entre o meio extracelular e o citosol e entre o citosol e o interior das organelas ocorre, respectivamente, por meio da membrana plasmática e das membranas dessas organelas. Conforme o caso, a passagem é feita sem gasto energético ou por meio de mecanismos que demandam energia. Quando não há gasto energético, o processo é denominado transporte passivo e, quando depende de energia, transporte ativo.

O **transporte passivo** ocorre por meio dos componentes da **bicamada lipídica** ou de estruturas especiais constituídas por proteínas transmembrana organizadas para a passagem dos solutos (Figura 3.16). Essas estruturas são de dois tipos: **canais iônicos** e **permeases,** também denominadas **transportadores**. O transporte passivo através da bicamada lipídica é chamado de **difusão simples**, enquanto o transporte que ocorre através dos canais iônicos e das permeases recebe o nome de **difusão facilitada**.

O **transporte ativo** ocorre exclusivamente por meio das **permeases** (Figura 3.16).

3.11 O transporte passivo dos solutos se deve à difusão

Quando um soluto é dissolvido em um solvente, as partículas do soluto são dispersas de modo progressivo por todo o solvente até ficarem uniformemente distribuídas. O movimento do soluto – chamado difusão – ocorre dos áreas de maior concentração para as de menor concentração, com uma velocidade proporcional à diferença entre as concentrações (Figura 3.17). Essa diferença é

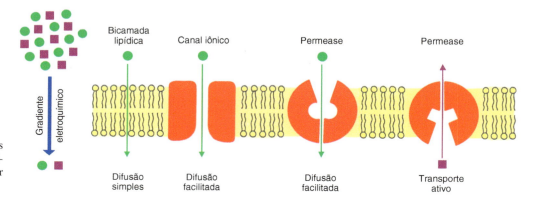

Figura 3.16 Diferentes mecanismos e estruturas da membrana são utilizados pelos solutos para atravessar as membranas da célula.

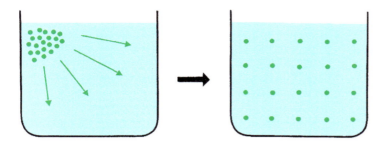

Figura 3.17 Difusão de uma substância por um solvente.

denominada **gradiente de concentração**. Se o soluto tiver carga elétrica, acrescenta-se o **gradiente de voltagem** (ou **potencial elétrico**), que é estabelecido entre os diferentes pontos da solução. O somatório dos gradientes de concentração e de voltagem é conhecido como **gradiente eletroquímico**. A difusão a favor desses gradientes é um processo espontâneo, **sem gasto energético**, e recebe, portanto, o nome de transporte passivo.

3.12 A difusão simples ocorre através da bicamada lipídica

O transporte passivo de solutos também pode acontecer entre compartimentos aquosos separados por membranas semipermeáveis, como são as **bicamadas lipídicas** das membranas celulares. Esse tipo de transporte é denominado **difusão simples**. Essas membranas são chamadas semipermeáveis porque os solutos são obrigados a evitar a barreira representada pela dupla camada de lipídios.

As substâncias lipossolúveis atravessam com alguma facilidade a zona hidrofóbica das membranas. Existe uma relação linear direta entre a lipossolubilidade de uma substância e sua velocidade de difusão por meio das membranas semipermeáveis. Essa relação é expressa pelo coeficiente de partição óleo/água, determinado quando se agita o soluto em uma mistura dos dois fluidos. Quando as duas fases são separadas, determina-se a concentração da substância dissolvida em cada uma delas. A relação entre a concentração do soluto no óleo/concentração do soluto na água representa o valor do coeficiente de partição.

As moléculas apolares pequenas – como o O_2, o CO_2 e o N_2 – difundem-se livremente pelas bicamadas lipídicas (Figura 3.18). Compostos lipossolúveis de maior tamanho, como, por exemplo, os ácidos graxos e os esteroides, também se difundem livremente pelas bicamadas lipídicas. Embora sejam moléculas polares, o glicerol e a ureia atravessam livremente as membranas celulares, pois são pequenas e não têm carga elétrica.

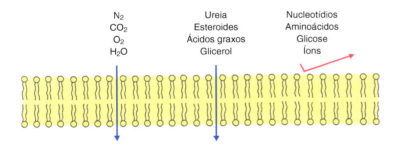

Figura 3.18 Solutos que atravessam as membranas celulares por difusão simples.

A bicamada lipídica das membranas celulares possibilita a passagem de **água** por difusão simples. Visto que a água é o solvente no qual estão dissolvidos os solutos e dispersas as macromoléculas, o sentido do movimento das moléculas aquosas depende do **gradiente osmótico** entre os dois lados da membrana. Na *Seção 3.16* serão analisados outros aspectos associados à passagem de água através das membranas celulares.

A difusão das moléculas polares pela bicamada lipídica depende do tamanho das mesmas; ou seja, quanto maiores as moléculas polares, menor a passagem. Hexoses, aminoácidos e nucleotídios, por exemplo, praticamente não se difundem. Visto que os íons têm carga elétrica, eles se unem a várias moléculas de água e isso impede que atravessem a bicamada lipídica por menores que sejam (na *Seção 2.2* vimos que a água se comporta como um dipolo).

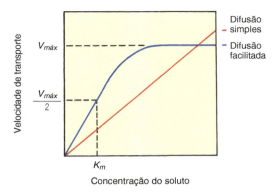

Figura 3.19 Velocidades de fluxo dos solutos ao atravessar uma membrana por difusão simples e difusão facilitada, de acordo com seus gradientes de concentração.

A difusão simples ocorre espontaneamente e sua velocidade é diretamente proporcional à diferença de concentração (ou gradiente) do soluto entre um lado e outro da membrana, como se pode observar na Figura 3.19. Vale lembrar que a inclinação da reta depende do grau de permeabilidade da membrana ao soluto. Como foi mostrado, o sentido da difusão depende do lado em que está mais concentrado o soluto.

3.13 A difusão facilitada ocorre através de canais iônicos e de permeases

A maioria das substâncias que atravessa as membranas celulares a favor dos gradientes, ou seja, **sem gasto energético**, o faz a uma velocidade acima do que seria esperado se sua passagem ocorresse por difusão simples. A diferença é explicada pela existência de determinados componentes proteicos da membrana, denominados **canais iônicos** e **permeases**. Essas estruturas facilitam e regulam a transferência dos solutos de um lado para outro da membrana.

O sentido da difusão é sempre a favor dos gradientes de concentração e de voltagem. Assim, se houver uma inversão desses gradientes, o sentido da difusão também é invertido. Como vemos, na **difusão facilitada** a força impulsora da mobilização das partículas de soluto é o gradiente e, portanto, não há consumo de energia. Desse ponto de vista, a difusão facilitada é semelhante à difusão simples. A diferença entre as duas é que, na difusão facilitada, há a participação de estruturas proteicas reguladoras, enquanto, na difusão simples, isso não ocorre.

Durante o transporte passivo de solutos por difusão facilitada, os complexos soluto-canal iônico e soluto-permease apresentam características de especificidade e saturabilidade semelhantes às do complexo enzima-substrato. Desse modo, em um gráfico cujas coordenadas representam a velocidade do fluxo e as abscissas são as concentrações do soluto, seria obtida uma **curva hiperbólica**. Essa hipérbole mostra uma diferença notável da relação linear da difusão simples (Figura 3.19). A hipérbole é semelhante à obtida no gráfico de atividade enzimática *versus* concentração do substrato (Figura 2.34). Esse comportamento indica que o processo é passível de saturação. Quando, em um canal iônico ou em uma permease, é alcançada a velocidade máxima do fluxo, esta não aumenta por mais que se eleve a concentração do soluto.

Como no caso das enzimas, a constante K_m pode ser definida como a concentração do soluto na qual é alcançada a metade da velocidade máxima de fluxo. Na maioria das circunstâncias, o valor de K_m apresenta uma relação inversa com a afinidade do transportador pelo soluto. Quanto menor o valor de K_m, maior é a afinidade e vice-versa. Em consequência disso, nesse tipo de sistema, a velocidade do fluxo do soluto pode ser expressa por uma equação semelhante à empregada para as enzimas (ver *Seção 2.15*):

$$J = \frac{J_{máx}[S]}{K_m + [S]},$$

na qual J é a velocidade de fluxo e $J_{máx}$ é a velocidade máxima de fluxo. [S] é a concentração do soluto e K_m é a concentração do soluto na qual o fluxo é igual à metade do máximo.

Conforme ocorre com as enzimas, existem substâncias que apresentam estruturas moleculares semelhantes às dos solutos e que conseguem se unir aos canais iônicos e às permeases e produzir inibições competitivas (ver *Seção 2.17*). Também ocorrem inibições não competitivas.

Tabela 3.1 Concentrações intra e extracelulares dos principais íons.

Íons	Intracelulares	Extracelulares
Na^+	12	145
K^+	140	4
Mg^{2+}	0,5	1,5
Ca^{2+}	<0,0005	1,5
H^+	pH 7,2	pH 7,4
Cl^-	10	110
HCO_3^-	27	10

Concentrações (mM ou pH)

mM = milimolar.

3.14 Há duas classes de canais iônicos: as dependentes de ligantes e as dependentes de voltagem

Os **canais iônicos** são poros ou túneis hidrofílicos que atravessam as membranas. São formados por proteínas integrais transmembrana, geralmente do tipo multipasso.

Existem canais iônicos em todas as células, tanto na membrana plasmática quanto nas membranas das organelas. Os canais iônicos são extremamente seletivos, de modo que existem canais específicos para cada tipo de íon (Na^+, K^+, Ca^{2+}, Cl^- etc.). Os mais abundantes na membrana plasmática são os canais para K^+.

Conforme vimos, o fluxo de um íon é impulsionado pelo gradiente eletroquímico resultante do somatório dos gradientes de concentração e de voltagem dos dois lados da membrana. Na Tabela 3.1 são apresentadas as concentrações dos principais íons intracelulares e extracelulares. Normalmente, o lado citosólico da membrana plasmática é eletronegativo com relação ao lado externo e isso favorece o influxo (ou dificulta o efluxo) dos íons com carga elétrica positiva. No caso dos íons negativos, ocorre a situação inversa. O gradiente de voltagem, por exemplo, opõe-se à saída de K^+ da célula, enquanto o gradiente de concentração favorece esse efluxo. Quando essas forças opostas se equilibram, o gradiente eletroquímico é igual a zero e cessa o fluxo do íon.

O potencial de equilíbrio de um íon pode ser calculado se for conhecida a concentração do mesmo dentro da célula e no meio extracelular, pela equação de Nernst:

$$V = \frac{RT}{zF} - \ln \frac{Ce}{Ci} = 2{,}303 \frac{RT}{zF} - \log \frac{Ce}{Ci},$$

na qual V é o potencial de equilíbrios (em volts); R é a constante dos gases ($1{,}987\ cal \cdot mol^{-1} \cdot K^{-1}$); T é a temperatura absoluta; F é a constante de Faraday ($2{,}3 \times 10^{-4}\ cal \cdot V^{-1}$); z é a carga elétrica do íon e Ce e Ci são as concentrações extracelular e intracelular do íon.

A maioria dos canais iônicos não fica aberta o tempo todo, pois eles têm um dispositivo de abertura e fechamento, semelhante ao de uma "comporta", acionado por dois fatores (Figura 3.20). Alguns canais iônicos abrem sua "comporta" em resposta à mudança do potencial elétrico da membrana e outros canais iônicos se abrem quando da chegada de uma substância indutora (ligante) pelo lado citosólico ou pelo lado não citosólico (ver *Seções 11.2 e 11.18*). Os primeiros são denominados canais **dependentes de voltagem** e os segundos são canais **dependentes de ligante**. Assim, para que um soluto atravesse um canal iônico, não é necessário apenas existir um gradiente eletroquímico, mas também um estímulo apropriado. Este, dependendo do caso, corresponde a uma alteração no potencial de membrana ou à chegada de uma substância indutora (ligante).

A estrutura de um canal iônico é semelhante a um cilindro oco que atravessa a membrana. O ducto central se estreita e se dilata de maneira semelhante a uma ampulheta, de modo que existem grandes aberturas de acesso e de saída. Em um determinado ponto, o diâmetro do ducto é extremamente pequeno e essa zona confere especificidade ao canal iônico, visto que é aí que se faz o reconhecimento do íon de acordo com o tamanho e a carga elétrica dele.

A parede do cilindro é formada por várias proteínas transmembrana, **quatro** delas nos canais regulados por alteração de voltagem e **cinco** nos canais iônicos dependentes de ligante (Figura 3.21).

Os canais iônicos mais bem estudados são os das células nervosas. Já foram, inclusive, clonados os genes que codificam suas proteínas e também já foi analisada a sequência de seus nucleotídios. Isso possibilitou estabelecer que são estruturas que se conservaram com poucas modificações ao longo da evolução, visto que existe uma grande homologia desses canais iônicos em espécies filogeneticamente muito distantes.

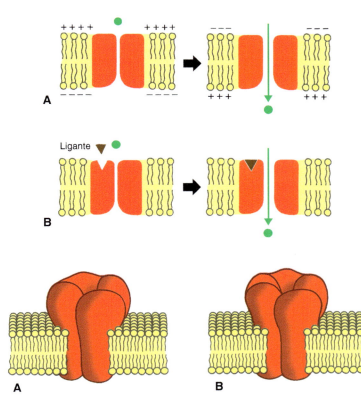

Figura 3.20 Representação dos mecanismos de passagem dos íons por meio dos canais iônicos dependentes de voltagem (**A**) e dos canais iônicos dependentes de ligante (**B**).

Figura 3.21 Representações tridimensionais dos canais iônicos dependentes de voltagem (**A**) e de ligante (**B**).

3.15 Os ionóforos aumentam a permeabilidade das membranas biológicas para determinados íons

Existem substâncias, denominadas **ionóforos**, que apresentam a propriedade de serem incorporadas às membranas biológicas e, desse modo, aumentar a permeabilidade das mesmas a diversos íons. São moléculas de tamanho relativamente pequeno, com uma superfície hidrofóbica que possibilita a sua inserção na bicamada lipídica. Dois tipos de ionóforos são conhecidos, os transportadores móveis e os formadores de canais. Como os canais iônicos, os ionóforos possibilitam o fluxo de íons com base em gradientes eletroquímicos.

Os **transportadores móveis** retêm um íon em um lado da membrana, envolvem-no no interior de suas moléculas, giram 180º na bicamada lipídica e liberam o íon do outro lado da membrana (Figura 3.22A). A esse grupo pertence o antibiótico **valinomicina**, um peptídio anular que transfere K^+. Outro ionóforo dessa classe é o chamado **A 23187**, que transfere o Ca^{2+} e o Mg^{2+}, sendo empregado em experimentos em que se deseja elevar rapidamente a concentração intracelular de Ca^{2+}. Os ionóforos **formadores de canais** são condutos hidrofóbicos que possibilitam a passagem de cátions monovalentes (H^+, Na^+, K^+). A esse grupo pertence a **gramicidina A**, um antibiótico oligopeptídico composto por 15 aminoácidos. A gramicidina A tem configuração helicoidal e o conduto encontrado no interior da hélice constitui o poro. O fato de seu comprimento ser pequeno exige a participação de duas moléculas alinhadas longitudinalmente para a formação de um poro transmembrana contínuo (Figura 3.22B).

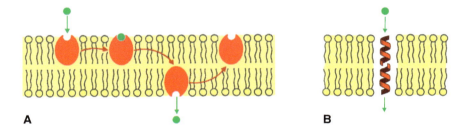

Figura 3.22 A. Passagem de íons através de ionóforos transportadores móveis. **B.** Passagem de íons através de ionóforos formadores de canais.

3.16 As aquaporinas são canais especiais que possibilitam a passagem seletiva de água

Embora não seja um canal iônico, é oportuno analisar aqui um dispositivo molecular que possibilita a passagem de água através de algumas membranas celulares.

Em várias classes de células, sobretudo os eritrócitos e as células epiteliais dos plexos corióideos, a vesícula biliar e o túbulo proximal do néfron, a membrana plasmática é bastante permeável à água. Essa permeabilidade é bem superior ao que seria esperado se seu transporte ocorresse exclusivamente segundo o mecanismo de difusão simples descrito na *Seção 3.12*. A causa é a existência de canais de passo especiais conhecidos pelo nome de **aquaporinas**.

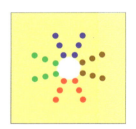

Figura 3.23 Aquaporina. Corte transversal através do plano da membrana. São observados o canal aquoso central e as quatro CHIP. Cada ponto representa uma α-hélice transmembrana.

As aquaporinas são constituídas por quatro proteínas de 28 kDa iguais entre si (com exceção de uma que é glicosilada), denominadas **CHIP** (*channel-forming integral protein*). Cada uma dessas proteínas é constituída por seis α-hélices transmembrana. Como se pode ver na Figura 3.23, só participam na formação da parede do canal as duas α-hélices intermediárias de cada CHIP. Embora seja fato conhecido que a passagem da água pelas aquaporinas ocorre sem íons associados nem outros tipos de solutos, ainda não se conhecem os fundamentos dessa especificidade.

3.17 Há diferentes classes de permeases passivas que participam nos processos de monotransporte, cotransporte e contratransporte

Como nos canais iônicos, a parede das **permeases** é comumente constituída por várias proteínas transmembrana multipasso. Cada permease apresenta sítios de ligação específicos para uma ou para duas classes de solutos que são acessíveis por um ou pelos dois lados da bicamada lipídica. A fixação do soluto provoca modificação na conformação da permease que possibilita a transferência de material para o outro lado da membrana (Figura 3.24).

Nesta seção serão analisadas apenas as permeases que tornam possível a passagem passiva de solutos, que seria correspondente ao mecanismo de difusão facilitada. A explicação é que as células apresentam proteínas transportadoras semelhantes, mas com conformação programada para a passagem ativa de solutos com gasto energético (ver *Seção 3.18*).

Figura 3.24 Representação de uma permease e de como os solutos atravessam-na.

Há três classes de permeases (Figura 3.25):

(1) Aquelas que transferem um único tipo de soluto – essa forma de transferência é denominada **monotransporte** (em inglês, *uniport*)
(2) Aquelas que transportam dois tipos de solutos simultaneamente no mesmo sentido – esse mecanismo é denominado **cotransporte** (em inglês, *symport*)
(3) Aquelas que transferem dois tipos de solutos em sentidos contrários – esse tipo de transferência é denominado **contratransporte** (*antiport*). Convém mencionar que, no cotransporte e no contratransporte, as transferências de solutos são obrigatoriamente acopladas, ou seja, uma não ocorre sem a outra.

São exemplos de difusão facilitada por permeases:

(1) O monotransporte de glicose e o cotransporte de Na^+ e glicose na membrana plasmática das células da mucosa intestinal (ver S*eção 3.21*)
(2) O contratransporte de Na^+ e H^+ pela membrana plasmática de quase todos os tipos de células
(3) O contratransporte de Cl^- e HCO_3^- por uma permease da membrana plasmática dos eritrócitos, denominada banda 3 (ver *Seção 5.36*)
(4) O contratransporte de ADP e ATP pela membrana mitocondrial interna (ver *Seção 8.16*) (Figura 8.10).

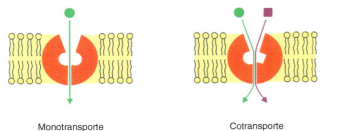
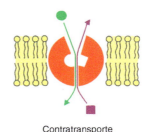

Figura 3.25 Tipos de permeases segundo travessia por um ou por dois solutos e, no segundo caso, os sentidos da passagem.

3.18 O transporte ativo demanda energia

Quando o transporte de um soluto ocorre no sentido contrário a seu gradiente de concentração ou de voltagem, isso só é possível **com gasto de energia**, sendo, portanto, denominado transporte ativo.

O transporte ativo ocorre em virtude de **permeases** denominadas bombas e, nesse caso, também existem formas de monotransporte, cotransporte e contratransporte. Além disso, o transporte ativo dos solutos apresenta as mesmas características de especificidade e saturabilidade apresentadas para a difusão facilitada, mas difere desta por ser realizada contra o gradiente do soluto.

Existem inúmeros exemplos de permeases que participam nos processos de transporte ativo. Nas próximas seções, descreveremos algumas permeases representativas da maioria.

3.19 A bomba de Na^+K^+ é um sistema de contratransporte

Um dos sistemas de transporte ativo mais difundidos é o que estabelece as diferenças nas concentrações de Na^+ e K^+ entre o interior da célula e o líquido extracelular. Esse sistema é responsável pela manutenção do potencial elétrico da membrana plasmática. É denominada **bomba de Na^+K^+** ou **Na^+K^+-ATPase** e sua função consiste em expulsar Na^+ para o espaço extracelular e trazer K^+ para o citosol (Figura 3.26). Visto que a bomba de Na^+K^+ transfere solutos diferentes em sentidos contrários, trata-se de um sistema de contratransporte.

A bomba de Na^+K^+ é um complexo integrado por quatro subunidades, duas α e duas β ($\alpha_2\beta_2$), que são proteínas integrais da membrana plasmática. Cada subunidade α tem massa de, aproxima-

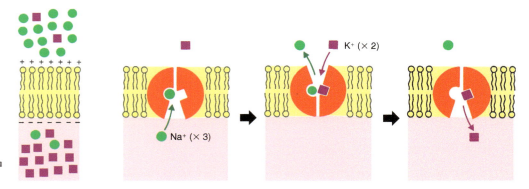

Figura 3.26 Na+K+-ATPase ou bomba de Na+K+.

damente, 100 kDa e atravessa a membrana cerca de oito vezes. Em contrapartida, cada subunidade β é uma glicoproteína com cerca de 45 kDa, que possui várias cadeias oligossacarídicas na extremidade voltada para o lado não citosólico da membrana. Os lipídios da bicamada dupla vizinhos às quatro cadeias polipeptídicas influenciam o funcionamento da bomba, já que esta é inativada quando é isolada e são extraídos os lipídios que a acompanham.

As subunidades α apresentam sítios específicos para a fixação do Na+ em suas extremidades citosólicas e sítios para a ligação com K+ em suas extremidades externas. As transferências de Na+ para o exterior e de K+ para o citosol são acopladas, ou seja, uma não pode ocorrer sem a outra. Por conseguinte, o funcionamento da bomba provoca a troca de Na+ intracelular por K+ extracelular. Os dois fluxos ocorrem contra seus respectivos gradientes.

O sistema demanda energia, que é obtida por meio de hidrólise de ATP. Para isso, a Na+K+-ATPase catalisa essa hidrólise, devido a uma reação que demanda não apenas Na+ e K+, mas também Mg^{2+}. O ATP liga-se a um sítio específico da subunidade α no lado citosólico da membrana e sua hidrólise está associada ao transporte dos íons. Cada ATP hidrolisado possibilita o transporte de três íons Na+ para o espaço extracelular e de dois íons K+ para o citosol. O resultado da atividade da bomba de Na+K+ pode ser resumido pela seguinte equação:

$$3\ Na^+_i + 2\ K^+_e + ATP \rightarrow 3\ Na^+_e + 2\ K^+_i + ADP + P_i$$

na qual os subscritos *i* e *e* dos símbolos Na+ e K+ indicam, respectivamente, "intracelular" e "extracelular".

O sentido do fluxo pode ser revertido se as concentrações de Na^+_e e de K^+_i elevarem-se acima de determinados limites e se forem agregados ADP e P. Nesse caso, a Na+K+-ATPase atua como uma ATP sintase. Todavia, em geral a bomba atua de acordo com a equação mencionada anteriormente, ou seja, elimina três íons Na+ para cada dois íons K+ que entram na célula (Figura 3.26). Isso leva à diferença de voltagem (ou potencial elétrico) que existe entre os dois lados da membrana plasmática, com o lado citosólico sendo normalmente eletronegativo com relação ao lado extracelular (Figura 3.26). As bombas que produzem potenciais elétricos de membrana são denominadas **eletrogênicas**.

Durante seu funcionamento, a Na+K+-ATPase passa por ciclos de fosforilação e desfosforilação que provocam modificações conformacionais alternadas. Dos mecanismos propostos para explicar a atuação dessa bomba, o que mais se ajusta aos resultados experimentais é o seguinte:

(1) Nas subunidades α são encontrados sítios de alta afinidade para três Na+, um ATP e um Mg^{2+}. Esses sítios são facilmente acessíveis na superfície citosólica da membrana plasmática. Quando ocorre a hidrólise de ATP, há liberação de ADP e o terceiro fosfato é transferido para um ácido aspártico de uma das subunidades α. Isso propicia a fixação de três Na+ no interior do transportador

(2) Imediatamente, ocorre a modificação da conformação estrutural da permease. A seguir, os íons Na+ ficam expostos para o lado externo da célula. Além disso, sua afinidade pelas subunidades α diminui e isso promove a liberação de Na+ para o meio extracelular

(3) Contudo, dois íons K+ do líquido extracelular se unem à permease e se fixam em seus sítios nas subunidades α. Essa união provoca a liberação do fosfato ligado ao transportador

(4) Tal desfosforilação promove a recuperação da conformação original do transportador e os íons K+ são expostos para o interior da célula. Visto que também ocorre diminuição de sua afinidade pelas subunidades α, os íons K+ vão para o citosol, o que completa o ciclo.

3.20 Alguns fármacos cardiotônicos inibem a bomba de Na+K+

A Na+K+-ATPase é inibida por fármacos dos tipos **ouabaína** e **digitoxina**, que são muito utilizados como cardiotônicos. Esses agentes bloqueiam o contratransporte de Na+ e K+ em concentrações de 10^{-5} M. Essas substâncias atuam na superfície das células, conectando-se aos sítios das subunidades α reservados para os íons K+. A inibição da bomba de Na+K+ deve-se ao fato de que os cardiotônicos, ao competir com o K+, impedem a liberação do fosfato ligado à subunidade α do transportador. Portanto, o sistema é bloqueado e reduz o efluxo de Na+ para o meio extracelular. Isso diminui o rendimento de um contratransportador passivo – o de Na+ e Ca²+, o que possibilita o influxo de Na+ na célula e o efluxo de Ca²+. Por causa do menor aporte de Na+ a partir do líquido extracelular, inibe-se seu intercâmbio com o Ca²+, que fica retido no citosol. A maior concentração citosólica de Ca²+ resulta na contração mais vigorosa das células musculares cardíacas (ver *Seções 5.33 e 5.34*).

3.21 Diversos transportadores passivos, embora não façam parte da bomba de Na+K+, dependem dela para o funcionamento

A dependência do contratransportador de Na+ e de Ca²+ da atividade da bomba de Na+K+ é apenas um exemplo dos muitos que existem durante o funcionamento normal da célula. Na verdade, vários transportadores são impulsionados pelo gradiente de Na+ produzido por essa bomba que "puxa" os outros. Consequentemente, se a atividade da bomba de Na+K+ for interrompida, os transportadores passivos que dependem dela deixam de atuar.

O transportador de glicose e o contratransportador de Na+ e glicose, responsáveis pelo transporte transcelular desse monossacarídio através do epitélio da mucosa intestinal, também são exemplos representativos de transporte acoplado à bomba de K+ e H+ (Figura 3.27).

O mesmo ocorre no contratransporte de Na+ e H+. O Na+ chega ao citosol a favor de seu gradiente e é trocado por H+, que é mandado para fora da célula. Esse mecanismo é muito importante para a regulação do pH intracelular, sendo encontrado em quase todos os tipos de células.

3.22 Uma bomba de K+H+ é responsável pela formação de HCl gástrico

Na membrana plasmática das células parietais da mucosa gástrica existe uma **bomba de K+H+** cuja estrutura não é bem conhecida. Essa bomba realiza o contratransporte de K+ e H+ com gasto energético e promove o aumento dos níveis citosólicos de K+ e, assim, possibilita que se alcancem concentrações elevadas de H+ na secreção gástrica. O gradiente eletroquímico de K+ promove, secundariamente, a saída passiva deste da célula para a cavidade gástrica. Esse efluxo passivo é acompanhado pelo efluxo de Cl⁻ que, no lúmen gástrico, liga-se ao H+ e forma HCl (Figura 3.28). Conforme se nota, a formação de HCl no suco gástrico depende da atividade da bomba de K+H+.

O K+ e o Cl⁻ saem da célula devido a permeases monotransportadoras. O Cl⁻ provém do sangue e penetra na célula pelo lado oposto do epitélio gástrico por meio de um contratransportador passivo de Cl⁻ e HCO₃⁻, semelhante ao dos eritrócitos (ver *Seção 3.17*).

3.23 Diferentes bombas de Ca²+ mantêm a concentração do íon no citosol em níveis muito baixos

A concentração de Ca²+ no citosol é mantida em níveis muito baixos (mais de 1.000 vezes abaixo dos níveis existentes na matriz extracelular) em decorrência de um sistema que expulsa o Ca²+ da

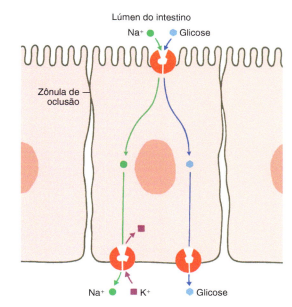

Figura 3.27 Transporte transcelular de glicose no epitélio intestinal. Como resultado da existência de zônulas de oclusão entre as células epiteliais (ver *Seção 6.11*), a glicose deve atravessar as células para conseguir chegar aos capilares sanguíneos localizados abaixo do epitélio. Embora a glicose entre na célula contra seu gradiente, isso ocorre passivamente, pois a glicose entra com o Na+ por meio de uma permease cotransportadora passiva. Todavia, esse transporte de glicose consome energia, pois o Na+ tem de ser expulso para a matriz extracelular pelo lado oposto da célula por uma permease ativa, a bomba de Na+K+.

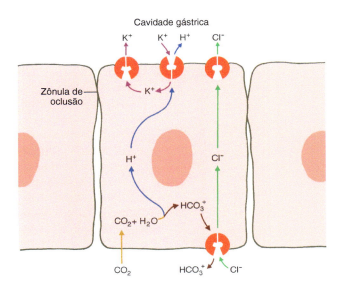

Figura 3.28 Formação de HCl na cavidade gástrica. Aqui são mostrados as zônulas de oclusão, o transporte transcelular de Cl⁻ e como a atividade da bomba de K+H+ se combina com as funções dos outros transportadores.

52 ■ Biologia Celular e Molecular

célula. Assim, tanto na membrana plasmática quanto na membrana do retículo endoplasmático (ou do retículo sarcoplasmático na célula muscular) existem **bombas de Ca^{2+}** que transferem esse cátion do citosol para o espaço extracelular e para o interior do retículo endoplasmático, respectivamente. A bomba de Ca^{2+} apresenta sítios específicos de alta afinidade para o Ca^{2+} na face citosólica das duas membranas. Como a bomba de Na$^+$K$^+$, a bomba de Ca^{2+} precisa de Mg^{2+} e energia, que provém do ATP.

3.24 Uma bomba de H$^+$ diminui o pH dos endossomas e dos lisossomos

Uma concentração elevada de H$^+$ no interior dos endossomas e dos lisossomos é fundamental para a ativação de suas enzimas hidrolíticas, que só conseguem agir quando o pH nessas organelas for reduzido, respectivamente, a 6,0 e 5,0 (ver *Seção 7.33*). O transporte de H$^+$ do citosol até o interior dos endossomas e dos lisossomos é um processo ativo que depende de uma **bomba de H$^+$** (ou **bomba de prótons**) existente na membrana desses dois tipos de organelas (ver *Seções 7.28, 7.30, 7.31 e 7.33*) (Figuras 7.22 e 7.24).

3.25 Há dois tipos de transporte de H$^+$ na mitocôndria: um ativo e outro passivo

O transporte de H$^+$ pela membrana interna das mitocôndrias durante o avanço dos elétrons pela cadeia respiratória é outro exemplo de transporte ativo, embora a energia não seja proveniente do ATP, mas dos elétrons (ver *Seção 8.15*).

O gradiente eletroquímico criado entre os dois lados da membrana mitocondrial interna é utilizado para sintetizar ATP, ao devolver os H$^+$ para a matriz mitocondrial por meio de um transportador passivo associado à ATP sintase (Figuras 8.10 e 8.12).

3.26 As proteínas MDR são transportadores que conferem às células resistência a múltiplos medicamentos

As proteínas **MDR** (de *multidrug resistance*) pertencem a uma família de transportadores ativos denominada **ABC** (de *ATP-binding cassette*). A denominação provém do fato de que esses transportadores apresentam dois domínios ou "cassetes" com atividade ATPase. Esta hidrolisa o ATP, que produz a energia necessária para mobilizar determinados solutos contra seus gradientes.

Normalmente, os transportadores ABC são encontrados nas membranas de muitos tipos de células. Já foram identificados na membrana plasmática, na membrana do retículo endoplasmático, na membrana do peroxissomo e na membrana mitocondrial interna. A função de alguns desses transportadores é eliminar substâncias tóxicas provenientes do metabolismo celular normal. Por outro lado, outros transportadores possibilitam a passagem de moléculas de tamanho maior que o esperado, como pequenos polipeptídios (ver *Seções 7.14 e 7.24*).

Ocasionalmente, determinados transportadores ABC são encontrados em grande número na membrana plasmática de várias classes de células cancerosas e isso confere a elas uma indesejada resistência a alguns agentes citotóxicos. Isso ocorre porque as proteínas MDR bombeiam os agentes citotóxicos para fora das células cancerosas, resultando em resistência à quimioterapia.

Por outro lado, tem sido observado um aumento semelhante das proteínas MDR na membrana plasmática dos linfócitos infectados pelo vírus da imunodeficiência adquirida do tipo 1 (HIV-1) e isso contribui para sua resistência aos agentes antirretrovirais como o **AZT** (azidotimidina ou zidovudina).

Além disso, ocorre aumento das proteínas MDR na membrana plasmática das células de alguns parasitos, que se tornam resistentes aos medicamentos antiparasitários. Por exemplo, a *Leishmania* (agente causal da leishmaniose) pode desenvolver resistência ao **antimônio** e a outros compostos, enquanto o *Plasmodium falciparum* (um dos agentes da malária) costuma apresentar resistência à **cloroquina**, à **halofantrina**, à **primaquina** e à **mefloquina**. Como nos casos anteriores, aqui também as proteínas MDR bombeiam os fármacos para fora das células, o que anula sua ação terapêutica.

3.27 Na fibrose cística há um canal iônico para Cl$^-$ modificado

A fibrose cística é um distúrbio grave causado pela produção de secreções muito viscosas que obstruem o lúmen dos brônquios, dos ductos de várias glândulas (como, por exemplo, o pâncreas), do tubo intestinal etc. Ela se manifesta em indivíduos homozigotos com uma mutação no gene codificador da proteína **CFTR** (*cystic fibrosis transmembrane conductance regulator*), que, em algumas células epiteliais, se comporta como uma permease e, em outras, como um canal iônico dependente de ligante. A proteína CFTR participa do transporte de Cl⁻ através da membrana plasmática e, quando apresenta defeito, o mecanismo que leva à fibrose cística é o seguinte: como ocorre bloqueio do transporte de Cl⁻ pela proteína CFTR, diminui o ânion no lúmen dos ductos afetados e, consequentemente, diminui também a concentração do cátion Na⁺ (Figura 3.29). Por fim, a menor concentração desses íons promove a saída de água e o aumento da viscosidade das secreções.

Visto que a proteína CFTR pertence à família dos transportadores **ABC**, convém lembrar que, em algumas células, ela não atua como uma permease ativa, mas como um canal iônico dependente de ligante. Esse tipo de canal iônico, como se sabe, é passivo. Nessas células, uma quinase ativada por AMP cíclico (ver *Seção 11.15*) controla a abertura do canal iônico e, assim, a passagem de Cl⁻ a favor de seu gradiente eletroquímico.

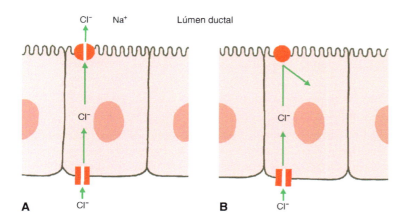

Figura 3.29 A. Transporte de Cl⁻ pela proteína CFTR, situada na membrana plasmática voltada para o lúmen ductal. **B.** Bloqueio da passagem de Cl⁻ consequente a defeito da proteína CFTR.

Membrana plasmática e parede da célula vegetal

3.28 A membrana plasmática da célula vegetal é envolvida por uma espécie de exoesqueleto

As células das plantas são semelhantes às células dos animais, embora apresentem algumas diferenças (Figuras 1.6 e 1.7). A célula vegetal, por exemplo, apresenta uma **parede celular** espessa que circunda a membrana plasmática, como se fosse um exoesqueleto.

Além de conferir proteção e sustentação mecânica à célula e determinar sua forma, a parede celular participa na manutenção do equilíbrio entre a pressão osmótica intracelular e a tendência de a água penetrar no citosol. O crescimento e a diferenciação das células vegetais também dependem muito da organização da parede celular. Assim, a partir da parede celular, ocorre a diferenciação das células do tecido meristemático **câmbio**, dos vasos crivados do **floema** (os quais servem para o transporte de material desde as folhas) e dos vasos do **xilema** (que se lignificam).

3.29 A parede celular contém um retículo microfibrilar

A estrutura da parede celular pode ser comparada com a estrutura de um plástico reforçado com fibras de vidro, visto que é constituída por um retículo microfibrilar incluído em matriz de moléculas unidas entre si.

As microfibrilas da parede celular são constituídas, principalmente, por celulose, o material mais abundante na Terra. A celulose consiste em cadeias retas de polissacarídios formadas por unidades de glicose conectadas por ligações β1-4 (Figura 3.30). Essas são as cadeias de **glicana**, que, por meio de ligações de hidrogênio intramoleculares e intermoleculares, formam a unidade estrutural ou **microfibrila**. A microfibrila tem 25 nm de diâmetro e é formada por, aproximadamente, 2.000 cadeias de glicana. As microfibrilas de celulose associam-se entre si e compõem uma estrutura reticulada cristalina que se combina com proteínas e com polissacarídios não celulósicos para formar a parede celular.

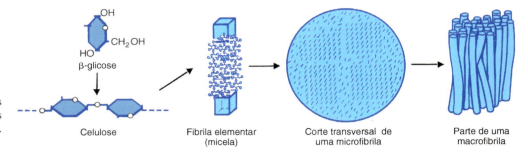

Figura 3.30 Elementos estruturais da celulose em seus sucessivos níveis de organização. (De D. K. Mühlethaler.)

A matriz da parede celular contém polissacarídios e lignina. A lignina é o principal componente da madeira. Os polissacarídios mais importantes são: (1) substâncias pécticas hidrossolúveis, que contêm galactose, arabinose e ácido galacturônico; (2) hemiceluloses, constituídas por glicose, xilose, manose e ácido glicurônico. A lignina só é encontrada nas paredes das células maduras e é formada por um composto aromático derivado da polimerização de fenóis.

Algumas paredes celulares podem apresentar substâncias cuticulares (ceras) e depósitos minerais, como silicatos e carbonatos de sódio e de magnésio. Nos fungos e nas leveduras, a matriz da parede celular contém quitina, um polímero de glicosamina.

3.30 A parede celular é constituída por uma parede primária e uma secundária

A parede celular é bastante complexa e, em alguns vegetais, é bastante diferenciada. É composta pela parede primária e pela parede secundária – que se desenvolvem de modo sequencial e que se distinguem pela composição de suas matrizes e pela disposição de suas microfibrilas.

A **parede primária** começa a ser formada na divisão celular, a partir de uma estrutura denominada **placa celular**, que aparece durante a telófase no plano equatorial entre as futuras células-filhas (ver *Seção 18.21*). A placa é constituída por vesículas do complexo de Golgi alinhadas no plano equatorial da célula que formam o rudimento elementar ou camada intermediária da futura parede celular. Essa camada contém apenas pectina, que é um composto amorfo com ácido galacturônico.

Posteriormente, cada célula jovem deposita novas camadas compostas por pectina, hemicelulose e um retículo frouxo de microfibrilas de celulose com orientação transversal com relação ao eixo principal da célula. O conjunto dessas estruturas constitui a chamada parede primária.

Apenas quando a célula alcança sua maturidade, surge a **parede secundária**, que consiste no material agregado à superfície interna da parede primária. Esse material agregado pode ser um espessamento localizado (vasos do xilema) ou um espessamento homogêneo (tubos crivados do floema). Nos dois casos, a parede secundária é formada por celulose, hemicelulose e escassas substâncias pécticas.

A ulterior diferenciação do xilema resulta da infiltração de lignina nos espessamentos localizados. Nesse caso, o polímero substitui a água e infiltra a matriz e as microfibrilas da celulose. Quando a parede celular é lignificada, ocorre morte da célula vegetal.

3.31 Os componentes da parede celular provêm do complexo de Golgi ou mantêm uma relação com a membrana plasmática

Já foram descritas duas vias principais de biogênese da celulose e de outros componentes da parede celular. Uma via é o complexo de Golgi (ver *Seção 7.44*) e a outra via está associada à membrana plasmática.

A intervenção do complexo de Golgi é evidente em determinadas algas cujas paredes são formadas por escamas. As escamas contêm um material amorfo e um retículo microfibrilar radial associado a outro retículo microfibrilar espiralado. As membranas do complexo de Golgi polimerizam as cadeias de glicose para formar microfibrilas de celulose, devido à ação das glicosiltransferases. A seguir, as microfibrilas se organizam em escamas e são liberadas na superfície.

É na membrana plasmática onde mais frequentemente ocorre a síntese de celulose. Isso não descarta as funções fundamentais desempenhadas pelo retículo endoplasmático e pelo complexo de Golgi, já que as glicosiltransferases são sintetizadas nos ribossomos associados ao retículo endoplasmático, passam para o complexo de Golgi e, daí, para a membrana plasmática, na qual ocorre a síntese das microfibrilas de celulose.

Conforme já mencionado, a parede celular dos fungos e das leveduras é constituída, principalmente, por quitina. Esse polissacarídio é sintetizado pela enzima quitina-sintetase quando há UDP-acetilglicosamina. Essa enzima é ativada por proteólise e por luz, que aceleram a síntese da quitina. Já foi encontrada quitinatransferase nos **quitissomas**, organelas vesiculares de 40 a 70 nm de diâmetro que são, aparentemente, os carreadores da enzima até os locais de síntese na superfície celular.

Bibliografia

Al-Awqati Q. (1995) Regulation of ion channels by ABC transporters that secrete ATP. Science 269:805.

Carafoli E. (1992) The Ca^{2+} pump of the plasma membrane. J. Biol. Chem. 267:2115.

Chen Y., Lagerholm B.C. and Jacobson K. (2006) Methods to measure the lateral diffusion of membrane lipids and proteins. Methods 39:147.

Chrispeels M.J. andAgre P. (1994)Aquaporins: water channel proteins of plant and animal cells. TIBS 19:421.

Cleves A.E. and Kelly R.B. (1996) Protein translocation: rehearsing the ABCs. Curr. Biol 6:276.

Dean M. and Allikmets R. (1995) Evolution of ATP-binding cassette transporter genes. Curr. Opin. Genet. Dev. 5:779.

Gadsby D.C., Vergani P. and Csanady L. (2006) The ABC protein turned chloride channel whose failure cause cystic fibrosis. Nature 440:477.

Gouaux E. and MacKinnon R. (2005) Principles of selective ion transport in channels and pumps. Science 310:1461.

Groot B. and Grubmüller H. (2001) Water permeation across biological membranes: Mechanism and dynamics aquaporin-1 and GlpF. Science 294:2353.

Gupta S. and Gollapudi S. (1993) P-glycoprotein (MDR1 gene product) in cells of the immune system: its possible physiologic role and alteration in aging and human immunodeficiency virus-1 (HIV-1). J. Clin. Immunol. 13:289.

Jacobson K., Sheets E.D. and Simson R. (1995) Revisiting the fluid mosaic model of membranes. Science 268:1441.

King L.S., Kozono D. and Agre P. (2004) From structure to disease: the evolving tale of aquaporin biology. Nature Rev. Mol. Cell Biol. 5:687.

Lipowsky R. (1995) The morphology of lipid membranes. Curr. Opin. Struc. Biol. 5:531.

McConnell H.M. and Radhakrishnan A. (2003) Condensed complexes of cholesterol and phospholipids. Biochim. Biophys. Acta 1610:159.

Montal M. (1995) Molecular mimicry in channel-protein structure. Curr. Opin. Struc. Biol. 5:501.

Monteith G.R. and Roufogalis B.D. (1995) The plasma membrane calcium pump. A physiological perspective on its regulation. Cell Calcium 18:459.

Nielsen S., Smith B.L., Christensen E.I. and Agre P. (1993) Distribution of the aquaporin CHIP in secretory and resorptive epithelia and capillary endothelia. Proc. Natl. Acad. Sci. USA 90: 7275.

Parisi M. et al. (1995) Water pathways across a reconstituted epithelial barrier formed by Caco-2 cells: Effects of medium hypertonicity. J. Memb. Biol. 143:237.

Preston G.M., Jung J.S., Guggino W.B. and Agre P. (1993) The mercury-sensitive residue at cysteine 189 in the CHIP28 water channel. J. Biol. Chem. 268:17.

Reithmeier R.A.F. (1995) Characterization and modeling of membrane proteins using sequence analysis. Curr. Opin. Struc. Biol. 5:491.

van Os C., Deen P.M.T. and Dempster J.A. (1994) Aquaporins: water selective channels in biological membranes. Molecular structure and tissue distribution. Biochem. Biophys. Acta 1197:291.

Citosol 4

4.1 Introdução

Na *Seção 1.3* foi descrito que as células eucariontes têm algumas semelhanças com as procariontes. Assim, o **citosol** – ou **matriz citoplasmática** – da célula eucarionte contém muitos dos componentes encontrados no protoplasma da bactéria, como, por exemplo, diferentes complexos enzimáticos e moléculas de RNA ribossômico, mensageiro e transportador. As diferenças entre os dois tipos de células estão representadas pela existência, na célula eucarionte, de várias estruturas específicas, como o núcleo, o citoesqueleto, as organelas que integram o sistema de endomembranas, as mitocôndrias, os cloroplastos (na célula vegetal) e os peroxissomos.

A célula eucarionte divide-se em numerosos compartimentos, entre os quais o principal é o núcleo. A parte da célula que não corresponde ao núcleo – ou seja, o citoplasma – pode ser subdividida esquematicamente em dois espaços, correspondentes ao citosol e ao encontrado no interior das organelas. Nesse esquema, o citosol é considerado o verdadeiro meio interno da célula, que se estende desde o envoltório nuclear até a membrana plasmática e que preenche o espaço não ocupado pelo sistema de endomembranas, as mitocôndrias e os peroxissomos (Figura 1.6).

Em média, o citosol representa 50% do volume do citoplasma. Tal porcentagem é maior nas células embrionárias e nas menos diferenciadas.

O pH do citosol é de 7,2.

4.2 O citosol contém componentes bem variados

Ao utilizar a técnica de fracionamento celular descrita na *Seção 23.28*, obtém-se – além das frações nuclear, mitocondrial e microssômica – uma fração fluida sobrenadante que abriga os componentes citosólicos.

Nela são detectados os elementos do citoesqueleto – inclusive o centrossomo com os centríolos –, um grande número de enzimas (p. ex., as que atuam na glicólise), a maioria das moléculas que transportam sinais dentro da célula, os elementos que conduzem a síntese das proteínas celulares e extracelulares (como os ribossomos, os RNA mensageiros e os RNA transportadores), as chaperonas, os proteossomas, as inclusões etc.

4.3 O citosol costuma conter inclusões

Quando algumas macromoléculas acumulam-se no citosol em grandes quantidades, formam estruturas que podem ser detectadas pelo microscópio (denominadas **inclusões**), as quais não têm membrana.

Por exemplo, tanto nos hepatócitos quanto nas células musculares estriadas, é comum a existência no citosol de **grânulos de glicogênio** (Figuras 1.11 e 4.1). São chamados **glicossomos**, medem entre 50 e 200 nm e são compostos por subpartículas de 20 a 30 nm de diâmetro. Convém mencionar que, nas imagens ultramicroscópicas, os glicossomos não correspondem diretamente ao glicogênio. Eles representam as proteínas enzimáticas que atuam na síntese e na degradação do polissacarídio, cuja molécula não é contrastada pelos "corantes" eletrônicos utilizados normalmente. Os grânulos de glicogênio constituem depósitos de energia para as células, e isso pode ser claramente observado na célula muscular, na qual os grânulos desaparecem durante as contrações, devido à glicogenólise que ocorre para a produção da glicose. Existem doenças congênitas causadas por mutações nos genes que codificam as enzimas reguladoras da síntese e degradação do glicogênio, conhecidas como **glicogenoses**. Nelas, as células exibem um acúmulo excessivo de inclusões de glicogênio ou apresentações anormais desse polissacarídio.

Figura 4.1 Eletromicrografia de parte do citoplasma da célula hepática. No citosol, ao lado do retículo endoplasmático liso (*REL*), distinguem-se numerosos grânulos de glicogênio (*Gl*). Observe o retículo endoplasmático rugoso (*RER*). 45.000×. (Cortesia de G. E. Palade.)

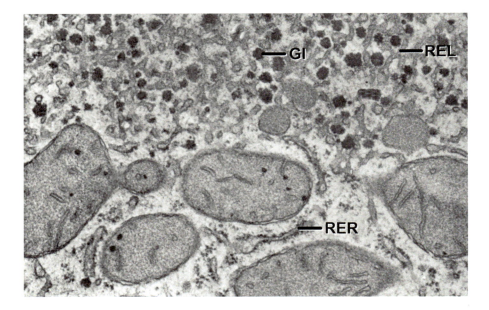

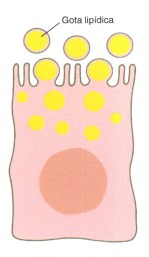

Figura 4.2 Esquema de uma célula mamária ativa, com numerosas gotículas lipídicas no citosol. Observe a saída das gotas lipídicas por secreção apócrina.

Diversos tipos de células contêm **gotículas lipídicas** (triglicerídios) no citosol, que também são reservas de energia. São muito comuns nos hepatócitos e nas células musculares estriadas. Nas células musculares, as inclusões lipídicas estão próximas às mitocôndrias, para as quais se dirigem os ácidos graxos dos triglicerídios nas quais ocorre a oxidação (ver *Seção 8.8*). As células denominadas adipócitos contêm uma grande gota lipídica – com numerosas gotículas ao seu redor – que ocupa quase todo o citosol (Figura 1.8).

No citosol das células secretoras da glândula mamária ativa são produzidas gotas lipídicas que são transformadas em elementos importantes do leite. Durante a secreção mamária, cada gota sai da célula envolvida por uma fina camada de citosol circundada por uma fração da membrana plasmática (**secreção apócrina**) (Figura 4.2).

Em alguns tipos de células, o citosol contém **pigmentos** (substâncias com coloração própria) produzidos na própria célula ou provenientes do exterior. O mais difundido é a **lipofuscina**, de cor marrom, composta por fosfolipídios ligados às proteínas. Como ele aumenta com a idade, é conhecido como **pigmento de desgaste** (ver *Seção 7.33*).

Finalmente, no citosol de algumas células há **cristais** de proteína, com funções em geral desconhecidas.

4.4 No citosol os ribossomos sintetizam proteínas

A síntese das proteínas celulares ocorre nos **ribossomos**, cujo estudo será descrito no *Capítulo 16*. Os ribossomos são estruturas ribonucleoproteicas, muito complexas e, em sua maioria, situam-se no citosol (nas *Seções 8.11 e 9.15,* será descrito que também existem ribossomos nas mitocôndrias e nos cloroplastos).

Somente uma parte das proteínas sintetizadas nos ribossomos citosólicos permanece no citosol, já que as restantes migram em direção ao núcleo, ao sistema de endomembranas, às mitocôndrias e aos peroxissomos (Figura 4.3).

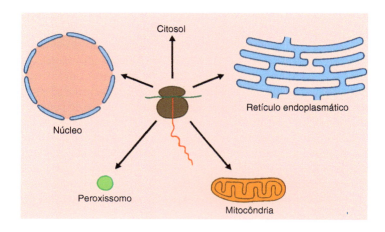

Figura 4.3 Destinos das proteínas sintetizadas nos ribossomos citosólicos.

Evidentemente, para que as proteínas alcancem seus destinos, é necessário um sistema de sinais específicos que sejam capazes de diferenciá-los, a fim de garantir a chegada de cada proteína a seu local correspondente. Esses sinais são encontrados nas próprias moléculas proteicas e consistem em uma ou várias sequências de poucos aminoácidos denominados **peptídios-sinais** e **sinais de ancoragem** (ver *Seção 7.12*).

De acordo com o destino da proteína sintetizada pelo ribossomo, essas sequências localizam-se na extremidade do grupo amina, do grupo carboxila, ou em um ou mais pontos intermediários da cadeia proteica. A Tabela 4.1 traz informações sobre os sinais mais comuns encontrados nas proteínas que seguem em direção ao núcleo, ao sistema de endomembranas, às mitocôndrias e aos peroxissomos. Naturalmente, as proteínas que não migram e permanecem no citosol não precisam de nenhum tipo de sinal.

Tabela 4.1 Exemplos de peptídios-sinais e sinais de ancoragem.

Peptídio-sinal para o retículo endoplasmático	^+H_3N–Met-Met-Ser-Phe-Val-Ser-Leu-Leu-Leu-Val-Gly-Ile-Leu-Phe-Trp-Ala-Thr-Glu-Ala-Glu-Gln-Leu-Thr-Lys-Cys-Glu-Val-Phe-Gln————$-COO^-$
Sinal de ancoragem para o retículo endoplasmático	^+H_3N————Lys-Ile-Ile-Thr-Ile-Gly-Ser-Ile-Cys-Met-Val-Val-Gly-Ile-Ile-Ser-Leu-Ile-Leu-Gln-Ile-Gly-Asn-Ile-Ile-Ser-Ile-Trp-Ile-Ser-His————$-COO^-$
Peptídio-sinal para o núcleo	^+H_3N————Lys-Arg-Pro-Ala-Ala-Ile-Lys-Lys-Ala-Gly-Gln-Ala-Lys-Lys-Lys-Lys————$-COO^-$
Peptídio-sinal para a mitocôndria	^+H_3N–Met-Leu-Ser-Leu-Arg-Gln-Ser-Ile-Arg-Phe-Phe-Lys-Pro-Ala-Thr-Arg-Thr-Leu-Cys-Ser-Ser-Arg-Tyr-Leu-Leu————$-COO^-$
Peptídio-sinal para o peroxissomo	^+H_3N————Ser-Lys-Leu–COO^-

4.5 As chaperonas auxiliam as proteínas em seu correto dobramento

Ainda que as proteínas adotem formas tridimensionais que dependem da sequência linear dos aminoácidos que as compõem (ver *Seção 2.9*), nem sempre elas se dobram corretamente. Para que os dobramentos das proteínas sejam corretos, é necessário, entre outros fatores, que eles sejam produzidos no local adequado e no momento oportuno, o que é conseguido com a atuação de determinadas estruturas denominadas **chaperonas**. Estas são chamadas assim porque acompanham as proteínas e – sem exercer ação direta sobre elas – previnem seus dobramentos prematuros e garantem que sejam realizados da maneira correta.

Existem três famílias de chaperonas, denominadas **hsp60, hsp70** e **hsp90** (por *heat shock protein*). A sigla hsp significa que, nas células submetidas a aumentos bruscos de temperatura, a estrutura tridimensional da proteína sofre alterações (ela é desnaturada) e o número de chaperonas aumenta consideravelmente, auxiliando as proteínas desnaturadas na recomposição de sua estrutura original. O número que acompanha a sigla hsp corresponde ao peso molecular da primeira chaperona descoberta em cada grupo.

As chaperonas hsp70 são monoméricas e têm um sulco que comporta somente uma parte da proteína a ser auxiliada, de maneira que são necessárias várias chaperonas hsp70 para cada proteína (Figura 4.4). Em compensação, as chaperonas hsp60 são poliméricas e compostas por 14 ou 18 polipeptídios denominados **chaperoninas**, os quais compõem uma estrutura cilíndrica com um espaço central, por onde ingressa a proteína que vai ser auxiliada (Figura 4.4).

Para exemplificar como atuam as chaperonas hsp70 e hsp60, analisaremos seus efeitos nas proteínas do citosol. Conforme vai sendo sintetizada pelo ribossomo, cada proteína citosólica se associa a sucessivas chaperonas hsp70, cuja função é prevenir o dobramento prematuro – frequentemente errado – dos filamentos proteicos que vão sendo sintetizados pelo ribossomo. Além disso, evitam que a proteína recém-formada se ligue a moléculas inapropriadas. Quando a síntese termina e há a conclusão do dobramento, a proteína se desprende do ribossomo e das chaperonas hsp70 e

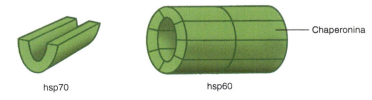

Figura 4.4 Esquemas das chaperonas hsp70 e hsp60. O mecanismo de ação da chaperona hsp90 está ilustrado na Figura 11.3.

se fixa no citosol. Entretanto, se algumas de suas partes não se dobraram ou o fizeram de maneira equivocada, ela entra temporariamente em uma chaperona hsp60, dentro da qual – isolada dos demais componentes do citosol – finaliza seu dobramento ou desfaz seu dobramento incorreto, para fazê-lo novamente sem erros.

As proteínas destinadas ao sistema de endomembranas, diferentemente das citosólicas, conforme vão sendo sintetizadas pelo ribossomo, entram no retículo endoplasmático e se dobram na cavidade dessa organela, onde existem chaperonas hsp70 (ver *Seção 7.12*).

Com relação às proteínas destinadas às mitocôndrias, desde a saída dos ribossomos, são auxiliadas por chaperonas hsp70 citosólicas, que as mantêm desdobradas até chegarem a seu destino. Na *Seção 8.28*, será explicado como elas se dobram após incorporarem-se às mitocôndrias, em cuja matriz há chaperonas hsp70 e hsp60.

Já as proteínas destinadas aos peroxissomos os alcançam depois de ter ocorrido seu dobramento no citosol (ver *Seção 10.5*), desse modo, acredita-se que essas proteínas se dobrem com auxílio de chaperonas hsp70 e hsp60 citosólicas e que não há chaperonas associadas aos peroxissomos.

O mesmo ocorre com as proteínas destinadas ao núcleo, que também não apresenta chaperonas associadas. Na *Seção 11.6* será analisado como essas proteínas – dobradas no citosol – atravessam os poros do envoltório nuclear. Além disso, será também explicado como algumas entram no núcleo associadas a chaperonas da família hsp90.

Por fim, as chaperonas consomem energia derivada do ATP e podem ser reutilizadas assim que completam sua função.

4.6 No citosol os proteossomas degradam as proteínas que devem ser eliminadas

No citosol, existem estruturas que desempenham funções opostas às dos ribossomos, já que destroem as proteínas. Dessa maneira, quando uma proteína deve ser eliminada – porque seu dobramento foi incorreto, está danificada, ou sua função terminou –, é degradada por um complexo enzimático de cerca de 700 kDa denominado **proteossoma**.

O proteossoma tem formato cilíndrico e é composto por diversas proteases dispostas ao redor de uma cavidade central, por onde entra a proteína a ser degradada (Figura 4.5). Sua estrutura é mais complexa, já que adjacente a cada extremidade do cilindro encontra-se uma cascata proteica composta por cerca de 20 polipeptídios reguladores.

Para entrar no proteossoma, as proteínas destinadas a desaparecer devem ser previamente "marcadas" por um conjunto de polipeptídios citosólicos iguais entre si, com 76 aminoácidos cada um, denominados **ubiquitinas**. Na Figura 4.5 resume-se o ciclo seguido por essas moléculas. A primeira ubiquitina é ativada pela enzima **E1**, que a transfere à enzima **E2**. A seguir, com a ajuda da ligase **E3**, o complexo ubiquitina-E2 une-se à proteína que deve ser degradada. Como o processo de transferência entre as enzimas E1 e E2 repete-se várias vezes, a proteína fica conectada a uma curta cadeia de ubiquitinas.

Imediatamente, esse complexo é reconhecido pelos polipeptídios reguladores de uma das cascatas, que separam as ubiquitinas, desfazem o dobramento da proteína e a introduzem na cavidade do proteossoma, onde é degradada pelas proteases. Originam-se oligopeptídios curtos, que saem do proteossoma e são lançados ao citosol.

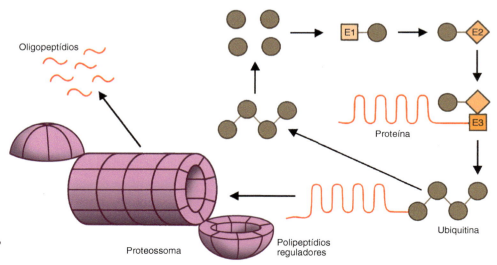

Figura 4.5 Degradação de proteínas no proteossoma.

O processo descrito consome energia. Ela é cedida por moléculas de ATP, cuja hidrólise é realizada por 6 ATPases situadas nas cascatas dos proteossomas.

Quando a degradação da proteína termina, o proteossoma e as ubiquitinas permanecem disponíveis para serem novamente utilizados.

Bibliografia

Clarke A.R. (1996) Molecular chaperones in protein folding and translocation. Curr. Opin. Struc. Biol. 6:43.

Craig E.A. (1993) Chaperones: helpers along the pathways to protein folding. Science 260:1902.

Ellis R.J. (1996) The "bio" in biochemistry: protein folding inside and outside the cell. Science 272:1448.

Frydman J. and Hartl F.U. (1996) Principles of chaperoneassisted protein folding: difference between in vitro and in vivo mechanisms. Science 272:1497.

Georgopoulos C. (1992) The emergence of the chaperone machines. TIBS 17:295.

Goldberg A.L. (1995) Functions of the proteasome: the lysis at the end of the tunnel. Science 268:522.

Görlich D. and Mattaj I.W. (1996) Nucleocytoplasmic transport. Science 271:1513.

Hartl F.U. and Martin J. (1995) Molecular chaperones in cellular protein folding. Curr. Opin Struc. Biol. 5:92.

Hershko A. (1996) Lessons from the discovery of the ubiquitin system. TIBS 21:445.

Hiller M.M. et al. (1996) ER degradation of a misfolded luminal protein by the cytosolic ubiquitin-proteasome pathway. Science 273:1725.

Hilt W. and Wolf D.H. (1996) Proteasomes: destruction as a programme. TIBS 21:96.

Kalderon D. (1996) Protein degradation: de-ubiquitinate to decide your fate. Curr. Biol. 6:662.

Rassow J. and Pfanner N. (1996). Protein biogenesis: chaperones for nascent polypeptides. Curr. Biol. 6:115.

Sue W., Maurizi M.R. and Gottesman S. (1999) Posttranslational quality control: folding, refolding, and degrading proteins. Science 286:1888.

Varshavsky A. (2005) Regulated protein degradation. Trends in Biochem. Sci. 30:283.

Verma R. et al. (2002) Role of Rnp11 metalloprotease in deubiquitination and degradation by 26S proteasome. Science 298:611.

Young J.C., Agashe V.R., Siegers K. et al. (2004) Pathways of chaperone mediated protein folding in the cytosol. Nature Rev. Mol. Cell Biol. 5:781.

Yu H. et al. (1996) Identification of a novel ubiquitin-conjugating enzyme involved in mitotic cyclin degradation. Curr. Biol. 6:455.

Citoesqueleto
Forma e Motilidade

5

5.1 O citoesqueleto é constituído por três tipos de filamentos e numerosas proteínas acessórias

As células eucariontes têm um arcabouço proteico filamentoso espalhado por todo o citosol, que recebe o nome de **citoesqueleto**. O citoesqueleto é constituído por três classes de **filamentos** (filamentos intermediários, microtúbulos e filamentos de actina) (Figura 5.1) e um conjunto de **proteínas acessórias** classificadas como reguladoras, ligadoras e motoras.

As **proteínas reguladoras** controlam o aparecimento, o alongamento, o encurtamento e o desaparecimento dos três filamentos principais do citoesqueleto. Esses processos baseiam-se nas propriedades moleculares dos filamentos, visto que são polímeros integrados por unidades monoméricas, dispostas linearmente, que podem se agrupar e se separar.

As **proteínas ligadoras** conectam os filamentos entre si e com outros componentes da célula.

As **proteínas motoras** servem para transportar macromoléculas e organelas de um ponto para outro do citoplasma. Além disso, fazem com que dois filamentos contíguos e paralelos entre si deslizem em direções opostas. Essa é a base da motilidade, da contração e das modificações da forma da célula. Essa propriedade confere uma função adicional ao citoesqueleto, a de ser o "sistema muscular" da célula, ou seja, a **citomusculatura**. O exemplo mais estruturado de interação entre filamentos e proteínas motoras é encontrado na miofibrila da célula muscular esquelética, que constitui o arcabouço macromolecular adaptado para a contratilidade.

O citoesqueleto é responsável pela forma – estável ou instável – das células, como resultado da interação dos três tipos de filamentos com proteínas acessórias distintas.

Em primeiro lugar, serão descritos os filamentos intermediários, depois os microtúbulos e, por fim, os filamentos de actina – cada um com suas respectivas proteínas acessórias.

Filamentos intermediários

5.2 Os filamentos intermediários têm diâmetro de 10 nm

No citoesqueleto da maioria das células há filamentos com 10 nm de diâmetro. Esses filamentos são denominados intermediários, pois sua espessura é menor que a dos microtúbulos e maior do que a dos filamentos de actina (Figura 5.1).

A composição química dos **filamentos intermediários** é muito variável. Por esse motivo, além de sua morfologia e sua distribuição nas diferentes classes de células, são agrupados em seis tipos chamados:

(1) Laminofilamentos
(2) Filamentos de queratina
(3) Filamentos de vimentina
(4) Filamentos de desmina
(5) Filamentos gliais
(6) Neurofilamentos.

Todos os filamentos intermediários apresentam a mesma organização estrutural. São polímeros lineares cujos monômeros são proteínas que apresentam uma estrutura em α-hélice fibrosa (Figura 5.2). Essa é uma diferença dos microtúbulos e dos filamentos de actina, que apresentam monômeros globulares.

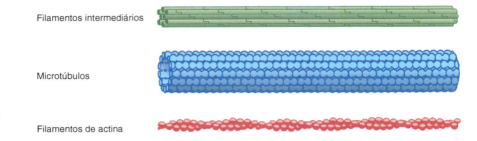

Figura 5.1 Os três tipos de filamentos do citoesqueleto.

As proteínas fibrosas são integradas por uma sucessão de sequências idênticas de sete aminoácidos cada (…abcedfgabcdefgabcdefg…). Isso possibilita a combinação laterolateral entre si e a formação de dímeros lineares. Como os dímeros se combinam entre si e dois a dois, embora de modo defasado e antiparalelo, são formados tetrâmeros, conforme os mostrados na Figura 5.2. A seguir, os tetrâmeros conectam-se por suas extremidades e formam estruturas cilíndricas alongadas, denominadas **protofilamentos**. Os filamentos intermediários são formados por quatro pares de protofilamentos, cujos lados se tocam e formam uma estrutura fibrilar com 10 nm de espessura (Figura 5.2).

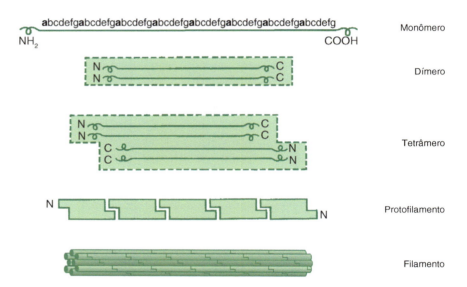

Figura 5.2 Etapas na formação dos filamentos intermediários e sua organização estrutural definitiva.

Apesar das diferenças entre os monômeros das diferentes classes de filamentos intermediários, todos se organizam do modo descrito anteriormente. Os monômeros são codificados por multigenes expressos de maneira diferente nos vários tipos de células. Além disso, às vezes, vários desses multigenes em uma linhagem celular são expressos sucessivamente, à medida que prossegue sua diferenciação.

Os filamentos intermediários formam uma rede contínua estendida entre a membrana plasmática e o envoltório nuclear, ao redor do qual elaboram malha filamentosa compacta (Figura 5.3A). Outra malha como esta cobre a face interna do envoltório nuclear, de modo que esses filamentos intermediários se localizam no interior do núcleo e não no citoplasma. Na Figura 5.3B mostra-se a distribuição dos filamentos intermediários em uma célula epitelial tratada com anticorpos antiqueratina fluorescentes.

Figura 5.3 A. Distribuição dos filamentos intermediários no núcleo e no citoplasma. Os filamentos nucleares, denominados laminofilamentos, formam malha sobre a face interna do envoltório nuclear. **B.** Micrografia de uma célula tratada com anticorpos antiqueratina fluorescentes. (De R. D. Goldman.)

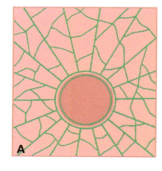
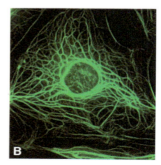

Os filamentos intermediários contribuem para a manutenção da forma das células e estabelecem as posições das organelas no interior da célula. Não obstante, a função principal dos filamentos intermediários é mecânica. Portanto, eles estão mais desenvolvidos nas células submetidas a grandes tensões.

5.3 Várias propriedades caracterizam os diferentes tipos de filamentos intermediários

A seguir, apresentamos uma descrição sucinta das principais características dos seis tipos de filamentos intermediários:

Laminofilamentos. Em todas as células, sobre o lado interno do envoltório nuclear, existe um delgado arcabouço reticulado de filamentos intermediários denominado **lâmina nuclear** (ver *Seção 12.2*) (Figuras 12.1, 12.3 e 12.4). Esses filamentos intermediários caracterizam-se por serem os únicos que não se localizam no citosol. Além disso, do mesmo modo que os domínios fibrosos de suas três classes de monômeros – as **laminas** A, B e C –, são mais longos do que os domínios fibrosos dos monômeros dos outros filamentos intermediários.

Como os monômeros dos filamentos citosólicos, as laminas A, B e C unem-se laterolateralmente para formar dímeros, depois tetrâmeros e, por fim, protofilamentos (Figura 5.2). Esses protofilamentos, conhecidos como **laminofilamentos**, também se unem entre si, mas não o fazem de modo laterolateral, mas ortogonalmente, formando uma rede relativamente fina e aderida à membrana interna do envoltório nuclear (Figura 12.1). A lâmina nuclear é responsável pela forma e pela resistência mecânica do envoltório nuclear.

Filamentos de queratina. Os filamentos de queratina – também denominados **tonofilamentos** – são encontrados nas células epiteliais, sobretudo na epiderme e em seus derivados (pelos, unhas etc.), nas mucosas e nas glândulas. Nas *Seções 6.7* e *6.13*, veremos que os tonofilamentos se associam aos hemidesmossomos e aos desmossomos, formando uma trama filamentosa contínua e espalhada por todo o epitélio, o que lhe confere grande parte de sua resistência mecânica.

Uma proteína ligadora denominada **filagrina** une os filamentos de queratina nos pontos em que se entrecruzam. Os monômeros dos filamentos de queratina são denominados **citoqueratinas**. Existem, aproximadamente, 30 citoqueratinas diferentes, as quais são classificadas em dois grupos: as da **classe I**, que são ácidas, e as da **classe II**, que são neutras ou básicas.

Os diferentes tipos de células epiteliais contêm filamentos de queratina diferentes, pois cada um produz citoqueratinas com características distintas. As células epiteliais da bexiga, por exemplo, contêm uma combinação específica de citoqueratinas pertencentes às classes I e II. Algo semelhante ocorre em outros epitélios. Aproveitam-se essas combinações específicas para diagnosticar a origem de algumas neoplasias malignas e de suas metástases, visto que as citoqueratinas não se modificam com a transformação maligna e podem ser identificadas por anticorpos específicos (ver *Seção 23.26*).

Filamentos de vimentina. Os filamentos de vimentina (do latim *vimentus*, "ondulado") apresentam um aspecto ondulado e seus monômeros têm peso molecular de 54 kDa. São muito comuns nas células embrionárias. No organismo desenvolvido, os filamentos de vimentina localizam-se nas células de origem mesodérmica, como fibroblastos, células endoteliais, células sanguíneas etc.

A proteína ligadora que une os filamentos de vimentina nos pontos em que se entrecruzam é a **plactina**.

Visto que os anticorpos contra os monômeros de vimentina apresentam reações cruzadas nas células de mamíferos, aves e anfíbios, é possível afirmar que são proteínas conservadas ao longo da evolução.

Filamentos de desmina. Os filamentos de desmina são formados por monômeros com peso molecular de 53 kDa, encontrados no citoplasma de todas as células musculares, sejam estriadas (voluntárias e cardíacas) ou lisas. Nas células musculares estriadas, os filamentos de desmina ligam as miofibrilas de modo laterolateral (ver *Seção 5.33*). Nas células musculares cardíacas, os filamentos de desmina também se associam aos desmossomos dos discos intercalares (ver *Seções 5.34* e *6.13*). Nas células musculares lisas, os filamentos de desmina se associam aos filamentos de actina (ver *Seção 5.35*).

Os filamentos de desmina são unidos entre si por uma proteína ligadora específica, denominada **sinamina**.

Neurofilamentos. Os neurofilamentos são os principais elementos estruturais dos neurônios, incluindo os dendritos e o axônio. No axônio, os neurofilamentos formam uma estrutura reticulada tridimensional que transforma o axoplasma (o citosol do axônio) em um gel extremamente resistente e estruturado. Os neurofilamentos apresentam três classes de monômeros com pesos moleculares que variam de 68 a 200 kDa.

Filamentos gliais. Os filamentos gliais são encontrados no citosol dos astrócitos e de algumas células de Schwann. Os filamentos gliais são constituídos por monômeros ácidos com peso molecular de 50 kDa. Os oligodendrócitos não apresentam essa classe de filamentos intermediários.

Microtúbulos

5.4 Os microtúbulos têm 25 nm de diâmetro

Os **microtúbulos** são filamentos do citoesqueleto encontrados em quase todas as células eucariontes e apresentam 25 nm de diâmetro (Figura 1.9). Os microtúbulos caracterizam-se por seu aspecto tubular e pelo fato de serem acentuadamente retilíneos e uniformes. Nos cortes transversais, os microtúbulos apresentam configuração anular, com uma parede de 6 nm de espessura e lúmen central uniformemente claro (Figura 5.1).

Dependendo de sua localização, os microtúbulos são classificados como:

(1) **Citoplasmáticos**, encontrados na célula na interfase
(2) **Mitóticos**, correspondentes às fibras do fuso mitótico
(3) **Ciliares**, localizados no eixo dos cílios
(4) **Centriolares**, encontrados nos corpos basais e nos centríolos.

Embora todos tenham as mesmas características morfológicas, apresentam algumas propriedades diferentes. Os microtúbulos ciliares e centriolares, por exemplo, são muito estáveis em comparação com os microtúbulos citoplasmáticos e mitóticos, cujo comprimento varia constantemente. As proteínas acessórias dos microtúbulos (reguladoras, ligadoras e motoras) são denominadas **MAP** (*microtubule-associated proteins*).

5.5 Os microtúbulos citoplasmáticos surgem no centrossomo, que contém um par de centríolos e uma matriz

Os microtúbulos citoplasmáticos surgem em uma estrutura contígua ao núcleo denominada **centrossomo**. A partir daí, estendem-se por todo o citoplasma até chegar à membrana plasmática, na qual se fixam. Assim, parecem raios que vão do centro da célula até sua periferia (Figura 5.4A). Esse arranjo dos microtúbulos pode ser visto na Figura 5.4B, que mostra uma célula cultivada e tratada com anticorpos antitubulina fluorescentes.

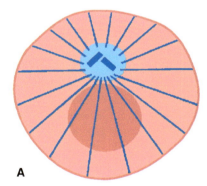
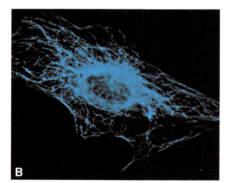

Figura 5.4 A. Distribuição dos microtúbulos no citoplasma. Todos os microtúbulos surgem na matriz centrossômica, que também contém o par de centríolos do diplossomo. **B.** Micrografia de uma célula cultivada e tratada com anticorpos antitubulina fluorescentes. (De M. Osborn e K. Weber.)

O centrossomo também é denominado **centro organizador dos microtúbulos** ou **MOTC** (de *microtubule-organizing centre*). O centrossomo é constituído por um par de **centríolos** ou **diplossomo** (do grego *diplóos*, "duplo", e *sôma*, "corpo") e uma substância aparentemente amorfa que os circunda, a **matriz centrossômica** (Figuras 5.4A e 5.23). Essa matriz contém uma rede de fibras muito delgadas e um complexo de proteínas reguladoras denominadas γ-**tubulinas**.

Tendo em vista a semelhança entre os centríolos e os corpos basais dos cílios, serão descritos juntos na *Seção 5.14*.

5.6 A tubulina é o componente monomérico dos microtúbulos

Os microtúbulos são polímeros constituídos por unidades proteicas denominadas **tubulinas**. Cada tubulina, por sua vez, é um heterodímero com peso molecular de 110 a 120 kDa, cujas duas subunidades – denominadas **α-tubulina** e **β-tubulina** – são proteínas do tipo globular (Figura 5.5). Existem seis tipos diferentes de α-tubulinas e seis de β-tubulinas. Contudo, sempre existe a combinação de uma α-tubulina e uma β-tubulina, nunca de duas α-tubulinas nem de duas β-tubulinas entre si.

Na *Seção 16.22* serão analisados os mecanismos que controlam a produção das α-tubulinas e das β-tubulinas nos ribossomos.

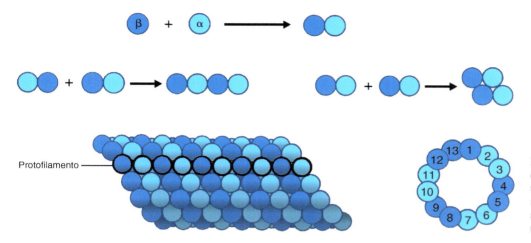

Figura 5.5 Formação e organização estrutural dos microtúbulos. Mostra-se como as α-tubulinas se combinam com as β-tubulinas para formar a parede tubular constituída por treze protofilamentos.

Apesar de serem diferentes, as duas subunidades das tubulinas apresentam afinidades e isso possibilita que a subunidade α de cada tubulina possa se combinar não apenas com a subunidade β do próprio heterodímero, mas também, graças à sua extremidade livre, com a subunidade β de outra tubulina (Figura 5.5). Os heterodímeros também podem se unir entre si de modo laterolateral e o fazem de tal maneira que formam um círculo fechado. Essas singularidades resultam na formação de uma estrutura tubular cuja parede parece ser composta por vários filamentos que atravessam o eixo longitudinal do microtúbulo, conhecidos como **protofilamentos**. Quando é observado um corte transversal de um microtúbulo, verifica-se que ele contém 13 protofilamentos.

A Figura 5.5 mostra que existe um lapso entre as α-tubulinas e as β-tubulinas dos protofilamentos contíguos. Esse é o motivo de não ser observada, nos cortes transversais dos microtúbulos, uma alternância regular entre as α-tubulinas e as β-tubulinas, mas, sim, duas ou três subunidades iguais contíguas (Figura 5.5).

Por causa da polaridade das tubulinas, o próprio microtúbulo é polarizado, já que, em uma de suas extremidades, estão expostas as subunidades α e, na outra extremidade, as subunidades β. Os heterodímero podem se agregar (ou polimerizar) ou separar (despolimerizar) nas duas extremidades. Evidentemente, durante a polimerização, o microtúbulo se alonga e, durante a despolimerização, seu comprimento diminui.

Uma das extremidades do microtúbulo é denominada **mais [+]** e a outra, **menos [−]** (Figura 5.6). Essas designações devem-se ao fato de que, pela extremidade [+], o microtúbulo se alonga e se encurta mais rapidamente do que pela extremidade [−] (Figura 5.6).

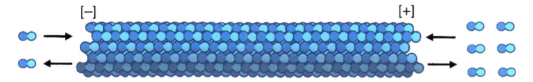

Figura 5.6 Polimerização (alongamento) e despolimerização (encurtamento) dos microtúbulos em suas duas extremidades.

5.7 Os microtúbulos citoplasmáticos são estruturas dinâmicas

A extremidade [−] dos microtúbulos está localizada no centrossomo. Nessa extremidade, os processos de polimerização e de despolimerização estão bloqueados, devido à influência de um componente centrossômico (mais adiante, veremos que se trata do complexo proteico de γ-tubulinas).

Os microtúbulos citoplasmáticos são estruturas dinâmicas, uma vez que sempre se formam microtúbulos novos ao mesmo tempo que alguns se alongam e outros se encurtam até desaparecer (Figura 5.7).

Os microtúbulos desenvolvem-se a partir da matriz centrossômica. Para fazer isso, algumas tubulinas (provenientes do depósito de tubulinas livres existente no citosol) convergem para a matriz centrossômica e se condensam (polimerizam-se). Essa condensação constitui o primeiro esboço do microtúbulo e é formada por influência do complexo proteico de **γ-tubulinas**, que promove a reunião das primeiras 13 tubulinas da extremidade [−]. Os centríolos não participam nesse processo. Imediatamente, o microtúbulo começa a crescer a partir de sua extremidade [+], graças ao acréscimo de novas tubulinas provenientes do depósito de tubulinas do citosol.

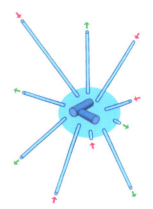

Figura 5.7 Surgimento de um microtúbulo a partir da matriz centrossômica, enquanto outros se alongam, encurtam-se ou desaparecem.

Figura 5.8 Representação do complexo anular de γ-tubulinas. Numerosos complexos como este estão localizados na matriz centrossômica, na qual servem como moldes para a formação dos microtúbulos.

O complexo de γ-tubulinas apresenta forma circular e seu diâmetro é semelhante ao dos microtúbulos, comportando-se como um molde a partir do qual se condensam as primeiras 13 tubulinas. Sua forma seria a apresentada na Figura 5.8, que explica o lapso existente entre as tubulinas dos protofilamentos contíguos.

Além disso, o complexo de γ-tubulinas comporta-se como uma cobertura que bloqueia o crescimento e o encurtamento do microtúbulo a partir de sua extremidade [−].

Quando as tubulinas se despolimerizam dos microtúbulos, passam a fazer parte do depósito de tubulinas livres do citosol. A princípio, cada tubulina contém um GDP em sua subunidade β, que logo é trocado por um GTP no mesmo citosol (Figura 5.9). Logo depois, as tubulinas com GTP são atraídas pelas extremidades [+] dos microtúbulos em crescimento e se unem a eles. Diferentemente do que ocorre no citosol, a polimerização faz com que o GTP das tubulinas seja hidrolisado em GDP e fosfato. A formação dos microtúbulos é, portanto, um processo que demanda energia.

Vale lembrar que as tubulinas com GDP tendem a se despolimerizar da extremidade [+] dos protofilamentos (Figura 5.9) e isso se deve ao arqueamento dessa extremidade por influência, justamente, do GDP (Figura 5.10).

O processo de polimerização e despolimerização das tubulinas, segundo essa descrição, formaria um círculo vicioso, pois a polimerização (com a consequente formação de GDP) provocaria imediata despolimerização dos monômeros. Isso não ocorre, graças ao fato de que as tubulinas recém-incorporadas demoram algum tempo para hidrolisar seus GTP e formar uma **cobertura de tubulinas-GTP** na extremidade do microtúbulo. Desse modo, é interrompida a saída das tubulinas que chegaram antes, apesar de o GTP já ter sido convertido em GDP nelas (Figura 5.10).

Por causa dessa peculiaridade, denominada **instabilidade dinâmica**, quando um microtúbulo alcança o comprimento desejado, ele deve ser mantido por meio de alternância de breves períodos de polimerização com outros de despolimerização. Visto que esse processo gastaria muita energia, existem proteínas reguladoras que se unem à extremidade [+] do microtúbulo para evitar essa instabilidade.

A despolimerização do microtúbulo é muito mais rápida do que a polimerização. A diferença de velocidade torna-se evidente quando o microtúbulo passa da fase de alongamento para a fase de encurtamento e vice-versa. No primeiro caso, a despolimerização (desestabilização) é tão súbita

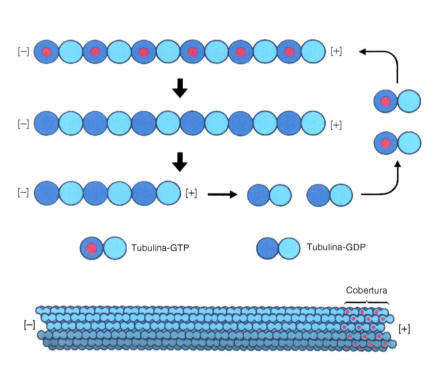

Figura 5.9 Troca de tubulinas-GDP e das tubulinas-GTP entre os microtúbulos e o citosol.

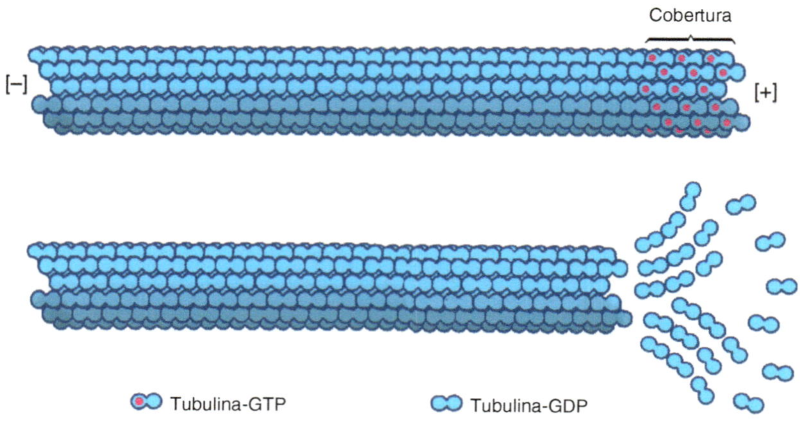

Figura 5.10 Formação da cobertura de tubulinas-GTP na extremidade do microtúbulo. Observe que, quando o GTP é convertido em GDP e a cobertura não é renovada, as tubulinas são liberadas.

que é denominada "catástrofe". Em contrapartida, quando é interrompido o encurtamento e começa o alongamento do microtúbulo, o processo, por ser relativamente lento, recebe o nome de "resgate".

No citosol, existe uma proteína reguladora, denominada **catastrofina**, que interrompe o crescimento dos microtúbulos e ocasiona sua despolimerização após a perda da cobertura de tubulinas-GTP.

A **colchicina**, um medicamento prescrito no tratamento da **gota**, atua de modo parecido, já que se une às tubulinas e interrompe sua polimerização. A consequência é o desaparecimento dos microtúbulos, pois não há a formação da cobertura de tubulinas. A **colcemida**, um derivado da colchicina, exerce os mesmos efeitos.

5.8 Os microtúbulos citoplasmáticos são necessários para o transporte das organelas e das macromoléculas

Os microtúbulos citoplasmáticos são verdadeiras vias de transporte de macromoléculas e organelas (mitocôndrias, vesículas transportadoras etc.) de um ponto para outro do citoplasma. Essa função é realizada com a ajuda de duas proteínas motoras, a **cinesina** e a **dineína**. Quando essas proteínas estão "carregadas" com o material a ser transportado, a cinesina desliza em direção à extremidade [+] do microtúbulo e a dineína se move em direção à extremidade [−] (Figura 5.11).

Figura 5.11 Utilização dos microtúbulos como vias sobre as quais as proteínas motoras dineína e cinesina se deslocam para transportar materiais entre pontos distintos do citoplasma.

Essas proteínas motoras são constituídas por quatro cadeias polipeptídicas – duas pesadas e duas leves (Figura 5.12). Cada cadeia pesada contém um domínio globular (ou cabeça) e um domínio fibroso (ou cauda). O domínio fibroso conecta-se com o material a ser transportado e o domínio globular se une ao microtúbulo.

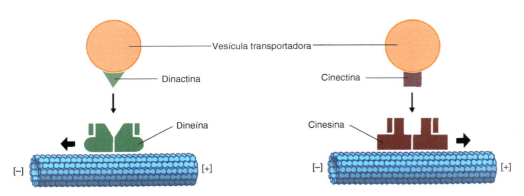

Figura 5.12 União das vesículas transportadoras à cinesina e à dineína, graças às proteínas transmembrana cinectina e dinactina, respectivamente.

Na membrana das organelas e das vesículas transportadoras foram identificadas as proteínas transmembrana **cinectina** e **dinactina**. Essas proteínas se unem à cinesina e à dineína, respectivamente.

A energia consumida durante o transporte é fornecida pelo ATP, após a hidrólise por ATPases existentes nas cabeças das proteínas motoras. Estima-se que a cinesina se desloque, aproximadamente, 8 nm para cada ATP hidrolisado.

Observa-se um exemplo de transporte por essas proteínas nos melanócitos da pele, cujos grânulos de melanina, se houver estímulos apropriados, deslizam ao longo dos microtúbulos, tanto centrípeta quanto centrifugamente. Os axônios constituem outro exemplo desse tipo de transporte. Nos axônios, as cinesinas transportam moléculas e vesículas desde o corpo celular do neurônio até o terminal axônico e as dineínas as trazem de volta.

Os neurônios contêm outra proteína motora ligada aos microtúbulos, a **dinamina**. Diferentemente da cinesina e da dineína, a dinamina exibe atividade GTPase. Além disso, conforme será mostrado na *Seção 7.37*, a dinamina provoca, em todos os tipos celulares, o desprendimento das vesículas transportadoras produzidas pelo revestimento por clatrina.

5.9 Os microtúbulos citoplasmáticos contribuem para estabelecer a forma das células

Os microtúbulos contribuem para o estabelecimento da forma das células. Além disso, com a ajuda de proteínas acessórias, os microtúbulos mantêm o retículo endoplasmático e o complexo de Golgi em suas posições no citoplasma, o que determina a polaridade celular. Já foi comprovado que as duas proteínas motoras, cinesina e dineína, participam, respectivamente, na estabilização dessas organelas.

Nos neurônios, existem microtúbulos também nos dendritos e no axônio (Figura 5.13). Na verdade, o crescimento do axônio depende do alongamento de seus microtúbulos. Durante o processo de alongamento, na altura do cone de crescimento do axônio, foi encontrada entre os microtúbulos a já mencionada dinamina. A dinamina promove o deslizamento de alguns microtúbulos sobre outros e isso seria necessário para o avanço do cone de crescimento pela matriz extracelular (ver *Seção 5.28*).

Figura 5.13 Distribuição dos microtúbulos no corpo celular e no axônio dos neurônios.

No corpo celular do neurônio e no axônio, foi identificada uma MAP reguladora denominada **tau** (por causa da letra grega τ – *tau*) que inibe a despolimerização das tubulinas nas extremidades dos microtúbulos. A MAP reguladora tau também exerce uma função de ligação, visto que estabelece pontes entre os microtúbulos contíguos, conferindo estabilidade a eles. Outras MAP ligadoras, denominadas **MAP1** e **MAP2**, formam pontes semelhantes entre os microtúbulos neuronais.

As MAP tau contêm um número determinado de fosfatos cujo aumento altera seu funcionamento normal. O aumento dos fosfatos pode ser provocado por quinases hiperativas ou por fosfatases hipoativas. Isso ocorre na **doença de Alzheimer**, caracterizada pela deterioração neuronal progressiva em decorrência da instabilidade dos microtúbulos. Conforme foi mostrado na seção anterior, os microtúbulos são essenciais ao transporte intracelular de organelas e de outros materiais vitais para a célula.

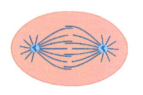

Figura 5.14 Distribuição dos microtúbulos mitóticos (ou fibras do fuso mitótico) durante a divisão celular.

5.10 Os microtúbulos mitóticos mobilizam os cromossomos durante a mitose e a meiose

As funções dos microtúbulos mitóticos serão apresentadas com detalhes na *Seção 18.14*.

Durante a mitose e a meiose, a célula apresenta dois centrossomos, em vez de um, e os microtúbulos citoplasmáticos observados na interfase são substituídos pelos microtúbulos mitóticos (também denominados **fibras do fuso mitótico**) (Figura 5.14). Diferentemente dos microtúbulos citoplasmáticos, nos microtúbulos mitóticos, a extremidade [−] não está bloqueada pela matriz centrossômica, portanto, os microtúbulos conseguem se polimerizar e despolimerizar também nessa extremidade.

Pode-se promover o desaparecimento dos microtúbulos mitóticos com o uso de **vimblastina** e **vincristina**. Essas substâncias atuam de modo semelhante à colchicina (ver *Seção 5.7*), embora sua ação seja quase seletiva nas fibras do fuso mitótico. Esse é o motivo de esses agentes serem prescritos para bloquear as divisões das células neoplásicas no tratamento do câncer. O **paclitaxel** (Taxol®) é outro agente prescrito no tratamento de câncer, pois interrompe a despolimerização das fibras do fuso mitótico e induz seu crescimento descontrolado, que é incompatível com a divisão celular.

5.11 Os microtúbulos ciliares formam o eixo dos cílios e dos flagelos

Os **cílios** são apêndices delgados, com 0,25 μm de diâmetro e vários micrômetros de comprimento, que brotam da superfície de diversos tipos celulares (Figura 1.6). Os apêndices mais longos são denominados **flagelos**. Cada cílio é constituído por um eixo citosólico (a matriz ciliar) envolvido por um prolongamento da membrana plasmática. No meio da matriz ciliar, acompanhando o eixo longitudinal do cílio, existe um arcabouço filamentoso regular denominado **axonema**, o qual é formado por vários microtúbulos paralelos entre si e associados a proteínas acessórias (Figuras 5.15 e 5.16). Sua composição e suas funções serão descritas mais adiante neste capítulo.

Cada cílio brota de um **corpo central** ou **cinetossomo** (do grego *kinētós*, "móvel", e *sôma*, "corpo"), que é uma estrutura idêntica a um centríolo do diplossomo. Os corpúsculos basais e os centríolos serão analisados na *Seção 5.14*.

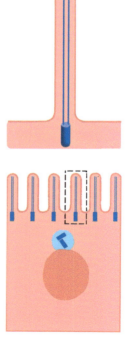

Figura 5.15 Microtúbulos ciliares. Observe seu aparecimento no corpo basal, o cinetossomo.

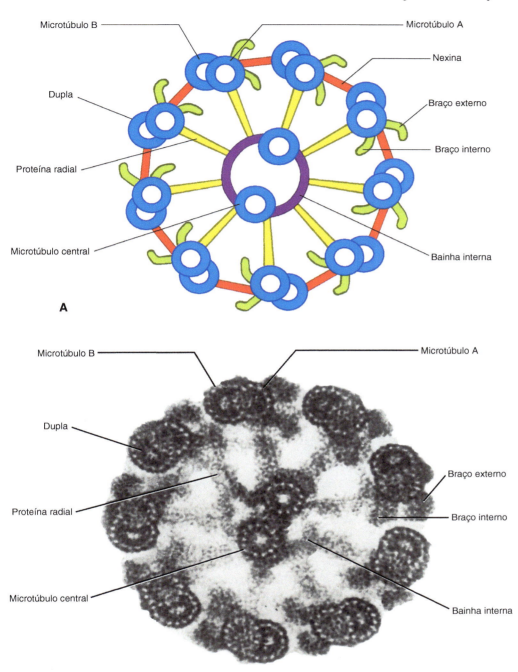

Figura 5.16 A. Esquema de um corte transversal do axonema apresentando a configuração 9 + 2, que é característica dos microtúbulos do cílio. É mostrada desde a base até a extremidade do cílio. Deve ser ressaltada a disposição dos microtúbulos periféricos. Esses microtúbulos estão associados entre si na forma de pares ou duplas. São mostradas as classes diferentes de proteínas ligadoras e, como as proteínas motoras de dineína, formam "braços" orientados como os ponteiros de um relógio. **B.** Eletromicrografia de um axonema revelado por ácido tânico. (De D. W. Fawcett.)

5.12 Os cílios se movem

Os cílios são estruturas que se movem. Dependendo do tipo de célula, os movimentos dos cílios servem para arrastar líquidos e partículas (conforme ocorre nas vias respiratórias), para deslocar outras células (como, por exemplo, os espermatozoides, o ovócito ou o zigoto nas tubas uterinas) ou para mobilizar células de modo autônomo (como, por exemplo, os espermatozoides).

O movimento dos cílios pode ser pendular, unciforme, infundibuliforme ou ondulante. No movimento pendular, o cílio parece rígido e se flexiona em sua base. No movimento unciforme (o mais comum nos metazoários), o cílio se dobra e adquire o formato de um gancho. No movimento infundibuliforme, o cílio gira, descrevendo uma figura cônica. No movimento ondulante, característico dos flagelos, o movimento desloca-se da extremidade proximal para a extremidade distal do cílio.

Nas superfícies epiteliais recobertas por cílios, é possível vê-los se movendo de modo coordenado e formando verdadeiras ondas que se deslocam pelo epitélio em uma determinada direção. Essas ondas são consequentes ao fato de que cada cílio se move com algum atraso (ou avanço) com relação ao cílio mais adiante (ou mais atrás). A transmissão da onda de uma célula para a célula vizinha provém da passagem de determinados solutos (sinais) por meio das junções comunicantes que conectam as células epiteliais entre si (ver *Seção 6.14*) (Figura 6.12).

O movimento ciliar é produzido pelo axonema (Figuras 5.15 e 5.16). Em um corte transversal os microtúbulos do axonema exibem uma configuração especial, conhecida como "9 + 2". Nessa configuração existem nove pares de microtúbulos na parte periférica, os quais formam um círculo. Na parte central existem mais dois microtúbulos. A configuração é denominada "9 + 2" porque os dois microtúbulos de cada par periférico estão firmemente unidos entre si, formando uma dupla, e os dois microtúbulos do par central estão separados. Um dos microtúbulos de cada par periférico, identificado pela letra A, é completo, ou seja, tem 13 protofilamentos. O outro microtúbulo, denominado B, é incompleto, pois tem 10 ou 11 protofilamentos (Figura 5.17). As duplas estão dispostas obliquamente, de modo que o microtúbulo A está mais próximo do centro do cílio do que o microtúbulo B. Além disso, as extremidades [−] de ambos os microtúbulos apontam para o corpúsculo basal (Figura 5.18).

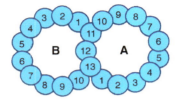

Figura 5.17 Disposição em dupla de um par de microtúbulos periféricos do axonema.

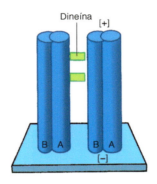
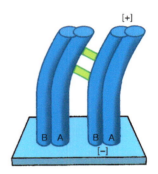

Figura 5.18 Origem do movimento ciliar. O movimento baseia-se no deslocamento das cabeças das dineínas ciliares sobre o microtúbulo B das duplas na direção da base do cílio.

O axonema contém proteínas ligadoras e proteínas motoras (Figura 5.16).

As **proteínas ligadoras** unem as duplas entre si e mantêm os microtúbulos em suas posições no interior do cílio, conservando a integridade do axonema durante o movimento ciliar. Desse modo, as **nexinas** conectam o microtúbulo A de uma dupla com o microtúbulo B da dupla vizinha. A **bainha interna** envolve os microtúbulos centrais e as **proteínas radiais** conectam os microtúbulos A com essa bainha.

As **proteínas motoras** são representadas pela **dineína ciliar**. A dineína ciliar diferencia-se da dineína citoplasmática porque é maior e apresenta três cadeias pesadas e três cadeias leves em vez de duas cadeias pesadas e duas cadeias leves (ver *Seção 5.8*). As caudas da dineína ciliar estão ancoradas no microtúbulo A de uma dupla, enquanto as cabeças globulares (com suas respectivas ATPases) estabelecem conexões intermitentes com o microtúbulo B da dupla vizinha. Desse modo, as dineínas formam pontes instáveis entre as duplas contíguas.

As dineínas também são denominadas braços internos e externos do axonema (Figura 5.16), para ilustrar o fato de que algumas brotam do microtúbulo A em posições mais periféricas do que outras. Se o axonema for visto a partir da base do cílio, esses braços estarão orientados na direção do movimento dos ponteiros do relógio (em sentido horário).

O movimento ciliar é produzido porque as cabeças das dineínas atravessam um pequeno segmento do microtúbulo B em direção à extremidade [−] (Figura 5.18) (na *Seção 5.8* foi mencionado que essa classe de proteína motora se move sempre nessa direção). Já que os microtúbulos do axonema estão fixos em suas posições dentro do cílio (graças às proteínas ligadoras) e suas extremidades proximais estão ancoradas no corpúsculo basal, o deslocamento das dineínas sobre o microtúbulo B faz com que as duas duplas se curvem, pois não conseguem se deslocar linearmente em direções opostas. Conforme ocorre nas dineínas localizadas entre várias das nove duplas, o somatório de forças promove o arqueamento de todo o axonema, o que produz o movimento ciliar (Figura 5.19). O deslocamento das dineínas é consequente à formação e à

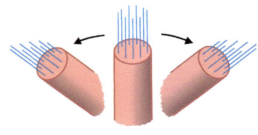

Figura 5.19 Movimento ciliar. Decorrente da impossibilidade do deslocamento das duplas do axonema entre si, resultando em arqueamento.

ruptura alternadas das pontes transversais de dineína. Esse processo consome energia, a qual é fornecida pelo ATP.

Durante o movimento ciliar, nem todas as duplas atuam ao mesmo tempo. Na verdade, existe a suspeita de que as duplas situadas em um lado do axonema flexionem o cílio e as do lado oposto atuem no movimento de retorno.

5.13 Na síndrome de Kartagener os cílios não se movem

A **síndrome de Kartagener** decorre de uma ou mais mutações nos genes que codificam a dineína ciliar ou outras proteínas acessórias do axonema. A consequência disso é que os cílios e os flagelos não apresentam movimento, o que resulta em quadros clínicos de bronquite crônica e esterilidade nas mulheres e nos homens (os cílios das vias respiratórias e das tubas uterinas e o flagelo dos espermatozoides não se movimentam).

5.14 A estrutura dos corpúsculos basais é idêntica à estrutura dos centríolos

Os microtúbulos ciliares brotam do **corpúsculo basal**, que está localizado abaixo da membrana plasmática, na altura da base do cílio (Figuras 5.15 e 5.22). O número de corpúsculos basais é igual ao número de cílios.

Visto que os corpúsculos basais são estruturalmente idênticos aos centríolos do centrossomo, eles são estudados juntos. São cilindros ocos, abertos em suas extremidades e têm 0,2 μm de diâmetro e 0,4 μm de comprimento. A parede do corpúsculo basal ou do centríolo é formada por nove unidades microtubulares, cada uma delas composta por três microtúbulos fundidos entre si – denominados A, B e C (Figuras 5.20, 5.21 e 5.22).

O microtúbulo A é completo, pois tem 13 protofilamentos; no entanto, os microtúbulos B e C são incompletos porque apresentam 11 protofilamentos cada um (Figura 5.20). Como as duplas no axonema, essas trincas estão dispostas obliquamente, de modo que o microtúbulo A está mais perto do centro do centríolo do que o microtúbulo C (Figura 5.21).

As nove trincas do corpúsculo basal estão conectadas entre si por duas classes de **proteínas ligadoras**. Algumas são fibras curtas que envolvem o microtúbulo A de uma trinca com o micro-

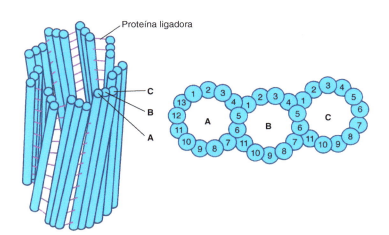

Figura 5.20 (*À esquerda*) Esquema de um centríolo ou de um corpúsculo basal, com sua característica configuração 9 + 0. (*À direita*) Tripla associação característica dos microtúbulos centriolares, conhecida como trinca.

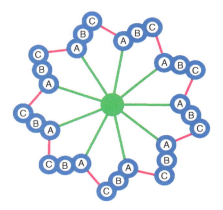

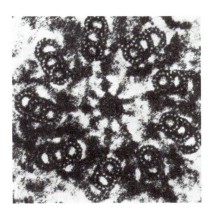

Figura 5.21 (*À esquerda*) Esquema de um corte transversal do centríolo, mostrando as nove trincas e as proteínas ligadoras. (*À direita*) Eletromicrografia de um corte transversal de um centríolo revelado por ácido tânico. (De V. Kalnins.)

Figura 5.22 (*À esquerda*) Eletromicrografia de um corte longitudinal da base de um cílio (*Ci*) com seu corpúsculo basal ou cinetossomo (*CB*). (*À direita*) Cortes transversais de cílios e corpúsculos basais. 70.000×. (Cortesia de J. André e E. Fauret-Fremiet.)

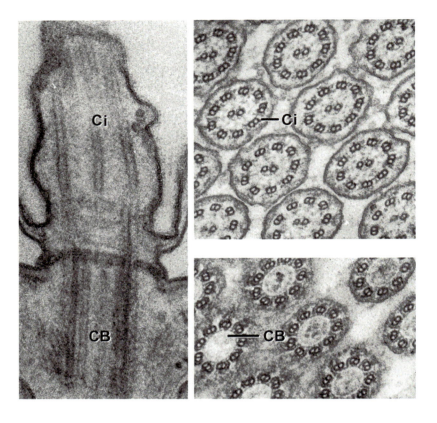

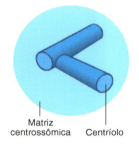

Figura 5.23 Representação esquemática do centrossomo, que inclui a matriz centrossômica e o par de centríolos ou diplossomo.

túbulo C da trinca vizinha. As outras são fibras compridas que conectam as trincas de modo semelhante aos raios de uma roda (Figura 5.21).

Já foi descrito que cada cílio brota de um corpúsculo basal, o qual, como o cílio, é perpendicular à membrana plasmática (Figura 5.15). Vale a pena acrescentar que os microtúbulos A e B das duplas do cílio se continuam com os microtúbulos A e B das trincas do corpúsculo basal. Ainda não se sabe o significado dos microtúbulos C das trincas e de onde se originam os microtúbulos centrais do axonema.

Com frequência, a extremidade livre do corpúsculo basal apresenta uma base fibrilar curta que se internaliza no citoplasma e que tem como função dar suporte ao cílio.

As seguintes singularidades diferenciam os corpúsculos basais dos centríolos do diplossomo:

(1) Os corpúsculos basais estão localizados próximo à superfície celular (na base dos cílios) e os centríolos estão próximos ao núcleo (Figuras 5.4A e 5.15)
(2) Os corpúsculos basais não têm a matriz centrossômica que envolve os centríolos (Figura 5.23)
(3) Os corpúsculos basais costumam ser formados por uma única unidade, enquanto os centríolos têm duas unidades perpendiculares entre si (Figura 5.23).

5.15 Na ciliogênese os microtúbulos do axonema desenvolvem-se a partir do corpúsculo basal

Na ciliogênese os microtúbulos A e B do corpúsculo basal desempenham a função da γ-tubulina do centrossomo, ou seja, atuam como moldes para a nucleação (polimerização) das primeiras tubulinas dos microtúbulos A e B do axonema. As tubulinas do axonema nascente conectam-se com as extremidades [+] dos microtúbulos A e B do corpúsculo basal, que apontam para a superfície da célula. Portanto, as extremidades [−] dos microtúbulos dos cílios estão localizadas perto do corpúsculo basal. Após a nucleação inicial, novas tubulinas são agregadas com consequente alongamento dos microtúbulos do axonema até o cílio alcançar seu comprimento definitivo.

5.16 Os corpúsculos basais derivariam dos centríolos do centrossomo

Com base no que foi apresentado na seção anterior, é possível deduzir que, antes do brotamento dos cílios, ocorre a formação dos corpúsculos basais. Os corpúsculos basais apareceriam como consequência de uma reprodução dicotômica dos centríolos do diplossomo, em um processo que se baseia no desenvolvimento de **procentríolos**, semelhante ao mostrado na Figura 18.5. Outra teoria sugere que os corpúsculos basais se formariam *de novo*, sem a participação dos centríolos.

Filamentos de actina

5.17 Os filamentos de actina têm diâmetro de 8 nm

Os **filamentos de actina** ou **microfilamentos** apresentam um diâmetro de 8 nm e são mais flexíveis que os microtúbulos. Os filamentos de actina costumam se associar em feixes ou atados, de modo que raramente são encontrados isoladamente (Figura 1.9).

Com base na sua distribuição na célula, os filamentos de actina são classificados em: (1) **corticais**, que estão localizados sob a membrana plasmática, na qual constituem o componente citosólico mais importante (Figura 5.24); e (2) **transcelulares**, visto que atravessam o citoplasma em todas as direções (Figura 5.25A). Da mesma maneira que os microtúbulos tratados com anticorpos antitubulina, os filamentos de actina podem ser localizados com a ajuda de anticorpos antiactina fluorescentes (Figura 5.25B).

Figura 5.24 Distribuição dos filamentos de actina corticais em uma célula epitelial.

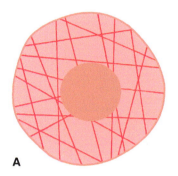
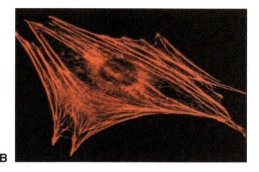

Figura 5.25 A. Distribuição dos filamentos de actina transcelulares (fibras de tensão) em uma célula do tecido conjuntivo. **B.** Célula cultivada e tratada com anticorpos antiactina fluorescentes.

Conforme será mostrado na parte final deste capítulo, os filamentos de actina também possibilitam a motilidade celular, formam o esqueleto das microvilosidades e integram o arcabouço contrátil das células musculares. Eles são polímeros formados pela soma linear de monômeros cuja montagem proporciona àqueles uma configuração helicoidal característica (Figuras 5.1 e 5.26). Os monômeros estão livres no citosol, no qual formam um reservatório que a célula utiliza sempre que se faz necessário. Cada monômero é um polipeptídio de 375 aminoácidos ligado a um ADP ou a um ATP. Sua estrutura terciária é globular; daí, a denominação de **actina G**.

Como os microtúbulos, os filamentos de actina apresentam uma extremidade [+] e uma extremidade [−] (ver *Seção 5.6*). As extremidades [+] alongam-se e encurtam-se mais rapidamente que as extremidades [−] (Figura 5.26). Essa bipolaridade é consequência dos próprios monômeros.

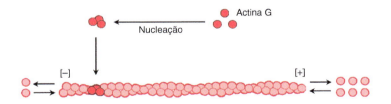

Figura 5.26 Formação e organização estrutural do filamento de actina. Também são mostradas a polimerização (alongamento) e a despolimerização (encurtamento) do filamento nas duas extremidades.

5.18 Os filamentos de actina são formados a partir de trímeros de actina G

Cada filamento de actina começa a se formar a partir de um cerne de três monômeros de actina G que se combinam entre si em qualquer ponto do citosol no qual seja necessária a formação de filamentos de actina (Figura 5.26). O alongamento do cerne original é consequente à agregação sucessiva de novos monômeros nas extremidades [+] e nas extremidades [−] do filamento que está sendo formado. A polimerização exige que as actinas G contenham um ATP.

Pouco tempo depois da polimerização, esse ATP é hidrolisado em ADP e P, induzindo a despolimerização dos monômeros. Não obstante, isso não acontece, pois, nas extremidades dos filamentos de actina ocorre um fenômeno de instabilidade dinâmica análogo ao descrito para os microtúbulos (ver *Seção 5.7*). Esse fenômeno decorre da formação de uma cobertura cujos monômeros demoram a converter seus ATP em ADP.

Uma vez que a manutenção dessa instabilidade tem um alto custo energético (ATP), quando o filamento alcança o comprimento desejado, várias proteínas reguladoras se colocam em suas extremidades para estabilizar o filamento.

Aparentemente, a polimerização dos monômeros de actina depende de uma proteína reguladora denominada **profilina**, embora ela induza a hidrólise dos ATP nos monômeros já polimerizados.

Do processo de despolimerização participam várias proteínas reguladoras, entre as quais se destacam a **timosina** e o **ADF** (de *actin-depolymerizing factor*, fator de despolimerização de actina). A timosina inibe a nucleação do trímero inicial de actinas G e sua polimerização no filamento em crescimento. Por outro lado, o ADF liga-se ao filamento de actina e o despolimeriza progressivamente.

O fármaco **citocalasina B** provoca a despolimerização dos filamentos de actina, pois se liga às suas duas extremidades e bloqueia seu crescimento, com consequente desaparecimento das coberturas de actinas com ATP.

5.19 Os filamentos de actina contribuem para estabelecer a forma das células

Já mencionamos que existem feixes de filamentos de actina concentrados sob a membrana plasmática (corticais) (Figura 5.24) e outros que cruzam o citoplasma de um lado ao outro da célula (transcelulares) (Figura 5.25). As duas localizações contribuem, entre outras funções, para o estabelecimento da forma de células.

As concentrações e as funções dos dois tipos de filamento são diferentes quando as células pertencem ao epitélio ou ao tecido conjuntivo. Nas células epiteliais há mais filamentos corticais que determinam a forma celular, enquanto nas células do tecido conjuntivo as fibras transcelulares prevalecem e dão forma às células.

Nos dois tipos de células, os filamentos corticais também são responsáveis pela morfologia da parte periférica da célula. Além disso, na *Seção 5.32*, veremos que formam o eixo das microvilosidades.

5.20 Nas células epiteliais os filamentos de actina corticais formam uma trama sob a membrana plasmática

Nas células epiteliais, os feixes de filamentos de actina corticais estão dispostos nas mais variadas direções e formam uma trama contínua sob a membrana plasmática. Os filamentos se unem entre si e à membrana plasmática graças à proteína ligadora **fodrina** (Figura 5.27). A fodrina, por sua vez, conecta-se com as proteínas integrais da membrana – uma delas é o cotransportador de Na$^+$ e K$^+$ (ver *Seção 3.19*) –, por meio de outra proteína ligadora, a **anquirina**. A fodrina é semelhante à **espectrina**, encontrada na membrana terminal das microvilosidades (ver *Seção 5.32*) e no citoesqueleto do eritrócito (ver *Seção 5.36*).

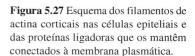

Figura 5.27 Esquema dos filamentos de actina corticais nas células epiteliais e das proteínas ligadoras que os mantêm conectados à membrana plasmática.

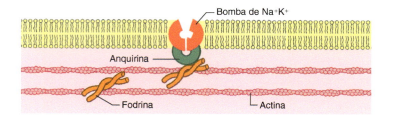

5.21 Nos epitélios uma faixa de filamentos de actina corticais participa na formação da zônula de adesão

A **zônula de adesão**, que será descrita com detalhes na *Seção 6.12*, é um meio de conexão intercelular. É encontrada próximo da superfície apical das células epiteliais. Consiste em uma franja reforçada de filamentos de actina corticais que formam um tipo de anel em torno de cada célula (Figuras 6.8 e 6.10). Esses filamentos conectam-se com proteínas da membrana plasmática denominadas **caderinas**, graças às proteínas ligadoras **placoglobina**, **catenina**, **α-actinina** e **vinculina**. A zônula de adesão é formada pelos filamentos de actina, pelas caderinas e pelas proteínas ligadoras.

5.22 Em alguns epitélios embrionários, a zônula de adesão tem funções morfogenéticas

Nas células de alguns epitélios embrionários, os filamentos de actina da zônula de adesão encurtam e, desse modo, reduzem o diâmetro delas. Assim, as células perdem sua forma cilíndrica e adquirem aspecto piramidal, com um sulco e um tubo separado do epitélio de origem (Figura 5.28).

5.23 Nas células epiteliais os filamentos de actina transcelulares servem para transportar organelas

Como em todos os tipos de células, nas células epiteliais os filamentos de actina transcelulares estão estendidos entre pontos opostos da membrana plasmática e entre esta e o envoltório nuclear, de tal modo que atravessam o citoplasma em múltiplas direções (Figura 5.25). Da mesma maneira, em torno do envoltório nuclear, existe uma rede de filamentos de actina sobre a trama perinuclear de filamentos intermediários (ver *Seção 5.2*). Os filamentos de actina que partem do envoltório nuclear conectam-se com essa rede. Em contrapartida, do lado da membrana plasmática, os filamentos transcelulares conectam-se com os filamentos de actina ou com proteínas especiais da membrana.

Os filamentos de actina transcelulares atuam como vias para transportar organelas pelo citoplasma. Esse transporte é mediado pelas proteínas motoras miosina I e miosina V.

A **miosina I** tem uma cabeça e uma cauda, ou seja, uma de suas extremidades é globular e a outra é fibrosa (Figura 5.29). Durante a ação dessa proteína motora, sua cauda liga-se à membrana da organela que será transportada – de modo geral, uma vesícula do sistema de endomembranas (ver *Seção 7.1*) – e sua cabeça une-se, de modo intermitente, a um filamento de actina vizinho. Isso ocorre porque a cabeça da miosina I muda de posição repetidamente. As conexões e as desconexões alternadas fazem com que a miosina I deslize em direção à extremidade [+] do filamento de actina (Figura 5.30).

As trocas de posição da cabeça da miosina – responsáveis pelo deslizamento – consomem ATP, que é hidrolisado a ADP e P por uma ATPase dependente de Ca^{2+} localizada na própria cabeça da miosina. A miosina I desloca-se, aproximadamente, 10 nm para cada ATP consumido.

A **miosina V** "caminha" sobre o filamento de actina e cada "passo" a faz avançar cerca de 37 nm. A composição da miosina V é apresentada na *Seção 5.28*.

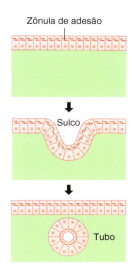

Figura 5.28 Filamentos de actina da zônula de adesão (ver Figura 6.10). Graças a esses filamentos, durante o desenvolvimento embrionário, alguns epitélios planos dão origem a estruturas tubulares (p. ex., o tubo neural primitivo).

Figura 5.29 Representação esquemática das miosinas I e II.

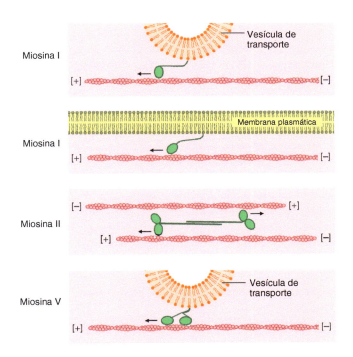

Figura 5.30 Esquemas que mostram o deslocamento das miosinas I, II e V sobre os filamentos de actina.

5.24 Nas células do tecido conjuntivo os filamentos de actina transcelulares são denominados fibras tensoras

Nas células do tecido conjuntivo a distribuição dos filamentos de actina transcelulares – denominados **fibras tensoras** – é semelhante à especificada na seção anterior, embora, neste caso, os filamentos sejam mais espessos e numerosos. Em cada feixe, a proteína ligadora α-**actinina** conecta os filamentos de actina entre si.

Além disso, cada filamento conecta-se com a membrana plasmática por meio de uma estrutura conhecida como **contato focal** (Figura 5.31). A extremidade do filamento conecta-se com uma proteína transmembrana heterodimérica denominada **integrina** por meio das proteínas ligadoras **talina**, α-**actinina, paxilina** e **vinculina**. O conjunto formado pela extremidade do filamento de actina, pelas proteínas ligadoras e pela integrina constitui o contato focal. Na *Seção 6.6* será mostrado que, por seu domínio externo, a integrina se liga a uma proteína da matriz extracelular denominada **fibronectina** e esta se liga a uma **fibra de colágeno**.

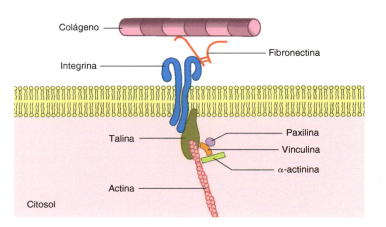

Figura 5.31 Contato focal e sua conexão com elementos da matriz extracelular por meio da proteína transmembrana integrina.

Entre os filamentos de actina das fibras tensoras existem numerosas unidades da proteína motora **miosina II**, que é constituída por dois polipeptídios pesados. Cada um desses polipeptídios é combinado com dois polipeptídios leves (Figura 5.29). Os seis polipeptídios dão origem a uma molécula fibrosa com duas cabeças em uma das extremidades, visto que, nela, os polipeptídios pesados apresentam uma estrutura globular. Como na miosina I, as cabeças da miosina II apresentam atividade de ATPase e são responsáveis pelas propriedades mecânicas da molécula.

As miosinas II não atuam de modo isolado. Para poder atuar, elas se associam e formam conjuntos bipolares tendo as caudas das moléculas fundidas entre si e as cabeças direcionadas para as extremidades do conjunto (Figura 5.30). As cabeças estabelecem uniões intermitentes com os filamentos de actina adjacentes. Visto que deslizam sobre os filamentos de actina em direções opostas, rumo às respectivas extremidades [+], isso resulta em tensão e produção de forças mecânicas nos contatos focais. Além de produzirem deformações discretas, mas contínuas, na superfície celular, contribuem para o estabelecimento da forma global da célula. É por causa dessas propriedades que, nas células do tecido conjuntivo, os filamentos de actina transcelulares são denominados fibras tensoras. O mecanismo molecular que possibilita o deslizamento das miosinas II sobre os filamentos de actina será descrito com detalhes na *Seção 5.33* sobre contratilidade muscular.

É preciso mencionar que as fibras tensoras e os contatos focais são formados por meio da indução da proteína **Rho** (da letra grega ρ), que pertence a uma família de GTPases que atuam em associação às proteínas reguladoras GEF e GAP. Essas proteínas reguladoras serão descritas com detalhes na *Seção 7.38*.

Como nas células epiteliais, as fibras tensoras servem como vias de transporte de organelas pelo citoplasma, com a participação da **miosina I** e da **miosina V** (ver *Seções 5.23 e 5.28*).

5.25 Os filamentos de actina corticais sofrem modificações ininterruptas nas células do tecido conjuntivo

Nas células do tecido conjuntivo envoltas por matriz extracelular, os filamentos de actina corticais estão distribuídos de maneira característica e instável. Isso promove modificações cíclicas na consistência da zona periférica das células, o que, em associação às tensões nos contatos focais, provoca os movimentos ininterruptos observados na superfície celular.

Nesse local, os filamentos de actina formam uma estrutura semelhante a um andaime, que aumenta a viscosidade do citosol e que a diminui quando esse arcabouço é desmontado" em decorrência da despolimerização desses filamentos (Figura 5.32). Desse modo, na zona periférica das células do tecido conjuntivo ocorre alternância de estados de maior viscosidade (**gel**) com outros de menor viscosidade (**sol**), o que resulta em mudanças contínuas da forma da superfície celular.

Na formação desse arcabouço atua, além da profilina (ver *Seção 5.18*), uma proteína ligadora denominada **filamina** ou **ABP** (de *actin-binding protein*), que une os filamentos de actina entre si (Figura 5.32). Antes que entrem em ação as proteínas despolimerizadoras timosina e ADF, o andaime se desarma quando atua a **gelsolina**, uma proteína dependente de Ca^{2+} que degrada os filamentos de actina (Figura 5.32).

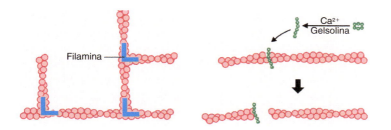

Figura 5.32 Intervenção das proteínas filamina e gelsolina na armação e no desmonte, respectivamente, do arcabouço de actina no córtex das células conjuntivas.

5.26 Os filamentos de actina desempenham funções importantes durante a motilidade celular

A **migração celular** é um fenômeno muito frequente durante o desenvolvimento embrionário. É fundamental não apenas para a formação dos tecidos e dos órgãos, mas também para o ordenamento e a orientação espacial da maioria das estruturas corporais. No organismo já desenvolvido, a migração celular desempenha funções muito importantes na defesa e no reparo dos tecidos.

Diferentemente das células musculares, nas quais os filamentos de actina não se encurtam nem se alongam, nas células com capacidade de locomoção, o citoesqueleto apresenta grande dinamismo. A motilidade celular deve-se a mudanças contínuas de seus componentes, que incluem polimerizações e despolimerizações dos filamentos de actina.

A movimentação das células epiteliais é mais complicada do que a das células do tecido conjuntivo, pois, para adquirir motilidade, as células epiteliais precisam ser "libertadas" do epitélio de origem e redistribuir seus filamentos de actina corticais e transcelulares até que fiquem iguais aos das células do tecido conjuntivo.

Antes de se deslocar, a célula migratória torna-se poligonal. A seguir, em decorrência das modificações rápidas e substanciais nos filamentos de actina corticais, formam-se várias lâminas citoplasmáticas horizontais, denominadas **lamelipódios**, na extremidade da célula correspondente ao futuro movimento. Das bordas livres dos lamelipódios brotam prolongamentos digitiformes denominadas **filopódios** (Figuras 5.33 e 23.6).

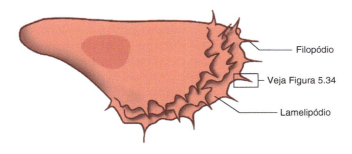

Figura 5.33 Representação de uma célula em movimento.

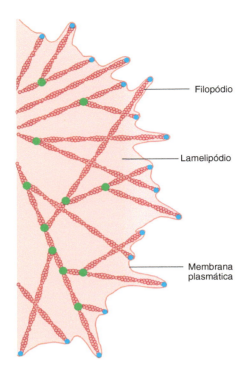

Figura 5.34 Dinâmica dos filamentos de actina nos lamelipódios e nos filopódios. Os pontos de ramificação e de polimerização estão marcados por *círculos verdes* e *círculos azuis*, respectivamente. Em ambos, a proteína reguladora Arp2/3 atua nos pontos de ramificação, formando de ângulos de 70° entre os filamentos e suas ramificações.

Tanto os lamelipódios quanto os filopódios alternam períodos de alongamento com períodos de encurtamento, que são essenciais para a motilidade celular. A formação dos lamelipódios é induzida pela proteína **Rac** (de *related to the A and C kinases*), a qual, como a Rho (ver *Seção 5.24*), pertence a uma família de GTPases, reguladas pelas proteínas GEF e GAP (ver *Seção 7.38*).

Os lamelipódios surgem e se alongam graças à proteína reguladora **Arp2/3** (de *actin-related protein*), que induz a formação de arcabouços especiais de actina no córtex celular. Conforme se vê na Figura 5.34, a proteína Arp2/3 faz com que os filamentos de actina se ramifiquem e, em colaboração com a profilina (ver *Seção 5.18*), que novas actinas G se agreguem nas extremidades dos filamentos, tanto nos preexistentes quanto em suas ramificações. A Figura 5.34 também mostra que as estruturas são aplanadas e que cada ramificação de actina forma com o filamento de origem um ângulo de 70°.

O encurtamento dos lamelipódios é consequente à dispersão dessas estruturas promovida pelas proteínas reguladoras timosina, ADF e gelsolina (Seções 5.18 e 5.25).

Além de apresentar alongamento e encurtamento, os lamelipódios deslocam-se permanentemente. Isso é possível porque, em suas raízes, existem moléculas de **miosina II** diméricas que fazem os filamentos de actina deslizarem em direções opostas (Figura 5.30).

A formação dos filopódios é induzida pela proteína **Cdc42** (de *cell-division cycle*), a qual, como as proteínas Rho e Rac, pertence a uma família de GTPases reguladas pelas proteínas GEF e GAP (ver *Seção 7.38*).

Convém mencionar que, durante a migração celular, as proteínas Rho, Rac e Cdc42 atuam de maneira coordenada. As proteínas Rho, Rac e Cdc42 recebem "ordens" de receptores localizados na membrana plasmática. Esses receptores são ativados quando são induzidos por moléculas extracelulares implicadas na estimulação da motilidade. Assim, pode-se dizer que as proteínas Rho, Rac e Cdc42 atuam como elos entre os sinais extracelulares e os componentes do citoesqueleto que participam da migração.

Os alongamentos e os encurtamentos dos filopódios devem-se à existência em seus eixos de feixes de filamentos de actina que alternam ciclos de polimerização com ciclos de despolimerização (Figura 5.34). Os filamentos partem da borda livre dos lamelipódios e terminam na membrana plasmática da extremidade dos filopódios, nos quais estão ancorados por meio de contatos focais. Além disso, estão unidos entre si pela proteína ligadora denominada **fimbrina**. Os filamentos mais periféricos conectam-se com a membrana plasmática do filopódio por meio da **miosina I**. Essa proteína motora une-se aos filamentos e à membrana plasmática por meio de sua cabeça e de sua cauda, respectivamente (Figura 5.30). A miosina I deslocaria o filopódio ou exerceria uma função reguladora durante o alongamento e o encurtamento dos filamentos de actina.

5.27 Os deslocamentos celulares são orientados por haptotaxia e quimiotaxia

A migração celular é consequente aos seguintes fenômenos. Em primeiro lugar, os filopódios se alongam. Depois, por meio de suas extremidades, preenchidas por contatos focais, alguns filopódios se ancoram nas fibras colágenas da matriz extracelular, mediante moléculas de fibronectina (ver *Seções 6.4* e *6.5*). Em seguida, enquanto os filopódios ancorados se encurtam, o que traciona a célula nos locais de ancoragem, outros filopódios se alongam e se fixam nas fibras colágenas situadas mais adiante na matriz extracelular. Por fim, os primeiros filopódios desprendem-se das fibras colágenas e os segundos filopódios se encurtam, de modo que a célula avança um pouco mais. A migração celular resulta da repetição desses eventos. Como se vê, a fixação dos filopódios nos elementos fixos da matriz extracelular, ou seja, nas fibras colágenas, é transitória, suficiente apenas para que a célula possa ser tracionada. Se essa fixação persistisse, não haveria avanço celular.

Em vez de vagar sem rumo, as células deslocam-se para seus destinos seguindo itinerários predeterminados e não param antes, nem avançam além desses pontos. O trajeto é marcado por alguns componentes da matriz extracelular adjacentes à célula em movimento, como, por exemplo, a concentração e a orientação das fibronectinas encontradas nos locais de passagem. Essas moléculas exerceriam funções relevantes durante a migração celular, ao estabelecerem os itinerários, por estarem ordenadas e concentradas adequadamente (em proporções crescentes) ao longo dos trajetos. A locomoção celular guiada por gradientes de concentração de moléculas insolúveis no meio extracelular, conforme ocorre com a fibronectina, é denominada **haptotaxia** (do grego *haptein*, "segurar com um gancho", e *táksis*, "posição").

Os sutis sinais posicionais emanados pelas fibronectinas são "testados" pelas células em movimento. Assim, os filopódios das células em movimento estendem-se e retraem-se (alongam-se e encurtam-se) à procura desses sinais. Quando os filopódios "detectam" os sinais corretos, aderem-se ao colágeno. Se isso não ocorrer, continuam "explorando" o meio extracelular até encontrá-los.

Os deslocamentos das células também são orientados por substâncias solúveis emitidas por outras células, às vezes distantes, que podem provocar atração ou repulsão. Se ocorrer atração, o fenômeno recebe a denominação de **quimiotaxia**, que consiste na condução das células migratórias para o local de maior concentração da substância solúvel. Já foi comprovado que as substâncias quimiotáticas estimulam, na membrana plasmática das células em movimento, receptores que ativam sinais intracelulares que acionam a proteína Arp2/3. O fenômeno contrário à quimiotaxia, ou seja, a **quimiorrepulsão**, depende de uma proteína denominada **semaforina**.

Os mecanismos por meio dos quais as células migratórias reconhecem outras células em seus locais de destino e se estabelecem nesses locais serão descritos nas *Seções 6.8* e *6.9*.

5.28 O avanço dos axônios guarda algumas semelhanças com a motilidade celular

Como se sabe, os neurônios estão conectados entre si e com as células musculares e secretoras por meio de prolongamentos citoplasmáticos denominados axônios. As células conectadas desse modo podem estar separadas por distâncias consideráveis e a maioria das conexões é estabelecida durante o desenvolvimento embrionário.

Independentemente da distância que separa o neurônio de outra célula, em geral, ele não precisa migrar para entrar em contato com ela. Seu axônio apenas cresce e seu corpo celular permanece no local inicial. O axônio, para poder alongar-se e avançar, desenvolve em sua extremidade distal (que é a área que entra em contato com a outra célula) uma estrutura especializada denominada **cone de crescimento**. Essa estrutura é análoga à região frontal das células migratórias, mas seus filopódios são muito mais compridos (Figura 5.35). As raízes desses filopódios contêm **miosina V**, que, conforme foi dito na S*eção 5.23*, é uma proteína motora que transporta organelas. A miosina V é dupla como a miosina II, mas apresenta 12 polipeptídios leves, em vez de quatro, e não forma conjuntos bipolares (Figura 5.30). A semelhança do cone de crescimento com a célula migratória envolve os fatores que coordenam seu avanço pela matriz extracelular.

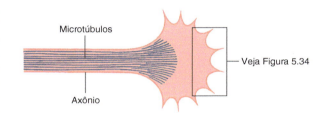

Figura 5.35 Ilustração da extremidade do axônio com seu cone de crescimento.

Na *Seção 5.9* foi descrita a função desempenhada pelos microtúbulos durante o alongamento do axônio e a participação da proteína motora dinamina na migração do cone de crescimento.

5.29 Durante a histogênese do sistema nervoso central, alguns neurônios migram conduzidos por células da glia radial

Durante a histogênese do sistema nervoso central, alguns neurônios do tubo neural primitivo devem migrar de locais próximos ao lúmen do tubo neural para locais próximos à sua superfície externa. Essas migrações ocorrem, por exemplo, quando são formados o córtex cerebral e o córtex cerebelar.

Os mecanismos que possibilitam o deslocamento desses neurônios são diferentes dos mecanismos já descritos. Como se vê na Figura 5.36, elementos da neuroglia (as chamadas **células da glia radial**) formam, transitoriamente, suportes filamentosos sobre os quais os neurônios "se arrastam" até seus pontos de destino. Esses suportes são delicados prolongamentos citoplasmáticos emitidos pelas células da glia radial, que atravessam a parede do tubo neural primitivo desde seu lúmen central até sua superfície externa.

O mecanismo migratório não é conhecido, contudo, já foi descoberta uma proteína que possibilita o estabelecimento de ligações intermitentes entre a membrana plasmática do neurônio e a membrana plasmática da célula da glia radial, imprescindível ao movimento de reptação. A proteína é denominada **astrotactina**, pois as células radiais se transformam em astrócitos após o fim da migração.

5.30 Nas culturas de tecidos ocorre a chamada inibição por contato

À medida que ocupam os locais vazios, as células que se reproduzem nas culturas de tecidos migram e entram em contato com as células vizinhas. Todavia, quando uma célula é rodeada pelas outras, para de se dividir e perde sua motilidade. Esse fenômeno, denominado **inibição por contato**, ocorre em todas as células da cultura e acaba formando uma monocamada celular característica. É preciso mencionar que as células cancerosas cultivadas não apresentam esse tipo de inibição e, como continuam se dividindo e se movendo, acaba "empilhadas" umas sobre as outras até formar massas irregulares com várias camadas de profundidade (Figura 5.37).

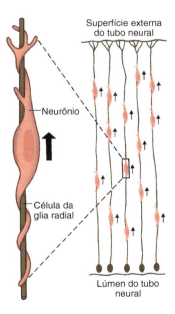

Figura 5.36 Movimento de alguns neurônios pela parede do tubo neural primitivo. Esse deslocamento é orientado por células da glia radial.

Figura 5.37 A. Crescimento normal das células cultivadas sobre um substrato sólido. Quando essas células entram em contato com as células vizinhas, perdem sua motilidade, param de se multiplicar e formam uma monocamada característica. **B.** Em circunstâncias semelhantes, as células cancerosas não são imobilizadas nem param de se multiplicar, formando múltiplas camadas.

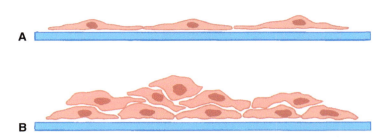

5.31 Os filamentos de actina participam na citocinese

A citocinese ocorre nos estágios finais da mitose, durante a formação de um **anel contrátil** constituído por filamentos de actina e **miosinas II** sob a membrana plasmática na zona equatorial da célula em processo de divisão (ver *Seção 18.20*) (Figura 18.7). Como nas fibras tensoras, as miosinas II são diméricas e se encontram entre os filamentos de actina do anel. A citocinese resulta do fato de que cada miosina II desliza sobre dois filamentos de actina em direções opostas. A soma desses deslizamentos faz surgir um sulco na superfície celular, que, ao se aprofundar, forma uma constrição que culmina com a separação da célula (Figura 18.8).

Vale lembrar que a redução progressiva do calibre do anel contrátil não acarreta aumento em sua espessura, o que indica que os filamentos de actina se despolimerizam à medida que a célula se comprime.

5.32 Nas microvilosidades há filamentos de actina estáveis

As **microvilosidades** são projeções citoplasmáticas oriundas da superfície celular, rodeadas pela membrana plasmática (Figuras 1.6 e 5.38). As microvilosidades são encontradas em muitos tipos de células, mas estão especialmente desenvolvidas em alguns epitélios. Visto que aumentam a superfície da membrana plasmática, possibilitam maior absorção de água e de solutos pela célula.

O diâmetro das microvilosidades é de 0,08 μm e o comprimento médio é de 1 μm. O eixo citosólico de cada microvilosidade é constituído por uma matriz que contém 20 a 30 filamentos de actina paralelos, cujas extremidades [−] e [+] se encontram, respectivamente, na base e na ponta da microvilosidade. Visto que não se alongam nem se encurtam, esses filamentos de actina são considerados estáveis.

A extremidade da microvilosidade é preenchida por um fluido citosólico amorfo no qual estão imersas as extremidades [+] dos filamentos de actina. Por outro lado, na base da microvilosidade, as extremidades [−] conectam-se com os filamentos de actina corticais, que "repousam" sobre uma delgada rede de filamentos intermédios (Figura 5.38). Além disso, os filamentos de actina corticais estão conectados entre si e com a membrana plasmática por moléculas de **espectrina**, equivalentes às fodrinas descritas na *Seção 5.20*.

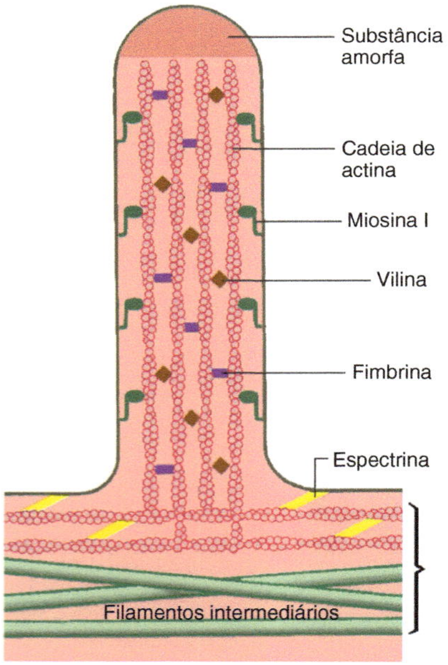

Os filamentos de actina e os filamentos intermédios formam um retículo sob a membrana plasmática que recebe o nome de **membrana terminal**. A partir da membrana terminal brotam os filamentos de actina que penetram nas microvilosidades (Figura 5.38). Convém mencionar que, nas células epiteliais, o perímetro da membrana terminal se estende aos filamentos de actina da zônula de adesão (ver *Seções 5.21* e *6.12*) (Figura 6.8).

Em torno do eixo da microvilosidade, os filamentos de actina unem-se entre si por duas proteínas ligadoras, a **vilina** e a **fimbrina** (Figura 5.38). Além disso, os filamentos de actina mais periféricos conectam-se com proteínas integrais da membrana plasmática por meio de moléculas de **miosina I**. Não se sabe o motivo de essa proteína motora se localizar em uma estrutura celular imóvel.

Figura 5.38 Representação esquemática de uma microvilosidade. No córtex da célula são assinalados os componentes da *membrana terminal* (ver Figura 6.8).

5.33 Os filamentos de actina e várias proteínas acessórias participam na contratilidade das células musculares estriadas

O músculo estriado é constituído por células (ou fibras) cilíndricas com 10 a 100 μm de diâmetro e vários milímetros ou centímetros de comprimento. Os componentes do citoesqueleto envolvidos na atividade mecânica dessas células formam estruturas regulares e estáveis, adaptadas para encurtar-se durante a contração e alongar-se nos períodos de repouso.

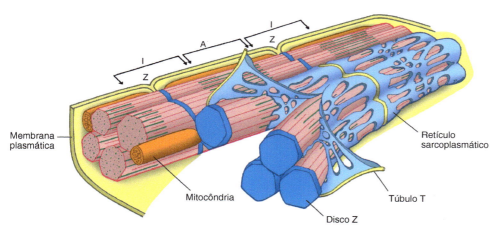

Figura 5.39 Fibras do músculo estriado nas quais são destacadas as miofibrilas com seus sarcômeros (observe as bandas A e I e os discos Z), o retículo sarcoplasmático e a membrana plasmática. Os túbulos T são invaginações da membrana plasmática que se conectam com o retículo sarcoplasmático, organizadas de modo a conduzir impulsos desde a superfície da célula até o interior dela, para que todas as miofibrilas se contraiam sincronicamente.

O músculo é um dos melhores exemplos de associação morfofuncional e de como, em uma célula, a energia química pode ser transformada em trabalho mecânico. As células musculares estriadas apresentam morfologia tão eficiente que conseguem se contrair e relaxar mais de 100 vezes por segundo e produzir um trabalho mil vezes superior ao próprio peso.

A maquinaria contrátil das células musculares é representada por algumas estruturas regulares derivadas do citoesqueleto, as **miofibrilas** (Figura 5.39). As miofibrilas são tão compridas quanto as próprias células e estão dispostas em paralelo, uma ao lado da outra. A espessura de cada miofibrila é de 1 a 2 μm. Seu comprimento e seu número dependem, respectivamente, do comprimento e do diâmetro da célula muscular.

A miofibrila é constituída por uma sucessão linear de unidades contráteis denominadas **sarcômeros** (Figuras 5.40 e 5.41), com 2,2 μm de comprimento e largura equivalente à da miofibrila, de 1 a 2 μm. À microscopia eletrônica, verifica-se que, entre os sarcômeros, existe uma estrutura eletrodensa, o **disco Z**, localizada no meio de uma região pouco densa, a **banda I** (de *isotrópica*) (Figura 5.41). Ao longo das miofibrilas, as bandas I alternam-se com outras mais densas, as **bandas A** (de *anisotrópicas*) e, na parte média delas, observa-se uma zona de densidade menor, a **banda H**, dividida, por sua vez, pela **linha M**, mais densa que a banda H.

As bandas distintas resultam da variação periódica na superposição das proteínas citoesqueléticas ao longo das miofibrilas. Como cada banda está na mesma altura em todas as miofibrilas, juntas produzem uma alternância de zonas de densidade diferente, o que confere a designação de "estriado" a este tipo de músculo.

Na Figura 5.40 é mostrada a estrutura básica de um sarcômero, na qual se observam os filamentos de actina brotando dos discos Z e as fibras bipolares grossas (**de miosina II**) entre esses filamentos. A extremidade dos filamentos de actina que se une ao disco Z é a [+]. Nos cortes transversais, pode-se comprovar que a banda I contém apenas filamentos de actina, a banda H contém apenas fibras de miosina II e a banda A apresenta filamentos de actina e fibras de miosina II. Na

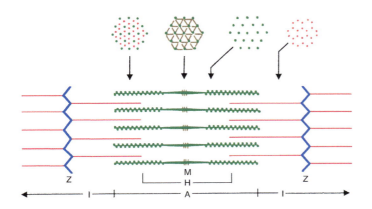

Figura 5.40 (*Acima*) Representação de um corte longitudinal do sarcômero. (*Abaixo*) Cortes transversais nas diferentes regiões do sarcômero. Observa-se que as bandas I têm apenas filamentos de actina, as bandas H têm apenas miosina II e as bandas A têm filamentos de actina e miosina II.

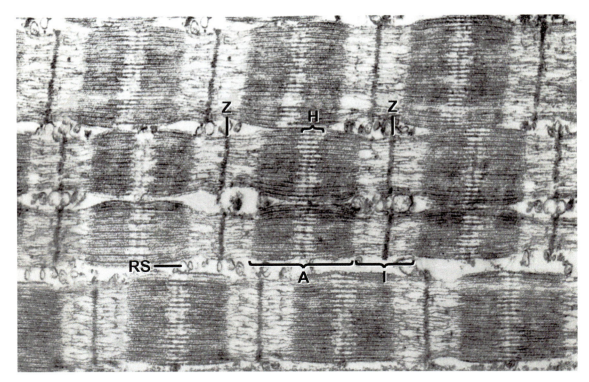

Figura 5.41 Eletromicrografia de quatro miofibrilas nas quais são observados os sarcômeros, com os discos Z e as bandas H, A e I. Nota-se, também, o retículo sarcoplasmático (RS) entre as miofibrilas. 60.000×. (Cortesia de H. Huxley.)

banda A, cada fibra espessa de miosina está envolta por seis filamentos de actina e cada um desses filamentos é envolto por três fibras de miosina. Assim, o número de filamentos de actina é o dobro do número de fibras de miosina. Por outro lado, os cortes transversais no nível da linha M revelam a existência das pontes proteicas entre as fibras de miosina.

É fundamental descrever como os monômeros de miosina II se associam para formar as fibras espessas interpostas entre os filamentos de actina. Cada uma dessas fibras é constituída por numerosas moléculas de miosina II, cuja associação origina uma estrutura bipolar com forma de ramo (Figura 5.42). Esse ramo apresenta uma zona "lisa", correspondente à banda H do músculo contraído, no meio de duas regiões "rugosas", que são vistas assim devido às cabeças das miosinas II que se projetam da fibra como se fossem braços. Na Figura 5.42 é possível observar que as cabeças das miosinas II apresentam orientação oposta nas duas regiões rugosas, o que confere à fibra espessa sua condição bipolar.

As cabeças das miosinas II surgem do eixo fibroso a intervalos regulares de 7 nm e com uma diferença angular entre elas de 60°, o que faz com que, em conjunto, descrevam, ao longo desse eixo, uma trajetória helicoidal (Figura 5.42). Esse é o motivo de cada fibra de miosina II interagir com seis filamentos de actina ao mesmo tempo (Figura 5.40).

As alterações que ocorrem no sarcômero durante a contração da célula muscular podem ser observadas à microscopia de fase e à microscopia interferencial (ver *Seções 23.7* e *23.8*). A banda A não é modificada, mas as hemibandas I se encurtam de modo proporcional ao grau de contração. O encurtamento das hemibandas I é consequente ao fato de que os discos Z se aproximam uns dos outros. Durante essa aproximação, os discos Z "empurram" os filamentos de actina em direção ao centro do sarcômero, de maneira a aumentar as áreas de superposição desses filamentos com as fibras de miosina II (Figura 5.43). Se a contração se acentuar, as extremidades livres dos filamentos de actina podem chegar até a linha M (Figura 5.43). Todos esses fenômenos são revertidos durante o relaxamento.

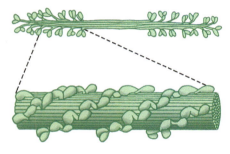

Figura 5.42 Estrutura bipolar com forma de ramo, constituído por numerosas moléculas de miosina II. Também são mostradas as cabeças das miosinas brotando do eixo do ramo a intervalos regulares.

Os deslocamentos observados durante a contração são consequentes ao deslizamento ativo das cabeças das fibras de miosinas sobre os filamentos de actina. Para isso, cada cabeça de miosina flexiona com relação à haste fibrosa, como se entre a cabeça e a haste houvesse uma dobradiça (Figura 5.44).

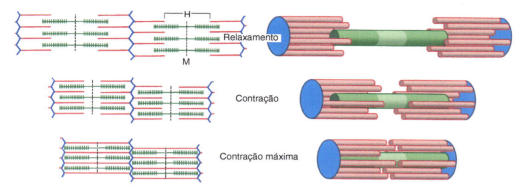

Figura 5.43 (*À esquerda*) Esquemas mostram, em um conjunto de seis sarcômeros, o mecanismo de relaxamento-contração do músculo estriado. Durante o relaxamento, a largura das bandas H aumenta. Durante a contração, os filamentos de actina deslizam em direção às linhas M e a largura das bandas H diminui. Na contração máxima, as extremidades livres dos filamentos de actina podem chegar até as linhas M. (*À direita*) Esquemas tridimensionais de um sarcômero do músculo estriado nos estados de relaxamento, contração e contração máxima.

No músculo em repouso, as cabeças das miosinas estão separadas dos filamentos de actina (Figura 5.44B). Quando surge um estímulo apropriado, a contração muscular é consequente às seguintes alterações moleculares nas cabeças das miosinas:

(1) As cabeças das miosinas aderem aos filamentos de actina (Figura 5.44B)
(2) As cabeças das miosinas flexionam-se e avançam um pequeno segmento em direção às extremidades fixas dos filamentos, arrastando os discos Z dos dois lados do sarcômero rumo à parte central do mesmo (Figura 5.44C)
(3) As cabeças das miosinas desconectam-se de actina e retificam-se (Figura 5.44D)
(4) As cabeças das miosinas voltam a se unir aos respectivos filamentos, mas, agora, aos monômeros de actina contíguos e mais próximos do disco Z (Figura 5.44E)
(5) As cabeças das miosinas tornam a se flexionar e, assim, os filamentos de actina e os discos Z avançam um pouco mais em direção à parte central do sarcômero (Figura 5.44F)
(6) As cabeças das miosinas voltam a se separar e o ciclo recomeça repetidas vezes.

Uma vez que cada miosina II apresenta muitas cabeças, nas quais há muitas fibras grossas, que são bipolares, e que os episódios descritos no parágrafo anterior se repetem muitas vezes, os filamentos de actina das metades do sarcômero – com seus respectivos discos Z – aproximam-se e o sarcômero encurta-se (Figura 5.43).

A contração de uma célula muscular é o resultado da soma dos encurtamentos de todos os sarcômeros de todas as miofibrilas. Por sua vez, a contração global do músculo é consequência da soma das contrações individuais de todas as suas células.

A energia necessária para a atividade mecânica das cabeças das miosinas II é fornecida pelo ATP, que é hidrolisado por uma ATPase existente nessas cabeças. Estima-se que a energia fornecida por um ATP é suficiente para deslocar os filamentos de actina entre 5 e 10 nm.

A flexão das cabeças da miosina II é desencadeada pelo Ca^{2+}, cuja concentração citosólica aumenta quando a célula muscular é induzida a se contrair (ver *Seção 7.26*). Essa flexão é controlada pelas proteínas reguladoras **tropomiosina**, **troponina I**, **troponina C** e **troponina T**, que estão localizadas próximo aos filamentos de actina (Figura 5.45). As três troponinas formam um complexo que se mantém unido graças à troponina T.

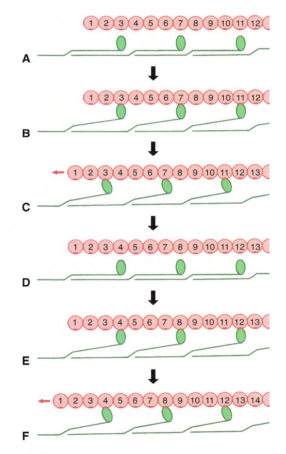

Figura 5.44 Representação esquemática do deslizamento das cabeças das miosinas II sobre o filamento de actina. **A.** Durante o relaxamento muscular, as cabeças das miosinas II não estão unidas ao filamento de actina. **B.** No começo da contração, as cabeças das miosinas II entram em contato com o filamento de actina. **C.** Uma modificação da forma das cabeças das miosinas II faz com que o filamento de actina se desloque em direção ao centro do sarcômero. **D.** Ao final desse movimento, as cabeças das miosinas II separam-se e retificam-se. **E.** Mais uma vez, as cabeças das miosinas II entram em contato com o filamento de actina, mas, agora, com os monômeros contíguos e mais próximos do disco Z. **F.** As cabeças das miosinas II novamente se flexionam, deslocando um pouco mais os filamentos de actina e os discos Z em direção à parte central do sarcômero.

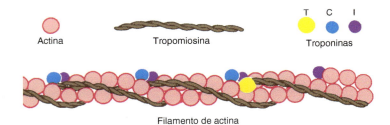

Figura 5.45 Representação esquemática da estrutura molecular do filamento de actina do sarcômero, próximo a algumas proteínas reguladoras da contração muscular.

No músculo em repouso, a tropomiosina está localizada sobre os filamentos de actina em uma posição que impossibilita a ligação das cabeças da miosina II com os tais filamentos (Figura 5.46). Essa posição é controlada pela troponina I, assim chamada porque inibe o deslocamento da tropomiosina.

O aumento de Ca^{2+} no citosol faz com esse íon se conecte com a troponina C (que é semelhante à proteína **calmodulina**, a ser descrita com detalhes na *Seção 11.18*). O complexo formado pelo Ca^{2+} e pela troponina C bloqueia a ação da troponina I, possibilitando que a tropomiosina mude de posição com relação aos filamentos de actina e as cabeças da miosina II consigam se unir a eles. A Figura 5.46 mostra essa reação. Observa-se a molécula de tropomiosina nas suas duas posições, correspondentes aos estados de relaxamento e de contração do músculo.

Nos discos Z é encontrada a proteína ligadora α-**actinina**. Nela estão "ancorados" não apenas os filamentos de actina como também os filamentos de **titina**, uma proteína ligadora que avança até o centro do sarcômero, ou seja, até a linha M (Figura 5.47). A titina desempenha duas funções: manter a fibra de miosina II em sua posição e, como tem um segmento que se comporta como uma mola, restabelecer o comprimento de repouso da célula durante o relaxamento muscular. A titina é a maior proteína do organismo humano: pesa, nada mais nada menos, que 3.000 kDa e é composta por uma cadeia linear de quase 27.000 aminoácidos.

Cada filamento de actina está associado a outra proteína gigante denominada **nebulina**, cuja função é determinar o comprimento deste durante a miogênese e conferir rigidez ao mesmo (Figura 5.47). Já as miofibrilas estão ligadas por seus lados por filamentos intermédios de **desmina** (ver *Seção 5.3*). Graças a esses filamentos, é possível evitar a perda do alinhamento dos sarcômeros no interior das células musculares quando são submetidas a fortes tensões mecânicas.

Por fim, sob a membrana plasmática da célula muscular, existe a proteína ligadora **distrofina**. Essa proteína é semelhante à espectrina (ver *Seção 5.32*) e conecta os filamentos de actina localizados na periferia da célula com um complexo de proteínas membranosas denominadas **distroglicanos** e **sarcoglicanos**. Esse complexo, por sua vez, conecta-se com a **laminina** da lâmina basal que circunda a célula (ver *Seção 6.1*). Diversas anomalias na distrofina ou em alguma das proteínas associadas (devido a alterações genéticas) resultam em enfermidades conhecidas como **distrofias musculares**. Essas distrofias musculares caracterizam-se pela degeneração progressiva dos músculos, que pode evoluir para falência cardiopulmonar e morte.

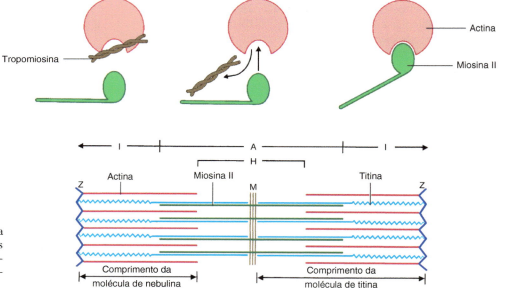

Figura 5.46 Deslocamento da tropomiosina antes da ligação da cabeça da miosina II com o filamento de actina (ver Figura 5.44B).

Figura 5.47 Representação esquemática parcial do sarcômero, que inclui as moléculas de titina. Mostra-se o comprimento relativo das moléculas de nebulina.

5.34 Estruturas semelhantes às do músculo estriado participam na contração das células musculares cardíacas

Uma das diferenças mais impressionantes entre as células musculares esqueléticas e as células musculares cardíacas consiste na existência de **discos intercalares** nas células musculares cardíacas que as unem por suas extremidades. Esses discos se comportam como discos Z, pois deles brotam os filamentos de actina e de titina.

Os discos intercalares contêm **desmossomos** (ver *Seção 6.13*), que se associam a filamentos intermediários de **desmina** oriundos daqueles que unem as miofibrilas entre si (mencionados na seção anterior). Além disso, apresentam **junções comunicantes** (ver *Seção 6.14*), necessárias para a sincronização das contrações das células miocárdicas.

5.35 O aparato contrátil é relativamente simples nas células musculares lisas

O aparato contrátil das células musculares lisas é semelhante ao conjunto de **fibras tensoras** transcelulares existente nas células do tecido conjuntivo (ver *Seção 5.24*), com a diferença que, nas células musculares, os feixes de filamentos de actina são muito mais espessos e mais numerosos. Além disso, as partes intermediárias desses filamentos são substituídas por filamentos intermediários de **desmina** (Figura 5.48), que impedem a compressão da zona central da célula, na qual estão localizados o núcleo e os componentes citoplasmáticos mais delicados, de modo a protegê-los da contração.

Figura 5.48 Citoesqueleto da célula muscular lisa. Os filamentos intermediários de desmina, localizados entre os filamentos de actina, protegem o núcleo e os componentes citoplasmáticos durante a contração.

5.36 O citoesqueleto do eritrócito apresenta características especiais

A composição do citoesqueleto do eritrócito apresenta diferenças com relação ao citoesqueleto das outras células. Conforme se pode ver na Figura 5.49, logo abaixo da membrana plasmática do eritrócito existe malha fibrilar composta, principalmente, por filamentos de **espectrina**, que é uma proteína semelhante à fodrina (ver *Seção 5.20*). Trata-se de um heterodímero composto por dois polipeptídios compridos e entrelaçados, denominados α e β (ou banda 1 e banda 2, respectivamente). Visto que os dímeros se conectam por suas extremidades, formam-se tetrâmeros cujas extremidades se unem a **filamentos de actina curtos** (ou banda 5).

A Figura 5.49 mostra que cada filamento de actina está conectado com várias espectrinas tetraméricas. Essas ligações são mediadas pela proteína ligadora **aducina**. Pode-se ver, também, que esses filamentos estão ligados a uma glicoproteína transmembrana denominada **glicoforina** pela proteína ligadora **banda 4.1**.

Além disso, o filamento de actina está associado a outras proteínas: a **tropomodulina**, que determina seu comprimento, e a **tropomiosina**, cuja função não é conhecida.

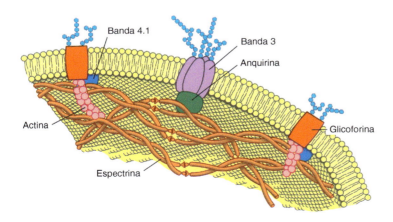

Figura 5.49 Ilustração dos componentes principais do citoesqueleto e da membrana plasmática do eritrócito.

Biologia Celular e Molecular

Próximo à sua parte média, cada tetrâmero de espectrina conecta-se com a proteína transmembrana **banda 3**, que é o cotransportador de Cl⁻ e HCO_3^- descrito na *Seção 3.17*. A proteína ligadora **anquirina** participa nessa ligação.

Deve ser mencionado que o conjunto desse sistema de proteínas citoesqueléticas e membranosas confere ao eritrócito sua forma bicôncava e a flexibilidade necessária para a circulação pelos capilares sanguíneos com diâmetro menor que o seu.

Bibliografia

Adams D.S. (1992) Mechanisms of cell shape change: the cytomechanics of cellular response to chemical environment and mechanical loading. J. Cell Biol. 117:83.

Aldaz H., Rice L.M., Stearns T. and Agard D.A. (2005) Insights into microtubule nucleation from the crystal structure of hurnan gamma-tubulin. Nature 435:523.

Allan V. (1996) Motor protein: a dynamic duo. Curr. Biol. 6:630.

Avila J. (1991) Microtubule functions. Life Sci. 50:327.

Belmont L. and Mitchison T. (1996) Catastrophic revelations about Op18 stathmin. TIBS 21:197.

Bennett V. (1992) Ankyrins. Adaptors between diverse plasma membrane proteins and cytoplasm. J. Biol. Chem. 267:8703.

Burton K. (1992) Myosin step size: estimates from motility assays and shortening muscle. J. Muscle Res. Cell Mot. 13:590.

Carlier M.F. (1991) Actin: protein structure and filament dynamics. J. Biol. Chem. 266:1.

Fuchs E. and Cleveland D.W. (1998) A structural scaffolding of intermediate filaments in health and disease. Science 279:514.

Geisler N., Kaufmann E. and Weber K. (1985) Antiparallel orientation of the two double-stranded coiled-coils in the tetrameric protofilament unit of intermediate filaments. J. Mol. Biol. 182: 173.

Hib J. (2009) Histología de Di Fiore. Texto y atlas. 2ª Ed. Editorial Promed, Buenos Aires.

Hirokawa N. (1998). Kinesin and dynein superfamily proteins and the mechanism of organelle transport. Science 279:519.

Isenberg G. and Goldmann W.H. (1992) Actin-membrane coupling: a role for talin. J. Muscle Res. Cell Mot. 13:587.

Kashina A.S. et al. (1996) A bipolar kinesin. Nature 379:270.

Kumar J., Yu H. and Sheetz M.P. (1995) Kinectin, an essential anchor for kinesin-driven vesicle motility. Science 267:1834.

Labeit S. and Kolmerer B. (1995) Titins: giant proteins in charge of muscle ultrastructure and elasticity. Science 270:293.

Luna E.J. and Hitt A.L. (1992) Cytoskeleton-plasma membrane interactions. Science 258:955.

MacRae T.H. (1992) Towards an understanding of microtubule function and cell organization: an overview. Biochem. Cell Biol. 70:835.

MacRae T.H. (1992) Microtubule organization by cross-linking and bundling proteins. Biochem. Biophys. Acta 1160:145.

Murphy S.M. and Stearns T. (1996) Cytoskeleton: microtubule nucleation takes shape. Curr. Biol. 6:642.

Nayal A.,Webb D.J. and Horwitz A.F. (2004) Talin: an emerging focal point of adhesion dynamics. Curr. Opin. Cell Biol. 16:94.

Palecek S.P. et al. (1997) Integrin-ligand binding properties govern cell migration speed through cell-substratum adhesiveness. Nature 385:537.

Pantaloni D., Le Clainche Ch. and Carlier M.F. (2001) Mechanism of actin-based motility. Science 292:1502.

Rodinov V.I. and Borisy G.G. (1997) Microtubule treadmilling in vivo. Science 275:215.

Roush W. (1995) Protein studies try to puzzle out Alzheimer's tangles. Science 267:793.

Schwarzbauer J.E. (1997) Cell migration: May the force be with you. Curr. Biol. 7:R292.

Shpetner H.S. and Vallee R.B. (1992) Dynamin is a GTPase stimulated to high levels of activity by microtubules. Nature 355:733.

Smith L.G. and Oppenheimer D.G. (2005) Spatial control of cell expansion by the plant cytoskeleton. Annu. Rev. Cell Dev. Biol. 21:271.

Terada S. et al. (1996) Visualization of slow axonal transport in vivo. Science 273:784.

Tessier-Lavigne M. and Goodman C.S. (1996) The molecular biology of axon guidance. Science 274:1123.

Trinick J. (1994) Titin and nebulin: protein rulers in muscle? TIBS 19:405.

Vale R.D. (1992) Microtubule motors: many new models of the assembly line. TIBS 17:300.

Wang E. et al. [eds.] (1985) Intermediate filaments. Ann. N.Y. Acad. Sci. Vol. 455.

Wang F. et al. (1996) Function of myosin-V in filopodial extension of neuronal growth cones. Science 273:660.

Waters J.C. and Salmon E.D. (1996) Cytoskeleton: a catastrophic kinesin. Curr. Biol. 6:361.

Weeds A. and Yeoh S. (2001) Action at the Y-branch. Science 294:1660.

Wiese C. and Zheng Y. (2006) Microtubule nucleation: gamma-tubulin and beyond. J. Cell Sci. 119:4143.

Yildiz A. and Selvin P.R. (2005) Kinesin: walking, crawling or sliding along? Trends Cell. Biol. 15:112.

Zheng Ch., Heintz N. and Hatten M.E. (1996) CNS gene encoding astrotactin, which support neuronal migration along glial fibers. Science 272:417.

União Intercelular e União das Células com a Matriz Extracelular

6

6.1 As células unem-se entre si e com elementos da matriz extracelular

Os organismos multicelulares são constituídos não apenas por células, mas, também, por elementos intercelulares. Esses elementos intercelulares são, em conjunto, denominados **matriz extracelular**. Os tecidos, e, por extensão, os órgãos e os sistemas, resultam de associações de diferentes tipos de células e matrizes extracelulares. Assim, o reconhecimento de um tecido precisa considerar tanto suas células quanto a qualidade e a quantidade de seus elementos intercelulares.

Nos tecidos conjuntivos, as células estão dispersas na abundante matriz extracelular. Em contrapartida, nos epitélios, as células costumam estar juntas, sem ser separadas por praticamente nenhum elemento extracelular. Não obstante, nos epitélios de revestimento existe uma fina matriz extracelular denominada **lâmina basal**, localizada entre as células e o tecido conjuntivo sobre o qual se apoiam. Lâminas basais semelhantes são encontradas em outros tecidos, como, por exemplo, em torno das células musculares.

Neste capítulo serão comentados os componentes da matriz extracelular, as formas como as células se conectam com esses componentes e as diferentes classes de uniões que existem entre as células.

Matriz extracelular

6.2 Na matriz extracelular há elementos fluidos e fibrosos

As funções mais importantes da matriz extracelular são:

(1) Preencher os espaços que não estão ocupados por células
(2) Conferir aos tecidos resistência à compressão e ao estiramento
(3) Formar o meio pelo qual há o aporte de nutrientes e a eliminação de escórias celulares
(4) Proporcionar pontos fixos de ancoragem às diversas classes de células
(5) Ser um veículo pelo qual migram as células quando se deslocam de um ponto para outro do organismo
(6) Ser um meio pelo qual as células recebam substâncias indutoras (sinais) provenientes de outras células (ver *Seção 11.2*).

Os componentes da matriz extracelular podem ser classificados como líquidos e fibrosos. Os componentes líquidos correspondem, principalmente, a glicosaminoglicanos e proteoglicanos (ver *Seção 2.6*), enquanto os componentes fibrosos se dividem em proteínas estruturais (colágeno) e proteínas adesivas (fibronectina, laminina).

6.3 Os glicosaminoglicanos e os proteoglicanos são componentes fluidos da matriz extracelular

A fase líquida da matriz extracelular contém uma classe especial de polissacarídios denominados **glicosaminoglicanos**, que costumam se combinar entre si e com proteínas, com as quais formam grandes complexos glicoproteicos, chamados **proteoglicanos** (ver *Seção 2.6*) (Figuras 2.10 e 2.11). Mais de 100 cadeias de glicosaminoglicanos podem se associar a uma única proteína e, ocasionalmente, vários desses proteoglicanos se unem a uma molécula de ácido hialurônico – o glicosaminoglicano de maior tamanho –, dando origem a agregados moleculares enormes (Figura 6.1).

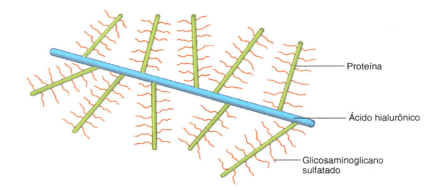

Figura 6.1 Representação esquemática de um agregado molecular constituído por numerosos proteoglicanos unidos a um ácido hialurônico.

Os glicosaminoglicanos são carboidratos compostos por uma sucessão de unidades dissacarídicas repetidas e alternadas, nas quais um dos monossacarídios tem um grupamento amina, visto que é uma N-acetilglicosamina ou uma N-acetilgalactosamina, e o segundo monossacarídio é um ácido glicurônico, um ácido idurônico ou uma galactose (ver *Seção 2.6*).

Na Tabela 6.1 são arrolados os principais glicosaminoglicanos e suas unidades repetitivas. Como se pode ver, todos são sulfatados, com exceção do ácido hialurônico. Por causa dos sulfatos e dos numerosos grupamentos carboxila, os glicosaminoglicanos são moléculas muito ácidas, com numerosas cargas elétricas negativas que atraem grandes quantidades de Na+ e, portanto, de H$_2$O. Isso aumenta a turgidez da matriz extracelular.

Tabela 6.1 Principais glicosaminoglicanos e suas unidades dissacarídicas repetitivas.

Glicosaminoglicano	Unidade dissacarídica
Ácido hialurônico	Ácido glicurônico; N-acetilglicosamina
Sulfato de condroitina	Ácido glicurônico; sulfato de N-acetilgalactosamina
Sulfato de dermatano	Ácido idurônico; sulfato de N-acetilgalactosamina
Sulfato de heparano	Ácido idurônico; sulfato de N-acetilglicosamina
Sulfato de queratano	Galactose; sulfato de N-acetilglicosamina

6.4 As fibras colágenas são as proteínas estruturais mais abundantes da matriz extracelular

Na matriz extracelular, as proteínas estruturais mais importantes são as **fibras colágenas**, compostas por **fibrilas** que apresentam estriação característica, com periodicidade de 67 nm (Figura 6.2).

A unidade molecular básica da fibrila é o **tropocolágeno**, uma molécula proteica fibrosa com, aproximadamente, 300 nm de comprimento e 1,5 nm de espessura (Figura 6.2). O tropocolágeno é constituído por três cadeias polipeptídicas do mesmo tamanho entrelaçadas em forma helicoidal. A periodicidade de 67 nm das estriações das fibrilas colágenas deve-se ao fato de que os tropocolágenos se congregam em paralelo e se sobrepõem em cerca de 3/4 de seu comprimento (Figura 6.2).

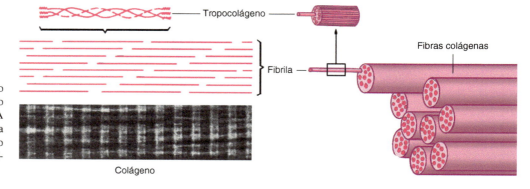

Figura 6.2 Fibras colágenas. São compostas por fibrilas, e estas são constituídas por tropocolágeno. A eletromicrografia possibilita ver sua estriação característica, derivada do arranjo das moléculas de tropocolágeno nas fibrilas.

Existem, aproximadamente, 25 classes de cadeias polipeptídicas. Em todas elas, um terço dos aminoácidos é de glicinas, outro terço costuma ser de prolinas e hidroxiprolinas e o terço restante consiste em aminoácidos de diferentes tipos.

Essas cadeias polipeptídicas combinam-se de várias maneiras, dando origem a aproximadamente 15 tipos de colágenos. Esses colágenos são identificados por números romanos e os principais são os tipos I, II, III, IV, VII, IX e XI.

O colágeno do tipo I é encontrado na derme, na cápsula dos órgãos, nos tendões, nos ossos, na córnea e na dentina. Os colágenos dos tipos II, IX e XI são encontrados na cartilagem; o colágeno do tipo III, na derme fetal, no tecido conjuntivo frouxo, na parede dos vasos sanguíneos, no útero, nos rins e nos tecidos hematopoético e linfático. Por fim, os colágenos dos tipos IV e VII são encontrados na lâmina basal e no tecido conjuntivo subjacente.

Na *Seção 5.27* vimos que as fibras de colágeno desempenham função crucial na migração das células, visto que constituem os pontos fixos de sustentação para a ancoragem temporária dos filopódios.

6.5 A fibronectina e a laminina são proteínas de adesão da matriz extracelular

A **fibronectina** é uma glicoproteína fibrosa com 440 kDa, composta por duas subunidades polipeptídicas ligadas entre si por uma ponte dissulfeto próximo às suas extremidades carboxila. Cada subunidade apresenta dois domínios. Na próxima seção, descreveremos como uma extremidade se conecta a uma proteína da membrana plasmática da célula e a outra extremidade se conecta com a fibra colágena (Figura 5.31).

Na *Seção 5.27* foi mencionado que as moléculas de fibronectina estabelecem os trajetos seguidos pelas células migratórias e medeiam a ligação temporária dos filopódios com as fibras colágenas.

A **laminina** é uma glicoproteína fibrosa com, aproximadamente, 900 kDa, constituída por três subunidades polipeptídicas unidas por pontes dissulfeto. Tem a forma de uma cruz, com três braços curtos e um braço longo. É abundante nas lâminas basais, nas quais está associada ao colágeno do tipo IV (Figura 6.3) e a um proteoglicano rico em sulfato de heparano. Além disso, é a primeira proteína de adesão que aparece na matriz extracelular do embrião, tendo sido detectada nos estágios finais da segmentação da célula-ovo, assim que se forma a mórula (ver *Seção 21.7*).

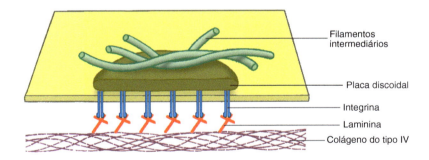

Figura 6.3 Representação esquemática de um hemidesmossomo.

União das células com a matriz extracelular

6.6 Os contatos focais interligam as células de alguns tecidos conjuntivos com componentes da matriz extracelular

As células de alguns tecidos conjuntivos, embora apresentem alguma mobilidade, permanecem em seus locais de origem, pois estabelecem vínculos mais ou menos duradouros com componentes fixos da matriz extracelular. Dessas uniões participam, do lado das células, os **contatos focais** (ver *Seção 5.24*), enquanto os componentes fixos da matriz extracelular correspondem às **fibras colágenas**.

Não devemos nos esquecer de que cada contato focal consiste em uma proteína transmembrana denominada integrina, cujo domínio está unido, por várias proteínas ligadoras, a feixes de cadeias de actina denominados fibras tensoras (ver *Seção 5.24*). É justamente a integrina, por meio de seu domínio externo, o componente do contato focal que se liga à fibra colágena da matriz extracelular. Como se pode ver na Figura 5.31, isso é feito com o auxílio da proteína de adesão **fibronectina**.

Na *Seção 5.27* foi mostrado que uniões semelhantes a estas, embora efêmeras, ocorrem durante a migração celular, quando os contatos focais dos filopódios aderem às fibras colágenas encontradas na rota da célula que se desloca pela matriz extracelular.

6.7 Os hemidesmossomos fixam as células epiteliais na lâmina basal

Nos epitélios, as células basais conectam-se com uma estrutura especializada da matriz extracelular conhecida como **lâmina basal** (ver *Seção 6.1*). A conexão entre as células e a lâmina basal é muito firme, devendo-se a estruturas denominadas **hemidesmossomos** (Figuras 6.3 e 6.7).

Como nos contatos focais, os hemidesmossomos têm **integrinas**, contudo, elas estão agrupadas, seus domínios citosólicos se ligam a filamentos intermediários de **queratina** (não a fibras tensoras de actina) e seus domínios externos se ligam a uma rede de **colágeno do tipo IV**, que só é encontrado na lâmina basal. Essa última conexão ocorre por meio da **laminina** (Figura 6.3). Além disso, entre as integrinas e os filamentos de queratina existe uma **placa discoidal** com 12 a 15 nm de espessura que contém uma proteína ligante semelhante às desmoplaquinas dos desmossomos (ver *Seção 6.13*).

Uniões intercelulares temporárias

6.8 Uniões temporárias entre diferentes tipos de células ocorrem durante vários processos biológicos

Durante as respostas imunológicas, o reparo de ferimentos e a contenção das hemorragias são necessários para que alguns tipos de células estabeleçam uniões temporárias com outras classes de células. Essas uniões devem-se a fenômenos biológicos denominados **reconhecimento** e **adesão celulares**.

O reconhecimento e a adesão celulares ocorrem quando determinadas células sanguíneas (neutrófilos, monócitos, linfócitos, plaquetas) estabelecem contatos transitórios com as células endoteliais dos capilares sanguíneos. Isso é um pré-requisito para a saída dessas células do sangue para os tecidos (Figura 6.4). A adesão ocorre porque, na membrana plasmática das células sanguíneas, existem glicolipídios e glicoproteínas que interagem especificamente com glicoproteínas complementares, chamadas **selectinas**, existentes na membrana plasmática das células endoteliais. Em outras ocasiões, entretanto, os glicolipídios e as glicoproteínas estão localizados nas células endoteliais e as selectinas são encontradas nas células sanguíneas.

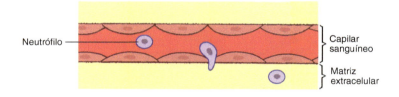

Figura 6.4 Passagem de uma célula sanguínea entre duas células endoteliais de um capilar e sua saída para a matriz extracelular.

Essas interações são fundamentais para que as células sanguíneas parem no local apropriado, passem entre duas células endoteliais contíguas e alcancem o tecido no qual, dependendo do caso, participam da resposta imunológica, da cicatrização de uma ferida ou da contenção de uma hemorragia. A especificidade da união é proporcionada, por um lado, pelos oligossacarídios dos glicolipídios e das glicoproteínas e, por outro lado, pelos oligossacarídios das selectinas. Os oligossacarídios que interagem são diferentes entre si, de modo que estabelecem conexões entre moléculas de composição diferente (**uniões heterofílicas**) (Figura 6.5). A designação selectinas deve-se às adesões seletivas que medeiam e ao fato de que são lectinas, ou seja, moléculas com muita avidez por carboidratos.

Outras adesões celulares heterofílicas transitórias ocorrem entre as células mieloides (durante sua proliferação), entre os linfócitos B e T (durante a ativação dos linfócitos B) e entre os oligodendrócitos ou as células de Schwann e os neurônios (durante a mielinização). Em todos esses casos, os oligossacarídios de uma das duas células que interagem reconhecem especificamente glicoproteínas denominadas **sialoadesinas**, existentes na membrana plasmática da célula oposta.

Figura 6.5 Uniões moleculares heterofílicas e homofílicas. O Ca²⁺ participa das uniões homofílicas mediadas pelas caderinas e é representado como um retângulo de cor amarela.

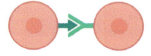
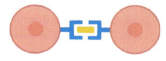

Durante o desenvolvimento embrionário, criam-se adesões heterofílicas semelhantes às descritas anteriormente, embora sejam mais frequentes as adesões homofílicas descritas a seguir. Por fim, outro exemplo de adesão heterofílica ocorre durante a fecundação do ovócito pelo espermatozoide (ver *Seção 19.19*).

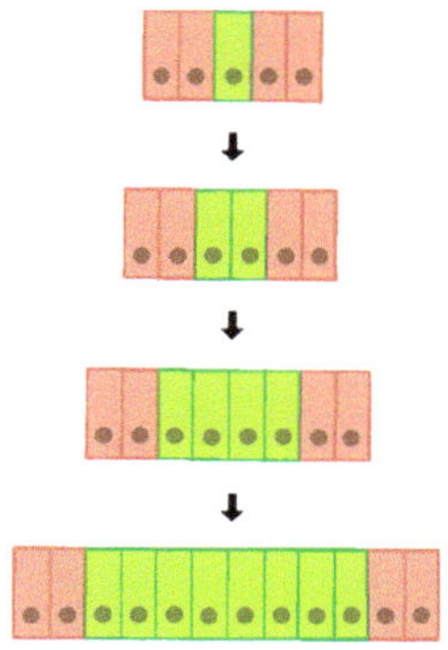

6.9 Durante o desenvolvimento embrionário, antes da formação de uniões estáveis, ocorrem o reconhecimento e a adesão celulares

Durante o desenvolvimento embrionário, alguns epitélios são formados a partir de células que, após várias divisões, produzem numerosas células descendentes que permanecem juntas (Figura 6.6). Essas células descendentes são interligadas por uniões estáveis (essas uniões serão descritas com mais detalhes nas próximas seções).

Em contrapartida, outros tecidos são formados pela associação de duas ou mais classes de células diferentes, as quais devem migrar até se encontrarem em um local do organismo. Nesse local ocorrem o reconhecimento, a adesão e a conexão por meio de uniões estáveis.

Figura 6.6 Formação de tecido epitelial derivado de uma única célula.

O **reconhecimento** e a **adesão celulares** são mediados por glicoproteínas transmembrana especiais denominadas **CAM** (de *cell-adhesion molecules*), que são encontradas na superfície das células que devem se unir. Estas apresentam a peculiaridade de interagir apenas quando são idênticas entre si (**uniões homofílicas**) (Figura 6.5). Por meio dessas CAM, a célula migratória, enquanto se desloca à procura de seu local de destino, onde entrará em contato com as células que serão suas "companheiras" no novo tecido, "avalia" as propriedades químicas das CAM localizadas nas membranas plasmáticas das células encontradas em seu trajeto. Se reconhecer uma célula com uma CAM idêntica à sua, adere a ela. Se não reconhecer, continua deslocando-se até encontrar a célula com a CAM correta.

Já foram identificadas várias CAM, que são denominadas, de acordo com as células em que foram encontradas pela primeira vez, **Ng-CAM** (neurônios, células gliais), **N-CAM** (neurônios), **L-CAM** ou **caderina E** (hepatócitos, células epiteliais), **caderina P** (placenta), **caderina N** (neurônios) etc. As caderinas são glicoproteínas que recebem essa denominação porque precisam de Ca^{2+} para conseguirem estabelecer ligações (Figura 6.5).

Assim, torna-se evidente que o reconhecimento e a adesão celulares são essenciais à união estável entre as células. Atualmente, já é aceito que esses três processos são etapas sucessivas de um mesmo fenômeno. Nas próximas seções, será mostrado que algumas uniões estáveis contêm caderinas, ou seja, moléculas com propriedades idênticas às CAM dependentes de cálcio que atuam durante o reconhecimento e adesão celulares.

Uniões intercelulares estáveis

6.10 As células epiteliais estão unidas por quatro classes de estruturas

As células dos epitélios estão interligadas de modo estável por intermédio de quatro estruturas. São elas:

(1) Zônula de oclusão
(2) Zônula de adesão
(3) Desmossomo
(4) Junção comunicante (Figura 6.7).

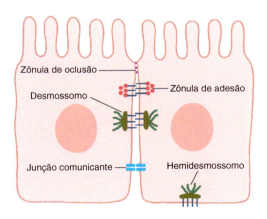

Figura 6.7 Representação esquemática das estruturas que mantêm as células epiteliais unidas entre si e com a lâmina basal.

6.11 A zônula de oclusão impede a passagem de substâncias pelo espaço intercelular

A **zônula de oclusão** (denominada, também, *junção estreita* ou *zonula occludens*) adere firmemente às membranas plasmáticas das células epiteliais contíguas por meio de uma faixa de conexão não muito larga, situada logo abaixo da superfície livre do epitélio (Figura 6.7). Visto que nos epitélios cada célula está rodeada por outras células, em uma determinada célula a zônula de oclusão constitui um anel que circunda suas paredes laterais (Figura 6.8).

No nível da zônula de oclusão, as membranas plasmáticas opostas contêm, entre outros elementos, duas classes de proteínas integrais, denominadas **ocludinas** e **claudinas**. Como se pode ver na Figura 6.9, essas proteínas estão dispostas de tal modo que formam três ou mais fileiras paralelas à superfície do epitélio. Em cada fileira, as ocludinas e as claudinas estão interligadas como contas de um colar e cada proteína está aderida firmemente a outra semelhante da membrana oposta, ocluindo o espaço intercelular. Na Figura 6.9, é possível observar que as fileiras de ocludinas e claudinas se assemelham a "costuras" e estão interligadas por pontes de composição igual.

Quando um marcador como a ferritina é colocado sobre a superfície livre de um epitélio, as moléculas do marcador não conseguem atravessar o tecido epitelial pelos espaços intercelulares, pois são detidas pelas zônulas de oclusão. O mesmo ocorre com quase todas as substâncias; portanto, elas precisam cruzar o interior das células dos epitélios. As Figuras 3.27, 3.28, 7.25, 7.26, 7.27 e 7.28 mostram transportes transcelulares desse tipo.

Existem exceções para o que acabamos de descrever. Por exemplo, o Mg^{2+} consegue passar pelos espaços intercelulares do epitélio dos túbulos retos distais do néfron porque, entre as claudinas das zônulas de oclusão desse epitélio, existem canais minúsculos que possibilitam a passagem desse íon. Vale lembrar que o Mg^{2+} se move para o interior do néfron até o interstício renal e que se realiza sua transferência sem água.

Além de interligar as células e de impedir a passagem de substâncias através dos epitélios, as zônulas de oclusão fazem com que as composições moleculares das regiões apical e basolateral das membranas plasmáticas das células epiteliais sejam diferentes entre si. Essa assimetria deve-se ao fato de que as zônulas de oclusão criam barreiras que impedem a difusão lateral das proteínas e dos lipídios da membrana (ver *Seções 3.3* e *3.5*), o que resulta em retenção de parte deles de um lado das zônulas e parte do outro lado. O transporte transcelular de solutos mostrado nas Figuras 3.27 e 3.28 é possível graças à segregação, dos dois lados das zônulas de oclusão, de proteínas da membrana que atuam como canais iônicos e permeases.

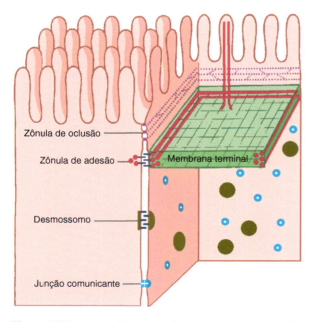

Figura 6.8 Esquema tridimensional das estruturas que mantêm unidas entre si as células epiteliais. Também é mostrada a membrana terminal (no nível da zônula de adesão) e seu vínculo com as raízes das microvilosidades (Figura 5.38).

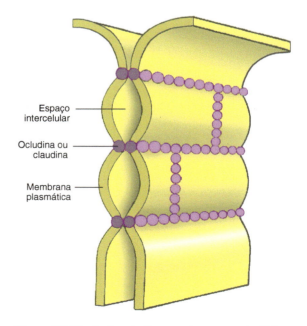

Figura 6.9 Zônula de oclusão na qual se veem três fileiras proteicas paralelas entre si e as pontes que as conectam. As fileiras ou as pontes são compostas por ocludinas e claudinas.

6.12 A zônula de adesão contém glicoproteínas denominadas caderinas

A **zônula de adesão** (também denominada barra terminal ou *zonula adherens*) é outro tipo de união que as células epiteliais desenvolvem para se manter conectadas umas às outras.

Ela está localizada abaixo da zônula de oclusão (Figura 6.7) e, em sua composição, há glicoproteínas transmembrana da família das **caderinas** (ver *Seção 6.9*) e a faixa de **filamentos de actina** corticais (estudados na *Seção 5.21*). Na *Seção 5.21* foi mencionado que as caderinas se conectam com os filamentos de actina por meio das proteínas ligadoras **placoglobina**, **catenina**, **α-actinina** e **vinculina**.

Como se pode ver nas Figuras 6.8 e 6.10, as caderinas dão origem a uma faixa proteica que circunda as paredes laterais da célula da mesma largura que a faixa de filamentos de actina com a qual estão conectadas. As Figuras 6.8 e 6.10 mostram, também, que a união intercelular se deve à conexão das caderinas por seus domínios externos. Conforme foi mostrado na *Seção 6.9*, são uniões homofílicas, pois as moléculas que interagem são iguais entre si (Figura 6.5).

A denominação zônula de adesão faz referência às duas características mais conhecidas desse tipo de união: o arranjo circular das caderinas e os filamentos de actina, e a propriedade das caderinas de aderir entre si.

O conjunto de zônulas de adesão forma um reticulado transepitelial, do qual deriva parte da resistência lateral dos epitélios.

6.13 O desmossomo é comparado a um rebite e as caderinas também interferem em sua formação

Ao contrário da zônula de oclusão e da zônula de adesão, os **desmossomos** (do grego *desmós*, "ligação", e *sôma*, "corpo"), também conhecidos como *máculas de adesão* ou *máculas aderentes*, são uniões puntiformes entre células epiteliais contíguas. Por isso, já foram comparados a rebites (Figuras 6.8 e 6.11). Os desmossomos estão localizados sob a zônula de adesão, distribuídos de modo irregular nas paredes laterais das células. Cada desmossomo ocupa uma área circular com, aproximadamente, 0,5 μm de diâmetro e, nesse nível, as membranas plasmáticas estão separadas por 30 a 50 nm.

O desmossomo inclui um grupo de glicoproteínas transmembrana da família das **caderinas**, denominadas **desmogleína I**, **desmocolina I** e **desmocolina II**.

Como nas zônulas de adesão, as caderinas das membranas adjacentes unem-se entre si por seus domínios externos (Figura 6.11). Em contrapartida, seus domínios citosólicos ligam-se a filamentos intermediários de **queratina** (em vez de filamentos de actina). Essa última associação é mediada por uma **placa discoidal** que inclui as proteínas ligadoras **desmoplaquina I**, **desmoplaquina II** e **placoglobina**. Uma superfície da placa discoidal relaciona-se com as caderinas e a outra superfície relaciona-se com os filamentos de queratina, que têm formato semelhante ao de grampos de cabelo. Os filamentos de queratina penetram no disco, curvam-se e retornam ao citosol (Figura 6.11).

Além de promover a ligação firme entre células epiteliais, os desmossomos e filamentos de queratina formam uma rede transcelular que se estende por todo o epitélio. Essa rede confere ao epitélio grande resistência mecânica. Esse é o motivo por que, nos diferentes tecidos, o número de

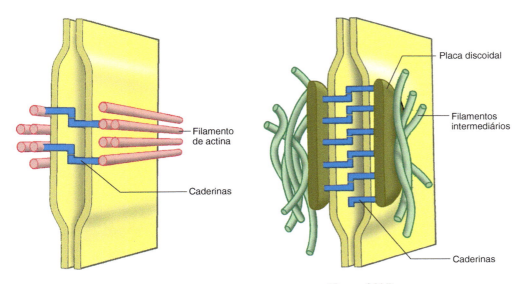

Figura 6.10 Zônula de adesão.   **Figura 6.11** Desmossomo.

desmossomos é proporcional ao grau de tensão ou de estiramento ao qual são submetidos. Por exemplo, no epitélio da mucosa da bexiga urinária, são encontrados numerosos desmossomos.

Na *Seção 5.34* foi mostrado que os discos intercalares que ligam as células musculares cardíacas contêm desmossomos associados a filamentos de desmina.

6.14 A junção comunicante é formada pela associação de conéxons existentes em células epiteliais contíguas

As **junções comunicantes** (também chamadas de junções em hiato, junções *gap* ou *nexus*) são canais que comunicam os citoplasmas de células epiteliais adjacentes.

Cada canal é constituído por um par de **conéxons**, que são estruturas cilíndricas ocas que atravessam as membranas plasmáticas das células opostas (Figuras 6.7 e 6.12).

A parede do conéxon resulta da associação de seis proteínas transmembrana idênticas que delimitam um ducto central (Figura 6.12). Essas proteínas são denominadas **conexinas** e unem-se a proteínas semelhantes do conéxon da membrana plasmática oposta, formando, assim, um canal que comunica as duas células. Visto que as conexinas se projetam no espaço intercelular entre 1 e 2 nm, as membranas plasmáticas dessas células ficam separadas por uma distância de 2 a 4 nm. Por essa razão, a junção comunicante pode ser chamada, também, de junção em hiato (Figura 6.12).

Nas células epiteliais, os conéxons estão localizados entre os desmossomos. Estes não estão uniformemente distribuídos, mas, sim, agrupados em conjuntos isolados, cada um constituído por alguns conéxons ou por centenas deles.

A Figura 6.13 mostra uma representação esquemática de uma imagem ultramicroscópica com coloração negativa de numerosos conéxons na membrana plasmática de um hepatócito. Os conéxons aparecem como anéis e formam regularmente um reticulado hexagonal de 8,5 nm entre eles. No

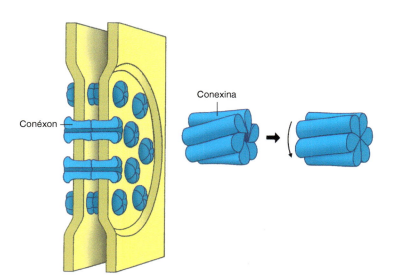

Figura 6.12 Junção comunicante. À direita é mostrado o mecanismo de fechamento do conéxon.

Figura 6.13 Vista superficial ultramicroscópica, com coloração negativa, de numerosos conéxons na membrana plasmática do hepatócito. 425.000×. No destaque, pode-se observar que cada unidade tem o formato de um anel hexagonal cujos lados correspondem às seis conexinas. (Cortesia de G. Zampighi.)

Capítulo 6 | União Intercelular e União das Células com a Matriz Extracelular ■ **97**

destaque é mostrada uma representação bem-sucedida mediante o processamento densitométrico computadorizado das eletromicrografias.

O ducto central do conéxon tem um diâmetro de aproximadamente 1,5 nm. Por esse ducto passam livremente alguns solutos (íons, monossacarídios, nucleotídios, aminoácidos etc.) do citoplasma de uma célula para o citoplasma da célula vizinha. Todavia, por esse canal não passam macromoléculas. Se isso ocorrer, existem ligações metabólicas e elétricas entre as células.

A estrutura dos conéxons é comparável à dos canais iônicos descritos na *Seção 3.14*. Convém lembrar que os canais dependentes de voltagem e de ligante são constituídos, respectivamente, por quatro e cinco proteínas transmembrana e não por seis proteínas transmembrana como nos conéxons. Os conéxons, como os canais iônicos, não são estruturas estáticas, visto que têm a capacidade de se abrir e de se fechar. Com frequência, estão abertos e se fecham quando a concentração citosólica de Ca^{2+} aumenta. A Figura 6.12 mostra que o fechamento obedece a uma mudança de inclinação das conexinas.

As conexinas contêm quatro domínios transmembrana e suas extremidades amina e carboxila estão orientadas para o citosol. O domínio contíguo à extremidade carboxila exerce uma função importante, pois sua fosforilação modifica a posição da conexina e resulta no fechamento do conéxon.

Como, em uma junção comunicante, o fechamento de um conéxon independe do fechamento do outro conéxon, o canal pode ser bloqueado em consequência do fechamento de apenas um dos conéxons. O fechamento das junções comunicantes torna-se muito importante na morte celular, não apenas na morte celular programada, mas também na morte celular acidental (ver *Seção 22.4*). Assim, nas células "moribundas" ocorre aumento da concentração citosólica de Ca^{2+}, que promove o fechamento dos conéxons, de modo que elementos potencialmente deletérios não passem para as células vizinhas.

Graças às junções comunicantes, há circulação de:

(1) Nutrientes
(2) Dejetos metabólicos
(3) Substâncias sinalizadoras, como, por exemplo, os morfógenos durante a diferenciação celular (ver *Seção 21.12*) ou moléculas que sincronizam o movimento dos cílios nos epitélios (ver *Seção 5.12*)
(4) Potenciais elétricos de ação, como os que são transmitidos pelos discos intercalares do músculo cardíaco para sincronizar as contrações de suas células (ver *Seção 5.34*), ou entre as células musculares lisas de alguns órgãos tubulares (intestino, epidídimo) para a sincronização de suas contrações peristálticas.

Conexões entre as células vegetais

6.15 Os plasmodesmos são pontes de comunicação entre células vegetais

Uma característica da maioria das células vegetais é a existência de pontes entre seus citoplasmas, tornando-as contínuas. Essas pontes – denominadas **plasmodesmos** – atravessam a parede celular pectocelulósica descrita na *Seção 3.30* (Figura 1.7).

Graças aos plasmodesmos, existe a circulação livre de líquidos e solutos, muito importantes para a manutenção da tonicidade da célula vegetal. É possível que os plasmodesmos deixem passar também algumas macromoléculas. Conforme vimos, as paredes celulares pectocelulósicas não são divisórias intercelulares completas, de modo que as células constituem um grande sincício mantido pelo esqueleto que forma suas próprias paredes.

O desenvolvimento dos plasmodesmos está relacionado com a formação da placa celular (ver *Seções 3.30 e 18.21*). Esta é atravessada por componentes do retículo endoplasmático, que se tornam responsáveis pela formação e pela localização dos plasmodesmos (ver *Seção 7.44*).

Já foi exposto que os plasmodesmos participam na diferenciação celular. Assim, nas células vegetais que crescem, o número de plasmodesmos diminui ao longo de seus eixos maiores e aumenta nos septos transversais.

Bibliografia

Anderson H. (1990) Adhesion molecules and animal development. Experientia 46:2.

Bulow H.E. and Hobert O. (2006) The molecular diversity of gycosaminoglycans shapes animal development. Annu. Rev. Cell Dev. Biol. 22:375.

Citi S. (1993) The molecular organization of tight junctions. J. Cell Biol. 121:485.

Crocker P.R. and Feizi T. (1996) Carbohydrate recognition system: functional triads in cell-cell interactions. Curr. Opin. Struc. Biol. 6:679.

Culotta E. (1995) Neuronal adhesion molecules signal through FGF receptor. Science 267:1263.

Green K.J. and Jones J.C.R. (1996) Desmosomes and hemidesmosomes: structure and function of molecular components. FASEB J. 10:871.

Gumbiner B.M. (2005) Regulation of cadherin-mediated adhesion in morphogenesis. Nature Rev. Mol. Cell Biol. 6:622.

Hib J. (2009) Histología de Di Fiore. Texto y atlas. 2ª Ed. Editorial Promed, Buenos Aires.

Horwitz A.F. (1997) Integrins and health. Sci. Am. 276 (5):46.

Kintner C. (1992) Regulation of embryonic cell adhesion by the cadherin cytoplasmic domain. Cell 69:225.

Larsen M., Artym W., Green J.A. and Yamada K.M. (2006) The matrix reorganized: extracellular matrix remodeling and integrin signaling. Curr. Opin. Cell Biol. 18:463.

Luna E.J. and Hitt A.L. (1992) Cytoskeleton-plasma membrane interactions. Science 258:955.

Marchisio P.C. (1991) Integrins and tissue organization. Adv. Neuroimm. 1:214.

Pennisi E. (1997) Genes, junctions, and disease at cell biology meeting. Science 274:2008.

Rosen S.D. and Bertozzi C.R. (1996) Leukocyte adhesion: two selectins converge on sulphate. Curr. Biol. 6:261.

Sasaki I., Fassler R. and Hohenester E. (2004) Laminin: the crux of basement membrane assemblIy. J. Cell Biol. 164:959

Segretain D. and Falk M.M. (2004) Regulation of connexin biosynthesis, assembly, gap junction formation, and removal. Biochim. Biophys. Acta 1662:3.

Sharon N. and Lis H. (1993) Carbohydrates in cell recognition. Sci. Am. 268 (1):82.

Shin K., Fogg V.C. and Margolis B. (2006) Tight junctions and cell polarity. Annu. Rev. Cell Dev. Biol. 22:207.

Snyder S.H. (1985) The molecular basis of communication between cells. Sci. Am. 253 (4):114.

Weber K. and Osborn M. (1985) The molecules of the cell matrix. Sci. Am. 253 (4):92.

Wong V. and Goodenough D.A. (1999) Paracellular channels. Science 285:62.

Yanagishita M. and Hascall V.C. (1992) Cell surface heparan sulfate proteoglycans. J. Biol. Chem. 267:9451.

Yeager M. and Nicholson B.J. (1996) Structure of gap junction intercellular channels. Curr. Opin. Struc. Biol. 6:183.

Sistema de Endomembranas
Digestão e Secreção

7

7.1 Os elementos que constituem o sistema de endomembranas se comunicam por meio de vesículas

Na *Seção 4.1* foram descritos os compartimentos da célula, e, desses compartimentos, o sistema de endomembranas é um dos mais volumosos. Esse sistema está distribuído por todo o citoplasma e apresenta vários subcompartimentos – cisternas, sáculos, túbulos – que se intercomunicam (Figura 7.1). Em alguns pontos, a comunicação é direta, enquanto em outros é mediada por **vesículas de transporte**. Essas vesículas são produzidas em um compartimento e são transferidas para outro, graças a processos que envolvem a perda e a aquisição de membranas.

As vesículas de transporte atuam da seguinte maneira (Figura 7.2): brotam da membrana de um compartimento, que é denominado doador; e movem-se pelo citosol em busca de outro compartimento, denominado receptor; e, assim, a membrana da vesícula e a membrana do compartimento se fundem. Desse modo, parte da membrana e parte do conteúdo do compartimento doador são transferidas, respectivamente, para a membrana e para o interior do compartimento receptor.

Na Figura 7.1 pode-se observar que o compartimento doador recupera a membrana perdida graças às **vesículas de reciclagem**.

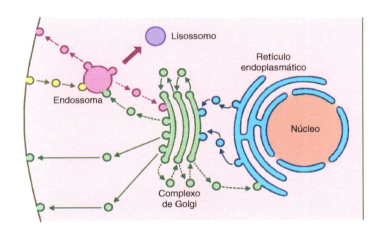

Figura 7.1 Organelas que compõem o sistema de endomembranas. São mostradas, ainda, as diferentes vesículas de transporte (*setas contínuas*) e as vesículas de reciclagem (*setas pontilhadas*) do sistema de endomembranas.

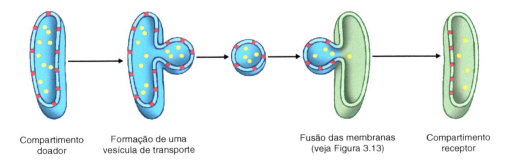

Figura 7.2 Esquemas sequenciais que mostram a formação de uma vesícula na membrana de um compartimento doador e a fusão da membrana da vesícula com a membrana do compartimento receptor.

7.2 O sistema de endomembranas é constituído por várias organelas

O sistema de endomembranas é constituído pelas seguintes organelas (Figura 7.1):

(1) **Retículo endoplasmático**, que compreende duas partes, denominadas retículo endoplasmático liso e retículo endoplasmático rugoso (que também se conecta com o envoltório nuclear, que será analisado na *Seção 12.2*)
(2) **Complexo de Golgi**
(3) **Endossomas**
(4) **Lisossomos**.

As membranas dessas organelas e das vesículas de transporte são constituídas por uma dupla camada lipídica semelhante à da membrana plasmática. Evidentemente, uma das faces das membranas está em contato com o citosol e a outra com a cavidade das organelas. São denominadas, respectivamente, **face citosólica** e **face luminal**.

Nas membranas, existem glicolipídios e glicoproteínas intrínsecos e periféricos que representam mais de 80% do seu peso (Figura 3.14). Os carboidratos sempre estão orientados para a cavidade das organelas.

As dimensões do sistema de endomembranas variam nos diferentes tipos de células. É muito pequeno nos ovócitos, nas células pouco diferenciadas e naquelas células que só produzem proteínas para o citosol, como os reticulócitos.

Retículo endoplasmático

7.3 Generalidades

O **retículo endoplasmático (RE)** foi descoberto quando as células passaram a ser estudadas pela microscopia eletrônica. As primeiras eletromicrofotografias mostraram um componente reticular que não chegava à membrana plasmática (daí, os termos "retículo" e "endoplasmático") até ser conhecida sua verdadeira forma tridimensional. Por fim, a radioautografia e as técnicas de análise citoquímica identificaram quase todos os componentes do retículo endoplasmático.

O retículo endoplasmático está distribuído por todo o citoplasma, desde o núcleo até a membrana plasmática. Consiste em uma rede tridimensional de túbulos e estruturas saculares aplanadas totalmente interconectados (Figura 7.3). Apesar de sua extensão e de sua morfologia complexa, trata-se de uma organela única, visto que sua membrana é contínua e só apresenta uma cavidade. O citoesqueleto é responsável pela manutenção de seus componentes em posições mais ou menos fixas no citoplasma (ver *Seção 5.9*).

Tal organela divide-se em dois setores, que são diferenciados pela existência ou não de ribossomos em sua face citosólica. Esses setores são denominados **retículo endoplasmático liso (REL)** (sem ribossomos) e **retículo endoplasmático rugoso (RER)** (com ribossomos) (Figuras 1.6, 1.10, 7.3, 7.4 e 7.6). Entre o REL e o RER, há um setor de transição que é parcialmente liso e parcialmente rugoso.

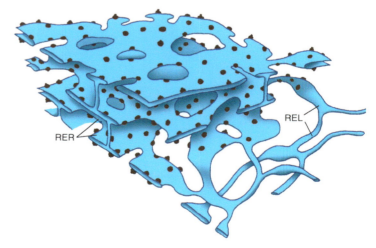

Figura 7.3 Esquema tridimensional que mostra os setores liso (*REL*) e rugoso (*RER*) do retículo endoplasmático.

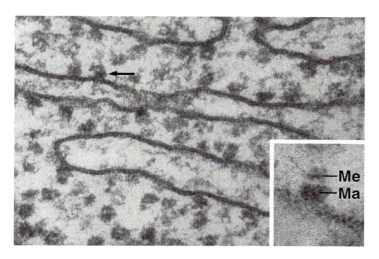

Figura 7.4 Eletromicrografia do retículo endoplasmático rugoso. É possível observar os ribossomos ligados à membrana da organela (*a seta aponta para um ribossomo*). 280.000×. (Cortesia de G. E. Palade.) No detalhe, são mostradas as subunidades menor (*Me*) e maior (*Ma*) do ribossomo. 410.000×. (Cortesia de N. T. Florendo.)

7.4 O REL não tem ribossomos

Como acabamos de mencionar, o **REL** não tem ribossomos. Trata-se de uma rede de túbulos interconectados, cujo volume e cuja distribuição espacial variam nos diferentes tipos de células. Essa diversidade depende de suas variadas funções. A célula muscular estriada, por exemplo, contém um REL muito singular – o **retículo sarcoplasmático** –, adaptado para desencadear a contratilidade do citoesqueleto (ver *Seção 7.26*).

7.5 O RER está associado aos ribossomos

O **RER** é muito desenvolvido nas células que apresentam síntese proteica ativa. É constituído, predominantemente, por estruturas saculares aplanadas. Quando essas estruturas saculares são abundantes, elas são separadas por um espaço citosólico estreito preenchido por ribossomos (Figura 7.4).

Esses ribossomos estão aderidos à face citosólica da membrana do RE (Figura 7.6). De modo geral, formam complexos denominados **polissomos** ou **polirribossomos**. Esses polirribossomos consistem em grupos de ribossomos conectados por uma molécula de mRNA (Figuras 7.3 e 16.7) (ver *Seção 16.11*). A afinidade do RER pelos ribossomos provém dos receptores específicos existentes na membrana do RER (ver *Seção 7.12*). O REL não apresenta esses receptores.

Complexo de Golgi

7.6 Generalidades

Em 1898, Camilo Golgi, utilizando um método de impregnação pela prata, descobriu uma estrutura reticular nos neurônios. Posteriormente, essa estrutura recebeu seu nome. Cinquenta anos depois, a estrutura e a composição molecular dessa estrutura foram desvendadas devido ao surgimento da microscopia eletrônica, do fracionamento celular e das técnicas de análise citoquímica.

Em uma célula ideal, o **complexo de Golgi** está localizado entre o RE e a membrana plasmática, com os endossomas e os lisossomos situados entre a membrana plasmática e o complexo de Golgi (Figura 1.6). Essas relações espaciais refletem outras relações funcionais, visto que, por meio das vesículas de transporte, as moléculas provenientes do RE chegam ao complexo de Golgi, atravessam-no, desprendem-se dele e chegam à membrana plasmática ou aos endossomas (Figura 7.1). Desses fluxos, participam tanto moléculas da membrana quanto moléculas do lúmen. Assim, dependendo da via percorrida, são transferidos fragmentos de membrana do RE para a membrana plasmática ou para a membrana dos endossomas, enquanto as moléculas provenientes da cavidade do retículo são liberadas no meio extracelular (fenômeno denominado secreção) ou penetram na cavidade dos endossomas.

Conforme veremos adiante, nos dois casos o complexo de Golgi é muito importante, pois as moléculas que o atravessam sofrem modificações essenciais às suas atividades biológicas. Por outro lado, algumas moléculas são sintetizadas diretamente no complexo de Golgi, sem a participação do retículo endoplasmático.

7.7 O complexo de Golgi apresenta polarização compatível com suas funções

O complexo de Golgi é formado por uma ou por várias unidades funcionais denominadas **dictiossomos** (do grego *díktyon*, "rede", e *sôma*, "corpo"). Na célula secretora polarizada, o complexo de Golgi tem um único dictiossomo grande que ocupa posição intermediária entre o núcleo e a superfície celular, de onde é liberada a secreção (Figura 1.6). Complexos de Golgi com essas características são observados, por exemplo, nas células da mucosa intestinal, da tireoide e do pâncreas exócrino.

Em contrapartida, outras células, como os plasmócitos, os hepatócitos e os neurônios, apresentam vários dictiossomos pequenos distribuídos por todo o citoplasma (Figura 1.10). No hepatócito, existem, aproximadamente, 50 dictiossomos, que representam 2% do volume citoplasmático.

Embora a localização e o número de dictiossomos variem nos diferentes tipos de células, eles apresentam características morfológicas constantes. Habitualmente, têm forma curva, com a face convexa voltada para o núcleo e a face côncava voltada para a membrana plasmática. A face convexa é denominada **face de entrada (formação)**, ou **cis**, e a face côncava é chamada **face de saída (maturação)** ou **trans** (Figuras 7.5, 7.6 e 7.7).

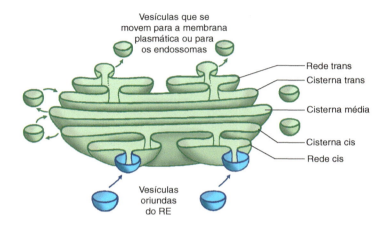

Figura 7.5 Representação tridimensional dos componentes do complexo de Golgi.

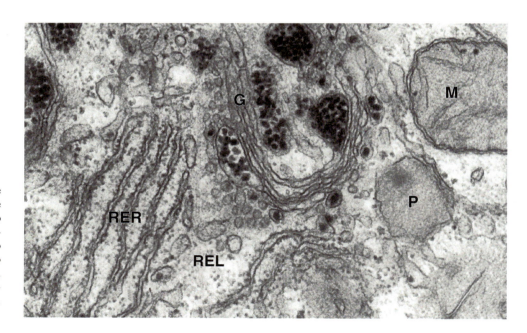

Figura 7.6 Eletromicrografia de hepatócito de um animal que recebeu dieta hiperlipídica. São observadas as vesículas que transportam lipoproteínas, o retículo endoplasmático rugoso (*RER*), o retículo endoplasmático liso (*REL*), o complexo de Golgi (*G*), uma mitocôndria (*M*) e um peroxissomo (*P*). 56.000×. (Cortesia de A. Claude.)

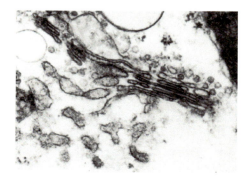

Figura 7.7 Micrografia do complexo de Golgi que possibilita observar as cisternas cis, média e trans "empilhadas". 35.000×. (Cortesia de D. J. Morré.)

Cada dictiossomo é formado por:

(1) Uma **rede cis**, constituída por numerosas estruturas saculares e túbulos interconectados
(2) Uma **cisterna cis**, conectada com a rede cis
(3) Uma ou mais **cisternas médias** independentes, ou seja, não estão ligadas entre si nem com os outros componentes do dictiossomo
(4) Uma **cisterna trans**, conectada com a rede trans
(5) Uma **rede trans**, semelhante à rede cis.

A face de entrada do dictiossomo – representada pela rede cis e pela cisterna cis – só recebe vesículas de transporte oriundas do RE (Figura 7.1).

Visto que a rede cis e a cisterna cis formam um único compartimento, as moléculas incorporadas à membrana e à cavidade da organela circulam da rede para a cisterna por simples continuidade. Em contrapartida, para passar da cisterna cis para as cisternas médias e dessas para a cisterna trans, as moléculas precisam de vesículas de transporte.

Como se pode ver nas Figuras 7.1 e 7.5, as vesículas brotam da margem da cisterna cis e, depois de um curto trajeto pelo citosol, são incorporadas à margem da cisterna média contígua. O mesmo acontece entre as sucessivas cisternas médias e entre a última delas e a cisterna trans. A "viagem" termina quando as moléculas que chegam à cisterna transpassam para a rede trans por simples continuidade.

As moléculas que chegam à rede trans são, em seguida, transferidas – também pelas vesículas de transporte – para a membrana plasmática ou para os endossomas (Figura 7.1).

No primeiro caso, as moléculas no interior das vesículas de transporte são lançadas para fora da célula, ou seja, são secretadas e as moléculas da membrana são integradas à membrana plasmática da célula. O processo de secreção recebe o nome de exocitose e será descrito na *Seção 7.22*.

No segundo caso, as vesículas de transporte liberam seu conteúdo (enzimas hidrolíticas) no lúmen de um endossoma. Na *Seção 7.31* será mostrado que isso transforma o endossoma em lisossomo.

Nas próximas seções serão descritas as funções do RE e do complexo de Golgi. Algumas dessas funções dependem da ação complementar das duas organelas.

Funções do retículo endoplasmático e do complexo de Golgi

7.8 No RE ocorrem as principais reações da síntese dos triglicerídios

Os **triglicerídios** são constituídos por três ácidos graxos unidos a uma molécula de glicerol (ver *Seção 2.7*).

A síntese do triglicerídio começa no citosol, onde, por meio de uma tioquinase, os ácidos graxos são unidos a moléculas de coenzima A (CoA) e forma-se acil-CoA (Figura 7.8A).

$$\text{Ácido graxo} + \text{CoA} + \text{ATP} \xrightarrow{\text{Tioquinase}} \text{Acil-CoA} + \text{ADP} + \text{P}$$

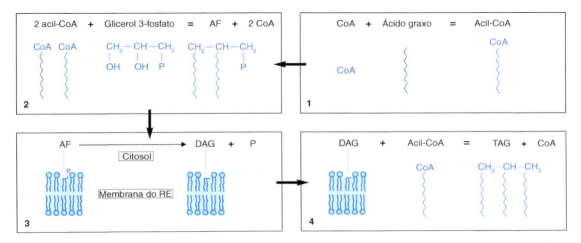

Figura 7.8A. Síntese de triglicerídios (*TAG*). O ácido fosfatídico (*AF*) é formado no citosol. Por outro lado, as transformações do AF em diacilglicerol (*DAG*) e do diacilglicerol em triglicerídio ocorrem na monocamada citosólica da membrana do RE. Logo após sua síntese, os TAG saem da membrana e passam para o citosol.

104 ▪ Biologia Celular e Molecular

A seguir, cada acil-CoA transfere seus graxos para o C1′ e para o C2′ do glicerol 3-fosfato, com produção de ácido fosfatídico (ver *Seção 2.7*) (Figuras 2.13 e 7.8A). A reação é catalisada por uma aciltransferase.

$$\text{Glicerol 3-fosfato} \ + \ 2\ \text{Acil-CoA} \xrightarrow{\text{Aciltransferase}} \text{Ácido fosfatídico} \ + \ 2\ \text{CoA}$$

O ácido fosfatídico penetra na monocamada citosólica da membrana do RE, no qual é completada a síntese do triglicerídio (Figura 7.8A). Para isso, o ácido fosfatídico perde, primeiro, o fosfato por ação de uma fosfatase e é convertido em 1,2-diacilglicerol (Figura 2.13).

$$\text{Ácido fosfatídico} \xrightarrow{\text{Fosfatase}} \text{1,2-diacilglicerol} \ + \ \text{P}$$

A seguir, por meio da diacilglicerol aciltransferase, uma nova acil-CoA transfere seu ácido graxo para o C3′ do 1,2-diacilglicerol (Figura 7.8A), que completa a síntese do triglicerídio. O triglicerídio sai da membrana do RE e fica no citosol (ver *Seção 4.3*).

$$\text{1,2-diacilglicerol} \ + \ \text{Acil-CoA} \xrightarrow{\text{Diacilglicerol aciltransferase}} \text{Triglicerídio} \ + \ \text{CoA}$$

Nas células da mucosa intestinal, a maioria dos triglicerídios é sintetizada sem passar pelas etapas iniciais. O triglicerídio é sintetizado a partir de monoacilgliceróis e diacilgliceróis, que são as formas como são absorvidas as gorduras após sua digestão.

7.9 O RE é responsável pela biogênese das membranas celulares

A célula produz **membranas novas** continuamente. Isso é feito com o propósito de atender às demandas funcionais, repor as membranas senescentes ou para duplicar as membranas antes da mitose. As membranas celulares são, às vezes, produzidas para possibilitar o desenvolvimento de partes do corpo da célula (p. ex., o axônio nos neurônios).

A biogênese das membranas celulares inclui a síntese de seus lipídios, de suas proteínas e de seus carboidratos. Esses três tipos de moléculas não são sintetizados separadamente e, posteriormente, são integrados para formar uma nova membrana. Na verdade, são incorporados a uma membrana preexistente, a membrana do RE. À medida que essa membrana cresce, algumas de suas partes se desprendem na forma de vesículas e são transferidas para as demais organelas do sistema de endomembranas ou para a membrana plasmática.

Nas *Seções 8.24* e *10.5* será mostrado que o RE também supre os fosfolipídios das membranas das mitocôndrias e dos peroxissomos.

Nas próximas seções serão descritos os mecanismos de incorporação dos lipídios e das proteínas à membrana do RE e os processos de glicosilação das duas moléculas.

7.10 Os lipídios das membranas celulares são sintetizados na membrana do RE

Fosfatidilcolina. É preciso lembrar que os **glicerofosfolipídios** são constituídos por uma molécula de glicerol, dois ácidos graxos, um fosfato e um segundo álcool (ver *Seções 2.7* e *3.3*) (Figuras 2.14 e 2.20).

A fosfatidilcolina é formada na monocamada citosólica do RE em decorrência da união da citidina difosfato-colina (CDP-colina) com 1,2-diacilglicerol (sua formação foi descrita na *Seção 7.8*). A reação é catalisada por uma fosfotransferase específica (Figura 7.8B).

$$\text{1,2-diacilglicerol} \ + \ \text{CDP-colina} \xrightarrow{\text{Fosfotransferase}} \text{Fosfatidilcolina} \ + \ \text{CMP}$$

Previamente, a CDP-colina é sintetizada em duas etapas. Na primeira etapa, a colina é fosforilada com um fosfato obtido da adenosina trifosfato e, na segunda etapa, a fosforilcolina é combinada com a citidina trifosfato.

Fosfatidiletanolamina. As reações que resultam na formação da fosfatidiletanolamina são semelhantes às da fosfatidilcolina, exceto porque a CDP-etanolamina substitui a CDP-colina (Figura 7.8A).

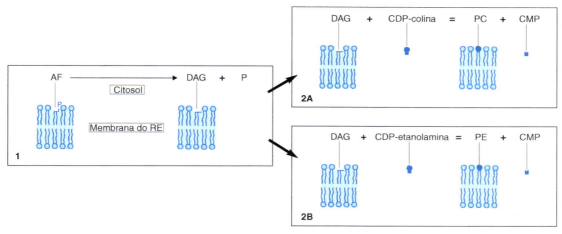

Figura 7.8B. Síntese da fosfatidilcolina (*PC*) e da fosfatidiletanolamina (*PE*). Todas as reações ocorrem na monocamada citosólica da membrana do RE.

Fosfatidilserina. No processo de formação da fosfatidilserina, o ácido fosfatídico (ver *Seção 7.8*) não perde seu fosfato e se combina, devido a uma transferase específica, com a CTP. Essa junção produz a CDP-1,2-diacilglicerol (Figura 7.8C).

$$\text{Ácido fosfatídico} + \text{CTP} \xrightarrow{\text{Transferase}} \text{CDP-1,2-diacilglicerol} + 2\,P$$

O fosfolipídio resulta da combinação, via outra transferase, do aminoácido serina com a CDP-1,2-diacilglicerol.

$$\text{Serina} + \text{CDP-1,2-diacilglicerol} \xrightarrow{\text{Transferase}} \text{Fosfatildilserina} + \text{CMP}$$

Fosfatidilinositol. As reações responsáveis pela síntese do fosfatidilinositol (**PI**) são semelhantes às da fosfatildilserina, exceto pelo fato de que o poliálcool cíclico inositol substitui a serina (Figura 7.8C).

Esse fosfolipídio é convertido em **fosfatidilinositol fosfato** (**PIP**), em **fosfatidilinositol difosfato** (**PIP$_2$**) e em **fosfatidilinositol trifosfato** (**PIP$_3$**), em decorrência da agregação sucessiva de fosfatos (Figura 2.16). As reações de fosforilação são catalisadas por quinases, com os fosfatos sendo obtidos de moléculas de ATP.

$$\text{PI} + \text{ATP} \xrightarrow{\text{Quinase}} \text{PIP} + \text{ADP}$$

$$\text{PIP} + \text{ATP} \xrightarrow{\text{Quinase}} \text{PIP}_2 + \text{ADP}$$

$$\text{PIP}_2 + \text{ATP} \xrightarrow{\text{Quinase}} \text{PIP}_3 + \text{ADP}$$

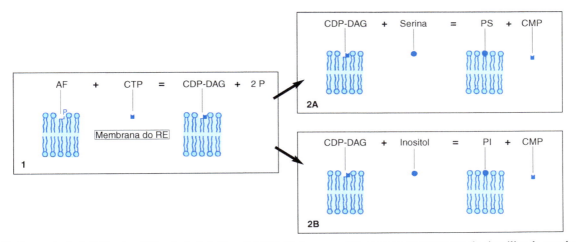

Figura 7.8C. Síntese de fosfatildilserina (*PS*) e de fosfatidilinositol (*PI*). Todas as reações ocorrem na monocamada citosólica da membrana do RE.

Após sua formação, a maioria das fosfatidilcolinas é translocada (por "*flip-flop*") (ver *Seção 3.3*) da monocamada citosólica para a monocamada luminal da membrana do RE. A translocação é impulsionada por uma enzima denominada **flipase**, que facilita a passagem da cabeça polar do fosfolipídio pela região hidrofóbica da bicamada.

Visto que essa enzima atua de modo menos eficiente sobre a fosfatidiletanolamina, sobre a fosfatildilserina e sobre o fosfatidilinositol, a maior parte desses fosfolipídios fica retida na monocamada citosólica (ver *Seção 3.3*).

Assim, o processo de translocação tem duas consequências: equipara a quantidade de fosfolipídios nas duas monocamadas e faz com que os fosfolipídios se distribuam assimetricamente.

Esfingomielina. A esfingomielina é um **esfingofosfolipídio** constituído pela ceramida ligada à fosforilcolina (Figura 2.18). Na *Seção 2.7* foi mostrado que a ceramida resulta da agregação de um ácido graxo à esfingosina, que é um aminoálcool com uma grande cadeia de carboidratos (Figura 2.19).

A ceramida é formada na monocamada citosólica da membrana do RE, por meio da ação de uma transferase (Figura 7.8D).

$$\text{Esfingosina} + \text{Acil-CoA} \xrightarrow{\text{Transferase}} \text{Ceramida} + \text{CoA}$$

A síntese da esfingomielina é completada na monocamada luminal do complexo de Golgi, de tal maneira que a ceramida deve ser translocada (pela flipase), afastada da membrana do RE e transferida para a membrana do complexo. Conforme já mencionado, essa transferência é feita por vesículas de transporte.

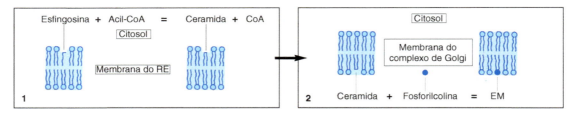

Figura 7.8D. Síntese de esfingomielina (*EM*). A primeira reação ocorre na monocamada citosólica da membrana do RE. A segunda reação ocorre na monocamada luminal da membrana do complexo de Golgi.

Em sua nova localização, a ceramida se combina com a fosforilcolina devido à outra transferase e, assim, ocorre a conversão em esfingomielina (Figura 7.8D).

$$\text{Ceramida} + \text{Fosforilcolina} \xrightarrow{\text{Transferase}} \text{Esfingomielina}$$

Colesterol. A membrana do RE incorpora moléculas de colesterol que penetram na célula por endocitose (ver *Seção 7.42*). A membrana do RE também sintetiza moléculas de colesterol. Como os fosfolipídios, o colesterol é transferido para as outras membranas da célula, sobretudo a membrana plasmática, pelas vesículas de transporte.

7.11 Os lipídios das membranas células são glicosilados no complexo de Golgi

A síntese dos **glicolipídios** ocorre apenas no complexo de Golgi.

Na formação dos **galactocerebrosídios** (Figura 2.21), há transferência da galactose da uridina difosfato-galactose para a primeira hidroxila da ceramida por meio de uma transferase.

$$\text{Ceramida} + \text{UDP-galactose} \xrightarrow{\text{Transferase}} \text{Galactocerebrosídio} + \text{UDP}$$

A síntese dos **glicocerebrosídios** é similar, salvo pela transferência de glicose da UDP-glicose mediante outra transferase.

$$\text{Ceramida} + \text{UDP-glicose} \xrightarrow{\text{Transferase}} \text{Glicocerebrosídio} + \text{UDP}$$

Os **gangliosídios** (Figura 2.22) resultam da união dos monômeros das cadeias oligossacarídicas, um de cada vez, à ceramida. O primeiro monômero a ser agregado é a glicose, seguido (em diferentes quantidades e ordenamentos de acordo com o tipo de gangliosídio) por galactose, N-acetilglicosamina, N-acetilgalactosamina, ácido siálico ou N-acetilneuramínico e fucose (ver *Seção 2.7*).

Como a galactose e a glicose dos cerebrosídios, os monossacarídios que participam na síntese dos gangliosídios estão ligados a nucleotídios (p. ex., UDP-glicose, UDP-galactose, UDP-N-acetilglicosamina, UDP-N-acetilgalactosamina, CMP-ácido siálico e GDP-glicose).

7.12 As proteínas destinadas ao RE se inserem na membrana ou são liberadas na cavidade da organela

As **proteínas**, com exceção daquelas poucas pertencentes às mitocôndrias, são sintetizadas nos **ribossomos** do citosol (ver *Seção 16.9*). Embora todos os ribossomos citosólicos sejam iguais, alguns estão dispersos no citosol e outros estão "encostados" na membrana do **RER** (Figura 16.8). A seguir, descreveremos os mecanismos e os fundamentos.

As primeiras etapas na síntese de uma proteína destinada ao RE ocorrem no ribossomo, enquanto este ainda está em sua forma livre no citosol. A união do ribossomo com a membrana do **RE** ocorre se a proteína oriunda do ribossomo tiver um segmento peptídico com as informações apropriadas, ou seja, um **peptídio-sinal** específico para essa membrana (ver *Seção 4.4*). Nas proteínas destinadas ao RER, o peptídio-sinal costuma consistir em uma sequência de, aproximadamente, 30 aminoácidos (5 a 10 deles extremamente hidrofóbicos), localizada na extremidade amino ou próximo a ela (Tabela 4.1).

As proteínas liberadas na cavidade do RER têm apenas esse sinal, localizado na extremidade amino da molécula. Por outro lado, as proteínas que se inserem na membrana da organela contêm, salvo exceções, um peptídio-sinal próximo à extremidade amino e outros sinais, cujo número depende de quantas vezes a proteína cruza a bicamada lipídica (Figura 3.10). Se, por exemplo, a proteína transmembrana atravessa a bicamada apenas uma vez (unipasso), precisará apenas de um sinal adicional, denominado **sinal de ancoragem** por motivos que serão apresentados posteriormente. No caso de uma proteína multipasso, o número de sinais equivale ao número de vezes que a proteína cruza a bicamada, consistentes de peptídios-sinal que se alternam com sinais de ancoragem. Os sinais de ancoragem contêm sequências de aminoácidos de comprimento semelhante ao dos peptídios-sinal (Tabela 4.1).

Independentemente do número e da localização dos sinais, apenas o primeiro peptídio-sinal que sai do ribossomo é reconhecido pela **partícula de reconhecimento do sinal** (ou **PRS**) (Figura 7.9), que é um complexo ribonucleoproteico constituído por seis proteínas diferentes e uma molécula de RNA denominada **RNAcp** (de RNA citosólico pequeno; em inglês, **scRNA**, de *small cytosolic RNA*) (Figura 7.10). As características e o processamento desse RNA são descritos nas *Seções 13.2, 14.18* e *15.12*.

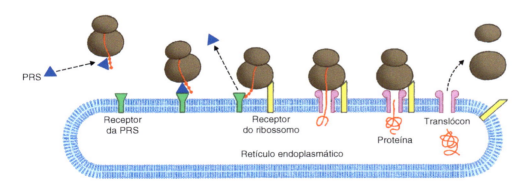

Figura 7.9 União do ribossomo com a membrana do RER. Observe o receptor da PRS, o receptor do ribossomo e a passagem da proteína através do translócon.

Na Figura 7.9 pode-se observar como a PRS, ligada ao peptídio-sinal, se move em direção ao RER e se liga à membrana do RER por meio de um receptor específico. Essa união consome energia, que provém de um GTP hidrolisado por uma GTPase existente no receptor.

Na mesma figura, pode-se ver como a PRS "reboca" o ribossomo para o RER (na *Seção 7.5*, foi mencionado que a membrana do RER contém receptores para os ribossomos) e desempenha outra função importante: interrompe a síntese da proteína para que esta não saia do ribossomo, já que, fora do mesmo sua conformação, mudaria e não conseguiria penetrar no RER.

Na Figura 7.9 também é possível observar que a PRS se separa de seu receptor quando o ribossomo se liga ao seu receptor. Visto que a PRS também se separa do peptídio-sinal, a síntese de proteína é retomada. A extremidade da proteína sai do ribossomo e penetra em um túnel proteico

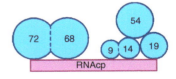

Figura 7.10 Composição da partícula de reconhecimento do sinal (PRS). Os círculos correspondem às seis proteínas que acompanham o RNAcp.

que atravessa a membrana do RER (Figura 7.9). Na *Seção 3.9* foi mencionado que os túneis dessa classe, que são utilizados pelas proteína para atravessar as membranas das organelas, são denominados **translócons**. O translócon do RER é diferente dos translócons de outras organelas, pois está associado ao receptor do ribossomo e forma com este um complexo unificado (Figura 7.9).

A PRS, após se separar de seu receptor (e do peptídio-sinal), pode ser reutilizada. Algo semelhante ocorre com o ribossomo ao final da síntese da proteína (Figura 7.9).

7.13 As proteínas destinadas ao RE contêm um ou mais sinais dependendo da necessidade de liberação na cavidade da organela ou da inserção na membrana da organela

Conforme foi mencionado na seção anterior, as proteínas destinadas à **cavidade do RER** têm um único peptídio-sinal, que está localizado em sua extremidade amino. Assim, o segmento da molécula que penetra primeiro no translócon sempre contém o peptídio-sinal, como se pode ver na Figura 7.11.

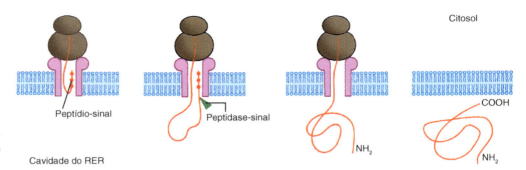

Figura 7.11 Representação esquemática da penetração das proteínas na cavidade do RER.

Como o peptídio-sinal permanece no translócon, quando os segmentos proteicos posteriores a ele penetram na cavidade, sua conformação se torna semelhante a um grampo de cabelo. Visto que o peptídio-sinal é clivado por uma protease conhecida como **peptidase-sinal**, perde-se o peptídio e forma-se uma nova extremidade amino na proteína, que é liberada na cavidade (Figura 7.11). Por fim, a cavidade do RER recebe os segmentos restantes da proteína, cuja síntese continua no ribossomo, graças à agregação ininterrupta de aminoácidos em sua extremidade carboxila (ver *Seção 16.13*).

Ao final de sua síntese, a proteína é liberada na cavidade do RER (Figuras 7.9 e 7.11). Dependendo do tipo de proteína, ela permanecerá no RE ou se deslocará, por meio de vesículas de transporte, para o complexo de Golgi. A proteína pode permanecer no complexo de Golgi ou ser transferida, também devido às vesículas de transporte, para um endossoma ou para a membrana plasmática – nesse último caso, para sua secreção.

Na seção anterior, também foi mencionado que, salvo exceções, as proteínas destinadas à **membrana do RER** apresentam um peptídio-sinal na extremidade amino e um ou mais sinais adicionais. Essas proteínas inserem-se na membrana do RER por um dos mecanismos apresentados nas Figuras 7.12, 7.13 e 7.14.

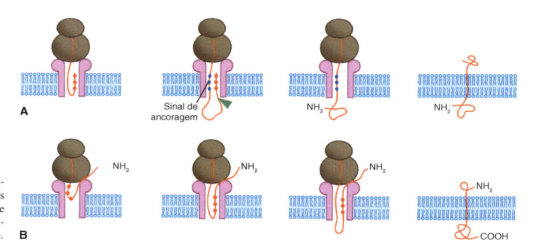

Figura 7.12 Representação esquemática da incorporação das proteínas à membrana do RER. A extremidade amino da proteína pode estar na cavidade do RER (**A**) ou no citosol (**B**).

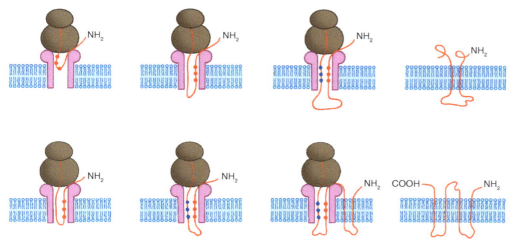

Figura 7.13 Mecanismo de inserção das proteínas bipasso na membrana do RER.

Figura 7.14 Mecanismo de inserção das proteínas multipasso na membrana do RER.

Se a proteína só apresenta um sinal adicional, ele se ancora na bicamada lipídica (daí, a denominação sinal de ancoragem) e o peptídio-sinal é clivado pela peptidase-sinal. A consequência disso é a formação de uma proteína transmembrana **unipasso** (cruza a bicamada lipídica apenas uma vez), com a extremidade amino voltada para a cavidade do RE e a extremidade carboxila no lado citosólico (Figura 7.12A).

Algumas proteínas transmembrana unipasso apresentam orientação inversa, ou seja, sua extremidade amino está voltada para o lado citosólico. Essa classe de proteínas só apresenta o peptídio-sinal e este não se localiza na extremidade amino, mas em sua proximidade. A Figura 7.12B mostra a conversão do peptídio-sinal em sinal de ancoragem e as etapas de sua inserção na bicamada lipídica. O peptídio-sinal não é clivado pela peptidase-sinal em decorrência de sua posição interna na cadeia proteica.

Para a formação de uma proteína transmembrana **bipasso**, é necessário um peptídio-sinal localizado próximo à extremidade amino e um sinal adicional (Figura 7.13). Por causa de sua posição interna na cadeia proteica, o peptídio-sinal também não é influenciado pela peptidase-sinal. Assim, o peptídio-sinal se comporta como um sinal de ancoragem e fica retido na bicamada lipídica.

Para a formação de uma proteína **multipasso** é necessário, além do peptídio-sinal, número variável de sinais adicionais, ou seja, tantos sinais (menos um) quantas forem as vezes que a proteína deve atravessar a membrana. Como nas proteínas bipasso, são sinais de ancoragem, e metade deles atua, de maneira alternada, como os peptídios-sinal retidos na bicamada lipídica (Figura 7.14).

Todos os sinais adicionais, tanto os de ancoragem quanto os que atuam como peptídios-sinal, entram em contato com a membrana pelo mesmo translócon. Além disso, à medida que os novos sinais penetram no translócon, os precedentes saem por uma parede do translócon e se instalam entre os fosfolipídios da bicamada lipídica (Figura 7.14). A saída lateral dos sinais é possível porque a parede do translócon é incompleta.

Na *Seção 3.4* foi mencionado que os segmentos das proteínas que atravessam a bicamada lipídica apresentam, em geral, uma estrutura em α-hélice. Agora, podemos informar que, nesse momento, atuarão como peptídios-sinal ou como sinais de ancoragem.

Dependendo da natureza da proteína, ela permanecerá na membrana do RE ou passará para a membrana de outra organela do sistema de endomembranas ou para a membrana plasmática. Segundo a Figura 7.2, seja qual for o destino da proteína, ela terá a mesma orientação que apresentava quando se encontrava na membrana do RE. Algumas proteínas podem ser retidas na membrana plasmática, enquanto outras podem ser secretadas. Por exemplo, a imunoglobulina produzida pelos linfócitos B atua, primeiramente, como um receptor de membrana e depois é secretada (ou seja, é convertida em anticorpo). Nas duas etapas, a molécula é praticamente idêntica, exceto pelo fato de que, na primeira, ela dispõe um segmento adicional que a mantém ancorada à membrana. Esse segmento corresponde a um sinal de ancoragem próximo à extremidade carboxila da proteína. Esse segmento não existe na imunoglobulina secretada (ver *Seção 15.7*).

7.14 Polipeptídios produzidos por ribossomos livres no citosol são incorporados ao RE

Como exceção à regra, existem polipeptídios (em geral, muito pequenos) que penetram no RE, embora tenham sido produzidos por ribossomos livres no citosol. Esses polipeptídios são incorporados ao RE por meio de túneis formados por proteínas transportadoras da família **ABC** (ver *Seção 3.26*), encontradas normalmente na membrana do RE.

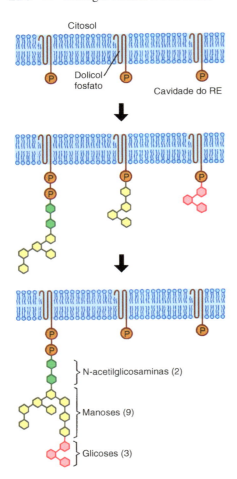

Figura 7.15 Início da síntese dos oligossacarídeos que se conectam a proteínas da membrana do RER por meio de ligações N-glicosídicas. Observe a participação de três moléculas de dolicol fosfato.

7.15 As chaperonas hsp70 garantem o dobramento normal das proteínas na cavidade do RE

Na *Seção 4.5* foram analisadas as funções das chaperonas hsp70 citosólicas. A cavidade do RER tem chaperonas hsp70 semelhantes que impedem o dobramento prematuro ou incorreto das proteínas que penetraram na organela. Além disso, reconhecem segmentos incorretamente dobrados, e ajudam na correção dessa conformação.

Se as chaperonas fracassarem, as proteínas mal dobradas sairão do RER para o citosol depois de atravessar o mesmo translócon que utilizaram para penetrar no RER. Esse fenômeno é denominado **retrotranslocação**. No citosol, as proteínas se combinam com ubiquitinas e são degradadas por proteossomas (ver *Seção 4.6*).

7.16 A síntese e o processamento dos oligossacarídios conectados a proteínas por ligações N-glicosídicas iniciam no RER e terminam no complexo de Golgi

A maioria das proteínas que penetra no sistema de endomembranas incorpora **oligossacarídios** às suas moléculas, tornando-se **glicoproteínas**.

Conforme mostrado na *Seção 2.6*, os oligossacarídios se unem às proteínas devido a ligações N-glicosídicas e O-glicosídicas (Figuras 2.7 e 2.8).

A síntese dos oligossacarídios conectados por **ligações N-glicosídicas** começa no RER e termina no complexo de Golgi. Dessa síntese, participam enzimas denominadas glicosiltransferases, que captam monossacarídios de moléculas doadoras e os transferem para a cadeia oligossacarídica em crescimento. Como nos glicolipídios, as moléculas doadoras são nucleosídios: UDP (para a glicose, a galactose, a N-acetilglicosamina e a N-acetilgalactosamina), GDP (para a manose e a fucose) e CMP (para o ácido siálico) (ver *Seção 7.10*).

Além disso, existe a participação do **dolicol fosfato** (ver *Seção 2.7*), um lipídio especial da membrana do RER que a atravessa aproximadamente três vezes (Figuras 2.24 e 7.15). O primeiro monômero do futuro oligossacarídio é a N-acetilglicosamina, que se liga ao grupamento fosfato do dolicol. A seguir, outros seis monossacarídios se agregam, um por vez, primeiro a uma nova N-acetilglicosamina, e depois a cinco manoses. Como se pode ver na Figura 7.15, a união do dolicol fosfato à primeira N-acetilglicosamina se realiza por meio de outro fosfato, cedido pela UDP que doa a hexose, com formação de uma ponte pirofosfato.

Enquanto isso, outras duas moléculas de dolicol fosfato aceitam, respectivamente, quatro manoses e três glicoses, que também são incorporadas uma por vez.

A seguir, no interior do RER, após se desprenderem de seus respectivos dolicóis, as cadeias de quatro manoses e de três glicoses (nessa ordem) – somam-se ao heptassacarídio do dolicol fosfato, que se converte em oligossacarídio de 14 unidades, constituído por duas N-acetilglicosaminas, nove manoses e três glicoses (Figura 7.15). Esse oligossacarídio se solta do dolicol fosfato e, graças à oligossacariltransferase, liga-se a uma das asparaginas de uma proteína da membrana do RER (Figura 7.16).

As três moléculas de dolicol livre podem ser utilizadas de novo pelo RER para a síntese de novos oligossacarídios.

A cadeia oligossacarídica ligada à proteína passa por várias transformações que começam pela retirada das três glicoses e de uma a quatro das nove manoses. A glicose distal é retirada pela

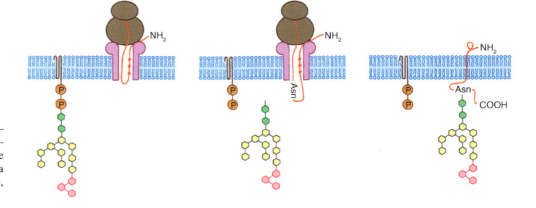

Figura 7.16 Representação esquemática de como o precursor oligossacarídico (com 14 hexoses) se desprende do dolicol e se liga a uma proteína da membrana do RER. *Asn*, asparagina.

α-glicosidase I e as outras duas glicoses são retiradas pela α-glicosidase II, enquanto as manoses são removidas pela α-manosidase.

A cadeia remanescente continua sendo processada no complexo de Golgi e a glicoproteína alcança a membrana deste por meio de uma vesícula de transporte. No complexo de Golgi, ocorrem o acréscimo e a retirada de monossacarídios da cadeia oligossacarídica. Esse processamento é diferente, dependendo do tipo de glicoproteína que precisa ser formado. Não obstante, em todos os casos, a cadeia conserva as duas N-acetilglicosaminas e as três manoses proximais do oligossacarídio original e, geralmente, são agregados ácidos siálicos nas extremidades da molécula ramificada (Figura 7.17) (ver *Seção 2.6*).

No complexo de Golgi, as enzimas responsáveis pelo processamento dos oligossacarídios atuam de modo sequencial e, por isso, estão distribuídas entre a região de entrada e a região de saída da organela, de acordo com a ordem de atuação (Figura 7.18).

Não são conhecidos os mecanismos reguladores que fazem com que as glicoproteínas passem por um tipo de processamento e não por outro tipo.

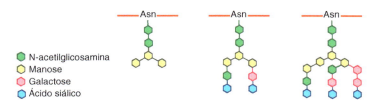

Figura 7.17 Após a formação do oligossacarídio precursor (com 14 hexoses), este é processado sequencialmente no RER e nos sucessivos compartimentos do complexo de Golgi. Aqui são mostrados três exemplos de oligossacarídios formados ao final do processamento. *Asn*, asparagina.

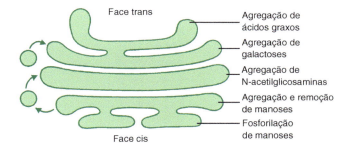

Figura 7.18 Exemplos de agregação e remoção de moléculas de um oligossacarídio à medida que ele passa pelos sucessivos compartimentos do complexo de Golgi.

7.17 A síntese dos oligossacarídios unidos a proteínas por ligações O-glicosídicas ocorre no complexo de Golgi

Na *Seção 2.6* vimos que os oligossacarídios unidos a proteínas por **ligações O-glicosídicas** se conectam com uma serina ou com uma treonina. Sua síntese ocorre na cavidade do complexo de Golgi em decorrência da agregação de sucessivos monossacarídios (sob a ação de glicosiltransferases específicas). Em primeiro lugar, uma N-acetilgalactosamina se liga a uma proteína da membrana do complexo de Golgi e, depois, ocorre a agregação dos outros monossacarídios (um por vez). De modo geral, a cadeia oligossacarídica incorpora os ácidos siálicos em sua periferia.

7.18 A síntese dos glicosaminoglicanos e dos proteoglicanos ocorre no retículo endoplasmático

Os **proteoglicanos** são glicoproteínas formadas pela união de proteínas com **glicosaminoglicanos** (**GAG**). Como já foi mencionado na *Seção 2.6*, os GAG são polissacarídios complexos constituídos por unidades dissacarídicas sucessivas (Figura 2.10). Os glicosaminoglicanos se ligam à proteína graças a um tetrassacarídio formado por uma xilose, duas galactoses e um ácido glicurônico (Figura 2.11).

A síntese dos proteoglicanos ocorre na cavidade do retículo endoplasmático, na qual a xilose do tetrassacarídio se liga à serina de uma proteína localizada na membrana da organela por meio de uma ligação O-glicosídica. A seguir, na extremidade do tetrassacarídio correspondente ao ácido glicurônico, são incorporados, por meio de glicosiltransferases específicas, os sucessivos monossacarídios que se alternam no GAG. Os monossacarídios são incorporados um por vez. Aparentemente, os grupamentos sulfato são agregados aos GAG à medida que esses se alongam.

Mais de 100 GAG podem ser associados a uma única proteína e, às vezes, vários desses proteoglicanos se ligam a uma molécula de ácido hialurônico – que é o maior GAG – e dão origem a agregados moleculares de enormes proporções (ver *Seção 6.3*) (Figura 6.1).

Os proteoglicanos vão para a membrana plasmática e passam a fazer parte do glicocálix (ver *Seção 3.8*) (Figura 3.14). Muitos proteoglicanos são liberados do glicocálix para o meio extracelular e, para que isso ocorra, precisam ser clivados, pois são glicoproteínas integrais (ver *Seção 3.4*).

Nos tecidos conjuntivos, os proteoglicanos liberados vão para a matriz extracelular (ver *Seção 6.3*), e, em alguns tipos de epitélio de revestimento, farão parte do muco que protege e lubrifica suas superfícies. Às vezes, os proteoglicanos retornam às células e se reintegram ao glicocálix, no qual permanecem como glicoproteínas periféricas.

7.19 Algumas proteínas são processadas no RE e no complexo de Golgi

Antes de serem secretadas, algumas proteínas passam por várias transformações que são essenciais para sua atividade normal. Por exemplo, as células β das ilhotas pancreáticas sintetizam a pré-proinsulina, que é o pró-hormônio precursor da **insulina** (Figura 7.19). No RE, a pré-proinsulina é convertida em proinsulina após a remoção do segmento de 26 aminoácidos (correspondentes ao peptídio-sinal) de sua extremidade amino. A proinsulina contém 81 aminoácidos: 51 pertencentes à insulina ativa e 30 pertencentes a um peptídio de conexão denominado peptídio C. Graças às vesículas de transporte, a proinsulina é levada do RE para o complexo de Golgi, no qual uma enzima hidrolítica específica separa a insulina do peptídio C. Mais tarde, outras vesículas de transporte levam as duas moléculas até a membrana plasmática para sua secreção.

Na *Seção 16.24* será descrito o processamento de outro pró-hormônio, a **pró-opiomelanocortina (POMC)**.

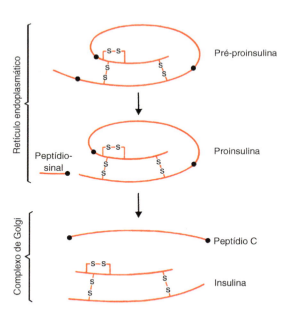

Figura 7.19 Formação da insulina como produto final do processamento da pré-proinsulina no RE e no complexo de Golgi das células β das ilhotas pancreáticas.

7.20 No sistema de endomembranas, as proteínas são classificadas de acordo com sua natureza química e seu destino

Na *Seção 7.13* foram definidas as diferentes vias seguidas pelas proteínas após sua incorporação ao RER. Com exceção das proteínas que se tornam "residentes permanentes" no RE ou no complexo de Golgi, as proteínas alcançam a extremidade de saída do complexo de Golgi e, daí, são liberadas. De acordo com a natureza das proteínas, elas serão incorporadas a um endossoma ou dirigir-se-ão para a superfície celular (Figura 7.1).

Os trajetos seguidos pelas proteínas dependem de determinados sinais em suas moléculas e de receptores específicos nos locais por onde passam.

O primeiro sinal foi descoberto nas enzimas hidrolíticas destinadas aos endossomas. Como será descrito na *Seção 7.30*, depois de chegar a um setor específico da região de saída do complexo de Golgi, essas proteínas são transferidas (pelas vesículas de transporte) para endossomas que contêm substâncias endocitadas na superfície celular.

Por que as vesículas que transportam enzimas hidrolíticas para os endossomas se fundem com eles e não vão para a membrana plasmática? Deve-se considerar que, no segundo caso, as vesículas poderiam ser secretadas para o meio extracelular e provocar graves repercussões. A resposta abrange vários processos; contudo, o motivo da condução das enzimas até o local adequado é a existência de grupamentos **manose 6-fosfato** em suas moléculas.

Esses grupamentos manose 6-fosfato são os sinais que conduzem as enzimas até a região de saída do complexo de Golgi e as orientam até os locais de onde serão enviadas para os endossomas (Figura 7.20).

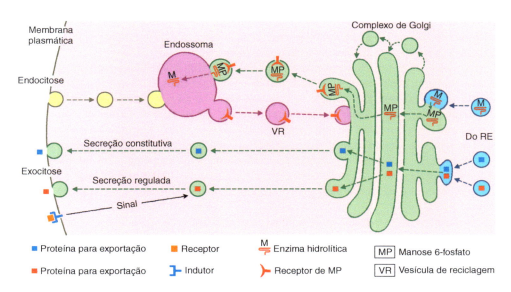

Figura 7.20 Transporte das proteínas provenientes do RE através das outras organelas do sistema de endomembranas, sua classificação no complexo de Golgi e seus locais de destino. Junto à proteína enzimática destinada ao endossoma, existe uma manose 6-fosfato (MP), que é o sinal determinante do trajeto apropriado a ser seguido por essa proteína. Também são mostradas imagens da endocitose e da exocitose. As duas modalidades da exocitose, a secreção constitutiva e a secreção regulada, também são mostradas.

A manose 6-fosfato forma-se apenas quando a enzima hidrolítica, proveniente do RE, chega à região de entrada do complexo de Golgi (Figura 7.18). É produzida pela ação de duas enzimas, a N-acetilglicosamina fosfotransferase e a N-acetilglicosamina glicosidase. A N-acetilglicosamina fosfotransferase agrega uma N-acetilglicosamina fosfato ao C6' de uma das manoses dos oligossacarídios da enzima hidrolítica (como já sabemos, esta é uma glicoproteína). A N-acetilglicosamina glicosidase retira a N-acetilglicosamina, mas não o fosfato, que é retido no C6' da manose. Vale a pena lembrar que, durante o processamento das enzimas no complexo de Golgi, as manoses fosforiladas nunca são removidas.

Depois que a enzima hidrolítica chega ao local correto da região de saída do complexo de Golgi, ela se liga, por meio da manose 6-fosfato, a um receptor específico existente na membrana da organela, que corresponde a esse lugar. A seguir, a enzima é enviada para o endossoma, segundo o mecanismo seletivo que será analisado na *Seção 7.40*.

A importância da chegada das enzimas hidrolíticas aos locais corretos do complexo de Golgi é reconhecida quando há defeito nessa função, acarretando uma rara doença lisossômica. Assim, na **doença de células I** (de *inclusão*), causada por defeitos genéticos, os fibroblastos não têm a enzima N-acetilglicosamina fosfotransferase, de modo que não há formação das manoses 6-fosfato nas enzimas hidrolíticas destinadas aos endossomas. Por conseguinte, as vesículas de transporte dessas enzimas se dirigem para a membrana plasmática e as secretam para o meio extracelular. A ausência de enzima nos endossomas impede a digestão das substâncias endocitadas que ficam no citosol e podem se acumular como inclusões (ver *Seção 4.3*).

O achado da manose 6-fosfato e de seu receptor resultou na descoberta de outros sinais envolvidos na distribuição e na canalização das proteínas por meio do sistema de endomembranas (ver Tabela 7.1).

Tabela 7.1 Alguns sinais envolvidos no transporte de proteínas pelo sistema de endomembranas.

Sinal	Transporte
KDEL KKXX	Do RE para o complexo de Golgi e de volta para o RE
GPI	Do complexo de Golgi para a membrana plasmática (secreção)
Manose 6-fosfato Várias L e Y	Do complexo de Golgi para os endossomos (enzimas hidrolíticas)
YQRL NPXY	Da membrana plasmática para os endossomos (endocitose)

D = ácido aspártico; E = ácido glutâmico; K = lisina; L = leucina; N = asparagina; P = prolina; Q = glutamina; R = arginina; Y = tirosina; X = qualquer aminoácido; RE = retículo endoplasmático; GPI = glicosilfosfatidilinositol.

7.21 As vesículas de transporte oriundas do complexo de Golgi unem-se aos endossomas

Na seção anterior foi mencionado que a face de saída do complexo de Golgi emite as vesículas de transporte direcionadas para os endossomas e para a membrana plasmática (Figura 7.1).

As vesículas que se unem aos endossomas integram, no sistema de endomembranas, um subsistema muito importante para o funcionamento celular. Esse subsistema é dedicado à digestão das substâncias que penetram na célula por endocitose e será analisado a partir da *Seção 7.28*.

7.22 As vesículas de transporte, destinadas à superfície celular, liberam seu conteúdo fora da célula por um processo denominado exocitose

Uma fração significativa das vesículas de transporte oriundas da face de saída do complexo de Golgi tem como destino a membrana plasmática.

Conforme apresentado na *Seção 7.1*, pode ser inferido que as membranas dessas vesículas são transferidas para a membrana plasmática e que as moléculas solúveis contidas em suas cavidades vão para o exterior (as chamadas "moléculas de exportação").

As vesículas de transporte eliminam seu conteúdo para fora das células por um processo denominado **exocitose**, que consiste na fusão da membrana das vesículas de transporte com a membrana plasmática (Figura 7.2) e a eliminação do conteúdo vesicular no exterior (Figura 7.20).

Eventualmente, a quantidade de proteína transferida para a membrana plasmática é grande e isso é compensado pela formação simultânea de vesículas de transporte que se movem em sentido contrário, ou seja, que brotam da membrana plasmática e são transferidas para o complexo de Golgi. Essas vesículas de reciclagem são criadas por **endocitose**, um processo que será descrito na *Seção 7.29* e é o oposto da exocitose. Como será mostrado, a endocitose utiliza os endossomas, que atuam como verdadeiras estações de passagem entre a membrana plasmática e o complexo de Golgi (Figuras 7.1 e 7.20).

Reciclagem semelhante ocorre nas terminações dos axônios dos neurônios, nos quais vesículas produzidas por endocitose são incorporadas aos endossomas com o propósito de reciclar a membrana cedida para a membrana plasmática da terminação axônica durante a exocitose das vesículas sinápticas (Figura 7.21). Convém mencionar que, nesse caso, os endossomas não atuam como intermediários entre a membrana plasmática e o complexo de Golgi, pois este está localizado no corpo do neurônio, muito afastado da terminação axônica. Além de receber as vesículas recicladoras, os endossomas das terminações nervosas produzem as vesículas sinápticas que carreiam os neurotransmissores, cuja exocitose completa o ciclo.

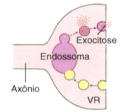

Figura 7.21 Representação esquemática da exocitose e da reciclagem de membranas na terminação axônica. VR = vesícula de reciclagem.

7.23 A célula produz dois tipos de secreção: uma constitutiva e outra regulada

O processo que provoca a liberação do conteúdo das vesículas de transporte para o meio extracelular é denominado **secreção**. A secreção pode ser constitutiva ou regulada (Figura 7.20).

Na **secreção constitutiva**, as moléculas são secretadas de modo automático, ou seja, à medida que o complexo de Golgi expele as vesículas que as transportam.

Por outro lado, na **secreção regulada** as moléculas são retidas no citoplasma, dentro de suas respectivas vesículas de transporte, até a chegada de uma substância indutora ou outro sinal para sua liberação. Nesse tipo de secreção "personalizado", há liberação abrupta de moléculas por ocasião de uma determinada demanda. As vesículas de transporte que participam nas secreções reguladas são denominadas **vesículas secretoras** ou **grânulos de secreção**.

7.24 Alguns polipeptídios são secretados por outro mecanismo

Como exceção à regra, existem pequenos polipeptídios produzidos em ribossomos livres que são secretados por um mecanismo diferente da exocitose. Esses polipeptídios cruzam a membrana plasmática por meio de túneis formados por proteínas transportadoras da família **ABC** (ver *Seção 3.26*), presentes normalmente nessa membrana. Na *Seção 7.14* será analisado trajeto semelhante através da membrana do RE.

7.25 As membranas dos autofagossomos provêm do REL

Como será apresentado na *Seção 7.35*, as organelas senescentes são eliminadas da célula por organelas especializadas denominadas **autofagossomos**, responsáveis pelo fenômeno biológico denominado autofagia.

Na Figura 7.31, observa-se que que os autofagossomos, durante seu desenvolvimento, são envoltos por uma membrana proveniente do REL.

7.26 O REL é a principal reserva de Ca²⁺ da célula

A concentração de **Ca²⁺** no citosol é muito inferior à existente na cavidade do retículo endoplasmático e no líquido extracelular. As diferenças devem-se à atividade de determinadas bombas de Ca²⁺ localizadas na membrana do REL e na membrana plasmática (ver *Seção 3.23*). As duas retiram Ca²⁺ do citosol e o levam para o REL ou para o líquido extracelular. O transporte do íon no sentido inverso é passivo, visto que ocorre através de canais iônicos. Nas células em geral, os canais de Ca²⁺ abrem-se graças a um ligante, o IP₃ (ver *Seção 11.18*). Por outro lado, nas células musculares estriadas, os canais de Ca²⁺ do retículo sarcoplasmático (tipo especializado de REL) dependem de voltagem, já que só se abrem quando se modifica o potencial de membrana.

Na *Seção 5.33* foi assinalado que o aumento do Ca²⁺ no citosol da célula muscular resulta na união do íon com a troponina C, o que desencadeia a contração.

7.27 Em algumas células o REL desempenha funções especiais

Além das atividades já mencionadas, comuns a todas as células, em alguns tipos de células o REL desempenha outras funções, como a seguir.

Síntese de esteroides. Nas células pertencentes às gônadas e às glândulas suprarrenais, o REL contém várias enzimas que participam na síntese de esteroides. Esse tema é comentado com mais detalhes na *Seção 8.22*.

Síntese de lipoproteínas. No sangue, os lipídios circulam unidos a proteínas, ou seja, fazem parte das lipoproteínas. As duas moléculas se ligam no REL dos hepatócitos onde estão as enzimas catalisadoras dessa união.

Desfosforilação da glicose 6-fosfato. A membrana do REL dos hepatócitos apresenta a enzima glicose 6-fosfatase, que retira o fosfato da glicose 6-fosfato e a converte em glicose. Diferentemente da glicose 6-fosfato, a glicose consegue sair da célula e cair na circulação sanguínea para chegar aos tecidos, no quais é utilizada como fonte de energia. Convém mencionar que a glicose 6-fosfato é formada a partir da glicose 1-fosfato ou da glicose e que a glicose 1-fosfato provém da degradação do glicogênio depositado no citosol como inclusões (ver *Seções 4.3* e *11.15*).

Detoxificação. Nos hepatócitos, o REL contém grupos de enzimas que participam na neutralização de várias substâncias tóxicas para a célula, algumas derivadas do seu metabolismo normal e outras, extracorpóreas. Assim, a administração de barbitúricos e de outras substâncias tóxicas provoca o aumento das enzimas de uma família de citocromos existentes no REL, os **citocromos P450**, que atuam com outras enzimas para transformar as substâncias tóxicas em moléculas hidrossolúveis que são eliminadas facilmente da célula.

Endossomas

7.28 O endossoma tem uma bomba de H⁺ em sua membrana

Os **endossomas** (do grego *éndon*, "dentro", e *sôma*, "corpo") são organelas localizadas funcionalmente entre o complexo de Golgi e a membrana plasmática (Figura 7.1). Suas formas e dimensões variam, embora, geralmente, sejam vesículas ou cisternas relativamente pequenas.

A membrana do endossoma tem uma bomba de prótons (ver *Seção 3.24*), que, ao ser ativada, transporta H⁺ do citosol para o interior da organela, cujo pH cai para 6,0 (Figura 7.22). Na *Seção 4.1* foi mencionado que o pH citosólico é 7,2.

Antes de analisar as funções dos endossomas, convém descrever o processo de endocitose.

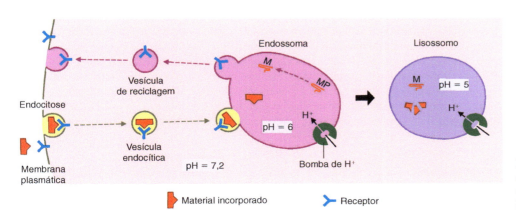

Figura 7.22 Representação esquemática do processo de endocitose e da conversão do endossoma em lisossomo. *M*, enzima hidrolítica; *MP*, manose 6-fosfato.

7.29 Há duas formas de endocitose: a pinocitose e a fagocitose

Na *Seção 3.10* foi estudada a permeabilidade das membranas celulares e foi mostrado que os solutos atravessam a membrana plasmática por transporte ativo ou passivo e, assim, penetram na célula. As macromoléculas e as partículas penetram por um mecanismo totalmente diferente, denominado **endocitose** (Figura 7.22). Dependendo das dimensões e das propriedades físicas do material a ser incorporado, esse mecanismo passa a ser chamado pinocitose ou fagocitose (Figura 7.23).

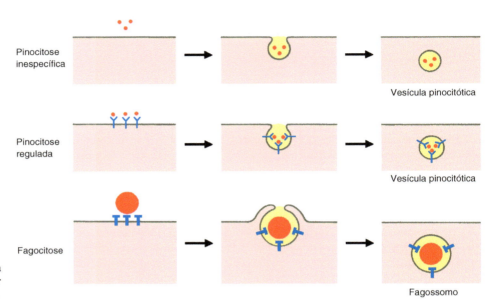

Figura 7.23 Representação esquemática da incorporação de material à célula por meio de tipos diferentes de pinocitose.

A **pinocitose** (do grego *pínō*, "beber") consiste no aporte de líquidos junto com as macromoléculas e os solutos dissolvidos neles. Isso ocorre porque partes circunscritas do líquido que entram em contato com a superfície externa da célula são "aprisionadas" em invaginações da membrana plasmática. Essas invaginações transformam-se em fossetas e, por fim, em vesículas que se abrem para o citosol.

O processo de pinocitose pode ser demonstrado experimentalmente mediante o uso de uma solução de proteínas marcadas com corantes fluorescentes. Às vezes, isso ocorre tão rapidamente que parece que a célula "bebeu" a solução.

De acordo com o tipo de substância a ser incorporado à célula, a pinocitose pode ser inespecífica ou regulada (Figura 7.23). Na **pinocitose inespecífica**, as substâncias penetram automaticamente e isso ocorre em todos os tipos de células. Por outro lado, na **pinocitose regulada** as substâncias interagem com receptores específicos localizados na membrana plasmática e isso desencadeia a formação de vesículas de pinocitose. Por causa da seletividade desse mecanismo, uma substância pode penetrar em algumas células, mas não em outras, dependendo dos receptores existentes em suas membranas plasmáticas.

A **fagocitose** (do grego *phágō*, "comer") ocorre em poucos tipos de células, principalmente nos macrófagos e nos leucócitos neutrófilos. Dependendo das circunstâncias, é um meio de defesa ou de limpeza, capaz de eliminar parasitas pequenos, bactérias, células prejudiciais, células lesadas ou mortas, restos celulares e todo tipo de partículas estranhas ao organismo. A fagocitose, portanto, possibilita a incorporação de partículas relativamente grandes e estruturadas.

Depois que o material se fixa na superfície externa da célula, a membrana plasmática emite prolongamentos que envolvem esse material. O material envolvido é trazido para o interior do citoplasma, e forma uma vesícula muito maior que a vesícula de pinocitose, denominada **fagossomo** (Figura 7.23).

Para que o material possa ser fagocitado, ele deve conter ou adquirir determinados sinais que são reconhecidos por receptores localizados na membrana plasmática das células fagocitárias. Por exemplo, algumas bactérias são "marcadas" por anticorpos denominados **opsoninas** (do grego *ópson*, "iguaria") do sistema imune.

7.30 Os endossomas são organelas complexas

Os endossomas exercem suas funções de modo singular; e não só recebem material ingressado na célula por endocitose (trazido por vesículas de pinocitose ou por fagossomos), como incorporam enzimas hidrolíticas trazidas por vesículas provenientes do complexo de Golgi (Figuras 7.20 e 7.22).

No primeiro caso, o endossoma também recebe partes da membrana plasmática e de receptores (nesse último caso, se a endocitose for regulada). Tanto as partes da membrana plasmática quanto dos receptores são "devolvidos" pelas vesículas de reciclagem. Ao chegar à membrana plasmática, as vesículas de reciclagem se integram a ela por meio de um processo semelhante à exocitose (Figura 7.22). Uma vez na membrana plasmática, os receptores podem ser usados novamente.

No tocante às enzimas hidrolíticas, é preciso lembrar que estas se encontram unidas à membrana do complexo de Golgi por meio do receptor de manose 6-fosfato. Como se pode ver na Figura 7.20, essa união se conserva nas vesículas que transportam as enzimas desde o complexo de Golgi até o endossoma, onde também persiste. Todavia, no endossoma as enzimas se conservam unidas à membrana apenas temporariamente, já que se desprendem do receptor de manose 6-fosfato quando o pH da organela cai para 6,0 após a ativação da bomba de prótons (*Seção 7.28*) (Figura 7.22). Além disso, a manose 6-fosfato perde o fosfato por ação de uma fosfatase.

Aqui também as membranas são recicladas e, com os receptores de manose 6-fosfato, regressam à região de saída do complexo de Golgi (Figura 7.20). Essa reciclagem possibilita a reutilização dos receptores.

Em suma, o endossoma é o local da célula para o qual convergem tanto o material a ser digerido, por meio de endocitose, quanto as enzimas hidrolíticas responsáveis por essa digestão (Figuras 7.20 e 7.22)

7.31 Há dois tipos de endossomas: os primários (precoces) e os secundários (tardios)

Vale lembrar que a análise morfofuncional realizada até agora sobre os endossomas não incluiu uma etapa, a qual foi premeditadamente omitida para facilitar sua descrição. Os endossomas passam por duas etapas e, por isso, são denominados primários (ou precoces) e secundários (ou tardios) (Figura 7.24).

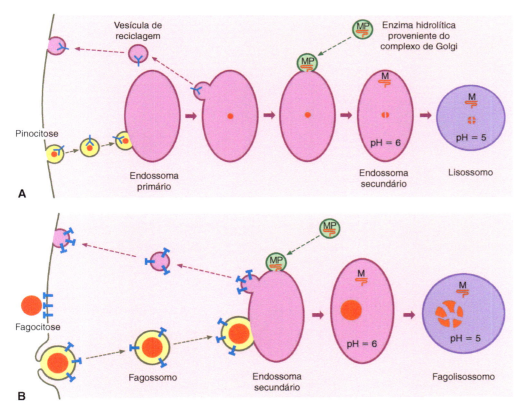

Figura 7.24 Dinâmica morfofuncional dos endossomas primário e secundário durante a pinocitose (**A**) e a fagocitose (**B**).

Os **endossomas primários** estão localizados próximo à membrana plasmática. Além de receber o material endocitado, os endossomas primários devolvem à membrana plasmática, por meio das vesículas de reciclagem descritas no início da seção anterior, as partes da membrana e os receptores trazidos pelas vesículas de pinocitose (Figuras 7.22 e 7.24A).

Visto que os receptores estão ligados ao material endocitado, para que sejam devolvidos à membrana plasmática, precisam ser separados desse material. Isso ocorre quando o pH dos endossomas primários começa a diminuir, ou seja, quando passa a funcionar a bomba de prótons da membrana da organela (ver *Seções 3.24* e *7.28*) (Figura 7.22).

Ao mesmo tempo, os endossomas primários, transportados por proteínas motoras que se movem sobre microtúbulos (Figura 5.11), avançam para as proximidades do complexo de Golgi. Nesse local, passam a ser chamados de **endossomas secundários** e se unem às vesículas de transporte com enzimas hidrolíticas provenientes do complexo de Golgi. Como a bomba de prótons "herdada" dos endossomas primários continua funcionando, o pH dos endossomas secundários diminui para 6,0 (Figuras 7.22 e 7.24A), o que ativa as enzimas e estas começam a digerir o material endocitado.

A digestão termina nos **lisossomos**, que se formam a partir dos endossomas secundários quando a bomba de prótons faz o pH diminuir para 5,0 (ver *Seção 7.33*).

Convém mencionar que o mecanismo descrito até aqui corresponde às vesículas de pinocitose, visto que os fagossomos (nos macrófagos e nos leucócitos neutrófilos) não têm endossoma primário e se fundem diretamente com um endossoma secundário (Figura 7.24B). Quando seu pH cai, o endossoma secundário se transforma em um lisossomo relativamente grande denominado **fagolisossomo**, cujas enzimas hidrolíticas digerem o material fagocitado (Figura 7.24B).

7.32 Na transcitose os endossomas têm funções distintas daquelas descritas até o momento

Em alguns epitélios existe um processo denominado **transcitose**. A transcitose possibilita que o material endocitado por uma face da célula atravesse o citoplasma e saia por exocitose pelo lado oposto. O trajeto através do citoplasma é feito no interior da vesícula formada durante a endocitose, embora, às vezes, os endossomas sejam usados como "estação de passagem" (Figuras 7.25 a 7.28).

Na *Seção 6.11* foi mencionado que, nos tecidos epiteliais, as zônulas de oclusão impõem diferenças na composição da membrana plasmática nas regiões apical e basolateral das células. Essas diferenças parecem ser necessárias para o processo de transcitose.

O exemplo mais conhecido de transcitose consiste nas células endoteliais dos capilares sanguíneos, já que são atravessadas pelas macromoléculas que passam do sangue para os tecidos (Figura 7.25).

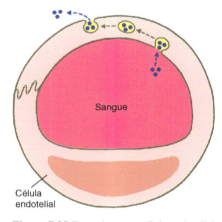

Figura 7.25 Transcitose na célula endotelial do capilar sanguíneo.

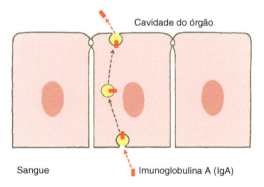

Figura 7.26 Transcitose da IgA em uma célula epitelial secretora.

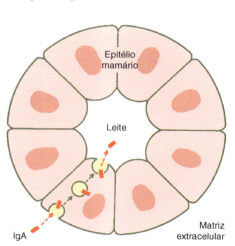

Figura 7.27 Transcitose da IgA em uma célula do epitélio mamário.

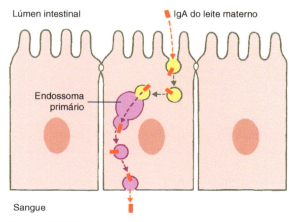

Figura 7.28 Transcitose da IgA em uma célula do epitélio intestinal.

Outros exemplos de transcitose são verificados nas células secretoras das glândulas lacrimais e nas mucosas de alguns órgãos dos sistemas digestório, respiratório e urinário (Figura 7.26). Determinados anticorpos, como, por exemplo, a imunoglobulina A (IgA), passam do tecido conjuntivo para o lúmen dos órgãos citados, nos quais exercem suas funções de defesa.

Durante a lactação, ocorre um fenômeno semelhante nas células secretoras das glândulas mamárias. Então, as imunoglobulinas A são transferidas para o lúmen da glândula, ou seja, para o leite materno (Figura 7.27).

Diferentemente das outras proteínas do leite, quando esses anticorpos chegam ao intestino do recém-nascido, não são degradados imediatamente para serem absorvidos. Desse modo, o lactente, cujo sistema imunológico ainda não produz anticorpos próprios em quantidade suficiente, pode usar esses anticorpos do leite materno para sua defesa. Esse fenômeno já foi observado em diversos roedores e ruminantes.

Na Figura 7.28 é mostrado o trajeto seguido pelos anticorpos após penetrar na célula intestinal por meio de endocitose. Os anticorpos incorporam-se temporariamente a um endossoma primário e, depois, saem da célula intestinal por exocitose. Como se pode ver, nesses casos o endossoma primário constitui uma "estação de passagem" para o transporte transcelular, que não participa da degradação de substâncias. É preciso assinalar que, na espécie humana, os anticorpos existentes no leite materno aparentemente não são absorvidos no intestino e, portanto, não penetram no organismo do lactente. Suas funções de defesa estariam limitadas ao lúmen intestinal, no qual permanecem por algum tempo antes de serem degradados por enzimas hidrolíticas específicas.

Outro exemplo de transcitose é a placenta. As células da placenta são atravessadas por anticorpos da família das imunoglobulinas G. Ao passar do sangue materno para o sangue fetal, esses anticorpos conferem imunidade passiva ao feto, e, por algum tempo, ao recém-nascido, contra várias moléstias infecciosas.

Lisossomos

7.33 Os lisossomos são organelas polimórficas

Todas as células contêm **lisossomos** (do grego *lúsis*, "dissolução", e *sôma*, "corpo"), que são as organelas que completam a digestão dos materiais incorporados por meio de endocitose. Os lisossomos também digerem elementos da própria célula (ver *Seções 7.34* e *7.35*).

Conforme já salientado, os lisossomos são formados a partir dos endossomas secundários e estes se formam a partir dos endossomas primários, os quais recebem dois tipos de vesícula de transporte, uma com material endocitado e outra com enzimas hidrolíticas (Figuras 7.20 e 7.22).

A característica mais notável dos lisossomos é o seu polimorfismo, pois não somente apresenta características e dimensões diferentes, mas também irregularidade de seus componentes (Figuras 1.11 e 7.29). Existem duas causas para esse polimorfismo: uma delas é a diversidade do material endocitado e a outra é o fato de que cada tipo de lisossomo apresenta uma combinação singular de enzimas hidrolíticas. Existem, aproximadamente, 50 enzimas hidrolíticas diferentes.

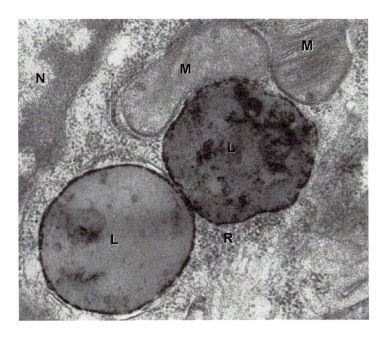

Figura 7.29 Eletromicrografia que mostra dois lisossomos (*L*), mitocôndrias (*M*), ribossomos (*R*) e parte do núcleo (*N*). 60.000×. (Cortesia de F. Miller.)

As enzimas lisossômicas são ativadas com um pH de 5,0. Esse grau de acidez é alcançado graças à bomba de H+ existente na membrana do lisossomo, "herdada" da membrana do endossoma secundário (ver *Seções 3.2* e *7.28*) (Figura 7.22).

A membrana do lisossomo é protegida contra o efeito destrutivo das enzimas hidrolíticas, pois sua face luminal contém uma grande quantidade de glicoproteínas (ver S*eção 3.8*). Por outro lado, se houvesse ruptura da membrana do lisossomo, as enzimas liberadas não influenciariam os outros componentes celulares, porque seriam inativadas pelo contato com o citosol, cujo pH é 7,2.

No interior dos lisossomos, as proteínas e os carboidratos endocitados são digeridos a dipeptídios e monossacarídios, respectivamente. Esses e outros produtos de degradação atravessam a membrana lisossômica e passam para o citosol, no qual acabam de ser digeridos ou são utilizados para formar novas moléculas. As enzimas lisossômicas, após exercerem suas funções, também são liberadas para o citosol, onde são degradadas por proteossomas (ver *Seção 4.6*).

Por fim, quando os lisossomos eliminam as enzimas e o material digerido, suas membranas podem ser reutilizadas para formar novos endossomas.

Algumas substâncias endocitadas não são totalmente digeridas e permanecem nos lisossomos, que passam a ser denominados **corpúsculos residuais**. Às vezes, as substâncias não digeridas são expulsas da célula por um processo semelhante à exocitose. Se isso não ocorrer, com o tempo essas substâncias são convertidas em **pigmentos de desgaste** (ver *Seção 4.3*).

7.34 A célula usa o sistema de endomembranas para eliminar proteínas da membrana plasmática

Quando determinadas proteínas da membrana plasmática não são mais necessárias para a função celular, por exemplo, os receptores senescentes, o sistema de endomembranas se encarrega de sua eliminação.

O processo começa com a formação de vesículas endocíticas nos locais em que se localizam essas proteínas. As vesículas se fundem imediatamente com os endossomas primários e se invaginam no interior deles, formando novas vesículas (Figura 7.30). Isso converte os endossomas primários em endossomas secundários especiais, os denominados **corpos multivesiculares** ou **endossomas multivesiculares**, que estão localizados próximo ao complexo de Golgi.

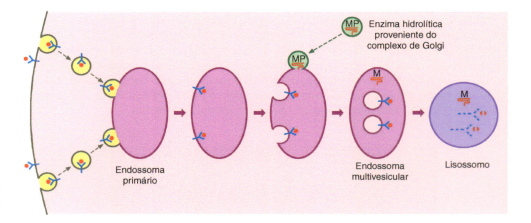

Figura 7.30 Representação esquemática da participação do endossoma multivesicular na eliminação de proteínas "obsoletas" situadas na membrana plasmática.

O processo é concluído quando o endossoma multivesicular é convertido em lisossomo, ou seja, quando seu pH é reduzido e são ativadas as enzimas hidrolíticas oriundas do complexo de Golgi. Essas enzimas hidrolíticas digerem tanto a membrana quanto as proteínas das vesículas (Figura 7.30).

Vale a pena salientar que, durante todo esse processo, as faces da membrana das vesículas invertem suas posições. Por exemplo, a face voltada para o citosol nas vesículas endocíticas é a mesma que está voltada para o interior das vesículas do endossoma multivesicular (Figura 7.30).

7.35 A autofagia é essencial para o funcionamento da célula

A célula elimina organelas senescentes por um mecanismo denominado **autofagia**, que inclui a formação de **autofagossomos**. Na *Seção 7.25* foi mencionado que os autofagossomos são formados com o auxílio do REL, em razão do fornecimento de uma parte da membrana que circunda a organela senescente (Figura 7.31).

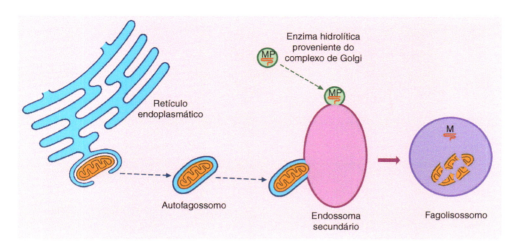

Figura 7.31 Elementos celulares que participam na formação do autofagossomo e do fagolisossomo.

Depois o autofagossomo segue o mesmo trajeto do fagossomo (ver *Seção 7.31*) (Figura 7.24B), ou seja, funde-se com um endossoma secundário, que se converte em **fagolisossomo** quando suas enzimas hidrolíticas são ativadas. O processo culmina com a degradação a organela por algumas dessas enzimas (Figura 7.31).

Vale mencionar que, devido a esse mecanismo, a célula também elimina do citosol os agregados proteicos em desuso que não podem ser digeridos pelos proteossomas por causa de suas grandes dimensões (ver *Seção 4.6*).

Nos neurônios, nos hepatócitos e nas células musculares cardíacas, os autofagossomos ocasionalmente não terminam a digestão de alguns elementos das organelas e eles são convertidos em corpúsculos residuais. Com o envelhecimento, esses corpúsculos se acumulam no citosol na forma de pigmentos de desgaste (ver *Seção 4.3*).

A autofagia é exacerbada em determinadas condições. Por exemplo, após o jejum prolongado, surgem numerosos autofagossomos nos hepatócitos. O objetivo é a conversão dos componentes da célula em nutrientes para prolongar a sobrevida do organismo.

7.36 Há doenças provocadas por alterações lisossômicas

Diversas doenças congênitas são consequentes a mutações dos genes codificadores das enzimas lisossômicas. Essas moléstias caracterizam-se pelo acúmulo intracelular das substâncias que essas enzimas deveriam degradar.

Na **doença de Tay-Sachs**, por exemplo, alguns neurônios estão preenchidos por um gangliosídio. O defeito decorre da ausência da enzima hexosaminidase A, que catalisa a hidrólise parcial do glicolipídio. Consequentemente, há acúmulo deste nos neurônios, causando graves alterações neurológicas.

A **doença de Gaucher** caracteriza-se pelo acúmulo de glicocerebrosídio em vários tipos de células por causa da ausência da glicosidase que catalisa a hidrólise do glicolipídio em ceramida e glicose.

Na **doença de Niemann-Pick**, ocorre acúmulo de esfingomielina em vários tipos de células devido à ausência de esfingomielinase, que é a enzima responsável pela hidrólise do esfingolipídio em ceramida e fosforilcolina.

Na *Seção 7.20* foi estudado o mecanismo de acúmulo de moléculas na **doença das células I**, causada por um defeito no receptor de manose 6-fosfato e não por um defeito em uma enzima lisossômica.

Vesículas de transporte

7.37 Durante a formação das vesículas de transporte, elas são envolvidas por membranas proteicas

Com exceção dos fagossomos, que são muito maiores, as **vesículas de transporte** têm um diâmetro que varia entre 50 e 250 nm. As vesículas secretórias são as de maior diâmetro.

A Figura 7.32 mostra que as vesículas de transporte são oriundas da membrana plasmática e das membranas das organelas do sistema de endomembranas. Isso ocorre com a ajuda de vários tipos de envoltório proteico, embora algumas proteínas ainda não tenham sido descobertas. Os envoltórios mais estudados são o de COP e o de clatrina.

Figura 7.32 Representação esquemática da participação dos envoltórios de COP e de clatrina na formação das vesículas oriundas da membrana plasmática (por endocitose) e das organelas do sistema de endomembranas. *RE*, retículo endoplasmático; *VR*, vesícula de reciclagem.

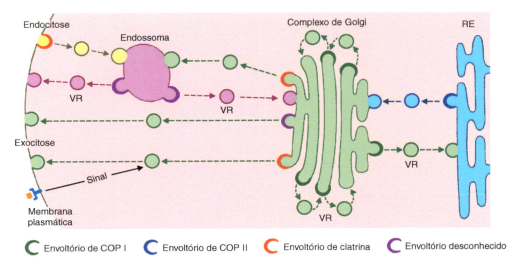

O **envoltório de COP** (do inglês *coat protein*) é formado graças à associação ordenada de múltiplas unidades proteicas. Existem dois tipos de envoltório de COP, que são diferenciados não apenas porque são constituídos por unidades proteicas distintas (denominadas COP I e COP II), mas também por formarem vesículas em locais diferentes do sistema de endomembranas. Assim, o envoltório de **COP II** dá origem às vesículas que se formam no RE e se dirigem para a face de entrada do complexo de Golgi, enquanto o envoltório de **COP I** dá origem tanto às vesículas que se formam na face de entrada do complexo de Golgi e retornam ao RE quanto às vesículas que se interconectam com as cisternas do complexo de Golgi.

Já o **envoltório de clatrina** (do latim *clathrum* ou do grego *kleîthron*, "engradado") resulta da associação de múltiplas unidades proteicas denominadas **trisquélions** (do grego *skelos*, "perna"). O envoltório de clatrina dá origem às vesículas que surgem da membrana plasmática durante a endocitose e as que se formam na face de saída do complexo de Golgi e se movem para os endossomas e para a membrana plasmática durante a secreção regulada.

O primeiro envoltório de COP a ser revelado foi o das vesículas que interconectam com as cisternas do complexo de Golgi, composto por unidades COP I. Foi denominado **coatômero** (do inglês *coat protomer*). Como se pensava que todos os envoltórios a serem descobertos seriam iguais, os pesquisadores deram essa denominação a todos os envoltórios que não eram de clatrina. A clatrina tinha sido identificada muito tempo antes. Depois da descoberta das unidades COP II, foi mantida a denominação coatômero somente para os envoltórios constituídos apenas por unidades COP I.

As vesículas de transporte começam a ser formadas quando as unidades proteicas do futuro envoltório se "encostam" no lado citosólico de uma área circunscrita de uma membrana celular plana, conferindo, assim, a força mecânica para que se curve em direção ao citosol. Como se pode ver na Figura 7.33, à medida que a membrana se curva, ocorre a formação de uma fosseta, que acaba se desprendendo da membrana convertida em vesícula.

No caso das vesículas com envoltório de clatrina, o desprendimento ocorre quando várias unidades da proteína motora **dinamina** circundam o colo das fossetas e apertam-no até seccioná-lo (ver *Seção 5.8*). Essas vesículas têm formato esférico, diferentemente das vesículas envoltas por COP, que, em alguns pontos, costumam ser poliedros irregulares e em outros têm aspecto tubular.

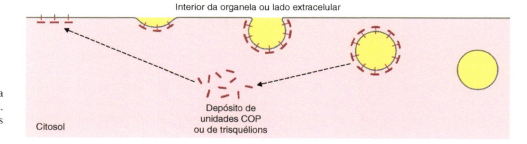

Figura 7.33 Evolução da membrana durante a formação de uma vesícula. Também é mostrada a dinâmica das unidades COP e dos trisquélions.

7.38 Os envoltórios de COP são formados com o auxílio das unidades proteicas COP I ou COP II

Na seção anterior foi mencionado que existem dois tipos de **envoltórios de COP** e que esses são formados a partir daqueles constituídos por unidades proteicas COP I e COP II. Acrescenta-se, ainda, que cada unidade **COP I** é constituída por sete subunidades proteicas, que são identificadas pelas letras gregas α, β, β', γ, δ, ε e ξ. Em contrapartida, cada unidade **COP II** é composta por duas subunidades proteicas heterodiméricas que são identificadas como Sec13/Sec31 e Sec23/Sec24 (do inglês *seven transmembrane protein complex*). Na Figura 7.33 pode-se observar que as unidades COP I e COP II são formadas no citosol, ficam apoiadas na membrana e promovem, assim, sua curvatura. Quando as unidades COP I e COP II se conectam com a membrana, fazem isso por meio de uma proteína denominada **ARF** (do inglês *adenosine diphosphate ribosylation factor*) e do domínio citosólico do receptor da molécula que será transportada pela vesícula em formação (Figura 7.34).

Também deve ser mencionado que a COP I e a COP II se ligam a proteínas ARF específicas denominadas **ARF1** e **Sar1** (significando *ARF-símile*), respectivamente.

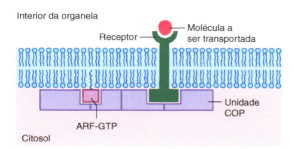

Figura 7.34 União da unidade COP à membrana. Pode-se ver a participação da ARF e do receptor do material a ser transportado.

As ARF e as COP desempenham funções complementares, visto que as ARF determinam onde a vesícula de transporte será formada e recrutam as unidades COP I ou COP II. As unidades COP I ou COP II se associam e compõem o envoltório proteico que provoca a curvatura da membrana.

O processo por meio do qual as unidades COP I ou COP II se unem à membrana da vesícula em formação é o seguinte:

(1) As ARF livres no citosol contêm um GDP e um ácido graxo oculto em suas moléculas
(2) Uma proteína reguladora denominada **GEF** (do inglês *guanine-nucleotide exchange factor*) faz com que o GDP das ARF seja trocado por um GTP
(3) Essa troca torna visível o ácido graxo das ARF e o insere na membrana, fazendo com que as ARF fiquem unidas à membrana
(4) As ARF recrutam as COP existentes no citosol e as colocam junto à membrana
(5) As COP se unem à membrana por meio das ARF e do domínio citosólico do receptor mencionado no parágrafo anterior. Visto que esse domínio é sempre o mesmo em todos os receptores, as COP se unem a ele de modo inespecífico, diferentemente do domínio não citosólico, que varia e se une de modo específico à molécula que será transportada.

Embora seja um fato conhecido que múltiplas unidades COP participam na formação de uma vesícula de transporte, ainda não se sabe como elas se encaixam para curvar a membrana.

Depois que a vesícula é liberada da membrana, as ARF e as COP se soltam da membrana e ficam livres no citosol, onde podem ser reutilizadas (Figura 7.32). A saídas das ARF é consequente à hidrólise do GTP contido em suas moléculas, a qual promove o dobramento do ácido graxo que as une à membrana. As ARF hidrolisam o GTP, a GDP e P, ao serem estimuladas por uma proteína reguladora denominada **GAP** (do inglês *GTPase activating protein*).

Torna-se evidente que as ARF têm, de modo alternado, um GTP ou um GDP. Quando têm um GTP, são ativadas e ele as une a uma membrana. Por outro lado, quando têm um GDP, são inativadas e se separam da membrana, ficando livres no citosol. Visto que o GDP provém da hidrólise do GTP existente nas próprias ARF e que estas catalisam a reação, são classificadas como GTPases.

Não se pode deixar de mencionar que, na célula, existem, além das ARF, outras **GTPases** que atuam em combinação com as proteínas reguladoras GEF e GAP. Devemos lembrar que a **GEF** troca o GDP por um GTP e que a **GAP** estimula a hidrólise de GTP a GDP e P. As ações reguladoras das proteínas GEF e GAP são mostradas na Figura 11.9.

As outras GTPases dessa família são as proteínas **Rho** (ver *Seção 5.24*), **Rac** (ver *Seção 5.26*), **Cdc42** (ver *Seção 5.26*), **Rab** (ver *Seção 7.40*), **Ras** (ver *Seção 11.12*) e **Ran** (ver *Seção 12.4*). Como as ARF, são ativadas quando têm um GTP e são inativadas quando o GTP é hidrolisado a GDP e P.

7.39 Os envoltórios de clatrina são formados a partir de trisquélions

A série de eletromicrografias agrupadas na Figura 7.35 mostra como o **envoltório de clatrina** forma uma vesícula de transporte. Na *Seção 7.37* foi mencionado que o envoltório de clatrina é formado por múltiplas unidades proteicas denominadas **trisquélions**. Estima-se que uma vesícula com 200 nm de diâmetro contenha, aproximadamente, 1.000 dessas unidades.

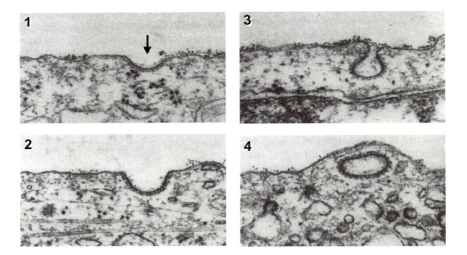

Figura 7.35 Sequência de eletromicrografias que mostra o processo de formação de uma vesícula de endocitose na membrana plasmática (marcada com ferritina). 130.000×. (Cortesia de M. S. Bretcher.)

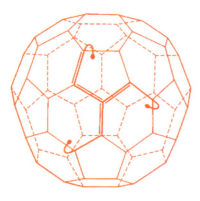

Figura 7.36 Esquema tridimensional de uma vesícula envolta por clatrina. Destaca-se um trisquélion constituído por seis polipeptídios (três grandes e três pequenos).

O trisquélion é formado por três cadeias polipeptídicas grandes e três pequenas, cujo peso é de 180 kDa e 35 kDa, respectivamente. Como se vê na Figura 7.36, essas cadeias dão origem a três braços flexíveis com 44,5 nm de comprimento, dobrados para um mesmo lado.

Para formar uma vesícula, os trisquélions se posicionam sobre uma área circunscrita da face citosólica da membrana em um arranjo tal que formam um poliedro semelhante a uma cesta quadrangular. A parede do poliedro é constituída por hexágonos e pentágonos, cujos vértices correspondem aos pontos de convergência dos braços dos trisquélions. Por outro lado, suas arestas são formadas pela conexão de dois ou mais braços de outros trisquélions vizinhos (Figuras 7.36 e 7.37).

A união dos trisquélions à membrana fornece a força mecânica que provoca sua curvatura. Inicialmente, isso resulta na formação de uma fosseta que, depois de se soltar da membrana, torna-se uma vesícula que é liberada no citosol. Como ocorre com os envoltórios de COP, o envoltório de clatrina fragmenta-se imediatamente e os trisquélions livres podem ser novamente usados para formar novas vesículas (Figura 7.33).

A forma de associação dos trisquélions faz com que as membranas apresentem curvaturas de raios diferentes e que se formem vesículas de tamanhos variados. Todavia, quando as

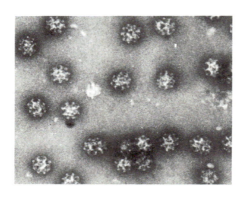
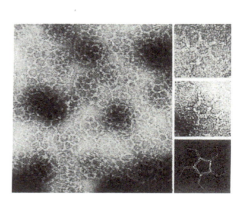

Figura 7.37 (*Esquerda*) Eletromicrografia de numerosos envoltórios de clatrina isolados e com coloração negativa. 67.500×. (Cortesia de B. M. F. Pearse.) (*Direita*) Eletromicrografias de fragmentos isolados de clatrina com coloração negativa. São mostrados um campo geral e três de suas partes bem mais aumentadas. 105.000× e 195.000×, respectivamente. (Cortesia de R. A. Crowther e B. M. F. Pearse.)

vesículas são muito grandes, como nos fagossomos, não são formados envoltórios completos, mas apenas áreas isoladas que cobrem parcialmente suas superfícies.

A união dos trisquélions à membrana das vesículas ocorre devido a uma proteína **ARF** semelhante àquelas que se unem às unidades COP I e COP II (ver *Seção 7.38*).

Além disso, na membrana plasmática, os trisquélions se unem também ao domínio citosólico dos receptores das substâncias que penetram na célula por meio de endocitose regulada (Figura 7.38) (ver o exemplo analisado na *Seção 7.42*). Algo semelhante ocorre na membrana da face de saída do complexo de Golgi, nas zonas formadoras das vesículas que se movem para os endossomas e para a membrana plasmática durante a secreção regulada, nas quais, além de se unir à ARF, conectam-se com o domínio citosólico dos receptores das moléculas que serão transportadas (Figura 7.38). Um desses receptores é o da manose 6-fosfato, descrito na *Seção 7.20*.

Como os domínios citosólicos dos receptores mencionados são variáveis, para os trisquélions se unirem a eles, fazem uso de proteínas intermediárias heterodiméricas denominadas **adaptinas** (Figura 7.38). Essas proteínas têm um domínio específico que interage com cada tipo de receptor e com um domínio comum que é ligado aos trisquélions.

Logo após o envoltório de clatrina se soltar da membrana das vesículas, as ARF e as adaptinas (como os trisquélions) ficam livres no citosol e podem ser usadas de novo (Figura 7.33).

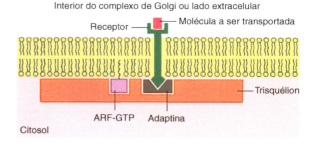

Figura 7.38 União do trisquélion à membrana. Observar a participação da ARF, da adaptina e do receptor do material a ser transportado.

7.40 As proteínas da membrana denominadas SNARE garantem a chegada das vesículas de transporte aos seus destinos

Cada compartimento do sistema de endomembranas apresenta, em sua membrana e em seu interior, moléculas diferentes daquelas encontradas em outros compartimentos. Conforme mencionado nas *Seções 7.1, 7.2. 7.22* e *7.29*, esses compartimentos juntamente com a membrana plasmática e a matriz extracelular, trocam algumas de suas moléculas graças às vesículas de transporte. As vesículas de transporte movem-se pelo citosol por meio do citoesqueleto (ver *Seções 5.8* e *5.23*).

Quando uma vesícula de transporte emerge de um dos compartimentos doadores e se move para o compartimento receptor com o qual se fusionará, deverá se deslocar pelo trajeto adequado e não se perder no meio das múltiplas membranas que atravessam o citoplasma.

Isso se deve ao fato de existir um mecanismo que assegura a chegada da vesícula de transporte ao compartimento correto. Depende de dois tipos de proteínas receptoras mutuamente complementares, uma pertencente à membrana do compartimento doador e outra pertencente à membrana do compartimento receptor. São denominadas, respectivamente, **v-SNARE** e **t-SNARE** (do inglês *vesicle* e *target-SNAP receptor*) (Figura 7.39).

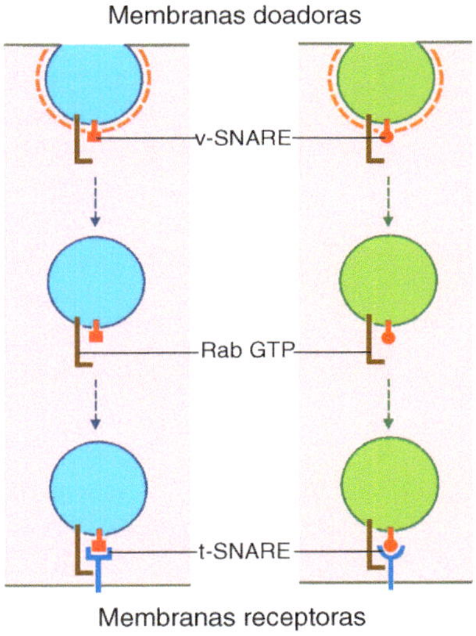

Como se pode ver na Figura 7.40, as t-SNARE nunca abandonam a membrana dos compartimentos receptores. Por outro lado, as v-SNARE abandonam a membrana dos compartimentos doadores quando se transferem para a membrana das vesículas de transporte. A Figura 7.40 também mostra que as v-SNARE ficam expostas e em condições de atuar assim que vesículas se soltam dos envoltórios proteicos de COP ou clatrina.

Figura 7.39 Funções das proteínas Rab, v-SNARE e t-SNARE no reconhecimento das vesículas pelas membranas receptoras corretas.

Visto que esse mecanismo demanda especificidade, para cada par de compartimentos doador e receptor existe um par específico de proteínas v-SNARE e t-SNARE complementares. Graças a isso, durante o deslocamento de uma vesícula de transporte sua v-SNARE deve "sondar" múltiplas t-SNARE antes de encontrar seu complemento.

O retorno de uma vesícula de reciclagem ao compartimento doador apropriado e não a outro se deve ao fato de que sua membrana recupera a v-SNARE original e que a membrana do compartimento de origem tem uma t-SNARE idêntica à da membrana do compartimento receptor (Figura 7.40). Consequentemente, durante a reciclagem das vesículas de transporte, os compartimentos invertem seus comportamentos, pois o compartimento doador se comporta como receptor e vice-versa.

A união entre uma v-SNARE e sua t-SNARE complementar depende de uma proteína denominada **Rab** (do inglês *Ras protein from brain*, "proteína Ras do cérebro") que atua sobre as duas (Figura 7.39). Já foram identificadas, aproximadamente, 30 Rab diferentes, uma para cada par v-SNARE/t-SNARE.

Figura 7.40 Representação esquemática de como a vesícula de transporte é conduzida até a membrana receptora e de como a vesícula de reciclagem é devolvida à membrana doadora.

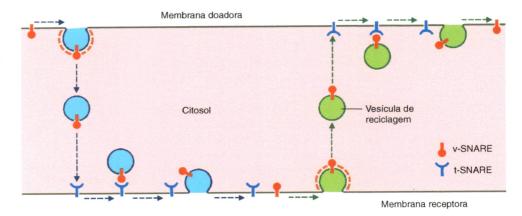

As proteínas Rab pertencem a uma subfamília de GTPases que depende das proteínas GEF e GAP (ver *Seção 7.38*). Assim, quando as proteínas Rab são influenciadas pela **GEF**, substituem o GDP de suas moléculas por um GTP (Figura 11.9) e são ativadas, ou seja, ligam-se à membrana do compartimento doador e fazem com que a v-SNARE e a t-SNARE se conectem entre si. Por outro lado, quando são influenciadas pela **GAP**, hidrolisam o GTP (a GDP e P) e são inativadas. Isso resulta em afastamento da membrana do compartimento doador.

7.41 Quatro proteínas fusogênicas atuam no processo de fusão das membranas

Na ligação de v-SNARE com t-SNARE, as membranas que interagem se distanciam de modo a tornar possível o processo de fusão descrito na *Seção 3.6* e ilustrado na Figura 3.13.

Um conjunto de **proteínas fusogênicas** localizadas no citosol participa desse processo. São conhecidas quatro proteínas fusogênicas: três delas são identificadas pela sigla **SNAP** (do inglês *soluble NSF accessory proteins*) e a quarta é conhecida como **NSF** (do inglês *NEM sensitive factor*; NEM ou N-etilmaleimida, nome do composto usado para revelar a NSF). Desse modo, três SNAP e um NSF (que é uma ATPase) são necessários para que ocorra a fusão do par de membranas (Figura 7.41).

Independentemente do par de membranas – e, portanto, do par v-SNARE/t-SNARE –, sempre atuam as mesmas quatro proteínas fusogênicas, pois elas não são específicas. Como se nota, a especificidade da união depende apenas das SNARE.

O processo de fusão das membranas consome energia, que é fornecida por um ATP hidrolisado pela ATPase do NSF. A energia é necessária para romper o complexo fusogênico após a fusão e separar as SNAP e o NSF das membranas.

As SNAP e o NSF retornam ao citosol e podem ser reutilizados. A v-SNARE, por sua vez, é integrada a uma vesícula de reciclagem e retorna ao compartimento doador, agora receptor, que é identificado por sua membrana ter uma t-SNARE complementar (Figura 7.40).

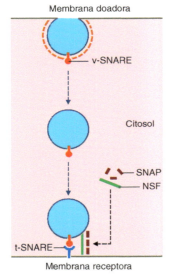

Figura 7.41 Participação das três SNAP e do NSF na fusão da membrana receptora com a membrana da vesícula.

7.42 A entrada do colesterol na célula e seu destino são conhecidos com detalhes

Como são moléculas muito hidrofóbicas, o colesterol e seus ésteres circulam no sangue na forma de lipoproteínas. O exemplo mais conhecido é o **colesterol-LDL** (do inglês *low-density lipoprotein*), que é um composto lipoproteico oriundo do REL dos hepatócitos (ver *Seção 7.27*). O colesterol-LDL penetra nas células por endocitose e prévia união com receptores específicos localizados na membrana plasmática. Essa união atrai trisquélions livres no citosol, os quais, devido a adaptinas específicas, conectam-se com os receptores existentes no lado citosólico da membrana e formam um envoltório de clatrina (Figura 7.42).

Como já se sabe, o envoltório se desprende da membrana da vesícula assim que ela se forma. No lúmen da vesícula, o colesterol-LDL continua unido aos receptores "herdados" da membrana plasmática. A vesícula se conecta com um endossoma primário, cujo pH ácido faz com que o colesterol-LDL se solte dos receptores, que retornam à membrana plasmática com uma vesícula de reciclagem. O colesterol-LDL do endossoma primário continua no interior do endossoma secundário, o qual é, por sua vez, convertido a lisossomo quando a queda do pH ativa as enzimas hidrolíticas "fornecidas" pelo complexo de Golgi (Figura 7.42). As enzimas atuam sobre o colesterol-LDL e separam a LDL do colesterol, que vai para o citosol e é utilizado como matéria-prima para a síntese de outras moléculas ou é incorporado à membrana do RE (*Seção 7.10*).

Capítulo 7 | Sistema de Endomembranas | Digestão e Secreção ■ **127**

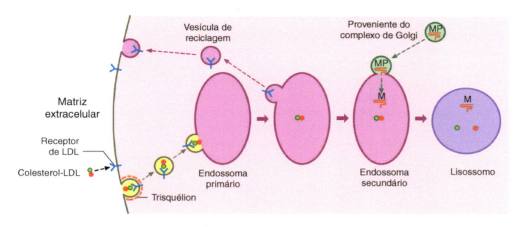

Figura 7.42 Representação esquemática do mecanismo de entrada do colesterol-LDL na célula, sua passagem pelos endossomas primário e secundário e seu processamento no lisossomo.

A **hipercolesterolemia familiar** é uma doença causada por uma mutação do gene que codifica o receptor do colesterol-LDL. O receptor mostra-se defeituoso ou não existe. Como consequência disso, o colesterol não penetra nas células e sua concentração sanguínea aumenta, resultando no aparecimento de **arteriosclerose** precoce.

7.43 Nas membranas plasmáticas de algumas células há invaginações denominadas cavéolas

Na membrana plasmática de muitos tipos de células surgem invaginações diminutas denominadas **cavéolas** (do latim *caveolae*, "pequenas valas") (Figura 7.43). Essas cavéolas são numerosas, sobretudo nas células endoteliais, nas células musculares lisas e nos adipócitos.

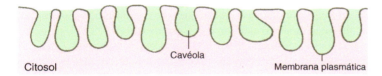

Figura 7.43 Disposição das cavéolas na membrana plasmática.

As cavéolas formam-se a partir de áreas circunscritas de membrana plasmática denominadas **balsas lipídicas**, que são ricas em colesterol e esfingofosfolipídios. A força mecânica que promove a invaginação dessas áreas para a formação das cavéolas não é produzida por um envoltório proteico (conforme ocorre nas vesículas de endocitose), mas por proteínas distribuídas entre os fosfolipídios da própria membrana. Assim, em cada local de invaginação na monocamada citosólica da membrana, existem múltiplas unidades de uma proteína integral de 21 kDa denominada **caveolina**. Essa proteína provoca a invaginação; adota a forma de um grampo de cabelo e suas duas extremidades estão orientadas para o citosol (Figura 7.44).

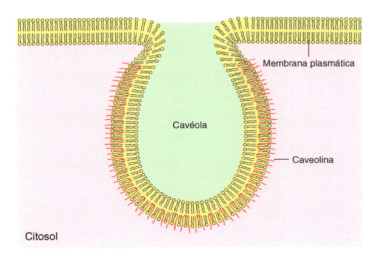

Figura 7.44 Representação esquemática de uma cavéola, com as caveolinas distribuídas entre os fosfolipídios da monocamada citosólica da membrana plasmática.

Biologia Celular e Molecular

Visto que no lúmen das cavéolas estão concentradas substâncias indutoras e, em suas membranas, existem receptores para essas substâncias, as cavéolas tornam possível a ocorrência de induções celulares rápidas. As substâncias indutoras mais frequentemente detectadas no interior das cavéolas são a insulina, o EGF e o PDGF (ver *Seção 11.12*), enquanto em suas membranas existem vários tipos de receptores, alguns deles associados a proteínas G (ver *Seção 11.14*).

As cavéolas também atuam na internalização de permeases e canais iônicos para o citoplasma e no "cerceamento" dos solutos nas proximidades desses transportadores. Isso torna possível, sob a ação de estímulos adequados, a penetração maciça dos solutos na célula. Por exemplo, nos lumens de algumas cavéolas, foi detectado Ca^{2+} e, nas membranas dessas cavéolas, foram encontrados canais e permeases para o Ca^{2+}. Isso resultou na comparação delas com os túbulos T dos músculos estriados (Figura 5.39).

Potocitose (do grego *pótos*, "bebida") é o nome do mecanismo de internalização de solutos e de seus transportadores por meio de cavéolas. Esse mecanismo possibilita que os solutos penetrem maciçamente na célula.

Sistema de endomembranas na célula vegetal

7.44 Na célula vegetal o sistema de endomembranas tem vacúolos

Consideraremos aqui algumas características especiais do sistema de endomembranas das células vegetais.

Nas células indiferenciadas do meristema, as membranas do RE são relativamente escassas e estão mascaradas pelos numerosos ribossomos livres que preenchem o citosol. Por outro lado, nas células vegetais diferenciadas, o RE é abundante e forma túbulos que penetram nos plasmodesmos (ver *Seção 6.15*). Nas células crivosas, sobre esses túbulos são formados depósitos de um polissacarídio composto por moléculas de glicose unidas por ligações 1-3β.

Como nas células animais, nas células vegetais o complexo de Golgi é essencial para a secreção. Nas cisternas do complexo de Golgi, as secreções são processadas e concentradas para depois serem eliminadas para o exterior. Nas células sintetizadoras de mucilagem, por exemplo, são observadas numerosas vesículas secretoras advindas do complexo de Golgi.

Além disso, os componentes do complexo de Golgi atuam no transporte de determinadas proteínas de depósito, como a vinicilina e a legumina nos cotilédones de algumas leguminosas e a zeína no endosperma do milho. Essas proteínas estão localizadas em organelas especializadas, denominadas **corpos proteicos** ou **grãos de aleurona**.

Na maioria das células vegetais são encontrados um ou mais compartimentos denominados **vacúolos**, que são delimitados por membranas (Figura 1.7). Dependendo do tipo de célula, os vacúolos representam 10 a 90% do volume do citoplasma. Quando os vacúolos são muito volumosos, o citosol fica reduzido a uma fina camada abaixo da membrana plasmática. Não existe um consenso com relação a sua origem, mas se acredita que os vacúolos resultem da fusão de vesículas advindas do complexo de Golgi. Os vacúolos têm muitas funções. Alguns atuam como lisossomos, visto que contêm enzimas hidrolíticas. Outros vacúolos atuam como reserva de nutrientes e dejetos metabólicos. Por fim, alguns vacúolos são reservatórios de líquido e atuam na regulação do volume e do turgor da célula.

Nas *Seções 3.30, 3.31* e *18.21* é mostrada a participação do complexo de Golgi na formação da parede da célula vegetal.

Bibliografia

Anderson R.G.W. (1993) Caveolae: where incoming and outcoming messengers meet. Proc. Natl. Acad. Sci. USA 90:10909.

Andrews D.W. and JohnsonA.E. (1996) The translocon: more than a hole in the ER membrane? TIBS 21:365.

Balch W.E. (1990) Small GTP-binding proteins in vesicular transport. TIBS 15:473.

Barinaga M. (1993) Secrets of secretion revealed. Science 260:487.

Bennett M.K. and Scheller R.H. (1993) The molecular machinery for secretion is conserved from yeast to neurons. Proc. Natl. Acad. Sci. USA 90:2559.

Blanco A. (2000) Química Biológica, 7ª Ed. El Ateneo, Buenos Aires.

Bretscher M.S. and Munro S. (1993) Cholesterol and the Golgi apparatus. Science 261:1280.

Brodsky J.L. (1996) Post-translational protein translocation: not all hsc70s are created equal. TIBS 21:122.

Chernomordik L.V. and Zimmerberg J. (1995) Bending membranes to the task: structural intermediates in bilayer fusion. Curr. Opin. Struc. Biol. 5:541.

Cleves A.E. and Kelly R.B. (1996) Protein translocation: rehearsing the ABCs. Curr. Biol 6:276.

Cole N.B. et al. (1996) Diffusional mobility of Golgi proteins in membranes of living cells. Science 273:797.

Corsi A.K. and Schekman R. (1996) Mechanism of polypeptide translocation into the endoplasmic reticulum. J. Biol. Chem. 271: 30299.

Cuervo A. and Dice J. (1996) A receptor for the selective uptake and degradation of proteins by lysosomes. Science 273:501.

Cukierman E., Huber I., Rotman M. and Cassel D. (1995) The ARF1 GTPase-activating protein: zinc finger motif and Golgi complex localization. Science 270:1999.

Dell'Angelica E.C. et al. (1998)Association of theAP-3 adaptor complex with clathrin. Science 280:431.

D'Souza-Schorey C. et al. (1995) A regulatory role for ARF6 in receptor mediated endocytosis. Science 267:1175.

Esko J.D. and Zhang L. (1996) Influence of core protein sequence on glycosaminoglycan assembly. Curr. Opin. Struc. Biol. 6:663.

Fischer G. (1994) Rab proteins in regulated exocytosis. TIBS 19:164.

Fukuda M. (1991) Lysosomal membrane glycoproteins. Structure, biosynthesis, and intracellular trafficking. J. Biol. Chem. 266: 21327.

Gahmberg C.G. and Tolvanen M. (1996) Why mammalian cell surface proteins are glycoproteins. TIBS 21:308.

Grosshans B.L., Ortiz D. and Novick P. (2006) Rabs and their effectors: achieving specificity in membrane traffic. Proc. Natl. Acad. Sci. USA 143:11821.

Gruenberg J. and Stenmark H. (2004) The biogenesis of multivesicular endosomes. Nature Rev. Mol. Cell Biol. 5:317.

Gurkan C., Stagg S.M. and Balch W.E. (2006) The COPII cage: unifying principles of vesicle coat assembly. Nature Rev. Mol. Cell Biol. 7:727.

Jaffe A.B. and Hall A. (2005) Rho GTPases: biochemistry and biology. Annu. Rev. Cell Dev. Biol. 21:247.

Jahn R. and Scheller R.H. (2006) SNAREs-engines for membrane fusion. Nature Rev. Mol. Cell Biol. 7:631.

Hiller M.M. et al. (1996) ER degradation of a misfolded luminal protein by the cytosolic ubiquitin-proteasome pathway. Science 273:1725.

Hughson F.M. (1995)Molecular mechanisms of protein-mediated membrane fusion. Curr. Opin. Struc. Biol. 5:507.

Jones S.M. et al. (1998) Role of dynamin in the formation of transport vesicles from the trans-Golgi network. Science 279:573.

Lamaze C. et al. (1996) Regulation of receptor-mediated endocytosis by Rho and Rac. Nature 382:177.

Lee M.C., Milier E.A., Goidberg J. et al. (2004) Bi-directional protein transport between the ER and Golgi. Annu. Rev. Cell Dev. Biol. 20:87.

Lupashin V.V. and Waters M.G. (1997) t-SNARE activation through transient interaction with a rab-like guanosine triphosphatase. Science 276:1255.

Marciniak S.J. and Ron D. (2006) Endoplasmic reticulum stress signaling in disease. Physiol. Rev. 86:1133.

Marsh M. and McMahon H.T. (1999) The structural era of endocytocis. Science 285:215.

Marx J. (2001) Caveolae: A once-elusive structure gets some respect. Science 294:1862.

Parton R.G. and Simons K. (1995) Digging into caveolae. Science 269:1398.

Pelham H.R.B. (1990) The retention signal for soluble proteins of the endoplasmic reticulum. TIBS 15:483.

Powers T. andWalter P. (1996) The nascent polypeptide-associated complex modulates interactions between the signal recognition particle and the ribosome. Curr. Biol. 6:331.

Prakash S. and Matouschek A. (2004) Protein unfolding in the cell. Trends Biochem. Sci. 29:593.

Rapoport T.A. (1992) Transport of proteins across the endoplasmic reticulum membrane. Science 258:931.

Rassow J. and Pfanner N. (1996) Protein biogenesis: chaperones for nascent polypeptides. Curr. Biol. 6:115.

Römisch K. (2005) Endoplasmic reticulum-associated degradation. Annu. Rev. Cell Dev. Biol. 21:435.

Rothman J.E. (1994) Mechanisms of intracellular protein transport. Nature 372:55.

Rothman J.E. and Orci L. (1996) Budding vesicles in living cells. Sci. Am. 274 (3):50.

Rothman J.E. and Wieland F.T. (1996) Protein sorting by transport vesicles. Science 272:227.

Sanders S.L. and Schekman R. (1992) Polypeptide translocation across the endoplasmic reticulum membrane. J. Biol. Chem. 267:13791.

Schatz G. and Dobberstein B. (1996) Common principles of protein translocation across membranes. Science 271:1519.

Schekman R. (1992) Genetic and biochemical analysis of vesicular traffic in yeast. Curr. Opin. Cell Biol. 4:587.

Schekman R. and Orci L. (1996) Coat protein and vesicle budding. Science 271:1526.

Söllner T. et al. (1993). SNAP receptors implicated in vesicle targeting and fusion. Nature 362:318.

Subramaniam V. et al. (1996) GS28, a 28-kilodalton Golgi SNARE that participates in ER-Golgi transport. Science 272:1161.

Warren G. (1993) Bridging the gap. Nature 362:297.

White J.M. (1992) Membrane fusion. Science 258:917.

White S.H. and von Heijne G. (2004) The machinery of membrane protein assembly. Curr. Opin. Struct. Biol. 14:397.

Wickner W.T. (1994) How ATP drives proteins across membranes. Science 266:1197.

Wileman T., Harding C. and Stahl P. (1985) Receptor-mediated endocytosis. Biochem. J. 232:1.

Wu S.K. et al. (1996) Structural insights into the function of the Rab GDI superfamily. TIBS 21:472.

Zeuschner D., Geerts W.J. and Klumperman J. (2006) Immuno-electron tomography of ER exit sites reveals the existence of free COPII-coated transport carriers. Nature Cell Biol. 8:377

Mitocôndrias
Energia Celular I

8

8.1 A maior parte da energia utilizada pela célula provém do ATP

As células precisam de energia para realizar quase todas as suas atividades. Algumas estão ilustradas na Figura 8.1. A energia é obtida por meio de moléculas de **ATP**. Estas, apesar de ocuparem um espaço insignificante, possibilitam o acesso a uma grande quantidade de energia facilmente disponível, de modo a ser usada rapidamente e em qualquer local em que seja necessária. A energia está concentrada nas ligações químicas entre os fosfatos do ATP – ligações de alta energia –, ainda que a mais comumente utilizada seja a que envolve o fosfato terminal (Figuras 2.3 e 8.2). Quando o ATP é hidrolisado, há liberação de energia e, simultaneamente, é produzido um ADP e um fosfato (Figura 8.3). Assim, observamos que o ADP se comporta como uma pequena "bateria descarregada", que se energiza ao se ligar a um fosfato, transformando-se em ATP, a "bateria carregada".

As usinas produtoras de moléculas de ATP são as mitocôndrias, que utilizam a energia concentrada nas ligações covalentes das moléculas dos alimentos, transferindo-a ao ADP. Uma vez produzido, o ATP sai da mitocôndria e se espalha pela célula, de maneira que sua energia possa ser utilizada nas diferentes atividades celulares. Quando a energia do ATP é extraída, o ADP é reconstituído e retorna às mitocôndrias para receber uma nova "carga" de energia.

As células têm enorme quantidade de mitocôndrias, e cada uma produz inúmeras moléculas de ATP. Estas moléculas, assim como as mitocôndrias, localizam-se próximo aos locais de consumo.

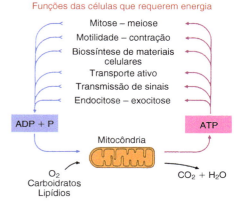

Figura 8.1 Esquema que mostra a mitocôndria como a "fábrica" de produção de energia da célula. O ATP produzido é usado nas funções indicadas, entre outras.

Figura 8.2 Estrutura química da molécula de adenosina trifosfato (ATP).

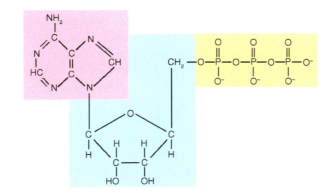

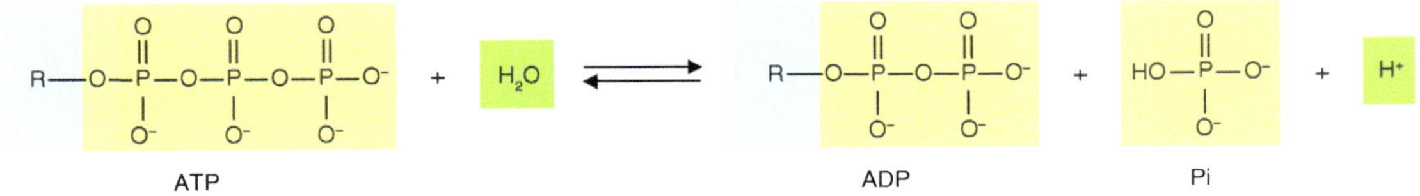

Figura 8.3 Hidrólise e síntese do ATP.

8.2 A energia é extraída dos alimentos

A energia provém dos alimentos e, em última instância, provém do sol. Nas plantas, a partir do CO_2 e H_2O, a luz solar desencadeia uma série de reações que, além de produzirem O_2, convertem a energia luminosa em energia química, a qual pode ser concentrada nas ligações covalentes das moléculas dos vegetais (ver *Seção 9.4*) (Tabela 8.1). A energia dos alimentos vegetais é utilizada pelos animais herbívoros, que, por sua vez, servem de alimento – e fonte de energia – aos animais carnívoros.

Tabela 8.1 Diferenças entre os processos energéticos das plantas (fotossíntese) e os dos animais (fosforilação oxidativa).	
Fotossíntese	**Fosforilação oxidativa**
Nos cloroplastos	Nas mitocôndrias
Reação endergônica: Energia + CO_2 + $H_2O \longrightarrow$ Alimentos + O_2	Reação exergônica: Alimentos + $O_2 \longrightarrow$ Energia + CO_2 + H_2O
Hidrolisa água	Forma água
Libera O_2	Libera CO_2
Depende de luz	Independe de luz
Periódica	Contínua

Os alimentos são classificados em carboidratos, lipídios, proteínas, minerais e H_2O, aos quais se deve agregar o O_2. Os alimentos entram no organismo pelo sistema digestório, com exceção do O_2, que entra pelo sistema respiratório. Assim que a energia é extraída dos alimentos, restam como resíduos CO_2 e H_2O (Tabela 8.1), além de algumas substâncias nitrogenadas derivadas do catabolismo das proteínas.

Nem toda a energia concentrada nas ligações químicas das moléculas dos alimentos é transferida ao ATP, pois, durante as sucessivas reações que levam à sua formação, parte dessa energia é convertida em calor. É importante ressaltar que, do ponto de vista termodinâmico, o calor produzido no cenário celular, em consequência às reações químicas, é também um resíduo. Não obstante, quanto ao aproveitamento de energia para produzir trabalho, as células são muito eficientes, pois, em comparação com a maioria dos motores, a relação consumo de combustível/produção de trabalho resulta em valores muito mais favoráveis às células. Assim, nas células, 40% da energia liberada é aproveitada em suas atividades e 60% é dissipada como calor, enquanto nos motores esses valores costumam ser da ordem de 20 e 80% respectivamente.

A célula consegue melhor rendimento porque degrada os alimentos de modo gradual, por meio de enzimas que ela mesma sintetiza. Isso possibilita que a energia liberada pelas moléculas dos alimentos seja transferida ao ADP e o ATP seja formado com uma produção mínima de calor.

8.3 A energia das moléculas dos alimentos é extraída por meio de oxidações

A maior parte da energia contida nas moléculas dos alimentos é extraída pela sucessão de **oxidações**, ao final das quais o oxigênio atmosférico liga-se ao hidrogênio e ao carbono liberados por essas moléculas e são formados H_2O e CO_2, respectivamente. O modo gradual de degradar os alimentos, mencionado anteriormente, é resultado dessas oxidações, pois elas ocorrem passo a passo e, em algumas dessas etapas, são liberadas pequenas porções de energia. Se as oxidações não fossem graduais, a energia química seria liberada subitamente e seria dissipada em forma de calor.

Lembre-se de que uma molécula é oxidada não somente quando ganha oxigênio (O), mas também quando perde hidrogênio (H). Isto se deve ao fato de que ele pode ser dissociado em um elétron (e^-) e um próton (H^+). Em geral toda remoção de e^- de qualquer átomo ou molécula constitui uma reação de oxidação.

Se o e^- removido provém de um átomo de H, o H^+ resultante pode permanecer na molécula oxidada (que fica, então, com uma carga positiva) ou pode ser removido e passar ao meio aquoso.

Os e⁻ e os H⁺ podem voltar a ligar-se – para formar novos átomos de H –, por exemplo, quando são transferidos e⁻ e H⁺ ao O_2, formando H_2O.

Toda oxidação de um átomo ou de uma molécula está ligada à redução de outro átomo ou à de outra molécula, que, então, ganham hidrogênio ou e⁻, ou perdem oxigênio.

Durante o processamento dos alimentos, em algumas reações de oxidação e redução há a atuação de duas moléculas intermediárias primordiais: as coenzimas **nicotinamida adenina dinucleotídio (NAD)** e **flavina adenina dinucleotídio (FAD)** (Figura 8.4). Quando oxidada, a primeira é representada com a sigla NAD⁺ e, quando reduzida, com NADH. A segunda, com as siglas FAD e FADH₂, respectivamente.

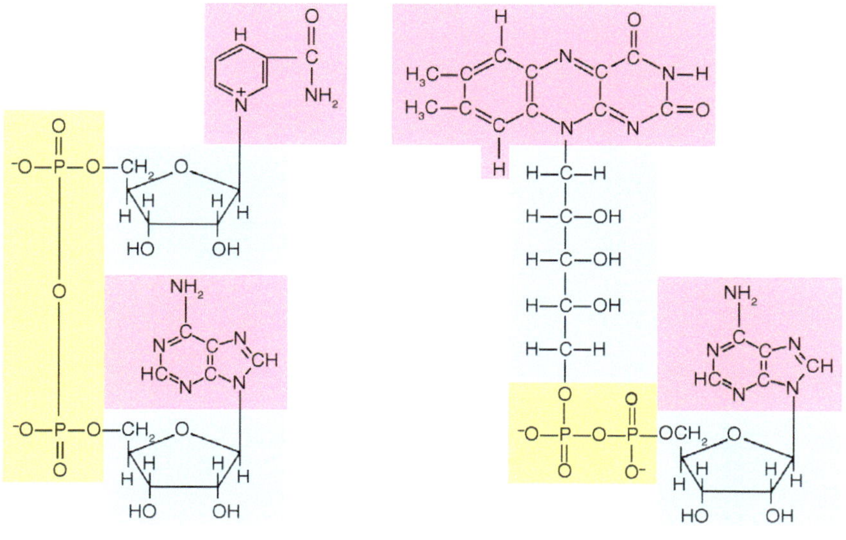

Figura 8.4 Estrutura química da nicotinamida adenina dinucleotídio (NAD⁺) e da flavina adenina dinucleotídio (FAD).

8.4 Os alimentos são degradados por enzimas

Assim que os alimentos são ingeridos, os polissacarídios, lipídios e proteínas contidos neles começam a ser divididos em moléculas cada vez menores pela ação de uma grande variedade de **enzimas**. Esses processos ocorrem de maneira que as moléculas transformadas por determinadas enzimas são logo modificadas por outras, e assim consecutivamente. Desse modo, são estabelecidas verdadeiras cadeias metabólicas de degradação, que, nas primeiras etapas, são diferentes para cada tipo de alimento, mas, nas etapas finais, convergem para uma via metabólica comum.

O fracionamento enzimático dos alimentos ocorre em três cenários orgânicos: no sistema digestório, no citosol e na mitocôndria (Figura 8.5).

8.5 A degradação dos alimentos tem início no sistema digestório

A primeira etapa da fragmentação enzimática dos alimentos ocorre no lúmen do sistema digestório, ou seja, é extracelular. Assim, por meio de enzimas secretadas por diversas células desse sistema, os carboidratos são degradados em monossacarídios – principalmente em **glicose** –, os lipídios (em sua maioria triglicerídios) são convertidos em **ácidos graxos** e glicerol e as proteínas são degradadas em **aminoácidos** (Figura 8.5). Após serem absorvidas pelo epitélio intestinal, essas moléculas entram no sangue e, por meio dele, alcançam as células.

Para garantir que haja abastecimento contínuo de energia, as células armazenam no citosol parte da glicose e dos ácidos graxos sob a forma de glicogênio e de triglicerídios, respectivamente. Na *Seção 4.3*, foi descrito que os hepatócitos e as células musculares estriadas costumam conter importantes reservas dessas moléculas na forma de inclusões, e que, quando necessárias, as moléculas são extraídas dessas inclusões. Também foi descrito que os adipócitos servem como depósito para grandes quantidades de triglicerídios.

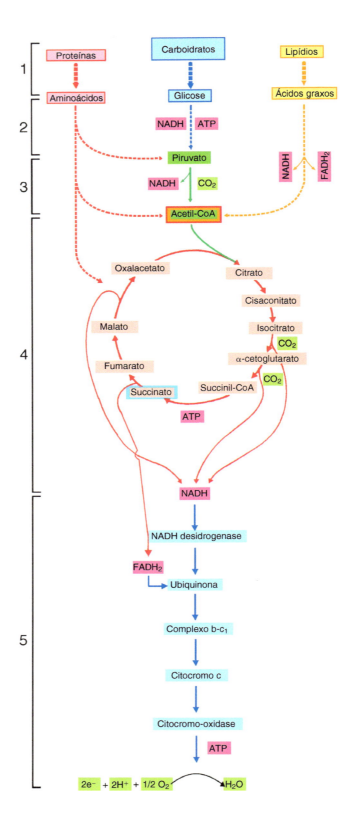

Figura 8.5 Esquema geral da degradação dos alimentos após sua ingestão: (1) degradação enzimática no sistema digestório; (2) glicólise no citosol; (3) descarboxilação oxidativa; (4) ciclo de Krebs; (5) fosforilação oxidativa.

8.6 A glicólise ocorre no citosol

Por meio de uma série de reações químicas agrupadas com o nome de **glicólise** – na qual atuam **10 enzimas** consecutivas localizadas no citosol –, cada molécula de **glicose**, que tem 6 átomos de carbono, produz duas moléculas de **piruvato**, cada uma com 3 átomos de carbono (Figuras 8.6 e 8.11).

No início desse processo – que constitui a segunda etapa da degradação dos glicídios –, utiliza-se a energia de dois ATP. Portanto, como são produzidos quatro, o ganho é de dois ATP, um de cada piruvato.

Capítulo 8 | Mitocôndrias | Energia Celular I ■ **135**

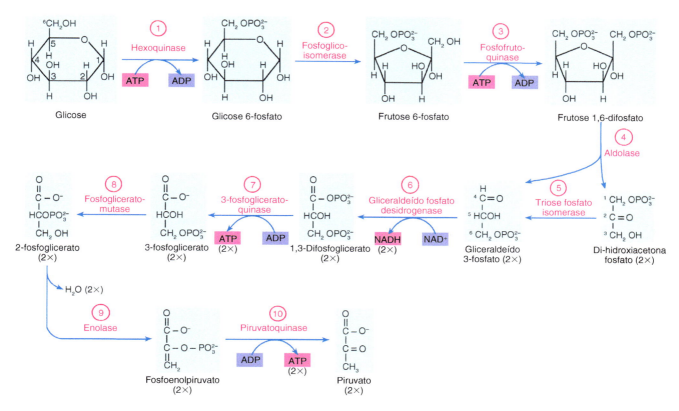

Figura 8.6 Etapas da glicólise e enzimas atuantes.

Além disso, parte da energia liberada durante a glicólise não é transferida diretamente ao ATP, pois ela promove a redução de duas NAD⁺ (uma para cada piruvato). Mais adiante, veremos que, nas mitocôndrias, a energia contida nas duas NADH, que surgem na glicólise, é transferida ao ATP (ver *Seção 8.18*).

Voltando aos piruvatos, estes deixam o citosol e ingressam nas mitocôndrias.

8.7 Nas mitocôndrias ocorrem a descarboxilação oxidativa, o ciclo de Krebs e a fosforilação oxidativa

Por meio da ação de um complexo multienzimático chamado **piruvato-desidrogenase**, presente nas mitocôndrias, cada piruvato (3 C) é convertido em **acetil**, molécula que contém dois carbonos. O acetil liga-se a uma coenzima – a **coenzima A (CoA)** –, e forma a **acetil-CoA** (Figuras 8.7 e 8.11). O carbono do piruvato é extraído com dois oxigênios, produzindo CO₂ (Figuras 8.5, 8.10 e 8.11). O piruvato também doa um hidreto (H⁻), ou seja, um H⁺ e dois e⁻. O conjunto dessas reações recebe o nome de **descarboxilação oxidativa**, que é a terceira etapa de degradação dos carboidratos.

Durante a descarboxilação oxidativa, produz-se energia suficiente para reduzir uma NAD⁺ (que recebe o H⁻ mencionado no parágrafo anterior), e isso se traduz na formação de uma NADH para cada acetil produzido (Figuras 8.5 e 8.11). Adiante, será descrito como a energia concentrada nessa NADH é transferida ao ATP.

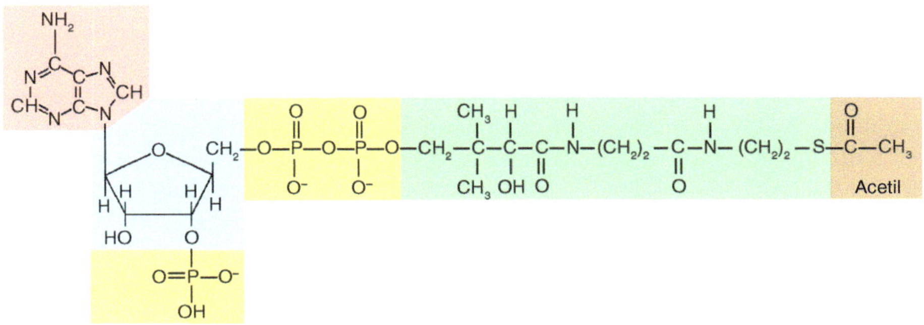

Figura 8.7 Estrutura química da acetil-coenzima A (acetil-CoA).

136 ■ Biologia Celular e Molecular

A seguir, sempre nas mitocôndrias, os átomos de carbono e hidrogênio do acetil (lembremos que ele está ligado à CoA) são oxidados, e são produzidos CO_2 e H_2O. As oxidações são graduais e, no decorrer de seu processo, vai sendo liberada a energia concentrada nas ligações covalentes entre esses átomos e transferida ao ATP. Ambos os processos – as oxidações e a formação de ATP – ocorrem em duas etapas; na primeira é produzido CO_2 e, na segunda, H_2O (Figura 8.5).

A primeira etapa – que representa a quarta etapa da degradação dos glicídios – engloba uma série de oxidações durante o denominado **ciclo de Krebs** (Figuras 8.5 e 8.11). Uma pequena parte da energia liberada nessa fase é utilizada para produzir um ATP de modo direto (mesmo que pela via do GTP), mas a maior parte é utilizada para reduzir três NAD^+, que são convertidas em algumas NADH, e uma FAD, que passa para seu estado reduzido $FADH_2$.

Na segunda etapa, paralela ao ciclo de Krebs, as NADH e as $FDAH_2$, são oxidadas em diferentes pontos, no início de uma série de complexos moleculares classificados como **cadeias transportadoras de elétrons** (ou **cadeia respiratória**), de maneira que as NADH e as $FADH_2$ voltam a se transformar em NAD^+ e FAD, respectivamente. Quando as duas coenzimas são oxidadas, a energia concentrada em suas moléculas é liberada e transferida ao ADP localizado nas mitocôndrias, o qual, com a fosforilação, é convertido em ATP.

Essa etapa – a quinta e última da degradação dos glicídios –, por provocar oxidações ligadas a fosforilações, recebe o nome de **fosforilação oxidativa** (Figura 8.5).

8.8 Os ácidos graxos são degradados nas mitocôndrias

Diferentemente da glicose, os **ácidos graxos** – provenientes dos alimentos ou da mobilização das reservas de gordura nas células – não são degradados no citosol. Entram nas mitocôndrias, nas quais são fragmentados por uma série de enzimas específicas até produzirem de oito a nove **acetilas** cada um.

O processo de degradação é denominado **β-oxidação** e compreende vários ciclos sucessivos – sete ciclos, quando se trata de um ácido graxo de 16 carbonos, e oito ciclos nos ácidos graxos de 18 carbonos. Isso ocorre porque o ácido graxo libera um grupo acetil por ciclo. Cada ciclo produz também uma NADH e uma $FADH_2$ (Figura 8.10).

A β-oxidação dos ácidos graxos é realizada pelas enzimas acil-CoA desidrogenase, enoil-CoA hidratase, hidroxiacil-CoA desidrogenase e β-cetoacil-CoA tiolase.

Assim como as acetilas derivadas da descarboxilação oxidativa do piruvato, aquelas surgidas pela β-oxidação dos ácidos graxos são cedidas à CoA e entram no **ciclo de Krebs**. As cadeias metabólicas que degradam os glicídios e os lipídios originam uma molécula em comum, a acetil-CoA. Anteriormente foi dito que, no ciclo de Krebs, cada acetil-CoA produz um ATP, três NADH e uma $FADH_2$, e que a energia contida nas NADH e $FADH_2$ é transferida ao ATP ao final da fosforilação oxidativa.

Os lipídios fornecem mais energia do que os carboidratos, devido à quantidade de NADH e $FADH_2$ suplementares que são produzidas durante a β-oxidação dos ácidos graxos, que é proporcionalmente maior do que as "fabricadas" pela glicose durante a glicólise e a descarboxilação oxidativa.

8.9 Os primeiros produtos da degradação dos aminoácidos são bem variados

Com relação aos **aminoácidos**, quando não são utilizados para sintetizar proteínas ou outras moléculas, e são requeridos para produzir energia, convertem-se – por meio de diversas enzimas específicas – em piruvato, acetilas ou em moléculas intermediárias do ciclo de Krebs (Figura 8.5).

Descrição geral e estrutura das mitocôndrias

8.10 As mitocôndrias são encontradas em todos os tipos de células

As mitocôndrias são encontradas em todos os tipos de células e constituem um dos mais admiráveis exemplos de integração morfofuncional. Elas atuam como um andaime, sobre o qual estão dispostas as diversas moléculas que participam das reações que transferem a energia concentrada nos alimentos a uma molécula extraordinariamente versátil, o ATP.

As mitocôndrias são cilíndricas, mas apresentam discretas mudanças em sua forma, provocadas por sua atividade. Têm, em média, 3 μm de largura e 0,5 μm de diâmetro. Sua quantidade varia de acordo com o tipo de célula. Nas células hepáticas, por exemplo, são encontradas, normalmente, de 1.000 a 2.000 mitocôndrias (Figura 1.11). Estão localizadas nas regiões celulares em que a demanda de energia é maior; deslocam-se de um lado a outro do citoplasma em direção aos locais que mais precisam de energia. Atuam nesses deslocamentos os microtúbulos e as proteínas motoras (ver *Seção 5.8*). Em alguns tipos de células, como os espermatozoides, os adipócitos e as células musculares estriadas, as mitocôndrias estão em locais fixos; são imóveis.

8.11 As mitocôndrias têm duas membranas e dois compartimentos

As mitocôndrias têm duas membranas – uma externa e outra interna –, formando dois compartimentos: o espaço intermembranoso e a matriz mitocondrial (Figuras 8.8 e 8.9). Serão descritas, a seguir, as características e as moléculas de maior interesse desses quatro componentes.

Matriz mitocondrial. A matriz mitocondrial contém numerosas moléculas, entre elas:

(1) O complexo enzimático piruvato desidrogenase, responsável pela descarboxilação oxidativa (Figura 8.11)
(2) As enzimas envolvidas na β-oxidação dos ácidos graxos (Figura 8.10)
(3) As enzimas responsáveis pelo ciclo de Krebs, com exceção da succinato desidrogenase (Figura 8.11)
(4) A coenzima A (CoA), a coenzima NAD, a ADP, o fosfato, O_2 etc.
(5) Grânulos de tamanhos variados, compostos principalmente por Ca^{2+} (Figura 8.9)
(6) Várias cópias de DNA circular (ver *Seção 8.26*) (Figuras 8.9, 8.16 e 8.18)
(7) Treze tipos de mRNA, sintetizados a partir de outros genes desse DNA
(8) Dois tipos de rRNA, que formam ribossomos semelhantes aos do citosol (Figura 8.9)
(9) Vinte e dois tipos de tRNA para os vinte aminoácidos.

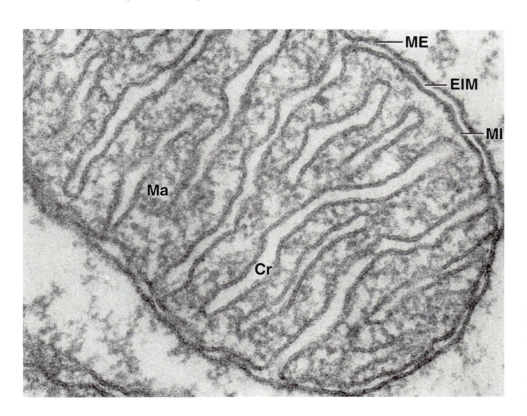

Figura 8.8 Eletromicrografia da mitocôndria. Observe as cristas (*Cr*), a matriz (*Ma*), o espaço intermembranoso (*EIM*), a membrana externa (*ME*) e a membrana interna (*MI*). 207.000×. (Cortesia de G. E. Palade.)

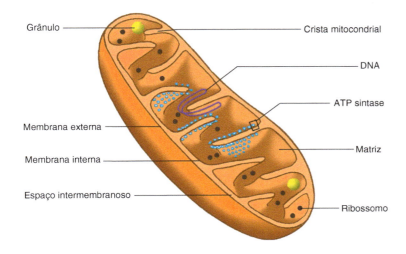

Figura 8.9 Esquema tridimensional do corte longitudinal de uma mitocôndria. As cristas aparecem cobertas por moléculas de ATP sintase.

Figura 8.10 Representação gráfica da mitocôndria. Estão ilustradas as reações correspondentes à descarboxilação oxidativa (*verde*), ao ciclo de Krebs (*rosa*), à β-oxidação dos ácidos graxos (*amarelo*) e à fosforilação oxidativa (*azul*). A acetil-CoA deriva tanto da descarboxilação oxidativa quanto da β-oxidação dos ácidos graxos e é o ponto de partida do ciclo de Krebs. *I*, NADH desidrogenase; *II*, succinato-desidrogenase (e FAD); *Ubi*, ubiquinona; *III* complexo b-c$_1$; *Cit*, citocromo c; *IV* citocromo-oxidase.

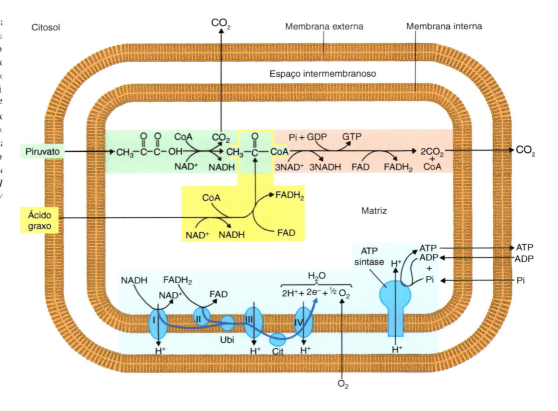

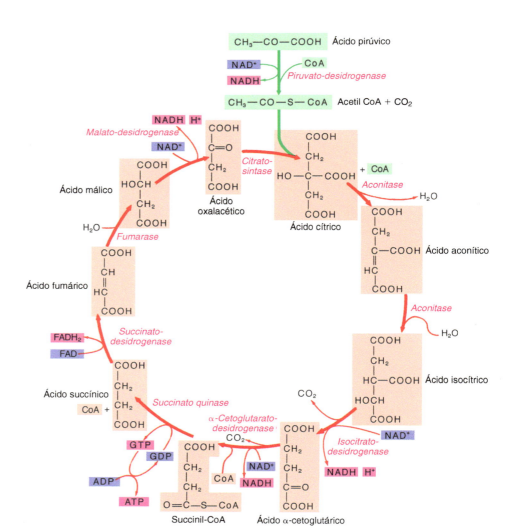

Figura 8.11 A descarboxilação oxidativa e o ciclo de Krebs (ou ciclo do ácido cítrico) nas mitocôndrias. Estão representadas as reações, as enzimas atuantes e os produtos de ambos os processos.

Membrana interna. A membrana interna desenvolve pregas em direção à matriz que produzem as **cristas mitocondriais**, formadas com o objetivo de aumentar a superfície membranosa. O número e o formato das cristas variam nos diferentes tipos de célula.

A membrana interna das mitocôndrias apresenta um alto grau de especialização e as duas faces de sua bicamada lipídica exibem acentuada assimetria. Nela estão localizadas, entre outros, os seguintes elementos:

(1) Um conjunto de moléculas que compõem a **cadeia transportadora de elétrons** (ou cadeia respiratória) (Figuras 8.5, 8.10 e 8.12). Existem inúmeras cópias desses conjuntos ao longo da bicamada lipídica. Cada um é composto por quatro complexos proteicos relativamente grandes, denominados **NADH desidrogenase (I)**, **succinato-desidrogenase (II)**, **b-c$_1$ (III)** e **citocromo-oxidase (IV)**, entre os quais são encontrados dois pequenos transportadores de elétrons, denominados **ubiquinona** e **citocromo c**.

É importante ressaltar que a succinato-desidrogenase é, ao mesmo tempo, uma das enzimas do ciclo de Krebs e também atua em associação à coenzima FAD localizada na membrana interna (Figuras 8.5 e 8.11). Além disso, o citocromo c não é uma proteína intrínseca dessa membrana, e sim uma proteína periférica que adentra o espaço intermembranoso (Figura 8.10), e a ubiquinona é uma molécula não proteica, alojada na zona apolar da bicamada lipídica por meio de sua cadeia de 10 isoprenos, que é hidrofóbica (ver *Seções 2.7 e 3.2*) (Figura 2.24)

(2) A **ATP sintase**, um complexo proteico localizado nas imediações da cadeia transportadora de elétrons (Figuras 8.10 e 8.12). Apresenta duas porções, uma transmembranosa (**porção F$_0$**), que tem um canal para a passagem de H$^+$, e outra voltada à matriz mitocondrial (**porção F$_1$**) (Figura 8.13). A porção F$_1$ catalisa a formação de ATP a partir de ADP e fosfato, ou seja, é a responsável pelas fosforilações representadas pelo termo "fosforilação oxidativa". A origem da energia requerida pela porção F$_1$ da ATP sintase, para que possam ser concretizadas essas fosforilações, será analisada adiante

(3) Um fosfolipídio duplo – o difosfatidilglicerol, ou cardiolipina, ilustrado na Figura 2.17 –, que impede a passagem de qualquer soluto pela bicamada lipídica, exceto O$_2$, CO$_2$, H$_2$O, NH$_3$ e ácidos graxos

(4) Diversos canais iônicos e permeases que possibilitam a passagem seletiva de íons e moléculas do espaço intermembranoso à matriz mitocondrial e vice-versa (Figura 8.10).

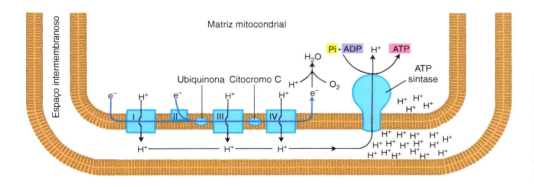

Figura 8.12 Ilustração de parte da mitocôndria com os complexos proteicos que compõem a cadeia transportadora de elétrons (ou cadeia respiratória) e a ATP sintase. *I*, NADH desidrogenase; *II*, succinato-desidrogenase (e FAD); *III*, complexo b-c$_1$; *IV*, citocromo-oxidase.

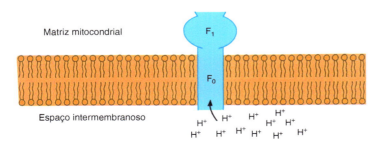

Figura 8.13 Representação da ATP sintase na membrana mitocondrial interna.

140 ■ Biologia Celular e Molecular

Membrana externa. A membrana externa é permeável a todos os solutos existentes no citosol, com exceção das macromoléculas. Isso ocorre porque, em sua bicamada lipídica, existem numerosas proteínas transmembranosas multipasso denominadas **porinas**, que formam canais aquosos pelos quais passam livremente íons e moléculas de até 5 kDa. Nas porinas, as proteínas que atravessam a bicamada lipídica exibem uma estrutura em folha dobrada β.

Espaço intermembranoso. Devido à presença das porinas na membrana externa, o conteúdo de solutos no espaço intermembranoso é similar ao do citosol, mas tem alguns elementos próprios e uma elevada concentração de H^+ (Figura 8.12).

Funções das mitocôndrias

8.12 A função principal das mitocôndrias é produzir ATP

Vimos que, por meio da descarboxilação oxidativa, do ciclo de Krebs e da fosforilação oxidativa, a mitocôndria transfere ao ADP – para formar ATP – a energia existente nas ligações químicas das moléculas de alimentos.

Analisaremos esses três processos no cenário biológico em que ocorrem, ou seja, na base estrutural fornecida pela mitocôndria.

8.13 A descarboxilação oxidativa do piruvato e a β-oxidação dos ácidos graxos ocorrem na matriz mitocondrial

Proveniente do citosol, o piruvato entra na matriz mitocondrial, local onde, por ação da piruvato desidrogenase, perde um carbono e se converte no grupo acetil da acetil-CoA (Figuras 8.5, 8.7, 8.10 e 8.11). Vale lembrar que, nessa conversão, além de CO_2, é produzida energia suficiente para formar uma NADH, de maneira que, para cada molécula de glicose, originam-se duas dessas coenzimas.

Somam-se às acetilas produzidas a partir dos piruvatos os derivados da β-oxidação dos ácidos graxos e do metabolismo de alguns aminoácidos (Figuras 8.5 e 8.10).

Qualquer que seja sua origem, o grupo acetil de cada acetil-CoA entra no ciclo de Krebs. Isso ocorre ao ligar-se a uma molécula de 4 carbonos – o ácido oxalacético –, com a qual forma uma molécula de 6 carbonos denominada ácido cítrico, que dá início e nome ao ciclo.

8.14 As reações do ciclo de Krebs ocorrem na matriz mitocondrial

Conforme mostrado na Figura 8.11, o ciclo de Krebs (chamado também **ciclo de ácido cítrico** ou ciclo dos ácidos tricarboxílicos) compreende uma série de nove reações químicas mediadas por outras tantas enzimas específicas. Essas enzimas atuam em sequência. Desse modo, o último de seus produtos volta a ser o ácido oxalacético, que, ao se ligar ao grupo acetil de outra acetil-CoA, produz novamente ácido cítrico. Com essa molécula, inicia-se um novo ciclo de Krebs e assim sucessivamente, enquanto houver O_2 e acetilas disponíveis.

Ao final de cada volta do ciclo de Krebs, dois dos seis carbonos do ácido cítrico são liberados como CO_2. Além disso, é produzida energia suficiente para formar um ATP, três NADH e uma $FADH_2$.

São necessárias duas voltas do ciclo de Krebs para processar as duas acetilas derivadas da glicólise de uma molécula de glicose. Cada um desses monossacarídios produz dois ATP, seis NADH e duas $FADH_2$. Convém dizer que o ATP é formado a partir do GTP, que é o nucleosídio trifosfato produzido no ciclo.

Como pode ser observado na Figura 8.11, a enzima do ciclo de Krebs encarregada de transferir o H_2 à FAD é a succinato-desidrogenase (vimos que a enzima e a coenzima estão localizadas na membrana mitocondrial interna).

Na mesma figura, observa-se também que, junto à primeira e à terceira NADH produzidas no ciclo de Krebs, aparecem H^+, pois os substratos oxidados, diferentemente do que ocorre na glicólise, na descarboxilação oxidativa e na formação da segunda NADH gerada no ciclo de Krebs, cedem um H_2 em vez de um H^-.

As moléculas de CO_2 produzidas durante a descarboxilação oxidativa e o ciclo de Krebs dirigem-se ao citosol, em seguida ao espaço extracelular e, finalmente, ao sangue que as transporta aos pulmões para serem eliminadas.

8.15 As oxidações da fosforilação oxidativa ocorrem na membrana interna da mitocôndria

A energia contida nas NADH e na $FADH_2$ produzidas durante o ciclo de Krebs é transferida ao ATP após uma série de processos iniciados com a oxidação de ambas as coenzimas.

Os átomos de hidrogênio liberados das NADH e das $FADH_2$ em consequência de suas oxidações são dissociados em H^+ e e^-, conforme expresso nas seguintes equações:

$$NADH \rightarrow NAD^+ + 1H^+ + 2e^-$$

$$FADH_2 \rightarrow FAD + 2H^+ + 2e^-$$

É importante saber que os e^- produzidos nesses processos têm um elevado potencial de transferência, ou seja, uma grande quantidade de energia. Assim, entram na cadeia transportadora de elétrons, cujos componentes foram citados quando a membrana mitocondrial interna foi descrita (Figura 8.12).

Como cada componente da cadeia tem maior afinidade pelos e^- do que seu antecessor, os e^- fluem por ela na seguinte ordem:

Para os e^- cedidos pela NADH, o ponto de entrada é a NADH desidrogenase (complexo I). Passam, então, à ubiquinona, que os transfere ao complexo b-c_1 (complexo III). Os e^- saem desse complexo e entram no citocromo c, passando ao último anel da cadeia, a citocromo-oxidase (complexo IV). Durante esse trajeto, os e^- consomem a maior parte de sua energia (será explicado mais adiante) e, ao finalizá-lo, retornam à matriz mitocondrial (Figura 8.12).

Já os e^- cedidos pela $FADH_2$ têm como ponto de entrada a succinato-desidrogenase (complexo II), que os transfere à ubiquinona, a partir da qual fluem pelos anéis restantes da cadeia na mesma ordem que os e^- cedidos pela NADH.

O potencial de transferência dos e^- vai diminuindo nas sucessivas reações de oxirredução realizadas durante a cadeia respiratória. Assim, a cada etapa, os e^- apresentam menos energia e esta, quando os e^- abandonam o último anel da cadeia, é bastante reduzida.

A energia cedida pelos e^- é utilizada para transportar os H^+ (procedentes das NADH e $FADH_2$ oxidadas) da matriz mitocondrial ao espaço intermembranoso (Figura 8.12). A energia é necessária porque esse transporte é ativo, já que os H^+ são transferidos de um meio menos concentrado a outro em que estão em maior concentração. O mecanismo que torna possível a passagem dos H^+ ainda não foi determinado. Sabe-se apenas que os H^+ passam pelos complexos principais da cadeia respiratória (Figura 8.12) e atuariam como verdadeiras **bombas de H^+** (ver *Seção 3.25*).

A existência de um gradiente de concentração de H^+ (ou gradiente de pH) entre as duas faces da membrana mitocondrial interna é acompanhada de um gradiente de voltagem ou potencial elétrico (ver *Seção 3.11*), bem mais positivo na face da membrana voltada ao espaço intermembranoso. O gradiente eletroquímico, derivado da soma dessas forças, produz energia – denominada **próton-motora** – que faz com que os H^+ retornem à matriz mitocondrial, agora por transporte passivo. Os H^+ retornam pelo canal da ATP sintase (Figuras 8.10, 8.12 e 8.13). Em resumo, à medida que a energia fornecida pelos e^- é utilizada para transferir os H^+ ao espaço intermembranoso, é absorvida pelos próprios H^+, que a conservam como energia próton-motora.

8.16 A fosforilação é mediada pela ATP sintase

Na *Seção 8.11* foi descrito que a ATP sintase é composta por duas unidades que têm localizações e funções diferentes. Uma atravessa a bicamada lipídica (porção transmembranosa ou F_0) e a outra está voltada para a matriz mitocondrial (porção F_1) (Figura 8.13). A porção F_0 forma um canal que possibilita o retorno dos H^+ à matriz mitocondrial, enquanto a porção F_1 é a responsável pela fosforilação, ou seja, catalisa a síntese de ATP a partir de ADP e P. Conforme se nota, o retorno dos H^+ e a síntese de ATP, ainda que sejam dois processos relacionados entre si, ocorrem em dois locais diferentes da ATP sintase.

A energia necessária para a síntese de ATP provém da energia próton-motora contida nos H^+, que a perdem conforme retornam passivamente à matriz mitocondrial.

Em resumo, a ATP sintase comporta-se como uma turbina que converte um tipo de energia (a próton-motora, derivada do gradiente eletroquímico dos H^+) em outra mais aproveitável para a célula, a energia química concentrada entre o segundo e o terceiro fosfato do ATP.

São produzidos, aproximadamente, 2,5 ATP para cada NADH processado e 1,5 para cada $FADH_2$.

O ATP entra no citosol por meio de um cotransportador passivo localizado na membrana mitocondrial interna, a **ATP-ADP translocase** (Figura 8.10). Para cada ATP que a atravessa, um ADP entra na matriz mitocondrial.

A ATP sintase pode também ser chamada de **ATPase**, pois é capaz de hidrolisar ATP (a ADP e P) e, com a energia liberada, bombear H^+ ao espaço intermembranoso por meio da porção F_0. Não obstante, recebe o nome de ATP sintase porque, na matriz mitocondrial, a razão ATP/ADP costuma ser inferior a um, promovendo, então, a síntese e não hidrólise de ATP.

8.17 Os H⁺ e os e⁻ ligam-se ao oxigênio atmosférico para formar água

Cabe agora questionar o destino dos e⁻, os quais, logo após perderem grande parte de sua energia, abandonam a cadeia respiratória e retornam à matriz mitocondrial. Assim, ligam-se aos H⁺ provenientes do espaço intermembranoso e ao O₂ proveniente da atmosfera, formando H₂O (Figuras 8.10 e 8.12). A atração dos e⁻ pelo O₂ se deve ao fato de que os e⁻ têm grande afinidade pelo O₂, maior do que pela citocromo-oxidase (complexo IV), de onde saem da cadeia respiratória. Com a formação da H₂O, termina a fosforilação oxidativa.

São necessários 4 e⁻ e 4 H⁺ para cada O₂, a fim de que sejam fabricadas 2 moléculas de H₂O, um dos produtos finais do metabolismo (o outro é o CO₂). A H₂O passa da mitocôndria ao citosol, no qual pode ficar retida ou sair em direção ao espaço extracelular.

8.18 As NADH produzidas durante a glicólise não entram nas mitocôndrias

Até o momento ignoramos o destino das NADH produzidas durante a glicólise (ver *Seção 8.6*) (Figura 8.6). Diferentemente das NADH formadas nas mitocôndrias, que produzem 2,5 ATP cada uma, as originadas na glicólise produzem, às vezes, 1,5 ATP e outras, 2,5. O menor rendimento energético deve-se ao fato de que a NADH citosólica não pode entrar na mitocôndria, pois sua membrana interna é impermeável.

Para que a NADH citosólica possa ceder sua energia ao ATP, somente entram na mitocôndria seus e⁻ e H⁺, e não a própria NADH. Isso é possível graças a algumas moléculas citosólicas, que atuam como **"lançadeiras"**. Desse modo, uma lançadeira, logo após captar dois e⁻ e um H⁺ da NADH (e mais outro H⁺ do meio), os conduz à mitocôndria, de onde os transfere a outra molécula; logo após, retorna sem eles ao citosol, ficando disponível para uma nova operação.

Uma das lançadeiras é o **glicerol 3-fosfato**, produzido no citosol com a redução da di-hidroxiacetona 3-fosfato (Figura 8.14). O glicerol 3-fosfato ingressa no espaço intermembranoso e entra em contato com a membrana mitocondrial interna, mais precisamente com a FAD, para a qual cede os dois e⁻ e os dois H⁺, ou seja, uma molécula de hidrogênio (H₂). Forma-se, então, uma FADH₂, que, como sabemos, cede seus e⁻ à ubiquinona. Na *Seção 8.16* vimos que, quando os e⁻ entram na cadeia respiratória pela ubiquinona, produzem 1,5 ATP em vez de 2,5.

Existem, também, lançadeiras de **malato-aspartato** (Figura 8.15). Nesse caso, os dois e⁻ e o H⁺ da NADH citosólica (e mais outro do meio) reduzem um oxalacetato que é convertido em malato. O malato entra na matriz mitocondrial e é reoxidado a oxalacetato. O H₂ que sai do malato é usado para reduzir uma NAD⁺ a NADH (o H⁺ que sobra volta ao meio), que, como se sabe, produz três ATP. O oxalacetato mitocondrial, por não poder atravessar a membrana interna da mitocôndria, para passar ao citosol transforma-se em aspartato, e assim a atravessa. No citosol, o aspartato é reconvertido em oxalacetato, e isso encerra o ciclo.

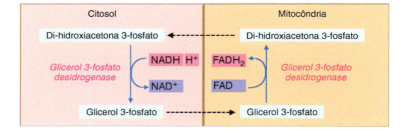

Figura 8.14 Modo de atuação da lançadeira de glicerol 3-fosfato para transportar à mitocôndria os elétrons das NADH produzidas durante a glicólise.

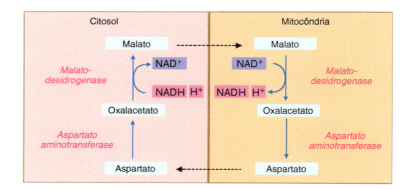

Figura 8.15 Modo de atuação da lançadeira de malato-aspartato para transportar à mitocôndria os elétrons das NADH produzidas durante a glicólise.

8.19 Para cada gotícula de glicose são produzidos 30 ou 32 ATP com participação de O_2

Para realizar o cálculo da energia obtida, em unidades de ATP, durante a oxidação de uma molécula de **glicose**, deve-se somar a energia produzida no citosol e a produzida na mitocôndria.

A glicólise produz 4 moléculas de ATP. Como gasta 2, nessa etapa há um ganho de 2 ATP (Figura 8.6). Produz, também, 2 NADH, que, por serem citosólicas, produzem 1,5 ou 2,5 ATP cada uma, 3 ou 5 no total. Então, o fornecimento da glicólise é de 5 ou 7 ATP, 2 produzidos no citosol e 3 ou 5 na mitocôndria.

Os dois piruvatos derivados da glicólise entram na mitocôndria, e, com a descarboxilação oxidativa, convertem-se em duas acetilas. O processo produz 2 NADH, uma por cada piruvato. Para cada NADH, a fosforilação oxidativa produz 2,5 ATP. Portanto, essa etapa produz 5 ATP.

No ciclo de Krebs, cada acetil produz 1 ATP, 3 NADH e 1 $FADH_2$; por isso, ao final das duas voltas necessárias para metabolizar as duas acetilas, surgem 2 ATP, 6 NADH e 2 $FADH_2$. Dado que, para cada NADH a fosforilação oxidativa produz 2,5 ATP e, para cada $FADH_2$, 1,5 ATP, aos 2 ATP produzidos nas duas voltas do ciclo de Krebs, devem-se somar os 15 ATP fornecidos pelas 6 NADH, mais 3 fornecidos pelas 2 $FADH_2$, perfazendo, portanto, um total de 20 ATP.

Somados aos 5 ou 7 ATP da glicólise e aos 5 ATP da descarboxilação oxidativa, o ganho de energia por molécula de glicose é de 30 ou 32 ATP. Comparando-se essa produção com os apenas 2 ATP produzidos no citosol, observa-se a importância da mitocôndria no fornecimento de energia para o funcionamento das células que consomem oxigênio.

Com relação aos **ácidos graxos**, apesar de, em sua degradação, não existirem processos equivalentes à glicólise e à descarboxilação oxidativa (Figura 8.5), eles fornecem mais energia que a glicose, devido às NADH e $FADH_2$ suplementares produzidas durante a β-oxidação de suas cadeias (ver *Seção 8.8*).

8.20 Nas células musculares o piruvato pode ser convertido em lactato

As células musculares, quando ultrapassam um determinado nível de atividade, esgotam o O_2 atmosférico que chega até elas por meio dos eritrócitos, em uma situação normal. Mediante a falta de O_2, o piruvato, em vez de converter-se em um grupo acetil da acetil-CoA, transforma-se em **lactato**. Esse processo metabólico é conhecido pelo nome de **fermentação láctica**. Nesse caso, o ciclo de Krebs e a fosforilação oxidativa não ocorrem.

O lactato produzido nas células musculares chega à corrente sanguínea e ao fígado. Nos hepatócitos, via piruvato, o lactato é convertido em glicose, que será utilizada pela célula muscular se continuar havendo demanda de energia.

8.21 Nas mitocôndrias dos adipócitos marrons a energia produzida pelas oxidações é dissipada em forma de calor

Se a energia próton-motora dos H^+ situados no espaço intermembranoso não fosse resgatada para formar ATP, os H^+, ao retornarem à matriz mitocondrial, também se uniriam aos e^- e ao O_2 para formar H_2O. No entanto, a energia próton-motora, ao final da reação, seria convertida em energia térmica, ou seja, seria dissipada como calor. Isso é o que ocorre nas células adiposas denominadas **adipócitos marrons**, cujas mitocôndrias são incapazes de transferir a energia próton-motora ao ATP. Ocorre que, na membrana interna dessas mitocôndrias, existe um transportador de H^+ denominado **termogenina**, que, por não ter a porção F_1 – ou seja, a função enzimática da ATP sintase –, possibilita o retorno dos H^+ à matriz mitocondrial, sem que sua energia seja reaproveitada para formar ATP. Como consequência, a energia próton-motora, ao reagirem os H^+ com os e^- e o O_2 atmosférico durante a formação de H_2O, dissipa-se na forma de calor.

O tecido adiposo marrom é encontrado nos recém-nascidos na região interescapular. Se a criança nasce em um ambiente muito frio, os ácidos graxos dos triglicerídios encontrados nas células do tecido adiposo marrom são degradados e produzem calor em vez de ATP. O tecido adiposo marrom pode, então, ser vital no momento do nascimento, pois possibilita a rápida adaptação dos recém-nascidos a baixas temperaturas.

8.22 As mitocôndrias desempenham outras funções

Remoção de Ca^{2+} do citosol. Normalmente, essa função é do RE (ver *Seção 7.26*). No entanto, quando a concentração de Ca^{2+} aumenta no citosol em níveis perigosos para a célula, entra em ação uma Ca^{2+}-ATPase, localizada na membrana interna das mitocôndrias, que, ao bombear o Ca^{2+} em direção à matriz mitocondrial, o retira do citosol.

Síntese de aminoácidos. A partir de determinadas moléculas intermediárias do ciclo de Krebs, nas mitocôndrias dos hepatócitos ocorrem algumas etapas metabólicas responsáveis pela síntese de diversos aminoácidos.

Síntese de esteroides. Em algumas células do córtex da glândula suprarrenal, dos ovários e dos testículos, a mitocôndria participa da síntese de diversos esteroides (função esteroidogênica). Primeiramente, o **colesterol** captado pelas células é transportado à mitocôndria, na qual uma enzima localizada na membrana mitocondrial interna converte-o em **pregnenolona**. Este sai da mitocôndria e entra no RE (ver *Seção 7.27*), no qual continua seu metabolismo por meio de diversas enzimas que atuam em sequência. No caso do córtex da suprarrenal, são originados a **desoxicorticosterona**, o **desoxicortisol** e o andrógeno **androstenediona**. Os dois primeiros, logo após abandonarem o RE, retornam à mitocôndria, em que a 11β- hidroxilase converte a desoxicorticosterona em **corticosterona** e o desoxicortisol em **cortisol**. Esses glicocorticoides são produzidos nas células da zona fasciculada do córtex suprarrenal. Posteriormente, no citoplasma das células da zona glomerulosa, pela ação da 18-hidroxilase e da 18-hidroxiesteroide oxidase, a corticosterona é convertida no mineralocorticoide **aldosterona**. A maior parte das etapas metabólicas mencionadas consiste em oxidações e, em seu decorrer, uma família de citocromos presentes na mitocôndria – os **citocromos P450** – atua como receptores de e⁻.

Morte celular. Na *Seção 22.4* será analisada a participação da mitocôndria na morte celular programada.

Reprodução das mitocôndrias

8.23 As mitocôndrias reproduzem-se para duplicar seu número antes de cada divisão celular e para substituir aquelas que desaparecem

Nas células que não se multiplicam, ou que têm interfases prolongadas, as mitocôndrias envelhecem e são degradadas pelos fagolisossomos (ver *Seção 7.35*); entretanto, sua quantidade é mantida estável, pois outras mitocôndrias são formadas. Além disso, antes que a célula se divida, todos os seus componentes são duplicados, inclusive as mitocôndrias. A seguir, descreveremos o mecanismo que torna possível que as mitocôndrias sejam produzidas em ambas as situações.

A reprodução das mitocôndrias não ocorre como consequência da produção espontânea de seus componentes, e sim, pela divisão de mitocôndrias preexistentes, que, por essa razão, previamente duplicam seu tamanho. Esse processo é denominado **fissão binária**. Na Figura 8.16 podem ser observadas as etapas de crescimento e de divisão mitocondrial.

A divisão das mitocôndrias ocorre durante todo o ciclo celular, tanto na interfase quanto na mitose. Além disso, nem todas as mitocôndrias multiplicam-se. Por essa razão, algumas se dividem repetidas vezes no transcorrer de um mesmo ciclo, para compensar a falta de divisão de outras.

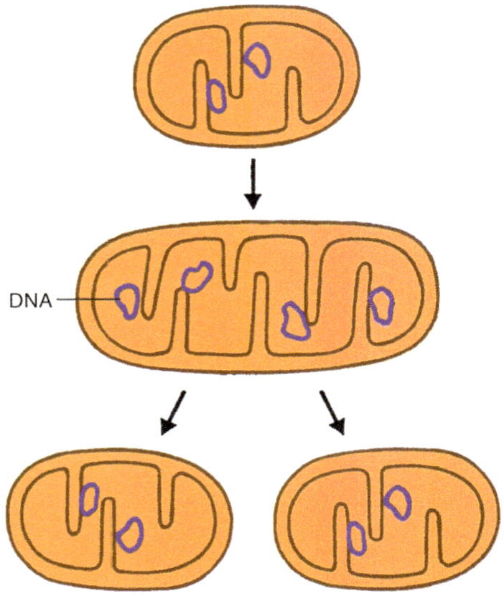

Figura 8.16 Reprodução das mitocôndrias.

8.24 Os fosfolipídios das membranas mitocondriais são fornecidos pela membrana do RE

A formação de novas mitocôndrias requer a duplicação das áreas de sua membrana interna e de sua membrana externa, e, para isso, devem ser acrescentados novos fosfolipídios às suas bicamadas lipídicas. Assim como acontece com as outras membranas da célula, os fosfolipídios são fornecidos pela membrana do RE, no qual são produzidas (ver *Seções 7.9 e 7.10*).

Para retirá-los do RE, a mitocôndria recorre a proteínas citosólicas denominadas **intercambiadoras**, que retiram os fosfolipídios da membrana do retículo e os colocam na monocamada citosólica da membrana mitocondrial externa, conforme ilustrado na Figura 8.17. Uma parte dos fosfolipídios passa para a monocamada oposta utilizando movimentos de *flip-flop* (ver *Seção 3.3*). Desse modo, a passagem de fosfolipídios da membrana externa à membrana interna ocorre por meio de pontos de contato criados entre as membranas para esse fim.

Alguns glicerofosfolipídios que chegam à membrana mitocondrial interna passam por modificações. Por exemplo, unem-se dois a dois formando difosfatidilglicerol (ver *Seção 8.11*).

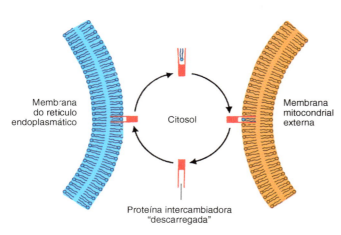

Figura 8.17 Transferência de fosfolipídios da bicamada lipídica do retículo endoplasmático à bicamada lipídica da membrana mitocondrial externa.

8.25 Algumas proteínas mitocondriais são produzidas na matriz

A maior parte das proteínas da mitocôndria provém do citosol, mas algumas são produzidas na própria organela, que tem recursos próprios para sua elaboração. Efetivamente, a mitocôndria tem várias unidades idênticas de um **DNA circular**, a partir do qual são trancritos os genes de 13 mRNA (base para a síntese de outras muitas proteínas), de 22 tipos de tRNA e dois tipos de rRNA (um corresponde à subunidade maior dos ribossomos mitocondriais, e outro à subunidade menor). Todas essas moléculas são encontradas na matriz mitocondrial; os DNA circulares permanecem aderidos à membrana interna da organela (Figuras 8.9 e 8.16).

Utilizados os aminoácidos provenientes do citosol, são sintetizadas nos ribossomos mitocondriais as seguintes 13 proteínas (a maioria pertencente à cadeia respiratória): sete subunidades do complexo NADH desidrogenase, uma do complexo b-c$_1$, três do complexo citocromo-oxidase e duas subunidades da ATP sintase.

8.26 O DNA mitocondrial é diferente do DNA nuclear

O DNA mitocondrial apresenta as seguintes particularidades, que o diferenciam do DNA nuclear (Figura 8.18):

(1) É circular e não apresenta histonas
(2) Tem somente uma origem de replicação (ver *Seção 17.3*), uma das cadeias-filhas começa a ser sintetizada antes que a outra e isso ocorre a partir de um ponto diferente do usado para a segunda
(3) É muito pequeno; tem somente 37 genes. Em quase todos os tipos de célula, a soma dos DNA de todas as mitocôndrias não representa mais do que 1% do DNA nuclear
(4) Tem poucas e, ao mesmo tempo, pequenas sequências não gênicas, ou seja, que não são transcritas
(5) Produz 22 tipos de tRNA, em vez dos 31 transcritos pelo DNA do núcleo
(6) Os dois tipos de rRNA (12S e 16S) codificados originam ribossomos que têm um coeficiente de sedimentação de 55S, inferior ao dos ribossomos dos procariontes (70S) e do citosol (80S)
(7) Em seu código genético, existem 4 códons cujas instruções diferem das de seus pares do DNA nuclear (ver *Seção 13.4*). Trata-se dos códons AGA, AGG, AUA e UGA. No DNA nuclear, os dois primeiros códons correspondem ao aminoácido arginina, enquanto no DNA mitocondrial comportam-se como códons de terminação. No DNA nuclear, o códon AUA determina a isoleucina e, no DNA mitocondrial, a metionina. No DNA nuclear, o códon UGA é um códon de terminação e, no DNA mitocondrial, determina o triptofano.
(8) Suas duas cadeias são transcritas. Os genes dos dois rRNA, de 14 tRNA e de 12 mRNA localizam-se em uma das cadeias do DNA mitocondrial, enquanto os genes restantes, correspondentes a 8 tRNA e a um mRNA, localizam-se na outra cadeia
(9) As moléculas de RNA que o DNA transcreve são processadas enquanto são sintetizadas. O processamento compreende a remoção de partes dos RNA
(10) Conforme foi dito, a mitocôndria tem várias cópias de um mesmo DNA e não somente duas como o DNA nuclear. Deve-se ressaltar que as mitocôndrias de qualquer indivíduo têm origem materna, pois todas provêm do ovócito (ver *Seção 19.19*).

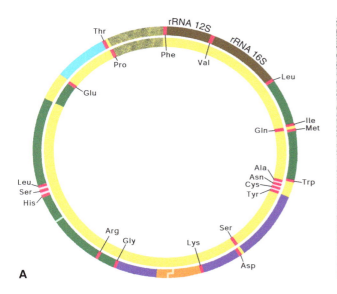
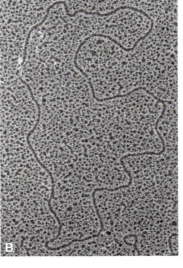

Figura 8.18 A. DNA circular da mitocôndria humana em que estão representados os 37 genes existentes em suas duas cadeias. Estão apontados os genes dos 22 tRNA (*magenta*), dos 2 rRNA (*marrom*) e dos 13 mRNA. Estes últimos correspondem a duas subunidades da ATP sintase (*laranja*), sete do complexo NADH desidrogenase (*verde*), uma do complexo b-c$_1$ (*azul-celeste*) e três do complexo citocromo-oxidase (*azul-escuro*). Pode ser observada, também, a área em que se encontra a origem de replicação (*acizentado*). **B.** DNA mitocondrial de uma célula de rato observado com a técnica de extensão e sombreamento metálico. (Cortesia de B. Stevens.)

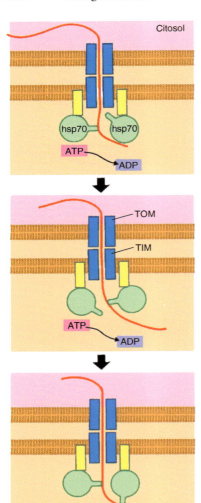

Figura 8.19 Entrada das proteínas na mitocôndria por meio de translócons das membranas mitocondriais externa e interna e ação das chaperonas hsp70 da matriz mitocondrial.

8.27 A síntese das proteínas mitocondriais requer coordenação apropriada

Ainda que a mitocôndria tenha DNA, mRNA, tRNA e ribossomos próprios, são poucas as proteínas produzidas, 13 no total. Por essa razão, a maior parte das proteínas que são necessárias para sua reprodução deve ser importada do citosol. Além disso, devido a essa dupla procedência, é necessária perfeita coordenação entre as atividades dos genomas mitocondrial e nuclear, para que todos os componentes da mitocôndria sejam produzidos nas proporções adequadas.

As proteínas importadas são sintetizadas nos ribossomos citosólicos livres (não associados ao RE). Entre as mais importantes estão as enzimas do complexo piruvato desidrogenase, as responsáveis pelo ciclo de Krebs e pela β-oxidação dos ácidos graxos, muitas das proteínas que participam da fosforilação oxidativa, os canais iônicos e as permeases da membrana mitocondrial interna, a DNA polimerase, a RNA polimerase e as proteínas dos ribossomos mitocondriais, entre outras.

8.28 A incorporação de proteínas às membranas e aos compartimentos mitocondriais é resultado de um complexo processo

Conforme surgem dos ribossomos, as proteínas mitocondriais produzidas no citosol associam-se às **chaperonas** da família hsp70. Estas mantêm as proteínas desdobradas até que alcancem a mitocôndria, pois não poderiam incorporar-se a ela, se estivessem dobradas (ver *Seção 4.5*).

A passagem das proteínas através das membranas externa e interna da mitocôndria é um complexo processo. Quando uma delas entra em contato com a membrana mitocondrial externa, desprende-se das chaperonas hsp70 citosólicas, atravessa as duas membranas e se associa a chaperonas ligadas à membrana mitocondrial interna. Essas chaperonas, que também pertencem à família hsp70, atraem a proteína em direção ao interior da mitocôndria por um mecanismo que consome ATP, possivelmente da maneira mostrada na Figura 8.19. Uma vez na matriz mitocondrial, a proteína se dobra sem ajuda, ou com assistência de uma chaperona da família hsp60 (ver *Seção 4.5*).

As proteínas são incorporadas à mitocôndria por meio dos **translócons TOM** e **TIM** (de *translocase of the outer* e *of the inner mitochondrial membrane*), presentes nas membranas mitocondriais externa e interna, respectivamente (ver *Seção 7.12*). Como demonstrado nas Figuras 8.19 e 8.20, para que as proteínas possam ingressar, é necessário que os dois translócons estejam juntos e seus lumens alinhados, forçando as membranas externa e interna a se aproximarem mutuamente.

Todas as proteínas importadas do citosol têm, em sua extremidade amina, um **peptídio-sinal** que as conduz até a mitocôndria e que é reconhecido por um receptor específico associado ao translócon externo (ver *Seções 4.4* e *16.17*) (Tabela 4.1 e Figura 8.20). Se o destino da proteína é a matriz mitocondrial, assim que atravessa os translócons, perde o peptídio-sinal e é liberada em seu interior (o peptídio-sinal é removido por uma protease da matriz) (Figura 8.20). No entanto, as proteínas destinadas às membranas externa e interna têm sinais adicionais, diferentes entre si, que conservam ambos os tipos de proteína na membrana correspondente.

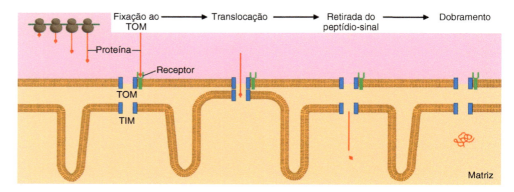

Figura 8.20 Modo como uma proteína procedente do citosol entra na matriz mitocondrial.

8.29 Provavelmente as mitocôndrias derivam de bactérias aeróbicas

Vimos que as mitocôndrias reproduzem-se por fissão binária, assim como as bactérias. Esta não é a única semelhança com os procariontes; parecem-se, também, em suas formas e medidas e por terem vários componentes em comum. Tais semelhanças levaram à sugestão de que as mitocôndrias são um produto evolutivo das bactérias aeróbicas.

Outras suposições sustentam essa teoria. Assim, acredita-se que as primeiras células eucariontes eram anaeróbicas e que, quando a atmosfera terrestre ficou rica em oxigênio, incorporaram a seus citoplasmas bactérias aeróbicas que, após sucessivas alterações adaptativas, converteram-se nas atuais mitocôndrias. A simbiose possibilitou que as células eucariontes aproveitassem o oxigênio atmosférico, e assim começaram a produzir maior quantidade de energia com a mesma quantidade de alimento. Paralelamente, a membrana plasmática da célula eucarionte ficou isenta de realizar processos energéticos e pôde se concentrar em outras atividades, como controlar a transferência de solutos, possibilitar a entrada e a saída de macromoléculas e receber e emitir sinais, entre outras.

Bibliografia

Anderson S., Barrel B., Sanger F. et al. (1981) Sequence and organization of the mitochondrial genome. Nature 290:465.

Attardi G. and Schatz G. (1988) Biogenesis of mitochondria. Annu. Rev. Cell Biol. 4:289.

Babcock G.T. and Wikström M. (1992) Oxygen activation and the conservation of energy in cell respiration. Nature 356:301.

Bereiter-Hahn J. (1990) Behavior of mitochondria in the living cell. Int. Rev. Cytol. 122:1.

Bianchet M. et al. (1991) Mitochondrial ATP synthase. Quaternary structure of the F1 moiety at 3.6 Å determined by X-ray diffraction analysis. J. Biol. Chem. 266:21197.

Boyer P.D. (1989) A perspective of the binding change mechanism for ATP synthesis. FASEB J. 3:2164.

Brand M.D. (2005) The efficiency and plasticity of mitochondrial energy transduction. Biochem. Soc. Trans. 33:897.

Brandt U. (2006) Energy converting NADH: quinone oxidoreductase (complex I). Annu. Rev. Biochem. 75:69.

Brodsky J.L. (1996) Post-translational protein translocation: not all hsp70s are created equal. TIBS 21:122.

Capaldi R.A. (1990) Structure and function of cytochrome c oxidase. Annu. Rev. Biochem. 59:569.

Clayton D.A. (1991) Replication and transcription of vertebrate mitochondrial DNA. Annu. Rev. Cell Biol. 7:453.

Cleves A.E. and Kelly R.B. (1996) Protein translocation: rehearsing the ABCs. Curr. Biol 6:276.

Ferguson S.J. and Sorgato M.C. (1982) Proton electrochemical gradients and energy transduction processes. Annu. Rev. Biochem. 51:185.

Finkel E. (2001) The mitochondrion: Is it central to apoptosis? Science 292:624.

Gennis R. and Ferguson-Miller S. (1995) Structure of cytochrome c oxidase, energy generator of aerobic life. Science 269:1063.

Glick B.S., Beasley E.M. and Schatz G. (1992) Protein sorting in mitochondria. TIBS 17:453.

Gray M.W. (1989) Origin and evolution of mitochondrial DNA. Annu. Rev. Cell Biol. 5:25.

Grivell L.A. (1983) Mitochondrial DNA. Sci. Am. 248 (3):60.

Hatefi Y. (1985) The mitochondrial electron transport and oxidative phosphorylation system. Annu. Rev. Biochem. 45:1015.

Hinkle P.C., Kumar M.A., Resetar A. and Harris D.L. (1991) Mechanistic stoichiometry of mitochondrial oxidative phosphorylation system. Annu. Rev. Biochem. 54:1015.

Hofhaus G., Weiss H. and Leonard K. (1991) Electron microscopic analysis of the peripheral and membrane parts of mitochondrial NADH dehydrogenase (complex I). J. Mol. Biol. 221:1027.

Klingenberg M. (1990) Mechanism and evolution of the uncoupling protein of brown adipose tissue. TIBS 15:108.

Manella C.A. (1992) The "ins" and "outs" of mitochondrial membrane channels. TIBS 17:315.

Manella C.A., Marko M. and Buttle K. (1997) Reconsidering mitochondrial structure: new views of an old organelle. TIBS 22:37.

Mokranjac D. and Neupert W. (2005) Protein import into mitochondria. Biochem. Soc. Trans. 33:1019.

Nicholls D. and Rial E. (1984) Brown-fat mitochondria. TIBS 9: 489.

Ostermeier C., Iwata S. and Michel H. (1996) Cytochrome c oxidase. Curr. Opin. Struc. Biol. 6:460.

Sazanov L.A. (2007) Respiratory complex I: mechanistic and structural insights provided by the crystal structure of the hydrophilic domain. Biochemistry 46:2275.

Schatz G. (1996) The protein import system of mitochondria. J. Biol. Chem. 271:31763.

Srere P.A. (1982) The structure of the mitochondrial inner membrane-matrix compartment. TIBS 5:375.

Stryer L. (1995) Biochemistry, 4th Ed. W.H. Freeman & Co, New York.

Stuart R.A. and Neupert W. (1996) Topogenesis of inner membrane proteins of mitochondria. TIBS 21:261.

Wallace D.C. (1992) Diseases of the mitochondrial DNA. Annu. Rev. Biochem. 61:1175.

Weber J. (2007) ATP synthase-the strucrure of the stator stalk. Trends Biochem. Sci. 32:53.

Wickner W.T. (1994) How ATP drives proteins across membranes. Science 266:1197.

Wikström M. (1989) Identification of the electron transfers in cytochrome oxidase that are coupled to proton-pumping. Nature 338:776.

Xia D. et al. (1997) Crystal structure of the cytochrome bc_1 complex from bovine heart mitochondria. Science 277:60.

Yaffe M.P. (1999) The machinery of mitochondrial inheritance and behavior. Science 283:1475.

Cloroplastos
Energia Celular II

9

9.1 Os plastídios são as organelas mais características da célula vegetal

Os **plastídios** são organelas encontradas exclusivamente nas células vegetais. Os mais comuns e de maior importância biológica são os **cloroplastos** (Figura 1.7), que, juntamente com as mitocôndrias, constituem a engrenagem bioquímica encarregada de realizar as transformações energéticas necessárias para manter as funções das células. Os cloroplastos utilizam a energia eletromagnética derivada da luz solar e convertem-na em energia química por meio de um processo denominado **fotossíntese**. Ao utilizar essa energia somada ao CO_2 atmosférico, sintetizam diversos tipos de moléculas, algumas das quais servem de alimento para as próprias plantas e para os organismos heterótrofos herbívoros (ver *Seção 1.4*) (Figura 1.2).

Os cloroplastos caracterizam-se por ter pigmentos (clorofilas, carotenoides); e, conforme já foi dito, neles ocorre a fotossíntese. Por meio desse processo, produzem oxigênio e também a maior parte da energia química utilizada pelos organismos vivos. A vida é mantida graças aos cloroplastos. Sem eles, não haveria plantas nem animais, pois os animais se alimentam do que é produzido pelos vegetais; assim, pode-se dizer que cada molécula de oxigênio usada na respiração e cada átomo de carbono presente em seus corpos passaram alguma vez por um cloroplasto.

Além dos cloroplastos, existem outros plastídios com pigmentos denominados, de modo genérico, **cromoplastos**. Nas pétalas, nos frutos e nas raízes de algumas plantas superiores existem cromoplastos amarelos ou alaranjados. Em geral, eles têm menor quantidade de clorofila e, portanto, menor atividade fotossintética. A cor vermelha do tomate maduro deve-se aos cromoplastos, cujo pigmento vermelho denominado licopeno pertence ao grupo dos carotenoides. Nas algas vermelhas, existem cromoplastos que contêm, além da clorofila e dos carotenoides, um pigmento vermelho e um pigmento azul, a ficoeritrina e a ficocianina, respectivamente.

As células vegetais contêm também plastídios incolores. São denominados **leucoplastos** e encontrados tanto nas células embrionárias quanto nas células dos órgãos das plantas que não recebem luz. Os plastídios das células dos cotilédones e dos esboços foliáceos do caule são inicialmente incolores, mas, com o passar do tempo, armazenam clorofila e adquirem a cor verde característica dos cloroplastos. Entretanto, as células diferenciadas têm leucoplastos verdadeiros que nunca se tornam verdes. Alguns leucoplastos – denominados **amiloplastos** – produzem e armazenam grânulos de amido; não têm ribossomos, tilacoides e pigmentos e são muito abundantes nas células das raízes e dos tubérculos.

9.2 As características dos cloroplastos variam de acordo com os tipos de células

Os cloroplastos estão localizados principalmente nas células do mesófilo, tecido encontrado nas folhas das plantas superiores e nas algas. Cada célula contém um número considerável de cloroplastos, de forma esférica, oval ou discoidal. Seu tamanho varia consideravelmente, mas, em média, seu diâmetro é de 4 a 6 μm. Essa medida costuma ser constante para cada tipo de célula, mas é muito maior nas células poliploides do que nas diploides. Em geral, nas plantas que crescem na sombra, os cloroplastos são maiores e mais ricos em clorofila.

O número de cloroplastos mantém-se relativamente constante nos diversos vegetais. As algas costumam ter somente um cloroplasto e de grande volume. Nas plantas superiores existem entre 20 e 40 cloroplastos por célula. Nas folhas de algumas espécies foram calculados cerca de 400.000 cloroplastos por mm^2. Se seu número é insuficiente, aumentam por divisão; se é excessivo, são reduzidos por degeneração.

Em cloroplastos isolados de espinafre foram verificadas alterações de formato e volume por ação da luz. Quando iluminados, o volume diminui acentuadamente, mas esse efeito é reversível.

9.3 A estrutura dos cloroplastos inclui o envoltório, o estroma e os tilacoides

O cloroplasto tem três componentes principais: o envoltório, o estroma e os tilacoides (Figura 9.1).

O **envoltório** dos cloroplastos apresenta duas membranas – uma externa e outra interna –, por meio das quais ocorrem os intercâmbios moleculares com o citosol. No cloroplasto maduro, diferentemente de seu precursor, não é observada continuidade entre a membrana interna e os tilacoides. Nenhuma das membranas tem clorofila, mas elas apresentam coloração amarelada devido a pigmentos carotenoides. Contêm somente 2% das proteínas do cloroplasto.

O **estroma** representa a maior parte do cloroplasto e nele são encontrados os tilacoides. É composto, principalmente, de proteínas. Contém DNA e também RNA, que atuam na síntese de algumas das proteínas estruturais e enzimáticas do cloroplasto. No estroma, ocorrem a fixação do CO_2 – ou seja, a produção de carboidratos – e também a síntese de alguns ácidos graxos e proteínas.

Os **tilacoides** são vesículas achatadas agrupadas de modo semelhante a pilhas de moedas. Cada pilha de tilacoides recebe o nome de *granum* (plural: *grana*), e os elementos que formam as pilhas são denominados **tilacoides dos grana** ou **intergrana** (Figuras 9.1 e 9.2). Há, também, tilacoides que atravessam o estroma e ligam dois *grana* entre si; chamados de **tilacoides do estroma** (Figuras 9.1, 9.2 e 9.3). No entanto, a descrição anterior não é totalmente verdadeira, pois existem tilacoides pequenos – com um diâmetro médio de 1 μm (a maioria dos tilacoides dos *grana*) – e tilacoides grandes e alongados, compartilhados por dois *grana*. Nestes, são distinguidas três partes: duas extremidades que aparentam ser tilacoides dos *grana* e um segmento intermediário que corresponde ao tilacoide do estroma.

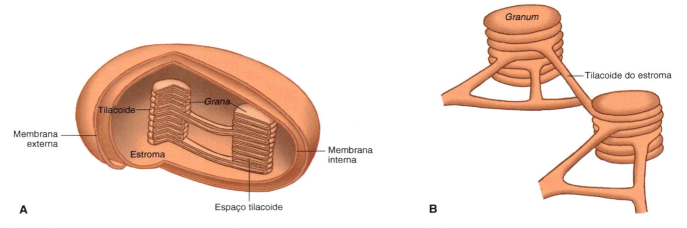

Figura 9.1 A. Esquema tridimensional do cloroplasto, com seus principais componentes. **B.** Esquema tridimensional de dois *grana* e de tilacoides que atravessam o estroma do cloroplasto.

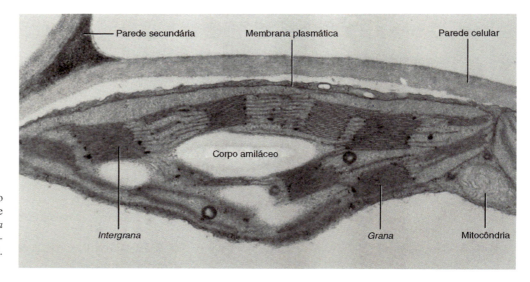

Figura 9.2 Eletromicrografia do cloroplasto. Trata-se de um corte longitudinal que apresenta os *grana* e os tilacoides do estroma (*intergrana*). (Cortesia de M. Cresti e M. Wurtz.)

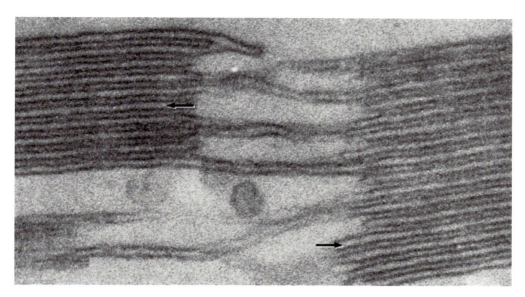

Figura 9.3 Eletromicrografia do cloroplasto que apresenta dois *grana* e os tilacoides do estroma que os conectam. As setas apontam a cavidade do compartimento membranoso dos *grana*, ou seja, o espaço tilacoide. 240.000×. (Cortesia de I. Nir e D. C. Pease.)

A parede dos tilacoides – denominada **membrana tilacoide** – é uma bicamada lipídica repleta de proteínas e de outras moléculas, quase todas relacionadas com as reações químicas da fotossíntese. Essa parede separa o compartimento dos tilacoides – ou seja, o **espaço tilacoide** – do estroma. Algumas evidências parecem indicar que, direta ou indiretamente, os lumens de todos os tilacoides estão interconectados, e dessa maneira, existiria somente um espaço tilacoide (Figura 9.4).

Portanto, o cloroplasto apresentaria três compartimentos: o intermembranoso (entre a membrana externa e a membrana interna), o estroma (entre a membrana interna e a membrana tilacoide) e o espaço tilacoide. Mais adiante, será descrito que, do ponto de vista funcional, o espaço tilacoide equivale à matriz mitocondrial.

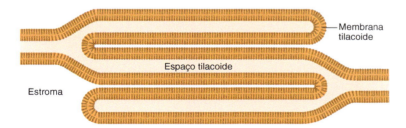

Figura 9.4 Esquema que ilustra a continuidade do espaço tilacoide e como se encontra separado do estroma.

Fotossíntese

9.4 Na fotossíntese a energia luminosa é convertida em energia química

A **fotossíntese** é uma das funções biológicas fundamentais das células vegetais. Por meio da **clorofila** contida nos cloroplastos, os vegetais verdes são capazes de absorver a energia que a luz solar emite como fótons e transformá-la em energia química. Esta se acumula nas ligações químicas entre os átomos das moléculas alimentícias, produzidas com a participação do CO_2 atmosférico. Na *Seção 8.15* foi analisada a fosforilação oxidativa que ocorre na mitocôndria, por meio da qual a energia contida nas substâncias alimentícias é processada. A fotossíntese é, de certa maneira, um processo inverso, de modo que os cloroplastos e as mitocôndrias têm muitas semelhanças estruturais e funcionais.

Na fotossíntese, a principal reação é:

$$n\ CO_2 + n\ H_2O \rightarrow \text{luz-clorofila} \rightarrow (CH_2O)_n + n\ O_2,$$

que consiste na combinação de CO_2 e H_2O para formar carboidratos com liberação de O_2.

Calcula-se que cada molécula de CO_2 da atmosfera incorpora-se a um vegetal a cada 200 anos, e que o O_2 do ar é renovado pelas plantas a cada 2.000 anos. Sem plantas, não existiria O_2 na atmosfera terrestre e a vida seria quase impossível.

Vale lembrar que, na reação ocorrida na fotossíntese, H_2O é doadora de H_2 (e^- e H^+) e de O_2, enquanto CO_2 atua como receptor de H_2.

Os carboidratos produzidos pela fotossíntese são sacarídios solúveis que circulam pelos diferentes tecidos da planta ou permanecem armazenados nos **grãos de amido** nos cloroplastos (Figura 9.2) ou, mais frequentemente, nos amiloplastos. Além disso, como corolário de diversas reações que envolvem a participação de diferentes sistemas enzimáticos, o material surgido da fotossíntese pode ser convertido – geralmente fora dos plastídios – em um polissacarídio estrutural ou em lipídios ou proteínas da planta.

9.5 A clorofila é um pigmento que pode ser estimulado pela luz

A luz visível corresponde a uma pequena parte do espectro de radiação eletromagnética total e compreende os comprimentos de onda de 400 a 700 nm. A energia contida nesses comprimentos é transmitida por meio de unidades denominadas **fótons**. Um fóton contém um *quantum* de energia. Isso pode ser expresso pela equação elaborada por Max Planck em 1900:

$$E = \frac{hc}{\lambda},$$

em que h é a constante de Planck ($1,585 \times 10^{34}$ cal/s), c é a velocidade da luz (3×10^{10} cm/s) e λ é o comprimento de onda da radiação. Dessa equação, deduz-se que os fótons com comprimentos de onda mais curtos têm maior energia.

Os pigmentos como a clorofila estão particularmente adaptados para serem estimulados pela luz. Dessa maneira, os fótons absorvidos pela clorofila excitam alguns elétrons que, ao se deslocarem da órbita de seus átomos, adquirem um nível maior de energia, ou seja, um alto potencial de transferência. Essa energia pode ser dissipada na forma de calor ou de radiação luminosa (fluorescência), ser transferida de uma molécula a outra por ressonância ou converter-se em energia química. Na fotossíntese, predominam os dois últimos processos.

9.6 A fotossíntese compreende reações fotoquímicas e reações no escuro

A fotossíntese compreende uma série complexa de reações, algumas das quais ocorrem exclusivamente devido à luz e outras, em sua ausência (algumas destas podem acontecer também quando há luz). São denominadas, respectivamente, reações luminosas (ou fotoquímicas) e reações no escuro.

Nas fases finais das **reações fotoquímicas**, é produzido NADPH (a partir de NAD^+, e^- e H^+) e ATP (a partir de ADP e fosfato). Ambos os processos são semelhantes aos que ocorrem normalmente nas mitocôndrias. Na fotossíntese, a formação de ATP é conhecida pelo nome de fotofosforilação.

Convém lembrar que, na fosforilação oxidativa, nas mitocôndrias, o fluxo de elétrons parte da NADH (ou $FADH_2$) até o O_2 e é produzida H_2O (ver *Seção 8.17*). Na fotossíntese ocorre o inverso, pois os elétrons fluem de H_2O, previamente dissociada em O_2, H^+ e e^-, até a NADPH.

As **reações no escuro** completam o ciclo fotossintético e a energia contida nos ATP e nas NADPH é aproveitada pela célula vegetal para elaborar diversas moléculas alimentícias com o CO_2 capturado da atmosfera.

9.7 Há diversos tipos de clorofilas

As reações fotoquímicas ocorrem na membrana tilacoide, cuja bicamada lipídica contém uma série de complexos proteicos transmembranosos, alguns associados a pigmentos. Estes são responsáveis pela captura da energia luminosa solar. Existem diversos tipos – cada um deles capaz de absorver uma gama particular de comprimentos de onda do espectro luminoso.

Entre os pigmentos destacam-se as **clorofilas**, moléculas assimétricas que contêm uma cabeça hidrofílica integrada por quatro anéis pirrólicos unidos por um átomo de magnésio e uma cauda hidrofílica (fitol) ligada a um dos anéis (Figura 9.5).

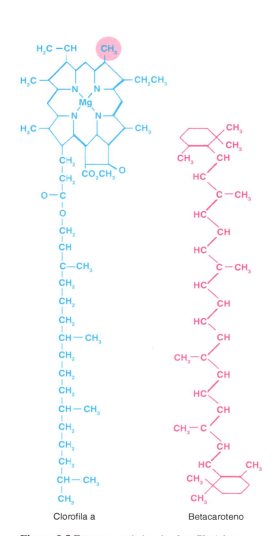

Figura 9.5 Estrutura química da clorofila (observe o grupo CH_3 circulado) e do betacaroteno.

Outros pigmentos presentes na membrana tilacoide são os **carotenoides** (xantofilas e carotenos) (Figura 9.5), que permanecem ocultados pela cor verde da clorofila. No outono, ela diminui e, então, aparecem as cores amarelas, alaranjadas e vermelhas dos carotenoides.

Existem dois tipos de clorofila, identificados com as letras a e b. Na **clorofila b**, um grupo –CHO substitui um –CH₃ da clorofila a (marcado com um círculo na Figura 9.5). Por outro lado, existem diversos tipos de **clorofila a**, caracterizados por suas composições químicas, seus espectros de absorção da luz e suas funções. Destacam-se três: uma muito abundante, responsável pela captura da energia luminosa, e outras duas especiais – em menor número – denominadas P_{680} e P_{700} (P de pigmento; o número identifica o comprimento de onda que cada pigmento absorve com maior eficiência).

9.8 Os complexos moleculares responsáveis pelas reações fotoquímicas localizam-se na membrana dos tilacoides

Assim como na membrana interna das mitocôndrias existem cadeias transportadoras de elétrons onde ocorre a fosforilação oxidativa; na membrana tilacoide dos cloroplastos também existem **cadeias de complexos moleculares**, que são responsáveis pelas reações fotoquímicas. Cada uma das cadeias é integrada pelas ligações que serão mencionadas na ordem em que são ativadas (Figura 9.6).

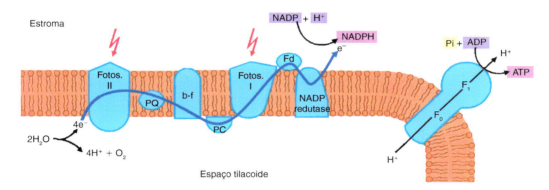

Figura 9.6 Estrutura molecular da membrana tilacoide. A linha espessa representa o fluxo de elétrons através da cadeia de complexos moleculares. A energia luminosa é captada pelo fotossistema II. Ocorre a fotólise de H_2O no interior do tilacoide e os elétrons são transferidos à plastoquinona (PQ). Os elétrons passam, então, ao complexo b-f e, em seguida, à plastocianina (PC). Esta os transfere ao fotossistema I, que absorve a luz. Assim, os elétrons são transportados à ferredoxina (Fd) e à NADP redutase, que reduz a $NADP^+$ a NADPH. O acúmulo de prótons (H^+) no interior do tilacoide cria um gradiente com relação ao estroma, de modo que os H^+ saem por meio da ATP sintase e o ATP é produzido. (Cortesia de L. Bogorad; adaptada.)

Fotossistema II. É um complexo molecular que tem duas partes bem-definidas, a **antena**, voltada ao estroma e responsável pela captura da luz, e o **centro de reação**, voltado ao espaço tilacoide. A antena é semelhante a um funil e sua parede é composta por aglomerados de proteínas e pigmentos, especialmente clorofila a, clorofila b e carotenoides. O centro de reação contém diversas proteínas associadas a moléculas de clorofila do tipo P_{680}.

Complexo b-f. Este complexo contém uma proteína de 17 kDa associada aos citocromos b e f, e uma proteína com um centro Fe-S.

Fotossistema I. É um complexo molecular que, do mesmo modo que o fotossistema II, tem uma **antena** captadora de energia luminosa, integrada por proteínas, clorofila a, clorofila b e carotenoides, e um **centro de reação**, composto por proteínas e moléculas de clorofila do tipo P_{700}.

NADP redutase. Este complexo reduz a $NADP^+$ retirada do estroma e a converte em NADPH. Os H^+ necessários para redução pertencem ao estroma.

Pode ser observado na Figura 9.6 que, entre esses complexos, existem várias moléculas intermediárias:

(1) A **plastoquinona**, entre o fotossistema II e o complexo b-f (equivale à ubiquinona das mitocôndrias)
(2) Uma pequena proteína denominada **plastocianina**, entre o complexo b-f e o fotossistema I
(3) A **ferredoxina**, entre o fotossistema I e a NADP redutase.

9.9 A membrana dos tilacoides tem ATP sintase

Nas imediações das cadeias responsáveis pelas reações fotoquímicas encontra-se a **ATP sintase**, que, como na mitocôndria, tem uma porção transmembranosa F_0, pela qual passam os prótons, e uma porção F_1, que produz ATP a partir de ADP e fosfato (ver *Seção 8.16*). A porção F_1 está voltada ao estroma do cloroplasto (Figura 9.6).

9.10 Os fótons estimulam as clorofilas dos fotossistemas II e I

Quando um fóton estimula uma molécula de clorofila, um de seus elétrons é retirado de sua órbita molecular e transferido a outra de maior energia.

No caso das clorofilas situadas na antena do fotossistema II, a energia do elétron energizado é transferida por ressonância a um dos elétrons da clorofila P_{680}, localizada, conforme vimos, no centro de reação. O novo elétron energizado abandona o fotossistema II e passa ao seguinte elo da cadeia de reações fotoquímicas, a plastoquinona. Enquanto isso, por meio de uma reação química ainda não muito compreendida (na qual atuam átomos de manganês), duas moléculas de H_2O situadas no espaço tilacoide são clivadas e produzem 4 H^+, 4 e^- e uma molécula de O_2. Cada um desses elétrons dirige-se ao centro de reação do fotossistema II e substitui o que saiu da clorofila P_{680}, transferido, conforme vimos, à plastoquinona.

A seguir, o e^- passa da plastoquinona ao complexo b-f, no qual parte de sua energia é utilizada para transportar um H^+ ao espaço tilacoide, contra o gradiente eletroquímico (esse H^+ é acrescentado aos produzidos pela quebra do H_2O). O e-, com potencial energético menor, passa do complexo b-f à plastocianina e desta ao fotossistema I. Para explicar seu destino, vejamos as reações que ocorrem no fotossistema I.

Pela ação da luz, ocorrem processos equivalentes aos registrados no fotossistema II, com as seguintes particularidades: (1) o e^- energizado no centro de reação correspondente à clorofila P_{700} (e não à P_{680}); (2) este e^- é transferido à ferredoxina (e não à plastoquinona) e é substituído pelo elétron de baixo potencial energético proveniente da plastocianina (e não da quebra da molécula de H_2O).

O e- transferido à ferredoxina, que, como acabamos de ver, foi consideravelmente revitalizado, deixa essa molécula transportadora e entra na NADP redutase, na qual parte de sua energia é utilizada para reduzir uma $NADP^+$ a NADPH na face da membrana tilacoide voltada ao estroma. Nesse processo, é utilizado um H^+ do estroma.

A última etapa das reações fotoquímicas corresponde à formação de ATP a partir de ADP e fosfato, ou seja, à **fosforilação**. Esta ocorre na ATP sintase, que, com sua porção F_0, possibilita o deslocamento passivo dos H^+ do espaço tilacoide ao estroma. Durante esse deslocamento, a energia próton-motora contida nos H^+ é cedida à porção F_1 da ATP sintase que utiliza essa energia para sintetizar ATP (Figura 9.6).

Por meio da fosforilação, os vegetais verdes podem produzir uma quantidade de ATP 30 vezes maior do que a obtida em suas mitocôndrias. Por outro lado, as células vegetais têm muito mais cloroplastos do que mitocôndrias.

São necessários 8 fótons para liberar 2 moléculas de O_2 (e mais 8 e^- e 8 H^+) de H_2O. Quando a energia dos fótons é transferida aos e^-, a NADP redutase produz 2 NADPH, enquanto o gradiente de H^+, também consequência da energia produzida pelos elétrons, possibilita a síntese de 3 ATP.

9.11 As reações no escuro ocorrem no estroma do cloroplasto

Nas reações fotossintéticas que acontecem no escuro, as moléculas de ATP e NADPH – produzidas pelas reações fotoquímicas – proporcionam a energia necessária para sintetizar carboidratos a partir de CO_2 e H_2O. Esta síntese ocorre no estroma do cloroplasto por meio de uma série de reações químicas denominadas **ciclo de Calvin** ou **ciclo C_3**, nas quais atuam diversas enzimas localizadas no estroma.

Observa-se na Figura 9.7 que a reação inicial por meio da qual CO_2 e H_2O entram no ciclo de Calvin é catalisada pela enzima ribulose 1,5-difosfato carboxilase. Trata-se de uma enzima de grande tamanho (500 kDa) que se calcula representar, aproximadamente, a metade das proteínas do estroma.

Por ação dessa enzima, 6 riboses 1,5-difosfato (são pentoses) ligam-se a 6 CO_2 e são produzidas 12 moléculas de 3-fosfoglicerato. A seguir, estas 12 trioses são fosforiladas com fosfatos fornecidos por outras tantas moléculas de ATP, produzindo 12 moléculas 1,3-difosfoglicerato. Cada uma dessas moléculas, de três carbonos, perde um fósforo e tem a capacidade

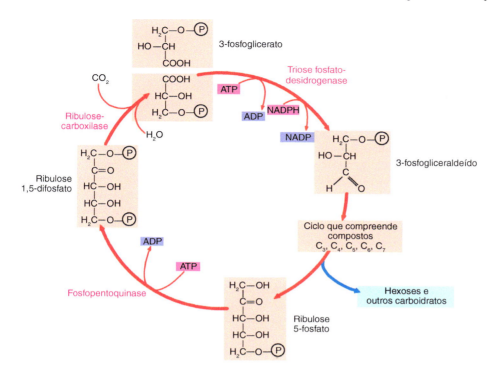

Figura 9.7 Ciclo de Calvin (ou C_3) da fotossíntese, no qual o CO_2 é reduzido e são sintetizados carboidratos.

de aceitar H^+ e e^- da NADPH, convertendo-se em 3-fosfogliceraldeído. Duas das 12 moléculas de 3-fosfogliceraldeído abandonam o ciclo e convertem-se na matéria-prima a partir da qual – por meio de enzimas específicas – são sintetizados os monossacarídios, os ácidos graxos e os aminoácidos que compõem as moléculas estruturais e alimentícias da célula vegetal. As 10 moléculas restantes de 3-fosfogliceraldeído são reduzidas a 6 moléculas de ribulose 1,5-difosfato. Estas são fosforiladas (com fosfatos provenientes de outros tantos ATP) a 6 ribuloses 1,5-difosfato, com as quais é iniciada – enquanto houver CO_2 – outra volta do ciclo de Calvin.

9.12 A fotossíntese produz água, oxigênio e hexoses

O balanço químico da fotossíntese é:

$$6\ CO_2 + 12\ H_2O \xrightarrow{\text{luz}} C_6H_{12}O_6 + 6\ O_2 + 6\ H_2O,$$

que representa um acúmulo de 686.000 calorias por mol. Essa energia é fornecida por 12 moléculas de NADPH e 18 de ATP, que contêm 750.000 calorias. Assim, a eficiência alcançada pelo ciclo fotossintético chega a 90%.

Conforme vimos, os fótons absorvidos pela clorofila e outros pigmentos são primeiramente convertidos em energia química sob a forma de ATP e NADPH. Durante essa fase fotoquímica, H_2O perde seu O_2, que é liberado à atmosfera como um produto secundário. A redução do CO_2 ocorre no escuro (não necessariamente), sempre que houver ATP e NADPH. Os produtos dessa fase são hexoses, a partir das quais, em outros locais da célula, são produzidos diversos tipos de carboidratos, lipídios e proteínas.

9.13 Nas plantas tropicais ocorre um ciclo C_4

O ciclo de Calvin é realizado nos vegetais superiores, mas, em algumas células de plantas tropicais, existe um ciclo cujo produto não é o 3-fosfoglicerato; mas, uma molécula de 4 carbonos, o oxalacetato. Uma das primeiras reações desse ciclo consiste na ligação do CO_2 com uma molécula de três carbonos, o fosfoenolpiruvato. A enzima atuante é a fosfoenolpiruvato carboxilase e o produto é o citado oxalacetato. Este é convertido em malato, que se dirige às células da planta que realizam o ciclo de Calvin. Nelas, o malato perde um CO_2 – que entra no ciclo de Calvin – e se transforma em piruvato. Este composto de três carbonos retorna às primeiras células, nas quais é convertido em fosfoenolpiruvato e dá início a um novo ciclo C_4.

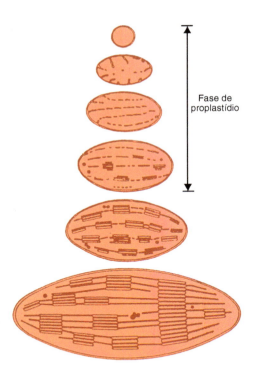

Figura 9.8 Origem e desenvolvimento dos plastídios devido à luz.

Biogênese dos cloroplastos

9.14 Os plastídios desenvolvem-se a partir de proplastídios

Os plastídios desenvolvem-se a partir de estruturas precursoras denominadas **proplastídios**, encontrados nas células vegetais não diferenciadas. De acordo com o tipo de célula, os proplastídios convertem-se em leucoplastos – sem pigmentos – ou em cromoplastos, entre os quais estão os cloroplastos. O desenvolvimento dos cloroplastos está ilustrado na Figura 9.8.

A primeira estrutura a aparecer é o proplastídio de formato discoidal, com diâmetro de aproximadamente 1 μm e parede composta por duas membranas. Com a luz, a membrana interna do proplastídio cresce e emite vesículas – em direção ao estroma –, que logo se tornam achatadas. Estes são os futuros tilacoides, que, em algumas regiões, se empilham para formar os *grana*. No cloroplasto maduro, os tilacoides não estão conectados com a membrana interna, mas os *grana* permanecem unidos entre si pelos tilacoides do estroma.

Se uma planta é colocada em local pouco iluminado, ocorre um fenômeno denominado **etiolação**, em que as folhas perdem sua cor verde e as membranas dos tilacoides sofrem desorganização. O conjunto de membranas passa a formar os **corpos prolamelares**, os quais adquirem disposição em forma de grades. Nas bordas desses corpos aparecem aderidas membranas de tilacoides jovens, que não têm atividade fotossintética.

O cloroplasto, após esta conversão dos tilacoides, passa a ser denominado **etioplasto**. Uma vez que as plantas etioladas são expostas à luz, os tilacoides ressurgem e as membranas do material prolamelar são utilizadas para sua organização.

9.15 O cloroplasto comporta-se como uma organela semiautônoma

Do mesmo modo que as mitocôndrias, os proplastídios e os cloroplastos multiplicam-se por **fissão binária** (ver *Seção 8.23*), processo que exige o crescimento de proplastídios e cloroplastos preexistentes que devem duplicar seu tamanho. Esse crescimento, o mesmo que ocorre nos proplastídios antes de converterem-se em cloroplastos maduros, requer a síntese dos componentes proteicos normais da organela. Nesta síntese atuam dois sistemas genéticos, um próprio do cloroplasto e o nuclear.

Os cloroplastos contêm DNA, RNA e os demais componentes atuantes na síntese proteica. Entretanto, a maioria de suas proteínas provém do citosol, de modo que são codificadas por genes nucleares. Por essa razão, os cloroplastos são semiautônomos e dependem da cooperação de dois sistemas genéticos, um próprio e exclusivo da organela organoide e outro pertencente a toda a célula.

Os cloroplastos têm **DNA circular** com aproximadamente 45 μm de comprimento e 135.000 pares de bases (a maioria das sequências de seus genes já é conhecida). Além disso, contêm também ribossomos pequenos, que representam até 50% dos ribossomos totais das células fotossintéticas. Estima-se que cerca de 10% das proteínas do cloroplasto são sintetizadas na organela e as restantes – ou seja, a maioria – são retiradas do citosol.

Uma das enzimas que participa da elaboração de sacarídios a partir de CO_2 – a **ribulose 1,5-difosfato carboxilase** (Figura 9.7) – representa cerca de 50% das proteínas solúveis totais encontradas nos cloroplastos; portanto, pode ser considerada a proteína mais abundante da natureza. Tem duas subunidades, uma de alto peso molecular (de cerca de 400 kDa) e outra menor (de cerca de 100 kDa).

A subunidade maior é codificada por genes do DNA do cloroplasto, enquanto a parte menor é codificada por genes nucleares (Figura 9.9). A parte menor é sintetizada no citosol (em ribossomos livres) sob a forma de uma molécula precursora que ingressa no estroma do cloroplasto e aí é clivada até alcançar seu tamanho definitivo. O envoltório do cloroplasto tem receptores que reconhecem os peptídios-sinal das proteínas que devem incorporar-se à organela. No caso da subunidade menor da ribulose 1,5-difosfato carboxilase, logo após ingressar no cloroplasto, seu peptídio-sinal é removido por uma protease presente no envoltório da organela e a subunidade é liberada no estroma.

A Figura 9.9 resume um modelo que explica a síntese das duas subunidades da ribulose1,5-difosfato carboxilase em proporções equimoleculares. O modelo sugere que a subunidade menor controla o ritmo sintético da subunidade maior, com a qual logo é associada para formar a enzima ativa.

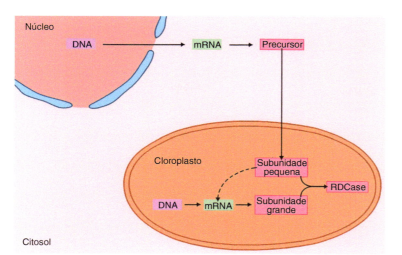

Figura 9.9 Modelo proposto para a síntese da enzima ribulose 1,5-difosfato carboxilase (*RDCase*). (De P. E. Highfield e R. J. Ellis.)

9.16 O cloroplasto derivaria de uma simbiose

O cloroplasto seria o resultado de uma simbiose entre um microrganismo autótrofo (uma bactéria) capaz de captar energia luminosa e uma célula hospedeira heterótrofa (eucarionte). Ainda que essa hipótese simbiótica seja atraente, vimos que o cloroplasto tem em seu DNA uma quantidade de informação genética que apenas lhe possibilita codificar 10% de suas proteínas, além dos RNA ribossômicos, mensageiros e transportadores utilizados na síntese dessas proteínas. Assim como na mitocôndria (ver *Seção 8.25*), a maioria dos componentes do cloroplasto é elaborada de modo dependente dos genes nucleares.

Bibliografia

Anderson J.M. (1986) Photoregulation of the composition, function, and structure of thylakoid membranes. Annu. Rev. Plant Physiol. 37:93.
Barber J. (1987) Photosynthetic reaction centers: a common link. TIBS 12:321.
Bjorkman O. and Berry J. (1973) High-efficiency photosynthesis. Sci. Am. 229 (4):80.
Cramer W.A., Widger W.R., Hermann R.G. and Trebst A. (1985) Topography and function of thylakoid membrane proteins. TIBS 10:125.
Fromm P. (1996) Structure and function of photosystem I. Curr. Opin. Struc. Biol. 6:473.
Iwata S. and Barber J. (2004) Structure of photosystem II and molecular architecture of the oxygen-evolving center. Curr. Opin. Struct. Biol. 14:447.
Knaff D.B. (1989) Structure and regulation of ribulose-1,5-biphosphate carboxylase/oxygenase. TIBS 14:159.
Krauss N. et al. (1993) Three-dimensional structure of system I of photosyntesis at Å resolution. Nature 361:326.
Prince R.C. (1996) Photosynthesis: the Z-scheme revised. TIBS 21: 121.
Soll J. and Schleiff E. (2004) Protein import into chloroplasts. Nature Rev. Mol. Cell Biol. 5:198.
Stowell M.H.B. et al. (1997) Light-induced structural changes in photosynthetic reaction center: implications for mechanism of electron-proton transfer. Science 276:812.
Stryer L. (1988) Biochemistry, 3rd Ed. W.H. Freeman & Co, New York.
Youvan D. and Marrs B.L. (1987) Molecular mechanisms of photosynthesis. Sci. Am. 256:42.

Peroxissomos
Detoxificação Celular

10

10.1 Os peroxissomos contêm enzimas oxidativas

Os **peroxissomos** são organelas encontradas em todas as células; têm formato oval e são envolvidos por somente uma membrana (Figuras 7.6 e 10.1). Seu diâmetro médio é de 0,6 μm, e seu número varia entre 70 e 100 peroxissomos por célula. Esse número costumar ser superior em células hepáticas e renais.

Os peroxissomos contêm **enzimas oxidativas** e são responsáveis por diversas funções metabólicas. Recebem essa denominação por serem capazes de produzir e decompor **peróxido de hidrogênio** (H_2O_2). Em conjunto, são aproximadamente 40 as enzimas encontradas nos peroxissomos.

Existem diversos tipos de peroxissomos, que são diferenciados pela enzima ou pelo conjunto de enzimas presentes em seu interior. Cada tipo de célula tem peroxissomos com enzima específica ou variedade particular de enzimas.

Entre as enzimas mais comuns encontradas nos peroxissomos estão a catalase, a D-aminoácido oxidase, a urato oxidase e as responsáveis pela β-oxidação dos ácidos graxos (ver *Seção 8.8*). Os peroxissomos que contêm urato oxidase têm um pequeno corpo cristalino, composto por múltiplos pequenos cristais.

Com exceção da catalase – que converte H_2O_2 em H_2O e O_2 –, o restante das enzimas oxida seus substratos, representados por ácidos graxos, aminoácidos, purinas (adenina, guanina), uratos, ácido úrico etc.

Diferentemente do que ocorre nas mitocôndrias – em que as oxidações produzem energia química (ATP) –, nos peroxissomos as oxidações produzem energia térmica. Entretanto, a β-oxidação dos ácidos graxos leva à formação de ATP, pois os grupos acetila, produzidos nos peroxissomos, são transferidos às mitocôndrias e entram no ciclo de Krebs. Vale lembrar que somente pequena proporção dos ácidos graxos celulares é oxidada nos peroxissomos (na *Seção 8.8* foi descrito que essa função é realizada, principalmente, pelas mitocôndrias).

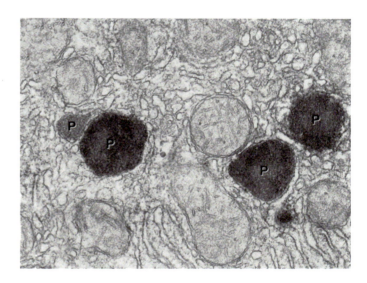

Figura 10.1 Eletromicrografia de célula hepática que mostra reação imunocitoquímica para localizar a catalase nos peroxissomos (*P*). São observadas várias mitocôndrias. 30.000×. (Cortesia de H. F. Fahimi e S. Yokota.)

10.2 Nos peroxissomos produz-se H_2O_2, o qual é neutralizado pela catalase

A oxidação de substratos nos peroxissomos tem como consequência a formação de H_2O_2, uma molécula extremamente tóxica para a célula. Na seção anterior, dissemos que a enzima encarregada de neutralizar H_2O_2 é a **catalase**, que o degrada por meio da seguinte reação:

$$2\ H_2O_2 \xrightarrow{\text{catalase}} 2\ H_2O + O_2$$

10.3 A catalase degrada também H_2O_2 produzido fora dos peroxissomos

A catalase não somente degrada H_2O_2 produzido nos peroxissomos, mas, também, aquele de outros pontos da célula, especialmente o originado nas mitocôndrias, no retículo endoplasmático e no citosol. Nesses locais, as oxidações produzem pequenas quantidades de **ânions**

superóxido (O_2^-), conhecidos mais comumente como **radicais livres**. Estes radicais são muito reativos, e uma enzima, a superoxidodismutase, é encarregada de eliminá-los por meio da seguinte reação:

$$2\ (O_2^-) + 2\ H^+ \xrightarrow{\text{superoxidodismutase}} H_2O_2 + O_2$$

Por sua vez, nos peroxissomos, esse H_2O_2 é convertido em H_2O e O_2 por ação da catalase. Suspeita-se que o ânion superóxido provoque a perda de sulfidrilas nas proteínas, alterações na bicamada lipídica das membranas celulares e mutações gênicas, o que poderia acelerar o envelhecimento orgânico e facilitar o aparecimento de quadros cancerígenos.

10.4 A catalase utiliza H_2O_2 para neutralizar as substâncias tóxicas da célula

Nas células hepáticas e renais, a catalase também atua como enzima de detoxificação. Para isso, considerando-se certos tóxicos, em vez de converter o H_2O_2 em H_2O e O_2, utiliza o H_2O_2 para oxidá-los e neutralizar sua toxicidade. A reação pode ser expressa por meio da seguinte equação:

$$H_2O_2 + TH_2 \xrightarrow{\text{catalase}} 2\ H_2O + T$$

A sigla TH_2 simboliza a substância tóxica e T, a mesma substância depois da sua oxidação. Exemplos de substâncias tóxicas neutralizadas por esse mecanismo são os fenóis, o formaldeído, o ácido fórmico e o etanol. Parte do etanol ingerido devido ao consumo de bebidas alcoólicas é neutralizada pela catalase dos peroxissomos, que oxida o etanol a acetaldeído.

10.5 Os peroxissomos reproduzem-se por fissão binária

Acredita-se que os peroxissomos tenham vida média de 5 a 6 dias, e ao final destes são eliminados por autofagossomos. Sua quantidade é restabelecida da mesma maneira que para as mitocôndrias (ver *Seção 8.23*), por meio da duplicação dos peroxissomos "jovens", ou seja, por **fissão binária** de peroxissomos preexistentes (Figura 10.2). Antes da mitose ocorre a duplicação de todos os peroxissomos da célula. Para que a fissão binária seja concretizada, primeiramente as estruturas que integram o peroxissomo devem ser duplicadas.

Desse modo, a bicamada lipídica de sua membrana aumenta devido ao acúmulo de fosfolipídios extraídos do RE, que são transferidos de uma membrana a outra por meio de **proteínas intercambiadoras** (Figura 8.17).

Já as proteínas incorporadas à membrana ou à matriz do peroxissomo provêm de ribossomos livres no citosol, e entram na organela após seu dobramento (ver *Seção 4.5*). São conduzidas de modo seletivo ao peroxissomo porque têm, próximo a sua extremidade carboxila, um peptídio-sinal específico composto por três aminoácidos (serina, lisina, leucina) (ver *Seção 4.4*) (Tabela 4.1). O peptídio-sinal é reconhecido por um receptor proteico localizado no citosol, que, por sua vez, interage com uma proteína específica da membrana da organela.

Os canais que atravessam a membrana do peroxissomo para a passagem das proteínas ainda não foram identificados.

A mutação do gene que codifica a síntese de uma proteína pertencente à membrana dos peroxissomos – aparentemente envolvida na incorporação das enzimas oxidativas à matriz – produz um quadro denominado **síndrome de Zellweger**, caracterizado pela existência de peroxissomos "vazios". Os pacientes falecem antes do primeiro ano de vida.

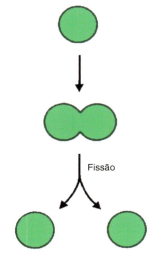

Figura 10.2 Reprodução dos peroxissomos.

Peroxissomos nas células vegetais

10.6 Os glioxissomos são peroxissomos vegetais relacionados com o metabolismo dos triglicerídios

Para a germinação das sementes, costuma ser necessária a degradação de lipídios armazenados no endosperma (ver *Seção 19.20*). Atuam nesse processo os **glioxissomos**, que são peroxissomos relacionados com o metabolismo dos triglicerídios.

O glioxissomo tem enzimas que transformam os ácidos graxos da semente em carboidratos devido ao **ciclo do glioxilato**, que é uma versão diferente do ciclo de Krebs (Figura 10.3). A equação verificada ao final de suas reações é:

$$2\ \text{acetil-CoA} \longrightarrow \text{succinato} + 2\ H^+ + 2\ CoA$$

A diferença com relação ao ciclo de Krebs é que o ciclo do glioxilato requer duas moléculas de acetil-CoA e utiliza duas enzimas exclusivas, a isocitrato-liase e a malato-sintase. Suas outras três enzimas, a aconitase, a malato-desidrogenase e a citrato-sintase, também ocorrem no ciclo de Krebs (Figura 8.11).

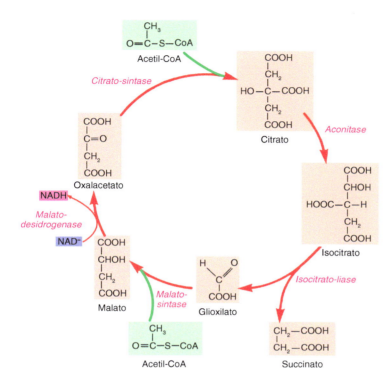

Figura 10.3 Ciclo do glioxilato, no qual os ácidos graxos da semente são transformados em carboidratos.

10.7 Alguns peroxissomos vegetais atuam no processo de fotorrespiração

As células das folhas verdes têm um tipo de peroxissomo que, por meio de uma oxidase específica, catalisa a oxidação de uma molécula de dois carbonos, o glicolato. Este é sintetizado no cloroplasto nos dias secos, com sol intenso. A oxidação do glicolato consome O_2 e produz H_2O_2 e glioxilato. Logo após, o H_2O_2 é decomposto pela catalase do peroxissomo (em H_2O e O_2) e – sempre no peroxissomo – o glioxilato é convertido em glicina, que é metabolizada na mitocôndria e produz CO_2.

Esse processo, no qual três organelas participam – o cloroplasto, a mitocôndria e o peroxissomo –, é denominado **fotorrespiração**, já que para a síntese e a oxidação do glicolato são necessários luz e O_2 e é liberado CO_2.

Bibliografia

Borst P. (1983) Animal peroxisomes (microbodies), lipid biosynthesis and the Zellweger syndrome. TIBS 8:269.
Cleves A.E. and Kelly R.B. (1996) Protein translocation: rehearsing the ABCs. Curr. Biol 6:276.
Jacobson M.D. (1996) Reactive oxygen species and programmed cell death. TIBS 21:83.
Kindl H. (1982) The biosynthesis of microbodies (peroxisomes and glyoxysomes). Int. Rev. Cytol. 80:193.
Lehninger A.L., Nelson D.L. and Cox M.M. (2008) Principles of Biochemistry, 5th Ed. W.H. Freeman, New York.
Masters C. and Holmes R. (1977) Peroxisomes: New aspects of cell physiology and biochemistry. Physiol. Rev. 57:816.
Monteith G.R. and Roufogalis B.D. (1995) The plasma membrane calcium pump. A physiological perspective on its regulation. Cell Calcium 18:459.
Rachubinski R.A. and Subramani S. (1995) How proteins penetrate peroxisomes. Cell 83:525.
Rusting R.L. (1992) Why do we age? Sci. Am. 267 (6):86.
Sohal R.J. and Weindruch R. (1996) Oxidative stress, caloric restriction, and aging. Science 273:59.
Subramani S. (1996) Protein translocation into peroxisomes. J. Biol. Chem. 271:32483.
van der Zand A., Braakman I. and Tabak H.F. (2006) The return of the peroxisome. J. Cell Sci. 119:989.

Comunicação Intercelular e Transmissão Intracelular de Sinais 11

11.1 Nos organismos pluricelulares as células são interdependentes

Nos organismos multicelulares complexos, tanto a sobrevivência das células quanto as atividades realizadas por elas dependem de estímulos externos provenientes de outras células. A dependência recíproca entre os diferentes tipos de células relaciona-se com a necessidade de adaptar a atividade de cada um deles aos requerimentos globais do organismo, que deve ser considerado como uma unidade delineada para funcionar de modo integrado e não como um conjunto de células individuais. Assim, em um organismo multicelular, cada célula depende de outras e também as influencia. Essas inter-relações celulares ocorrem desde as primeiras fases do desenvolvimento embrionário e persistem até o fim da vida pós-natal.

De acordo com o tipo de estímulo emitido e o tipo de célula que o recebe, as células podem:

(1) Permanecer vivas ou morrer
(2) Diferenciar-se
(3) Multiplicar-se
(4) Degradar ou sintetizar substâncias
(5) Secretar substâncias
(6) Incorporar solutos ou macromoléculas
(7) Contrair-se
(8) Movimentar-se
(9) Conduzir estímulos elétricos.

11.2 As células interferem nas atividades de outras células devido às substâncias indutoras

A ação de estimular a célula desde seu exterior é chamada **indução**; e é mediada por uma **substância indutora**, também conhecida como **ligante**.

A célula que produz o ligante é denominada **célula indutora**; a que o recebe, **célula induzida** ou **célula-alvo**.

A substância indutora interage com a célula induzida por meio de um **receptor**, que é uma proteína ou um complexo proteico localizado no citosol ou na membrana plasmática da célula-alvo.

Se o receptor está localizado no citosol, a substância indutora deve ser pequena e hidrofóbica, pois, para chegar a ele, é necessário atravessar a membrana plasmática da célula-alvo. Porém, se o receptor estiver na membrana, não importa o tamanho da substância indutora e não é necessário que seja hidrofóbica.

11.3 Tipos de induções segundo as distâncias entre as células indutoras e as células induzidas

Quando a célula indutora e a célula-alvo estão distantes, a substância indutora, após ser secretada pela célula indutora, entra na corrente sanguínea e chega à célula induzida. As induções desse tipo são denominadas **endócrinas** (do grego *éndon*, "dentro" e *krínein*, "separar") (Figura 11.1A).

Pertencem, ainda, a essa categoria as secreções **neuroendócrinas**, pois a substância indutora que sai do terminal axônico do neurônio deve entrar na corrente sanguínea para chegar à célula induzida.

164 ■ Biologia Celular e Molecular

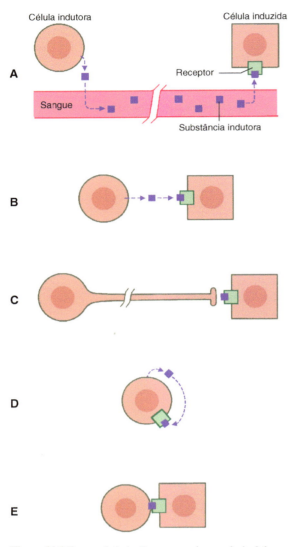

Figura 11.1 Formas de indução nos organismos pluricelulares. **A.** Secreção endócrina **B.** Secreção parácrina. **C.** Sinapse nervosa. **D.** Secreção autócrina. **E.** Por contato direto.

As substâncias indutoras transportadas pelo sangue são denominadas **hormônios** e são produzidas pelas células das glândulas de secreção interna que fazem parte do sistema endócrino.

Quando a célula indutora está próxima à célula induzida, a indução é denominada **parácrina** (do grego *pará*, "contiguidade"). Nesse caso, a substância indutora percorre um pequeno trajeto da matriz extracelular para alcançar a célula-alvo (Figura 11.1B).

Um caso especial de proximidade entre a célula indutora e a célula induzida ocorre nas **sinapses nervosas**. Nestas, o terminal axônico de um neurônio (célula indutora) está localizado junto à membrana plasmática de outro neurônio ou de uma célula muscular ou de uma célula secretora (células induzidas). A substância liberada pelo terminal axônico do neurônio indutor é denominada **neurotransmissor** (Figura 11.1C). As sinapses possibilitam que seja estabelecida uma comunicação quase instantânea entre o neurônio indutor e a célula induzida, mesmo quando esta está localizada distante do corpo celular do primeiro.

Existe um tipo de indução na qual a substância indutora é secretada e recebida pela própria célula; ou seja, ela é induzida por si mesma. Denomina-se **autócrina** (do grego *autós*, "por si mesma") e ocorre durante algumas respostas imunológicas (Figura 11.1D).

Em outros casos, a substância indutora é retida na membrana plasmática da célula indutora e **não é secretada**. Então, para que a substância indutora possa entrar em contato com o receptor é necessário que a célula indutora se desloque até o sítio onde está a célula induzida (Figura 11.1E). Esse tipo de indução ocorre, por exemplo, durante algumas respostas imunológicas (ver *Seção 22.5*) (Figura 22.4), na fecundação (ver *Seção 19.19*) (Figuras 19.22 e 19.23) e no reparo de feridas.

Conforme podemos observar, apesar das diferenças entre os vários tipos de induções, todas agem de maneira semelhante: uma célula produz um intermediário químico que interage com o receptor de outra célula, na qual é desencadeada uma resposta.

A espécie e a natureza da resposta dependem da identidade da célula induzida. Às vezes a mesma substância indutora produz respostas diferentes em dois ou mais tipos de células-alvo. Por exemplo, nas células musculares estriadas, a epinefrina estimula a glicogenólise, enquanto, nas células adiposas, a epinefrina estimula a lipólise. Em outros casos, diferentes substâncias indutoras produzidas por diferentes células indutoras levam a um só tipo de resposta de uma ou mais células-alvo.

11.4 As substâncias indutoras unem-se aos receptores com grande especificidade

Uma das propriedades mais importantes das substâncias indutoras é sua **especificidade**. Assim, cada substância indutora age somente em algumas células, que são seu objetivo ou alvo. O exemplo mais característico é o dos hormônios nas induções endócrinas, pois, assim que entram na corrente sanguínea, apesar de alcançarem todos os tecidos do organismo, atuam apenas em um limitado número de células.

A especificidade das substâncias indutoras corresponde à especificidade dos receptores, que são moléculas ou associações moleculares – geralmente glicoproteínas – às quais se unem as substâncias indutoras de modo seletivo, devido à mútua adaptação conformacional. Além disso, a substância indutora e o receptor fazem parte de um complexo que tem as seguintes características:

(1) **Adaptação induzida**. De maneira semelhante à ligação enzima-substrato, a fixação da substância indutora ao receptor requer uma adaptação estrutural recíproca entre as moléculas (ver *Seção 2.14*). Acredita-se que ocorra a adaptação conhecida como **encaixe induzido**, que seria mais provável do que o modelo rígido representado por uma chave e sua fechadura (Figura 2.33)

(2) **Saturabilidade**. O número de receptores existentes em cada célula é limitado, de modo que, em um sistema de coordenadas, a quantidade de substância indutora ligada aos receptores é representada – em função de sua concentração – por uma curva hiperbólica que demonstra a saturabilidade do sistema (Figura 2.34)

(3) **Reversibilidade**. A ligação substância indutora e receptor é reversível, pois o complexo é dissociado algum tempo após ser formado.

11.5 A interação substância indutora-receptor é a primeira de uma cadeia de reações

A interação entre a substância indutora e o receptor é o primeiro elo de uma cadeia de reações químicas que se propagam no interior da célula, cuja resposta é a última etapa da série.

A resposta celular pode ocorrer segundos ou horas após a chegada da substância indutora. O primeiro caso acontece ao final de reações que ocorrem exclusivamente no citoplasma. O segundo, quando um produto químico da cadeia de reações entra no núcleo e induz a ativação de um gene. Isto dá origem a uma série de processos, ao final dos quais é elaborada uma proteína cuja presença provoca a resposta celular. Tais processos serão estudados nos *Capítulos 14, 15 e 16*.

Nas seções seguintes serão analisadas diferentes vias de propagação de sinais. Conforme será visto, o número e os tipos de reações de cada via dependem da natureza das células induzidas, de seus receptores e das substâncias emitidas pelas células indutoras.

Estas substâncias classificam-se em grupos, segundo a interação com receptores localizados no citosol ou na membrana plasmática das células induzidas.

Induções celulares mediadas por receptores citosólicos

11.6 Os hormônios esteroides ligam-se a receptores citosólicos

Os **hormônios esteroides**, os **hormônios tireóideos**, a **vitamina D** e o **ácido retinoico** são substâncias indutoras que se ligam a receptores das células induzidas, situados no citosol. Os hormônios e a vitamina D provocam induções endócrinas, pois, normalmente, caem na corrente sanguínea. Já o ácido retinoico – uma substância que age principalmente durante o desenvolvimento embrionário – leva a induções parácrinas.

Uma vez no citosol, a substância indutora liga-se a seu receptor específico e ambos formam um complexo que entra no núcleo. No núcleo, o complexo combina-se com a sequência reguladora de um gene em particular, que é ativado (ver *Seções 13.6 e 14.7*). Sua transcrição induz a síntese de uma proteína que desencadeia a resposta celular (Figura 11.2).

Os receptores citosólicos são proteínas que têm quatro domínios (Figura 11.3):

(1) Um delineado para ligar-se ao indutor
(2) Um flexível, que se enverga como uma dobradiça
(3) Outro que se liga à sequência reguladora do gene
(4) Outro que ativa o gene.

Quando a substância indutora se liga ao receptor, este adquire um formato característico, tornando possível sua entrada no núcleo e sua união à sequência reguladora do gene. Vale lembrar que, na ausência da substância indutora, o receptor permanece no citosol ligado à **chaperona hsp90** (ver *Seção 4.5*), que o dobra. Por outro lado, quando a substância indutora se liga ao receptor, este se solta da chaperona e adquire uma configuração estendida, pois seu domínio flexível se endireita. Dessa maneira, o receptor pode entrar no núcleo e se ligar à sequência reguladora do gene (Figura 11.3) (ver *Seção 12.4*).

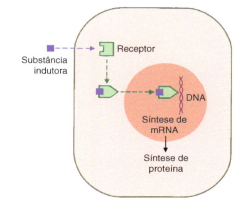

Figura 11.2 Indução celular por meio de um receptor citosólico. Aqui estão representados o mecanismo de ação dos hormônios esteroides e tireóideos, da vitamina D e do ácido retinoico.

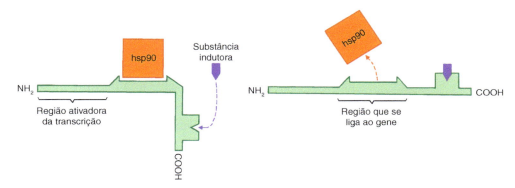

Figura 11.3 Esquema que ilustra os quatro domínios presentes em um receptor citosólico. Observe a interação do receptor com a chaperona hsp90 e como o domínio flexível é recomposto.

11.7 O óxido nítrico interage com uma enzima citosólica

Quando secretado por macrófagos, pelas células endoteliais dos vasos sanguíneos ou por alguns tipos de neurônios, o **óxido nítrico (NO)** comporta-se como substância indutora.

Na célula induzida, o NO interage com uma enzima citosólica – mais especificamente com o grupo heme da enzima **guanilato ciclase** –, cuja ativação converte o nucleotídio guanosina trifosfato (GTP) em **guanosina monofosfato cíclico (GMPc)** (Figura 11.4), que é desencadeante da resposta celular. Convém mencionar que a ação do NO é muito rápida, pois ele se converte em nitrato ou em nitrito em menos de 10 segundos.

Figura 11.4 Transformação do GTP em GMPc quando o óxido nítrico age na guanilato ciclase.

O NO secretado pelas células endoteliais dos vasos sanguíneos tem como alvo as células musculares lisas dos próprios vasos (secreção parácrina), que relaxam e provocam vasodilatação. Em alguns casos, o processo tem início antes, quando outra substância indutora – a acetilcolina – emerge dos terminais axônicos que inervam as células endoteliais e interage com receptores localizados em suas membranas plasmáticas (Figura 11.5). Por essa razão, as células endoteliais produzem óxido nítrico sintase, uma enzima que produz NO a partir do aminoácido arginina. Finalmente, o NO secretado pelas células endoteliais induz o relaxamento das células musculares lisas dos vasos.

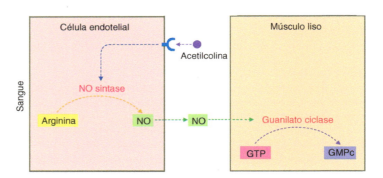

Figura 11.5 Formação do óxido nítrico (*NO*) nas células endoteliais e sua ação sobre as células musculares lisas dos vasos sanguíneos.

Um exemplo de indução desse tipo é a dilatação dos vasos sanguíneos do pênis durante a ereção. O NO secretado pelas células endoteliais dos vasos penianos induz a vasodilatação, em resposta à chegada de estímulos nervosos específicos. Outro exemplo é a nitroglicerina, um fármaco utilizado para o tratamento das crises de angina do peito. Pouco após sua administração, os vasos coronarianos obstruídos dilatam-se por períodos relativamente prolongados, pois a nitroglicerina converte-se em NO de maneira lenta e gradual.

Induções celulares mediadas por receptores localizados na membrana plasmática

11.8 Nas induções mediadas por receptores membranosos os sinais fluem pelo interior da célula por meio de diferentes tipos de moléculas

As substâncias indutoras que se unem a receptores localizados na membrana plasmática desencadeiam nas células induzidas uma série de reações moleculares até que ocorra a resposta celular. Essas reações produzem diferentes vias de condução, transdução e amplificação de sinais, algumas das quais serão analisadas nas seções seguintes.

A chegada da substância indutora – considerada o **primeiro mensageiro** da via de sinalização – produz alterações no receptor, transmitidas à segunda molécula do sistema. Por sua vez, esta age na terceira molécula do sistema e assim sucessivamente, até que ocorra a resposta celular. Algumas dessas moléculas – denominadas **segundos mensageiros** – têm um tamanho pequeno, difundindo-se com rapidez, e são muito efetivas para propagar os sinais dentro da célula. As primeiras moléculas do sistema costumam estar localizadas na membrana plasmática, cuja fluidez possibilita deslocamento e interação com o receptor e com as próximas moléculas (ver *Seção 3.5*).

Entre as moléculas que intervêm na maioria das vias de sinalização, as mais abundantes são as **quinases** (ver *Seção 2.12*), já que muitas de suas reações são fosforilações catalisadas por esse tipo de enzimas. Existem diversos tipos de quinase, cada uma para um substrato específico, que pode ser outra quinase, uma enzima diferente ou uma proteína não enzimática. Quando se trata de outra quinase, esta frequentemente fosforila uma terceira e assim sucessivamente até alcançar a última parte da cadeia. Em alguns casos, a fosforilação ativa o substrato e, em outros, o inativa, o que causa várias consequências no funcionamento celular. Observa-se, portanto, que as quinases são moléculas muito difundidas nos processos de transmissão de sinais e desempenham importantes funções dentro da célula.

Apesar das inúmeras substâncias indutoras produzidas pelo organismo e a enorme variedade de respostas, estas ocorrem por meio de um número relativamente pequeno de vias de transmissão de sinais, pois a maioria das vias está interconectada e é composta de redes integradas semelhantes às dos computadores. Por essa razão, o estudo desse assunto apresenta dificuldades que, em um texto sucinto, obrigam a analisar somente as vias de sinalização mais importantes e omitir suas partes menos representativas.

11.9 Há diferentes tipos de receptores de membrana que geram sinais intracelulares

Os receptores da membrana plasmática que dão origem a vias de sinalização intracelulares são compostos por uma ou mais proteínas. Cada receptor tem um domínio externo, um domínio transmembrana e um domínio citosólico. Quando a substância indutora se une ao primeiro, o receptor é ativado e seu domínio citosólico passa por uma das seguintes alterações: (1) adquire atividade enzimática ou ativa uma enzima independente do receptor (Figuras 11.6 a 11.12); (2) Ativa uma proteína localizada na membrana plasmática, denominada proteína G, que ativa uma enzima (Figuras 11.13, 11.16, 11.19 e 11.21).

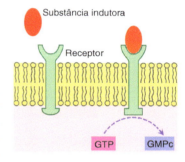

Figura 11.6 Receptor de membrana cujo domínio citosólico tem atividade de guanilato ciclase.

Receptores de membrana que adquirem atividade enzimática ou que ativam enzimas

Conforme acaba de ser mencionado, existem receptores de membrana que, ao serem induzidos, adquirem atividade enzimática ou ativam uma enzima independente. A atividade enzimática revelada nos primeiros pode ser de guanilato ciclase, de serina-treonina quinase ou de tirosinoquinase, enquanto a enzima ativada pelos segundos é sempre uma tirosinoquinase.

11.10 Há receptores de membrana que ao serem induzidos adquirem atividade de guanilato ciclase

Quando a pressão arterial aumenta, as células musculares dos átrios cardíacos secretam um hormônio denominado **peptídio natriurético atrial (ANP)**, cujos alvos são as células renais que reabsorvem Na$^+$ e as células musculares lisas dos vasos arteriais. O ANP acopla-se a um receptor específico da membrana plasmática dessas células, cujo domínio citosólico adquire atividade de **guanilato ciclase**, pois interage com moléculas de guanosina trifosfato (GTP) presentes no citosol e as converte em **guanosina monofosfato cíclico (GMPc)** (Figuras 11.4 e 11.5).

Conforme demonstrado na Figura 11.6, os GMPc ativam a enzima **quinase G** (de GMPc), que, por sua vez, fosforila uma proteína citosólica específica. Com isso, é desencadeada uma cadeia de reações químicas citoplasmáticas, até que ocorra a resposta celular. No nosso exemplo, trata-se da excreção de Na$^+$ pelo rim e do relaxamento do músculo liso vascular, estados que levam à diminuição da pressão arterial.

11.11 Há receptores de membrana que ao serem induzidos adquirem atividade de serina-treonina quinase

As substâncias indutoras que interagem com os receptores que têm atividade de **serina-treonina quinase** pertencem a uma família de moléculas denominadas **TGF-β** (de *transforming growth factor*-β), cujos membros – alguns analisados na *Seção 21.16* – regulam a proliferação e a diferenciação celulares.

A Figura 11.7 mostra que a chegada da substância indutora à membrana plasmática da célula induzida une as quatro subunidades proteicas que fazem parte do receptor, as quais estão agrupadas em pares e que seriam diferentes entre si.

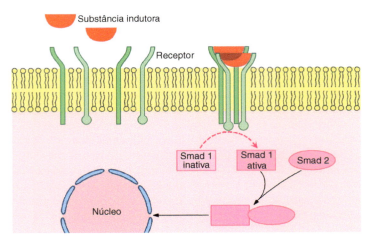

Figura 11.7 Receptor de membrana cujo domínio citosólico tem atividade de serina-treonina quinase. Observe que o receptor é composto por quatro subunidades – aparentemente diferentes entre si –, as quais são unidas com a chegada das duas subunidades da substância indutora e formam um receptor heterotetramérico.

A seguir, por meio de fosfatos retirados de moléculas de ATP, os domínios citosólicos de duas das quatro subunidades fosforilam serinas e treoninas dos domínios citosólicos das outras duas subunidades, que são ativadas e fosforilam serinas específicas da proteína citosólica **Smad** (de *seven mothers against dpp*, um gene da *Drosophila*, dos sete que há análogos nos vertebrados).

Logo, a Smad une-se a outra proteína de sua mesma família e as duas entram no núcleo, onde são combinadas com fatores de transcrição que ativam genes cujos produtos inibem o crescimento celular, controlam a diferenciação ou atuam como substâncias indutoras durante o início do desenvolvimento embrionário (ver *Seções 14.5* e *21.16*).

11.12 Há receptores de membrana que ao serem induzidos adquirem atividade de tirosinoquinase

As substâncias indutoras que interagem com os receptores que têm propriedades de **tirosinoquinase** pertencem a uma família de moléculas denominadas **fatores de crescimento**. Estes fatores – cujas funções serão analisadas na *Seção 18.28* – costumam ser secretados por células indutoras próximas às células induzidas (secreção parácrina).

Os fatores de crescimento mais conhecidos são o **EGF** (de *epidermal growth factor*), **FGF** (*fibroblast*), **PDGF** (*plateled-derived*), o **HGF** (*hepatocyte*), **NGF** (*nerve*), o **VEGF** (*vascular endothelial*) e a **insulina**. Esta última estimula o crescimento de vários tipos de células, como, por exemplo, os fibroblastos.

Conforme mostrado nas Figuras 11.8, 11.10 e 11.11, a chegada das substâncias indutoras une as duas subunidades que integram o receptor, o que possibilita a fosforilação cruzada de seus domínios citosólicos, mediante a incorporação de fosfatos procedentes da molécula de ATP.

Essa autofosforilação ativa o domínio citosólico do receptor, que origina três tipos de vias de transmissão de sinais: um em que age a proteína Ras, outro em que participa a enzima fosfolipase C-γ e outro em que atua a fosfatidilinositol 3-quinase.

Proteína Ras. A Figura 11.8 mostra que a proteína **Ras** (de *rat sarcome virus*) está ancorada no lado citosólico da membrana plasmática por meio de dois ácidos graxos. Quando ativada, relaciona-se com o domínio citosólico do receptor por meio de uma proteína adaptadora e da proteína GEF.

Isso ocorre porque a Ras é membro da família de GTPases que atuam associadas às proteínas reguladoras GEF e GAP (ver *Seção 7.38*) (Figura 11.9). Assim como seus análogos, quando sofre influência da **GEF**, a Ras substitui o GDP presente em sua molécula por um GTP. Por outro lado, quando é influenciada pela **GAP**, a Ras hidrolisa o GTP a GDP e P. O GTP ativa a Ras e o GDP a inativa (Figuras 11.8 e 11.9).

A Ras-GTP ativa a quinase **Raf** (de *Ras-associated factor*), que fosforila a quinase **MEK** (de *MAP kinase/ERK kinase*). Esta, por sua vez, ativa a quinase **ERK** (de *extracellular signal-regulated kinase*) (Figuras 11.8 e 11.22). Finalmente, a ERK fosforila e ativa outras quinases citosólicas ou entra no núcleo e fosforila proteínas, que acionam genes cujos produtos regulam o crescimento e a diferenciação celulares.

Cabe mencionar que as proteínas Raf, MEK e ERK pertencem a uma família de quinases denominadas **MAP** (de *mitogen-activated protein kinases*), que, com fosfatos provenientes de moléculas de ATP, fosforilam serinas e treoninas de um amplo grupo de proteínas.

Portanto, a Ras-GTP desencadeia uma série de reações químicas cujo último substrato produz a resposta celular. Quando esta resposta termina, uma fosfatase específica remove os fosfatos do receptor e a GAP induz a Ras a hidrolisar seu GTP a GDP e P.

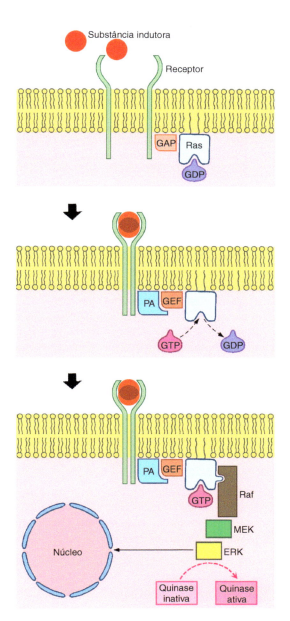

Figura 11.8 Receptor de membrana cujo domínio citosólico tem atividade de tirosina quinase. O receptor é composto por duas unidades idênticas, que se unem com a chegada das duas subunidades da substância indutora e formam um complexo homodimérico. Observe que o receptor ativa a proteína Ras por meio da proteína GEF e de uma proteína adaptadora (*PA*). Em seguida, a Ras-GTP ativa a quinase Raf, a qual ativa a quinase MEK e esta a quinase ERK, que fosforila e ativa outras quinases citosólicas. Em outros casos, a quinase ERK entra no núcleo e fosforila proteínas que ativam genes cujos produtos regulam o crescimento e a diferenciação celulares.

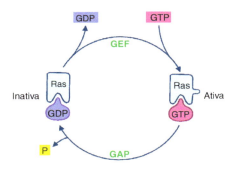

Figura 11.9 Ativação e inativação da proteína Ras por meio das proteínas GEF e GAP, respectivamente.

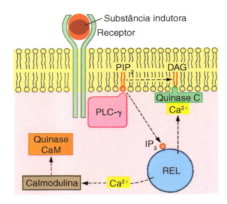

Figura 11.10 Receptor de membrana cujo domínio citosólico tem atividade de tirosinoquinase. O receptor é composto por duas unidades idênticas que se unem com a chegada das duas subunidades da substância indutora e formam um complexo homodimérico. Observe que o receptor ativa a fosfolipase C-γ (*PLC-γ*). *REL*, Retículo endoplasmático liso.

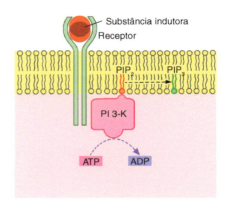

Figura 11.11 Receptor de membrana cujo domínio citosólico tem atividade de tirosinoquinase. O receptor é composto por duas unidades idênticas que se unem com a chegada das duas subunidades da substância indutora e formam um complexo homodimérico. Observe que o receptor se une a uma fosfatidilinositol 3-quinase (*PI 3-K*) e a ativa.

Fosfolipase C-γ (PLC-γ). Na célula, existem vários tipos de fosfolipases, um dos quais é a fosfolipase C-γ (PLC-γ). Esta enzima é a que se liga a receptores com atividade de tirosinoquinase (Figura 11.10).

Outra é a fosfolipase (C-β) (PLC β), que, conforme será visto na *Seção 11.14*, é ativada por meio de receptores acoplados à proteína G (Figura 11.19).

Como as vias de sinalização que têm origem nas enzimas citosólicas PLC-γ e PLC-β produzem efeitos semelhantes, elas são analisadas ao mesmo tempo nas *Seções 11.14, 11.17, 11.18 e 11.19* (Figura 11.22).

Fosfatidilinositol 3-quinase (PI 3-K). Na célula existem diversos tipos de fosfatidilinositol 3-quinases, entre os quais um que é acionado por meio de receptores com atividade de tirosinoquinase e outros que o fazem por meio de receptores acoplados às proteínas G (Figuras 11.11, 11.21 e 11.22).

Como seus efeitos são semelhantes – têm relação com a morte celular –, as vias de sinalização originadas a partir destas enzimas serão analisadas em conjunto nas *Seções 11.14 e 11.20* e também na *Seção 22.4*.

11.13 Há receptores de membrana que ao serem induzidos ativam uma enzima alheia às suas moléculas

Existem receptores que, ao serem induzidos, ativam uma tirosinoquinase independente de suas moléculas, localizada no citosol (Figura 11.12). As substâncias indutoras mais conhecidas que se acoplam a estes receptores são o **hormônio do crescimento**, a **prolactina**, a **eritropoetina** (ver *Seção 18.18*), algumas **citocinas** e os **antígenos** quando se unem aos linfócitos B ou T.

Figura 11.12 Receptor de membrana cujo domínio citosólico ativa uma tirosinoquinase independente do receptor. Observe que, quando o receptor está inativo, é composto por duas subunidades separadas e idênticas, as quais se unem com a chegada da substância indutora e formam um complexo homodimérico. Em outros casos, são formados receptores heterodiméricos.

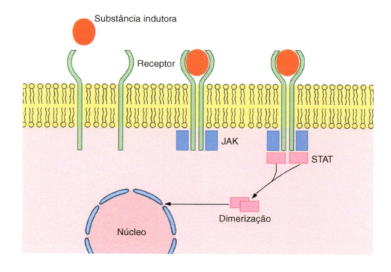

A via de sinalização originada nesses receptores tem início quando a substância indutora interage com as duas ou as três subunidades que fazem parte do receptor. Em alguns receptores, essas subunidades são iguais entre si; em outros, diferentes. Conforme ilustrado na Figura 11.12, a chegada da substância indutora une as duas subunidades (ou as três), e isso ativa o receptor e origina uma via de sinalização que tem a propriedade de alcançar o núcleo muito rapidamente, pois utiliza um pequeno número de moléculas intermediárias.

Uma das primeiras moléculas dessa via de sinalização é a tirosinoquinase citada no início desta seção. Entre as enzimas mais difundidas desse tipo estão a tirosinoquinase **JAK** (de *Janus kinase*), que será nosso exemplo.

Assim que os domínios citosólicos das subunidades do receptor são ativados, atraem as JAK, que são fosforiladas reciprocamente e são ativadas (Figura 11.12). Em seguida, as JAK fosforilam os domínios citosólicos do receptor que voltam a ser ativados e atraem proteínas citosólicas denominadas **STAT** (de *signal transducer and activators of transcription*), que são fosforiladas pelas JAK. Primeiramente, as JAK se autofosforilam e, em seguida, fosforilam os domínios citosólicos do receptor e, enfim, fosforilam as proteínas STAT.

Uma vez fosforiladas, as STAT são dimerizadas e entram no núcleo (Figura 11.12), onde se ligam a proteínas especiais e originam complexos que ativam diversos tipos de genes. Estes – e seus produtos – variam de acordo com as substâncias indutoras e as células induzidas. Por exemplo, a prolactina faz com que as células da glândula mamária secretem leite; por outro lado, outros indutores regulam o desenvolvimento embrionário, a proliferação de diferentes tipos celulares etc.

Receptores de membrana acoplados a proteínas G

Conforme foi dito na *Seção 11.9* existem receptores localizados na membrana plasmática que, ao serem induzidos, ativam a proteína G. Nas próximas seções será descrito que as proteínas G ativam diversos tipos de enzimas a partir das quais são originadas importantes vias de sinalização intracelulares.

11.14 Há receptores de membrana que ao serem induzidos ativam proteinas G e, por meio delas, diferentes tipos de enzimas

Os receptores que se ligam às proteínas G são proteínas integrais multipasso que atravessam sete vezes a bicamada lipídica da membrana plasmática (Figura 11.13).

As **proteínas G** (de *GTP-binding protein*) também pertencem à membrana plasmática, mas são heterotriméricas e estão anexadas à face citosólica da membrana. Suas três subunidades são identificadas com as letras gregas α, β e γ. Conforme mostrado na Figura 11.13, as subunidades α e γ

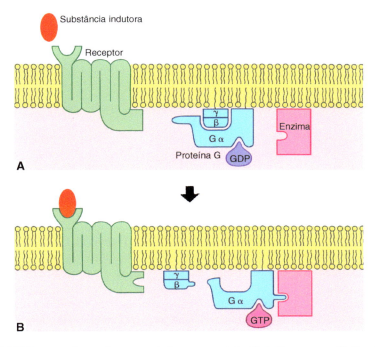

Figura 11.13 Receptor de membrana acoplado a uma proteína G. **A.** Em repouso. **B.** Em atividade.

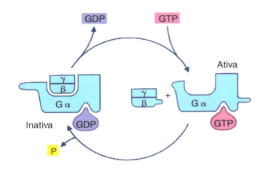

Figura 11.14 Ativação da subunidade α e do complexo βγ das proteínas G por meio do GTP.

ligam-se à membrana por meio de ácidos graxos. Já a subunidade β liga-se à membrana por meio da subunidade γ, com a qual forma um complexo.

A subunidade α comporta-se como uma GTPase que tem um GDP ou um GTP, o que faz com que se assemelhe à proteína Ras (compare as Figuras 11.9 e 11.14). Quando a subunidade α tem um GDP, tanto ela quanto o complexo βγ – ou seja, a proteína G inteira – são inativados. Por outro lado, a proteína G é ativada quando o GDP é substituído por um GTP (Figura 11.14).

A ativação da proteína G ocorre quando a substância indutora se acopla ao receptor, pois este entra em contato com a subunidade α e faz com que seu GDP seja substituído por um GTP (Figura 11.13B). Ao contrário, quando a substância indutora se desliga do receptor e a transmissão do sinal termina, a proteína G é inativada, pois a GTPase da subunidade α hidrolisa o GTP em GDP e P (Figura 11.13A).

Existem diversos tipos de proteínas G, que originam diferentes vias de sinalização intracelulares após interagirem com as seguintes enzimas:

(1) **Adenilato ciclase (AC)**, que, a partir da adenosina trifosfato (ATP), produz **adenosina monofosfato cíclico (cAMP)** (Figuras 11.15, 11.16 e 11.22)
(2) **Fosfolipase C-β (PLC-β)**, que, assim como a PLC-γ, catalisa a excisão do fosfatidilinositol 4,5-difosfato (PIP$_2$) localizado na monocamada citosólica da membrana plasmática (ver *Seção 3.3*) (Figura 2.16) e produz **inositol 1,4,5-trifosfato *(IP$_3$)* e diacilglicerol *(DAG)*** (Figuras 2.13, 11.10, 11.18, 11.19 e 11.22)
(3) **Fosfatidilinositol 3-quinase (PI 3-K)**, que acrescenta um fosfato ao PIP$_2$ e o converte em **fosfatidilinositol 3,4,5-trifosfato (PIP$_3$)** (Figuras 11.20, 11.21 e 11.22).

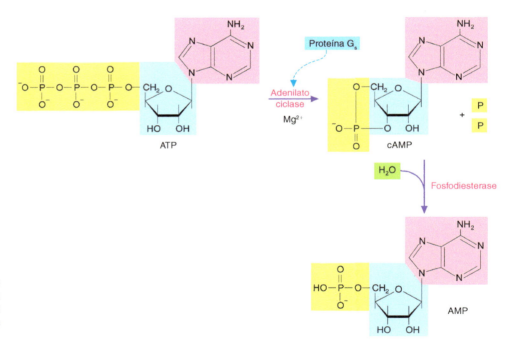

Figura 11.15 Transformação do ATP em cAMP com a ação da proteína G$_s$ na adenilato ciclase. Em seguida, a fosfodiesterase converte o cAMP em AMP.

O cAMP, o IP$_3$, o DAG e o PIP$_3$ são catalogados como segundos mensageiros.

Voltando às proteínas G, quando ativadas pelo receptor – e o GDP da subunidade α é trocado por um GTP –, a subunidade α e o complexo βγ se separam (Figuras 11.13B e 11.14). Em seguida, a subunidade α e o complexo βγ entram em contato com a adenilato ciclase, com a fosfolipase C-β ou com a fosfatidilinositol 3-quinase, que, em alguns casos, são ativadas e em outros inibidas (Figuras 11.16, 11.19 e 11.21).

Nas próximas seções serão analisadas as diferentes consequências dessas ativações ou inibições que são interrompidas assim que a substância indutora se separa do receptor. A saída da substância indutora leva a GTPase da subunidade α a hidrolisar o GTP a GDP e P e, ao final desse processo, a proteína G é inativada e a subunidade α se une ao complexo βγ (Figuras 11.13A, 11.14 e 11.16).

Normalmente as proteínas G amplificam os sinais. Conseguem fazer isso porque só é necessário uma para ativar muitas unidades da enzima; cada uma das quais, por sua vez, produz numerosos segundos mensageiros.

Por outro lado, quando, por alguma razão, os receptores acoplados às proteínas G são estimulados de maneira ininterrupta, atuam dois tipos de proteína citosólicas dessensibilizadoras: quinases específicas que fosforilam os receptores e os inibem, e as proteínas denominadas **arrestinas**, que os bloqueiam.

11.15 A adenilato ciclase produz AMP cíclico, o que ativa a quinase A

O nucleotídio **adenosina monofosfato cíclico** (**cAMP**) recebe esse nome porque seu fosfato forma um anel ao ligar-se simultaneamente ao C3′ e ao C5′ da ribose. O cAMP é produzido a partir de ATP por meio da **adenilato ciclase**, uma enzima localizada na membrana plasmática que precisa de Mg^{2+} para poder atuar. A Figura 11.15 mostra a reação e as fórmulas das moléculas envolvidas. A adenilato ciclase é ativada pela subunidade α de uma proteína G específica, denominada **proteína G_s** (Figura 11.16).

Por sua vez, o aumento de cAMP no citosol ativa a **quinase A** (de *cAMP*), que, em seu estado inativo, é um tetrâmero composto de duas subunidades reguladoras e duas subunidades catalíticas unidas entre si (Figura 11.17). Para que a quinase A seja ativada, é necessário que dois cAMP se

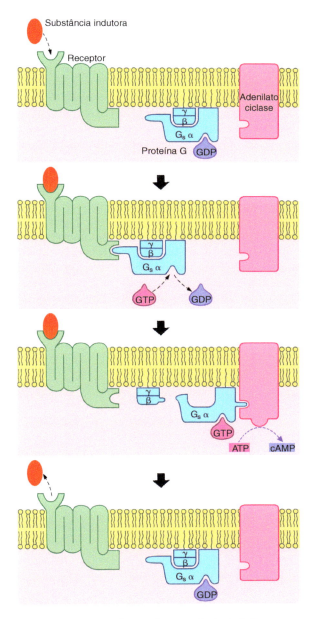

Figura 11.16 Reações produzidas a partir da ligação de uma substância indutora a um receptor de membrana que ativa a subunidade α da proteína G_s. Observe como a proteína interage com a adenilato ciclase.

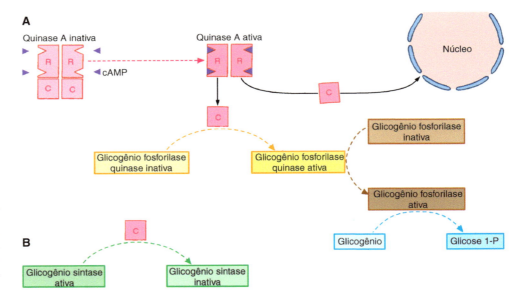

Figura 11.17 Unidades reguladoras (*R*) e catalíticas (*C*) da quinase A. Observe a ligação do cAMP às unidades reguladoras e a maneira como as unidades catalíticas fosforilam as enzimas citosólicas responsáveis pela glicogenólise (**A**) e glicogêniogênese (**B**) e entram no núcleo para fosforilar a proteína CREB.

liguem a cada subunidade reguladora, de modo que quatro cAMP são conectados. A união dos cAMP separa as subunidades reguladoras das catalíticas, as quais são ativadas, ou seja, manifestam suas propriedades enzimáticas.

A seguir, parte das subunidades catalíticas ativadas transfere fosfatos retirados de moléculas de ATP a serinas e treoninas de diversas proteínas citosólicas, que são ativadas e produzem respostas celulares quase que imediatas. Ao mesmo tempo, outras subunidades catalíticas entram no núcleo e produzem respostas celulares tardias. Posteriormente, serão descritos exemplos de ambos os tipos de respostas.

Como o cAMP é um segundo mensageiro muito potente, as células têm dois mecanismos alternativos para regular sua concentração. O mais importante depende da enzima **fosfodiesterase**, que hidrolisa a ligação entre o fosfato e a hidroxila do carbono 3′ na ribose do cAMP. Isso converte o cAMP em AMP, que é um nucleotídio inativo (Figura 11.15). Várias metilxantinas, como a cafeína, a teofilina e a aminofilina, inibem a atividade da fosfodiesterase e, portanto, a redução do cAMP.

O segundo mecanismo que regula a concentração de cAMP é mais lento que o anterior, já que depende da ligação de uma substância indutora a seu receptor e de uma proteína G, que produz efeitos contrários aos da proteína G_s. Trata-se da **proteína G_i**, cuja subunidade α inibe a adenilato ciclase e faz com que a concentração de cAMP seja reduzida. Por sua vez, a queda de cAMP inativa a quinase A – suas subunidades catalíticas e reguladoras unem-se – e a resposta celular é interrompida.

O cAMP é um segundo mensageiro plurivalente, que provoca respostas muito diferentes de acordo com o tipo de célula na qual age, a substância que a induz e o receptor que é ativado. Na Tabela 11.1 são dados exemplos de respostas imediatas mediadas pelo cAMP ao ligar-se a quinases A que atuam no citosol.

Tabela 11.1 Exemplos de respostas celulares mediadas pelo AMP cíclico.

Substâncias indutoras	Células induzidas	Efeitos
Epinefrina Glucagon	Hepatócitos	Degradação de glicogênio Menor síntese de glicogênio
	Adipócitos	Degradação de triglicerídios Menor captação de aminoácidos
Epinefrina	Musculares estriadas	Degradação de glicogênio
	Musculares cardíacas	Maior frequência cardíaca
Hormônios foliculoestimulante (FSH) e luteinizante (LH)	Folículos ovarianos	Maior síntese de estrogênio e de progesterona
Tireotropina (TSH)	Tireoide	Secreção de hormônio da tireoide
Adrenocorticotropina (ACTH)	Suprarrenais (córtex)	Secreção de cortisol
Hormônio antidiurético	Renais	Retenção de água
Paratormônio	Ósseas	Reabsorção de Ca^{2+}
Odorantes	Neuroepiteliais do nariz	Detecção de odores

Capítulo 11 | Comunicação Intercelular e Transmissão Intracelular de Sinais ■ **175**

A degradação do glicogênio e a interrupção de sua síntese que ocorre nas células musculares estriadas em situações de estresse são dois exemplos de respostas imediatas mediadas pelas subunidades catalíticas da quinase A. O processo tem início nas glândulas suprarrenais, as quais, devido ao estresse, liberam **epinefrina**, uma substância indutora que entra na corrente sanguínea e chega às células musculares estriadas, unindo-se a membranas plasmáticas. Conecta-se, ainda, a um receptor membranoso, denominado **β_2-adrenérgico**, que ativa a proteína G_s. Como esta ativa a enzima adenilato ciclase, é produzido cAMP e a quinase A é ativada. Suas subunidades catalíticas fosforilam duas enzimas citosólicas: a glicogênio fosforilase quinase e a glicogênio sintase (Figura 11.17).

A **glicogênio fosforilase quinase** é ativada e fosforila outra enzima, a **glicogênio fosforilase**, que degrada o glicogênio mediante a liberação progressiva de seus monômeros, representados pelas moléculas de glicose 1-fosfato (estímulo da glicogenólise).

Por outro lado, a **glicogênio sintase** é inibida e interrompe a síntese de glicogênio a partir de moléculas de glicose (interrupção da glicogeniogênese).

Observa-se, portanto, que, nas células musculares estriadas, a ativação do receptor β_2-adrenérgico eleva a concentração de glicose 1-fosfato e de glicose. Em um momento posterior, essas duas hexoses serão convertidas em glicose 6-fosfato por meio da ação das enzimas **fosfoglicomutase** e **hexoquinase**, respectivamente.

Considerando que, para produzir ATP, o organismo consome glicose 6-fosfato (ver *Seções 8.6 e 8.7*) (Figura 8.6), em situações de estresse o organismo recorre a grandes quantidades dessa glicose, para manter a contração muscular (ver *Seção 5.33*). Essa demanda faz com que parte da glicose 6-fosfato necessária para os músculos seja provida pelo fígado. Para que isso ocorra, por meio também do receptor β_2-adrenérgico, a epinefrina induz o hepatócito a produzir glicose 6-fosfato pelas mesmas reações das células musculares estriadas. Em seguida, uma enzima situada na membrana do REL, a **glicose 6-fosfatase**, transforma a glicose 6-fosfato em glicose, que sai do hepatócito, entra na corrente sanguínea (ver *Seção 7.27*) e chega às células musculares, onde a hexoquinase volta a convertê-la em glicose 6-fosfato com a finalidade de produzir ATP (Figura 8.6).

Outro exemplo de resposta imediata mediada pela epinefrina ocorre nas células musculares lisas do sistema digestório e dos brônquios. Nesse caso, a epinefrina acopla-se a um receptor diferente denominado **α_2-adrenérgico**, que ativa a proteína G_i, que age de maneira diferente da esperada, pois quem atua não é a subunidade α – que, conforme visto anteriormente, inibe a adenilato ciclase –, e sim seu complexo $\beta\gamma$. Este complexo não se liga a uma enzima, mas sim a um canal de K^+ da membrana plasmática, que se abre e possibilita que o K^+ saia da célula. Por essa razão, a membrana plasmática hiperpolariza-se e sua excitabilidade diminui, provocando o relaxamento das células musculares lisas mencionadas.

A Figura 19.20 mostra um setor da membrana plasmática do espermatozoide em que está ilustrado outro exemplo de resposta imediata mediada por uma proteína G, a qual também atua de maneira diferente da esperada. Observe que, nesse caso, a subunidade α liga-se à adenilato ciclase e que o complexo $\beta\gamma$ liga-se a um canal de Ca^{2+} localizado na membrana plasmática (ver *Seção 19.18*).

Os dois últimos exemplos acrescentam uma nova informação sobre as funções das proteínas G, pois, em alguns casos, seus complexos $\beta\gamma$ interagem com canais iônicos.

A seguir, será analisada a atuação das subunidades catalíticas da quinase A que entram no núcleo e produzem respostas tardias (Figura 11.17). No nucleoplasma, por meio de um fosfato retirado de um ATP, cada subunidade catalítica fosforila uma serina de uma proteína denominada **CREB** (de *cAMP response element binding protein*), que é ativada e se liga a outra proteína nuclear, denominada **CBP** (de *CREB binding protein*).

Em seguida, o complexo CREB-CBP liga-se à sequência reguladora de alguns genes, mais precisamente um segmento denominado **CRE** (de *cAMP response element*). Considerando que isso estimula a expressão desses genes, pode-se dizer que a CREB e a CBP são fatores de transcrição ativadores (ver *Seção 14.7*).

A sequência CRE é encontrada em genes relacionados com a proliferação e a diferenciação celulares. É também encontrado no gene da somatostatina, um hormônio produzido pelas ilhotas de Langerhans e mucosa do sistema digestório, que inibe a síntese de glicose e a secreção de gastrina.

11.16 O funcionamento de proteínas G é afetado na coqueluche e no cólera

A **coqueluche**, também conhecida como tosse comprida, é uma doença produzida pela toxina do bacilo *Bordetella pertussis*. A toxina age nas células musculares lisas dos brônquios, impedindo que o GTP se acople à subunidade α da proteína G_i, pois mantém a subunidade α unida ao dímero $\beta\gamma$ de modo permanente. Isto impossibilita a ação inibitória da proteína G_i sobre a adenilato ciclase, o que faz com que os níveis de cAMP se mantenham altos e a quinase A permaneça ativa. Consequentemente, os canais de K^+, mencionados na seção anterior, fecham-se e a excitabilidade do músculo liso brônquico aumenta, o que provoca a contração do músculo de maneira sustentada e, portanto, a tosse que caracteriza a doença.

O **cólera** é uma doença causada pela toxina do bacilo *Vibrio cholerae*, caracterizada por diarreias profusas, desequilíbrios iônicos e desidratação. Tais distúrbios são causados pelo aumento dos níveis de cAMP nas células da mucosa intestinal. A toxina bloqueia a GTPase da subunidade α da proteína G_s, o que impede que o GTP seja hidrolisado a GDP e P. Por isso, tanto a proteína G quanto a adenilato ciclase são mantidas ativas e a enzima produz cAMP de maneira contínua. Considerando que, nas células do epitélio intestinal, o cAMP se liga a um canal de Cl^- da membrana plasmática, esse canal se abre e o íon passa o lúmen do intestino de modo intenso. A diarreia ocorre porque o Cl^- arrasta o Na^+ e os dois íons provocam a saída de grande quantidade de água.

11.17 A fosfolipase C-β produz IP₃ e DAG a partir de PIP₂

Na membrana plasmática de diversos tipos de células, a ligação de algumas substâncias indutoras a seus receptores ativa a subunidade α da **proteína G_q**, que, por essa razão, substitui seu GDP por um GTP. Por sua vez, a proteína G_q ativa a **fosfolipase C-β (PLC-β)**, uma enzima encontrada no citosol próximo à membrana (Figura 11.19).

Um exemplo desta espécie de indução corresponde à **epinefrina** ao ligar-se a um receptor diferente dos que foram citados até o momento, denominado **α₁-adrenérgico**.

Na *Seção 3.3* foi descrito que um dos fosfolipídios da bicamada lipídica das membranas celulares é o fosfatidilinositol (PI). Na membrana plasmática, ele está localizado na monocamada citosólica e, mesmo sendo o mais escasso, tem uma enorme importância funcional, pois atua em importantes vias de sinalização intracelulares. Para que isso ocorra, é fosforilado em C4' e em C5' do inositol por meio da transferência de fosfatos retirados de moléculas de ATP, que o converte primeiramente em fosfatidilinositol 4-fosfato (PIP) e, em seguida, em **fosfatidilinositol 4,5-difosfato (PIP₂)** (Figuras 2.16 e 11.18).

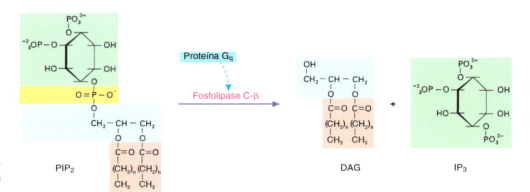

Figura 11.18 Divisão do PIP₂ em PIP₃ e DAG quando há atuação da proteína G_q na fosfolipase C-β.

Voltando à fosfolipase C-β, uma vez ativada catalisa a hidrólise do PIP₂, que, conforme descrito na *Seção 11.14*, é fracionado em duas moléculas relativamente pequenas, o **inositol 1,4,5-trifosfato (IP₃)** e o **diacilglicerol (DAG)** (Figuras 2.13, 11.18 e 11.19). Nas próximas seções, será observado que as duas moléculas atuam como segundos mensageiros em vias de sinalização de grande importância para o funcionamento celular.

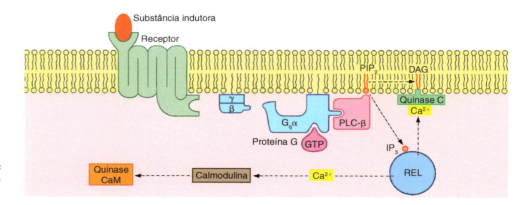

Figura 11.19 Ação da subunidade α da proteína G_q na enzima fosfolipase C-β (*PLC-β*).

Capítulo 11 | Comunicação Intercelular e Transmissão Intracelular de Sinais ■ **177**

Essas vias são interrompidas quando há intervenção de duas **fosfatases** específicas que catalisam a remoção de dois dos três fosfatos do PIP_2 e isso o converte novamente em PI.

Na *Seção 11.12*, foi descrito que a célula tem vários tipos de fosfolipases. Entre as mais comuns, está a **fosfolipase C-γ (PLC-γ)**, que, assim como a PLC-β, hidrolisa o PIP_2 e o fraciona em IP_3 e DAG (Figuras 11.10 e 11.22). Como ambas as fosfolipases formam produtos semelhantes, seus efeitos serão analisados em conjunto nas próximas duas seções. Além disso, esses efeitos devem ser somados aos da proteína Ras (ver *Seção 11.12*), já que as vias de sinalização nascidas das duas fosfolipases passam pela proteína Raf (Figura 11.22).

Outras duas fosfolipases relativamente comuns em diversos tipos de células são a **fosfolipase A (PLA)** e a **fosfolipase D (PLD)**. Elas estão ilustradas na Figura 19.22, que mostra partes do espermatozoide e da membrana pelúcida do ovócito no início da fecundação.

11.18 O IP_3 abre os canais de Ca^{2+} situados na membrana do RE, e parte do Ca^{2+} citosólico se liga à calmodulina, que ativa a quinase CaM

Assim que o PIP_2 é fracionado em DAG e IP_3, pela PLC-β ou pela PLC-γ, o **IP_3** abandona a membrana plasmática e dirige-se ao citosol. Em seguida, liga-se a um canal de Ca^{2+} dependente de ligante situado na membrana do REL, cuja abertura possibilita que parte do **Ca^{2+}** encontrado nessa organela seja transferida ao citosol (ver *Seção 7.26*) (Figuras 11.10, 11.19, 19.22 e 19.23).

Normalmente a concentração citosólica de Ca^{2+} é muito baixa (cerca de 10^{-7} M), mais de mil vezes inferior à concentração no REL e na matriz extracelular. Diversos tipos de estímulos aumentam o Ca^{2+} no citosol, que pode provir de fora da célula ou de depósitos citoplasmáticos, como o REL e as mitocôndrias (ver *Seções 7.26* e *8.22*). Dessa maneira, em respostas que necessitem de um rápido aumento da concentração de Ca^{2+} no citosol, o íon é mobilizado do exterior ou das organelas mencionadas (normalmente o REL), devido à abertura transitória de canais de Ca^{2+} situados na membrana plasmática ou na membrana dessas organelas.

Nas *Seções 3.14* e *7.26* foi descrito que os canais iônicos abrem-se por meio de um ligante (acaba de ser descrito que o IP_3 é um exemplo) ou por uma alteração no potencial elétrico da membrana (Figura 3.20). Um exemplo desse último mecanismo ocorre nas células musculares estriadas, nas quais o Ca^{2+} sai do retículo sarcoplasmático através de um canal iônico dependente de voltagem.

No citosol, o Ca^{2+} age como segundo mensageiro em diversas vias de sinalização intracelulares. Para que isso ocorra, liga-se a uma proteína denominada calmodulina, porém, em algumas ocasiões, permanece como íon livre (Figuras 11.10 e 11.19).

A porção média da **calmodulina** é alargada e cada uma de suas extremidades, que são globulares, tem dois sítios de ligação para o Ca^{2+}. A calmodulina somente é ativada quando os quatro Ca^{2+}, para os quais tem capacidade, são ligados.

Uma vez que o complexo **Ca^{2+}-calmodulina** é formado, ativa a **quinase CaM** (de *Ca^{2+}-calmodulin*), que, após sua autofosforilação, fosforila serinas e treoninas de outras quinases citosólicas.

A quinase CaM dá origem a diversas vias de sinalização intracelulares. Dessa maneira, em diferentes tipos de células inicia uma cadeia particular de ativações derivada da fosforilação de sucessivas quinases, até que a última produz a resposta celular. Outro exemplo corresponde ao cérebro, em que, em alguns neurônios, a quinase CaM-II mantém-se ativa mesmo depois da queda de Ca^{2+} citosólico. Por essa razão, estima-se que essa quinase esteja relacionada com a memória e os processos de aprendizagem.

Na *Seção 5.33* foi visto que a calmodulina da célula muscular estriada recebe o nome de **troponina C**. Também foi analisada a intervenção do complexo Ca^{2+}-troponina C durante a contração muscular.

Com relação ao **Ca^{2+} livre**, sua presença no citosol origina uma grande variedade de respostas celulares. Por exemplo, participa do desarranjo dos microtúbulos (ver *Seção 5.7*), ativa a enzima glicogênio fosforilase quinase nas células musculares estriadas e nas células hepáticas (ver *Seção 11.15*) (Figura 11.17A) e estimula a exocitose de insulina nas células β das ilhotas de Langerhans (Figura 7.20) e de neurotransmissores em alguns terminais axônicos (Figura 7.21), entre outras. Além disso, por ligar-se à quinase C, o Ca^{2+} livre torna possível a via de sinalização intracelular descrita na próxima seção (Figuras 11.10 e 11.19).

A sinalização intracelular mediada pelo Ca^{2+} termina quando o íon retorna ao interior do REL ou é removido da célula em direção à matriz extracelular por meio de bombas de Ca^{2+} (ver *Seções 3.23* e *7.26*).

11.19 O DAG ativa a quinase C

Uma vez que o PIP_2 é fracionado em DAG e IP_3, pela PLC-β ou pela PLC-γ, o **DAG** permanece na monocamada citosólica da membrana plasmática, assim como estava o PIP_2 (Figuras 11.10 e 11.19).

Simultaneamente, parte do Ca^{2+} liberado do REL por ação do IP_3 combina-se com uma enzima citosólica denominada **quinase C** (de Ca^{2+}). Em seguida, o complexo Ca^{2+}-**quinase C** dirige-se à membrana plasmática e permanece junto ao DAG para que este ative a quinase C (Figuras 11.10, 11.19. 11.22 e 19.23).

Observa-se, então, que o Ca^{2+} citosólico liberado pelo IP_3 torna possível a ativação da quinase C por meio do DAG, o que demonstra que o IP_3 e o DAG estão relacionados não somente por sua origem – o PIP_2 – mas também pela assistência que o primeiro presta ao segundo.

Assim que é ativada, a quinase C fosforila serinas ou treoninas de proteínas citosólicas e nucleares, as quais variam nos diferentes tipos de células.

Uma das proteínas citosólicas é a glicogênio sintase, que, na célula hepática, é fosforilada não apenas pela quinase A, mas também pela quinase C. Conforme visto na *Seção 11.15*, o fosfato impede que a glicogênio sintase sintetize glicogênio a partir de moléculas de glicose (Figura 11.17B).

Outra proteína citosólica que fosforila a quinase C é a Raf, em cujo caso a via de sinalização deriva da ativação de genes que induzem o crescimento e a diferenciação celulares (ver *Seção 11.12*) (Figura 11.22).

Outros dois exemplos em que a enzima quinase C fosforila proteínas citosólicas ocorrem durante a fecundação, nas etapas mostradas nas Figuras 19.22 e 19.23.

Por sua vez, as proteínas nucleares fosforiladas por meio da quinase C são fatores de transcrição que ativam ou reprimem um grupo de genes relacionados com a proliferação celular. A importância da quinase C no controle da proliferação celular foi demonstrada ao ser estudada a ação tumorigê-nica dos **ésteres de forbol**, os quais têm estruturas semelhantes ao DAG e, como este, ativam a quinase C. Não obstante, como não são degradados – e, portanto, a atividade da quinase C não é interrompida –, promovem proliferação celular sustentada, e em consequência, há formação de tumores.

Vale lembrar que, em alguns neurônios do cérebro, a quinase C não fosforila proteínas do citosol nem do núcleo, mas sim canais iônicos da membrana plasmática, abrindo-os e provocando alteração da excitabilidade da membrana.

A quinase C interrompe sua atividade quando o DAG é hidrolisado. Um dos produtos dessa hidrólise é o ácido araquidônico, um precursor de diversos eicosanoides, entre os quais estão as **prostaglandinas**.

11.20 A via de transmissão de sinalizações que origina a enzima PI 3-K está relacionada com a sobrevivência celular

Na *Seção 11.12* foi descrito que existem diversos tipos de **fosfatidilinositol 3-quinases (PI 3-K)**, entre elas uma que é ativada mediante receptores com atividade de tirosinoquinase e outras que o fazem mediante receptores acoplados a proteínas G (Figuras 11.11, 11.21 e 11.22). Estas últimas são ativadas por meio da subunidade α da **proteína G_{13}** ou do complexo βγ da **proteína G_i** (Figuras 11.20 e 11.21).

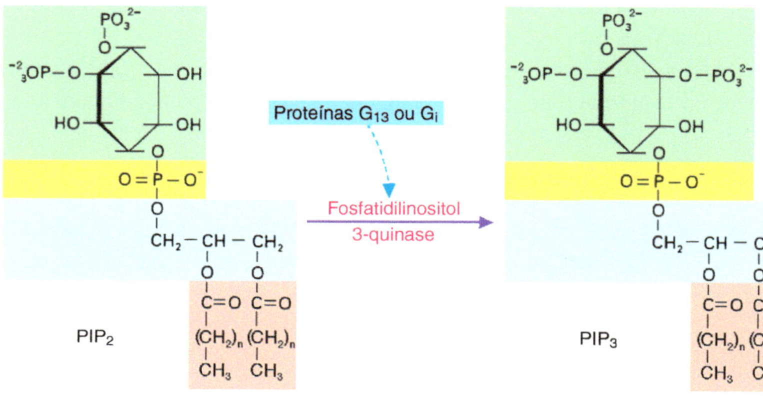

Figura 11.20 Formação de PIP_3 a partir de PIP_2 quando há ação da proteína G_{13} ou da proteína G_i sobre a enzima fosfatidilinositol 3-quinase.

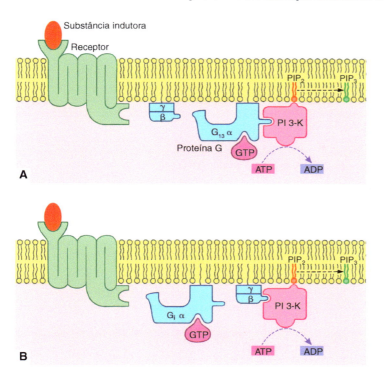

Figura 11.21 Ação da subunidade α da proteína G_{13} (**A**) e do complexo βγ da proteína G_i (**B**) sobre a fosfatidilinositol 3-quinase (*PI 3-K*).

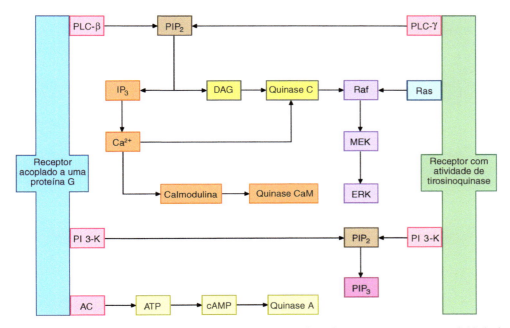

Figura 11.22 Algumas integrações das vias de sinalização que têm origem em receptores com atividade de tirosinoquinase ou de receptores acoplados às proteínas G. *PLC-β*, fosfolipase C-β; *PLC-γ*, fosfolipase C-γ; *AC*, adenilato ciclase.

As PI 3-K encontram-se no citosol e todas causam os mesmos efeitos: acrescentam um fosfato ao fosfatidilinositol 4,5-difosfato (PIP_2) da membrana plasmática e o convertem em **fosfatidilinositol 3,4,5-trifosfato (PIP_3)**. Portanto, o PIP_2 não somente é fonte de IP_3 e DAG, mas também de PIP_3.

Conforme mostrado nas Figuras 11.20 e 11.21, o PIP está localizado na monocamada citosólica da membrana plasmática e é fosforilado no sítio 3 do inositol.

O estudo das vias de sinalização originadas das PI 3-K se completa na *Seção 22.4* pois sua interrupção causa a morte celular.

Bibliografia

Barridge M.J. (1985) The molecular basis of communication within the cell. Sci Am. 253 (4):124.

Barridge M.J. (2005) Unlocking the secrets of cell signaling. Annu. Rev. Physiol. 67:1.

Bourne H.R. (1995) Trimeric G proteins: surprise witness tells a tale. Science 270:933.

Casey P.J. (1995) Protein lipidation in cell signaling. Science 268: 221.

Clapham D.E. (1996) The G-protein nanomachine. Nature 379:297.

Druey K.M., Blumer K.J., Hang V.H. and Kehrl J.H. (1996) Inhibition of G-protein-mediated MAP kinase activation by a new gene family. Nature 379:742.

Ghosh A. and Greenberg M.E. (1995) Calcium signaling in neurons: molecular mechanisms and cellular consequences. Science 268: 239.

Hib J. (2009) Histología de Di Fiore. Texto y atlas. 2ª Ed. Editorial Promed, Buenos Aires.

Hofer A.M. et al. (1996) ATP regulates calcium leak from agonist-sensitive internal calcium stores. FASEB J. 10:302.

Horne J.H. and Meyer T. (1997) Elementary calcium-release units induced by inositol trisphosphate. Science 276:1690.

Iyengar R. (1996) Gating by ciclic AMP: expanded role for an old signaling pathway. Science 271:461.

Kamenetsky M., Middelhaufe S., Bank E.M. et al. (2006) Molecular details of cAMP generation in mammalian cells: a tale of two systems. J. Mol. Biol. 362:623.

Kavanaugh W.M. and Williams L.T. (1994) An alternative to SH2 domains for binding tyrosine-phosphorylated proteins. Science 266:1862.

Linder M. and Gilman A. (1992) G proteins. Sci. Am. 267 (1):36.

Luttrell L.M. (2006) Transmembrane signaling by G proteincoupled receptors. Methods Mol. Biol. 332:3.

Michell R.H. (1992) Inositol lipids in cellular signaling mechanisms. TIBS 17:274.

Mochly-Rosen D. (1995) Localization of protein kinases by anchoring proteins: a theme in signal transduction. Science 268:247.

Murad F. (2006) Shattuck Lecture. Nitric oxide and cyclic GMP in cell signaling and drug development. N. Engl. J. Med. 55:2003.

Nishi R. (1994) Neurotrophic factors: two are better than one. Science 265:1052.

Papin J.A., Hunter T., Palsson B.O. and Subramaniam S. (2005) Reconstruction of cellular signalling networks and analysis of their properties. Nature Rev. Mol. Cell Biol. 6:99.

Pawson T. (1993) Signal transduction. A conserved pathway from the membrane to the nucleus. Develop. Gen. 14:333.

Qi M. and Elion E.A. (2005) MAP kinase pathways. J. Cell Sci. 118:3569.

Rawlings J.S., Rosler K.M. and Harrison D.A. (2004) The JAK/STAT signaling pathway. J. Cell Sci. 117:1281.

Reiter E. and Lefkowitz R.J. (2006) GRKs and betaarrestins: roles in receptor silencing, trafficking and signaling. Trends Endocrinol. Metab. 17:159.

Roush W. (1996) Regulating G protein signaling. Science 271:1056.

Siderovski D.P. et al. (1996) A new family of regulators of G-protein-coupled receptors? Curr. Biol. 6:211.

Snyder S.H. and Bredt D.S. (1992) Biological roles of nitric oxide. Sci. Am. 266 (5):28.

Taniguchi T. (1995) Cytokine signaling through nonreceptor protein tyrosine kinases. Science 268:251.

Umemori H. et al. (1997) Activation of the G protein Gq/11 through tyrosine phosphorylation of the α subunit. Science 276:1878.

Núcleo 12

12.1 O núcleo é um dos compartimentos essenciais da célula eucarionte

A existência do núcleo é a principal característica que distingue as células eucariontes. O núcleo ocupa cerca de 10% do volume total da célula e, em seu interior, está o DNA, exceto o das mitocôndrias. É delimitado pela **carioteca**, ou **envoltório nuclear**, composta por duas membranas concêntricas que são contínuas à membrana do retículo endoplasmático (RE) (Figura 12.1).

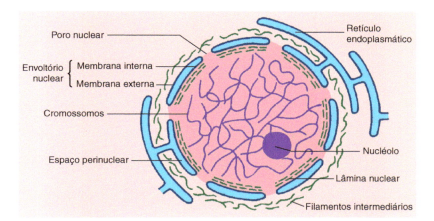

Figura 12.1 Representação gráfica do núcleo celular. Observe a lâmina nuclear (constituída por laminofilamentos) e o envoltório nuclear como parte integrante do sistema de endomembranas.

A carioteca tem inúmeros orifícios – denominados **poros** –, que fazem a comunicação entre o interior do núcleo e o citosol. É reforçada por duas redes de filamentos intermediários, uma sobre a superfície interna do envoltório – a lâmina nuclear descrita na *Seção 5.3* – e outra sobre a superfície externa (Figura 12.1).

No compartimento nuclear, encontram-se:

(1) Quarenta e seis **cromossomos**, cada um composto por apenas uma molécula de DNA combinada com diversas proteínas
(2) Diversos tipos de **RNA** (mensageiro, ribossômico, transportador, pequenos), que são sintetizados no núcleo quando seus genes são transcritos. Esses RNA saem do núcleo pelos poros do envoltório nuclear logo após o seu processamento (ver *Capítulo 15*)
(3) O **nucléolo**, onde são encontrados os genes dos rRNA e os rRNA recém-sintetizados
(4) Diversas **proteínas**, como, por exemplo, as reguladoras da atividade dos genes, as promotoras do processamento dos RNA, as que se ligam aos rRNA no nucléolo, as DNA polimerases, as RNA polimerases etc. Essas proteínas são fabricadas no citosol e entram no núcleo pelos poros do envoltório nuclear
(5) Os elementos mencionados dispersos na **matriz nuclear**, ou **nucleoplasma**, cuja composição é pouco conhecida.

Envoltório nuclear

12.2 O envoltório nuclear é composto de duas membranas concêntricas atravessadas por poros

Dissemos que o **envoltório nuclear**, ou **carioteca**, é composto de duas membranas concêntricas. Estas se unem no nível dos poros, que se encontram distribuídos de maneira mais ou menos regular por todo o envoltório (Figuras 12.1, 12.2 e 23.5).

O espaço entre a membrana externa e a membrana interna – ou **espaço perinuclear** – comunica-se com a cavidade do RE. A membrana externa é contínua à membrana do RE e costuma aparecer cravejada de ribossomos (Figura 12.2). As proteínas que são sintetizadas por esses ribossomos incorporam-se às membranas do envoltório ou permanecem no espaço perinuclear.

O envoltório nuclear é sustentado pela **lâmina nuclear** (ver *Seção 5.3*), que é uma delgada rede de laminofilamentos aderida à membrana nuclear interna, exceto no nível dos poros (Figuras 12.1, 12.3 e 12.4). Na *Seção 5.3* foi descrito que os laminofilamentos são compostos por três tipos de monômeros, as **laminas A**, **B** e **C**.

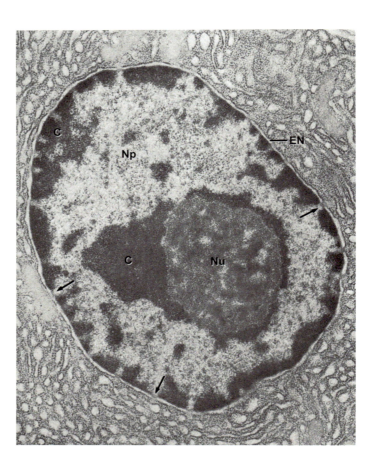

Figura 12.2 Eletromicrografia do núcleo de uma célula pancreática. *Np*, nucleoplasma. Parte da cromatina (*C*) está localizada junto ao nucléolo (*Nu*) e a outra parte junto à face interna do envoltório nuclear (*EN*), exceto no nível dos poros nucleares (*setas*). Observe a face externa do envoltório nuclear coberta de ribossomos. 24.000× (Cortesia de J. André.)

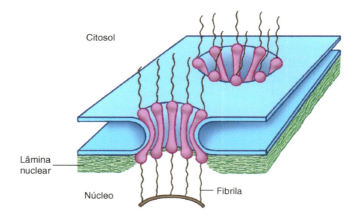

Figura 12.3 Esquema do envoltório nuclear, formado por duas membranas que são contínuas no nível dos poros nucleares. Os complexos do poro apresentam simetria radial octogonal. A lâmina nuclear recobre a face interna do envoltório, com exceção dos poros.

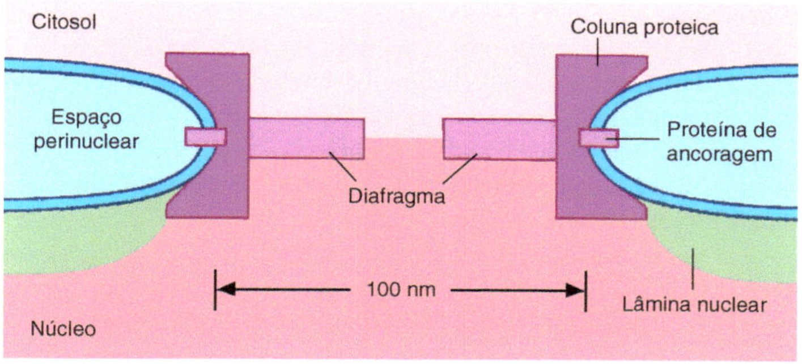

Figura 12.4 Esquema do complexo do poro com seus diversos componentes.

A lâmina nuclear encontra-se ancorada à membrana nuclear interna por meio das laminas B, que contêm – na sua extremidade carboxila – um ácido graxo inserido na bicamada lipídica desta membrana (ver *Seção 3.4*) (Figura 3.10). Esta ancoragem da lâmina nuclear, ainda que importante, não é suficiente. Por essa razão, encontra-se reforçada pela união das três laminas tanto às proteínas integrais da membrana nuclear interna quanto às proteínas dos poros nucleares.

Durante a interfase, a lâmina nuclear é responsável pela forma da carioteca – em geral, esférica – e lhe proporciona resistência mecânica. Além disso, a lâmina tem sítios de ligação específicos, para que os cromossomos se fixem a ela, o que garante uma espécie de suporte que possibilita a organização e a distribuição espacial da maioria dos componentes nucleares (ver *Seção 12.14*).

Na *Seção 18.18*, será comentado que a lâmina nuclear é desfeita no início da mitose, devido à fosforilação das laminas, e reaparece ao final da mitose, quando são formados os núcleos das duas células-filhas.

12.3 Os poros do envoltório nuclear são estruturas complexas

Os 3.000 a 4.000 **poros** encontrados no envoltório nuclear são muito mais do que simples canais entre o nucleoplasma e o citosol. Existe neles um conjunto de proteínas chamadas de **nucleoporinas**, que formam uma estrutura denominada **complexo do poro**, constituída pelos seguintes elementos (Figuras 12.3 e 12.4):

(1) **Oito colunas proteicas** que formam uma parede cilíndrica em cujo entorno a membrana externa da carioteca é contínua à membrana interna. Na face citosólica, os extremos das colunas proteicas formam um anel ou abertura externa do poro nuclear. No lado interno ocorre algo semelhante

(2) **Proteínas de ancoragem** que prendem as colunas proteicas ao envoltório nuclear. Cada proteína se liga a uma das colunas e atravessa a membrana do envoltório com sua extremidade projetando-se no espaço perinuclear

(3) **Proteínas radiais** que surgem das colunas e orientam-se em direção ao centro do poro. Por encurtarem-se e esticarem-se, convertem o complexo do poro em um **diafragma**

(4) **Fibrilas proteicas** que nascem das aberturas interna e externa do complexo e projetam-se em direção ao nucleoplasma e ao citosol, respectivamente. Há, também, uma fibra circular que une entre si as extremidades distais das fibrilas que partem da abertura interna. Posteriormente será estudado que as fibrilas proteicas interferem na passagem das proteínas pelo poro (Figura 12.6).

O complexo do poro mede cerca de 30 nm de altura e 100 nm de diâmetro. Entretanto, as proteínas radiais reduzem seu orifício, cujo diâmetro oscila entre 9 e 25 nm. Por ele passam íons e moléculas pequenas e grandes em ambas as direções.

De modo geral, os íons e as moléculas pequenas são transportados de maneira passiva, sem gasto de energia. Por outro lado, as macromoléculas (proteínas e moléculas de RNA), antes de passar, forçam o encurtamento das proteínas radiais, e, portanto, o complexo do poro se comporta como um diafragma que adapta sua abertura às dimensões das moléculas que irão atravessá-lo.

12.4 A passagem de macromoléculas pelo complexo do poro é regulada

As macromoléculas que entram no núcleo são as proteínas citadas na *Seção 12.1* e alguns RNA pequenos que retornam ao compartimento nuclear após terem saído temporariamente (ver *Seção 15.12*). Por outro lado, as macromoléculas que saem do núcleo são proteínas envelhecidas ou que deixaram de funcionar – e devem encaminhar-se ao citosol para serem destruídas pelos proteossomas – e diversos tipos de RNA ligados a proteínas.

Entrada de proteínas no núcleo. Diferentemente das proteínas destinadas às mitocôndrias e aos peroxissomos – que, conforme visto nas *Seções 8.28* e *10.5*, são dobradas após a sua entrada nessas organelas –, as destinadas ao núcleo já entram dobradas, pois adquirem suas estruturas terciárias e quaternárias no citosol, assim que termina sua síntese (ver *Seção 4.5*).

O ingresso das proteínas no núcleo é realizado por meio de um mecanismo seletivo que possibilita somente a entrada das proteínas adequadas, as quais têm um **peptídio-sinal** específico que abre o caminho para que atravessem o complexo do poro.

Os peptídios-sinal mais estudados são denominados **NSL** (de *nuclear signal localization*) (ver *Seção 4.4*). Conforme mostrado na Figura 12.5A, não interagem diretamente com o complexo do poro, e sim por meio de uma proteína heterodimérica denominada **importina**. Por existirem diferentes tipos de NSL, para diferentes grupos de proteínas destinadas ao núcleo, cada tipo de NSL requer uma importina especial. Existem também NSL que se ligam a proteínas diferentes das importinas, entre as quais algumas que serão mencionadas novamente em outro momento, denominadas **transportinas**.

A passagem de uma proteína do citosol ao núcleo pelo complexo do poro ocorre em várias etapas, que são as seguintes e estão ilustradas na Figura 12.5A:

(1) A proteína liga-se à importina por meio do NSL e as duas moléculas se aproximam do complexo do poro. Atravessam-no pelo alargamento de seu diafragma, cujo diâmetro pode chegar a 25 nm
(2) A passagem requer que a importina seja guiada pelas fibrilas proteicas externas e internas do complexo do poro, conforme está ilustrado na Figura 12.6
(3) Durante a passagem, gasta-se um GTP, cuja hidrólise fica sob a responsabilidade de uma proteína denominada **Ran** (de *Ras-related nuclear protein*). Trata-se, portanto, de um transporte ativo.
(4) A Ran pertence à família de GTPases que agem de modo associado às proteínas reguladoras GEF e GAP. Nas *Seções 7.38* e *11.12*, foi descrito que, quando são influenciadas pela **GEF**, essas GTPases substituem o GDP que está em suas moléculas por um GTP, enquanto, quando são influenciadas pela **GAP**, hidrolisam o GTP em GDP e P (Figura 11.9). A GEF e a GAP que são associadas à Ran estão localizadas no núcleo e no citosol, respectivamente
(5) Conforme mostrado na Figura 12.5A, quando o complexo importina-proteína entra no núcleo, entra também a Ran-GDP
(6) No núcleo, a GEF promove a substituição do GDP da Ran por um GTP e, em seguida, a Ran-GTP liga-se ao complexo importina-proteína
(7) Essa ligação faz com que a importina se solte da proteína, que fica retida no núcleo
(8) Por outro lado, a importina e a Ran-GTP permanecem ligadas, atravessam o complexo do poro e retornam ao citosol
(9) No citosol a GAP induz a Ran a hidrolisar o GTP a GDP e P (é nesse momento que o GTP é utilizado); disso resulta uma Ran-GDP e sua separação da importina
(10) Finalmente, a Ran-GDP e a importina livres podem ser reutilizadas para fazer com que entrem novas proteínas no núcleo.

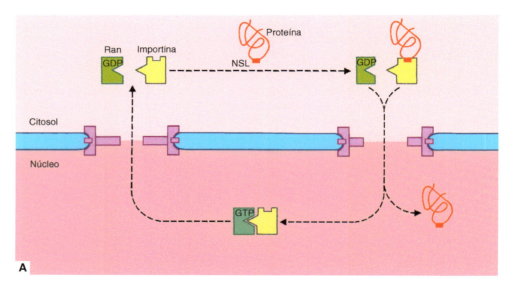

Figura 12.5A Passagem de proteínas do citosol ao núcleo através do complexo do poro.

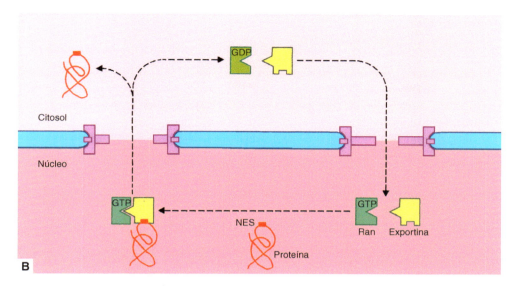

Figura 12.5B Passagem de proteínas do núcleo ao citosol através do complexo do poro.

Deve-se ressaltar que algumas proteínas destinadas ao núcleo – principalmente os receptores dos hormônios esteroides –, após sua síntese, permanecem no citosol até a chegada desses hormônios (Figura 11.12). Conforme descrito na *Seção 11.6*, os receptores ficam retidos porque chaperonas da família hsp90 ligam-se a eles e adquirem formas que os impedem de entrar no núcleo. Com a chegada dos hormônios esteroides, as chaperonas separam-se e a configuração dos receptores é alterada, possibilitando, então, que atravessem os poros do envoltório nuclear (Figura 11.3).

Saída de proteínas e de moléculas de RNA. As proteínas que saem do núcleo dependem também da Ran e de sinais específicos para poder atravessar os poros do envoltório nuclear. Os peptídios-sinal são denominados **NES** (*de nuclear export signal*) e são reconhecidos por proteínas equivalentes às importinas, denominadas **exportinas**. Existem, também, NES que são reconhecidos por transportinas.

A passagem de uma proteína do núcleo ao citosol através do complexo do poro ocorre em várias etapas, que são as seguintes e estão ilustradas na Figura 12.5B:

(1) A proteína se liga à exportina por meio do NES. Simultaneamente, a GEF remove o GDP de uma Ran-GDP e o substitui por um GTP, formando, assim, uma Ran-GTP

(2) A Ran-GTP liga-se à proteína por meio da exportina

(3) Unidas entre si, a Ran-GTP, a proteína e a exportina se aproximam do poro nuclear e o atravessam pelo alargamento de seu diafragma, cujo diâmetro pode alcançar 25 nm

(4) Assim como a importina, durante a passagem a exportina é conduzida pelas fibrilas proteicas do complexo do poro

(5) Ao final da passagem, induzida pela GAP, a Ran-GTP hidrolisa o GTP a GDP e P, resultando disso uma Ran-GDP

(6) Isso faz com que a Ran-GDP se separe da exportina, que, por sua vez, se separa da proteína

(7) A proteína fica retida no citosol. Já a Ran-GDP e a exportina retornam ao núcleo separadamente

(8) Finalmente a Ran-GDP e a exportina livres podem ser reutilizadas para transferir novas proteínas em direção ao citosol.

Com relação às moléculas de RNA, estas saem do núcleo ligadas às proteínas, porém não conseguem sair se não tiverem iniciado ou completado seus processamentos (ver *Capítulo 15*). Sua passagem através dos poros nucleares depende da Ran e de transportinas que reconhecem sinais específicos nas proteínas.

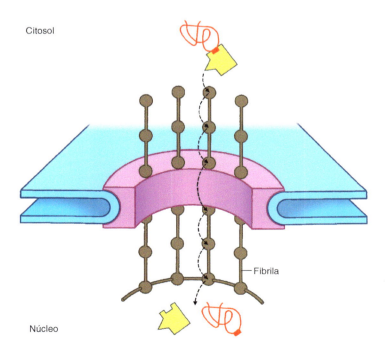

Figura 12.6 Esquema do complexo do poro no qual está ilustrada a função das fibrilas proteicas que são projetadas em direção ao nucleoplasma e ao citosol.

Cromossomos

12.5 Os cromossomos são formados por um material denominado cromatina

Cada cromossomo é constituído por uma longa molécula de **DNA** associada a diversas proteínas. De acordo com o cromossomo, o DNA contém entre 50 e 250 milhões de pares de bases. As proteínas associadas são classificadas em dois grandes grupos: as **histonas** e um conjunto heterogêneo de **proteínas não histônicas**.

O complexo formado por DNA, histonas e proteínas não histônicas é denominado **cromatina**. Dessa maneira, a cromatina é o material que compõe os cromossomos.

12.6 O cromossomo tem um centrômero, dois telômeros e numerosas origens de replicação

Nos cromossomos existem estruturas imprescindíveis para a replicação, ou seja, para a duplicação que ocorre no DNA e suas proteínas associadas, antes da divisão celular. São as seguintes (Figura 12.7):

(1) O **centrômero**, ou **constrição primária**, que participa na divisão para as células-filhas das duas cópias cromossômicas, resultantes da replicação do DNA (ver *Seção 18.9*)

(2) Os **telômeros**, que correspondem às extremidades dos cromossomos, cujo DNA é replicado de modo distinto ao resto do DNA. Na seção seguinte e na *17.9*, será descrito que o DNA telomérico contém uma sequência de nucleotídios especial que se repete muitas vezes. Além disso, devido à sua localização, está exposto aos seguintes riscos: pode fundir-se ao DNA de outros telômeros ou pode ser degradado por uma nuclease. Normalmente, essas contingências não ocorrem, pois o DNA telomérico dobra-se sobre si mesmo (adota a forma de uma alça) e é protegido por um capuz de proteínas denominadas **TRF** (de *telomeric repeat binding factor*) (Figura 17.12)

(3) Na *Seção 17.14* será comentado que o grande comprimento do DNA exige que sua replicação tenha início em muitos pontos de uma vez, para que sua duração seja relativamente breve. Esses pontos são denominados **origens de replicação**, e neles o DNA tem sequências especiais de nucleotídios. Além disso, todas as origens de replicação têm em comum sequências conservadas de aproximadamente doze nucleotídios denominadas **ARS** (de *autonomous replication sequence*), as quais serão novamente comentadas na seção citada.

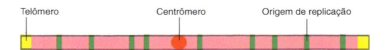

Figura 12.7 Esquema de um cromossomo, com o centrômero, os telômeros e algumas origens de replicação.

12.7 Os cromossomos têm sequências de DNA únicas e sequências de DNA repetidas

Nas moléculas de DNA encontra-se a **informação genética** da célula, e todas as células têm conjuntos teoricamente idênticos de moléculas de DNA. A totalidade da informação genética depositada no DNA recebe o nome de **genoma**. Pode-se dizer que essa informação rege a atividade do organismo desde o primeiro instante do desenvolvimento embrionário até a morte do indivíduo. Depende dela também a imunidade ou a predisposição do organismo a determinadas doenças.

A capacidade, ou a incapacidade, funcional do DNA, ou seja, sua aptidão (ou sua incompetência) em produzir moléculas de RNA (processo conhecido pelo nome de transcrição do DNA), baseia-se na sequência de seus nucleotídios. Portanto, em alguns setores o DNA exibe sequências de nucleotídios que são transcritos – denominados **genes** – e em outros apresenta sequências aparentemente prescindíveis, ao menos pelo que se sabe até hoje.

Um dos maiores desafios que os biólogos moleculares enfrentam é decifrar as funções das sequências de DNA alheias aos genes, ainda que haja indícios de que elas regulem a expressão gênica ou que participem na manutenção da estrutura do cromossomo. Mais da metade do DNA é representado por sequências de nucleotídios não repetidas (cópias únicas) ou que se repetem poucas vezes. A maioria dos genes está localizada nessa porção do DNA.

O resto do DNA corresponde a sequências de nucleotídios que se repetem muitas vezes. Existem dois tipos desse **DNA repetitivo**: o disposto em tandem (no qual o início de uma repetição encontra-se imediatamente após o fim da outra) e o disperso (cujas cópias não estão agrupadas e sim dispersas em diferentes pontos dos cromossomos).

DNA repetitivo disposto em tandem. Pertencem a essa categoria os DNA satélites, os microssatélites e os minissatélites.

Nos **DNA satélites**, o tamanho da sequência repetida, o número de vezes que se repete em cada tandem e o número de tandem varia. O DNA satélite mais destacado está localizado nos centrômeros e, por essa razão, é encontrado em todos os cromossomos (Figura 12.17). Inclui uma sequência repetida de 171 pares de bases, denominada **sequência alfoide**, que varia muito pouco nos diferentes cromossomos. Outros DNA satélites estão localizados no braço longo do cromossomo Y e na cromatina em torno aos centrômeros dos cromossomos 1, 3, 9, 16 e 19 (posteriormente, será descrito o significado da numeração dos cromossomos).

Os **microssatélites** contêm sequências de DNA repetidas muito mais curtas que as dos DNA satélites e, assim como estes, são encontrados em todos os cromossomos.

Os **minissatélites** também contêm sequências curtas de DNA. Pertencem a essa categoria o **DNA repetitivo dos telômeros** (ver *Seções 12.6* e *17.9*) (Figura 17.12) e o **DNA hipervariável**, assim chamado por ser diferente em cada indivíduo. O DNA hipervariável está localizado, principalmente, nas proximidades dos centrômeros e, como sua herança responde às leis mendelianas, a medicina forense o utiliza quando precisa realizar estudos de paternidade ou de identidade de pessoas.

DNA repetitivo disperso. Existem dois tipos de DNA repetitivo disperso – denominados SINE e LINE (de *short* e *long interspread nuclear elements*).

O **SINE** mais estudado corresponde à família **Alu**, cujas cópias – divididas em todos os cromossomos – constituem 13% do genoma humano. Cada cópia tem cerca de 300 nucleotídios e um sítio que pode ser cortado pela enzima de restrição **Alu I** (por isso o nome desse DNA). Como as sequências Alu têm uma extensa homologia com a sequência do gene do pcRNA, são associadas a este gene (ver *Seções 13.2, 13.11* e *14.18*).

O **LINE** mais comum é conhecido com a sigla **L1** (de *LINE-1*), cujas cópias ocupam cerca de 21% do genoma humano. Sua sequência repetida é relativamente longa e contém dois genes: um codifica uma proteína de ligação e o outro, uma proteína enzimática bifuncional, pois age como endonuclease de restrição e como transcriptase reversa (ver *Seção 17.25*).

Os DNA repetitivos dispersos Alu e L1 serão novamente mencionados na *Seção 17.25*, dedicada aos transpósons.

12.8 As células humanas têm 46 cromossomos

As células somáticas humanas têm **46 cromossomos** – e, portanto, 46 moléculas de DNA –, divididos em 22 pares de autossomos e mais um par de cromossomos sexuais (Figura 12.15). Na mulher, os dois membros do par sexual são iguais; no homem, não. Com exceção do par sexual no homem, pode-se dizer que, em cada célula, existem dois conjuntos idênticos de **23 cromossomos**, um fornecido pelo espermatozoide e outro pelo ovócito no momento da fecundação (ver *Seção 19.19*). É isso que define as células somáticas como **células diploides** e os espermatozoides e ovócitos como **células haploides**.

O DNA dos 46 cromossomos contém em conjunto cerca de 3×10^9 pares de nucleotídios. Portanto, em média, uma molécula de DNA, de um cromossomo humano, completamente esticada mediria cerca de 4 cm de comprimento. Logicamente, se estivessem esticadas, 46 moléculas desse tamanho não poderiam estar contidas no núcleo, não somente pelo espaço que seria necessário, mas também pelas complicações que acarretaria, pois afetaria seu funcionamento e mesmo sua integridade.

A célula resolveu o problema fazendo com que a molécula de DNA se enovelasse sobre si mesma. Antes de analisar o modo como isso ocorre, deve-se citar que o grau de enovelamento varia de acordo com o momento do ciclo em que a célula está: é mínimo durante a interfase (quando a síntese de RNA é alta) e máximo quando a célula está prestes a dividir-se. Portanto, os cromossomos são estruturas bastante variáveis. Na *Seção 18.6* será analisado o papel do enovelamento do DNA durante a divisão celular.

12.9 Há cinco tipos de histonas relacionadas com o enovelamento das cromatinas

As **histonas** desempenham papel fundamental no enovelamento da cromatina. Trata-se de proteínas básicas com alta proporção de lisinas e argininas, ou seja, de aminoácidos carregados positivamente (ver *Seção 2.8*). Isso contribui para a união das histonas com as moléculas de DNA, nas quais predominam as cargas negativas.

Existem cinco tipos de histonas, denominadas **H1, H2A, H2B, H3** e **H4**. A H1, da qual existem seis subtipos, contém cerca de 220 aminoácidos, enquanto as restantes têm entre 103 e 135 aminoácidos cada uma. As últimas quatro recebem o nome de histonas nucleossômicas, pois a molécula de DNA se enovela em torno delas para formar os **nucleossomos**, que constituem as unidades básicas do enovelamento da cromatina. Em cada nucleossomo, as histonas nucleossômicas associam-se e formam uma estrutura octamérica – o núcleo do nucleossomo –, composta por dois H2A, dois H2B, dois H3 e dois H4 (Figura 12.8).

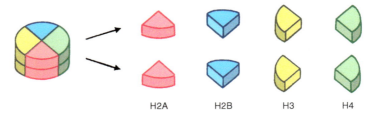

Figura 12.8 Quatro pares de histonas que fazem parte do centro do nucleossomo.

Convém acrescentar que as extremidades amina – ou caudas – das histonas projetam-se em direção ao exterior do nucleossomo. O assunto será mais bem estudado na *Seção 14.12*, dedicada ao estudo da regulação da atividade dos genes.

O octâmero de histonas tem o formato de um cilindro de menos de **10 nm** de diâmetro, envolvido por uma pequena porção de DNA que dá quase duas voltas em sua circunferência (Figura 12.9B). Cada volta equivale a 81 pares de nucleotídios e, no total, o segmento de DNA associado ao nucleossomo contém 146 pares de nucleotídios.

Conforme mostrado na Figura 12.9A, as duas voltas de DNA fixam-se ao núcleo do nucleossomo devido à histona H1. O complexo formado pelo nucleossomo mais a histona H1 recebe o nome de **cromatossomo** (Figura 12.9C) e o segmento de DNA associado a ele é de 166 pares de nucleotídios, vinte a mais que o nucleossomo.

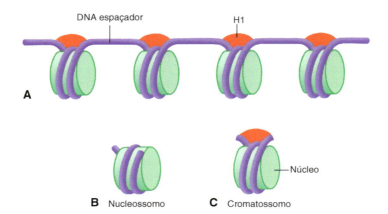

Figura 12.9 A. Cromatina intacta de 10 nm. **B.** Nucleossomo liberado após a digestão intensa por uma nuclease, com o núcleo histônico e 146 pares de nucleotídios. **C.** Cromatossomo separado logo após a digestão moderada por uma nuclease, com o núcleo do nucleossomo, a histona H1 e 166 pares de nucleotídios.

Na cromatina existem duas proteínas acessórias – ambas ácidas – que auxiliam as histonas a ligarem-se entre si. São denominadas **proteína N1** e **nucleoplasmina**. A primeira associa a H3 à H4; a segunda a H2A à H2B.

Os nucleossomos encontram-se separados por porções de **DNA espaçadores** de comprimento variável, que contêm de 20 a 60 pares de nucleotídios. Conforme mostrado nas Figuras 12.9A, 12.10 e 12.12B, a alternância dos nucleossomos com os segmentos espaçadores proporciona à cromatina a aparência de um colar de contas. Como normalmente um gene contém cerca de 10.000 pares de nucleotídios, dispõe, então, de aproximadamente 50 nucleossomos separados por outros tantos DNA espaçadores.

O tratamento da cromatina com enzimas que digerem o DNA (nucleases) provoca cortes somente nos DNA espaçadores. Se o tratamento é moderado, os cromatossomos são separados e permanecem íntegros, tanto suas histonas quanto o DNA associado a elas (Figura 12.9C). Porém, quando a digestão enzimática é intensa, obtêm-se nucleossomos (Figura 12.9B).

Para que possa ser contida no pequeno espaço oferecido pelo núcleo, a cromatina de cada cromossomo passa por novos e sucessivos graus de enovelamento, cada vez maiores. Esses novos enovelamentos são induzidos por um complexo de proteínas nucleares denominadas **condensinas**.

Primeiramente os cromossomos enrolam-se sobre si mesmos e formam uma estrutura helicoidal denominada **solenoide**, de **30 nm** de diâmetro (Figuras 12.11 e 12.12C). Conforme mostrado na Figura 12.11, esse enovelamento depende das histonas H1 – pois se unem entre si – e cada volta do solenoide contém seis nucleossomos.

Deve-se salientar que, em intervalos mais ou menos regulares, o enovelamento das fibras de 30 nm é interrompido, de modo que são observados – entre setores de 30 nm – porções de cromatina mais delgada. Neles, o DNA encontra-se associado a proteínas não histônicas, em sua maioria reguladoras da atividade gênica (ver *Seção 14.5*).

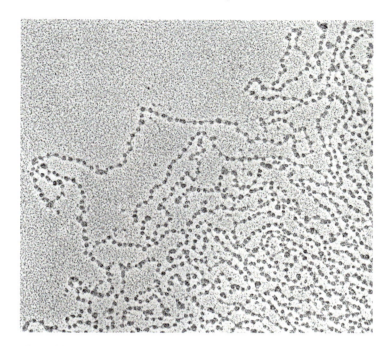

Figura 12.10 Cromatina estendida para microscopia eletrônica, com aparência de colar de contas e espessura de 10 nm.

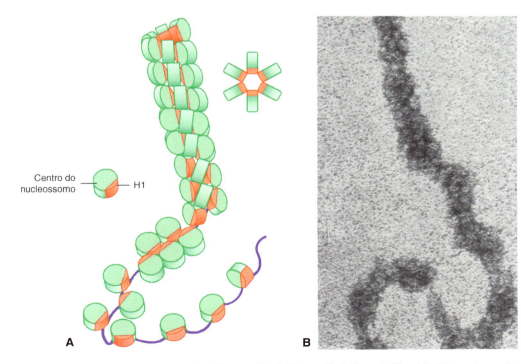

Figura 12.11 A. Cromatina de 30 nm de diâmetro. (De F. Thoma, T. Koller e A. Klug.) **B.** Eletromicrografia de uma fibra de cromatina de 30 nm de diâmetro. (Cortesia de J. B. Rattner e B. A. Hamkalo.)

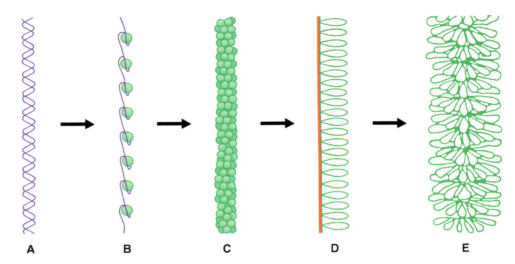

Figura 12.12 Sucessivos graus de enovelamento da cromatina.

A cromatina é ainda mais compactada. Dessa maneira, a fibra de 30 nm forma **alças** de comprimentos variados, que nascem de um cordão proteico constituído por proteínas não histônicas (Figuras 12.12D e 12.13). Como o conjunto de cordões proteicos forma uma espécie de andaime, nas extremidades de cada alça o DNA associado ao cordão proteico recebe o nome de **SAR** (de *scaffold associated regions*). As alças encontram-se firmemente unidas ao cordão, mas não se sabe como as SAR fixam-se a ele.

Considera-se que cada alça constituiria uma unidade de replicação do DNA (ver *Seção 17.13*) e, provavelmente, uma unidade de transcrição, ou seja, um gene (ver *Seção 14.12*).

Figura 12.13 Eletromicrografia de um cromossomo humano, do qual foram retiradas as histonas. Algumas proteínas não histônicas formam uma estrutura de sustentação, da qual emergem alças ou anéis de DNA de diferentes comprimentos, conforme ilustrado no esquema do canto superior. (Cortesia de U. Laemmli.)

12.10 A cromatina pode ser eucromática ou heterocromática

Em alguns setores a cromatina passa por um grau de enrolamento ainda maior, conforme observado na Figura 12.12E. Durante a interfase, a cromatina condensada dessa forma recebe o nome de **heterocromatina** e a menos compacta recebe o nome de **eucromatina** (Figura 12.12).

De modo geral, existe uma relação direta entre o grau de enovelamento e a atividade de transcrição do DNA, já que a cromatina menos compacta é a que dispõe do DNA transcricionalmente ativo – ou seja, o DNA que origina moléculas de RNA – e a cromatina mais condensada é a que contém DNA inativo do ponto de vista transcricional. Entretanto, existem diversos setores de DNA pertencentes à eucromatina que não são transcritos e outros que pertencem à heterocromatina que são transcritos.

As regiões eucromáticas passam por ciclos de contração e extensão. Na *Seção 14.12*, serão analisados os mecanismos que regulam o enovelamento da cromatina e o papel que desempenham no controle da atividade genética.

12.11 A heterocromatina pode ser constitutiva ou facultativa

Durante a interfase recebe o nome de **heterocromatina constitutiva** a cromatina altamente condensada e que é encontrada de maneira constante em todos os tipos de células, ou seja, um componente estável do genoma, que não pode ser convertido em eucromatina. A esta categoria pertence a cromatina dos setores cromossômicos que têm o DNA repetitivo satélite – como o dos centrômeros, o do braço longo do cromossomo Y etc. (ver *Seção 12.7*), a cromatina dos telômeros e a maior parte da cromatina que forma os braços curtos dos cromossomos acrocêntricos (ver *Seção 12.12*).

Por outro lado, denomina-se **heterocromatina facultativa** aquela encontrada em sítios que variam nos diferentes tipos de células ou nas sucessivas diferenciações de uma célula, de modo que setores que aparecem como heterocromatina em um tipo de célula ou em uma etapa de sua diferenciação, em outros tipos de células e em outras etapas aparecem como eucromatina.

O principal exemplo de heterocromatina facultativa corresponde a um dos cromossomos X da mulher, o qual se encontra totalmente compactado (com exceção de alguns setores) e é conhecido como **cromatina sexual** ou **corpúsculo de Barr**. Esta heterocromatina ocorre durante toda a vida da mulher (exceto no início do desenvolvimento embrionário), em todas as células do organismo (exceto nas ovogônias).

12.12 No cariótipo os cromossomos estão ordenados de acordo com seus tamanhos e as posições de seus centrômeros

Conforme será descrito nos *Capítulos 18* e *19*, durante o ciclo celular, dependendo se a célula está passando pela interfase, ou se está se dividindo – por mitose ou por meiose –, os cromossomos passam de estados de menor para maior compactação. O maior grau de enovelamento é alcançado na etapa da divisão denominada **metáfase**, na qual a cromatina dos cromossomos tem um estado de condensação semelhante ao da heterocromatina interfásica (Figura 12.14).

Esse grau de compactação faz com que os cromossomos sejam observados como estruturas individuais, as quais, uma vez fixadas e fotografadas, podem ser isoladas, classificadas e ordenadas com relativa facilidade. O conjunto de cromossomos ordenados de acordo com um critério preestabelecido recebe o nome de **cariótipo** (Figura 12.15).

Figura 12.14 Eletromicrografia de um cromossomo em metáfase. (Cortesia de E. J. Dupraw.)

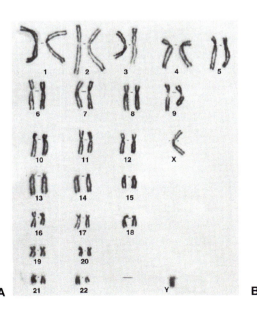
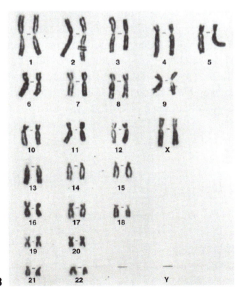

Figura 12.15 Cariótipos humanos normais. **A.** Masculino. **B.** Feminino. (Cortesia de M. Drets.)

As 46 unidades normalmente presentes nas células humanas consistem em 23 pares de homólogos. Conforme vimos, 22 deles estão presentes tanto na mulher quanto no homem e recebem o nome de **autossomos**. O par restante (conhecido como **par sexual**), na mulher, é composto por dois cromossomos idênticos, os cromossomos X; e, no homem, por dois cromossomos bastante diferentes, pois um deles é um cromossomo X e o outro é o pequeno cromossomo Y.

Os cromossomos metafásicos apresentam morfologia característica. São compostos por dois componentes filamentosos – as **cromátides** – unidos pelo **centrômero** (ou constrição primária).

Será descrito na *Seção 18.9* que o centrômero desempenha um papel essencial na separação das cromátides-irmãs durante a anáfase, que segue a metáfase. Como consequência dessa separação, uma vez segregadas nas respectivas células-filhas, cada uma das cromátides converte-se em um cromossomo.

O centrômero divide as cromátides do cromossomo metafásico em dois braços, em geral um mais longo que o outro. O braço curto é identificado com a letra p e o longo com a letra q. As extremidades dos braços são denominas telômeros. De acordo com a posição do centrômero, os cromossomos são classificados em três grupos (Figura 12.16):

(1) Os **metacêntricos** têm o centrômero em uma posição mais ou menos central, de modo que existe pouca ou nenhuma diferença no comprimento dos braços das cromátides
(2) Nos **submetacêntricos** o centrômero localiza-se longe do ponto central, de modo que as cromátides têm um braço curto e um longo
(3) Nos **acrocêntricos** o centrômero localiza-se próximo a uma das extremidades do cromossomo; desse modo, os braços curtos das cromátides são muito pequenos.

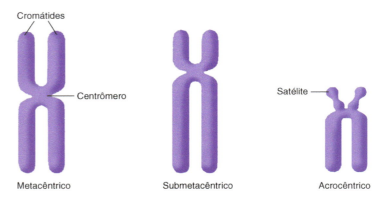

Figura 12.16 Tipos de cromossomos de acordo com a posição do centrômero.

Na Figura 12.15 está ilustrado um cariótipo humano no qual os cromossomos aparecem ordenados conforme o tamanho e o comprimento de suas cromátides. Os membros de cada par estão identificados com números relativos a eles.

Os cromossomos acrocêntricos correspondem aos números 13, 14, 15, 21 e 22 (Figura 12.17). Têm uma pequena massa de cromatina denominada **satélite** – não deve ser confundida com DNA satélite – posicionada na extremidade livre do braço curto. O satélite está ligado ao restante do braço curto por uma fina haste de cromatina denominada **constrição secundária** (para diferenciá-la da constrição primária ou centrômero) (Figura 12.16). Com exceção da cromatina correspondente à constrição secundária – na qual estão localizados os genes do RNA ribossômico 45S (ver *Seção 13.8*) –, o braço curto dos cromossomos acrocêntricos é composto de heterocromatina.

12.13 Técnicas de bandeamento cromossômico revelam detalhes estruturais dos cromossomos

Quando os cromossomos metafásicos são submetidos a determinadas técnicas de coloração, exibem bandas claras e escuras intercaladas em seus eixos longitudinais (Figura 12.17). A distribuição dessas bandas é constante em cada cromossomo, o que, quando um cariótipo é analisado, facilita sua identificação. Além disso, nos casos em que as posições não coincidem com os padrões normais, as bandas constituem uma orientação muito importante para diagnosticar

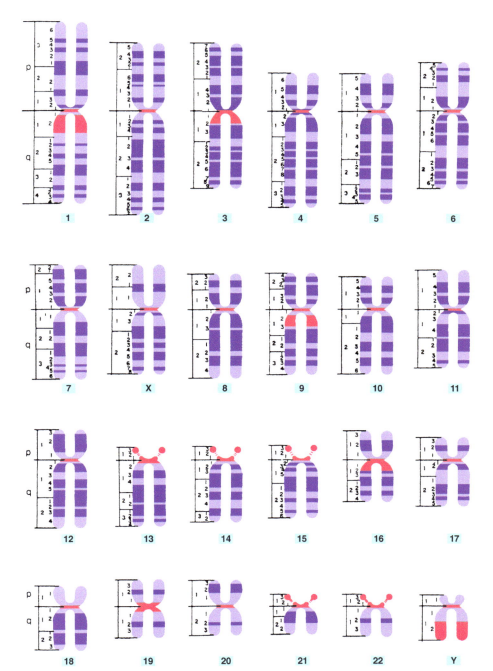

Figura 12.17 Representação esquemática do cariótipo humano com bandeamento, que mostra os 22 autossomos e os cromossomos X e Y. *p*, braço curto; *q*, braço longo. Os setores de heterocromatina constitutiva (inclusive os dos centrômeros) aparecem na cor vermelha. Os números correspondem às regiões e às bandas. Os cromossomos 13, 14, 15, 21 e 22 contêm satélites e constrições secundárias. Nestas últimas estão localizados os genes do rRNA 45S.

distúrbios genéticos, como, por exemplo, deleções, duplicações, inversões e translocações cromossômicas (ver *Seção 20.10*). As técnicas de **bandeamento cromossômico** mais utilizadas são as seguintes:

(1) **Bandeamento G**. Os cromossomos são tratados com tripsina (para desnaturar suas proteínas) e tingidos com o corante de Giemsa. As bandas G, que são escuras, contêm DNA rico em pares de nucleotídios A-T

(2) **Bandeamento Q**. Se os cromossomos são tratados com quinacrina desenvolvem um padrão específico de bandas escuras intercaladas com outras brilhantes (Q), as quais são identificadas com a ajuda do microscópio de fluorescência (ver *Seção 23.25*). As bandas Q coincidem quase exatamente com as bandas G e, portanto, são também ricas em pares de nucleotídios A-T

(3) **Bandeamento R**. Neste caso, os cromossomos recebem calor antes de serem tingidos com o corante de Giemsa, o que provoca um padrão de bandas escuras (bandas R) e claras, ao contrário do obtido com os bandeamentos G e Q. A análise molecular das bandas R mostra maior proporção de pares de nucleotídios G-C

(4) **Bandeamento C**. Este método cora de maneira específica as seções de cromatina que permanecem condensadas na interfase, como, por exemplo, a heterocromatina constitutiva dos centrômeros.

12.14 Os componentes nucleares encontram-se ordenados espacialmente

No núcleo não existe um sistema de filamentos equivalente ao do citosol, delineado para sustentar os cromossomos e os demais componentes nucleares. No entanto, durante a interfase pode ser observado que os cromossomos ocupam sítios especiais, denominados **territórios cromossômicos**, os quais estão separados por áreas conhecidas como **domínios intercromossômicos**, em que são encontradas moléculas de RNA sendo processadas ou dirigindo-se aos poros nucleares (ver *Capítulo 15*).

Conforme mencionado na *Seção 12.2*, a organização e distribuição espacial da maioria dos elementos presentes no núcleo são estabelecidos pela **lâmina nuclear**. O componente da lâmina nuclear que viabiliza essa organização é a **lamina A** (ver *Seção 5.3*).

A localização dos genes que codificam os RNA ribossômicos é o caso mais interessante da organização nuclear, pois se agrupam em um setor do núcleo facilmente identificável, que é o nucléolo (ver *Seção 13.8*). Por outro lado, os padrões de distribuição dos centrômeros e da heterocromatina variam nos diferentes tipos de células e são modificados no decorrer do ciclo celular, ainda que, de maneira geral, tendam a agrupar-se próximo ao envoltório nuclear e ao nucléolo.

Os telômeros estão localizados invariavelmente junto ao envoltório nuclear, porque estão ligados às laminas A da lâmina nuclear. Na *Seção 17.10* será analisada a importância destas ligações na preservação dos telômeros.

Bibliografia

Akhtar A. and Gasser S.M. (2007) The nuclear envelope and transcriptional control. Nat. Rev. Genet. 8:507.

Bednenko J., Cingolani G. and Gerace L. (2003) Nucleocytoplasmic transport: navigating the channel. Traffic 4:127.

Bickmore W.A. and Sumner A.T. (1989) Mammalian chromosome banding—an expression of genome organization. Trends Genet. 5:144.

Britten R.J. and Kohne (1968) Repeated sequences in DNA. Science 161:529.

Burlingame R.W. et al. (1985) Crystallographic structure of the octameric histone core of the nucleosome at a resolution of 3.3 Å. Science 228:546.

Cole C.N. and Scarcelli J.J. (2006) Transport of messenger RNA from the nucleus to the cytoplasm. Curr. Opin. Cell Biol. 18:299.

Cremer T., Cremer M., Dietzel S. et al. (2006) Chromosome territories –a functional nuclear landscape. Curr. Opin. Cell Biol. 118:307.

Dechat T., Pfleghaar K., Sengupta K. et al. (2008) Nuclear lamins: major factors in the structural organization and function of the nucleus and chromatin. Genes Dev 22:832.

DePamphilis M.L. (1993) Origins of DNA replication that function in eukaryotic cells. Curr. Opin. Cell Biol. 5:434.

Dingwall C. and Laskey R. (1992) The nuclear membrane. Science 258:942.

Edmondson D.G. and Roth S.Y. (1996) Chromatin and transcription. FASEB J. 10:1173.

Fahrenkrog B., Koser J. and Aebi U. (2004) The nuclear pore complex: a jack of all trades? Trends Biochem. Sci. 29:175.

Featherstone C. (1997) Researchers get the first good look at the nucleosome. Science 277:1763.

Felsenfeld G. (1985) DNA. Sci. Am. 253 (4):58.

Felsenfeld G. and McGhee J.D. (1986) Structure of the 30 nm chromatin fiber. Cell 44:375.

Gall G. (1981) Chromosome structure and C-value paradox. J. Cell Biol. 91:35.

Gasser S.M. (2002) Visualizing chromatin dynamics in interphase nuclei. Science 296:1412.

Gerace L. and Burke B. (1988) Functional organization of the nuclear envelope. Annu. Rev. Cell Biol. 4:335.

Goldfarb D.S. (1997) Nuclear transport: proliferating pathways. Curr. Biol. 7:R13.

Görlich D. and Mattaj I.W. (1996) Nucleocytoplasmic transport. Science 271:1513.

Heald R. and McKeon F. (1990) Mutations of phosphorylation sites in laminAthat prevent nuclear lamina disassembly in mitosis. Cell 61:579.

Hetzer M.W.,Walther T.C. and Mattaj I.W. (2005) Pushing the envelope: structure, function, and dynamics of the nuclear periphery. Annu. Rev. Cell Dev. Biol. 21:347.

Isenberg I. (1979) Histones. Ann. Rev. Biochem. 48:159.

Izaurralde E. and Mattaj I.W. (1992) Transport of RNA between nucleus and cytoplasm. Semin. Cell. Biol. 3:279.

Jeffreys A.J.,Wilson V. and Thein S.C. (1985) Individual-specific fingerprints of human DNA. Nature 316:76.

Jenuwein T. (2006) The epigenetic magic of histone lysine methylation. FEBSJ 273:3121.

Jin J., Cai Y., Li B. et al. (2005) In and out: histone variant exchange in chromatin. Trends Biochem. Sci. 30:680.

Kahana J.A. and Cleveland D.W. (2001) Some importin news about spindle assembly. Science 291:1718.

Kitsberg D., Selig S. and Cedar H. (1991) Chromosome structure and eukaryotic gene organization. Curr. Opin. Genet. Dev. 1:534.

Kornberg R.D. and Klug A. (1981) The nucleosome. Sci. Am. 244 (2):52.

Krontiris T.G. (1995) Minisatellites and human disease. Science 269:1682.

Li G., LevitusM., Bustamante C. andWidom J. (2005) Rapids spontaneous accessibility of nucleosomal DNA. Narure Struct. Mol. Biol. 12:46.

Lohe A.R. and HillikerA.J. (1995) Return of the H-word (heterochromatin). Curr. Opin. Genet. Dev. 5:746.

Lorch Y., Maier-Davis B. and Kornberg R.D. (2006) Chromatin remodeling by nucleosome disassembly in vitro. Proc. Natl. Acad. Sci. USA 103:3090.

Manuelidis L. (1990) A view of interphase chromosomes. Science 250:1533.

Martin C. and Zhang Y. (2005) The diverse functions of histone lysine methylation. Nature Rev. Mol. Cell Biol. 6:838.

Meilone B., Erhardt S. and Karpen G.H. (2006) The ABCs of centromeres. Nature Cell Biol. 8:427.

Moore M.S. (1996) Protein translocation: nuclear export—out of the dark. Curr. Biol. 6:137.

Moore M.J. and Rosbash M. (2001) TAPping into mRNA export. Science 294:1841.

Nagele R., Freeman T., McMorrow L. and Lee H. (1995) Precise spatial positioning of chromosomes during prometaphase: evidence for chromosomal order. Science 270:1831.

Panté N. and Aebi U. (1996) Sequential binding of import ligands to distinct nucleopore regions during their nuclear import. Science 273:1729.

Peterson C.L. and Laniel M.A. (2004) Histones and histone modifications. Curr. Biol. 14:R546.

Price C.M. (1992) Centromeres and telomeres. Curr. Opin. Cell Biol. 4:379.

Richards S.A., Carey K.L. and Macara I.G. (1997) Requirement of guanosine triphosphate-bound Ran for signal-mediated nuclear protein export. Science 276:1842.

Robinson P.J. and Rhodes R. (2006) Structure of the 30 nm chromatin fibre: A key role for the linker histone. Curr. Opin. Struct. Biol. 16:1.

Ruthenburg A.J., Allis C.D. and Wysocka J. (2007) Methylation of lysine4 on histone H3: intricacy of writing and reading a single epigenetic mark. Mol. Cell 25:15.

Saha A., Wittmeyer J. and Cairns B.R. (2006) Chromatin remodeling: the industrial revolution of DNA around histones. Nature Rev. Mol. Cell Biol. 7:437.

Schmid C.W. and Jelinek W.R. (1982) The Alu family of dispersed repetitive sequences. Science 216:1065.

Shahbazian M.D. and Grunstein M. (2007) Functions of sitespecific histone acetylation and deacetyilation. Annu. Rev. Biochem. 76:75.

Stewart A. (1990) The functional organization of chromosomes and the nucleus. Trends Genet. 6:377.

Stewart M. and Clarkson D. (1996) Nuclear pores and macromolecular assemblies involved in nucleocytoplasmic transport. Curr. Biol. 6:162.

Sunkel C.E. and Coelho P. (1995) The elusive centromere: sequence divergence and functional conservation. Curr. Opin. Genet. Dev. 5:756.

Swedlow J.R., Agard D.A. and Sedat J.W. (1993) Chromosome structure inside the nucleus. Curr. Opin. Cell Biol. 5:412.

Tran E.J. and Wente S.R. (2006) Dynamic nuclear pore complexes: life on the edge. Cell 125:1041.

Wen W. et al. (1995) Identification of a signal for rapid export of proteins from the nucleus. Cell 82:463.

Wolffe A.P. and Pruss D. (1996) Chromatin: hanging on to histones. Curr. Biol. 6:234.

Woodcock C.L. (2006) Chromain architecture. Curr. Opin. Struct. Biol. 16:213.

Zapp M.L. (1995) The ins and outs of RNA nucleocytoplasmic transport. Curr. Opin. Genet. Dev. 5:229.

Zlatanova J. and Yaneva J. (1991) Histone H1-DNA interactions and their relation to chromatin structure and function. DNA Cell Biol. 10:239.

Genes 13

13.1 Os genes são os segmentos funcionais do DNA

Dependendo de qual seja o objetivo do estudo, os **genes** podem ser analisados por três pontos de vista diferentes: o molecular, o mendeliano e o populacional. A biologia celular, que os estuda do ponto de vista molecular, define o gene como "a sequência de DNA que contém a informação necessária para produzir uma molécula de RNA e, se esta molécula for um RNA mensageiro, construir uma proteína a partir dele".

Calcula-se que existam cerca de 20.000 genes distribuídos nos 46 cromossomos humanos, valor muito inferior aos 100.000 que haviam sido propostos anteriormente às análises mais recentes do genoma.

Cada gene está localizado em um sítio específico do cromossomo, chamado **lócus**. Na *Seção 12.9* vimos que cada alça formada com o dobramento da cromatina, de 30 nm, poderia corresponder a um gene. Ao todo os genes compreendem cerca de 10% do DNA nuclear, e ainda não se sabe o significado da maior parte do DNA restante.

Os genes têm outras funções além de comandar a síntese das moléculas de RNA. Assim como o DNA restante, antes que as células somáticas dividam-se, eles replicam-se, ou seja, sintetizam moléculas de DNA complementares que são repartidas nas células-filhas com a finalidade de se autoperpetuar. Além disso, pelo modo como as moléculas de DNA se replicam durante a meiose e são distribuídas nas células germinativas, os genes constituem as entidades biológicas por meio das quais as características físicas são transmitidas dos pais para os filhos. As mutações acumuladas pelos genes com o passar do tempo podem ter um resultado benéfico para a evolução da espécie.

Já que a informação genética depositada nas moléculas de DNA está localizada no núcleo (com exceção do DNA mitocondrial, descrito na *Seção 8.26*), e que a síntese proteica, com base neste dado, ocorre no citoplasma, é necessário que essa informação seja transferida do núcleo ao citosol (Figura 13.1). Esta transferência é um processo complexo que requer a intervenção de uma molécula intermediária. Trata-se do RNA mensageiro (mRNA), que copia a informação contida no DNA e dirige-se ao citosol, no qual conduz a síntese de proteína. Dessa maneira, no núcleo, o DNA determina a sequência dos nucleotídios do mRNA; e no citoplasma, o mRNA estabelece a sequência de aminoácidos da proteína (Figura 13.2).

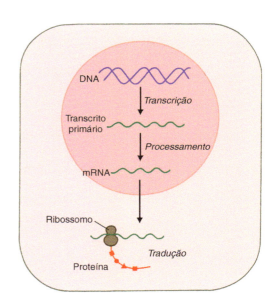

Figura 13.1 Fluxo da informação genética em uma célula eucarionte.

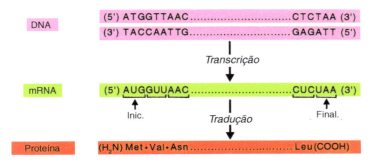

Figura 13.2 Transferência da informação genética contida na sequência de nucleotídios do DNA, que passa ao mRNA (*transcrição*) e deste à proteína (*tradução*).

Figura 13.3 Fluxo da informação genética.

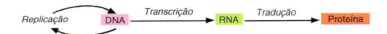

A síntese de RNA, que, conforme acabamos de ver, utiliza como molde o DNA, é denominada **transcrição do DNA**, enquanto a síntese de proteína, cujo molde é o mRNA, recebe o nome de **tradução do mRNA**. Esse fluxo de informação é conhecido como "dogma central" da biologia molecular (Figura 13.3).

As metáforas utilizadas para definir esses passos são bastante coerentes, já que transcrição significa "cópia ou reprodução literal de um original" (o RNA parece-se com o DNA) e tradução significa "escrita ou expressão em um idioma daquilo que anteriormente foi escrito ou expresso em outro" (é o que acontece entre a proteína e o mRNA). Com relação ao termo **replicação do DNA**, ele significa "cópia que reproduz com exatidão o original", que é o que o DNA faz quando duplicado (ver *Seção 17.1*).

Ao definir o gene como uma região do DNA que proporciona uma característica física hereditária, pode-se pensar que cada gene produza somente um tipo de proteína. No entanto, isso não é o que ocorre, pois, ainda que em alguns genes que produzem mRNA isso aconteça, na maior parte dos casos um único gene é capaz de originar diversos tipos de proteínas, podendo chegar a cinco, seis ou mais. Os mecanismos que explicam a maneira como um gene é capaz de produzir mais de um tipo de proteína serão analisados nas *Seções 15.7* e *16.24*.

13.2 A célula produz diversos tipos de RNA

Existem três tipos de RNA principais: os já mencionados **RNA mensageiros**, ou **mRNA**, que recolhem a informação dos genes e comandam a síntese das proteínas; os **RNA ribossômicos**, ou **rRNA**, que são fundamentalmente estruturais; e os **RNA transportadores**, ou **tRNA**, que agem como adaptadores.

A síntese proteica (ou tradução do mRNA) ocorre no interior de pequenas estruturas citosólicas denominadas **ribossomos**, que são compostos por quatro rRNA diferentes entre si e numerosas proteínas (Figura 16.5). Sob o comando de um mRNA, ocorrem nos ribossomos as reações químicas que ligam os aminoácidos de cada proteína. A tradução requer a participação dos tRNA, que podem ser de diferentes tipos, porém, todos de tamanho reduzido. São encarregados de transportar os aminoácidos ao ribossomo de acordo com a ordem encontrada na informação genética do mRNA.

Além desses três tipos de RNA, existem os seguintes (o primeiro e o último localizados no citosol e os restantes no núcleo):

(1) O **RNA pequeno citosólico**, ou **pcRNA** (em inglês, **scRNA**, de *small cytosolic RNA*), que, conforme visto na *Seção 7.12*, pertence à partícula PRS
(2) Os **RNA pequenos nucleares**, ou **pnRNA** (em inglês, **snRNA**, de *small nuclear RNA*), que fazem parte de ribonucleoproteínas denominadas pnRNP (em inglês, snRNP). Será descrito na *Seção 15.5* que essas moléculas desempenham importantes funções durante o processamento dos mRNA
(3) Os **RNA pequenos nucleolares**, ou **pnoRNA** (em inglês, **snoRNA**, de *small nucleolar RNA*), que fazem parte de ribonucleoproteínas denominadas pnoRNP. Será descrito na *Seção 15.8* que essas moléculas atuam no processamento dos rRNA
(4) O **RNA de inativação do cromossomo X**, ou **xistRNA** (em inglês, **xist-RNA**, de *X-inactivation specific transcript RNA*), cujas funções estão descritas na *Seção 14.12*
(5) O **RNA da telomerase**, ou **teRNA** (em inglês, **teRNA**, de *telomerase RNA*), que faz parte de um complexo ribonucleoproteico cujas funções são analisadas na *Seção 17.9*
(6) Os **miRNA**, ou **microRNA**, cujas funções são analisadas nas *Seções 16.20, 23.44* e *23.45*.

13.3 Os transcritos primários são processados no núcleo

As moléculas de RNA que surgem da transcrição do DNA são denominadas **transcritos primários**. Convertem-se em RNA funcionais antes de sair do núcleo, ao término de diversas modificações que serão analisadas no *Capítulo 15*, conhecidas pelo nome de **processamento do RNA**.

O processamento mais estudado é o dos transcritos primários dos mRNA, que contêm segmentos não funcionais intercalados aos segmentos que contêm informação genética que codifica a proteína. Os primeiros são denominados **íntrons**; os segundos, **éxons** (Figura 15.1).

O processamento remove os íntrons e une os éxons entre si, produzindo um mRNA com informação genética contínua, apto a comandar a síntese de proteína.

13.4 Cada aminoácido é codificado por um trio de nucleotídios

Como um gene é um segmento de DNA que contém a informação necessária para produzir um RNA ou uma proteína, considera-se que ele codifica essas duas moléculas. Usa-se o termo "codifica" porque as instruções transmitidas do DNA ao RNA (no caso, do mRNA) e deste à proteína são transmitidas em forma de códigos.

As características químicas das moléculas que fazem parte dos processos genéticos foram analisadas no *Capítulo 2*. Lembremos que tanto os ácidos nucleicos (DNA, RNA) quanto as proteínas são moléculas compostas por sequências de monômeros (nucleotídios nos ácidos nucleicos e aminoácidos nas proteínas) dispostos em fila.

O sistema de códigos baseia-se na disposição ordenada dos nucleotídios no DNA, que determinam a ordem dos nucleotídios no RNA. Por sua vez, os nucleotídios do mRNA determinam a ordem dos aminoácidos na proteína (Figura 13.2).

Como no processo de transmissão da informação genética cada nucleotídio é representado por uma letra (A, G, C ou T no DNA; A, G, C ou U no RNA), o alfabeto contido nas moléculas de DNA ou de RNA – pelo fato de conter somente quatro letras – não é suficiente para simbolizar os 20 tipos de aminoácidos que podem ser encontrados em uma proteína.

As células resolvem o problema utilizando grupos de três nucleotídios – com diferentes combinações – para codificar cada aminoácido. Esses *triplets* (ou **trincas**) de nucleotídios são denominados **códons**. Como existem quatro tipos de nucleotídios, o número de *triplets* possível – ou seja, de códons – é de 64 ($4^3 = 64$). O conjunto de 64 códons recebe o nome de **código genético** (Figura 13.4).

13.5 Há 61 códons para codificar os 20 tipos de aminoácidos

Como são utilizados 61 dos 64 códons para codificar os 20 tipos de aminoácidos, a maior parte deles pode ser codificada por mais de um códon, condição que faz com que se diga que existe uma *"degeneração"* no código genético. Os códons que codificam um mesmo aminoácido são denominados "sinônimos". Somente a metionina e o triptofano, que são os aminoácidos menos comuns nas proteínas, são especificados por apenas um códon. Os três códons que não codificam aminoácidos (UAA, UGA e UAG) têm como função – já que a cadeia polipeptídica incorporou o último aminoácido – sinalizar a conclusão da síntese da molécula proteica. Recebem o nome de **códons de finalização** (Figura 13.4).

Essencialmente, as instruções do código genético que provêm do DNA consistem em uma série de *triplets* de nucleotídios, cuja sequência determina o alinhamento dos códons no RNA, que, por sua vez, especificam a ordem dos aminoácidos na proteína. Já que na maior parte dos transcritos primários existem segmentos de nucleotídios supérfluos que são suprimidos, estes – e, portanto, os do DNA também – não estão representados no RNA processado nem na molécula proteica.

Primeira base	Segunda base				Terceira base
	U	C	A	G	
U	UUU Phe	UCU Ser	UAU Tyr	UGU Cys	U
	UUC Phe	UCC Ser	UAC Tyr	UGC Cys	C
	UUA Leu	UCA Ser	UAA Term.	UGA Term.	A
	UUG Leu	UCG Ser	UAG Term.	UGG Trp	G
C	CUU Leu	CCU Pro	CAU His	CGU Arg	U
	CUC Leu	CCC Pro	CAC His	CGC Arg	C
	CUA Leu	CCA Pro	CAA Gln	CGA Arg	A
	CUG Leu	CCG Pro	CAG Gln	CGG Arg	G
A	AUU Ile	ACU Thr	AAU Asn	AGU Ser	U
	AUC Ile	ACC Thr	AAC Asn	AGC Ser	C
	AUA Ile	ACA Thr	AAA Lys	AGA Arg	A
	AUG Met	ACG Thr	AAG Lys	AGG Arg	G
G	GUU Val	GCU Ala	GAU Asp	GGU Gly	U
	GUC Val	GCC Ala	GAC Asp	GGC Gly	C
	GUA Val	GCA Ala	GAA Glu	GGA Gly	A
	GUG Val	GCG Ala	GAG Glu	GGG Gly	G

Figura 13.4 Código genético. O códon AUG define o começo da síntese proteica (códon de iniciação) e codifica as restantes metioninas da proteína.

Com exceção desses segmentos supérfluos, a partir de tudo o que foi mencionado até aqui, pode ser deduzido que, em cada série DNA→RNA→proteína, as unidades que integram essas moléculas (códons no DNA e no RNA e aminoácidos na proteína) **são colineares**, uma vez que os códons do DNA correspondem aos do RNA e esses aos dos aminoácidos da proteína.

13.6 O gene tem diversas partes funcionais

Até o momento, ao falar sobre o gene, referimo-nos exclusivamente ao seu **segmento codificador**. Entretanto, o gene tem outros componentes alheios a esse segmento. São eles:

(1) O **promotor**, que dá início à transcrição e aponta a partir de qual nucleotídio o gene deve ser transcrito. Costuma estar localizado próximo à extremidade 5′ do segmento codificador, onde começa a síntese do RNA

(2) **Sequências reguladoras**, que determinam quando o gene deve ser transcrito e quantas vezes isso deve ser feito. Na maior parte dos genes, esses segmentos estão localizados longe do codificador. Existem dois tipos de reguladores, os **amplificadores** e os **inibidores**. Os primeiros são mais numerosos e, por isso, são os mais estudados. Cada gene tem uma combinação particular de vários amplificadores e vários inibidores. Algumas sequências amplificadoras e inibidoras repetem-se em genes diferentes, porém, dois genes distintos nunca têm a mesma combinação dessas sequências reguladoras. Foi comprovado que, quando uma sequência amplificadora é eliminada de um gene, a velocidade de transcrição diminui. Por outro lado, quando uma sequência inibidora é eliminada, a velocidade aumenta

(3) Finalmente nas proximidades da extremidade 3′ do segmento codificador, o gene tem um segmento de DNA denominado **sequência de finalização** (não deve ser confundida com o códon de finalização do mRNA), que determina o término da síntese de RNA.

A seguir analisaremos – separadamente – a composição dos genes que codificam os diferentes tipos de RNA.

Composição dos genes

13.7 Estrutura dos genes que codificam os RNA mensageiros

A Figura 13.5 mostra os diferentes componentes dos genes que codificam os **mRNA**.

Geralmente o **promotor** tem dois elementos. A combinação mais comum inclui as sequências denominadas **TATA** e **CAAT**, situadas próximo ao codificador.

A sequência TATA localiza-se cerca de 25 nucleotídios "correnteza acima" do primeiro nucleotídio do codificador. A sequência CAAT situa-se no mesmo lado, mas um pouco mais distante, aproximadamente 75 nucleotídios, ou seja, a 50 nucleotídios da sequência TATA.

A sequência de nucleotídios mais encontrada na TATA é a TATAAAA, ainda que dois T costumem substituir os A nas quinta e sétima posições. A sequência da CAAT é, normalmente, a GGCCAATCT. Muitos promotores contêm a sequência TATA, porém, não dispõem da CAAT. Às vezes as duas estão ausentes. Nesse caso, o promotor costuma apresentar sequências com uma concentração incomumente alta de citosinas e guaninas, denominadas **regiões CG**.

Os **reguladores** – amplificadores e inibidores – também são normalmente encontrados "correnteza acima" referente à extremidade 5′ do segmento codificador, porém, muito distante, frequentemente a milhares de nucleotídios. Diferentemente do promotor, nos reguladores a sequência de nucleotídios – tanto em número quanto em qualidade – é específica, ou seja, varia nos diferentes genes.

No **segmento codificador** alternam-se segmentos de DNA utilizáveis e segmentos não funcionais. Assim como nos transcritos primários, denominam-se **éxons** e **íntrons**, respectivamente (ver *Seção 13.3*). A maior parte dos genes que codificam mRNA contém entre 1 e 60 íntrons, e são muito poucos os genes que não têm esta espécie de sequências.

A **sequência de finalização** não pode ser identificada. Entretanto, em um setor anterior a ela, é comum a sequência AATAAA, que é necessária para o término da síntese do transcrito primário (ver *Seção 15.4*).

Figura 13.5 Estrutura geral dos genes que codificam os RNA mensageiros, com seus diferentes componentes.

A maioria dos genes que codificam mRNA é representada por cópias únicas (mais exatamente por duas cópias, dada a condição diploide das células somáticas). Uma das exceções corresponde aos genes que codificam as cinco histonas (ver *Seção 12.9*). Os cinco genes localizam-se no cromossomo, alinhados um após o outro, separados entre si por segmentos de DNA que não são transcritos, denominados **DNA espaçadores** (Figura 13.6). Desse jogo de cinco genes, existem entre 20 e 50 cópias dispostas em tandem, separadas entre si por novos DNA espaçadores.

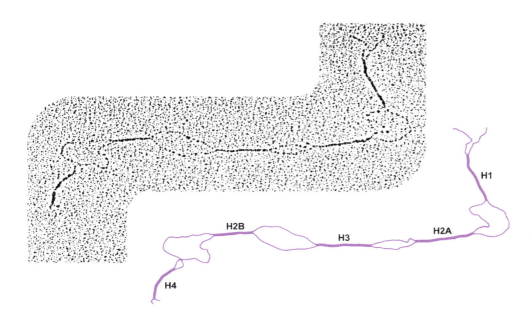

Figura 13.6 Eletromicrografia de um segmento de DNA parcialmente desnaturado que contém os cinco genes das histonas. Esses genes são separados por segmentos espaçadores ricos em A-T. A molécula foi clonada em um plasmídio de *Escherichia coli*. (Cortesia de M. L. Birnstiel e R. Portman.)

13.8 Estrutura do gene que codifica o RNA ribossômico 45S

Os **ribossomos** são formados por **duas subunidades**, cada uma composta por **RNA ribossômicos** combinados com **proteínas**. Os rRNA são identificados levando-se em consideração seus tamanhos, expressos como coeficientes de sedimentação (ver *Seção 16.9*). Desse modo, existem quatro tipos de rRNA, denominados **28S**, **18S**, **5,8S** e **5S** (Figura 15.9). Os três primeiros derivam de um transcrito primário comum designado **rRNA 45S** (Figura 15.9). Existem, portanto, dois genes codificadores de rRNA, correspondentes ao rRNA 45S (Figura 13.7) e ao que codifica o **rRNA 5S**. Aqui trataremos do primeiro.

A célula tem cerca de 200 cópias do gene do rRNA 45S. Estão localizadas nas constrições secundárias dos cromossomos 13, 14, 15, 21 e 22, situadas no **nucléolo**. Em média, cada constrição secundária tem cerca de 20 cópias do gene. Conforme observado nas Figuras 13.7 e 14.13, as cópias do gene do rRNA 45S encontram-se alinhadas em tandem, separadas entre si por **sequências espaçadoras** de DNA que não são transcritas. Em cada um desses espaçadores, encontram-se o regulador e a maior parte do promotor. Na Figura 13.8, vemos os elementos encontrados em cada cópia do gene.

Assim como nos genes dos mRNA, o **promotor** do gene do rRNA 45S está localizado "correnteza acima" com relação à extremidade 5′ do segmento codificador. Trata-se de uma sequência de cerca de 70 nucleotídios, 20 dos quais são também os 20 primeiros nucleotídios do setor codificador. Por isso, quando lida na direção 5′→3′, a última parte do promotor é a inicial do segmento codificador.

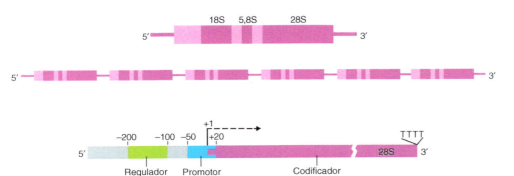

Figura 13.7 Sucessão de cópias do gene do rRNA 45S. Observe os espaçadores que são transcritos (*barras claras*) e os que não são (*linhas*).

Figura 13.8 Estrutura geral do gene que codifica o RNA ribossômico 45S.

O **regulador**, que age como amplificador, é uma sequência de aproximadamente 100 nucleotídios. Está localizado a cerca de 50 nucleotídios "correnteza acima" do promotor, ou seja, a 100 nucleotídios aproximadamente da extremidade 5′ do segmento codificador.

No **segmento codificador** as sequências de DNA correspondentes aos rRNA 18S, 5,8S e 28S – nessa ordem – encontram-se separadas entre si por **espaçadores**. Esses, diferentemente das sequências espaçadoras intercaladas entre as cópias do gene do rRNA 45S, são transcritos, de modo que aparecem no transcrito primário ou rRNA 45S (Figura 15.9).

A **sequência de finalização**, na extremidade 3′ de cada cópia, aparece após o setor que codifica o rRNA 28S. Caracteriza-se por conter vários T seguidos.

13.9 Estrutura do gene que codifica o RNA ribossômico 5S

Existem cerca de 2.000 cópias – uma seguida da outra – do gene do **RNA 5S**, separadas por segmentos **espaçadores** de DNA. Todas as cópias localizam-se na extremidade distal do braço longo do cromossomo 1; portanto, não pertencem ao nucléolo.

Cada cópia do gene tem duas sequências especiais de nucleotídios que constituem o **promotor**, situadas no interior do **segmento codificador**, do qual também fazem parte (Figura 13.9). Por essa razão, as duas sequências do promotor são transcritas. Além disso, tem uma sequência situada "correnteza acima" do codificador – ou seja, no espaçador precedente – cuja função parece ser reguladora.

A **sequência de finalização**, na extremidade 3′ de cada cópia, apresenta vários T seguidos, assim como no gene do rRNA 45S.

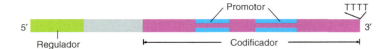

Figura 13.9 Estrutura geral do gene que codifica o RNA ribossômico 5S.

13.10 Estrutura dos genes que codificam os RNA transportadores

Existem entre 10 e 100 cópias de cada um dos genes que codificam os diferentes **tRNA**, alguns dos quais se encontram alinhados em tandem – cópia seguida de cópia –, como nos genes do rRNA 5S.

O **promotor** desses genes é composto por duas sequências de nucleotídios separadas, ambas no interior do **segmento codificador**, do qual também fazem parte (Figura 13.10). Dessa maneira, tais sequências, além de terem a função de promotor, são transcritas.

Alguns genes dos tRNA apresentam um íntron de 4 a 15 nucleotídios no meio do segmento codificador e, como consequência, dois éxons. Não foram descritas sequências reguladoras.

A **sequência de finalização** é similar à das cópias dos genes dos rRNA 45S e 5S.

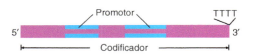

Figura 13.10 Estrutura geral dos genes que codificam os RNA transportadores.

13.11 Estrutura dos genes que codificam os RNA pequenos

Existem múltiplas cópias do gene do **pcRNA**, que se encontram dispersas nos cromossomos. Cada cópia teria seu próprio **promotor**, aparentemente em meio ao **segmento codificador**. Conforme descrito na *Seção 12.7*, o gene do pcRNA tem uma extensa homologia com o DNA repetitivo disperso da família Alu.

A maior parte dos **pnRNA** deriva de genes independentes que têm um **promotor** composto por três sequências separadas, situadas "correnteza acima" em relação ao **segmento codificador** (Figura 13.11). A sequência mais próxima ao segmento codificador é a **TATA**, e as outras duas são identificadas com as siglas **PSE** (de *proximal sequence element*) e **OCT** (de *octamer sequence*).

O restante dos **pnRNA** e todos os **pnoRNA** não derivam de genes convencionais, e, sim, da informação contida em alguns íntrons dos genes de diversas proteínas ribossômicas (o que desmente a classificação como "DNA não funcional" aplicada a todos os íntrons). Evidentemente, esses íntrons são segmentos de DNA sem promotor nem reguladores e são transcritos com o gene ao qual pertencem.

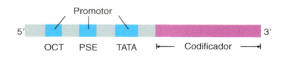

Figura 13.11 Estrutura geral dos genes que codificam os RNA pequenos nucleares.

13.12 Estrutura dos genes que codificam o xistRNA, o teRNA e os miRNA

O gene que codifica o **xistRNA** tem um tamanho relativamente grande e está localizado no braço longo do cromossomo X, em uma região próxima ao centrômero chamada **Xic** (de *X-inactivation center*). Descobriu-se que contém numerosas sequências repetidas dispostas em tandem, consta de, pelo menos, oito éxons e apresenta outras características que o tornam semelhante aos genes dos mRNA.

Com relação ao gene que codifica o **teRNA**, localiza-se no braço longo do cromossomo 3. Somente se conhece seu **segmento codificador**, que tem cerca de 450 nucleotídios.

Os genes que codificam os **miRNA** são cerca de 500 e diferentes entre si. O comprimento de cada gene supera o do correspondente miRNA, pois contém um **segmento codificador** de mais de cem nucleotídios que inclui, entre outras sequências, uma que dá origem ao miRNA e outra igual (ou quase igual), porém invertida (Figura 13.12). Conforme será descrito na *Seção 17.25*, esta característica também é encontrada nos genes dos transpósons (Figura 17.21).

Cabe acrescentar que a maior parte dos genes de miRNA costuma estar agrupada em tandem, tem **promotores** próprios e localiza-se entre genes de mRNA. Em compensação, os restantes, por localizarem-se em íntrons de genes de mRNA, utilizam os promotores desses últimos.

Figura 13.12 Estrutura do gene de um miRNA, com suas duas sequências iguais e invertidas.

Bibliografia

Adhya S. (1989) Multipartite genetic control elements: communication by DNA looping. Annu. Rev. Genet. 23:227.
Allison D., Goh S.H. and Hall B.D. (1983) The promoter sequence of a yeast tRNA-tyr gene. Cell 34:655.
Benzer S. (1962) The fine structure of the gene. Sci. Am. 206 (1):70.
Brown C.J. et al. (1991) Localization of the inactivation centre on the human X chromosome in Xq13. Nature 349:82.
Brown C.J. et al. (1992) The human XIST gene: analysis of a 17 kb inactive X-specific RNA that contains conserved repeats and is highly localized within the nucleus. Cell 71:527.
Brown D.D. (1984) The role of stable transcription complexes that repress and activate eukaryotic genes. Cell 37:359.
Brown D.D. and Gurdon J.B. (1978) Cloned single repeating units of 5S DNA direct accurate transcription of 5S RNA when injected into *Xenopus* oocytes. Proc. Natl. Acad. Sci. USA 75:2849.
Bucher P. and Trifonov E.N. (1986) Compilation and analysis of eukaryotic Pol II promoter sequences. Nucleic Acids Res. 14:10009.
Crick F.H.C. (1968) The origin of the genetic code. J. Molec. Biol. 38:367.
Crick F. (1979) Split genes and RNA splicing. Science 204:264.
Dreyfuss G., Philipson L. and Mattaj I.W. (1988) Ribonucleoprotein particles in cellular processes. J. Cell Biol. 106:1419.
Dynam W.S. (1986) Promoters for housekeeping genes. Trends Genet. 2:196.
Federoff N. (1979) On spacers. Cell 16:697.
Galli G., Hoefstetter H. and Birnstiel M.L. (1981) Two conserved sequence blocks within eukaryotic tRNA genes are major promoter elements. Nature 294:626.
Gilbert W. (1976) Starting and stopping sequences for the RNA polymerase. In: RNA Polymerase. Cold Spring Harbor Laboratory, New York.
Guthrie C. and Patterson B. (1988) Spliceosomal snRNAs. Annu. Rev. Genet. 22:387.
Hentschel C.C. and Birnstiel M.L. (1981) The organization and expression of histone gene families. Cell 25:301.
Horikoshi M., Hai T., Lin Y.S., Green M.R. and Roeder R.G. (1988) Transcription factor ATF interacts with the TATA factor to facilitate establishment of a preinitiation complex. Cell 54:1033.
Karpen G.H., Schaefer J.E. and Laird C.D. (1988) A Drosophila rRNAgene located in euchromatin is active in transcription and nucleolus formation. Genes Dev. 2:1745.
Kerppola T.K. and Kane C.M. (1991) RNA polymerase: regulation of transcript elongation and termination. FASEB J. 5:2833.
Lagos-Quintana M. et al. (2001) Identification of novel genes coding for small expressed RNAs. Science 294:853.
Lewin B. (2008) Genes, 9th Ed. Jones and Bartlett Publishers, Sudbury, MA.
Long E.O. and Dawid I.B. (1980) Repeated genes in eukaryotes. Annu. Rev. Biochem. 49:727.
Miller O.L. (1981) The nucleolus, chromosomes, and visualization of genetic activity. J. Cell Biol. 91:15s.
Mitchell P.J. and Tijan R. (1989) Transcriptional regulation in mammalian cells by sequence-specific DNA binding proteins. Science 245:371.
Nevins J.R. (1983) The pathway of eukaryotic mRNA formation. Annu. Rev. Biochem. 52:441.
Reddy R. and Busch H. (1981) U snRNA's of nuclear snRNP's. In: The Cell Nucleus. Academic Press, New York.
Reeder R.H. (1984) Enhancers and ribosomal gene spacers. Cell 38: 349.
Sakonju S., Bogenhagen D.F. and Brown D.D. (1980) A control region in the center of the 5S RNA gene directs specific initiation of transcription. I: The 5' border of the region. Cell 19:13.
Serfling E.M., Jasin M. and Schaffner W. (1985) Enhancers and eukaryotic gene transcription. Trends Genet. 1:224.
Terns M.P. and Dahlberg J.E. (1994) Retention and 5' cap trimethylation of U3 snRNA in the nucleus. Science 264:959.
Thompson C.C. and McKnight S.L. (1992) Anatomy of an enhancer. Trends Genet. 8:232.
Tollervey D. (1996) Small nucleolar RNAs guide ribosomal RNA methylation. Science 273:1056.
Verrijzer C.P. and Tjian R. (1996) TAFs mediate transcriptional activation and promoter selectivity. TIBS 21:338.
Wellauer P.K. and Dawid I.B. (1979) Isolation and sequence organization of human ribosomal DNA. J. Mol. Biol. 128:289.
Worton R.G. et al. (1988) Human ribosomal RNAgenes: orientation of the tandem array and conservation of the 5' end. Science 239: 64.
Yanofsky C. (1967) Gene structure and protein structure. Sci. Am. 216:80.

Transcrição do DNA   14

14.1 Definição

Recebe o nome de **transcrição** a síntese de moléculas de RNA sobre a base de moldes de DNA. A síntese ocorre pela união dos nucleotídios, U, C e G, entre si, que são alinhados seguindo a ordem definida pelos nucleotídios complementares do DNA. Essa complementaridade determina que as bases A, U, C e G do RNA formem pares, respectivamente, com as bases T, A, G e C do DNA. Conforme veremos, consegue-se o pareamento mediante o estabelecimento de ligações transitórias (não covalentes) das bases do DNA às bases do RNA em formação, o que possibilita que ocorram as verdadeiras reações sintéticas, ou seja, a união dos nucleotídios do RNA entre si.

A união entre dois nucleotídios consecutivos corresponde a uma **ligação fosfodiéster** (Figura 14.1). Nesta ligação um grupo fosfato liga o C5′ da ribose de um nucleotídio ao C3′ da ribose do nucleo-

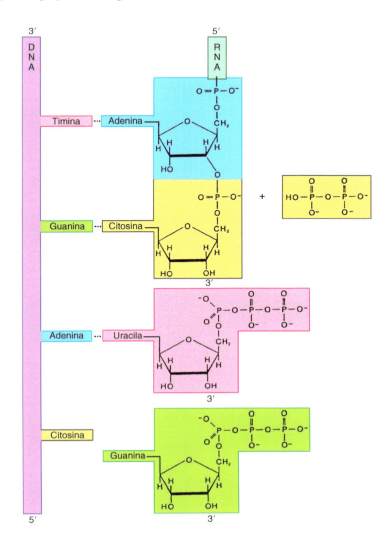

Figura 14.1 Ligação fosfodiéster entre os nucleotídios do RNA durante a transcrição do DNA.

tídio seguinte. Dessa maneira, a molécula de RNA é sempre polarizada, com um fosfato em sua extremidade 5′ e uma hidroxila em sua extremidade 3′. As ligações fosfodiéster não ocorrem espontaneamente; são conduzidas e catalisadas por enzimas específicas denominadas **RNA polimerases**.

14.2 A molécula de RNA é sintetizada pela agregação de um nucleotídio por vez

Em teoria uma molécula de RNA pode ser construída a partir de um molde de DNA e de ribonucleotídios livres, seguindo esses cinco passos: primeiro, as duas cadeias de DNA se separariam em toda a sua extensão; segundo, os quatro ribonucleotídios se parearam com os desoxirribonucleotídios complementares do DNA, simultaneamente; terceiro, cada ribonucleotídio se uniria a seus dois vizinhos; quarto, os ribonucleotídios se separariam dos desoxirribonucleotídios do DNA e a molécula do RNA seria liberada; quinto, as duas cadeias do DNA voltariam a se unir. Como nessa hipótese as duas cadeias do DNA são expostas de modo igual, ambas poderiam ser transcritas.

Na célula o RNA é formado de outra maneira. Em primeiro lugar, porque somente uma das cadeias do DNA é copiada, a que corre na direção 3′→5′. Isso torna possível antecipar a síntese de RNA a partir de sua extremidade 5′ até sua extremidade 3′ (Figura 14.1). Em segundo lugar, porque os ribonucleotídios são agregados de um em um, o que torna desnecessária a separação das cadeias de DNA em toda a sua extensão. É apenas separado um segmento de cerca de 10 pares de nucleotídios, o qual, como mostrado na Figura 14.2, forma no DNA uma **bolha de transcrição** que se desloca conforme são "lidos" seus nucleotídios.

Ainda que a cadeia seja transcrita na direção 3′→5′ do gene, convencionalmente se diz que a transcrição segue na direção 5′→3′, pois o RNA sintetizado corresponde – em sua polaridade e na sequência de seus nucleotídios (substituindo o U por T) – à cadeia não transcrita do DNA. Além disso, a sequência do gene é definida pela sua cadeia 5′→3′ (Figura 14.2).

14.3 Uma RNA polimerase liga os nucleotídios entre si

Os monômeros com os quais as moléculas de RNA são construídas apresentam-se no nucleoplasma como ribonucleosídios trifosfato (ATP, UTP, CTP e GTP) (Figura 14.1). O começo da transcrição ocorre quando, por meio de sua base, um desses ribonucleosídios estabelece uma ligação transitória com a base complementar do primeiro nucleotídio do gene. O promotor do gene age nesse processo, após ser ativado por fatores que serão mencionados adiante.

O promotor liga-se à RNA polimerase e faz com que esta interaja com o DNA no sítio em que a transcrição deve ter início (a extremidade 5′ do segmento codificador do gene), que é marcado pelo próprio promotor. Lá, a RNA polimerase forma uma "bolha", pois determina a separação localizada das duas cadeias do DNA e deixa exposto – junto a alguns outros – o primeiro desoxirribonucleotídio que será lido (Figura 14.2).

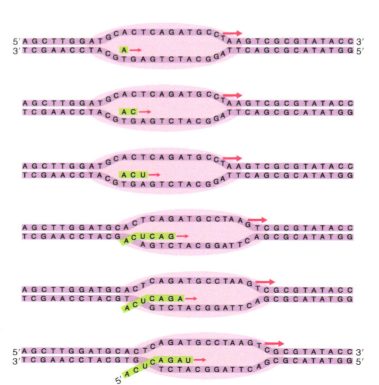

Figura 14.2 Síntese de RNA. Observa-se a RNA polimerase e uma "bolha" de DNA que se desloca conforme suas cadeias vão se separando em uma extremidade e juntando-se na outra.

A seguir, em frente a esse desoxirribonucleotídio, acomoda-se um ribonucleosídio trifosfato complementar – será o primeiro nucleotídio da molécula de RNA –, cuja base estabelece uma ligação não covalente com a base do desoxirribonucleotídio (Figura 14.2). Em seguida, aproxima-se um segundo ribonucleosídio trifosfato – complementar ao segundo desoxirribonucleotídio exposto no DNA – e suas bases se unem. No entanto, o mais importante é que os dois ribonucleotídios que participaram da bolha permanecem unidos, o que possibilita que entre eles seja produzida – por meio da RNA polimerase – uma ligação fosfodiéster e seja originado um dinucleotídio (Figuras 14.1 e 14.2). Com ele, tem início a síntese do RNA, que segue na direção 5'→3' à medida que se aproximam – e se ligam entre si – os ribonucleosídios trifosfato indicados pelo DNA.

O alongamento progressivo do RNA é conduzido pela mesma RNA polimerase. Esta, além de catalisar as ligações fosfodiéster, desliza sobre o DNA na direção 5'→3' e faz com que a bolha avance. Isso ocorre porque os nucleotídios no lado frontal da bolha são separados, enquanto os que ficam para trás voltam a unir-se (Figura 14.2). Essa união é possível porque lá o DNA se desliga dos ribonucleotídios. Não obstante, o RNA, cada vez maior, permanece unido à cadeia molde de DNA por meio dos últimos ribonucleotídios incorporados.

A transcrição se encerra quando a RNA polimerase chega à sequência de finalização na extremidade 3' do gene. Nesse ponto, a enzima se desprende. O RNA também se solta e passa a se chamar **transcrito primário**.

Na extremidade 5', o primeiro nucleotídio do RNA retém os três fosfatos, enquanto na extremidade 3' o último nucleotídio apresenta um grupamento OH livre (Figura 14.1).

14.4 A célula tem três tipos de RNA polimerases

Existem três tipos de RNA polimerases – denominadas I, II e III –, responsáveis pela síntese dos diferentes tipos de RNA. A **RNA polimerase II** sintetiza os mRNA, os miRNA e a maioria dos pnRNA; a **RNA polimerase I**, o rRNA 45S; e a **RNA polimerase III**, o rRNA 5S, os tRNA, o pcRNA e alguns pnRNA.

Essas polimerases respondem de maneira distinta à ação do veneno produzido pelo fungo *Amanita phalloides*, denominado **α-amanitina**. Assim, a RNA polimerase II é muito sensível ao veneno, a RNA polimerase III é medianamente sensível e a RNA polimerase I é insensível.

Transcrição dos genes dos RNA mensageiros

14.5 Os genes que codificam os mRNA são ativados por fatores de transcrição

A síntese de um determinado mRNA ocorre quando o gene respectivo (ou seja, suas sequências reguladoras e o promotor) é ativado por proteínas específicas, denominadas **fatores de transcrição**. Estes são classificados em específicos e gerais.

Os **fatores de transcrição específicos** interagem com o regulador do gene (Figura 14.3) e, dependendo se isso ocorre com sequências amplificadoras ou inibidoras do regulador (ver *Seção 13.7*), são conhecidos como **ativadores** e **repressores**, respectivamente. As funções desses fatores de transcrição serão analisadas na *Seção 14.7*.

Os **fatores de transcrição gerais** são requeridos pelo promotor, pois se ligam à sequência TATA para iniciar a síntese do mRNA (na *Seção 14.7* veremos que é necessário que primeiro ocorra a ativação do regulador). Por sua natureza inespecífica, os fatores gerais são mais conhecidos que os específicos. Existem diversos, denominados **TFIID, TFIIA, TFIIB, TFIIF, TFIIE, TFIIH** etc., que agem sequencialmente na ordem em que são mencionados. O TFIID é integrado por várias subunidades, uma delas denominada **TBP** (de *TATA binding protein*) e as outras, **TAF** (de *TBP--associated factor*).

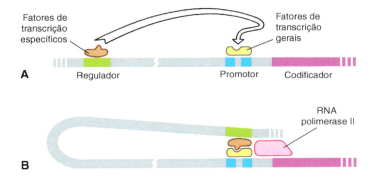

Figura 14.3 A. Fatores de transcrição específicos e gerais ligados ao regulador e ao promotor do gene, respectivamente. **B.** O DNA dobra-se sobre si mesmo para que haja interação entre o regulador e o promotor, o que estimula a transcrição do setor codificador do gene pela RNA polimerase II.

208 ■ Biologia Celular e Molecular

O processo tem início quando o TFIID se liga ao promotor, por meio da TBP. Essa ligação altera a estrutura da cromatina no promotor, que abandona seu formato retilíneo e se dobra até formar um ângulo de cerca de 100°. Essa alteração atrai tanto os restantes fatores de transcrição gerais quanto a **RNA polimerase II**, com a qual esses fatores ligaram-se anteriormente.

Uma vez unida ao promotor, a RNA polimerase II é fosforilada pelo TFIIH, que contém uma quinase. Um ATP doa o fósforo, logo após ser hidrolisado pelo TFIIB. Em seguida, a RNA polimerase II fosforilada desprende-se dos fatores de transcrição e abre a dupla hélice do DNA no setor do gene contíguo ao promotor, formando-se a bolha de transcrição, com o qual tem início a síntese do mRNA.

Para alongar o mRNA, a RNA polimerase II necessita de dois fatores adicionais, os **fatores de alongamento SII (ou TFIIS)** e **SIII (ou elongina)**. O fator SII é uma proteína monomérica de 38 kDa. O fator SIII é um heterotrímero composto pelas elonginas A, B e C, de 110 kDa, 18 kDa e 15 kDa, respectivamente. Estima-se que, durante a fase de alongamento, a RNA polimerase II acrescente à molécula de RNA cerca de 50 nucleotídios por segundo. Conforme mencionado anteriormente, nos genes que codificam mRNA ainda não foi identificada a sequência de nucleotídios responsável pelo término da transcrição (ver *Seção 13.7*).

O conjunto de transcritos primários dos mRNA é conhecido como **RNA heterogêneo nuclear** ou **hnRNA**. Esses transcritos não estão livres no nucleoplasma; encontram-se ligados a diversas proteínas básicas, que se ligam aos mRNA à medida que são sintetizados. O conjunto de transcritos primários e suas proteínas associadas recebe o nome de **ribonucleoproteína heterogênea nuclear** ou **hnRNP**. Considera-se que as proteínas agem como chaperonas que mantêm os mRNA estirados. Isso evita que se formem, em uma mesma molécula, pareamentos entre sequências de nucleotídios complementares.

Regulação da atividade dos genes que codificam RNA mensageiros

14.6 Os mecanismos mais importantes para controlar a atividade dos genes ocorrem na transcrição

Desde que se soube que nos organismos pluricelulares todas as células têm o mesmo genoma, considerou-se a necessidade de responder à seguinte questão: por que em cada tipo de célula certos genes são selecionados para sua transcrição e outros não? A resposta apresenta várias facetas, cujos conteúdos são desenvolvidos em diferentes seções deste livro. No *Capítulo 11* analisa-se o modo como as células respondem ao serem influenciadas por outras e, nas próximas seções do presente capítulo, são descritos os mecanismos moleculares que levam à diferenciação celular. Finalmente, nos *Capítulos 15, 16* e *21*, são acrescentados dados que completam o panorama.

Os mecanismos celulares que determinam qual proteína deve ser sintetizada e em que quantidade operam em vários níveis, embora os mais importantes sejam aqueles que controlam a atividade transcricional dos genes. Podem ocorrer, também, regulações após a síntese do RNA, durante o processamento do transcrito primário. Isto pode ocorrer, ainda, em um momento posterior, por meio do controle da exportação de mRNA ao citoplasma ou de sua sobrevivência no citosol (Figura 13.1). Por fim, em alguns casos, as regulações ocorrem durante a tradução dos mRNA em proteínas ou por meio da degradação dessas proteínas. O controle da atividade transcricional dos genes será analisado nas próximas seções deste capítulo, e as regulações pós-transcricionais serão estudadas nos *Capítulos 15* e *16*.

Vale lembrar que aproximadamente 50% do RNA dos transcritos primários não completam sua síntese. Não se sabe se isso ocorre devido às alterações nos processos de transcrição ou se trata de um mecanismo generalizado de regulação da atividade gênica que opera abortando a transcrição antes de a polimerase II chegar ao sinal de finalização.

Conhecem-se poucos casos de regulação gênica derivados da conclusão prematura da transcrição. Conforme veremos, os mecanismos prevalecentes atuam no começo da síntese dos mRNA, pois agem sobre as sequências reguladoras dos genes. Essas sequências são influenciadas por fatores de transcrição específicos, que entram no núcleo para ativar ou inibir os genes.

14.7 Os fatores de transcrição específicos desencadeiam ou interrompem a transcrição do DNA

Lembremo-nos de que a polimerase II não pode iniciar a transcrição do segmento codificador do gene sozinha, pois precisa ser ativada pelos fatores de transcrição gerais ligados ao promotor. Por sua vez, tal ligação depende da ativação prévia das sequências reguladoras por **fatores de transcrição específicos**.

Como os fatores de transcrição gerais são os mesmos para quase todos os genes, diz-se que são constitutivos. Por outro lado, os fatores de transcrição específicos, ao serem próprios para cada gene, são chamados facultativos.

Ainda que os fatores de transcrição específicos estejam na casa dos milhares, são menos numerosos do que as sequências reguladoras que devem controlar. Mesmo assim conseguem sua especificidade mediante a criação de múltiplas combinações entre eles, o que aumenta o número de possibilidades de modo extraordinário. Então, cada tipo de célula elabora apenas uma seleção desses fatores, somente os imprescindíveis para criar as combinações capazes de regular seus próprios genes. Como cada gene costuma ter vários amplificadores e vários inibidores, dois ou mais genes diferentes podem ter alguns reguladores em comum, porém nunca a mesma combinação.

Uma vez que os fatores específicos unem-se às sequências reguladoras, como agem sobre o promotor? (lembre-se de que ambas partes do gene costumam estar muito distantes). Simplesmente, o gene se curva e forma um arco, conforme mostrado na Figura 14.3. Observe o modo como os fatores específicos ligados às sequências reguladoras interagem com os fatores gerais situados no promotor. Isso é possível porque os fatores específicos contam com dois domínios, um que se conecta com o DNA regulador e outro que se conecta com os fatores gerais, mais precisamente, às subunidades TAF do fator TFIID.

Quando o complexo está integrado, os fatores gerais ativam a RNA polimerase II e esta inicia a transcrição do gene. Os fatores específicos disponibilizam o número de polimerases que, uma após a outra, realizarão o trabalho, regulando, assim, a quantidade de mRNA que será fabricado.

Nas *Seções 14.20* a *14.26* são analisados os mecanismos reguladores da atividade gênica nas **células procariontes**.

14.8 A transcrição dos genes dos mRNA pode ser visualizada com a ajuda do microscópio eletrônico

A microscopia eletrônica convencional não mostra de que maneira são transcritos os genes. No entanto, quando o conteúdo do núcleo é disperso sobre uma grade, são evidenciados detalhes reveladores. Se um gene é transcrito em um ritmo acelerado – ou seja, associa-se simultaneamente a diversas RNA polimerases II –, pode ser visto junto a muitas cadeias de mRNA que surgem perpendicularmente de sua molécula.

O conjunto assemelha-se a uma **árvore de Natal**, cujo tronco corresponde ao gene e os ramos aos mRNA (Figura 14.4). O alongamento dos ramos – que são mais longos à medida que se distanciam da ponta da árvore – indica a direção da transcrição. No ponto em que cada ramo se une ao tronco, encontra-se uma RNA polimerase II (costuma ser vista nas micrografias) e, portanto, forma-se uma "bolha". Se pudessem ser filmadas, as bolhas seriam vistas deslocando-se desde a ponta da

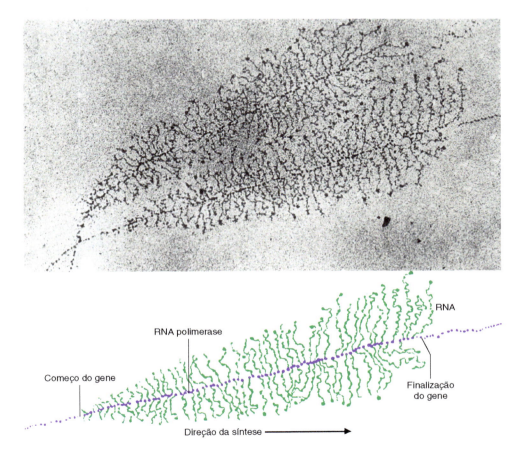

Figura 14.4 Eletromicrografia que mostra dois genes sendo transcritos. 35.000×. (Cortesia de O. L. Miller e B. R. Beatty.)

árvore até o "chão", cada uma com seu mRNA, que se desprende do tronco quando alcança seu comprimento máximo.

Não são muitos os genes que produzem mRNA com essa velocidade, pois a maioria é transcrita a um ritmo relativamente moderado. Os mais lentos iniciam uma nova transcrição após concluir a anterior. Nesses casos, o gene seria visto como um tronco com apenas um ramo, o mRNA, cujos tamanho e posição no tronco dependeriam do instante em que é realizada a microfotografia.

14.9 São conhecidas as bases moleculares da interação dos fatores de transcrição com o DNA das regiões reguladora e promotora do gene

Os fatores de transcrição e o DNA dos reguladores e do promotor contêm em suas moléculas informação suficiente para ligar-se entre si de maneira específica. Os fatores de transcrição estabelecem contato com o DNA por meio de grupamentos químicos complementares, por um lado fornecidos pelos aminoácidos e, por outro, pelas bases dos nucleotídios. Portanto, a especificidade da ligação depende da complementaridade estrutural entre as partes que interagem.

No início acreditava-se que os fatores de transcrição abrissem a dupla hélice de DNA e reconhecessem os grupos químicos que participam na formação das pontes de hidrogênio entre as bases dos nucleotídios. Isso foi descartado e confirmou-se que os fatores de transcrição reconhecem o DNA dos promotores e dos reguladores por suas bases. Nelas identificam-se grupos químicos localizados na parte exterior da dupla hélice, no nível dos sulcos maior e menor. Nesse sítio, sem necessidade de romper as pontes de hidrogênio, os aminoácidos dos fatores de transcrição interagem com as bases e se ligam a elas.

14.10 Os fatores de transcrição associam-se aos reguladores e ao promotor do gene por meio de átomos expostos nos sulcos do DNA

Visto pelo **sulco maior** do DNA (Figura 2.4), cada par de nucleotídios – nas quatro combinações possíveis (A-T, T-A, G-C e C-G) – mostra um átomo de oxigênio, um de hidrogênio e um de nitrogênio (Figura 14.5), que são capazes de estabelecer ligações não covalentes (como pontes de hidrogênio) com átomos dos aminoácidos dos fatores de transcrição. Em cada par de bases, esses três átomos apresentam-se combinados de maneira diferente. Por exemplo, o par A-T mostra a combinação **N-H-O**, e o par T-A, a combinação **O-H-N**. Como vemos, uma é a imagem invertida (em espelho) da outra. Algo semelhante ocorre com os pares G-C e C-G, nos quais os átomos formam as combinações **N-O-H** e **H-O-N**, respectivamente.

A informação cifrada no **sulco menor** do DNA (Figura 2.4) é menos ampla do que a do sulco maior, talvez porque o menor seja estreito para a entrada de alguns aminoácidos. Além dessas associações específicas, entre os fatores de transcrição e o DNA formam-se ligações inespecíficas; em uma delas, participa o esqueleto de fosfatos do DNA e, ainda que não proporcione especificidade à união, a estabiliza.

De modo geral, cada fator de transcrição mantém uns 20 contatos com o DNA. Isso significa que aproximadamente 20 aminoácidos interagem com outros vários pares de nucleotídios, seja no promotor ou no regulador do gene. Como são quatro as combinações de pares de bases (A-T, T-A, G-C, C-G), podem ocorrer cerca de 160.000 (20^4) possibilidades de combinações teóricas, quantidade desproporcionalmente alta para o número de fatores de transcrição que existem na célula.

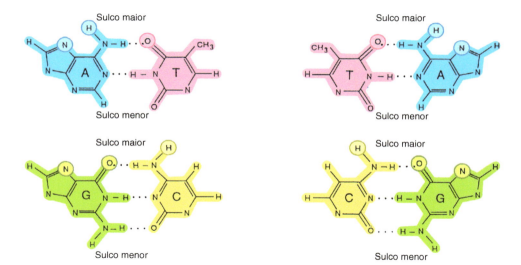

Figura 14.5 Posições e combinações dos átomos de oxigênio, hidrogênio e nitrogênio que estão expostos no sulco maior da molécula de DNA no nível dos pares de bases A-T, T-A, G-C e C-G.

14.11 Os fatores de transcrição contêm estruturas diméricas especiais

Analisadas as singularidades estruturais do DNA, trataremos agora das que caracterizam os fatores de transcrição. Em geral, as proteínas dos fatores de transcrição contêm **estruturas diméricas simétricas**, que se incorporam aos sulcos da dupla hélice do DNA. Dessa maneira, os dímeros ocupam duas voltas da dupla hélice, com um monômero em cada volta. Nesse par de voltas, o DNA também apresenta simetria, já que suas metades mostram sequências de nucleotídios repetidas em palíndromo (termo usado pela linguística que designa a palavra ou a frase lida de modo igual da esquerda para a direita ou da direita para a esquerda). Cada metade do palíndromo ocupa uma das voltas do DNA.

A dimerização dos fatores de transcrição e a simetria do DNA são condições necessárias para que os aminoácidos dos fatores possam interagir com as bases do regulador e do promotor.

Apesar de existirem milhares de fatores de transcrição diferentes, os setores diméricos de suas moléculas produzem estruturas secundárias e terciárias com **desenhos comuns**, o que possibilita classificá-los em um limitado número de famílias. Cada fator de transcrição pode ter uma, duas ou mais dessas estruturas, delineadas para entrar nos sulcos da dupla hélice no nível do regulador e do promotor do gene. A denominação das estruturas baseia-se nas formas que apresentam e, por isso, são conhecidas como hélice-volta-hélice, dedos de zinco, zíper de leucina e hélice-giro-hélice.

Hélice-volta-hélice. Esta estrutura é composta por duas cadeias de aminoácidos com forma de hélice, separadas por uma "volta" ou cadeia mais curta (Figura 14.6). Uma das hélices "lê" a sequência de nucleotídios no setor regulador do gene – ao qual se une, quando o reconhece – e a outra mantém a hélice leitora na posição adequada. Evidentemente a sequência de aminoácidos na hélice leitora (conhecida também como hélice de reconhecimento) varia nos diferentes fatores de transcrição.

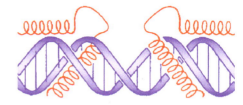

Figura 14.6 Estrutura da hélice-volta-hélice.

Quando uma hélice-volta-hélice está acompanhada por outra simétrica, elas compõem um dímero. As respectivas hélices de reconhecimento encaixam-se nos sulcos do DNA, que correspondem aos dois lados do palíndromo.

Foram identificadas estruturas hélice-volta-hélice em diversos fatores de transcrição. Por exemplo, em alguns fatores relacionados com a formação do plano corporal durante o desenvolvimento embrionário (ver *Seção 21.22*), nos fatores relacionados com a diferenciação das células musculares etc.

Zíper de leucina. Composta por duas cadeias polipeptídicas dispostas paralelamente, ambas com formato de hélice. Cada cadeia tem dois setores, um que se une ao DNA e outro que se une a seu homólogo, formando, assim, um dímero (Figura 14.7). Os setores unidos entre si apresentam, a cada sete aminoácidos – que correspondem a duas voltas da hélice –, uma leucina voltada ao interior do dímero. Essas leucinas se encaixam como os dentes do fecho de um zíper e, por essa razão, recebe esse nome. Os setores não dimerizados têm alta proporção de aminoácidos básicos, os quais geram a ligação específica do fator de transcrição com o DNA.

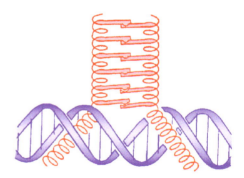

Figura 14.7 Estrutura do zíper de leucina.

Têm zíper de leucina, entre outros, os fatores de transcrição que regulam a atividade dos proto-oncogenes myc, fos e jun (ver *Seção 18.31*).

Dedos de zinco. Cada domínio do fator de transcrição é composto por uma sequência de poucos aminoácidos e um átomo de zinco, que se liga tetraedricamente a quatro cisteínas, ou a duas cisteínas e duas histidinas (Figura 14.8). Esses domínios projetam-se como *dedos*, cujos número e sequência de aminoácidos variam nos diversos fatores de transcrição. Além disso, os dedos de zinco associam-se aos pares para formar dímeros.

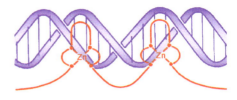

Figura 14.8 Estrutura dos dedos de zinco.

Os dedos de zinco são as estruturas mais difundidas entre os fatores de transcrição. São encontrados, por exemplo, nos receptores citosólicos mencionados na *Seção 11.6*. Eles entram no núcleo e agem como fatores de transcrição específicos quando ligados a substâncias indutoras. Outro exemplo corresponde à TFIIIA, um dos fatores de transcrição do rRNA 5S (ver *Seção 14.16*).

Hélice-giro-hélice. Esta estrutura apresenta uma configuração dimérica muito semelhante à do zíper de leucina, pois tem duas cadeias polipeptídicas com dois setores funcionais em cada uma: o específico – reservado para a ligação do fator de transcrição com o DNA – e o responsável pela dimerização (Figura 14.9). O primeiro é rico em aminoácidos básicos. Esse desenho diferencia-se do zíper, pois suas partes dimerizadas não se encaixam.

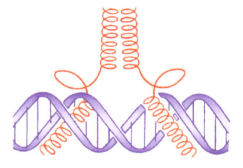

Figura 14.9 Estrutura da hélice-giro-hélice.

212 ■ Biologia Celular e Molecular

14.12 O enovelamento da cromatina influencia a atividade dos genes

Na *Seção 12.10* foram descritas as diferenças entre a eucromatina e a heterocromatina. Foi dito que, durante a interfase, a transcrição ocorre na eucromatina e que o empacotamento altamente condensado da cromatina – ou seja, a heterocromatina – costuma indicar ausência de atividade transcricional. Isso não significa que, na eucromatina, aconteça automaticamente a transcrição, pois una proporção significativa de seu DNA carece de genes e também porque muitos se encontram inativos devido ao fato de que, conforme descrito nas seções dedicadas aos fatores de transcrição, somente são transcritos os genes que recebem essa ordem.

Na *Seção 12.9* foi analisado o papel desempenhado pelas **histonas** no enovelamento da cromatina. Agora, veremos como é regulada a transcrição dos genes, fazendo com que o DNA passe a estar relativamente estirado e liberado das moléculas que obstaculizam o contato da RNA polimerase com o segmento codificador do gene.

Apesar de a cromatina de 10 nm ser a mais apta para que o DNA seja transcrito (Figura l2.10), a RNA polimerase não pode agir se não forem desenvolvidos os ramos de DNA que rodeiam as histonas dos nucleossomos, pelo menos durante a transcrição.

Sugeriu-se que os fatores de transcrição gerais não somente ativam o promotor do gene, mas também o desarmam dos nucleossomos no setor inicial do segmento codificador, possibilitando a separação das duas cadeias do DNA, a fim de que a RNA polimerase comece a transcrição. Aparentemente, os fatores de transcrição agem direta ou indiretamente sobre as histonas H4, que se modificam e desencadeiam a remoção das outras histonas, iniciando pelas H2A e H2B.

A seguir, à medida que avança pelo segmento codificador do gene, a própria RNA polimerase seria a responsável por desenrolar o DNA dos nucleossomos, que se rearmam conforme a enzima os deixa para trás.

Diversos dados revelam que o grau de enovelamento da cromatina é regulado pela reunião ou pela remoção de grupos acetila, grupos metila e grupos fosfato nas "caudas" das histonas, as quais estão expostas a estas alterações porque se projetam para fora dos nucleossomos (ver *Seção 12.9*).

Por exemplo, a **acetilação** de algumas lisinas da histonas H3 e H4 diminui o enovelamento da cromatina, o que favorece o acesso dos fatores de transcrição gerais ao promotor do gene, promovendo a atividade genética. Por outro lado, a **desacetilação** causa o efeito contrário, pois promove o enovelamento da cromatina e pode chegar a convertê-la em heterocromatina. Convém dizer que a reunião e a remoção dos grupos acetila são catalisadas, respectivamente, por acetilases e desacetilases localizadas na matriz nuclear.

Com relação à **metilação** e à **desmetilação**, elas produzem efeitos opostos aos da acetilação e desacetilação, respectivamente. Portanto, a reunião de grupos metila com uma das lisinas da histona H3 aumenta o enovelamento da cromatina, enquanto sua remoção o diminui.

Para finalizar, a **fosforilação** e a **desfosforilação** de certas serinas e treoninas localizadas na "cauda" da histona H1 também produzem efeitos opostos aos da acetilação e desacetilação, respectivamente.

Em resumo, a acetilação, a desmetilação e a desfosforilação de diversas histonas diminuem o enovelamento da cromatina e propiciam a atividade dos genes. Ao contrário, a desacetilação, a metilação e a fosforilação aumentam o enovelamento e bloqueiam a atividade genética.

Deve-se ressaltar que, em diversos tipos de células, os promotores dos genes contêm histonas que apresentam – com relação a seu número e sua distribuição – uma combinação própria dessas alterações químicas, o que sugere que algumas combinações estimulam e outras silenciam a atividade dos genes. Isso levou àqueles que trabalham com esse assunto dar o nome de **código histônico** ao conjunto de tais combinações.

Além disso, nos tipos de células diferenciadas que se dividem, as células-filhas herdam a mesma heterocromatina das células antecessoras, e isso se repete de geração em geração (ver *Seção 21.21*). Esta estabilidade da heterocromatina se deve aos fatores que a formam duplicarem-se nas células que vão se dividir e se repartir entre as células-filhas.

Em alguns casos, a atividade gênica é inativada e a cromatina fica compactada, devido à ação de outras causas além das citadas, conforme ocorre no cromossomo X compactado das células da mulher, descrito na *Seção 12.11* com o nome de **cromatina sexual** ou **corpúsculo de Barr**. Ainda que o cromossomo X seja compactado e seus genes sejam inativados devido à desacetilação de suas histonas e metilação de seu DNA (esta metilação é analisada na *Seção 14.13* e não deve ser confundida com a metilação das histonas), ambas mudanças são precedidas pela ativação do gene **Xist** (de *X-inactivation specific transcript*), que, conforme descrito na *Seção 13.12*, localiza-se no próprio cromossomo X, em uma região próxima ao centrômero denominada Xic. Quando ativado, o gene Xist produz múltiplas cópias de um RNA especial denominado **xistRNA** (ver *Seção 13.2*), as quais, a partir do Xic, ligam-se ao DNA dos dois braços do cromossomo X e inativam quase todos os seus genes. Cabe acrescentar que, por meio de técnicas especiais, as cópias do xistRNA aparecem sob a forma de pontos por todo o cromossomo X compactado, o que sugere que se associam a proteínas.

14.13 A metilação do DNA influencia a atividade gênica

Além das quatro bases conhecidas (A, T, C e G), em alguns pontos o DNA contém uma quinta, a **metilcitosina** (ou **mC**), que é produzida quando um grupo metila (CH_3) é agregado à citosina (Figura 14.10). A **metilação do DNA** restringe-se a citosinas seguidas por guaninas (não estamos dizendo "pareadas"), de modo que, se em um ponto uma das cadeias do DNA contém o dinucleotídio mC-G, a oposta exibirá o dinucleotídio G-mC. Evidentemente, a mC do dinucleotídio mC-G pareia-se à G do dinucleotídio G-mC, e a G à mC.

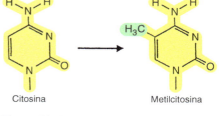

Figura 14.10 Metilação da citosina (observe o grupo C_3H na metilcitosina).

Assim como na metilação das histonas, existe uma estreita correlação entre o grau de metilação dos genes e sua inatividade transcricional. Além disso, na metilação do DNA, tem menos influência sua quantidade do que o lugar onde está localizada. De fato, a metilação do DNA no nível do promotor pode abolir a atividade de um gene, enquanto muitas metilações em sua região codificadora em geral não a afetam. Vale lembrar que existem genes com promotores que apresentam setores denominados **regiões CG**, pois contêm uma alta proporção desse dinucleotídio (ver *Seção 13.7*). Da mesma maneira, nas células da mulher, os promotores de numerosos genes inativos pertencentes ao cromossomo X compactado apresentam um alto grau de metilação nos dinucleotídios CG.

Logicamente um gene pode estar metilado em um tipo de célula, mas não em outro tipo. Por exemplo, o gene da β-globina encontra-se metilado nas células que não fabricam essa proteína e não metilado nas células eritropoéticas, nas quais a β-globina é produzida em grandes quantidades.

Nas sucessivas gerações celulares, as células dos tecidos diferenciados têm em seus DNA um padrão de citosinas metiladas teoricamente idêntico ao de suas antecessoras. A **herança das mC** ocorre porque, durante a replicação, logo após a duplicação das duas cadeias do DNA, as C das cadeias-filhas – complementares às G dos dinucleotídios mC-G e G-mC, exclusivamente – adquirem um grupo metila. Essa metilação é conduzida por uma enzima denominada **metilase de manutenção**, que age assim que o DNA é duplicado (Figura 14.11).

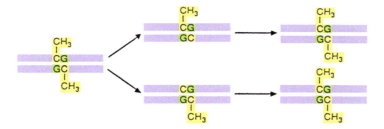

Figura 14.11 Metilação de citosinas após a replicação do DNA.

Por outro lado, nas células que são diferenciadas após sua divisão, os padrões de metilação modificam-se. Então, os genes inativos – portanto, muito metilados – perdem parte de sua metilação se são ativados.

O mecanismo que modula a substituição das mC por C – e vice-versa – e o modo como as mC previnem a transcrição são assuntos que aguçam os pesquisadores dedicados ao estudo da diferenciação celular.

14.14 O imprinting genômico resulta da metilação distinta dos alelos de alguns genes, conforme provenham do pai ou da mãe

Um fenômeno que chama muito a atenção, relacionado com a metilação do DNA, é observado no denominado *imprinting* **genômico**. Este envolve um grupo de genes cujos dois alelos têm, normalmente, padrões de metilação das citosinas diferentes entre si, ao serem comparados o alelo fornecido pelo pai e o alelo fornecido pela mãe. Até o momento foram identificados mais de 40 genes com essa característica, o que é, ressaltamos, absolutamente normal.

Para que o *imprinting* – ou *imprinting* parental – desses genes seja mantido de geração em geração, os genes com *imprinting* materno devem perdê-lo nas células germinativas masculinas e adquirir o padrão de metilação dos genes com *imprinting* paterno, que não se modificam. É claro que, nas células germinativas femininas, deve ocorrer o contrário. Não se sabe como, mas, no testículo, os genes com *imprinting* materno adquirem o padrão de metilação de seus homólogos paternos e, no ovário, os genes com *imprinting* paterno adquirem o padrão de metilação de seus homólogos maternos.

No testículo a modificação ocorre na etapa perinatal, nas células que precedem as espermatogônias (ver *Seção 19.3*). Por outro lado, no ovário acontece durante a meiose I, pois ocorre no ovócito 1 (ver *Seção 19.4*).

Deve-se ressaltar que, para que a embriogênese seja normal, para cada par de alelos com *imprinting* é necessário que um tenha o *imprinting* paterno e o outro o materno. Portanto, se em uma célula germinativa de um dos pais há uma falha na reprogramação do *imprinting*, o embrião gerado com a participação dessa célula terá uma proporção inadequada de alelos paternos e maternos e se desenvolverá de maneira imperfeita.

Recebem o nome de **dissomias uniparentais** as afecções congênitas produzidas quando os dois alelos de um gene com *imprinting* têm o *imprinting* do pai ou o *imprinting* da mãe e não cada alelo com *imprinting* de um dos pais. Por exemplo, uma malformação congênita muito grave, a **síndrome de Angelman**, ocorre devido à existência de dois alelos paternos ou à falta do alelo materno de um gene com *imprinting* pertencente ao cromossomo 15. Sua forma contrária é a **síndrome de Prader-Willi**, na qual esses alelos são maternos. Deve-se dizer que, mesmo que ambas as síndromes sejam consequência da alteração do *imprinting* do mesmo gene – a do alelo materno e a do alelo paterno, respectivamente –, seus quadros clínicos diferem entre si.

Transcrição do gene do RNA ribossômico 45S

14.15 O rRNA 45S é sintetizado no nucléolo mediante dois fatores de transcrição

Na *Seção 13.18* foi descrito que as 200 cópias do gene do rRNA 45S estão localizadas no **nucléolo**. O início da síntese do rRNA 45S pela **RNA polimerase I** requer dois fatores de transcrição, denominados **SL1** (de *selectivity factor*) e **UBF** (de *upstream binding factor*) (Figura 14.12). Os estudos sobre o SL1 revelaram que ele contém três TAF e uma subunidade idêntica ao TBP do TFIID (apesar de o promotor do gene para o rRNA 45S carecer de sequência TATA).

Figura 14.12 Representação do gene do rRNA 45S associado à RNA polimerase I e aos fatores de transcrição UBF e SL1.

O SL1 associa-se ao promotor do gene e o UBF ao regulador (amplificador) (ver *Seção 13.8*). Em seguida, o SL1 e o UBF comunicam-se entre si – e ambos com a RNA polimerase I – e formam um complexo cooperativo que dá início à transcrição.

A transcrição de cada uma das cópias do gene do rRNA 45S termina quando a RNA polimerase I alcança a sequência de finalização, rica em timinas. Como várias cópias do gene encontram-se alinhadas em tandem (ver *Seção 13.8*) (Figura 13.7), é possível que exista algum tipo de associação entre a zona de finalização de uma cópia e o regulador da próxima cópia, apesar de estarem separadas por um segmento de DNA espaçador que não é transcrito. Garantem essa ideia experimentos nos quais a transcrição de uma cópia não tem início se a anterior não for finalizada.

O estudo ultramicroscópico do nucléolo, previamente estendido, mostra uma sucessão de cópias do gene do rRNA 45S dispostas em tandem, cada uma associada a numerosos transcritos primários. São vistas imagens semelhantes a **árvores de natal**, assim como as produzidas pelos genes que sintetizam mRNA em alta velocidade (Figura 14.13).

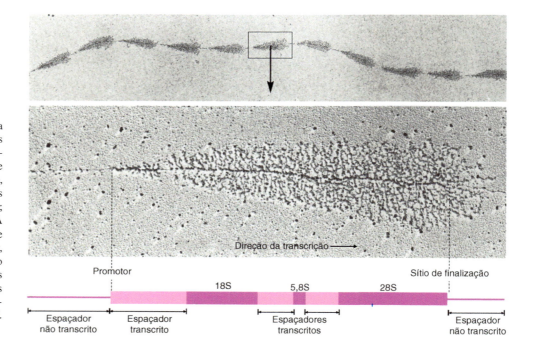

Figura 14.13 Na parte superior da imagem, observam-se onze genes consecutivos do rRNA 45S, separados por segmentos espaçadores que não são transcritos. No meio, aparece, de modo aumentado, um dos genes em pleno processo de transcrição; com múltiplas moléculas de rRNA 45S, e, por essa razão, um aspecto de "árvore de natal". Na parte inferior, está representado um esquema do gene, com as partes correspondentes aos rRNA 18S, 28S e 5,8S junto aos segmentos espaçadores que são transcritos. (Cortesia de U. Scheer, M. F. Trendelemburg e W. W. Franke.)

Transcrição do gene do RNA ribossômico 5S

14.16 O gene do rRNA 5S está localizado fora do nucléolo e é ativado por três fatores de transcrição

As aproximadamente 2.000 cópias do gene que codifica o rRNA 5S localizam-se fora do nucléolo (ver *Seção 13.9*). Sua transcrição é conduzida pela **RNA polimerase III**, que age quando três fatores de transcrição diferentes – denominados **TFIIIA, TFIIIB e TFIIIC** – ligam-se ao promotor do gene (Figura 14.14). O TFIIIB contém vários TAF e a subunidade TBP do TFIID.

A síntese de rRNA 5S cessa quando a RNA polimerase III alcança a sequência de finalização, rica em timinas.

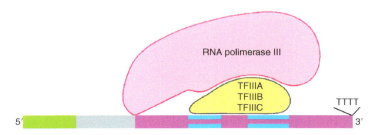

Figura 14.14 Representação do gene do rRNA 5S associado à RNA polimerase III e aos fatores de transcrição TFIIIA, TFIIIB e TFIIIC.

Transcrição dos genes dos RNA transportadores

14.17 Os genes que codificam os tRNA são ativados devido aos fatores de transcrição

A transcrição das 10 a 100 cópias de cada um dos genes que codifica os diferentes tRNA (ver *Seção 13.10*) também é conduzida pela enzima **RNA polimerase III** que requer que dois fatores de transcrição se unam ao promotor (Figura 14.15): os recém-citados **TFIIIB** e **TFIIIC**. Devido à existência de várias timinas consecutivas na extremidade 3' do gene, a finalização da síntese desses RNA é semelhante à dos rRNA 45S e 5S.

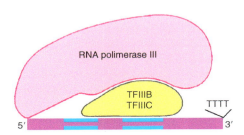

Figura 14.15 Representação de um gene de um tRNA associado a RNA polimerase III e aos fatores de transcrição TFIIIB e TFIIIC.

Transcrição dos genes dos RNA pequenos

14.18 Os fatores de transcrição que ativam os genes dos RNA pequenos são parcialmente conhecidos

A maior parte dos **pnRNA** é sintetizada pela **RNA polimerase II**, e alguns outros pela **RNA polimerase III**. Descobriu-se um fator de transcrição denominado **SNAPc** (de *small nuclear activator protein complex*) vinculado a ambas as polimerases; tem uma subunidade TBP e se liga à sequência TATA ou à sequência PSE do promotor (ver *Seção 13.11*).

A formação dos restantes **pnRNA** e dos **pnoRNA** não depende de polimerases nem de fatores de transcrição próprios, já que está relacionada com a síntese dos mRNA onde estão os íntrons que os originam (ver *Seção 13.11*). Conforme visto na *Seção 14.5*, a síntese dos mRNA é conduzida pela RNA polimerase II.

Com relação ao gene do **pcRNA**, suas múltiplas cópias são transcritas pela **RNA polimerase III**. Os fatores de transcrição desse gene ainda não são conhecidos.

Transcrição dos genes do xistRNA, do teRNA e dos miRNA

14.19 Não se sabe exatamente como os genes do xistRNA, do teRNA dos Mirna são transcritos

Durante o desenvolvimento inicial do embrião feminino, o gene do **xistRNA** é transcrito nos dois cromossomos X, porém, por motivos ainda desconhecidos, em um momento posterior isso ocorre somente no cromossomo X compactado (corpúsculo de Barr).

Com relação ao gene do **teRNA**, existem estudos que sugerem que ele seja transcrito pela **RNA polimerase II**.

Os genes dos miRNA, tanto os intrônicos quanto os intergênicos (ver *Seção 13.12*), são transcritos pela **RNA polimerase II** (Figura 15.12). Como esses genes intrônicos são segmentos de DNA que carecem de promotores, são transcritos com os genes dos mRNA aos quais pertencem. Por outro lado, os genes intergênicos são transcritos quando seus promotores são ativados por fatores de transcrição específicos.

Transcrição dos genes nas células procariontes

14.20 A regulação da expressão dos genes bacterianos pode ocorrer no início ou no término da transcrição

As bactérias têm milhares de genes, entre os quais aqueles que codificam as proteínas enzimáticas, tanto as que participam da degradação dos alimentos provenientes do meio quanto as que agem na síntese das moléculas que compõe a célula bacteriana. Em alguns casos, a expressão de tais genes é controlada no começo da transcrição, e, em outros, tanto no começo quanto no término.

14.21 O operon lac é induzido pela lactose

Como as bactérias obtêm seu alimento diretamente do meio em que vivem, os mecanismos que regulam a atividade de seus genes devem ser rapidamente adaptados às alterações de qualidade e quantidade das moléculas (alimentos) desse meio.

Um bom exemplo de controle transcricional é proporcionado pelos genes das enzimas que agem quando a bactéria *Escherichia coli* utiliza a **lactose** como alimento. A síntese dessas enzimas pode aumentar até 1.000 vezes se for acrescentada lactose ao meio de cultura. Assim, a disponibilidade de um substrato estimula a produção das enzimas que agem em sua degradação. Essa regulação – por **indução enzimática** – ocorre também no caso das enzimas que degradam outros açúcares e diversos aminoácidos e lipídios.

As três enzimas necessárias para o aproveitamento da lactose como alimento são a β-galactosidase, a permease e a transacetilase, cuja codificação corresponde a uma unidade genética comum denominada **operon lac** (Figura 14.16).

Um operon é um grupo de genes encontrados bem próximos entre si e que são regulados (ativados ou inibidos) de maneira conjunta por um **operador (o)** e um **promotor (p)**. Também é comum a atuação de um **gene inibidor (i)**, que codifica uma proteína denominada **repressora**. Os genes estão localizados no **segmento codificador** e são transcritos em apenas um mRNA, que, por essa razão, recebe o nome de **RNA policistrônico**. Isso explica por que as proteínas derivadas de um operon são sintetizadas em quantidades equivalentes.

Voltando ao operon lac, seu **segmento codificador** tem três genes – denominados *z*, *y* e *a* –, que codificam as três enzimas mencionadas. É regulado pelo **repressor lac**, um complexo proteico que tem quatro subunidades idênticas de 40 kDa, codificadas pelo gene inibidor (Figura 14.16). O repressor lac liga-se ao operador, que está situado próximo ao começo do gene *z* (da β-galactosidase).

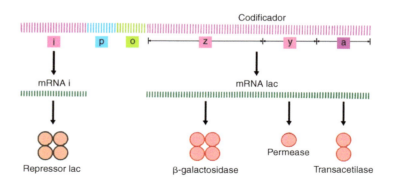

Figura 14.16 Representação do operon lac, com o gene inibidor *i* (que codifica o mRNA do repressor lac), o promotor *(p)*, o operador *(o)* e o segmento codificador composto pelos genes *z*, *y* e *a*. Estes codificam o mRNA policistrônico lac que produz as proteínas β-galactosidase, permease e transacetilase.

Conforme observado na Figura 14.17, a ligação do repressor lac ao operador impede a síntese do mRNA policistrônico. O repressor lac liga-se a uma sequência de 21 pares de bases do operador que tem regiões com simetria dupla (em palíndromo), de modo que alguns setores situados no lado esquerdo são também encontrados no lado direito, mas na cadeia oposta e dispostos "em espelho" (Figura 14.18).

Foram encontradas sequências semelhantes nos operadores de outros operons e nos reguladores dos genes das células eucariontes (ver *Seção 14.11*). As sequências simétricas representam sítios de reconhecimento para as diferentes subunidades do repressor.

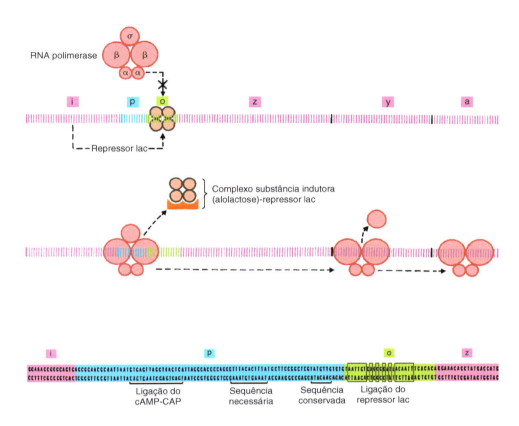

Figura 14.17 Regulação do operon lac na ausência e na presença de uma sustância indutora. No primeiro caso, o repressor lac, que é um tetrâmero, liga-se ao operador e interfere na transcrição dos genes. A ligação simultânea da RNA polimerase ao promotor e do repressor ao operador é impossível, já que a enzima é incapaz de se conectar com o promotor quando o repressor ocupa o operador. No segundo caso, a substância indutora se liga ao repressor e produz nele uma alteração conformacional que impede sua ligação ao operador. Dessa maneira, a RNA polimerase fica livre e pode ativar a transcrição dos genes. Na *Escherichia coli* a RNA polimerase tem cinco subunidades: duas α (de 40 kDa cada uma), duas β (de 160 kDa cada uma) e uma σ (de 95 kDa). Uma vez iniciada a transcrição, a subunidade σ se solta do complexo.

Figura 14.18 Sequência de nucleotídios no promotor e no operador do operon lac. No promotor, aparece a sequência conservada TATGTTG e uma sequência necessária, cujas mutações afetam a transcrição do gene. (De R. Dickson *et al.*)

14.22 A substância indutora liga-se ao repressor e este sai do operador

A afinidade do repressor pelo operador é regulada pela **substância indutora**, que é uma molécula pequena que se liga ao repressor. A substância indutora natural do operon lac é a **alolactose**, um metabólito da lactose (nas experiências de laboratório, é usado o isopropiltiogalactosídio, ou IPTG, que é um indutor muito mais potente do que a alolactose).

Cada subunidade do repressor tem um sítio de ligação para a substância indutora. Esta provoca mudança conformacional e, então, o repressor abandona o operador. Como podemos perceber, a substância indutora torna possível a transcrição do operon. O efeito da lactose – e, portanto, da alolactose – no meio é espetacular. Enquanto sem lactose a *E. coli* contém em média somente três moléculas de β-galactosidase, após a indução do operon lac, passa a ter cerca de 3.000 moléculas, que representam 3% de suas proteínas. Além disso, essa adaptação é muito rápida, já que a maioria dos mRNA bacterianos, apesar de serem sintetizados a uma grande velocidade, tem uma vida média de poucos minutos.

14.23 A RNA polimerase liga-se ao promotor quando o repressor sai do operador

O promotor é o segmento do gene no qual a RNA polimerase permanece quando a transcrição tem início. Na Figura 14.18, está ilustrada a sequência de nucleotídios do promotor no operon lac. Para a ligação da RNA polimerase, são importantes dois setores: (1) a sequência conservada TATGTTG, situada entre 6 e 12 nucleotídios antes do sítio de início da transcrição, presente em quase todos os promotores; e (2) uma sequência necessária localizada a 35 nucleotídios desse sítio, importante porque, quando sofre mutação, a expressão do operon lac é inibida.

A RNA polimerase liga-se a uma região do gene de, aproximadamente, 80 nucleotídios, correspondente ao promotor. A existência do repressor no operador bloqueia a ligação da RNA polimerase ao promotor. Então, os repressores atuam de uma maneira muito simples: ao ligar-se ao operador, impedem a fixação da RNA polimerase ao promotor.

14.24 A transcrição do operon lac está sujeita a um controle positivo pelo AMP cíclico

O **AMP cíclico (cAMP)** participa da regulação da transcrição dos operons. Será estudado que sua concentração no protoplasma bacteriano é controlada indiretamente pela glicose.

A *E. coli* tem uma proteína receptora para o cAMP denominada **CAP** (de *catabolite activator protein*). Trata-se de una proteína dimérica, que se liga ao promotor do operon quando associada ao cAMP. Isso faz com que a RNA polimerase também se ligue ao promotor (Figura 14.18). Por isso, a RNA polimerase reconhece o promotor sempre que o **complexo cAMP-CAP** encontra-se nele. Portanto, no operon lac, além do controle negativo exercido pelo repressor lac existe um controle positivo mediado pelo complexo cAMP-CAP.

O controle positivo é registrado na expressão de muitos outros operons, como aqueles que atuam na utilização da maltose, da galactose e da arabinose. Entretanto, esse controle não é necessário para a expressão dos genes que agem durante a utilização da glicose como alimento. Isso é importante, pois, quando as bactérias crescem em função da glicose, têm menos moléculas de cAMP do que quando crescem, por exemplo, em um meio rico em lactose, que, como se sabe, proporciona menos energia que a glicose. Consequentemente, se a *E. coli* se desenvolve quando há glicose e lactose, usará somente a primeira. Esse mecanismo possibilita que a *E. coli* adapte-se a seu *habitat* natural, que está em constante mudança, o interior do intestino.

14.25 A transcrição do operon Trp é regulada por dois mecanismos

Na *E. coli* as cinco enzimas necessárias para sintetizar o aminoácido triptofano são codificadas pelo **operon Trp** (Figura 14.19), cuja atividade é controlada por dois mecanismos, conhecidos como repressão enzimática e interrupção prematura da transcrição. Na sequência será descrito que a atividade do operon depende, primordialmente, da concentração do aminoácido na bactéria e que ambos os mecanismos de controle fazem com que as cinco enzimas sejam produzidas somente quando são necessárias.

Na **repressão enzimática**, a síntese do mRNA que codifica essas enzimas é bloqueada quando a concentração do triptofano – ou seja, do produto das enzimas – ultrapassa certos níveis. Para isso, o **repressor Trp** derivado do gene inibidor entra no operador e impede que a RNA polimerase se ligue ao promotor, o que detém a transcrição do gene e, por conseguinte, a produção das enzimas. Também, para que o repressor entre no operador, é necessário que seja ativado por um **correpressor**, que, no caso do operon Trp, é o próprio aminoácido triptofano quando em excesso.

A Figura 14.19 mostra de que maneira age o operon Trp quando o triptofano bacteriano é insuficiente. Observe que o repressor e o correpressor separam-se do operador, que a RNA polimerase retorna ao promotor e que o mRNA originado conduz a produção das cinco enzimas necessárias para sintetizar o aminoácido.

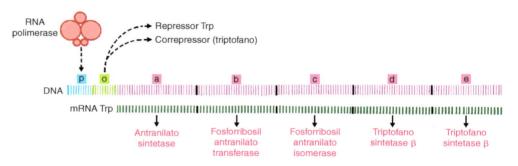

Figura 14.19 Regulação por repressão enzimática da atividade do operon Trp da *Escherichia coli*. Quando a quantidade de triptofano é suficiente, o repressor Trp inibe o operador, e, então, é suspensa a síntese do mRNA policistrônico Trp que codifica as cinco enzimas requeridas para produzir o aminoácido. Deve-se acrescentar que o repressor é induzido pelo próprio triptofano, o qual, quando em excesso, age como correpressor. Por outro lado, quando a bactéria é privada de triptofano, este e o repressor desligam-se do operador e é reativada a síntese do mRNA Trp. (De K. Bertrand *et al.*)

Deve-se ressaltar que, mediante o mecanismo de repressão enzimática, a bactéria controla também a síntese de outros aminoácidos e das moléculas precursoras dos ácidos nucleicos.

Conforme já foi dito, a bactéria tem um mecanismo adicional para regular a atividade do operon Trp, com base na **interrupção prematura da transcrição**. Então, quando a concentração de triptofano ultrapassa certos níveis, o operon Trp interrompe sua transcrição e gera um mRNA curto, incapaz de produzir as enzimas necessárias para sintetizar o aminoácido. O mRNA é curto porque sua molécula forma uma alça que finaliza a transcrição.

Por outro lado, quando o Trp bacteriano encontra-se em quantidade insuficiente, essa alça não é formada, a transcrição não é interrompida e é gerado um mRNA completo.

14.26 Também há um controle pós-transcricional para regular a síntese de moléculas

A indução e a repressão enzimáticas proporcionam um controle geral do metabolismo nos procariontes, ao ativar ou inibir a síntese das enzimas bacterianas de acordo com as necessidades (Figura 14.20). Entretanto, as células têm mecanismos de regulação mais sensíveis, pois controlam a atividade, não a síntese das enzimas. Os mais comuns são: (1) a **inibição por retroalimentação**, por meio da qual o produto final de um ciclo metabólico age como inibidor alostérico da primeira enzima da cadeia, de modo que, quando uma quantidade suficiente do produto foi sintetizada, toda a cadeia entra em repouso e o acúmulo inútil de metabólitos é evitado; (2) a **ativação por precursor**, na qual o primeiro metabólito da via sintética age como ativador alostérico da última enzima da cadeia (Figura 14.20).

O controle genético (por indução ou por repressão) é um tipo de regulação menos sensível e relativamente lento, enquanto a inibição por retroalimentação e a ativação por precursor são maneiras mais sensíveis e quase instantâneas de regulação. O controle genético economiza energia, pois evita a síntese de enzimas desnecessárias. No entanto, o controle da atividade enzimática possibilita uma adaptação quase instantânea do metabolismo celular.

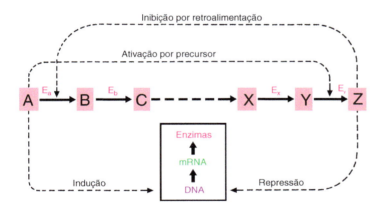

Figura 14.20 Na inibição por retroalimentação, o produto final (Z) de uma cadeia metabólica age como inibidor alostérico da primeira enzima da cadeia. Na ativação por precursor, o primeiro produto da cadeia *(A)* age como ativador alostérico da última enzima da cadeia.

Bibliografia

Akhtar A. and Gasser S.M. (2007) The nuclear envelope and transcriptional control. Nat. Rev. Genet. 8:507.
Aso T., Lane W.S., Conaway J.W. and Conaway R.C. (1995) Elongin (SIII): a multisubunit regulator of elongation by RNA polymerase II. Science 269:1439.
Barlow D.P. (1995) Gametic imprinting in mammals. Science 270:1610.
Beckwith J. and Zipser D. (1968) The Lactose Operon. Cold Spring Harbor Laboratory, New York.
Bell S.P., Learned R.M., Jantzen H.M. and Tjian R. (1988) Functional cooperativity between transcription factors UBF1 and SL1 mediates human rRNA synthesis. Science 241:11192.
Bird A. (2001) Methylation talk between histones and DNA. Science 294:2113.
Bird A.P. (1993) Genomic imprinting: imprints on islands. Curr. Biol. 3:275.
Bourc'his D. et al. (2001) Dnmt3L and the establishment of maternal genomic imprints. Science 294:2536.
Brown C.J. et al. (1991) A gene from the region of the human X inactivation centre is expressed exclusively from the inactive X chromosome. Nature 349:38.
Chakalova L., Debrand E., Mitchel J.A. et al. (2005) Replication and transcription: shaping the landscape of the genome. Nature Rev. Genet. 61:669.
Comai L. et al. (1994) Reconstitution of transcription factor SL1: Exclusive binding of TBP by SL1 or TFIID subunits. Science 266:1966.
Conaway J.W. and Conaway R.C. (1991) Initiation of eukaryotic messenger RNA synthesis. J. Biol. Chem. 266:17721.
Delihas N. and Anderson J. (1982) Generalizated structures of the 5S ribosomal RNAs. Nucleic Acids Res. 10:7323.

Drapkin R., Merino A. and Reinberg D. (1993) Regulation of RNA polymerase II transcription. Curr. Opin. Cell Biol. 5:469.

Dynan W.S. and Tjian R. (1985) Control of eukaryotic messenger RNA synthesis by sequence-specific DNA-binding protein. Nature 316:774.

Edmondson D.G. and Roth S.Y. (1996) Chromatin and transcription. FASEB J. 10:1173.

Garrel J. and Campuzano S. (1991) The helix-loop-helix domain: a common motif for bristles, muscles and sex. Bioessays 13:493.

Geiduschek E.P. and Kassavetis G.A. (1992) RNA polymerase III transcription complexes. In: Transcriptional Regulation. Cold Spring Harbor Laboratory, New York.

Gilbert W. and Müller-Hill B. (1967) The lac operator is DNA. Proc. Natl. Acad. Sci. USA 58:2415.

Grunstein M. (1992) Histones as regulators of genes. Sci. Am. 267 (4):68.

Harrison S.C. (1991) A structural taxonomy of DNA-binding domains. Nature 353:715.

Harrison S.C. and Aggarwal A.K. (1990) DNA recognition by proteins with the helix-turn-helix motif. Annu. Rev. Biochem. 59: 933.

Heintz N., Sive H.L. and Roeder R.G. (1983) Regulation of histone gene expression. Mol. Cell Biol. 3:539.

Heix J. and Grummt I. (1995) Species specificity of transcription by RNA polimerase I. Curr. Opin. Genet. Dev. 5:652.

Hernández N. (1993) TBP, a universal eukaryotic transcription factor? Genes Dev. 7:1291.

Jackson M.E. (1991) Negative regulation of eukaryotic transcription. J. Cell Sci. 100:1.

Jacob F. and Monod J. (1961) Genetic regulatory mechanisms in the synthesis of proteins. J. Molec. Biol. 3:318.

Jacobson R.H. and Tjian R. (1996) Transcription factor IIA: a structure with multiple functions. Science 272:827.

Kornberg R.D. (2005) Mediator and the mechanism of transcriptional activation. Trends Biochem. Sci. 30:235.

Kornberg R.D. and Lorch Y. (1992) Chromatin structure and transcription. Annu. Rev. Cell Biol. 8:563.

Lamb P. and McKnight S.L. (1991) Diversity and specificity in transcriptional regulation: the benefits of heterotypic dimerization. TIBS 16:417.

Lykke-Andersen S. and Jensen T.H. (2007) Overlapping pathways dictate termination of RNA polymerase II transcription. Biochimie 89: 1177.

Lyon M.F. (1999) X-chromosome inactivation. Curr. Biol. 9:R235.

Malik S. and Roeder R.G. (2005) Dynamic regulation of pol II transcription by the mammalian mediator complex. Trends Biochem. Sci. 30:256.

Maniatis T. and Ptashne M. (1976) A DNA operator-repressor system. Sci. Am. 234 (1):64.

Martienssen R.A. and Richards E.J. (1995) DNA methylation in eukaryotes. Curr. Opin. Genet. Dev. 5:234.

McKnight S.L. (1991) Molecular zippers in gene regulation. Sci. Am. 264 (4):54.

Meller J.H. and Reznikoff W.S. (1978) The Operon. Cold Spring Harbor Laboratory, New York.

Nakajima N., Horikoshi M. and Roeder R.G. (1988) Factors involved in specific transcription by mammalian RNA polymerase II: functional analysis of initiation factors IIA and IID and identification of a new factor operating at sequences downstream of the initiation site. J. Biol. Chem. 262:3322.

Pabo C.O. and Sauer R.T. (1992) Transcriptions factors: structural families and principles of DNA recognition. Annu. Rev. Biochem. 61:1053.

Raj A. and van Oudenaarden A. (2008) Nature, nurture, or chance: stochastic gene expression and its consequences. Cell 135: 216.

Reeder R.H. (1992) Regulation of transcription by RNA polymerase I. In: Transcriptional Regulation. Cold Spring Harbor Laboratory, New York.

Reik W., Dean W. and Walter J. (2001) Epigenetic reprogramming in mammalian development. Science 293:1089.

Reines D., Conaway J.W. and Conaway R.C. (1996) The RNA polymerase II general elongation factors. TIBS 21:351.

Rhodes D. and Klug A. (1993) Zinc fingers. Sci. Am. 268 (2):56.

Rippe K., von Hippel P.H. and Laugowski J. (1995) Action at a distance: DNA-looping and initiation of transcription. TIBS 20: 500.

Roeder R.G. (1991) The complexities of eukaryotic transcription initiation: regulation of preinitiation complex assembly. TIBS 16:402.

Schleif R. (1992) DNA looping. Annu. Rev. Biochem. 61:199.

Shaffer C.D., Wallrath L.L. and Elgin S.C.R. (1993) Regulating genes by packaging domains: bits of heterochromatin in euchromatin? Trends Genet. 9:35.

Siegfried Z. and Cedar H. (1997) DNA methylation: A molecular lock. Curr. Biol. 7:R305.

Steitz T.A. (1990) Structural studies of protein-nucleic acid interaction: the sources of sequence-specific binding. Q. Rev. Biophys. 23:205.

Sternglanz R. (1996) Histone acetylation: a gateway to transcriptional activation. TIBS 21:357.

Struhl K. (1989) Helix-turn-helix, zinc-finger, and leucinezipper motifs for eukaryotic transcriptional regulatory proteins. TIBS 14:137.

Struhl K. (1994) Duality of TBP, the universal transcription factor. Science 263:1103.

Surridge C. (1996) The core curriculum. Nature 380:287. Terns M.P. and Dahlberg J.E. (1994) Retention and 5′ cap trimethylation of U3 snRNA in the nucleus. Science 264:959.

Tjian R. (1995) Molecular machines that control genes. Sci. Am. 272 (2):38.

Tollervey D. (1996) Small nucleolar RNAs guide ribosomal RNA methylation. Science 273:1056.

Thomas M.C. and Chiang C.M. (2006) The general transcription machinery and general cofactors. Critical Rev. Biochem. Mol. Biol. 41:105.

Verrijzer C.P. and Tjian R. (1996) TAFs mediate transcriptional activation and promoter selectivity. TIBS 21:338.

White R.J. and Jackson S.P. (1992) The TATA-binding protein: a central role in transcription by RNA polymerases I, II and III. Trends Genet. 8:284.

Wolffe A.P. (1996) Histone deacetylase: a regulator of transcription. Science 272:371.

Wolffe A.P. and Pruss D. (1996) Chromatin: hanging on to histones. Curr. Biol. 6:234.

Yanofsky C. (1981) Attenuation in the control of expression of bacterial operons. Nature 289:751.

Processamento do RNA 15

15.1 Os RNA são processados no núcleo

Recebe o nome de **processamento do RNA** o conjunto de modificações por que passam os transcritos primários para transformarem-se em RNA funcionais.

Vimos que alguns transcritos primários contêm segmentos de RNA sem significado funcional aparente, como, por exemplo, os íntrons no mRNA e os espaçadores no rRNA 45S. Uma etapa importante do processamento do RNA é a remoção desses segmentos não utilizáveis. No entanto, os transcritos primários também passam por outras mudanças. Como são diferentes nos vários tipos de RNA, serão estudados separadamente no mRNA, nos rRNA 45S e 5S, nos tRNA e nos RNA pequenos.

Processamento dos RNA mensageiros

15.2 O processamento dos mRNA compreende diversas alterações

O processamento do mRNA compreende a remoção dos íntrons e o acréscimo de duas estruturas denominadas cap e poli A, a primeira na extremidade 5′ e a segunda na extremidade 3′ da molécula (Figura 15.1). São também metiladas algumas de suas adeninas. Essas alterações são necessárias para que os mRNA possam sair do núcleo e funcionar no citosol.

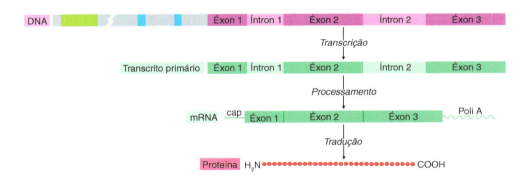

Figura 15.1 Esquema dos genes que codificam os RNA mensageiros. São mostrados os segmentos correspondentes ao regulador, ao promotor e ao codificador – este último com seus éxons e íntrons. Observe as alterações por que passa o mRNA ao final do processamento do transcrito primário.

15.3 Na extremidade 5′ do mRNA é acrescentado um nucleotídio metilado denominado cap

Um nucleotídio metilado, a **7-metilguanosina**, liga-se ao nucleosídio trifosfato situado na extremidade 5′ do mRNA formado. Recebe o nome de **cap** (de capuz) e se une à extremidade 5′ por meio das etapas descritas a seguir (Figura 15.2).

Primeiramente, uma enzima específica incorpora uma guanosina trifosfato (GTP) à extremidade 5′ do transcrito. Esta reação difere das geradas pela RNA polimerase II em três aspectos:

(1) O nucleotídio é acrescentado na extremidade 5′ da cadeia e não na extremidade 3′
(2) Entre os nucleotídios, estabelece-se uma ligação trifosfato e não uma ligação fosfodiéster (um dos P é fornecido pelo GTP e os outros dois pelo nucleosídio trifosfato do mRNA)

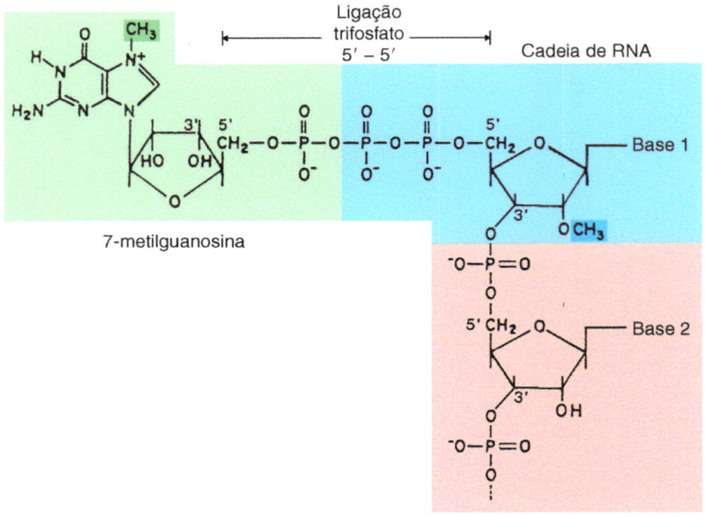

Figura 15.2 Formação e estrutura química do cap (capuz) na extremidade 5′ do mRNA. Observa-se que a 7-metilguanosina liga-se ao primeiro nucleotídio do mRNA por meio de uma ligação 5′-5′ trifosfato.

(3) A ligação trifosfato une o C5′ de uma pentose ao C5′ de outra e não o C5′ de uma ao C3′, como ocorre na síntese dos ácidos nucleicos. Além disso, como o nucleotídio do cap fica invertido, a extremidade 5′ do mRNA converte-se em uma segunda extremidade 3′.

A seguir, outra enzima, a metiltransferase, retira dois grupos metila de uma molécula doadora – a S-adenosilmetionina – e os transfere ao mRNA, um à guanina do cap – formando, assim, a 7-metilguanosina – e o outro, àquele que passou a ser o segundo nucleotídio do RNA mensageiro, após a entrada da guanosina.

Vale lembrar que o cap liga-se ao transcrito primário logo que ele começa a ser sintetizado – quando sua cadeia ainda não tem nem 30 nucleotídios – e, por essa razão, sua incorporação não é pós-transcricional, e sim cotranscricional.

O cap evita a degradação da extremidade 5′ do mRNA por fosfatases ou nucleases e é requerido durante a remoção dos íntrons (ver *Seção 15.5*). Também é necessário para conectar o mRNA ao ribossomo no início da tradução (ver *Seção 16.12*).

15.4 A extremidade 3′ do mRNA é poliadenilada

Recebe o nome de **poliadenilação** a sequência de aproximadamente 250 adeninas – denominada **poli A** – na extremidade 3′ do mRNA. Como na extremidade 3′ dos genes que codificam o mRNA não existe uma sequência de finalização de 250 timinas seguidas que gere a poli A, ela se une ao mRNA da seguinte maneira (Figura 15.3):

Antes que a RNA polimerase II alcance a sequência de finalização do gene, vários fatores específicos reconhecem no transcrito primário uma sequência denominada **sinal de poliadenilação**, formada pelos nucleotídios AAUAAA (ver *Seção 13.7*). Os fatores recebem os nomes de **CPSF** (de *cleavage and polyadenylation specificity factor*), **CSTF** (de *cleavage stimulation factor*), **CFI**

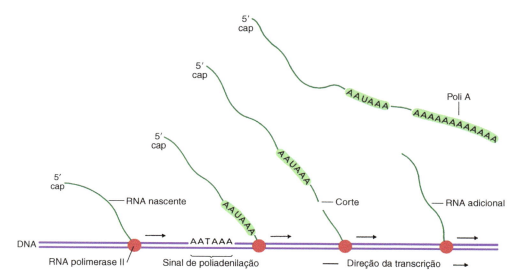

Figura 15.3 Poliadenilação da extremidade 3′ do mRNA antes do término da transcrição. Note que a extremidade 5′ do mRNA já tem o cap.

e **CFII** (de *cleavage factor*). Um deles – não se sabe qual – corta o mRNA cerca de 20 nucleotídios após o sinal de poliadenilação; desse modo, o transcrito primário se desliga do DNA.

Notavelmente, o restante do gene é transcrito até a sequência de finalização (assim como foi descrito na *Seção 13.7*, nos genes dos mRNA essa sequência não é conhecida). O segmento adicional de mRNA resultante do prosseguimento da transcrição é rapidamente degradado por fosfatases e nucleases, pois sua extremidade 5' não tem o cap.

Voltando ao transcrito primário, uma enzima denominada **poli A polimerase** une as 250 adeninas à sua extremidade 3', uma por vez. Para que isso ocorra, é necessária a presença do CPSF e de outro fator o **PABII** (de *poli A-binding protein*). Diferentemente da RNA polimerase II, a poli A polimerase não precisa de um molde de DNA para realizar seu trabalho. A poli A é necessária para proteger a extremidade 3' do mRNA da degradação enzimática e ajuda o mRNA a sair do núcleo.

A extremidade 3' dos **mRNA das histonas** não sofre poliadenilação. No entanto, desenvolve uma estrutura que também protege a molécula, que consiste em uma pequena sequência de nucleotídios que se dobra e forma um **arco** (Figura 15.4).

Figura 15.4 Formação de um arco na extremidade 3' do mRNA das histonas.

15.5 A molécula do mRNA sofre cortes e emendas

A **remoção dos íntrons** do transcrito primário ocorre em duas etapas: na primeira, o mRNA é recortado entre os íntrons e os éxons; na segunda, os íntrons são expulsos e os éxons emendam-se entre si. Antes de analisar essas etapas, faremos uma breve descrição dos agentes responsáveis por sua execução e dos sinais que devem ser reconhecidos no transcrito primário.

Os agentes responsáveis pelos **cortes e emendas no mRNA** são as **pnRNP** mencionadas na *Seção 13.2*. Cada uma dessas ribonucleoproteínas nucleares tem um **pnRNA** rico em uridinas – de 250 nucleotídios ou menos – e diversas proteínas (Figura 15.5). Convém lembrar que a atividade enzimática das pnRNP depende do pnRNA e não das proteínas (conforme visto na *Seção 2.12*, os RNA com propriedades catalíticas são denominados ribozimas).

Existem várias pnRNP. São diferentes não somente em sua composição, mas também em suas funções, algumas alheias aos cortes e emendas dos transcritos primários. As pnRNP que participam desses cortes e emendas recebem o nome de **U1, U2, U4, U5** e **U6** (U por serem ricas em uridinas), as quais se dirigem ao setor do transcrito primário que será processado e formam um complexo macromolecular denominado **spliceossoma** (de *splicing*, emenda).

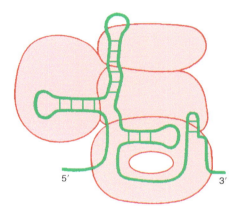

Figura 15.5 Esquema de uma das ribonucleoproteínas nucleares pequenas (pnRNP), com seu RNA nuclear pequeno rico em uridinas, ligado a diversas proteínas.

Entre as pnRNP que não participam dos cortes e emendas do transcritos primários está a **U7**, que é necessária para que o arco que protege a extremidade 3' dos mRNA das histonas seja criado (ver *Seção 15.4*).

O transcrito primário contém uma série de sinais que determinam onde deve ser cortada sua molécula (Figuras 15.1 e 15.6). Portanto, no limite entre a extremidade 3' dos éxons e a extremidade 5' dos íntrons aparece a sequência G/GU, na qual o dinucleotídio **GU** aponta o início do íntron. No outro limite, ou seja, na extremidade 3' dos íntrons e extremidade 5' dos éxons, aparece a sequência AG/G, em que o dinucleotídio **AG** aponta o término do íntron.

Como dentro e fora dos íntrons costuma haver outros dinucleotídios GU e AG, estes não servem como sinais sozinhos e devem ser complementados por outras marcações. Então, próximo à extremidade 3' do íntron, existe um segmento rico em pirimidinas e, um pouco mais distante, os nucleotídios YNYURAY. Y representa uma pirimidina; R, uma purina; e N, qualquer um dos quatro nucleotídios. O U e o A aparecem de maneira constante. Esse **A** é denominado **ponto de ramificação** e, como será visto, desempenha um papel fundamental na remoção dos íntrons.

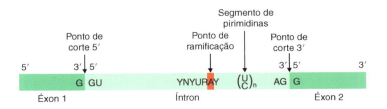

Figura 15.6 Sequências pequenas de nucleotídios nos íntrons e éxons responsáveis por cortes e emendas (*splicing*) no transcrito primário.

A eliminação dos íntrons e a emenda dos éxons ocorrem em duas etapas (Figura 15.7):

Na primeira, a U1 une-se à extremidade 5′ do íntron e a U2, ao segmento de RNA que contém o ponto de ramificação. Esta última união depende do setor rico em pirimidinas e consome energia, que é retirada do ATP. A U1 corta o RNA entre a extremidade 3′ do éxon e o GU da extremidade 5′ do íntron. Após o corte, o íntron dobra-se sobre si mesmo e forma uma alça.

Isso ocorre porque a U6 – ajudada pela U4 – une-se à extremidade 5′ (livre) do íntron e induz a G dessa extremidade a ligar-se ao A do ponto de ramificação, após o contato da U6 e U4 com a U2. A U6 catalisa a formação de uma ligação fosfodiéster não usual, já que o C5′ da G não se liga ao C3′ da A, e sim ao C2′.

Como a A retém em seus flancos as duas ligações fosfodiésteres originais, apresenta três dessas uniões em vez de duas. Por essa razão, recebe o nome de ponto de ramificação. Ao final dessa etapa, permanece, de um lado, o primeiro éxon com sua extremidade 3′ livre e, do outro, uma alça composta pelo íntron e éxon seguintes (Figura 15.7).

A segunda etapa é conduzida pela U5, que também requer energia. Essa ribonucleoproteína, logo após ligar-se à AG da extremidade 3′ do íntron, corta-o no local em que se une ao éxon e emenda este éxon ao outro separado na etapa anterior. O íntron removido, que continua no formato de alça, finalmente é digerido.

Recentemente, foram descobertos íntrons que são eliminados de modo semelhante, mas por meio de outras pnRNP (com exceção da U5, que também participa). Esses íntrons não têm o segmento rico em pirimidinas e, nas suas extremidades 5′ e 3′, congregam os dinucleotídios **AU** e **AC**, em vez dos GU e AC dos íntrons convencionais.

As pnRNP que substituem as U1, U2, U4 e U6 são denominadas **U11**, **U12**, **U4**$_{atac}$ e **U6**$_{atac}$, respectivamente (o subíndice atac refere-se aos dinucleotídios AT e AC no DNA, que correspondem aos dinucleotídios AU e AC no RNA).

Para que as pnRNP realizem os cortes e emendas, é necessária a presença do cap na extremidade 5′ do transcrito primário. Por outro lado, como essas reações podem ocorrer sem que esteja completa a síntese do transcrito, não exigem a poliadenilação de sua extremidade 3′.

Em alguns mRNA, os cortes e emendas ocorrem em segundos, e, em outros, duram mais de 20 min. Atenta-se para o fato de que o mRNA não consegue atravessar os poros da carioteca e sair para o citoplasma se não forem removidos todos os seus íntrons.

Uma das doenças autoimunes que afeta o homem – o **lúpus eritematoso** – é causada pela produção de diversos anticorpos contra várias proteínas das pnRNP do spliceossoma.

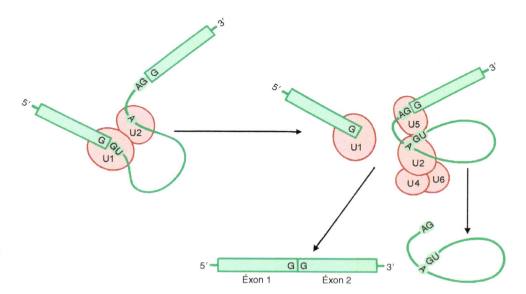

Figura 15.7 Remoção de um íntron e emenda dos éxons vizinhos por meio da ação das pnRNP U1, U2, U4, U5 e U6.

15.6 Algumas adeninas do mRNA são metiladas

Antes de abandonar o núcleo, a maioria dos mRNA é metilada. Os grupos metila são incorporados ao N6′ de algumas adeninas (0,1% delas). Como esse tipo de metilação ocorre exclusivamente nos éxons, é possível que os grupos metila tenham uma função de proteção dos segmentos funcionais do transcrito primário.

Regulação do processamento dos RNA mensageiros e de sua ida ao citosol

15.7 O processamento dos mRNA é regulado em vários níveis

Na *Seção 14.6* foi dito que o controle da transcrição dos genes – operado pelos promotores e reguladores – é o mecanismo mais importante que a célula utiliza para determinar quais tipos de proteínas deve produzir e em quais quantidades. Além disso, o controle da produção da maioria das proteína também depende de outros mecanismos – agora pós-transcricionais – da mesma importância.

O mais incipiente ocorre no interior do núcleo por meio da regulação do processamento do transcrito primário. O mecanismo seguinte é menos frequente e age por meio da regulação da saída do mRNA ao citoplasma.

Falaremos sobre esses mecanismos agora. Deixaremos para o próximo capítulo a análise dos processos regulatórios que ocorrem após essa saída, ou seja, os que ocorrem depois que os mRNA chegam ao citoplasma.

Corte e poliadenilação diferencial da extremidade 3' do transcrito primário. Alguns genes, por exemplo, os que codificam anticorpos nos linfócitos B, geram um transcrito primário que pode produzir duas classes de proteínas, diferenciadas somente por uma ser mais longa do que a outra. Isso ocorre porque um fator regulatório determina que o corte do RNA na extremidade 3' do transcrito primário, e, portanto, com a poli A acrescida, ocorra em pontos diferentes da molécula, possibilitando a formação de dois mRNA com comprimentos diferentes.

No exemplo citado, um dos mRNA origina uma proteína que é segregada (anticorpo) e o outro, uma proteína de maior comprimento, cuja parte suplementar serve para ancorar o anticorpo à membrana plasmática do linfócito B, na qual tem funções de receptor (ver *Seção 7.13*).

Cortes e emendas em locais alternativos do transcrito primário. Os cortes no transcrito primário devem ser realizados com absoluta precisão, pois bastaria que o ponto de incisão ocorresse em apenas um nucleotídio para que os códons do mRNA fossem alterados e sua mensagem inutilizada.

Por outro lado, os íntrons convertem o transcrito primário em uma molécula muito versátil, que pode ser cortada e emendada de diversas maneiras e, por esse motivo, podem ser criados diversos tipos de mRNA. Isso é possível porque, de acordo com suas necessidades, as células regulam o processamento de cada transcrito primário, determinando quais combinações de íntrons devem ser removidas e quais permanecerão como partes dos mRNA definitivos.

Os cortes e emendas alternativos são muito frequentes, já que a maioria dos transcritos primários é cortada e emendada de maneira diferente nos diferentes tipos de células. Vejamos o exemplo a seguir:

As células parafoliculares da tireoide e um tipo de neurônio do hipotálamo produzem, entre outros, um transcrito primário praticamente idêntico (Figura 15.8). Não obstante, os locais do transcrito onde ocorrem os cortes e emendas variam e em ambas as células vários éxons são removidos, porém não são os mesmos. Como resultado, nas células parafoliculares da tireoide origina-se o mRNA do hormônio **calcitonina** e, nos neurônios do hipotalâmicos, o mRNA da proteína **CGRP** (de *calcitonin gene-related product*).

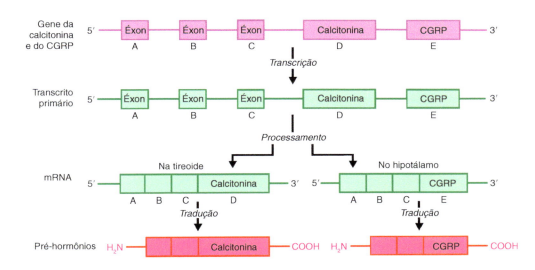

Figura 15.8 Processamento alternativo do transcrito primário do gene da calcitonina e da proteína CGRP. Sintetiza-se um ou outro produto de acordo com o tipo de célula envolvido. (De S. Amara *et al.*)

Recentemente foram descobertas seis proteínas denominadas **ASF** (de *alternative splicing factors*) que agem na seleção dos locais de corte alternativos. Por serem seus domínios ricos em serinas e argininas, são também conhecidas como **proteínas SR** (a Figura 2.25 informa que esses aminoácidos são identificados com as letras S e R, respectivamente).

Controle da saída dos mRNA ao citosol. Foi comprovado que alguns mRNA não passam ao citoplasma, pois são previamente degradados no núcleo ou porque sua passagem é impedida pelos poros do envoltório nuclear. Esse mecanismo regulatório ocorre nas células, que, por motivos funcionais, devem prescindir desses mRNA – e de suas proteínas correspondentes – após sintetizá-los.

Processamento do RNA ribossômico 45S

15.8 O processamento do transcrito primário do rRNA 45S é diferente do que ocorre com os mRNA

O transcrito primário do rRNA 45S não forma um cap em sua extremidade 5' e também não poliadenila sua extremidade 3'. Seu processamento, ilustrado na Figura 15.9, ocorre no **nucléolo** e tem início com uma série ordenada de cortes para **eliminar as sequências espaçadoras** de cada rRNA 45S (Figura 14.13) e fazer com que os rRNA 28S, 18S e 5,8S se tornem unidades independentes. A origem desses rRNA a partir de um mesmo transcrito primário garante sua produção equitativa. As sequências espaçadoras do transcrito primário são digeridas por enzimas assim que se separam das sequências a ser utilizadas.

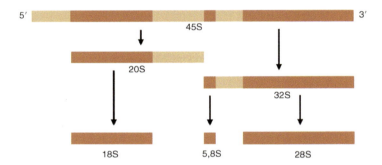

Figura 15.9 Processamento do rRNA 45S que origina os rRNA 18S, 5,8S e 28S.

Vale lembrar que as sequências dos futuros rRNA 28S, 18S e 5,8S **são metiladas** antes que o transcrito primário seja cortado. Por exemplo, 43 grupos metila ligam-se às bases ou às riboses de outros nucleotídios do rRNA 18S. Ocorre algo semelhante com o rRNA 28S, ao qual se ligam 74 grupos metila. Assim como a metilação do mRNA (ver *Seção 15.6*), é possível que, no rRNA 45S, os grupos metila tenham a função de proteger os setores que serão utilizados do transcrito primário.

O processamento do rRNA 45S inclui a formação das duas subunidades do ribossomo – a maior e a menor –, cuja composição é descrita na *Seção 16.9* (Figura 16.5). Para isso, os rRNA 28S, 18S e 5,8S (e mais o rRNA 5S) se **unem a diversas proteínas**. Nesse processo, atuam três **pnoRNP** (ver *Seção 13.2*) denominadas **U3**, **U8** e **U22**. Sabe-se que algumas proteínas ribossômicas associam-se ao rRNA 45S enquanto este é sintetizado, ou seja, antes de ser cortado e de que sejam separados seus três componentes.

Os rRNA desenvolvem alças em vários pontos de suas moléculas (Figura 15.11). Isso garante o estabelecimento de suas configurações tridimensionais normais, o que é imprescindível para que as proteínas ribossômicas unam-se corretamente. As alças são formadas porque os rRNA contêm sequências de nucleotídios complementares que **se pareiam entre si** (Figura 15.11). Os segmentos pareados formam duplas hélices semelhantes à do DNA.

Finalmente, um grupo especial de pnoRNP faz com que algumas A, C, G e U convertam-se em nucleotídios não usuais. Assim, várias A, C e G são metiladas – ou seja, transformam-se em **mA**, **mC** e **mG** – e uma parte das U são convertidas em **pseudoridinas** (ψ).

A enorme quantidade de ribossomos que a célula precisa é abastecida com tranquilidade pelas 200 cópias do gene do rRNA 45S (e pelas 2.000 cópias do gene do rRNA 5S). Além disso, a síntese do rRNA 45S ocorre em uma velocidade constante, o que sugere baixa regulação transcricional. De fato, comprovou-se que o número de ribossomos construídos pela célula é regulado, principalmente, por meio do controle do processamento do rRNA 45S.

15.9 A síntese e o processamento do rRNA 45S ocorre no nucléolo

Tanto a síntese quanto o processamento do rRNA 45S ocorrem no **nucléolo**, cujo estudo ultramicroscópico mostra uma estrutura característica, com duas regiões perfeitamente distinguíveis (Figura 15.10): (1) a **região fibrilar**, localizada na porção central onde é sintetizado o rRNA 45S e onde ocorrem os primeiros passos de seu processamento. Contém as 200 cópias do gene do rRNA 45S, as moléculas desse rRNA, os fatores UBF e SL1, a RNA polimerase I, parte das pnoRNP etc. Às vezes, mostra zonas isoladas mais claras, que correspondem às cópias inativas do gene; (2) a **região granular**, localizada na periferia, na qual se encontram as subunidades dos ribossomos em diferentes estágios de processamento. Esta região – e, portanto, o nucléolo – não é envolvida por nenhuma membrana.

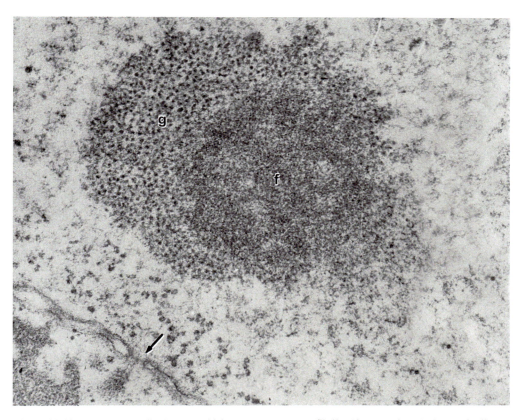

Figura 15.10 Eletromicrografia de um nucléolo com suas porções fibrilar (*f*) e granular (*g*). A seta sinaliza os materiais que entram no citoplasma através de um poro nuclear. 70.000×. (Cortesia de O. Miller.)

Conforme indicado na *Seção 13.8*, as 200 cópias do gene do rRNA 45S estão distribuídas nas constrições secundárias dos cromossomos, 13, 14, 15, 21 e 22 (Figuras 12.15 e 12.16). Devido à condição diploide dos cromossomos, existem dez dessas constrições e, portanto, existem, em média, 20 cópias do gene em cada uma. Os segmentos de DNA em que esses genes são encontrados emanam como alças das constrições secundárias e, em torno delas, está formado o nucléolo. Cada alça – e, portanto, as cópias do gene contidas nela – representa uma unidade denominada **organizador nucleolar**. O tamanho do nucléolo varia de acordo com a necessidade de a célula gerar ribossomos. A variação depende da região granular, que se expande ou retrai de acordo com a velocidade com que são processadas as subunidades ribossômicas.

Quando essas subunidades estão finalizando seu processamento, abandonam o nucléolo e dirigem-se ao citoplasma. Saem do núcleo pelos poros da carioteca. Como o diâmetro das subunidades é maior que o diâmetro dos poros, deve ocorrer uma alteração conformacional em uma das duas estruturas – ou em ambas – para que essa passagem possa ser concretizada.

O processamento das subunidades ribossômicas é finalizado no citoplasma. Isso evita a formação de ribossomos completos no nucleoplasma e o risco de que sejam sintetizadas proteínas no interior do núcleo.

Processamento do RNA ribossômico 5S

15.10 O rRNA 5S ingressa no nucléolo

Uma vez sintetizado, o rRNA 5S entra no nucléolo e é incorporado à subunidade ribossômica maior. Não se sabe por que esse rRNA é sintetizado em um local diferente dos outros rRNA.

Assim como os demais RNA ribossômicos, o rRNA 5S estabelece sua configuração tridimensional por meio de **pareamentos** de sequências complementares de sua própria molécula (Figura 15.11).

Processamento dos RNA transportadores

15.11 O processamento dos tRNA inclui modificações em alguns de seus nucleotídios

Os tRNA contêm entre 74 e 95 nucleotídios. Seu processamento inclui a **remoção de um íntron**, que é eliminado por meio de um mecanismo diferente do utilizado pelos mRNA, pois não utiliza o spliceossoma.

Além disso, em cada tipo de tRNA um grupo determinado de nucleotídios passa por alterações químicas (Figura 16.3). Assim, algumas U são transformadas em **pseudouridinas** (ψ), outras metiladas a **ribotimidinas (T)** e outras reduzidas a **di-hidrouridinas (D)**. Também é comum que algumas A, G e C sejam metiladas (**mA, mC e mG**) e que uma ou mais A sejam convertidas em **inosinas (I)**.

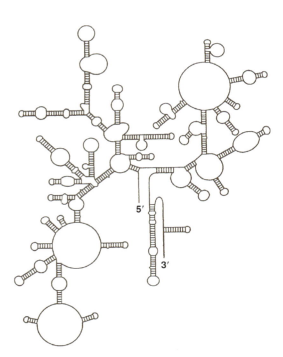

Figura 15.11 Modo como são pareadas as sequências complementares nos RNA ribossômicos.

Conforme mostrado nas Figuras 16.3 e 16.4, os tRNA contêm sequências de nucleotídios complementares que **são pareados entre si**, e isso faz com que adquiram o formato de um trevo e depois o formato da letra L.

O processamento termina com a substituição do trinucleotídio AAA – presente na extremidade 3' dos transcritos primários de todos os tRNA – pelo **trinucleotídio CCA**. Na *Seção 16.6* será ressaltada a importância dessa substituição.

Processamento dos RNA pequenos

15.12 Os RNA pequenos associam-se a proteínas

Assim que os **pnRNA** encerram sua síntese, os nucleotídios complementares de suas próprias moléculas pareiam-se entre si (Figura 15.15). Em seguida, os pnRNA dirigem-se ao citosol, são trimetilados na extremidade 5' e ligam-se a um complexo de sete proteínas denominadas **Sm** (de *small protein*), que tem formato de anel e é igual para todos os pnRNA. Finalmente, os pnRNA ligados às Sm retornam ao núcleo e associam-se a outras proteínas, dessa vez específicas para cada tipo de pnRNA. Cabe ressaltar que tudo o que foi descrito até o momento é válido apenas para os pnRNA que agem nos cortes e emendas dos mRNA, pois se sabe pouco sobre o processamento dos demais, como, por exemplo, que a trimetilação da extremidade 5' de alguns desses pnRNA ocorre no núcleo e não no citosol.

Antes de sair do núcleo, o **pcRNA** passa pelas seguintes alterações: (1) várias de suas sequências complementares pareiam-se entre si; e (2) associa-se a seis diferentes proteínas, formando o complexo nucleoproteico **PRS** (ver *Seção 7.12*). Na Figura 7.10 estão indicados os pesos moleculares das seis proteínas e está ilustrada de que maneira associam-se ao pcRNA e entre si.

Processamento do xistRNA, do teRNA e dos miRNA

15.13 O xistRNA e o teRNA permanecem no núcleo e os miRNA dirigem-se ao citoplasma

O **xistRNA** permanece no núcleo, pois, conforme foi descrito na *Seção 14.12*, liga-se ao cromossomo X compactado das células da mulher (corpúsculo de Barr).

O **teRNA** também permanece no núcleo. Um dos passos importantes de seu processamento o associa ao grupo de proteínas que tem participação na formação da telomerase (ver *Seção 17.9*) (Figura 17.12).

15.14 Os miRNA dirigem-se ao citosol e ligam-se ao complexo RISC

A transcrição dos genes dos **miRNA** origina transcritos primários de mais de 100 nucleotídios, que contêm duas sequências complementares e invertidas, derivadas das repetições invertidas dos próprios genes (ver *Seção 13.2*) (Figura 13.12). Já que essas sequências pareiam-se entre si, os transcritos primários – o **pri-miRNA** – adquirem o formato de um grampo de cabelo (Figura 15.12).

O pri-miRNA é processado dentro do núcleo pela ribonuclease **Drosha** (de *Drosophila*). Esta enzima corta grande parte das extremidades do grampo (Figura 15.12) e a converte em **pré-miRNA**, que sai do núcleo com a ajuda de uma exportina (ver *Seção 12.4*) e instala-se no citosol.

O pré-miRNA tem cerca de 70 nucleotídios e é processado pela ribonuclease **Dicer** (do verbo em inglês *to dice*). Essa enzima suprime partes do pré-miRNA e gera um **miRNA duplo** que tem dois ou três nucleotídios livres na extremidade 3′ de cada cadeia (Figura 15.12). Por motivos que veremos a seguir, uma das cadeias recebe o nome de **guia** e a outra de **passageira**.

O processamento está completo quando o miRNA duplo liga-se ao complexo proteico **RISC** (de *RNA-induced silencing complex*), que degrada a cadeia passageira, porém continua ligado à cadeia guia. Esta – um RNA simples de 21 a 26 nucleotídios de comprimento – adquire o nome de **miRNA** e, com o RISC, forma o complexo ribonucleoproteico **miRNA-RISC** (Figura 15.12), cujas funções são analisadas nas *Seções 16.20, 23.44* e *23.45*.

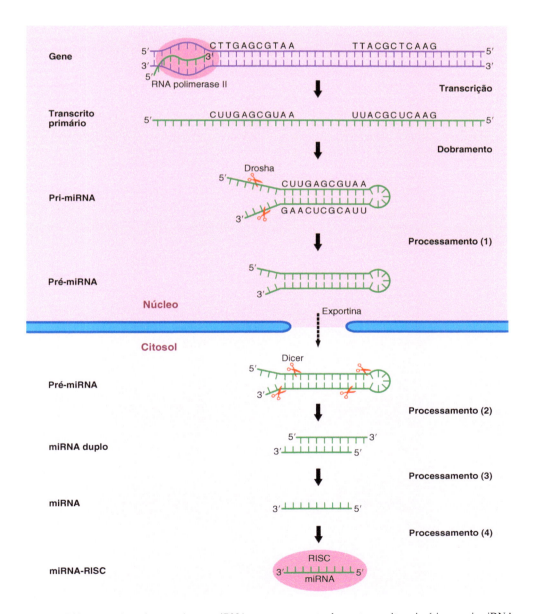

Figura 15.12 Transcrição do gene de um miRNA e processamento de seu transcrito primário ou pri-miRNA.

Bibliografia

Anderson K. and Moore M.J. (1997) Bimolecular exon ligation by the human spliceosome. Science 276:1712.

Bachellerie J.P. and Cavaillé J. (1997) Guiding ribose methylation od rRNA. TIBS 22:257.

Breitbart R.E., Andreadis A. and Nadal-Ginard B. (1987) Alternative splicing: a ubiquitous mechanism for the generation of multiple protein isoforms from single genes. Annu. Rev. Biochem. 56:467.

Cech T.R. (2000) The ribosome is a ribozyme. Science 289:878.

Darnell J.E. Jr. (1983) The processing of RNA. Sci. Am. 249:90.

Draper D.E. (1996) Strategies for RNA folding. TIBS 21:145.

Green M.R. (1991) Biochemical mechanisms of constitutive and regulated pre-mRNA splicing. Annu. Rev. Cell Biol. 7:559.

Guo Z. and Sherman F. (1996) 3′-end-forming signals of yeast mRNA. TIBS 21:477.

Guthrie C. and Patterson B. (1988) Spliceosomal snRNAs. Annu. Rev. Genet. 22:387.

Hutvágner G. and Zamore P.D. (2002) A microRNA in a multiple-turnover RNAi enzyme complex. Science 297:2056.

Izquierdo J.M. and Valcárcel J. (2006) A simple principle to explain the evolution of pre-mRNA splicing. Genes Dev. 20:1679.

Kreivi J.P. and Lamond A.I. (1996) RNA splicing: unexpect ed spliceosome diversity. Curr. Biol. 6:802.

Lindahl T. et al. (1995) Post-translational modification of poly (ADP-ribose) polymerase induced by DNA strand breaks. TIBS 20:405.

McDevitt M.A., Gilmartin G.M. and Nevins J.R. (1988) Multiple factors are required for poly(A) addition to a mRNA 3′ end. Genes Dev. 2:588.

Nilsen T.W. (1996) A parallel spliceosome. Science 273:1813.

Nishikura K. and De Robertis E.M. (1981) RNA processing in microinjected *Xenopus* oocytes: Sequential of base modifications in a spliced transfer RNA. J. Mol. Biol. 145:405.

Padgett R.A. et al. (1986) Splicing of messenger RNA precursors. Annu. Rev. Biochem. 55:1119.

Peculis B. (1997) RNA processing: Pocket guides to ribosomal RNA. Curr. Biol. 7:R480.

Pellizzoni L., Yong J. and Dreyfuss G. (2002) Essential role for the SMN complex in the specificity of snRNP assembly. Science 298:1775.

Query C.C. and Konarska M.M. (2006) Splicing fidelity revisited. Nature Struct. Mol. Biol. 13:472.

Rio D.C. (1992) RNA binding proteins, splice site selection, and alternative pre-mRNA splicing. Gene Express. 2:1.

Rossi J.J. (1999) Ribozymes in the nucleolus. Science 285:1685.

Shatkin A.J. (1976) Capping of eukaryotic mRNAs. Cell 9:645.

Smith J.D. (1976) Transcription and processing of transfer RNA precursor. Prog. Nucleic Acid Res. 16:25.

Terns M.P. and Dahlberg J.E. (1994) Retention and 5′ cap trimethylation of U3 snRNA in the nucleus. Science 264:959.

Tollervey D. (1996) Small nucleolar RNAs guide ribosomal RNA methylation. Science 273:1056.

Valcárcel J. and Green M.R. (1996) The SR protein family: pleiotropic functions in pre-mRNA splicing. TIBS 21:296.

Wahle E. and Keller W. (1996) The biochemistry of polyadenylation. TIBS 21:247.

Will C.L. et al. (1999) Identification of both shared and distinct proteins in the major and minor spliceosomes. Science 284:2003.

Wise J.A. (1993) Guides to the heart of the spliceosome. Science 262:1978.

Wu Q. and Krainer A.R. (1996) U1-mediated exon definition interactions between AT-AC and GT-AG introns. Science 274:1005.

Tradução do mRNA
Síntese de Proteínas

16

16.1 Os tRNA são fundamentais na síntese das proteínas

A síntese proteica ocorre no **ribossomo**, que se forma no citosol a partir de duas subunidades ribonucleoproteicas provenientes do nucléolo.

No ribossomo, o **RNA mensageiro (mRNA)** é traduzido em uma proteína, para a qual também é necessária a intervenção dos **RNA transportadores (tRNA)**. O trabalho dos tRNA consiste em retirar os aminoácidos do citosol e conduzi-los ao ribossomo na ordem ditada pelos nucleotídios do mRNA, que são os moldes do sistema.

A síntese de uma proteína começa com a ligação de dois aminoácidos entre si e segue acrescentando-se novos aminoácidos – um por vez – em uma das extremidades da cadeia proteica.

Conforme observado na *Seção 13.4* a chave da tradução está no **código genético**, composto por combinações de três nucleotídios consecutivos – ou **tripleto** – no mRNA. Os diferentes tripletos relacionam-se especificamente com os 20 tipos de aminoácidos usados na síntese das proteínas.

Cada tripleto constitui um **códon**; existem ao todo 64 códons, 61 dos quais servem para cifrar aminoácidos e 3 para determinar o término da tradução. Esta quantidade deriva de uma relação matemática simples: os quatro nucleotídios (A, U, C e G) combinam-se de três em três, podendo, então, gerar 64 (4^3) combinações. O código genético, com seus 64 tripletos e os aminoácidos especificados por eles, pode ser consultado na Figura 13.4.

Por existirem mais códons (61) do que tipos de aminoácidos (20), quase todos podem ser reconhecidos por mais de um códon. Por essa razão alguns tripletos agem como "sinônimos". Somente o triptofano e a metionina – dois dos aminoácidos menos frequentes nas proteínas – são codificados, cada um, por apenas um códon.

Geralmente, os códons que representam um mesmo aminoácido são parecidos entre si e costumam diferir apenas no terceiro nucleotídio (Figura 13.4). Pela baixa especificidade desse nucleotídio passou-se a considerar que existe uma **"degeneração"** na terceira base da maioria dos códons.

O número de códons no mRNA determina, ainda, o comprimento da proteína.

16.2 Há 31 tipos de rRNA

As moléculas intermediárias entre os códons do mRNA e os aminoácidos são os tRNA, que têm um domínio que se liga especificamente a um dos 20 aminoácidos e outro que o faz, também especificamente, com o códon apropriado. O segundo domínio consiste em uma combinação de três nucleotídios – denominada **anticódon** – que é complementar à do códon (Figura 16.1).

Figura 16.1 As figuras ilustram quatro dos seis códons que codificam o aminoácido leucina *(Leu)*. Os dois da esquerda pareiam-se a um mesmo anticódon, da mesma maneira que o par de códons da direita. Isso é possível porque a terceira base dos códons costuma ser "adaptável", ou seja, pode estabelecer ligações com uma base não complementar.

Cada tipo de tRNA tem identificado o nome do aminoácido que transporta. Por exemplo, o leucinil-tRNA para o aminoacil-tRNA da leucina; o lisinil-tRNA para o da lisina; o fenilalanil-tRNA para o da fenilalanina; o metionil-tRNA para o da metionina etc.

Por outro lado o tRNA ligado ao aminoácido compatível com ele é designado **aminoacil-tRNA^{AA}**, no qual o "AA" corresponde à sigla do aminoácido. Por exemplo, leucinil-tRNA^{Leu}, lisinil-tRNA^{Lys}, fenilalanil-tRNA^{Phe}, metionil-tRNA^{Met} etc.

Ainda que teoricamente possam existir 61 tipos de tRNA diferentes, há somente 31. O déficit é resolvido pela capacidade de alguns tRNA reconhecerem mais de um códon. Assim o fazem porque seus anticódons têm a primeira base "**adaptável**", ou seja, que pode ligar-se a uma base não complementar situada na terceira posição do códon (recorde a "degeneração" dessa base).

Assim a G na primeira posição do anticódon pode parear-se tanto com uma C – como é habitual – quanto com uma U do códon (Figura 16.1). De modo semelhante a U na primeira posição do anticódon pode parear-se com uma A – conforme o habitual – ou com uma G. Por outro lado, a inosina (I) – uma das bases não usuais mencionadas na *Seção 15.11* – encontra-se na primeira posição do anticódon em vários tRNA e é capaz de parear-se com qualquer base (exceto com uma G) localizada na terceira posição do códon.

16.3 O códon de iniciação é o tripleto AUG

O primeiro códon a ser traduzido nos mRNA é sempre o tripleto AUG, cuja informação codifica o aminoácido **metionina** (Figuras 13.4 e 16.2). Portanto, esse códon apresenta duas funções: aponta o sítio de início da tradução –, nesse caso, recebe o nome de **códon de iniciação** – e, quando se encontra em outros sítios do mRNA, codifica as metioninas do interior da molécula proteica.

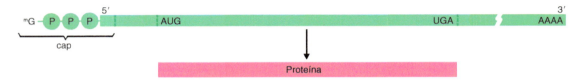

Figura 16.2 Esquema de um RNA mensageiro, com seus diferentes componentes.

Ao especificar o primeiro aminoácido da proteína, o códon AUG de iniciação determina o **encaixe** dos sucessivos tripletos, o que garante a síntese correta da molécula. Tem-se como exemplo a sequência AUGGCCUGUAACGGU. Se o mRNA é traduzido a partir do códon AUG, os códons seguintes serão GCC, UGU, AAC e GGU, que codificam, respectivamente, os aminoácidos alanina, cistina, asparagina e glicina. No entanto, se a A do códon de iniciação fosse omitida, o encaixe dos tripletos seria o seguinte: UGG, CCU, GUA e ACG, que por sua vez seriam traduzidos nos aminoácidos triptofano, prolina, valina e treonina, respectivamente. Algo semelhante ocorreria se fosse omitida também a U, pois haveria um terceiro tipo de encaixe: GGC, CUG, UAA e CGG. Nesse caso, depois de codificar os dois primeiros códons dos aminoácidos glicina e leucina, a tradução seria interrompida, pois o UAA é um códon de finalização.

16.4 Os aminoácidos unem-se por meio de ligações peptídicas

A união dos aminoácidos entre si para construir uma proteína ocorre de modo que o grupo carboxila de um aminoácido ligue-se ao grupo amina do aminoácido seguinte, com perda de uma molécula de H_2O (Figura 2.26). Na *Seção 2.8* vimos que essa combinação é denominada **ligação peptídica**.

Independentemente de seu tamanho, a proteína mantém o caráter anfótero dos aminoácidos isolados, pois contém um grupo amina livre em uma de suas extremidades e um grupo carboxila na outra extremidade. A proteína é sintetizada a partir da extremidade que tem o grupo amina livre. Isso corresponde à direção $5' \rightarrow 3'$ usada para a tradução do mRNA, a mesma com a qual o DNA é transcrito (Figura 16.9).

Antes de descrever os processos que proporcionam a síntese das proteínas, analisaremos de que modo os mRNA chegam ao citoplasma, qual é a configuração dos tRNA e qual é a estrutura dos ribossomos.

16.5 Os mRNA que chegam ao citoplasma conectam-se com os ribossomos

Conforme vimos na *Seção 14.5*, no núcleo os transcritos primários dos mRNA encontram-se combinados com diversas proteínas, com as quais formam as ribonucleoproteínas heterogêneas nucleares ou RNPhn. Não obstante, muitas dessas proteínas desprendem-se dos mRNA à medida que eles abandonam o núcleo.

Os mRNA seguem em direção ao citoplasma pelos poros do envoltório nuclear. Já no citosol, cada mRNA liga-se a novas proteínas e ribossomos, habilitando-o a exercer sua função codificadora durante a síntese proteica. Entre essas proteínas há uma denominada **CBP** (de *cap binding protein*), que se liga ao cap na extremidade 5′ do mRNA. Seu papel será analisado na *Seção 16.12*.

Alguns mRNA localizam-se em sítios preestabelecidos no citoplasma, de modo que as proteínas codificadas por eles são sintetizadas e se concentram nesses sítios. Um exemplo é o mRNA da actina, que está situado na zona periférica das células epiteliais, onde está depositada a maior parte da actina (ver *Seção 5.20*).

A extremidade 5′ dos mRNA contém uma sequência de cerca de 10 nucleotídios anterior ao códon de iniciação – entre ele e o cap – que, logicamente, não é traduzida (Figura 16.2). Em alguns mRNA essa sequência participa no controle da tradução e, em outros, regula a estabilidade do mRNA, ou seja, sua sobrevivência.

Outra sequência especial do mRNA, de até milhares de nucleotídios, é normalmente encontrada após o códon de finalização, entre ele e a poli A (Figura 16.2). Sua função é controlar a sobrevivência do mRNA.

16.6 As moléculas dos tRNA adquirem um formato característico

Vimos que os códons do mRNA não selecionam diretamente os aminoácidos. Durante a tradução essa função é realizada pelos tRNA, moléculas intermediárias desenhadas para discriminar os códons e seus aminoácidos compatíveis. Dessa maneira, a função principal dos tRNA é alinhar os aminoácidos seguindo a ordem determinada pelos códons do mRNA.

Para exercer suas funções, os tRNA adquirem um formato característico, primeiro parecido com **um trevo de quatro folhas** e depois com a **letra L**. Conforme demonstrado nas Figuras 16.3 e 16.4, são gerados os quatro braços do trevo, uma vez que os tRNA têm quatro pares de sequências complementares – de 3 a 6 nucleotídios cada – que se pareiam do mesmo modo que as duas cadeias do DNA.

As extremidades 5′ e 3′ dos tRNA encontram-se juntas na ponta de um dos braços, a qual recebe o nome de **extremidade aceitadora**, pois acolhe o aminoácido. Este se conecta com o último nucleotídio da extremidade 3′ do tRNA, ou seja, a adenina do **trinucleotídio CCA** formado durante o processamento (ver *Seção 15.11*) (Figura 16.4).

Os outros braços do trevo apresentam em suas partes distais sequências de 7 a 8 nucleotídios não pareados, com formato de alças, cujas denominações derivam dos nucleotídios que as caracterizam. Uma delas, por ter o trinucleotídio TψC, é conhecida como **alça T** (na *Seção 15.11* foi dito que a letra T simboliza a ribotimidina e a ψ, a pseudouridina). Outra, por conter di-hidrouridinas (identificadas com a letra D) é denominada **alça D**. A terceira contém o tripleto de nucleotídios do anticódon e, portanto, chama-se **alça anticódon** (evidentemente sua composição varia nos diferentes tipos de tRNA).

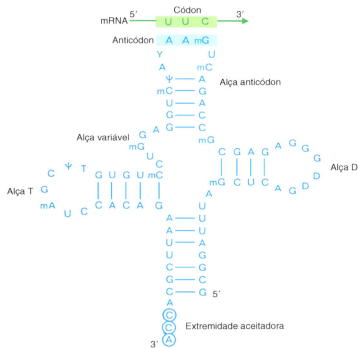

Figura 16.3 Modelo de trevo de quatro folhas dos tRNA.

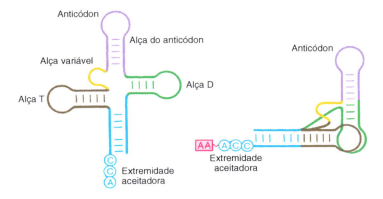

Figura 16.4 Estrutura terciária dos tRNA, que finaliza com uma configuração em L. A molécula da direita é um aminoacil-tRNA^AA, pois a extremidade aceitadora do tRNA tem um aminoácido *(AA)*. Observe que ele se encontra conectado com a adenina do trinucleotídio CCA.

234 ■ Biologia Celular e Molecular

Existe uma alça adicional entre a alça T e a alça anticódon. Por seu tamanho variar em cada tipo de tRNA, recebe o nome de **alça variável**.

O dobramento posterior dos tRNA os deixa parecidos com um trevo de quatro folhas e faz com que adquiram o formato de letra L. Isso se deve em razão de alguns nucleotídios estabelecerem pareamentos não usuais entre si, como, por exemplo, a ligação de um nucleotídio a dois de uma vez. A Figura 16.4 mostra que, ao final desse dobramento, a alça anticódon está localizada em uma das pontas do L e a extremidade aceitadora na outra ponta. Assim as alças D e T ficam juntas na zona de união de ambos os braços.

16.7 Uma aminoacil–tRNA sintetase une o aminoácido ao tRNA

O aminoácido liga-se a seu tRNA correspondente por ação de uma enzima denominada **aminoacil-tRNA sintetase**, que catalisa a união em duas etapas.

Durante a primeira, o aminoácido liga-se a um AMP, com o qual forma um **aminoacil-AMP**. São exemplos: o leucinil-AMP, o lisinil-AMP, o fenilalanil-AMP, o metionil-AMP etc. Como o AMP deriva da hidrólise de um ATP, são liberados um pirofosfato (PP) e energia, a qual também passa ao aminoacil-AMP.

$$AA + ATP \xrightarrow[\text{sintetase}]{\text{Aminoacil}} AA\text{-}AMP + PP$$

Na segunda etapa essa energia é utilizada pela aminoacil-tRNA sintetase para transferir o aminoácido do aminoacil-AMP à A da extremidade aceitadora do tRNA compatível, formando uma molécula essencial para a síntese proteica: o **aminoacil-tRNA**^{AA} que reconhece o códon complementar no mRNA (Figura l6.4).

$$AA\text{-}AMP + tRNA \xrightarrow[\text{sintetase}]{\text{Aminoacil}} AA\text{-}tRNA^{AA} + AMP$$

A energia do ATP usada na primeira reação é depositada na ligação química entre o aminoácido e a A do trinucleotídio CCA.

16.8 Há 20 aminoacil–tRNA sintetases

A célula tem 20 aminoacil-tRNA sintetases diferentes, cada uma desenhada para reconhecer um aminoácido e seu tRNA compatível. Esse reconhecimento possibilitam que cada um dos 31 tipos de tRNA se ligue somente a um dos 20 aminoácidos usados na síntese proteica. Isso é possível porque cada aminoacil-tRNA sintetase identifica o tRNA pelo anticódon, a parte mais específica do tRNA (Figura 16.3). Não obstante, existem nos tRNA outros sinais que são reconhecidos pela enzima, geralmente segmentos de nucleotídios próximos ao anticódon.

Como é evidente, a existência de 11 tipos de tRNA em excesso – ou redundantes – faz com que alguns aminoácidos sejam reconhecidos por mais de um tRNA.

Um dos tRNA redundantes é o **tRNA iniciador** ou **tRNA[i]**, pois transporta a metionina destinada exclusivamente ao códon AUG de iniciação (Figura 16.9). É muito provável que, próximo a esse códon, existam sinais que diferenciem o metionil-tRNA[i]^{Met} – portador da metionina dirigida a ele – dos metionil-tRNA^{Met} comuns, portadores das metioninas destinadas aos códons AUG restantes do mRNA.

16.9 Os ribossomos são compostos por duas subunidades

Os mecanismos para alinhar os aminoacil-tRNA^{AA} de acordo com a ordem dos códons do mRNA são um pouco complexos: requerem os **ribossomos**, cuja primeira tarefa é localizar o códon AUG de iniciação e acomodá-lo corretamente para que o encaixe desse tripleto e dos seguintes seja o adequado (ver *Seção 16.3*).

Em seguida o ribossomo desliza em direção à extremidade 3′ do mRNA e traduz os sucessivos tripletos em aminoácidos. Estes são trazidos – um por vez – pelos respectivos tRNA. As reações que ligam os aminoácidos entre si – ou seja, as ligações peptídicas – ocorrem dentro do ribossomo.

Finalmente quando o ribossomo alcança o códon de finalização – na extremidade 3′ do mRNA – a síntese proteica é interrompida e a proteína liberada. Observa-se que ribossomos constituem as "fábricas" das proteínas.

Cada ribossomo é composto por duas **subunidades** – uma **menor** e outra **maior** –, que são identificadas com as siglas **40S** e **60S**, respectivamente (Figuras 7.4 e 16.5). A letra S refere-se à unidade Svedberg de sedimentação e os números correspondem aos coeficientes de sedimentação das partículas analisadas, ou seja, às velocidades com que são sedimentadas quando são ultracentrifugadas. Portanto, das duas subunidades do ribossomo, a 60S é a que migra mais rapidamente em direção ao fundo do tubo por ação da força centrífuga. Juntas, as subunidades 40S e 60S formam a unidade **80S**, a qual representa o ribossomo completo (os números não são somados, pois os coeficientes de sedimentação não equivalem aos pesos das partículas).

Cada subunidade ribossômica é composta por uma ou mais moléculas de rRNA e mais um determinado número de proteínas. Assim, a subunidade maior contém os rRNA 28S, 5,8S e 5S e mais 50 proteínas; a subunidade menor, o rRNA 18S e mais 33 proteínas (Figura 16.5). As proteínas da subunidade maior são denominadas L1, L2, [...] L50 (L de *large*), e as da subunidade menor, S1, S2, [...] S33 (S de *small*).

Como as 83 proteínas ribossômicas são construídas a partir de outros tantos mRNA, pode-se dizer que os componentes do ribossomo derivam de 85 genes (83 correspondem às proteínas, um ao rRNA 45S e outro ao rRNA 5S).

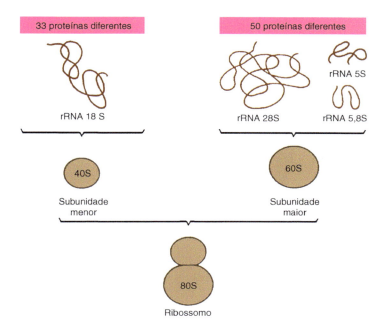

Figura 16.5 Moléculas que participam da formação dos ribossomos citosólicos.

16.10 As estruturas e as funções das duas subunidades do ribossomo são conhecidas

A **subunidade menor** do ribossomo tem um formato muito irregular. Em uma de suas faces – a relacionada com a subunidade maior –, existe um canal pelo qual o mRNA desliza (Figura 16.6). Junto ao canal, observam-se três áreas aprofundadas contíguas – denominadas **sítio A** (de *aminoacil*), **sítio P** (de *peptidil*) e **sítio E** (de *exit*, saída) –, cujas funções são analisadas na *Seção 16.12*. A Figura 16.9 mostra as localizações aproximadas dos sítios A, P e E.

A **subunidade maior** também é muito irregular. Origina-se em uma de suas faces – a relacionada com o canal e com os sítios A, P e E da subunidade menor – um **túnel** desenhado para que a proteína saia do ribossomo à medida que é sintetizada (Figura 16.6).

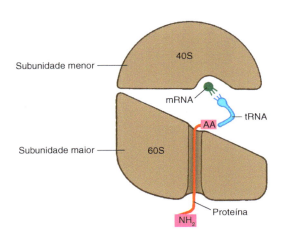

Figura 16.6 Esquema das duas subunidades do ribossomo, com as localizações do mRNA (cortado transversalmente) e do tRNA ligado ao aminoácido (*AA*). A cadeia polipetídica percorre um túnel situado na subunidade maior.

Ambas as subunidades dividem o trabalho realizado pelo ribossomo. A subunidade menor une os tRNA para que os aminoácidos transportados por eles liguem-se entre si, ou seja, para que ocorram as ligações peptídicas. A subunidade maior catalisa essas ligações e auxilia os fatores que regulam a síntese proteica (ver *Seções 16.12* a *16.14*). Vale lembrar que a função catalítica da subunidade maior não é produzida por uma de suas proteínas, e sim por um de seus rRNA, que age como uma ribozima (ver *Seção 2.12*).

16.11 Os polirribossomos são formados pela associação de uma molécula de mRNA e vários ribossomos

Cada mRNA costuma ser traduzido por vários ribossomos simultaneamente, que deslizam pelo mRNA na direção 5′ → 3′ em fila, separados entre si por uma distância de cerca de 30 códons. Conforme descrito na *Seção 7.5*, a associação de um mRNA a vários ribossomos é denominada **polissomo** ou **polirribossomo** (Figura 16.7). As Figuras 1.10 e 7.3 mostram o polirribossomo claramente detectável nas imagens ultramicroscópicas.

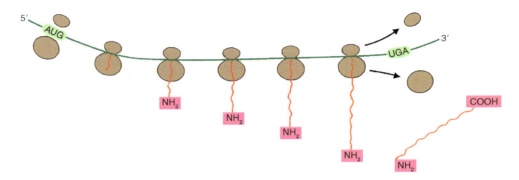

Figura 16.7 Formação do polirribossomo pela associação de vários ribossomos a somente um mRNA.

Os ribossomos encontram-se livres no citosol ou unidos à membrana do RE (Figuras 1.10, 7.4, 7.6 e 16.8). Os primeiros elaboram proteínas destinadas ao citosol, ao núcleo, às mitocôndrias ou aos peroxissomos. Os segundos elaboram proteínas que se inserem na membrana do RE ou são lançadas no lúmen da organela (ver *Seção 7.13*); essas proteínas permanecerão no RE ou serão transferidas – por meio de vesículas de transporte – ao complexo de Golgi, de onde poderão passar aos endossomas, à membrana plasmática ou sair da célula.

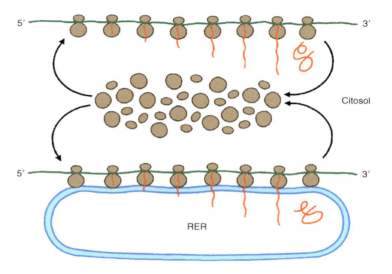

Figura 16.8 Formação dos polirribossomos livres no citosol e dos associados ao retículo endoplasmático rugoso.

Etapas da síntese proteica

A síntese das proteínas ocorre em três etapas denominadas iniciação, alongamento e finalização (Figura 16.9).

16.12 O início da síntese proteica requer vários fatores de iniciação

A **etapa de iniciação** da síntese proteica é regulada por proteínas citosólicas denominadas **fatores de iniciação (FI)**, que ocasionam dois fatos separados, porém concomitantes, um na extremidade 5′ do mRNA e outro na subunidade menor do ribossomo.

O primeiro está relacionado com o cap e uma sequência de nucleotídios vizinhos, localizada entre o cap e o códon de iniciação (ver *Seção 16.5*). Essas partes do mRNA são reconhecidas pelo fator **FI-4**, que se liga a elas se o mRNA estiver ligado à proteína CBP (ver *Seção 16.5*). A união do FI-4 ao mRNA consome energia, que é fornecida por um ATP.

No segundo o metionil-tRNA[i]^{Met} posiciona-se no sítio P da subunidade menor do ribossomo. Esta reação requer o fator **FI-2** e gasta a energia de um GTP.

Quando ocorrem essas duas condições, outro fator de iniciação, o **FI-3**, com a ajuda do FI-4 posiciona a extremidade 5′ do mRNA sobre a face da subunidade menor do ribossomo que tem os sítios E, P e A.

Logo a subunidade menor desliza pelo mRNA e detecta o códon AUG de iniciação, que se posiciona no sítio P. Então, o segundo códon do mRNA permanece ao lado, ou seja, no sítio A.

Entretanto, o metionil-tRNA[i]^{Met} localizado no sítio P da subunidade menor liga-se ao **códon AUG de iniciação** por meio de seu anticódon CAU (UAC). O acoplamento correto entre esses dois tripletos é imprescindível para assegurar o posicionamento normal dos códons seguintes do mRNA nos sítios E, P e A da subunidade menor do ribossomo.

A etapa de iniciação finaliza quando a subunidade maior se liga à subunidade menor e o ribossomo é formado. Nele, encontram-se os dois primeiros códons do mRNA: no sítio P, o códon AUG de iniciação – unido ao metionil-tRNA[i]^{Met} – e no sítio A, o códon seguinte. A união entre si das duas subunidades ribossômicas é produzida com auxílio do fator **FI-5**, que age após o desprendimento dos fatores FI-2 e FI-3.

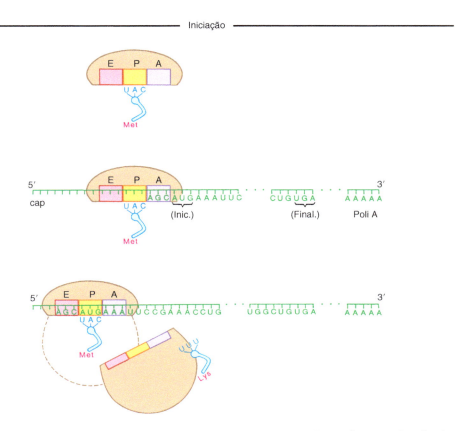

Figura 16.9 Etapas de iniciação, alongamento e finalização da síntese proteica no ribossomo. (*continua*)

Figura 16.9 (*Continuação*)

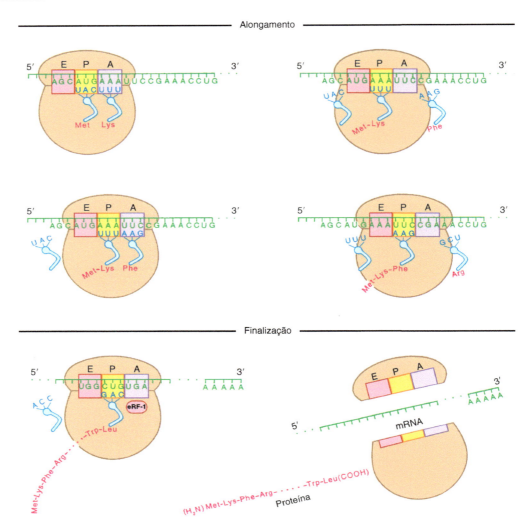

16.13 O alongamento da cadeia proteica é promovido por fatores de alongamento

A **etapa de alongamento** da síntese proteica é regulada por **fatores de alongamento (FA)**. Começa com a entrada de um aminoacil-tRNA^AA no ribossomo cujo anticódon é complementar ao segundo códon do mRNA, que, conforme mencionado na seção anterior, localiza-se no sítio A. Em seguida o aminoacil-tRNA^AA localiza-se nesse sítio e seu anticódon conecta-se com o segundo códon do mRNA. Isso é feito por meio do fator de alongamento **FA-1** e energia fornecida por um GTP.

A Figura 16.9 mostra que o aminoacil-tRNA^AA recém-chegado e o metionil-tRNA[i]^Met do sítio P posicionam-se um ao lado do outro, assim como seus aminoácidos. Tal proximidade é necessária para que ambos os aminoácidos possam ligar-se entre si por meio de uma união peptídica, fato que ocorrerá em um tempo curto.

Previamente o ribossomo percorre três nucleotídios em direção à extremidade 3' do mRNA. Por esse motivo, o códon de iniciação (e o metionil-tRNA[i]^Met) é transferido do sítio P ao sítio E, o segundo códon (e o aminoacil-tRNA^AA) é transferido do sítio A ao sítio P e o terceiro códon do mRNA se localiza no sítio A vago. Esse deslocamento, denominado **translocação**, depende do fator de alongamento **FA-2** e da energia fornecida por um GTP.

Assim que o metionil-tRNA[i]^Met entra no sítio E, sua metionina se solta do tRNA[i] e se liga – por meio de uma união peptídica – ao aminoácido do aminoacil-tRNA^AA no sítio P. Dessa maneira, o dipeptidil-tRNA formado substitui o aminoacil-tRNA^AA no sítio P.

Após perder a metionina, o tRNA[i] desconecta-se do códon de iniciação, abandona o sítio E e segue em direção à saída do ribossomo, o que determina o fim do primeiro episódio do alongamento da proteína.

O segundo começa quando um novo aminoacil-tRNA^AA entra no ribossomo, permanece no sítio A e seu anticódon conecta-se com o terceiro códon do mRNA, outra vez mediante o fator de alongamento FA-1 e a energia de um GTP.

Capítulo 16 | Tradução do mRNA | Síntese de Proteínas ■ **239**

Em seguida, como o ribossomo volta a translocar-se, o dipeptidil-tRNA e o aminoacil-tRNA$_{AA}$ movem-se dos sítios P e A aos sítios E e P, respectivamente, e o quarto códon do mRNA entra no sítio A vago.

Ao final da translocação, ocorre a segunda união peptídica, agora entre o dipeptídio do dipeptidil-tRNA e o aminoácido do terceiro aminoacil-tRNA$_{AA}$. Como mostra a Figura 16.9, o tripeptidil-tRNA formado permanece no sítio P.

Enquanto isso, o tRNA cedido pelo dipeptídio abandona o sítio E e se dirige à saída do ribossomo, o que determina o fim do segundo episódio do alongamento da proteína.

O que ocorre durante os dois primeiros episódios da etapa de alongamento da síntese proteica se repete nos seguintes. Como consequência, durante o terceiro episódio, formam-se um tetrapeptidil-tRNA e um peptidil-tRNA cada vez mais longos, cujas localizações alternam-se entre os sítios P e E à medida que são produzidas as translocações e ocorrem as ligações peptídicas. Calcula-se que cerca de cinco aminoácidos são agregados à cadeia peptídica por segundo.

A energia gasta durante a formação de cada união peptídica provém da ruptura da união química entre o tRNA localizado no sítio E e seu aminoácido. Na *Seção 16.7* foi dito que, ao se formar cada aminoacil-tRNA$_{AA}$, a união do aminoácido à extremidade receptora do tRNA – mais precisamente à sua última adenina – consome a energia fornecida por um ATP. Portanto, a energia empregada pela subunidade maior do ribossomo para unir os aminoácidos é fornecida, em última instância, por esse ATP.

O cálculo da energia gasta a cada aminoácido incorporado a uma proteína em formação mostra que a síntese proteica é um processo muito custoso, pois requer não apenas o ATP recém-mencionado, mas, também, os dois GTP citados anteriormente: o que é consumido no sítio A para que o aminoacil-tRNA$_{AA}$ se conecte com o mRNA e o que é gasto na translocação.

Como foi dito em cada translocação o ribossomo se distancia da extremidade 5′ do mRNA e se aproxima da extremidade 3′. Cabe acrescentar que, quando o ribossomo se encontra a cerca de 30 códons do códon de iniciação, este é abordado por um segundo ribossomo e tem início a síntese de uma nova cópia da proteína. Como isso se repete muitas vezes, após algum tempo existem múltiplos ribossomos por todo o mRNA, separados entre si por períodos de 30 códons (Figuras 1.10, 7.4, 7.6, 16.7 e 16.8). Na *Seção 16.11* foi dito que essa associação recebe o nome de polirribossomo.

16.14 A síntese proteica é concluída quando o ribossomo alcança o códon de finalização

A **etapa de finalização** da síntese proteica é regulada por **fatores de finalização** identificados com a sigla **eRF** (de *eukaryotic releasing factor)* – e ocorre após a última translocação, ou seja, quando o **códon de finalização** do mRNA (**UAA, UGA ou UAG**, indistintamente) chega ao sítio A do ribossomo. Como isso deixa o sítio A sem o esperado aminoacil-tRNA$_{AA}$, o fator **eRF-1**, que é capaz de reconhecer os três códons de finalização, o ocupa (Figura 16.9).

Sem um novo aminoacil-tRNA$_{AA}$, o polipeptídio do peptidil-tRNA – que está no sítio P – desliga-se do último tRNA e torna-se independente do mRNA e do ribossomo. O desprendimento do polipeptídio depende do fator **eRF-3**. Requer também energia, que é retirada de um GTP.

Logo as subunidades menor e maior do ribossomo separam-se do mRNA. No citosol integram um fundo comum que se abastece de subunidades ribossômicas para a formação de novos ribossomos no mesmo mRNA ou em outros que estão sendo traduzidos ou que começarão a tradução (Figura 16.8).

O número de ribossomos no polirribossomo, ou seja, a soma de sítios nos quais ocorre a síntese de uma proteína, é mantido de modo relativamente constante. Quando um ribossomo abandona a extremidade 3′ do mRNA, outro é unido à extremidade 5′ (Figura 16.8).

Conforme será descrito nas *Seções 16.20* a *16.22*, esta síntese continuada de uma proteína a partir de um mesmo mRNA – pelo trabalho simultâneo de vários ribossomos – é interrompida pela ação de fatores reguladores.

16.15 Duas questões médicas vinculadas à atividade dos ribossomos

Ao serem invadidas por bactérias, as células de alguns organismos inferiores produzem substâncias denominadas **antibióticos** para se defender da infecção. Em muitos casos os antibióticos conquistam seus objetivos, interferindo na síntese proteica dos ribossomos das bactérias, matando-as. Por exemplo, o **cloranfenicol** impede uniões peptídicas, a **tetraciclina** não deixa que os aminoacil-tRNA$_{AA}$ entrem no sítio A, a **quirromicina** inibe a atividade dos fatores de alongamento, a **estreptomicina** afeta o início da tradução e distorce a fidelidade da síntese, a **eritromicina** bloqueia a

240 ■ Biologia Celular e Molecular

translocação do mRNA e a **puromicina** usurpa o sítio A do ribossomo, de modo que a cadeia peptídica se liga ao antibiótico e não a um aminoacil-tRNA^{AA}, o que interrompe sua síntese.

A medicina transferiu esses efeitos a outros cenários biológicos, em especial o organismo humano. Assim, quando determinadas bactérias o infectam, podem ser destruídas pela administração de antibióticos.

Vale lembrar que a puromicina também afeta os ribossomos das células eucariontes. Por esse motivo, seu uso farmacológico é muito restrito. Já o cloranfenicol, a eritromicina, a tetraciclina e a quirromicina interferem levemente na síntese proteica nos ribossomos eucarióticos citosólicos, mas afetam, em especial, os ribossomos das mitocôndrias, o que indica a possível origem procariótica dessas organelas (ver *Seções 8.26 e 8.29*).

Outra questão médica vinculada aos ribossomos corresponde ao mecanismo de ação da **toxina diftérica**, a qual entra na célula por endocitose e ribosila o fator de alongamento FA-2, anulando-o. Isso provoca a morte celular em pouco tempo.

16.16 A metionina situada na extremidade amina da proteína costuma ser removida

Várias vezes citamos que a tradução do mRNA ocorre na direção $5' \rightarrow 3'$ e que o aminoácido cifrado pelo códon de iniciação, na extremidade $5'$ do mRNA, é uma metionina. Portanto, pertence a ela o grupo amina livre da cadeia proteica em formação. Em geral essa metionina é removida, e o segundo aminoácido passa para a primeira posição.

Na extremidade oposta da proteína encontra-se o aminoácido com o grupo carboxila livre da cadeia proteica, determinada pelo tripleto prévio ao códon de finalização.

Com esses dados, deduz-se que, em cada união peptídica que ocorre no ribossomo, o grupo carboxila é fornecido pelo último aminoácido da cadeia peptídica em crescimento (no sítio P) e o grupo amina é cedido pelo aminoácido do aminoacil-tRNA^{AA} (no sítio A).

16.17 As proteínas provenientes dos ribossomos carregam sinais que as conduzem em direção a seus sítios permanentes

Uma célula de mamífero contém cerca de 10^{10} proteínas, porém não mais do que 10.000 a 20.000 tipos diferentes. Emanadas dos ribossomos, tais proteínas podem permanecer no citosol, ou ter como destino o núcleo, as mitocôndrias, os peroxissomos ou o retículo endoplasmático.

Por exemplo, as tubulinas e as enzimas da glicólise permanecem no citosol, as histonas e as proteínas ribossômicas atravessam os poros nucleares e entram no núcleo, as enzimas do ciclo de Krebs atravessam as duas membranas da mitocôndria e alcançam a matriz mitocondrial, a catalase passa pela membrana do peroxissomo e chega à sua matriz etc. As proteínas destinadas ao retículo endoplasmático situam-se na membrana ou no interior da organela, assim que os ribossomos estabelecem uma relação de proximidade com ele no setor do RE denominado rugoso (ver *Seção 7.5*).

Um trânsito tão seletivo obriga as proteínas surgidas dos ribossomos – exceto as que permanecerão no citosol – a carregar sinais que as conduzam às organelas apropriadas, e esses devem ter receptores específicos que reconheçam esses sinais. Nas proteínas, os sinais estão representados por sequências curtas de aminoácidos denominadas **peptídios-sinal** (Tabela 4.1).

16.18 As chaperonas garantem a correta formação das estruturas secundárias e terciárias das proteínas

Assim que os polipeptídios emergem dos ribossomos, seus átomos tendem a estabelecer as combinações químicas que formam as estruturas terciárias e quaternárias que caracterizam as proteínas (ver *Seção 2.9*). Esses processos são controlados pelas proteínas **chaperonas**, que foram mencionadas nas *Seções 4.5, 7.15, 8.28 e 10.5*.

Regulação da tradução dos RNA mensageiros e da degradação das proteínas

16.19 Tanto a tradução e a sobrevivência dos mRNA quanto a degradação das proteínas são reguladas no citosol

Nas *Seções 14.6 e 15.7* foi dito que os principais mecanismos de regulação que decidem quais proteínas a célula deve sintetizar atuam no núcleo, no nível da transcrição do DNA e do processamento do mRNA.

Não obstante, após sua saída ao citosol, o mRNA pode passar por outros tipos de regulações:

(1) Para impedir sua tradução e, portanto, evitar que a proteína correspondente seja sintetizada
(2) Para controlar quantas vezes ele deve ser traduzido e a que velocidade, ou
(3) Para determinar em que momento deve ser destruído.

Por outro lado, no citosol também se estabelece o momento em que uma proteína – após haver sido sintetizada – deve ser degradada.

Nas seções seguintes serão analisados os exemplos mais comuns desses modos de **regulações genéticas pós-transcricionais**.

16.20 Os miRNA bloqueiam a tradução de determinados mRNA

Existe um controle celular que – ao final da transcrição do DNA e do processamento do mRNA – decide se esse mRNA deve ou não ser traduzido, ou seja, se a proteína correspondente deve ou não ser sintetizada.

Embora ainda não se saibam as causas que levam a célula a transcrever um gene e a "se arrepender" de traduzir o mRNA depois que ele alcança o citosol – causando o mesmo efeito que acarretaria a falta de transcrição do gene –, é conhecido o mecanismo de regulação genética pós-transcricional, que impede a tradução.

Um notável avanço no campo da biologia molecular foi a descoberta dos **miRNA**, cujos genes, a transcrição deles e o processamento dos respectivos transcritos primários foram analisados nas *Seções 13.12*, *14.19* e *15.14*.

A Figura 15.12 mostra como o miRNA se associa ao RISC e ambos compõem o complexo ribonucleoproteico **miRNA-RISC** ao final do seu processamento no citosol.

Cada miRNA-RISC tem a capacidade de bloquear a tradução de um determinado mRNA. Em outros termos, é capaz de reprimir a produção da proteína específica que ia ser sintetizada com base na informação fornecida por esse mRNA. Isso ocorre porque o miRNA pareia-se a um segmento complementar do mRNA, possibilitando que o RISC detenha a tradução. Conforme mostrado na Figura 16.10, a complementaridade entre o miRNA e o mRNA é ampla, porém não total.

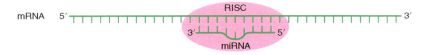

Figura 16.10 Pareamento imperfeito do miRNA com a sequência complementar do mRNA.

Comprovou-se que diferentes miRNA têm a capacidade de bloquear a tradução de um mesmo mRNA, e que um único miRNA pode bloquear a tradução de diferentes mRNA.

Além disso, o bloqueio da tradução dos mRNA mediante o miRNA é um fenômeno celular comum. Faz parte, ainda, de um mecanismo biológico muito extenso – denominado **iRNA ou interferência do RNA** (em inglês, **RNAi** ou *RNA interference*) – que ocorre nas células de praticamente todas as espécies.

Conforme será visto nas *Seções 23.44*, *23.45* e *23.46*, os princípios da iRNA inspiraram o desenvolvimento de uma técnica experimental que possibilita – entre outras aplicações – averiguar a função de cada gene individualmente, ou seja, conhecer qual proteína ele codifica.

16.21 Há mecanismos de controle do número de traduções de um mesmo mRNA e da sua velocidade

As células desenvolveram mecanismos de regulação que controlam o número de vezes que os mRNA devem ser traduzidos e sua velocidade.

Um bom exemplo é oferecido pelas células em mitose, já que deixam de sintetizar mRNA devido à compactação da cromatina (ver *Seção 18.19*). O microscópio eletrônico revela as alterações quantitativas que ocorrem na tradução dos mRNA ao longo da divisão celular, durante a qual a produção de proteínas cai abruptamente (ver *Seção 18.19*). Um indicativo dessa queda é o aspecto que os polirribossomos adquirem, pois os ribossomos aparecem muito mais espaçados na mitose do que na interfase.

Existe um controle geral ou inespecífico da tradução e outro particular ou específico. Ambos agem no momento em que a tradução tem início.

O controle geral parece depender do fator de iniciação FI-2, cuja fosforilação por uma quinase específica o tornaria inoperante. Como consequência, a produção de todas as proteínas celulares cai.

O controle particular age de outra maneira, pois depende de substâncias reguladoras que, em geral, modificam a configuração de um segmento de nucleotídios não traduzíveis, localizados entre o cap e o códon de iniciação (ver *Seção 16.5*).

Um exemplo desse tipo de controle ocorre com a **ferritina**, uma proteína citosólica que se liga ao ferro e constitui o sítio de depósito do metal. A concentração de ferritina varia com a quantidade de ferro no citosol, e sua síntese é regulada pelo próprio ferro. Então quando a quantidade de ferro cai, uma proteína denominada **aconitase** ou **IRF** (de *iron responding factor*) une-se à sequência não traduzível da extremidade 5' do mRNA da ferritina e forma um arco, que bloqueia sua tradução (Figura 16.11).

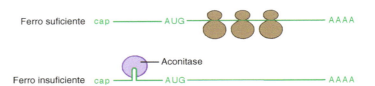

Figura 16.11 Regulação da tradução do mRNA da ferritina.

16.22 Em geral a degradação dos mRNA é regulada por mecanismos que agem na extremidade 3' ou na extremidade 5' de suas moléculas

Outra estratégia utilizada pela célula para controlar a quantidade de proteína que irá sintetizar tem a ver com o tempo de sobrevivência dos mRNA no citosol.

Os mecanismos que regulam a degradação dos mRNA são muito variados. Na maioria dos casos relacionam-se com sequências de nucleotídios próximas à extremidade 3' dos mRNA, localizadas entre o códon de finalização e a poli A (ver *Seção 16.5*). Menos frequentes são os casos em que os mecanismos de regulação agem sobre setores próximos à extremidade 5' do mRNA. No exemplo analisado a seguir, ainda que não se saiba qual o setor do mRNA em que o mecanismo regulatório age, conhece-se a substância que o induz.

A **caseína** é uma proteína do leite produzida pelas células da glândula mamária em resposta a certos hormônios, principalmente a prolactina.

Observou-se que a concentração do mRNA da caseína cresce consideravelmente no citosol devido a esse hormônio, não porque sua síntese no núcleo aumente, e sim porque aumenta sua estabilidade no citoplasma. Contrariamente, quando a prolactina desaparece, a degradação do mRNA da caseína é acelerada. Não são conhecidos os mecanismos moleculares que produzem esses efeitos.

É interessante o modo como a degradação dos mRNA da **tubulina** dimérica é regulada, já que se baseia na concentração de seus produtos proteicos, ou seja, de suas subunidades α e β (ver *Seção 5.6*). Quando no citosol o nível dessas proteínas é suficiente, uma parte da tubulina – provavelmente um dímero αβ – se une aos primeiros aminoácidos das cadeias proteicas que emanam dos ribossomos, o que ativa uma nuclease específica que degrada o mRNA (Figura 16.12). Como vemos, trata-se de um mecanismo autorregulatório. A zona receptora do sinal de saturação engloba os primeiros nucleotídios do mRNA e uma pequena sequência não traduzível anterior ao códon de iniciação.

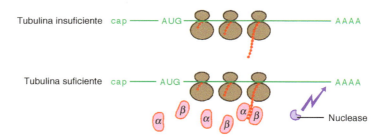

Figura 16.12 Regulação da estabilidade do mRNA da tubulina.

No sangue o ferro é transportado por uma proteína denominada transferrina. Esta, junto com o ferro, entra no citoplasma por endocitose após interação com o **receptor da transferrina**, localizado na membrana plasmática. Quando a concentração de ferro aumenta no citosol, o número de receptores para a transferrina diminui. Os receptores caem porque o mRNA que os codifica é degradado por uma nuclease específica (Figura 16.13). Nesse mecanismo regulatório, intervém também a **aconitase**, porém ela interfere quando há queda na concentração de ferro e não aumento. Neste caso, a aconitase liga-se a um setor da extremidade 3′ do mRNA – composto por cinco arcos de RNA com uma sequência CAGUG em cada um – e impede a ação da nuclease (Figura 16.13).

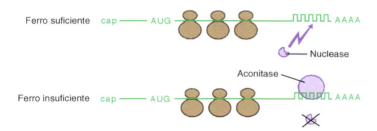

Figura 16.13 Regulação da estabilidade do mRNA da proteína receptora da transferrina.

Como vemos, quando o ferro diminui no citosol, agem dois mecanismos regulatórios simultâneos, um que diminui a concentração da ferritina (ver *Seção 16.21*) e outro que aumenta o número de receptores para a transferrina.

No primeiro a tradução de um mRNA é bloqueada e, no segundo, impede-se a degradação de outro. Em ambos, age uma mesma molécula – a aconitase –, embora em setores diferentes dos respectivos mRNA.

A pouca sobrevivência dos mRNA de muitas proteínas – por exemplo, alguns **fatores de crescimento** (ver *Seção 18.28*) –, que não ultrapassa 30 min, deve-se às sequências de cerca de 50 nucleotídios ricas em A e U em sua extremidade 3′, localizadas entre o códon de finalização e a poli A (ver *Seção 16.5*). Foi sugerido que essas sequências atraem certas nucleases, que, mediante a remoção gradual das A da poli A, desestabilizam o mRNA, o que propicia sua degradação por outras nucleases (Figura 16.14).

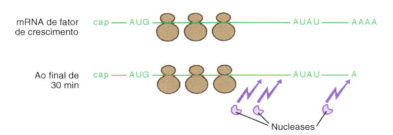

Figura 16.14 Regulação da estabilidade dos mRNA dos fatores de crescimento.

A vida média do mRNA da **β-globina**, que é de cerca de 10 h, depende da integridade de sua poli A. Diversos experimentos demonstraram que o encurtamento gradual dessa sequência mediante nucleases reduz o tempo de vida do RNA mensageiro.

A sobrevivência dos mRNA que codificam as **histonas** depende do momento do ciclo em que a célula se encontra (Figura 16.15). Na fase S a vida média desses mRNA é de 1 h, porém, quando a replicação do DNA termina, é reduzida a poucos minutos. Não se sabe o mecanismo pelo qual a replicação do DNA fica vinculada à menor velocidade da degradação desses mRNA. Sabe-se apenas que sua estabilidade é influenciada por uma sequência curta de nucleotídios que forma um arco em sua extremidade 3′ (ver *Seção 15.5*) (Figura 15.4).

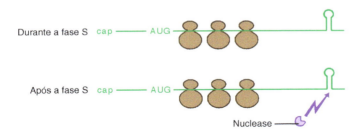

Figura 16.15 Regulação da estabilidade do mRNA das proteínas histônicas.

16.23 A degradação das proteínas também é regulada

A duração de certas proteínas depende de sinais presentes em suas moléculas. Até pouco tempo atrás, acreditava-se que o tempo de duração dessas proteínas estivesse vinculado à identidade do primeiro aminoácido da extremidade amina (na *Seção 16.16* foi descrito que, em todas as proteínas, essa posição é inicialmente ocupada por uma metionina e que, quando ela é removida, fica em seu lugar o segundo aminoácido da cadeia proteica). Hoje sabe-se que os sinais utilizados para degradar muitas proteínas de curta duração são sequências de aminoácidos denominadas **PEST**, ricas em prolina (**P**), ácido glutâmico (**E**), serina (**S**) e treonina (**T**) (as letras entre parênteses identificam esses aminoácidos, conforme informado na Figura 2.25). Esses sinais são reconhecidos pela ubiquitina, cuja intervenção é imprescindível para que sejam degradadas as proteínas em proteassomas (ver *Seção 4.6*).

Regulação do processamento das poliproteínas

16.24 A mesma poliproteína é processada de maneira distinta de acordo com o tipo de célula que a produz

Entre os genes que codificam mRNA, existem alguns que, ao serem traduzidos, originam polipeptídios transitórios relativamente longos – denominados poliproteínas –, cujo processamento os fragmenta em duas ou mais proteínas diferentes entre si. Cabe acrescentar que, quando uma mesma poliproteína é produzida em dois tipos de células diferentes, a maneira como é fragmentada em um deles pode não ser a mesma que no outro. Vejamos o seguinte exemplo:

O pró-hormônio **pró-opiomelanocortina (POMC)** é uma poliproteína que, nas células adrenocorticotrópicas do lóbulo anterior da hipófise, fragmenta-se em corticotropina (ACTH) e β-lipotropina (β-LPH); por outro lado, nas células da parte intermediária da mesma glândula, fragmenta-se em β-endorfina (β-EP), γ-lipotropina (γ-LPH) e as duas formas do hormônio estimulante dos melanócitos: a α-MSH e a β-MSH (Figura 16.16).

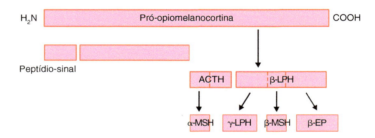

Figura 16.16 Processamento da pró-opiomelanocortina nos diferentes tipos de células hipofisárias que a elaboram. *ACTH*, corticotropina; β-*LPH*, β-lipotropina; γ-*LPH*, γ-lipotropina; α-*MSH* e β-*MSH*, hormônios estimulantes dos melanócitos; β-*EP*, β-endorfina.

Bibliografia

Agard D.A. (1993) How molecular chaperones work. Science 260: 1903.
Brennecke J., Stark A., Russell R.B. et al. (2005) Principles of microRNA-target recognition. PLoS Biology 3.
Burbaum J.J. and Schimmel P. (1991) Structural relationships and the classification of aminoacyl-tRNA synthetases. J. Biol. Chem. 266:16965.
Caskey T.H. (1980) Peptide chain termination. TIBS 5:234.
Cavarelli J. and Moras D. (1993) Recognition of tRNAs by aminoacyl-tRNA synthetases. FASEB J. 7:79.
Craig E.A. (1993) Chaperones: helpers along the pathways to protein folding. Science 260:1902.
Dahlberg A.E. (2001) The ribosome in action. Science 292:868.
Delarne M. (1995) Aminoacyl-tRNA synthetases. Curr. Opin. Struc. Biol. 5:48.
Garen A. (1968) Sense and non-sense in the genetic code. Science 160:149.
Gay D.A., Yen T.J., Lau J.T.Y. and Cleveland D.W. (1987) Sequences that confer β-tubulin autoregulation through modulated mRNA stability reside within exon 1 of αβ-tubulin mRNA. Cell 50:671.
Guyette W.A., Matusik R.J. and Rosen J.M. (1979) Prolactin mediated transcriptional and post-transcriptional control of casein gene expression. Cell 17:1013.
Hale S.P. et al. (1997) Discrete determinants in transfer RNA for editing and aminoacylation. Science 276:1250.
Ibba M., Curnow A.W. and Söll D. (1997) Aminoacyl-tRNA synthesis: divergent routes to a common goal. TIBS 22:39.
Illangasekare M. et al. (1995) Aminoacyl-RNA synthesis catalyzed by an RNA. Science 267:643.
Kerppola T.K. and Kane C.M. (1991) RNA polymerase: regulation of transcript elongation and termination. FASEB J. 5:2833.
Kozak M. (1991) Structural features in eukaryotic mRNAs that modulate the initiation of translation. J. Biol. Chem.266:19867.
Lindahl L. and Hinnebusch A. (1992) Diversity of mechanisms in the regulation of translation in prokaryotes and lower eukaryotes. Curr. Opin. Genet. Dev. 2:720.

McCarthy J.E.G. and Kollmus H. (1995) Cytoplasmic mRNA-protein interactions in eukaryotic gene expression. TIBS 20:191.

McClain W.H. (1993) Transfer RNA identity. FASEB J. 7:72.

Merrick W.C. (1990) Overview: mechanism of translation initiation in eukaryotes. Enzyme 44:7.

Merrick W.C. (1992) Mechanism and regulation of eukaryotic protein synthesis. Microbiol. Rev. 56:291.

Moore P.B. and Steitz T.A. (2005) The ribosome revealed. Trends Biochem. Sci. 30:281.

Mullner E.W. and Kuhn L.C. (1988) A stem-loop in the 3′ untranslated region mediates iron-dependent regulation of transferrin receptor mRNA stability in the cytoplasm. Cell 53:815.

Nissen P. et al. (1995) Crystal structure of the ternary complex of Phe-tRNA^{Phe}, EF-Tu, and a GTP analog. Science 270:1464.

Nissen P. et al. (2000) The structural basis of ribosome activity in peptide bond synthesis. Science 289:920.

Noller H.F. (2005) RNA structure: reading the ribosome. Science 309:1508.

Oh S.K. and Sarnow P. (1993) Gene regulation: translational initiation by internal ribosome binding. Curr. Opin. Genet. Dev. 3: 295.

Powers T. and Walter P. (1996) The nascent polypeptide-associated complex modulates interactions between the signal recognition particle and the ribosome. Curr. Biol. 6:331.

Rassow J. and Pfanner N. (1996) Protein biogenesis: chaperones for nascent polypeptides. Curr. Biol. 6:115.

Rhoads R.E. (1993) Regulation of eukaryotic protein synthesis by initiation factors. J. Biol. Chem. 268:3017.

Rich A. and Kim S.H. (1978) The three-dimensional structure of transfer RNA. Sci. Am. 240 (1):52.

Sachs A.B. (1993) Messenger RNA degradation in eukaryotes. Cell 74:413.

Schimmel P.R. (1987) Aminoacyl-tRNA synthetases: general scheme of structure-function relationships in the polypeptides and recognition of transfer RNAs. Annu. Rev. Biochem. 56:125.

Stansfield I., Jones K.M. and Tuite M.F. (1995) The end in sight: terminating translation in eukaryotes. TIBS 20:489.

Tate W.P. and Brown C.M. (1992) Translational termination: "stop" for protein synthesis or "pause" for regulation of gene expression. Biochemistry 29:5881.

Theil E.C. (1990) Regulation of ferritin and transferrin receptor mRNAs. J. Biol. Chem. 265:4771.

Tolia N.H. and Joshua-Tot L. (2007) Slicer and the argonautes. Nature Chem. Biol. 3:36.

Valencia-Sanchez M.A., Liu J., Hannon G.J. et al. (2006) Control of translation and mRNA degradation by miRNAs and siRNAs. Genes Dev. 20:515.

Varshavsky A. (2005) Regulated protein degradation. Trends Biochem. Sci. 30:283.

Yonath A., Leonard K.R. and Wittman H.G. (1987) A tunnel in the large ribosomal subunit revealed by three-dimensional image reconstitution. Science 236:813.

Yoshizawa S., Fourmy D. and Puglisi J.D. (1999) Recognition of the codon-anticodon helix by ribosomal RNA. Science 285:1722.

Replicação do DNA
Mutação e Reparação

17

Replicação do DNA

17.1 A replicação do DNA ocorre na interfase

Ao final da divisão celular, as células-filhas herdam a mesma informação genética contida na célula progenitora. Como essa informação encontra-se no DNA, cada uma das moléculas de DNA deve gerar outra molécula de DNA idêntica à original para que ambas sejam repartidas nas duas células-filhas. Essa duplicação, graças à qual o DNA se propaga nas células de geração em geração, denomina-se **replicação**.

O ciclo celular tem duas etapas que se alternam ciclicamente. Elas são conhecidas pelos nomes de **interfase** e **mitose** (ver *Seção 18.2*). A interfase subdivide-se em três períodos, denominados G1, S e G2 (Figura 17.1). Na **fase G1**, ocorrem as diferentes atividades da célula (secreção, condução, contração, endocitose etc.). Esta é continuada pela **fase S**, em cujo transcurso ocorre a replicação do DNA. Em seguida, ocorre a **fase G2**, transição que perdura até o início da **fase M** – correspondente à mitose –, ao final da qual as moléculas de DNA duplicadas dividem-se nas células-filhas.

Vale lembrar que, desde o término da fase S até a divisão na mitose, os DNA-filhos derivados de um mesmo DNA-progenitor permanecem juntos, unidos na altura do centrômero por meio de um complexo de proteínas denominadas **coesinas** (Figura 17.2). Enquanto estão unidos, esses DNA recebem o nome de **cromátides-irmãs**. O centrômero é evidenciado durante a mitose, quando a cromatina de ambas as cromátides alcança o grau máximo de compactação; desempenha uma função crucial na separação das cromátides-irmãs, pois graças a ele cada célula-filha recebe somente uma cromátide, que passa a ser denominada **cromossomo** após a separação (ver *Seção 18.9*) (Figura 17.2).

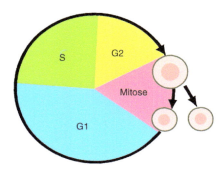

Figura 17.1 Ciclo vital de uma célula, que compreende a interfase e a mitose. A primeira inclui as fases G1, S e G2. A replicação do DNA ocorre durante a fase S.

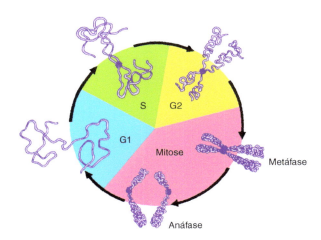

Figura 17.2 Ciclo de condensação-descondensação dos cromossomos. A replicação ocorre na fase S. A condensação do DNA é máxima na metáfase e na anáfase.

Para que possam ser geradas duas moléculas de DNA a partir de uma, primeiro precisam ser separadas as duas cadeias da dupla-hélice do DNA-progenitor, pois são utilizadas como moldes para a construção das cadeias complementares. Como as cadeias recém-sintetizadas não se separam das respectivas cadeias-molde, formam-se duas novas duplas-hélices de DNA idênticas à anterior (Figura 17.3).

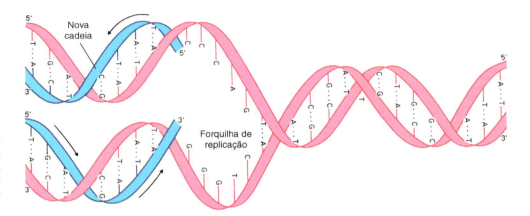

Figura 17.3 A replicação do DNA ocorre com o desenrolamento das duas cadeias da dupla-hélice. Cada uma delas é usada como molde para sintetizar as novas cadeias. Observe que a síntese ocorre somente no sentido 5′ → 3′.

Vimos que o DNA não está sozinho, pois ele permanece ligado a proteínas (histonas etc.) e que a integração de ambas as moléculas recebe o nome de **cromatina** (Figura 12.9). As proteínas dificultam o estudo da replicação, por um lado porque agem no enovelamento da cromatina e, por outro, porque elas também são duplicadas. Com o objetivo de simplificar as descrições, esses aspectos serão ignorados nas primeiras seções do capítulo, a menos que sua menção seja imprescindível.

17.2 A replicação tem algumas semelhanças com a transcrição

A síntese do DNA (replicação) apresenta algumas semelhanças com a síntese do RNA (transcrição do DNA). Assim como o RNA, o DNA é sintetizado no sentido 5′ → 3′ e utiliza como molde uma cadeia de DNA preexistente. Além disso, enzimas equivalentes às RNA polimerases, denominadas **DNA polimerases**, adicionam os sucessivos nucleotídios – também um por vez – na extremidade 3′ da cadeia em crescimento. As DNA polimerases catalisam as **ligações fosfodiésteres** que ocorrem entre o OH do C3′ da desoxirribose de um nucleotídio e o fosfato ligado ao C5′ do nucleotídio recém-adicionado (Figura 17.4).

As diferenças entre a replicação e a transcrição devem-se em parte ao fato de o DNA ser uma molécula dupla e não simples como o RNA. Na síntese do RNA, o DNA é transcrito somente nos setores que correspondem aos genes ativos, enquanto na replicação nenhum setor do DNA deixa

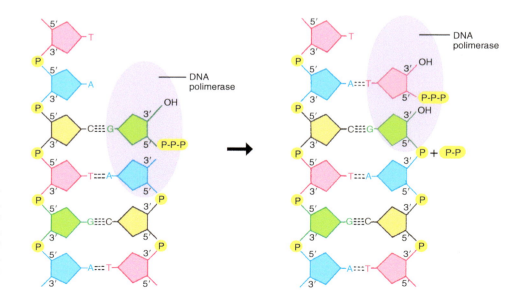

Figura 17.4 Ação da DNA polimerase durante a replicação do DNA. A enzima posiciona um nucleosídio trifosfato em seu lugar e catalisa a ligação fosfodiéster, com liberação de um difosfato. Observa-se que a DNA polimerase pode adicionar apenas nucleotídios no sentido 5′ → 3′.

de se duplicar. Para a síntese do RNA, as duas cadeias do DNA separam-se transitoriamente na zona em que ocorre a transcrição, formando uma espécie de "bolha" que se desloca no sentido 5′ → 3′. O RNA copia somente uma das duas cadeias do DNA e, conforme a transcrição vai ocorrendo, desprende-se da cadeia que está servindo de molde. Por outro lado, na replicação as duas cadeias do DNA são utilizadas como moldes e, uma vez separadas, não voltam a se unir (porque as cadeias-filhas permanecem ligadas às progenitoras). Finalmente, a replicação exige um número consideravelmente maior de enzimas do que a transcrição.

Em resumo, a partir de uma molécula dupla de DNA são originadas duas moléculas duplas de DNA – duas duplas-hélices –, cada uma composta por uma cadeia herdada do DNA-progenitor e uma cadeia recém-sintetizada. Já que as moléculas de DNA recebidas pelas células-filhas contêm uma cadeia original (preexistente) e uma cadeia nova (recém-sintetizada), diz-se que o mecanismo de replicação do DNA é **semiconservador** (Figura 17.5).

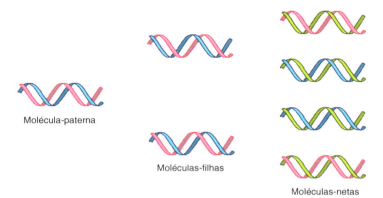

Figura 17.5 Replicação semiconservadora do DNA. Estão ilustradas as cadeias de DNA-progenitor e as cadeias-filhas em duas gerações sucessivas.

17.3 A replicação ocorre por setores

Se a célula abordasse a replicação do DNA considerando-o longo, uniforme e delicadíssimo fio composto de milhões de pares de nucleotídios pareados que devem se separar de uma só vez em toda a sua extensão, a tarefa não poderia ser concretizada por um simples problema de espaço. Ainda que do ponto de vista teórico a molécula de DNA exiba as características mencionadas, essa situação não ocorre pelo modo como se associa às histonas e se enrola sobre si mesma.

Lembremo-nos de que o DNA integra os **nucleossomos de 10 nm** e se enrola até gerar uma estrutura helicoidal de **30 nm** de diâmetro (solenoide), que, ao voltar a se enrolar, forma **alças** de diferentes comprimentos, que emanam de um eixo que é constituído de proteínas não histônicas (Figura 12.12). As duas extremidades de cada alça são mantidas presas ao eixo por meio de sequências de DNA denominadas **SAR** (ver *Seção 12.9*).

Além de proteger o DNA de eventuais emaranhados, nós e fendas, esta disposição da cromatina o organiza setorialmente, já que cada alça representa uma **unidade de replicação**. Nas *Seções 12.9* e *14.12* foi dito que, provavelmente, algumas alças também constituiriam unidades de transcrição, ou seja, genes.

Ao falar sobre unidades de replicação, queremos dizer que o DNA não é sintetizado globalmente, e sim a partir de múltiplos setores ao longo de sua molécula, cada um dos quais corresponde a uma alça. Consequentemente, cada unidade envolve o DNA compreendido entre os pontos de origem e de chegada da alça à sua base, ou seja, entre as SAR. Convém advertir que essa setorização não pressupõe a existência de algum tipo de interrupção na continuidade do DNA, uma vez que a condição unitária de sua molécula não é perdida. A estratégia de setorizar a replicação do DNA será importante nas seções seguintes, quando forem analisadas as múltiplas dificuldades que a célula deve enfrentar para que este processo seja concretizado.

17.4 A duplicação do DNA provém de múltiplas origens de replicação

Se o DNA começasse a ser sintetizado a partir de uma das extremidades do cromossomo e seguisse até alcançar a outra extremidade, a replicação demoraria, em média, 30 dias. No entanto, a duração da fase S – ou o tempo que o DNA demora para se duplicar – é de 7 h aproximadamente, devido ao fato de que, ao longo de cada cromossomo, aparecem no DNA múltiplas **origens de replicação**, entre 20 e 80 para cada alça de cromatina, ou seja, para cada unidade de replicação.

As origens de replicação são geradas quando as duas cadeias de DNA se separam (Figuras 17.6 e 17.7). Não aparecem todas simultaneamente e seu surgimento, mais cedo ou mais tardio, depende do grau de enovelamento e de outras características da cromatina nos lugares em que são formadas.

Nas origens de replicação há segmentos de DNA especiais, compostos por centenas de nucleotídios. Mesmo que sejam diferentes entre si, todos têm uma sequência comum denominada **ARS** (de *autonomous replication sequence*), com cerca de 11 nucleotídios (ver *Seção 12.6*).

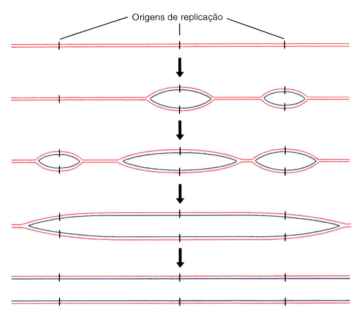

Figura 17.6 Esquema que mostra três origens de replicação contíguas em um setor de um cromossomo.

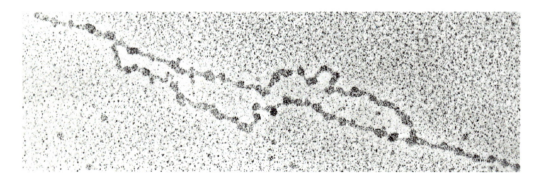

Figura 17.7 Um setor cromatínico durante a replicação. (Cortesia de S. L. McKnight e O. L. Miller Jr.)

O DNA das origens de replicação encontra-se associado a um complexo de seis proteínas denominado **ORC** (de *origin recognition complex*). Esse complexo liga-se à origem porque – assim como ocorre com os fatores de transcrição – invade os sulcos do DNA e reconhece algumas singularidades químicas em suas superfícies externas (ver *Seção 14.9*).

O ORC é requerido durante a ativação das origens de replicação. Não se sabe como ele age, porém se sabe que, no início da fase S, recruta outras proteínas – por exemplo, as denominadas **MCM** (de *minichromosome maintenance proteins*) e as **Cdc6p** (de *cell division cycle protein*) –, com as quais integra um complexo maior denominado **pré-RC** (de *pre-replication complex*). Este catalisa o início da replicação após ser induzido pelo fator **SPF** (de *S-phase promoting factor*), que, conforme será visto na *Seção 18.24*, aparece na célula no início da fase S.

Além de participar na ativação das origens de replicação, o ORC impede que o DNA se reduplique durante a fase G2, evitando que a célula comece a mitose tendo um número de moléculas de DNA maior que o normal (ver *Seção 18.24*).

17.5 A replicação do DNA é um processo bidirecional

Quando em uma origem de replicação a dupla-hélice do DNA se abre, forma-se a chamada **bolha de replicação**, cujo tamanho aumenta à medida que a separação das cadeias avança nas duas extremidades da bolha (Figura 17.6). Isso gera – em cada extremidade – uma estrutura com formato de Y denominada **forquilha de replicação**, ilustrada na Figura 17.8. Seus ramos representam as cadeias do DNA separadas, e o tronco, a dupla-hélice em vias de separação.

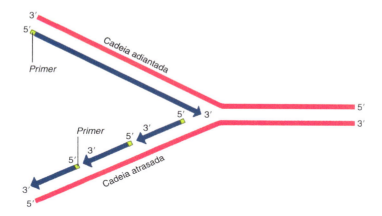

Figura 17.8 A replicação é bidirecional. Além disso é contínua na cadeia adiantada e descontínua na cadeia atrasada.

As duas forquilhas que nascem em cada origem avançam em sentidos opostos. Desaparecem quando colidem com seus semelhantes nas bolhas contíguas, com a aproximação progressiva entre elas (Figura 17.9). Evidentemente isso não ocorre com a forquilha que percorre o segmento distal do telômero.

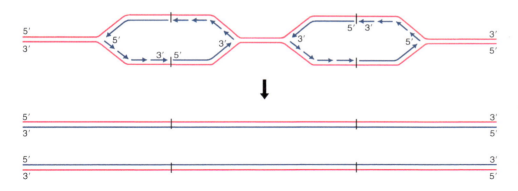

Figura 17.9 Esquema que mostra dois *replicons* contíguos e os locais em que se origina a replicação. Também mostra o caráter bidirecional da replicação e os setores em que o DNA é sintetizado de modo contínuo e descontínuo.

O segmento de DNA sintetizado a partir de uma origem de replicação recebe o nome de ***replicon***. A replicação termina quando todos os *replicons* conectam-se entre si. A ação cooperativa de milhares deles é o que possibilita que o DNA seja sintetizado em um tempo relativamente curto para o ciclo vital da célula.

17.6 Há diferenças no modo como as duas cadeias novas de DNA são sintetizadas

Até o momento, foi analisada a estratégia geral usada pela célula para replicar seu DNA no menor tempo possível, porém não foi muito comentada ainda a síntese propriamente dita do DNA e os detalhes moleculares que produzem a separação de suas cadeias. Apenas adiantamos que a síntese necessita de um molde de DNA preexistente e enzimas denominadas DNA polimerases, e que ocorre por meio do acréscimo de nucleotídios na extremidade 3′ das cadeias-filhas.

Esta última condição, e também porque as duas cadeias da dupla-hélice são antiparalelas (Figura 17.3), cria durante a síntese do DNA uma primeira dificuldade.

De fato, como em cada forquilha os nucleotídios de uma das cadeias caminham na direção 5′ → 3′ e os da outra cadeia na direção 3′ → 5′, a primeira, ao ser copiada, teria que gerar uma cadeia-filha na direção 3′ → 5′, algo que nenhuma DNA polimerase pode fazer.

A célula resolve o problema recorrendo a estratégias diferentes para fabricar as duas cadeias novas. Assim, o segmento da cadeia-filha que cresce na direção 5′ → 3′ – cujo molde é a cadeia progenitora 3′ → 5′ – é construído sem grandes complicações, mediante o acréscimo **contínuo** de nucleotídios em sua extremidade 3′ à medida que a forquilha se desloca (Figura 17.8).

252 ■ Biologia Celular e Molecular

Por outro lado, a outra cadeia-filha – que usa como molde a cadeia progenitora que caminha na direção 5′ → 3′ – é sintetizada de maneira diferente, já que, para poder crescer, deve fazer isso em direção contrária ao avanço da forquilha. Isso é possível porque é fabricada de maneira **descontínua**, o que significa que são construídos pequenos segmentos de DNA – denominados **fragmentos de Okazaki** – que se ligam entre si conforme vão se formando (Figura 17.8).

A Figura 17.8 mostra de que maneira é sintetizado um fragmento de Okazaki. Observa-se que um segmento da cadeia progenitora é copiado relativamente distante do ângulo da forquilha, situado "atrás" daquele que originou o fragmento de Okazaki construído anteriormente. Isso significa que o segmento de DNA-progenitor mais próximo à forquilha permanece sem ser copiado, embora, a essa altura, a outra cadeia progenitora já tenha sido copiada pela cadeia contínua. Por essa razão, esta última é denominada também cadeia **líder**, e a descontínua, **atrasada**.

Diz-se que a replicação do DNA é um processo **bidirecional** não apenas porque as duas cadeias são sintetizadas em direções opostas, mas também porque as duas forquilhas avançam em direções divergentes.

Além disso, é **assimétrica**, já que uma mesma cadeia replica-se de modo contínuo de um lado da bolha e de maneira descontínua do outro lado (Figura 17.9).

Em resumo, cada bolha apresenta quatro áreas geradoras de DNA, duas que o fazem de maneira contínua e duas de maneira descontínua, as primeiras cruzadas com as segundas (Figura 17.9). Como vimos, a síntese contínua ocorre na direção das forquilhas e a descontínua, na direção contrária.

A seguir, analisaremos de que modo é sintetizado o DNA na cadeia contínua (líder) e na cadeia descontínua (atrasada). Por motivos didáticos, será feito em seções separadas, embora estes processos – os já explicados e os que faltam ser explicados – ocorram simultaneamente.

17.7 A cadeia contínua de DNA replica-se a partir de um primer

Para iniciar a síntese da **cadeia contínua** de DNA, a DNA polimerase necessita, além de uma cadeia-molde de DNA 3′ → 5′, de uma extremidade 3′ para poder colocar o primeiro desoxirribonucleotídio. Essa extremidade é fornecida por um pequeno fragmento de RNA com cerca de 10 nucleotídios denominado *primer* (Figura 17.8). A formação do *primer* é catalisada por uma RNA polimerase específica, a **DNA primase**. Esta diferencia-se das RNA polimerases porque gera um RNA curto que permanece ligado ao DNA copiado.

Uma vez formado o *primer*, a síntese do DNA ocorre pela ação da DNA polimerase e pelo fornecimento de desoxirribonucleotídios. Estes estão localizados no núcleo como desoxirribonucleosídios trifosfato (dATP, dTTP, dCTP, dGTP) e são adicionados sequencialmente na extremidade 3′ da cadeia em crescimento, seguindo a ordem marcada pelos nucleotídios da cadeia de DNA que serve de molde (Figura 17.4).

A energia necessária para a replicação do DNA é retirada dos próprios desoxirribonucleosídios trifosfato, que liberam dois fosfatos quando se ligam entre si (Figura 17.4).

Devido à natureza bidirecional da replicação, ao iniciar-se a síntese contínua do DNA, em cada origem formam-se dois *primers* divergentes, um em cada cadeia da dupla-hélice aberta (Figura 17.9).

Em seguida, a **DNA polimerase δ**, que é a enzima que catalisa a síntese da cadeia contínua, acrescenta um desoxirribonucleotídio à extremidade 3′ do *primer* e, logo após, os sucessivos nucleotídios na extremidade 3′ da cadeia em crescimento. A Figura 17.11 mostra que a DNA polimerase δ localiza-se próxima ao ângulo forquilha de replicação.

Quando a forquilha alcança a extremidade do *replicon*, a cadeia contínua entra em contato com a cadeia descontínua do *replicon* vizinho – que avançava no sentido contrário –, e outra enzima, a **DNA ligase**, une a extremidade 3′ da primeira à extremidade 5′ da segunda (Figura 17.9).

Além disso, no local em que a síntese da cadeia contínua teve início, o *primer* é removido por uma **nuclease reparadora** – será descrita na *Seção 17.22* – e substituído por um segmento equivalente de DNA gerado com a ajuda de uma enzima especial, a **DNA polimerase β**. Finalmente esse segmento de DNA conecta-se ao restante da cadeia contínua por meio da DNA ligase.

Uma característica das DNA polimerases é sua tendência a se desprender do DNA da cadeia-molde. No entanto enquanto realizam seu trabalho permanecem ligadas a ele por serem sustentadas por uma **braçadeira deslizante**. Como mostrado na Figura 17.10, a braçadeira liga-se à polimerase e envolve o DNA, impedindo que se solte da enzima sem impedir seu deslizamento. Libera-se das DNA polimerases β e δ assim que elas param, ou seja, quando a β completa o segmento de DNA que substitui o *primer* e a δ chega à extremidade do *replicon*. Somente então as enzimas desprendem-se do DNA. Devido ao pequeno tamanho do *primer*, a DNA polimerase β se mantém unida ao DNA por um período muito curto.

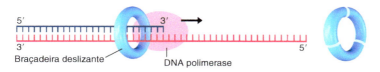

Figura 17.10 União da braçadeira deslizante à DNA polimerase. À direita estão ilustradas as três subunidades proteicas que compõem a braçadeira.

A braçadeira deslizante forma-se com a participação de três subunidades proteicas iguais entre si denominadas **PCNA** (de *proliferating cell nuclear antigen*), cada uma integrada por dois domínios topologicamente idênticos.

17.8 A cadeia descontínua de DNA requer muitos primers para sua replicação

Como acabamos de ver a cadeia contínua precisa de apenas um *primer*, que se instala assim que a replicação tem início. Por outro lado, a **cadeia descontínua** requer que a **DNA primase** fabrique múltiplos ***primers***, um para cada fragmento de Okazaki (Figuras 17.8 e 17.11).

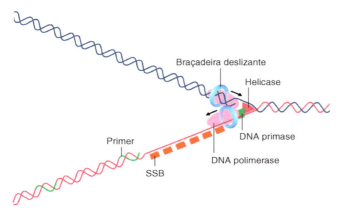

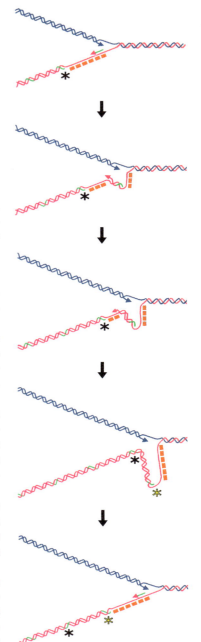

Figura 17.11 Cadeias contínuas ou descontínuas do DNA durante a replicação. A primeira é sintetizada pela DNA polimerase δ; a segunda, pela DNA polimerase α. As figuras da direita mostram, na cadeia atrasada, a evolução do arco que é gerado durante a síntese de cada fragmento de Okazaki. As proteínas SSB mantêm a cadeia estirada para evitar que suas bases complementares pareiem-se entre si.

A enzima responsável pela síntese dos **fragmentos de Okazaki** é a **DNA polimerase α**, que se encontra ligada à DNA polimerase δ e, por essa razão, localiza-se próximo ao ângulo da forquilha de replicação.

De modo semelhante à DNA polimerase δ na cadeia contínua, a DNA polimerase α coloca o primeiro desoxirribonucletídio junto à extremidade 3' do *primer* do fragmento de Okazaki, liga-o a ele e adiciona os sucessivos desoxirribonucleotídios na extremidade 3' do fragmento em crescimento. Logicamente isso é feito seguindo a ordem marcada pelos nucleotídios da cadeia de DNA, que serve de molde para gerar a cadeia descontínua (Figura 17.4).

Na *Seção 17.6* foi dito que a cadeia descontínua também recebe o nome de atrasada porque cada fragmento de Okazaki começa a ser construído após um segmento da cadeia contínua ter sido sintetizado. Como o atraso é de cerca de 200 nucleotídios, o DNA-molde do fragmento de Okazaki tem esse comprimento quando começa a ser replicado. A DNA primase e a DNA polimerase α precisam de uns 4 segundos para anexar os 10 ribonucleotídios do *primer* e os cerca de 200 desoxirribonucleotídios do fragmento de Okazaki, respectivamente.

Como mostrado na Figura 17.11, à medida que a forquilha de replicação avança, o DNA-molde encurta e a dupla-hélice que resulta da síntese do fragmento de Okazaki alonga-se. Cria-se também um segundo DNA-molde, o do fragmento de Okazaki que será sintetizado no próximo ciclo. Observe que dois dos três elementos mencionados – a dupla-hélice e o segundo DNA-molde – formam um arco que cresce entre a DNA polimerase α e o ângulo da forquilha de replicação.

O arco é formado porque a DNA polimerase α não pode deslizar ativamente sobre o DNA-molde devido a, como já visto, encontrar-se unida à DNA polimerase δ no ângulo da forquilha de replicação. Consequentemente cabe ao DNA-molde deslizar em direção à enzima, gerando um arco de comprimento crescente, o que torna possível sua conversão a dupla-hélice sem que a DNA polimerase α saia de seu lugar. Existem outros modelos teóricos de arco que propõem evoluções diferentes

254 ■ Biologia Celular e Molecular

da que acaba de ser descrita. O modelo apresentado aqui é um dos mais difundidos e, como os restantes, deriva de estudos efetuados em células procariontes.

Outro dado que a Figura 17.11 revela é que os dois DNA-moldes – o que se encurta e o que se alonga – estão associados a múltiplas unidades de uma proteína denominada **SSB** (de *single-strand DNA binding*), cuja função é manter relativamente retos esses DNA simples para evitar que as bases complementares de suas próprias cadeias se pareiem, o que impediria o trabalho da DNA polimerase α. Vale lembrar que, uma vez que a célula fabrica as SSB necessárias, estas são reutilizadas enquanto a replicação durar, já que suas unidades são transferidas dos DNA-molde que se encurtam para os DNA-molde que se alongam.

Assim como as DNA polimerases δ e β, a DNA polimerase α não se desprende do DNA-molde, pois está associada a uma **braçadeira deslizante**, cujas partes se separam – e a braçadeira se desarma –, assim que o fragmento de Okazaki acaba de ser sintetizado (Figuras 17.10 e 17.11). Em seguida, o arco se endireita e seus dois componentes – o fragmento de Okazaki e o DNA-molde – permanecem situados no lado oposto da enzima (Figura 17.11). Isso propicia condições para que comece a se formar um novo fragmento de Okazaki, o que ocorre uma vez que é formado o *primer* e que a DNA polimerase se une ao DNA-molde como consequência do retorno do funcionamento da braçadeira deslizante.

Conforme visto na *Seção 17.6,* a partir das origens de replicação, cada uma das duas cadeias da bolha origina duas cadeias divergentes, uma que cresce de maneira contínua e outra de modo descontínuo (Figura 17.9). Devido à maneira como a cadeia descontínua é formada, sua extremidade 3′ corresponde à extremidade 3′ do primeiro fragmento de Okazaki sintetizado, e sua extremidade 5′, à extremidade 5′ do último fragmento. Além disso o primeiro fragmento liga-se à extremidade 5′ da cadeia contínua do *replicon*, enquanto o último se liga à extremidade 3′ da cadeia contínua do *replicon* contíguo.

A DNA polimerase α interrompe sua atividade após acrescentar o último nucleotídio do fragmento de Okazaki, cuja extremidade 3′ permanece junto à extremidade 5′ do *primer* gerado anteriormente (Figura 17.8). Do mesmo modo que na cadeia contínua, os *primers* da cadeia descontínua são removidos por uma **nuclease reparadora** e substituídos por fragmentos de DNA construídos pela **DNA polimerase β**. Em seguida, age a **DNA ligase**, que solda a extremidade 3′ desses fragmentos à extremidade 5′ dos fragmentos de Okazaki precedentes.

17.9 Nos telômeros a replicação do DNA é orientada pela telomerase

Na *Seção 12.6* foi dito que o DNA dos **telômeros**, em razão de sua localização, pode se fundir ao DNA de outros telômeros ou se degradar por meio de uma nuclease, o que em condições normais não acontece porque se dobra sobre si mesmo e as proteínas TRF formam um capuz protetor. Tanto o dobramento quanto o capuz estão ilustrados na parte inferior da Figura 17.12. Observe que o DNA se dobra porque uma de suas cadeias é mais longa que a outra e invade um segmento próximo à dupla-hélice, produzindo uma tripla-hélice de DNA de cerca de 150 nucleotídios de extensão.

A cadeia descontínua do DNA telomérico é sintetizada de uma maneira singular. A DNA polimerase β não pode formar o segmento de DNA que deve substituir o último *primer* que é eliminado dessa cadeia, porque carece de uma extremidade 3′ a partir da qual possa começar a se formar. Como consequência, em cada uma das sucessivas divisões celulares, com a eliminação do último *primer* perde-se um segmento de DNA telomérico, provocando seu progressivo encurtamento.

Naturalmente, se ao final de um determinado número de divisões os cromossomos não revertessem esse encurtamento, não apenas perderiam os telômeros, mas também começariam a perder informação genética. Na maioria das células, isso não ocorre, porque, após cerca de 50 divisões, o encurtamento telomérico chega a um nível que impede o início de uma nova divisão. Além disso, essas células envelhecem e morrem, pois de seus telômeros esgotados surgem sinais que ativam o gene da proteína P53, que, como será visto nas *Seções 18.29* e *22.6*, bloqueia a divisão e determina a morte das células. Assim, a morte ocorre antes que as células percam informação genética.

Em algumas células pertencentes às linhas germinativas do testículo e do ovário (ver *Seção 19.3*), isso não ocorre ainda que se dividam repetidamente, o que se deve ao fato de conterem um complexo enzimático ribonucleoproteico desenhado para recuperar o DNA telomérico que perdem durante as divisões. Esse complexo é denominado **telomerase** e é composto por várias proteínas e um RNA de cerca de 450 nucleotídios denominado teRNA (ver *Seção 13.2*), que inclui a sequência $\overleftarrow{\text{AUCCCAAUC}}$ (Figura 17.12). Vejamos como a telomerase atua, adiantando que suas propriedades catalíticas derivam de sua fração proteica.

Nos telômeros a cadeia 3′ → 5′ do DNA é composta por numerosas sequências $\overleftarrow{\text{AATCCC}}$ consecutivas, as quais, junto com suas complementares **TTAGGG** da cadeia 5′ → 3′, vão se perdendo durante as sucessivas divisões celulares.

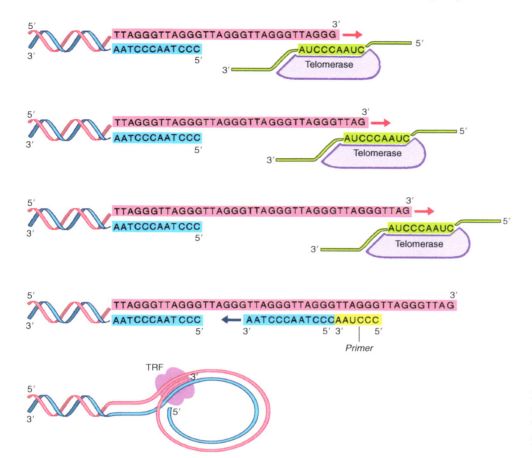

Figura 17.12 Replicação do DNA nos telômeros. No último esquema estão ilustradas as proteínas TRF e a alça que se forma na extremidade livre dos telômeros.

A recuperação deste DNA telomérico repetitivo (ver *Seção 12.7*) começa em um ciclo celular posterior, quando a sequência AUCCCAAUC do RNA da telomerase liga-se à extremidade 3' da cadeia 5' → 3', posicionando-se no lado da cadeia 3' → 5', conforme ilustrado na Figura 17.12.

A partir desse momento a cadeia 5' → 3' reúne os requisitos que lhe possibilitam crescer: tem sua própria extremidade 3' livre e uma sequência de nucleotídios que lhe serve de molde, a do RNA da telomerase. Já que, à medida que cresce provoca o deslocamento da telomerase, o processo se repete várias vezes. Termina quando a cadeia 5' → 3' recupera seu comprimento e o telômero se libera da telomerase.

Portanto, a telomerase é uma DNA polimerase que copia uma sequência de RNA, de modo que se comporta como uma transcriptase reversa (ver *Seção 17.25*).

Resta descrever como a cadeia 3' → 5' recupera seu tamanho. É restaurada pela DNA polimerase α, que utiliza como molde o DNA 5' → 3' recém-sintetizado e acrescenta os nucleotídios complementares a partir da extremidade 3' do RNA de um *primer* previamente fabricado pela enzima DNA primase. Finalmente, o *primer* é removido e a enzima DNA ligase une a antiga extremidade 5' da cadeia à extremidade 3' do segmento recém-formado.

Como não existe um balanço exato entre as perdas teloméricas e suas recuperações periódicas, o tamanho de seus telômeros varia nos diferentes cromossomos.

17.10 A lamina A é fundamental na manutenção dos telômeros

Nas *Seções 5.3*, *12.2* e *12.14* foi dito que a **lamina A** é uma das proteínas da lâmina nuclear e que os telômeros estão ligados a ela. Investigações adicionais revelaram que a lamina A desempenha um papel fundamental na manutenção dos telômeros, já que a existência de uma mutação em seu gene – denominado **LMNA** (de *lamin A*) – acelera o encurtamento das extremidades dos cromossomos, causando **envelhecimento celular prematuro** ou **progéria**. A proteína anômala resultante da mutação do gene LNMA é conhecida pelo nome de **progerina**.

O envelhecimento celular prematuro pode ocorrer também por outras causas, como estresse oxidativo (ver *Seção 10.3*), sobre-expressão de determinados oncogenes (ver *Seção 18.31*) e a excessiva exposição aos raios γ.

Outros estudos sobre envelhecimento celular demonstraram que, em meios de cultura, as células provenientes de embriões e de indivíduos jovens se dividem mais vezes do que as células provenientes de indivíduos mais velhos, as quais, além disso, morrem muito antes. Esse fenômeno é conhecido como **senescência replicativa**. Acredita-se que as células jovens cultivadas vivam mais porque seus telômeros recuperam o DNA que perdem em cada divisão com uma velocidade maior do que os telômeros das células envelhecidas, pois nelas a síntese de telomerase seria reduzida progressivamente à medida que ocorrem as divisões celulares. Deve-se ressaltar que, nas **células cancerosas**, a síntese da telomerase mantém-se conservada ou aumentada, o que explicaria por que, quando cultivadas, costumam multiplicar-se indefinidamente (ver *Seção 21.4*).

17.11 A topoisomerase I e a girase diminuem a tensão torsional produzida na dupla-hélice do DNA quando separadas suas duas cadeias por ação da helicase

Devido ao DNA ser uma molécula composta por duas cadeias helicoidais pareadas e enroladas entre si, sua síntese apresenta uma dificuldade adicional, que ainda não havia sido mencionada até o momento para não complicar a análise dos pontos anteriores.

Vimos que as DNA polimerases copiam os nucleotídios do DNA depois que as duas cadeias da dupla-hélice se separam. A separação é produzida por uma enzima específica denominada **helicase**, que está situada no ângulo da forquilha de replicação à frente das DNA polimerases δ e α e corta as pontes de hidrogênio entre as bases complementares das duas cadeias da dupla-hélice (Figura 17.11). Esse processo requer energia, a qual é retirada do ATP.

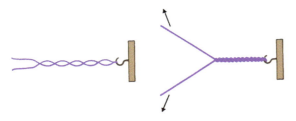

Figura 17.13 Separação das duas cadeias do DNA no nível da forquilha de replicação e sua consequência mecânica, evitada pelas topoisomerases.

Conforme a forquilha de replicação avança, a helicase deixa para trás segmentos das duas cadeias do DNA com seus nucleotídios expostos. Lembremos de que, para originar a cadeia descontínua, os nucleotídios da cadeia progenitora $5' \rightarrow 3'$ permanecem um tempo sem replicar, combinados com as SSB.

Devido à natureza helicoidal do DNA, a helicase não pode abrir a dupla-hélice do DNA como se abrisse um zíper. O modelo mostrado na Figura 17.13 nos ajuda a compreender por quê. Conforme as cadeias do DNA se separam no nível da forquilha, acumula-se à sua frente – na dupla-hélice ainda não aberta – uma torção cada vez maior. Pode-se deduzir, então, que essa torção tornaria inviável a separação das cadeias pela helicase. Portanto, para que a ação da enzima não seja freada, é necessário evitar o superenrolamento com um desenrolamento equivalente, a fim de prevenir excessivas tensões torsionais nos segmentos da dupla-hélice ainda não replicados.

O desenrolamento é produzido por duas enzimas específicas, a topoisomerase I e a girase (ou topoisomerase II). Ambas utilizam energia e evitam as voltas em excesso, mediante um processo que ocorre em três passos.

No primeiro passo, a **topoisomerase I** corta uma das cadeias da dupla-hélice; no segundo, a cadeia cortada gira em torno de seu próprio eixo; no terceiro, as extremidades cortadas voltam a se unir. Por sua vez, a **girase** não corta uma senão as duas cadeias do DNA, as quais restabelecem suas ligações após haverem girado.

Portanto, ambas as enzimas comportam-se como nucleases (cortam o DNA no nível de suas ligações fosfodiéster) e DNA ligases (reconectam os fragmentos cortados após haverem rotacionado o DNA).

A girase é uma das proteínas que integra o andaime proteico no qual se sustentam as alças de cromatina de 30 nm (ver *Seção 9.9*); associa-se ao DNA da alça permanecendo próximo a suas extremidades, onde formaria uma espécie de articulação giratória similar à mostrada na Figura 17.14. Com relação à topoisomerase I, existiriam várias em cada alça, pois agiriam entre as bolhas de replicação.

A topoisomerase I e a girase diferenciam-se não apenas porque a primeira corta somente uma cadeia do DNA e a segunda corta as duas, mas também pela magnitude de seus efeitos, já que o desenrolamento que a topoisomerase I produz é de curto alcance e o da girase engloba uma extensão de DNA muito maior.

Por outro lado não se descarta que ambas as enzimas sirvam para prevenir emaranhados nas moléculas de cromatina fora da replicação, já que poderiam agir – recorrendo a uma analogia imperfeita – como tesouras e mãos que, para desenrolar um extenso fio emaranhado, o cortam primeiro e o reúnem depois.

17.12 A topoisomerase I é requerida durante a transcrição

Durante a **transcrição do DNA**, quando a RNA polimerase avança e abre o lado frontal da bolha (Figura 14.2), forma-se na dupla-hélice um superenrolamento semelhante ao que ocorre durante a replicação. Assim como nesta última, o superenrolamento da transcrição deve ser continuamente suavizado, função desempenhada pela **topoisomerase I**.

Figura 17.14 Efeito hipotético da girase para evitar o superenrolamento que ocorreria no DNA como consequência da separação de suas duas cadeias.

17.13 A compactação da cromatina atrasa a replicação

O extremo enrolamento da cromatina, derivado dos sucessivos graus de compactação causados pela associação do DNA às histonas (ver *Seção 12.9*), impede a replicação. Na *Seção 14.12* foram analisados alguns mecanismos por meio dos quais, durante a transcrição, a RNA polimerase seleciona parte da compactação da cromatina. Até o momento não se tem dados exatos sobre mecanismos análogos na replicação. Apesar disso acredita-se que a compactação do DNA afeta a replicação, já que a heterocromatina, diferentemente da eucromatina (ver *Seção 10.12*), replica-se muito tardiamente na fase S.

Essa diferença é observada ao se comparar a replicação do cromossomo X ativo com a de seu homólogo compactado (**corpúsculo de Barr**); a deste é mais tardia, ainda que ambos os cromossomos X sejam teoricamente idênticos.

Existem também diferenças na replicação quando se compara o DNA das bandas R (ricas em G-C pareados) com o DNA das bandas G e Q (ricas em A-T pareados) (Figura 12.17): as bandas R replicam-se durante a primeira metade da fase S e as bandas G e Q fazem isso durante a segunda metade. O significado dessas bandas foi analisado na *Seção 12.13*.

17.14 Assim como o DNA, as histonas também são sintetizadas na fase S

Dissemos que o DNA replica-se de modo semiconservador, ou seja, que as duas cadeias progenitoras, ao se separarem para sua replicação, repartem-se em ambos os cromossomos-filhos (ver *Seção 17.2*) (Figura 17.5).

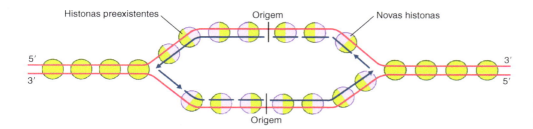

Figura 17.15 Agregado de novas histonas durante a replicação do DNA.

Com relação aos nucleossomos, sabe-se de que maneira suas histonas segregam-se. Ao final da replicação, repartem-se – aparentemente ao acaso – entre ambas as cromátides-filhas. Por essa razão, elas devem receber histonas recém-formadas. Os nucleossomos novos formam-se com histonas preexistentes e histonas novas (Figuras 17.7 e 17.15).

Os nucleossomos são construídos em dois passos. No primeiro, as histonas H3 e H4 ligam-se entre si por meio da **proteína N1** (ver *Seção 12.9*) e "são entregues" ao DNA por um complexo proteico denominado **CAF-I** (de *chromatin assembly factor*). No segundo, as histonas H2A e H2B, auxiliadas pela **nucleoplasmina** (ver *Seção 12.9*), ligam-se às histonas H3 e H4 e completam o octâmero (Figuras 12.8 e 17.16).

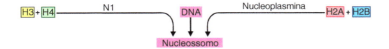

Figura 17.16 Participação da proteína N1 e da nucleoplasmina no conjunto de nucleossomos.

A maior parte das histonas novas é sintetizada na fase S e incorpora-se aos nucleossomos assim que o DNA é duplicado (Figura 17.15).

Durante a fase S, quase todas as cópias – entre 20 e 50 – dos genes das cinco histonas (ver *Seção 13.7*) são transcritas simultaneamente. Portanto, na fase S a concentração de mRNA das histonas é muito alta, não apenas pelo aumento de sua síntese, mas também porque diminui sua degradação (ver *Seção 16.22*).

A pequena quantidade de histonas sintetizada fora da fase S serviria para substituir as que envelhecem. Isso não ocorre frequentemente porque as histonas são bastante longevas e costumam manter-se durante toda a vida da célula.

17.15 A replicação constitui o início da divisão celular

Como apontado no início do capítulo, ao finalizar a replicação, os cromossomos contêm uma quantidade dobrada de DNA e as moléculas gêmeas – ou seja, o par de cromátides – permanecem unidas pelo centrômero até a anáfase da divisão celular. Assim, a replicação do DNA constitui o início da divisão, razão pela qual parte do que foi analisado neste capítulo será retomado no próximo, dedicado à mitose e ao seu controle.

Mutação do DNA

17.16 As alterações do DNA podem ser provocadas por mutações gênicas ou aberrações cromossômicas

O material genético encontra-se em constante perigo de ser alterado, não somente por ação de agentes ambientais, mas também espontaneamente, por exemplo, como consequência de erros que ocorrem durante a replicação. Quando as alterações do genoma envolvem um ou alguns nucleotídios, são denominadas **mutações gênicas**.

Às vezes as alterações apresentam tal magnitude que afetam o cariótipo, e, por essa razão, recebem o nome de **aberrações cromossômicas**. Podem ser estruturais ou numéricas. Nas aberrações estruturais são afetadas partes extensas de um cromossomo, que podem ser perdidas, invertidas, duplicadas ou translocadas. Por outro lado, nas numéricas, o cariótipo exibe um número de cromossomos menor ou maior do que o normal.

Neste capítulo trataremos exclusivamente das mutações gênicas, já que as aberrações cromossômicas serão analisadas no *Capítulo 20*.

17.17 As mutações gênicas têm diversas consequências

As mutações gênicas mais comuns consistem na substituição de um nucleotídio por outro, na perda (deleção) de um ou vários nucleotídios, ou na inserção (intercalação) de um ou vários nucleotídios em uma molécula de DNA. Qualquer que seja o tipo de mutação, haverá mudança na informação contida no gene, o que produzirá uma proteína diferente da esperada ou não haverá produção da proteína.

Como se sabe, a alteração de um nucleotídio em um gene gera um códon diferente e, como consequência, um aminoácido equivocado na proteína (a não ser que o novo códon seja "sinônimo" e, portanto, codifique o mesmo aminoácido). Muitas vezes a alteração de apenas um aminoácido produz alterações substanciais nas funções da proteína, já que a modificação de sua estrutura primária modifica as estruturas secundária e terciária da molécula.

A deleção ou a intercalação de um nucleotídio em um gene altera a disposição dos códons no mRNA desde o local da mutação até o códon terminal (ver *Seção 16.3*). Isso costuma resultar na produção de uma proteína aberrante ou, mais comumente, na interrupção de sua síntese, ao aparecer um códon de finalização antes do local correspondente.

As mutações podem ocorrer nas células somáticas ou nas germinativas. No primeiro caso, ainda que sejam capazes de afetar o fenótipo dos indivíduos, não a transmitem a seus descendentes. Por outro lado, quando se instalam nas células germinativas podem ser transmitidas aos descendentes e ser passadas de geração em geração.

Para os indivíduos as mutações costumam ser prejudiciais. Por exemplo, quando correspondem a proteínas relacionadas com a morfogênese, as mutações provocam **malformações congênitas anatômicas**.

Outras vezes as proteínas modificadas geram **alterações funcionais** ou **distúrbios metabólicos**. Como exemplos das primeiras, podem ser mencionadas as hemoglobinopatias, nas quais a presença na hemoglobina de um aminoácido errado costuma gerar graves disfunções sanguíneas. Já nos distúrbios metabólicos são alteradas enzimas que participam em processos de síntese e de degradação de diversas moléculas.

As mutações também podem afetar genes necessários à sobrevivência das células ou dos genes relacionados com o controle da multiplicação celular. No último caso, a proliferação das células geralmente fica descontrolada, provocando o aparecimento de quadros cancerígenos (ver *Seção 18.30*).

Consideradas pelo ângulo biológico global, as mutações gênicas têm um lado positivo, já que algumas vezes seu acúmulo no genoma forja as condições para o aparecimento de indivíduos mais bem adaptados ao meio ambiente, base da evolução das espécies.

17.18 Há vários tipos de mutações gênicas espontâneas

A maior parte das mutações gênicas que afetam as células ocorre de maneira espontânea, durante a replicação do DNA. Isso ocorre porque, quando as cadeias-filhas são sintetizadas, podem ser adicionados nucleotídios incorretos, ou nucleotídios a menos ou a mais. Como será visto em seções futuras, a célula desenvolveu mecanismos especiais para corrigir tais erros e conseguir a maior fidelidade possível na duplicação do DNA.

Estima-se que esses mecanismos corrijam quase todos os erros produzidos durante a replicação, de modo que, dos numerosos nucleotídios incorretamente adicionados cada vez que são copiados os milhões de pares de nucleotídios do genoma humano, em média persistem errados (mutados) somente uns 50.

No entanto como 90% do DNA nuclear carecem de genes (ver *Seção 12.7*), não mais do que 10% dessas 50 mutações são capazes de ocasionar alguma consequência.

Existem também mutações gênicas espontâneas alheias à replicação. Algumas aparecem como consequência da **desaminação** das bases dos nucleotídios, dada a facilidade com que perdem seus grupos amina. Conforme mostrado na Figura 17.17, quando a citosina se desamina, converte-se em uracila, que se pareia à adenina e não à guanina. Se a célula não corrige o erro substituindo a uracila por uma citosina, na próxima replicação – ao assumir a cadeia-filha alterada o papel de cadeia progenitora – adicionaria uma adenina em vez de uma guanina, e essa mutação seria inserida no genoma. Algo semelhante ocorre – espontaneamente também – quando a adenina é desaminada, pois, ao converter-se em hipoxantina, pareia-se com a citosina em vez da timina.

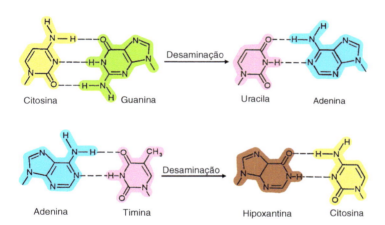

Figura 17.17 Consequências de mutações gênicas espontâneas produzidas por desaminação.

Outros tipos de mutações gênicas espontâneas aparecem em consequência da **despurinização**, ou seja, quando uma base – particularmente uma purina – se desprende da desoxirribose do nucleotídio (Figura 17.18). Portanto, nesses pontos – denominados sítios **AP** (de *apurínico* ou *apirimidínico*) – os genes carecem de informação.

Figura 17.18 Consequência da mutação gênica espontânea produzida por despurinização.

17.19 Vários agentes ambientais provocam mutações gênicas

Existem três grupos de agentes ambientais que, ao atuarem sobre as células, induzem o aparecimento de mutações:

(1) Os químicos, que são os mais difundidos
(2) As radiações ionizantes, por exemplo, a radiação ultravioleta da luz solar, os raios γ e os raios X
(3) Certos vírus capazes de introduzir segmentos de DNA externos nos genes.

Alguns desses agentes aumentam o aparecimento de mutações espontâneas no DNA (substituições de bases, deleções, intercalações, desaminações, despurinizações). Outros provocam outras espécies de alterações. Por exemplo, os raios γ e os raios X causam rupturas na dupla-hélice, enquanto a luz ultravioleta forma dímeros entre pirimidinas contíguas em uma das duas cadeias do DNA. Os mais comuns são os **dímeros de timina** (Figura 17.19). A união entre duas timinas vizinhas distorce seu pareamento com as adeninas da cadeia oposta, o que altera a replicação normal do DNA e causa mutações.

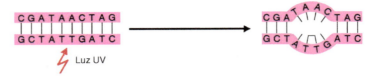

Figura 17.19 Formação de dímeros de timina por ação da luz ultravioleta.

Reparação do DNA

17.20 Há diversos mecanismos para reparar o DNA

Para cada tipo de alteração do DNA existe um mecanismo de reparação especial, dirigido por um conjunto de enzimas específicas. A seguir, analisaremos os mecanismos mais frequentes utilizados pela célula para corrigir os erros no DNA. Na maioria dos casos, baseiam-se na informação genética complementar existente entre as duas cadeias da dupla-hélice, de modo que, se uma delas sofre alguma alteração (mutação), pode ser reparada a partir da informação normal contida na outra. Como em qualquer processo biológico, os mecanismos reparadores de erros no DNA podem falhar, consequentemente causando o aparecimento de mutações gênicas.

17.21 A DNA polimerase corrige os erros que ela mesma comete

Durante a replicação do DNA, para que um nucleotídio possa ser agregado à extremidade 3′ da cadeia-filha em crescimento é imprescindível que o nucleotídio incorporado precedentemente seja o correto. Além disso se a DNA polimerase insere de modo acidental um nucleotídio incorreto, "percebe" o erro e não adiciona novos nucleotídios, de maneira que o crescimento da cadeia se detém transitoriamente. O erro é resolvido pela própria enzima mediante o exercício de uma função adicional conhecida como **leitura de provas.**

Desse modo, a DNA polimerase, diante de um nucleotídio inserido incorretamente, retrocede e o elimina. Para isso utiliza a atividade exonucleolítica 3′ → 5′ de uma de suas subunidades. Uma vez eliminado o nucleotídio, a síntese do DNA continua normalmente.

Como podemos ver, durante a replicação, a DNA polimerase controla os erros que ela mesma comete e também os corrige. Entretanto, dada a importância da integridade do DNA para a vida celular, se essa "leitura de provas" falha, passa a funcionar um segundo sistema de reparação que ocorre da maneira descrita na próxima seção.

17.22 Há um segundo sistema de reparação promovido por uma nuclease reparadora

Primeiramente, os nucleotídios errados são removidos por uma **nuclease reparadora**, a mesma que remove os *primers* na síntese contínua e descontínua do DNA (ver *Seções 17.7* e *17.8*). Para isso, a nuclease corta a ligação fosfodiéster que conecta o nucleotídio incorreto ao nucleotídio contíguo. A reparação se completa quando a DNA polimerase β sintetiza a peça faltante e a DNA ligase une essa peça ao DNA cortado.

Deve existir algum sinal que possibilite à nuclease reparadora distinguir em qual das duas cadeias do DNA encontra-se o nucleotídio incorreto. Nos procariontes tal reconhecimento baseia-se na existência de uma diferença transitória na metilação de certas adeninas entre as duas cadeias após a replicação. Como transcorre um tempo entre a síntese da cadeia-filha e a metilação, os erros seriam reparados durante esse período.

17.23 As mesmas enzimas reparam as desaminações e as despurinizações

O aparecimento no DNA de uracilas em vez de citosinas – como consequência de **desaminações** espontâneas – produz um mecanismo de reparação que utiliza uma DNA glicosidase específica. Esta reconhece e corta a conexão entre a base errada – a uracila – e a desoxirribose, deixando o nucleotídio sem a sua base (Figura 17.20). De modo semelhante, outra DNA glicosidase específica remove a hipoxantina produzida com a desaminação da adenina.

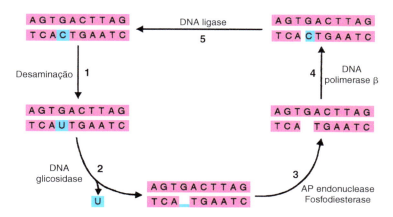

Figura 17.20 Ação das enzimas que reparam o DNA mutado por desaminação.

Os sítios AP gerados evoluem da seguinte maneira. A desoxirribose sem base é removida pela AP endonuclease e por uma fosfodiesterase, que cortam, respectivamente, a extremidade 5′ e a extremidade 3′ do sítio AP e removem o açúcar. Em seguida, a DNA polimerase β coloca o nucleotídio correto no local vazio e a DNA ligase finaliza a reparação.

Esses três últimos passos são também utilizados para reparar os locais AP produzidos em consequência das **despurinizações** espontâneas (ver *Seção 17.18*).

17.24 Duas nucleases intervêm no reparo dos dímeros de timina

Geralmente as mutações induzidas por agentes ambientais são reparadas pelos mesmos mecanismos utilizados para a correção das mutações espontâneas. Por outro lado, os **dímeros de timina** (Figura 17.19) – produzidos pela luz ultravioleta – são removidos por um sistema de enzimas especiais, que hidrolisam simultaneamente duas ligações fosfodiéster, uma de cada lado da lesão.

Dessa maneira, assim que reconhecem o erro provocado em virtude do dímero, nucleases cortam na cadeia afetada a 5ª e a 24ª ligação fosfodiéster, contadas a partir do dímero no sentido 3′ e 5′, respectivamente. A seguir, o segmento de 29 nucleotídios – que inclui também o dímero – é separado da cadeia normal pela helicase, que corta as pontes de hidrogênio entre as bases do segmento que deve ser removido e as bases da cadeia normal. A reparação se completa quando a DNA polimerase β substitui a porção ausente por um novo segmento de DNA e a DNA ligase o une ao DNA anterior.

Se uma das nucleases que removem os dímeros de timina é deficiente – como ocorre em indivíduos homozigotos nos quais o gene da enzima encontra-se mutado –, ocorre uma doença conhecida como **xeroderma pigmentoso**, caracterizada por extrema sensibilidade da pele aos raios ultravioleta da luz solar. Dessa maneira, a exposição da pele a essas radiações causa alta incidência de câncer cutâneo.

Transposição de sequências de DNA

17.25 Os transpósons são segmentos de DNA que saltam de um lugar a outro do genoma

Durante muitos anos acreditou-se na existência de uma estabilidade absoluta na ordem dos nucleotídios nos cromossomos e, portanto, dos próprios genes. Entretanto, para alguns segmentos do DNA isso não é verdade. No fim da década de 1940, Bárbara McClintock descobriu segmentos de DNA que têm a propriedade de passar de um lugar a outro do genoma em cepas de milho cujos sabugos apresentam grãos de cores diferentes. Com base em observações citogenéticas, propôs que os grãos de cor clara eram produzidos por segmentos de DNA que mudam de posição e inativam o gene do grão pigmentado. Sua hipótese foi recebida com total descrença e foi ignorada durante 20 anos, até que foram realizadas observações equivalentes na *Escherichia coli*.

Observou-se que esses segmentos de DNA transponíveis – ou **transpósons** – são capazes de codificar uma enzima denominada **transposase**, e que, em suas extremidades, têm sequências de nucleotídios iguais entre si, quando lidas em direções opostas.

O número de nucleotídios nessas **repetições invertidas** é fixo para cada transpóson. No transpóson hipotético ilustrado na Figura 17.21, observa-se o gene da transposase – que é uma endonuclease de restrição (ver *Seção 23.36*) – com as sequências de nucleotídios repetidas em seus lados. A transpo-

Figura 17.21 Transpóson com o gene da transposase e as sequências de nucleotídios inversamente repetidas em suas extremidades.

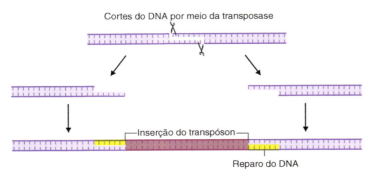

Figura 17.22 Cortes espaçados no DNA efetuados pela transposase. Observe a inserção do transpóson e reparo do DNA.

sase reconhece essas sequências de maneira específica, as corta e insere o transpóson em um sítio distinto do genoma.

As sequências repetidas presentes nas extremidades do transpóson são causa e consequência do mecanismo pelo qual os transpósons são extraídos de um local do genoma e inseridos em outro. Conforme ilustrado na Figura 17.22, durante esse processo a transposase realiza cortes espaçados, insere o transpóson e realiza os reparos necessários no DNA.

Na mosca *Drosophila melanogaster*, a maior parte do DNA repetitivo é representada por cerca de 15 famílias de elementos transponíveis. Existem no genoma entre 20 e 80 cópias de cada família. Sabe-se que essas sequências tendem a saltar de um lado a outro do genoma, pois, nas diferentes cepas de moscas, os transpósons encontram-se localizados nos cromossomos em posições diferentes. Por exemplo, na cepa de olhos brancos, foi encontrado um elemento transponível em meio ao gene codificador da enzima que determina a cor vermelha do olho. A maioria das mutações espontâneas na *Drosophila* é causada por transpósons que saltam dentro de um mesmo gene.

Nos vertebrados, a maioria dos transpósons tem grande semelhança com o RNA dos retrovírus. As semelhanças são tão amplas que os retrovírus podem ser considerados transpósons que aprenderam a saltar de uma célula eucarionte a outra. No ciclo dos retrovírus, a informação genética contida no RNA é copiada em sentido retrógrado (RNA → DNA) por uma enzima denominada **transcriptase reversa**, e o DNA resultante é inserido no genoma da célula infectada.

No homem, os elementos transponíveis mais abundantes são versões truncadas e mutadas de retrotranspósons não virais. Esses transpósons correspondem aos DNA repetitivos dispersos das famílias **Alu** e **L1**, cujas sequências constituem – como mencionado na *Seção 12.7* – mais de um terço de todo o genoma. Entretanto, nos cromossomos humanos somente uma pequena quantidade dessa espécie de transpósons tem a capacidade de mover-se.

A mudança de transpósons pode acarretar consequências genéticas importantes se ocorrerem deleções (ver *Seção 20.10*) em regiões de DNA não essenciais flanqueadas por outros transpósons similares, já que a recombinação entre suas sequências dentro de determinados íntrons poderia levar ao aparecimento de genes novos. Outro mecanismo capaz de criar novos genes deriva da transposição de éxons, pois a combinação de setores funcionais de dois genes preexistentes poderia levar à formação de um terceiro gene.

O que foi mencionado no parágrafo anterior sugere que a flexibilidade genômica introduzida pelos elementos transponíveis foi fundamental para a evolução. No entanto, a maioria dos genes novos apareceu pelo mecanismo de **duplicação genética** (ver *Seção 20.10*) e, depois, por uma mutação na segunda cópia do gene. Isso é o que ocorreu com os genes das globinas α e β, os quais foram formados a partir de um gene ancestral em comum.

17.26 Em geral as duplicações genéticas produzem pseudogenes

Muitos dos genes duplicados não se converteram em genes novos, e sim nos chamados **pseudogenes**, que são incapazes de gerar RNA. Como não sofrem nenhum tipo de pressão seletiva, esses pseudogenes – relativamente frequentes no genoma dos mamíferos – acumulam mutações, podendo converter-se em genes funcionais.

17.27 Os pseudogenes processados são originados pela transcrição reversa de moléculas de RNA

O genoma contém também pseudogenes que não surgem por duplicação genética, e sim a partir de RNA que foram copiados a DNA pela transcriptase reversa e inseridos no genoma. Esses segmentos de DNA – conhecidos como **pseudogenes processados** – encontram-se normalmente nas células de todos os mamíferos. Estão flanqueados por sequências repetidas de DNA semelhantes às descritas nos transpósons e poderiam ser "marcas" deixadas no genoma por alguns vírus portadores de RNA (retrovírus). A inatividade funcional dos pseudogenes deve-se ao fato de eles carecerem de sequências reguladoras. Por outro lado, foram descobertos pseudogenes processados cujas composições são muito parecidas com as dos genes das imunoglobulinas, as globinas e a tubulina β.

Bibliografia

Autexier C. and Greider C.W. (1996) Telomerase and cancer: revisiting the hypothesis. TIBS 21:387.
Bramhill D. and Kornberg A. (1988) A model for initiation at origins of DNA replication. Cell 54:915.
Broers J.L., Ramaekers F.C., Bonne G., Yaou R.B., Hutchison C.J. (2006) Nuclear lamins: laminopathies and their role in premature ageing. Physiol Rev 86:967.

Calos M. and Miller J. (1980) Transposable elements. Cell 20:579.

Cao K., Blair C., Faddah D.A. et al. (2011) Progerin and telomere dysfunction collaborate to trigger cellular senescence in normal human fibroblasts. J. Clin. Invest. 121:2833.

Chakalova L., Debrand E., Mitchel J.A. et al. (2005) Replication and transcription: shaping the landscape of the genome. Nature Rev. Genet. 61:669.

Chan S.R. and Blackburn E.H. (2004) Telomeres and telomerase. Philos. Trans. R. Soc. Lond. B. Biol. Sci. 359:109.

Chong J.P.J., Thömmes P. and Blow J.J. (1996) The role of MCM/P1 proteins in the licensing of DNA replication. TIBS 21:102.

Chuang T.C., Moshir S., Garini Y. et al. (2004) The threedimensional organization of telomeres in the nucleus of mammalian cells. BMC Biol 2:12.

Dechat T., Pfleghaar K., Sengupta K. et al. (2008) Nuclear lamins: major factors in the structural organization and function of the nucleus and chromatin. Genes Dev 22:832.

Dillin A. and Rine J. (1998) Roles for ORC in M phase and S phase. Science 279:1733.

Dillingham M.S. (2006) Replicative helicases: a staircase with a twist. Curr. Biol. 16:R844.

Drake J.W. (1991) Spontaneous mutation. Annu. Rev. Genet. 25:125.

Edmondson D.G. and Roth S.Y. (1996) Chromatin and transcription. FASEB J. 10:1173.

Gierl A. and Frey M. (1991) Eukaryotic transposable elements with short terminal inverted repeats. Curr. Opin. Genet. Dev. 2:698.

Greider C.W. and Blackburn E.H. (1996) Telomeres, telomerase and cancer. Sci. Am. 274 (2):80.

Grossman L., Caron P.R., Mazur S.J. and Oh E.Y. (1988) Repair of DNA-containing pyrimidine dimers. FASEB J. 2:2629.

Groth A., Rocha W. and Almouzni G. (2007) Chromatin challenges during DNA replication and repair. Cell 128:721.

Harley C.B. and Villeponteau B. (1995) Telomeres and telomerase in aging and cancer. Curr. Opin. Genet. Dev. 5:249.

Harrison J.C. and Haber J.E. (2006) Surviving the breakup: the DNA damage checkpoint. Annu. Rev. Genet. 40:209.

Huberman J.A. and Tsai A. (1973) Direction of DNA replication in mammalian cells. J. Mol. Biol. 75:5.

Indian C. and O'Donnel M. (2006) The replication clamp–loading machine at work in the three domains of life. Nature Rev. Mol. Cell Biol. 7:751.

Jackson V. (1988) Deposition of newly synthesized histones: hybrid nucleosomes are not tandemly arranged on daughter DNA strands. Biochemistry 27:2109.

Karlseder J., Smogorzewska A. and de Lange T. (2002) Senescence induced by altered telomere state, not telomere loss. Science 295:2446.

Kolodner R.D. (1995) Mismatch repair: mechanisms and relationship to cancer susceptibility. TIBS 20:397.

Lange T. (1998) Telomeres and senescence: Ending the debate. Science 279:334.

Lange T. (2001) Telomere capping: One strand fits all. Science 292:1075.

Laskey R.A., Fairman M.P. and Blow J.J. (1989) S phase of the cell cycle. Science 246:609.

Leffell D.J. and Brash D.E. (1996) Sunligth and skin cancer. Sci. Am. 275 (1):38.

Li R., Hannon G.J., Beach D. and Stillman B. (1996) Subcellular distribution of p21 and PCNA in normal and repair-deficient cells following DNA damage. Curr. Biol. 6:189.

Lingner J., Cooper J. and Cech T.P. (1995) Telomerase and DNA end replication: No longer a lagging strand problem? Science 269:1533.

Lingner J. et al. (1997) Reverse transcriptase motifs in the catalytic subunit of telomerase. Science 276:561.

Loeb L.A. (1985) Apurinic sites as mutagenic intermediates. Cell 40:483.

Lohman T.M. (1993) Helicase-catalyzed DNA unwinding. J. Biol. Chem. 268:2269.

Marx J. (1994) New link found between p53 and RNA repair. Science 266:1321.

Marx J. (1995) How DNA replication originates. Science 270:1585.

Muzi-Falconi M., Brown G.W. and Kelly T.J. (1996) DNA replication: controlling initiation during the cell cycle. Curr. Biol. 6:229.

O'Donnell M. and Kuriyan J. (2005) Clamp loaders and replication initiation. Curr. Opin. Struct. Biol. 16:35.

Prelich G. and Stillman B. (1988) Coordinated leading and lagging strand synthesis during SV40 replication in vitro requires PCNA. Cell 53:117.

Robinson N.P. and Bell S.D. (2005) Origins of DNA replication in the three domains of life. FEBS 272:3757.

Romanowski P. et al. (1996) The *Xenopus* origin recognition complex is essential for DNA replication and MCM binding to chromatin. Curr. Biol. 6:1416.

Sancar A. (1994) Mechanisms of DNA excision repair. Science 266:1954.

Sancar A., Lindsey-Boltz L.A. et al. (2004) Molecular mechanisms of mammalian DNA repair and the DNA damage checkpoints. Annu. Rev. Biochem. 73:39.

Sancar A. and Sancar G.B. (1988) DNA repair enzymes. Annu. Rev. Biochem. 57:29.

Smogorzewska A. and de Lange T. (2004) Regulation of telomerase by telomeric proteins. Annu. Rev. Biochem. 73:177.

Seeberg E., Lars E. and Bjorås M. (1995) The base excision repair pathway. TIBS 20:391.

Sharma A. and Mondragon A. (1995) DNA topoisomerases. Curr. Opin. Struc. Biol. 5:39.

Sharp P.A. (1983) Conversion of RNA to DNA in mammals: Alu-like elements and pseudogenes. Nature 301:471.

Shinohara A. and Ogawa T. (1995) Homologous recombination and the roles of double-strand breaks. TIBS 20:387.

Stillman B. (1996) Cell cycle control of DNA replication. Science 274:1659.

Wang J.C. (1991) DNA topoisomerases: why so many? J. Biol. Chem. 266:533.

Wevrick R. and Buchwald M. (1993) Mammalian DNA-repair genes. Curr. Opin. Genet. Dev. 3:470

Mitose
Controle do Ciclo Celular

18

Mitose

18.1 Um indivíduo adulto tem aproximadamente 10¹³ células

A capacidade de se reproduzir é uma propriedade fundamental da célula. É possível ter uma ideia da magnitude da reprodução celular se considerarmos que um indivíduo adulto é formado por bilhões de células (10^{13}), todas provenientes de apenas uma, o zigoto. A multiplicação celular segue, sendo notável mesmo em um ser adulto que já deixou de crescer. Um exemplo interessante são os eritrócitos, cuja vida média é de somente 120 dias. Portanto, o organismo deve produzir cerca de 2,5 milhões de eritrócitos por segundo para manter seu número relativamente constante. Essa reprodução celular deve ser regulada de modo perfeito para que a formação de novas células compense as perdas e o equilíbrio seja mantido.

18.2 No ciclo celular são intercalados períodos de interfase e de divisão celular

Como adiantamos na *Seção 17.1*, as células passam por um ciclo que compreende dois períodos fundamentais: a interfase e a divisão celular. Esta última ocorre por meio da mitose ou da meiose. Como o microscópio óptico possibilitava observar as mudanças de ciclo em detalhes, o período de divisão foi durante muitos anos o ponto de interesse primordial para os citologistas. Isso porque a interfase foi considerada como uma etapa de "repouso", apesar de ser o período no qual as funções mais importantes do ciclo celular ocorrem, tanto no núcleo quanto no citoplasma. A maioria das células passa a maior parte de sua vida na interfase, durante a qual – quando vão se dividir – todos os seus componentes são duplicados. Vale lembrar que alguns tipos de células diferenciados dividem-se raramente e que, após o nascimento, as células nervosas, salvo raras exceções, não se dividem. Portanto, nos neurônios, o período de interfase estende-se por toda a vida do indivíduo.

O ciclo celular pode ser considerado como uma complexa série de fenômenos que culminam quando o material celular duplicado distribui-se nas células-filhas. A divisão celular é apenas a fase final, microscopicamente visível, de mudanças anteriores em nível molecular. Então, antes que a célula se divida por mitose, seus principais componentes já foram duplicados. Nesse aspecto a divisão celular representa a separação final das unidades moleculares e estruturais previamente duplicadas.

18.3 A interfase compreende os períodos G1, S e G2

O uso de métodos citoquímicos revelou os primeiros indícios de que a duplicação do DNA ocorre durante a interfase. Posteriormente a radioautografia com timidina marcada tornou possível determinar o período exato da duplicação do DNA. Assim demonstrou que a síntese ocorre apenas em um momento limitado da interfase, denominado fase S (de *síntese de DNA*), que é precedido e seguido, respectivamente, pelas fases G1 e G2 (de *gap*, intervalo), nas quais não ocorre síntese de DNA. Por isso divide-se o ciclo celular em quatro fases sucessivas: G1, S, G2 e M (de *mitose*) (Figura 17.1). G2 é o tempo transcorrido entre o fim da síntese do DNA e o começo da mitose.

Conforme mostrado na Figura 18.1, durante a fase G2, a célula contém o dobro (4c) da quantidade de DNA presente na célula diploide original (2c). Após a mitose as células-filhas entram na fase G1 e recuperam o conteúdo de DNA das células diploides (2c).

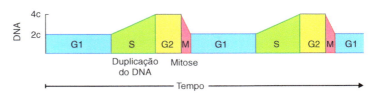

Figura 18.1 Alterações no conteúdo do DNA nuclear durante as fases do ciclo vital da célula. A letra *c* representa a quantidade de DNA contida em uma amostra haploide de 23 cromossomos. *2c*, dobro do conteúdo de DNA. *4c*, conteúdo quadriplicado de DNA.

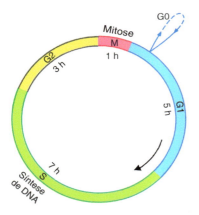

Figura 18.2 Ciclo celular no qual está indicada a duração de cada fase em uma célula que se divide a cada 16 h.

18.4 O período G1 é o mais variável do ciclo celular

A duração do ciclo varia muito de acordo com o tipo de célula. Em uma célula cultivada de mamífero, com um tempo de vida de 16 h, a fase G1 dura 5 h; a fase S, 7 h; a fase G2, 3 h; e a fase M, 1 h (Figura 18.2). Os períodos S, G2 e M são relativamente constantes na maioria dos tipos de células. O mais variável é o período G1, que pode durar dias, meses ou anos. As células que não se dividem (como as células nervosas ou as células do músculo esquelético), ou que se dividem pouco (como os linfócitos), permanecem no período G1, que nesses casos é denominado G0, porque as células saem do ciclo celular.

18.5 Descrição geral da mitose

Dissemos que a divisão celular compreende uma série de fenômenos por meio dos quais os materiais são, primeiramente, duplicados e, em seguida, repartidos em proporções teoricamente iguais entre as duas células-filhas. Todos os componentes da célula – não apenas os que estão relacionados com a transmissão da herança genética – duplicam-se antes de a célula se dividir por mitose. Nos capítulos anteriores foram analisados os mecanismos por meio dos quais ocorre aumento no número de algumas organelas e aumento no volume de outras. A mitose envolve também a questão da continuidade dos cromossomos, por serem capazes de se autoduplicar e de manter suas características morfológicas por meio das sucessivas divisões. Por essa razão, é necessário repassar os processos vinculados à replicação do DNA e os relacionados com a condensação da cromatina.

Entre os processos que ocorrem no citoplasma, o que chama mais a atenção é a formação do **fuso mitótico**, quando a célula começa a se dividir e desaparece ao final da divisão. Veremos que é uma armadura estrutural composta por microtúbulos que controlam a posição dos cromossomos e sua divisão entre as células-filhas. Os microtúbulos do fuso nascem de um par de centrossomos e são formados durante a interfase quando o centrossomo se duplica, conforme ilustrado na Figura 5.23 (ver *Seção 18.12*).

Como corolário da mitose, ocorrem a partição do citoplasma e sua distribuição equitativa nas células-filhas, fenômeno conhecido como citocinese.

Em geral os processos que originam a mitose são semelhantes em todas as células do organismo. As Figuras 1.12 e 18.3 mostram as diferentes etapas da mitose, consideradas como fases de um ciclo que tem início no fim da interfase – o período intermitótico – e termina quando inicia a interfase seguinte. As etapas da mitose são: **prófase**, **prometáfase**, **metáfase**, **anáfase** e **telófase**. A partir da anáfase, tem início a **citocinese** – ou separação dos dois territórios citoplasmáticos filhos –, que culmina quando a telófase é concluída.

No primeiro momento as diferentes fases da mitose serão descritas com a finalidade de passar uma ideia global dos fenômenos que ocorrem tanto no núcleo quanto no citoplasma. Em seções posteriores será revisada a ultraestrutura e a bioquímica de alguns desses fenômenos.

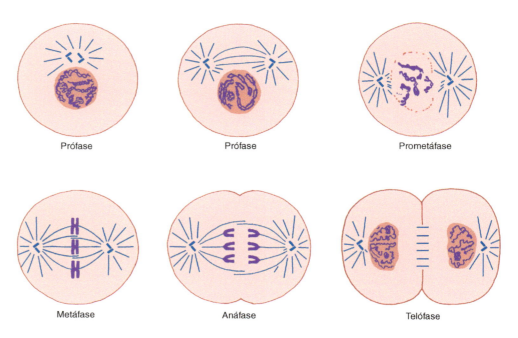

Figura 18.3 Esquema geral das fases da mitose.

18.6 Durante a prófase as cromátides condensam-se, forma-se o fuso mitótico e o nucléolo se desintegra

A detecção dos cromossomos como filamentos delgados indica o início da **prófase**. O termo mitose (do grego *mítos*, filamento) expressa esse fenômeno, que se torna mais evidente à medida que os cromossomos se condensam por meio do enrolamento da cromatina. Conforme vimos na *Seção 17.1*, após a duplicação do DNA na fase S cada cromossomo é composto por duas moléculas de DNA denominadas **cromátides** (Figura 17.2). À medida que a prófase avança, as cromátides tornam-se mais curtas e grossas. Além disso, os centrômeros (ou constrições primárias) passam a ser claramente visíveis devido à sua associação a duas placas proteicas denominadas **cinetócoros**, voltados aos lados externos das cromátides (Figura 18.6). A princípio os cromossomos estão distribuídos de modo homogêneo no nucleoplasma, porém logo se aproximam da carioteca, produzindo um espaço vazio no centro do núcleo. Este movimento centrífugo dos cromossomos indica a proximidade do momento da desintegração do envoltório nuclear. Podem também ser observadas as constrições secundárias dos cromossomos 13, 14, 15, 21 e 22. Outra alteração é a redução do tamanho do nucléolo, até seu desaparecimento.

Devido à desintegração do citoesqueleto, a célula tende a se tornar esférica; perde, ainda, seu contato com as células vizinhas ou com a matriz extracelular. Simultaneamente o retículo endoplasmático (RE) e o complexo de Golgi fragmentam-se em pequenas vesículas. No entanto o que mais se destaca no citoplasma é a formação do **fuso mitótico**. Trata-se de conjuntos de feixes de microtúbulos que surgem de ambos centrossomos, os quais se afastam ao mesmo tempo, pois se dirigem aos polos opostos da célula.

Adiante veremos como – e em que fases do ciclo celular – a célula forma o segundo centrossomo. Conforme mencionado na *Seção 5.5*, o centrossomo é composto pela matriz centrossômica – que é o local de nascimento dos microtúbulos – e um par de centríolos. Dos centrossomos as fibras do fuso irradiam em todas as direções, mas as mais evidentes são aquelas que se estendem em direção ao centro da célula, formando associações de importância funcional.

18.7 Durante a prometáfase a carioteca se desintegra

Recebe o nome de **prometáfase** a transição entre a prófase e a metáfase. Trata-se de um período muito curto, durante o qual a carioteca se desintegra e os cromossomos – um pouco mais condensados – permanecem em aparente desordem. Os centrossomos alcançam os polos das células e, já desaparecida a carioteca, as **fibras do fuso** invadem a área antes ocupada pelo núcleo. Por meio de suas extremidades livres, algumas fibras do fuso conectam-se com os cinetócoros dos cromossomos – essas fibras são denominadas **cinetocóricas**. Outras fibras – denominadas **polares** – estendem-se além do plano equatorial da célula e seus ramos distais se entrelaçam aos ramos provenientes do polo oposto. Existe um terceiro tipo de fibras originadas dos centrossomos, as fibras do **áster**; são mais curtas, irradiam em todas as direções e suas extremidades encontram-se aparentemente livres (Figura 18.4A).

Voltando às fibras cinetocóricas, é lógico pensar que, ao se conectarem com os cromossomos, não se unem aos cinetócoros todas ao mesmo tempo. Assim, considerando um cromossomo em particular, ao se unirem primeiro as fibras que vêm de um dos polos e em seguida as provenientes do polo oposto, ele apresenta durante um tempo movimentos de distanciamento e de aproximação com relação ao plano equatorial da célula. Finalmente, quando ambas as forças se equilibram, o cromossomo se mantém nesse plano.

18.8 Durante a metáfase os cromossomos posicionam-se no plano equatorial da célula

Na **metáfase** os cromossomos – que alcançaram sua máxima condensação – aparecem organizados no plano equatorial da célula. Acomodam-se de tal modo que as duas placas cinetocóricas de cada centrômero permanecem orientadas em direção aos polos opostos da célula, "olhando" para os respectivos centrossomos (Figura 18.4A).

18.9 Durante a anáfase os cromossomos-filhos dirigem-se aos polos da célula

Durante a **anáfase** ocorre a partição das coesinas dos centrômeros (ver *Seção 17.1*), fato que ocorre quase simultaneamente em todos os cromossomos (Figura 18.3). De imediato as cromátides – ou **cromossomos-filhos** – separam-se e começam a migrar em direção aos polos, tracionadas pelas fibras cinetocóricas do fuso. Geralmente os cromossomos adotam o formato da letra V.

Figura 18.4 Fibras do fuso mitótico e seu comportamento na metáfase (**A**), na anáfase A (**B**) e na anáfase B (**C**) (ver *Seção 18.17*).

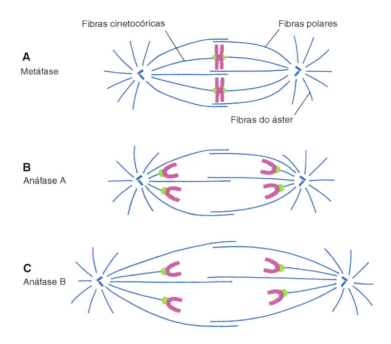

Os braços do V nos cromossomos metacêntricos têm o mesmo comprimento, mas, nos submetacêntricos e nos acrocêntricos, são desiguais (ver *Seção 12.16*). O centrômero, no ângulo do V, precede as partes restantes do cromossomo em sua "corrida" em direção ao centrossomo. Evidentemente, nesse processo os microtúbulos das fibras cinetocóricas encurtam-se de modo progressivo (Figura 18.4B). Por outro lado, o comprimento das fibras polares aumenta devido ao mútuo distanciamento dos polos da célula, que, por isso, perde seu formato esférico e adquire um formato ovoide (Figuras 18.3 e 18.4C).

18.10 Durante a telófase formam-se os núcleos-filhos

A chegada dos cromossomos-filhos aos polos – com o conseguinte desaparecimento das fibras cinetocóricas do fuso – aponta o início da **telófase**. A célula está mais alongada, de modo que as fibras polares exibem um comprimento maior, se comparadas com as da anáfase. Os cromossomos começam a se desenrolar e mostram-se cada vez menos condensados; portanto, de certa maneira esse processo representa a recapitulação do que ocorre na prófase, mas no sentido inverso.

Ao mesmo tempo que os cromossomos convertem-se em fibras de cromatina desenroladas, estas estão rodeadas por partes do RE, as quais se integram até formar os envoltórios nucleares definitivos em torno dos dois núcleos-filhos. Além disso, reaparecem nos núcleos os respectivos nucléolos.

18.11 A citocinese divide o citoplasma entre as células-filhas

A **citocinese**, ou seja, a partição do citoplasma, tem início na anáfase. O citoplasma se estreita na região equatorial pela formação de um sulco na superfície, que se aprofunda à medida que a célula se divide. Tanto as fibras do áster quanto as polares reduzem-se até desaparecer. Somente sobrevivem os ramos das fibras polares localizados na zona equatorial da célula; fazem parte do chamado **corpo intermediário**, que será analisado adiante (Figura 18.7). Evidentemente essas fibras são perpendiculares ao sulco que divide o citoplasma.

Por fim, o citoesqueleto é restabelecido e, dessa maneira, as células-filhas adquirem o formato original da célula antecessora e se conectam com outras células (quando pertencem a um epitélio) e com a matriz extracelular. Conduzidos pelo citoesqueleto, os componentes citoplasmáticos (mitocôndrias, RE, complexo de Golgi etc.) distribuem-se nas células-filhas do mesmo modo que na célula-mãe.

18.12 O ciclo dos centrossomos compreende a duplicação dos centríolos e da matriz centrossômica

Os **centrossomos** iniciam sua duplicação durante a interfase, mais especificamente, ao final da fase G1 ou início da fase S. Para se duplicar, os dois **centríolos** do diplossomo se separam e, próximo a cada um, surge um **pró-centríolo**, que permanece disposto em ângulo reto com relação ao centríolo

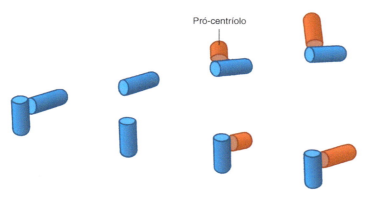

Figura 18.5 Duplicação dos centríolos antes do início da mitose.

preexistente (Figura 18.5). Os pró-centríolos crescem lentamente durante as fases S e G2 e alcançam seu tamanho definitivo no início da prófase, que tem dois pares de centríolos. Cada par de centríolos encontra-se em meio a sua **matriz centrossômica**, proveniente da matriz centrossômica original, que também se duplicou.

Conforme vemos os centríolos não se duplicam por divisão nem a partir de um molde. Como os pró-centríolos surgem a certa distância dos centríolos antecessores (não estão em contato), estima-se que estes últimos ajam como indutores e organizem o material dos primeiros.

18.13 Os cinetócoros são os sítios de implantação dos microtúbulos

Como foi dito as fibras do fuso mitótico que se unem aos cromossomos implantam-se nos **cinetócoros** (Figuras 18.4 e 18.6). Estes estão unidos ao **centrômero**, ou seja, ao segmento mais estreito do cromossomo (constrição primária). Desse modo, o centrômero não é somente o setor pelo qual as cromátides-irmãs se ligam entre si por meio das coesinas (ver *Seção 17.1*), mas também o local em que os microtúbulos do fuso se conectam – por meio dos cinetócoros – com os cromossomos. Nas *Seções 12.7* e *12.11* foi descrito que a maior parte do centrômero contém DNA repetitivo satélite e que se encontra em uma zona de heterocromatina constitutiva.

Os cinetócoros estão situados nos lados do centrômero voltados às cromátides, de modo que na metáfase – o momento em que são mais bem observados – "olham" para seus respectivos polos celulares. Nos cortes transversais o microscópio eletrônico revela que cada cinetócoro é uma estrutura trilaminar composta de duas camadas densas de cerca de 50 nm de espessura e uma camada intermediária, mais clara, de 25 nm de espessura (Figura 18.6).

A face externa do cinetócoro é convexa e nela implantam-se entre 30 e 40 microtúbulos. Por outro lado, sua face interna é plana e está em contato com a cromatina do centrômero. Foram observadas fibras de cromatina originadas do centrômero que entram na camada densa interna do cinetócoro e, após dobrar-se sobre si mesmas, retornam ao cromossomo, a fim de manter os cinetócoros ligados ao centrômero. De volta à face externa, as extremidades dos 30 a 40 microtúbulos que se ancoram em sua superfície estão associadas a proteínas motoras das famílias da dineína e da cinesina (ver *Seção 5.8*) (Figura 18.6).

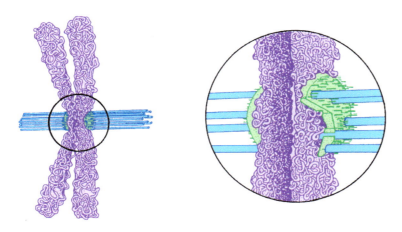

Figura 18.6 Estrutura do centrômero em um cromossomo metafásico. Observam-se os cinetócoros, nos quais se implantam as fibras cinetocóricas do fuso mitótico.

270 ■ Biologia Celular e Molecular

Mais adiante será analisado o papel que os cinetócoros desempenham durante a separação dos cromossomos-filhos na anáfase.

A **esclerodermia** é uma doença humana que produz autoanticorpos denominados **CREST** (iniciais de *calcinosis*, *Raynaud's phenomenon*, *esophageal dysphagia*, *sclerodactyly* e *telangiectasia*), os quais reagem contra os cinetócoros. Isso possibilitou usá-los como marcadores para reconhecer e estudar as proteínas cinetocóricas, especialmente as motoras das famílias da cinesina e da dineína e as que estabilizam a ligação do cinetócoro com a cromatina do centrômero.

Os autoanticorpos CREST possibilitaram detectar as proteínas cinetocóricas em todas as etapas do ciclo celular, ainda que apareçam associadas aos centrômeros a partir da fase S, quando começariam a se formar os cinetócoros.

Com a ajuda dos autoanticorpos CREST foram localizados os genes que codificam as proteínas cinetocóricas e determinadas suas sequências. Encontram-se nos próprios centrômeros, entre o DNA repetitivo satélite que os caracteriza. Desse modo, além de serem compostos por esse DNA – o qual tem a **sequência alfoide** mencionada na *Seção 12.7* –, os centrômeros reúnem os genes das proteínas cinetocóricas.

Nos cinetócoros dos cromossomos humanos foram identificadas, entre outras, seis proteínas, denominadas CENP-A, CENP-B, CENP-C, CENP-D, CENP-E e CENP-F (de *centromere protein*). A **CENP-A** e a **CENP-B** encontram-se associadas às fibras de cromatina que entram na camada densa interna do cinetócoro. Além disso, a CENP-A não é outra senão a histona H3 – um pouco modificada – dos nucleossomos dessas fibras. A **CENP-C** encontra-se na camada densa interna do cinetócoro, entre as fibras de cromatina que a unem ao centrômero. Com relação à **CENP-D**, não é conhecida sua localização ou suas funções. Finalmente tanto a **CENP-E** quanto a **CENP-F** encontram-se na camada densa externa do cinetócoro com a finalidade de reforçar a ancoragem dos microtúbulos do fuso mitótico. Já que a CENP-E é a cinesina mencionada anteriormente, encontra-se também na face externa do cinetócoro.

18.14 Os microtúbulos do fuso mitótico são estruturas dinâmicas

No citosol costuma existir uma abundante quantidade de tubulinas livres que estão em equilíbrio dinâmico com as tubulinas dos microtúbulos (ver *Seção 5.7*). Quando a célula inicia a prófase, os microtúbulos interfásicos são despolimerizados e construídos os microtúbulos do **fuso mitótico**. Desse modo na mitose existem apenas microtúbulos pertencentes ao fuso. Na anáfase, com o deslocamento dos cromossomos em direção aos polos, as fibras cinetocóricas do fuso começam a ser despolimerizadas. Na telófase isso ocorre com as fibras do áster e as polares, ainda que estas últimas não em toda sua extensão, pois persistem os segmentos pertencentes ao corpo intermediário (ver *Seção 18.11*). Finalmente, antes do término da citocinese, reaparecem os primeiros microtúbulos interfásicos.

Na *Seção 5.6* foi descrito que as duas extremidades dos microtúbulos mostram polimerizações e despolimerizações diferentes, já que na extremidade [+] o crescimento e o encurtamento são mais rápidos do que na extremidade [−] (Figura 5.6). Diferentemente dos citoplasmáticos, nos microtúbulos mitóticos a extremidade [−] não se apresenta bloqueada pela matriz centrossômica, de modo que os microtúbulos do fuso podem ser polimerizados ou despolimerizados também por essa extremidade (ver *Seção 5.10*).

18.15 Os microtúbulos deslocam os centrossomos na prófase e os cromossomos na prometáfase e na metáfase

Os microtúbulos são capazes de provocar forças mecânicas – de empuxo e de tração – sobre os cinetócoros e, consequentemente, sobre os cromossomos. O empuxo e a tração são consequência, respectivamente, do alongamento e do encurtamento dos microtúbulos (Figura 18.4B).

Durante a prófase a migração dos centrossomos em direção os polos deve-se ao fato de que são empurrados pelo alongamento dos microtúbulos estendidos entre eles. Como entre os segmentos entrecruzados dos microtúbulos polares – na zona equatorial da célula – detectou-se uma proteína motora bipolar da família das cinesinas, não se descarta que o deslizamento de uns sobre outros em direções opostas seja um mecanismo adicional usado pela célula para deslocar os centrossomos em direção aos polos. Nos fibroblastos a separação dos centrossomos é realizada a uma velocidade de 0,8 a 2,4 μm por minuto.

Na prometáfase, assim que tem início a desintegração da carioteca e a região do núcleo é invadida pelos microtúbulos, as pontas das fibras cinetocóricas estabelecem contato com os cinetócoros e os cromossomos começam a ser mobilizados em direção à região equatorial da célula. Este deslocamento é consequência do alongamento e do encurtamento simultâneos dos microtúbulos cinetocóricos provenientes dos polos opostos. Durante a metáfase existe uma espécie de equilíbrio entre as forças exercidas pelos microtúbulos de ambos os polos, o que mantém os cromossomos imóveis no equador celular.

18.16 Outros tipos de forças mobilizam os cromossomos na anáfase

Na anáfase é rompido o equilíbrio, o que provoca a partição dos centrômeros e, portanto, a separação das cromátides-filhas e a mobilização dos novos cromossomos em direção aos polos. Fazem isso a uma velocidade de 1 μm por minuto.

O característico formato de V adotado pelos cromossomos indica que as forças responsáveis pela tração – como resultado do encurtamento dos microtúbulos cinetocóricos – são transmitidas aos cinetócoros. Um momento antes essas forças foram suficientemente intensas para provocar a partição dos centrômeros.

Existem duas teorias para explicar a migração dos cromossomos durante a anáfase: a do equilíbrio dinâmico e a do deslizamento.

A **teoria do equilíbrio dinâmico** presume que a despolimerização dos microtúbulos – em suas duas extremidades – é a responsável exclusiva pelo deslocamento; desse modo, a força mecânica derivada da desestruturação dos microtúbulos bastaria para deslocar os cromossomos.

A **teoria do deslizamento**, embora reconheça a despolimerização dos microtúbulos, considera que estes se comportam como "trilhos" sobre os quais os cromossomos se deslocam por meio de alguma proteína motora associada aos cinetócoros.

18.17 Durante a anáfase o alongamento da célula acrescenta um fator adicional para a migração dos cromossomos em direção aos polos

Na anáfase o deslocamento dos cromossomos inclui dois processos diferentes, porém simultâneos, que possibilitam dividir esse período em duas etapas, a anáfase A e a anáfase B. Durante a **anáfase A** o deslocamento dos cromossomos em direção aos polos corresponde aos movimentos descritos na seção anterior, vinculados aos microtúbulos cinetocóricos. Por outro lado, na **anáfase B**, o mútuo distanciamento dos dois conjuntos cromossômicos ocorre como consequência do alongamento pelo qual a célula passa e, portanto, está vinculado ao crescimento dos microtúbulos das fibras polares (Figura 18.4C). Na *Seção 18.15* foi descrito que, entre os segmentos entrelaçados dessas fibras, existe uma proteína motora bipolar do tipo da cinesina e, por essa razão, é possível que o deslizamento de alguns microtúbulos polares sobre outros seja um recurso complementar para distanciar os cromossomos da região equatorial da célula.

18.18 A carioteca é reconstituída durante a telófase

No *Capítulo 12* descrevemos a carioteca, com suas duas membranas, os componentes dos poros e a lâmina nuclear.

Ao final da prófase, a **lâmina nuclear** se desfaz, devido a seus laminofilamentos serem despolimerizados, pois algumas serinas das laminas são fosforiladas. Além disso, a **carioteca** se desintegra e produz vesículas (assim como ocorre com o RE) e os **complexos do poro** permanecem ligados a elas.

Por outro lado, ao alcançar a telófase, nas células-filhas as lâminas nucleares são reconstruídas, em razão de os laminofilamentos serem repolimerizados pela desfosforilação das laminas. Simultaneamente as vesículas derivadas da desintegração do envoltório nuclear unem-se entre si e reconstroem as cariotecas dos núcleos das células-filhas, com seus respectivos complexos do poro.

18.19 Durante a mitose o RNA não é sintetizado, o que diminui a produção de proteínas

A **síntese de RNA** (ou transcrição do DNA) é interrompida na mitose. Dessa maneira, a velocidade da síntese declina rapidamente na prófase tardia e desaparece na metáfase e na anáfase. Isso ocorre porque, assim como acontece na interfase com os setores heterocromáticos, o DNA não pode ser transcrito, pois se encontra muito compactado (ver *Seção 14.12*).

Já a **síntese proteica**, a partir de moléculas de RNA formadas anteriormente, diminui drasticamente durante a mitose – quase 25% da que ocorre durante a interfase. A síntese dos RNA e das proteínas começa a ser recuperada a partir da telófase.

18.20 A citocinese ocorre após formação de um anel contrátil composto por actina e miosina II

Embora na telófase os microtúbulos do fuso tendam a se despolimerizar e a desaparecer, as fibras polares persistem na zona equatorial da célula, local em que sua quantidade aumenta. Estas fibras remanescentes do fuso mitótico, junto com vesículas e material denso que se associam a elas, compõem uma estrutura denominada **corpo intermediário** (Figuras 18.7 e 18.8).

Figura 18.7 Citocinese. O corpo intermediário e o anel contrátil foram desenhados separadamente, embora ambas as estruturas apareçam simultaneamente.

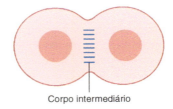 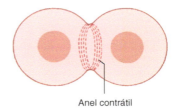

Corpo intermediário   Anel contrátil

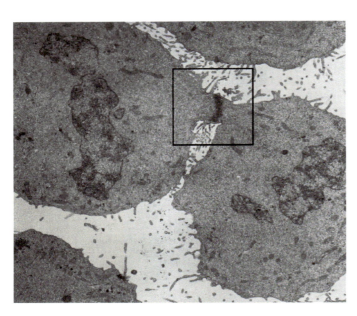 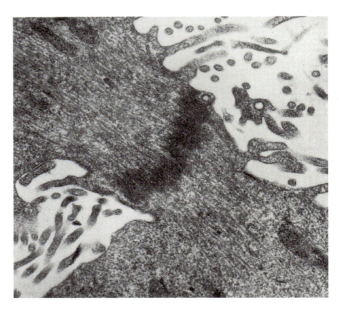

Figura 18.8 Eletromicrografia de uma célula ao final da citocinese. As futuras células-filhas encontram-se ainda unidas por uma pequena ponte que contém os microtúbulos do corpo intermediário, muito denso aos elétrons. 10.000× e 30.000×. (Cortesia de B. R. Brinkley.)

A citocinese – ou clivagem celular – deriva da formação de um sulco na região equatorial da célula, que aparece na segunda metade da anáfase (Figura 18.3). Na telófase o **sulco equatorial** se aprofunda até alcançar o corpo intermediário, o que indica que a partição do citoplasma será finalizada (Figura 18.8).

O desenvolvimento do sulco equatorial é o resultado da formação de um **anel contrátil** no córtex celular (Figura 18.7). Consiste em um feixe de cerca de 20 filamentos de actina circulares situados abaixo da membrana plasmática, perpendiculares aos microtúbulos do corpo intermediário. Esses filamentos deslizam uns sobre os outros em direções opostas, devido à existência de proteínas motoras do tipo da miosina II (ver *Seção 5.31*).

Dado que o anel não aumenta de espessura conforme seu diâmetro é reduzido, acredita-se que os filamentos de actina vão perdendo monômeros por despolimerização. Assim, o local onde o anel contrátil é formado seria determinado – no fim da anáfase – pelos microtúbulos do áster, cujas extremidades livres seriam deslocadas em direção à região equatorial da célula e induziriam a polimerização de monômeros de actina abaixo da membrana plasmática.

Mitose nas células vegetais

18.21 A mitose nas células vegetais é um pouco diferente da observada nas células animais

Existem diferenças entre as divisões das células somáticas dos animais e dos vegetais, embora a maioria dos processos que ocorrem nessas divisões seja comum a ambos os tipos de células. Aqui somente serão apontadas as diferenças.

Nos vegetais superiores – como as angiospermas e a maioria das gimnospermas –, as mitoses são **anastrais**, ou seja, carecem de centríolos e de fibras do áster (Figura 18.9). Isso induziu a suspeita de que os centríolos não são indispensáveis para a formação dos microtúbulos.

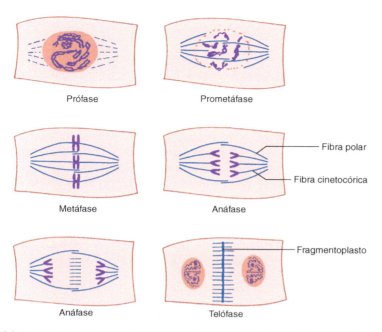

Figura 18.9 Esquema da mitose na célula vegetal. Observe a falta de centríolos e de fibras do áster.

Para que a citocinese ocorra, a região intermediária do fuso mitótico se transforma no **fragmentoplasto**, que equivale ao corpo intermediário das células animais (Figura 18.9).

O fragmentoplasto começa a ser formado no meio da anáfase. No plano equatorial da célula o microscópio eletrônico mostra os microtúbulos das fibras polares do fuso associando-se a um material denso e a vesículas derivadas do complexo de Golgi.

A princípio o fragmentoplasto permanece disposto como um anel na periferia da célula, porém, em seguida, com o acréscimo de novos microtúbulos e vesículas, cresce centripetamente até se estender por todo o plano equatorial. As vesículas aumentam de tamanho e fundem-se entre si. Produzem – nas células-filhas – membranas plasmáticas relativamente contínuas, fenômeno que coincide com a transformação do fragmentoplasto em uma estrutura denominada **placa celular** (ver *Seção 3.30*). Esta é a base para a formação da parede celular (ver *Seção 6.15*), que é atravessada por túneis muito pequenos denominados plasmodesmos, os quais possibilitam a passagem de líquidos e solutos entre os citoplasmas das células contíguas.

Controle do ciclo celular

18.22 Há mecanismos que controlam a dinâmica dos ciclos celulares

As células reproduzem-se para possibilitar o crescimento corporal e para substituir as que desaparecem por envelhecimento ou por morte programada (ver *Seção 22.1*). Também o fazem durante algumas situações patológicas, como reparo de feridas. Para poder se reproduzir, a célula primeiramente duplica o conteúdo de seu núcleo e de seu citoplasma e, em seguida, divide essas estruturas em duas.

A multiplicação celular aparece no início da vida embrionária, com a **segmentação da célula-ovo** (ver *Seção 21.7*). Devido à rapidez com que as divisões de segmentação ocorrem, apenas são duplicados os materiais nucleares dessa célula (Figura 19.3). Portanto, os componentes de seu enorme citoplasma vão se repartindo entre as sucessivas células-filhas. Esse modo de divisão termina quando nas células do blastocisto é recuperada a **relação nucleocitoplasmática** característica das células somáticas (ver *Seções 1.14* e *21.7*).

No *Capítulo 17* vimos que o DNA e as moléculas que o acompanham duplicam-se durante a fase S do ciclo celular. A duplicação dos componentes citoplasmáticos engloba as fases G1, S e G2.

Na célula há mecanismos especiais para coordenar os processos de síntese no núcleo e no citoplasma e determinar o início e a conclusão das fases do ciclo celular. As próximas seções são destinadas ao estudo desses mecanismos.

18.23 No controle do ciclo celular atuam ciclinas e quinases dependentes de ciclinas

Pouco antes do fim da **fase G1**, cuja duração varia nos diferentes tipos de células, existe um momento em que a célula toma a decisão de se dividir. Recebe o nome de **ponto de partida** ou **de controle G1** (Figura 18.10). Oportunamente será visto que a decisão é tomada devido a substâncias indutoras provenientes de outras células.

No controle das divisões celulares, atuam dois tipos de moléculas: (1) as **ciclinas**, cujo nome se deve ao fato de que, no curso de cada ciclo celular, alternam um período de síntese crescente seguido de outro de rápida degradação; e (2) as **quinases dependentes de ciclinas**, que, ao interagirem com as ciclinas, fosforilam e ativam as moléculas responsáveis pela divisão celular.

Há vários tipos de ciclinas, cujas concentrações aumentam e diminuem em diferentes momentos do ciclo celular. As principais correspondem a dois grandes grupos: as **ciclinas G1** e as **ciclinas M**. Por outro lado, nas espécies superiores foram identificadas duas quinases dependentes de ciclinas, a **Cdk2** (de *cyclin-dependent protein kinase*) e a **Cdc2** (de *cell-division cycle*). Entretanto, a existência no genoma de uma numerosa família de genes relacionados com estas quinases indica que existem muitas outras que agem na regulação dos diferentes passos do ciclo celular.

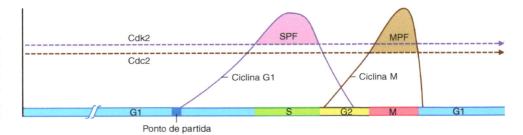

Figura 18.10 Diagrama que ilustra as alterações de concentração das ciclinas G1 e mitótica durante o ciclo celular. A primeira associa-se à quinase Cdk2, com a qual forma o complexo SPF. Por outro lado, a segunda se associa à quinase Cdc2 e gera o complexo MPF.

18.24 A fase S ocorre quando a ciclina G1 ativa a Cdk2

Tomada a decisão de se dividir, a célula deixa pra trás a fase G1 e entra na **fase S**, ou seja, começa a replicar seu DNA. Isso ocorre quando uma **ciclina G1** ativa a quinase **Cdk2**, a qual inicia uma cascata de fosforilações em sucessivas proteínas intermediárias. A cascata culmina com a ativação das moléculas responsáveis pela replicação do DNA.

A Cdk2 é ativada somente quando a ciclina G1 alcança um determinado limiar de concentração, já que este é um requisito indispensável para que ocorra a ativação (Figura 18.10). Além disso, a partir desse momento a Cdk2 e a ciclina G1 unem-se e compõem um complexo proteico denominado **SPF** (de *S phase-promoting factor*) (Figura 18.11).

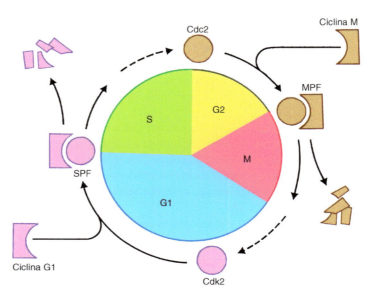

Figura 18.11 Desenho que mostra a formação dos complexos SPF e MPF durante o ciclo celular.

Capítulo 18 | Mitose | Controle do Ciclo Celular ■ **275**

O SPF induz a abertura das origens de replicação e ativa as moléculas relacionadas com a síntese do DNA, como as DNA polimerases, a helicase etc. Conforme foi descrito na *Seção 17.4*, o SFP age por meio do complexo **pré-RC**.

Dado que, em certo momento da fase S, a concentração da ciclina G1começa a declinar, quando sua concentração se reduz abaixo do limiar anteriormente citado, separa-se da Cdk2. Desse modo, o SPF deixa de existir. As ciclinas são degradadas por proteossomas (ver *Seção 4.6*).

Das duas moléculas, a ciclina G1 é a única cuja concentração varia, já que os níveis da Cdk2 mantêm-se constantes ao longo do ciclo celular. Por outro lado, a ciclina G1 inicia sua síntese a partir do ponto de partida, aumenta durante grande parte da fase S, em um momento dessa fase começa a declinar e desaparece na fase G2 (Figura 18.10).

Em uma fase S normal o DNA replica-se apenas uma vez, pois, se não fosse assim, as células-filhas teriam um número de cromossomos maior do que o normal. O que impede o aparecimento de novas duplicações do DNA já replicado depende do complexo proteico **ORC** (ver *Seção 17.4*). Os quadros derivados de alterações no controle desse processo são denominados **poliploidias** e serão analisados na *Seção 20.8*.

18.25 Na fase G2 atuam mecanismos de segurança

A pausa imposta pela **fase G2** fornece à célula um lapso de tempo durante o qual atuam mecanismos de segurança para controlar – antes que a célula se divida – se as moléculas de DNA completaram sua replicação e, quando for o caso, se foram reparadas (ver *Seção 17.20*). Além disso, na fase G2 completa-se a duplicação dos componentes citoplasmáticos.

18.26 A fase M ocorre quando a ciclina M ativa a Cdc2

Superados tais controles, tem início a **fase M**. O mecanismo que desencadeia a mitose é similar ao que inicia a fase S, mas com diferentes protagonistas, pois, na mitose, agem a **Cdc2** e a **ciclina M**. A fase S começa sua síntese a partir da fase G2, antes de a ciclina G1 desaparecer (Figura 18.10). Quando a ciclina alcança um determinado limiar de concentração, liga-se à Cdc2 e ambas as moléculas compõem um complexo denominado **MPF** (de *M phase-promoting factor*) (Figuras 18.10 e 18.11).

A seguir, ativada pela ciclina M, a Cdc2 fosforila – diretamente ou por meio de quinases intermediárias – diversas proteínas citosólicas e nucleares, em particular as que regulam a estabilidade dos filamentos do citoesqueleto, as que compõem os laminofilamentos da lâmina nuclear e as histonas H1, dentre outras. Vejamos algumas consequências dessas fosforilações:

(1) A rede de filamentos de actina é desintegrada, e a célula perde contato com as células vizinhas (ou com a matriz extracelular) e se torna esférica
(2) Os microtúbulos citoplasmáticos desfazem-se e formam-se os do fuso mitótico
(3) A lâmina nuclear é desintegrada, e, com ela, a carioteca
(4) A associação da histona H1 ao DNA é modificada, aumentando o enovelamento da cromatina e a compactação dos cromossomos.

Quando a divisão celular termina, esses e outros fenômenos são revertidos, pois as proteínas que os produzem são desfosforiladas devido à desativação da Cdc2. Por sua vez, a Cdc2 é desativada, pois a concentração da ciclina M diminui a nível menor do que o necessário para que ambas as moléculas se mantenham unidas formando o MPF.

A dissociação do MPF ocorre no início da anáfase. Acontece apenas se todos os cromossomos chegaram ao plano equatorial da célula e todos os cinetócoros ligaram-se aos microtúbulos cinetocóricos do fuso mitótico, garantindo a segregação normal dos cromossomos-filhos e seu deslocamento em direção aos respectivos polos celulares.

Foi comprovado que os cinetócoros que não se ligam aos microtúbulos do fuso produzem um sinal que impede a queda da ciclina M – ou seja, a dissociação do MPF – para que a célula interrompa a mitose antes que a anáfase comece.

Em condições normais, esse sinal não é gerado e a célula entra na anáfase. Faz isso após formar um complexo proteico denominado **ciclossomo** ou **APC** (de *anaphase-promoting complex*), que promove a degradação da ciclina M e das coesinas que ligam as cromátides entre si (ver *Seções 17.1 e 18.9*).

18.27 Se a fase G1 é muito prolongada passa a ser denominada G0

As células-filhas derivadas da mitose entrarão na **fase G1** da interfase e, se forem induzidas por certos fatores (ver *Seção 18.28*), repetirão o ciclo seguido pela célula antecessora e voltarão a se dividir. Caso contrário, a fase G1 se prolongará – às vezes indefinidamente – e a célula "retirar-se-á" do ciclo; nesse caso, a fase G1 será denominada **fase G0** (Figura 18.2).

276 ■ Biologia Celular e Molecular

Uma situação diametralmente oposta ocorre nas divisões celulares da segmentação da célula-ovo, nas quais a fase G1 praticamente não existe. Como a fase G2 também não existe, a interfase reduz-se à fase S, o que explica sua curta duração (ver *Seção 18.22*).

18.28 Diversas substâncias induzem a proliferação celular

O ritmo com que as células se reproduzem depende de diversos fatores, que variam nos diferentes tipos celulares. Por exemplo, as células que surgem da segmentação da célula-ovo parecem ter um mecanismo intrínseco que, de maneira automática, desencadeia uma divisão assim que a divisão anterior é concluída. Em compensação, as células que não se dividem permanecem na fase G0, pois, em seus citoplasmas, não existem ciclinas ou quinases dependentes de ciclinas, provavelmente por uma série de fatores que inibem sua produção.

Nas células restantes cujo ritmo de reprodução varia de acordo com o caráter particular de cada uma –, as mitoses dependem de **substâncias indutoras** provenientes do exterior, seja de células vizinhas (secreção parácrina) ou de grupos celulares distantes (secreção endócrina). Na *Seção 11.2*, foi descrito que esses indutores agem sobre receptores específicos. As substâncias que induzem a proliferação celular fazem isso no momento do ciclo denominado ponto de partida. A alteração que causam no receptor promove a síntese da ciclina G1.

Entre as moléculas indutoras da multiplicação celular, estão:

(1) A **somatomedina**, que estimula a proliferação das células cartilaginosas durante o crescimento ósseo. Essa substância é sintetizada no fígado, em resposta ao hormônio de crescimento hipofisário

(2) Diversos indutores denominados **fatores de crescimento**, em sua maioria secretados por células localizadas próximo às células-alvo (secreção parácrina). Desse modo, os fatores de crescimento fibroblástico (FGF), epidérmico (EGF) e derivado das plaquetas (PDGF) estimulam a proliferação de muitos tipos celulares, não apenas os sugeridos por seus nomes. Outros exercem ações mais específicas; trata-se dos fatores de crescimento dos hepatócitos (HGF), dos nervos (NGF) e do endotélio vascular (VEGF). Na *Seção 11.12*, foram descritos os receptores celulares para esses fatores e o modo como são conduzidos seus sinais no interior das células

(3) Diversos tipos de **fatores hematopoéticos**, cada um responsável pela proliferação de um tipo específico de célula sanguínea. Desse modo, a interleucina 2 (IL-2) estimula a multiplicação dos linfócitos T; o fator estimulante das colônias de granulócitos e macrófagos (GM-CSF) faz isso com os elementos progenitores dessas células e assim por diante. Finalmente, a eritropoetina, originada nos rins, é o fator hematopoético encarregado de estimular a proliferação dos eritrócitos na medula óssea. A IL-2 e o GM-CSF são produzidos por células vizinhas às células-alvo (secreção parácrina), enquanto a eritropoetina chega à medula óssea por meio do sangue (secreção endócrina).

A secreção das substâncias indutoras é regulada por mecanismos que tendem a manter um número adequado e mais ou menos constante de células de cada um dos tipos celulares. Por exemplo, a quantidade de eritropoetina secretada pelos rins é proporcional à destruição dos eritrócitos no sangue e aumenta a níveis consideráveis em caso de hemorragias. Uma situação semelhante ocorre com a ablação parcial do fígado, em que são secretadas grandes quantidades de HGF. Esse fator estimula a multiplicação dos hepatócitos próximos à ferida, que cessa quando o órgão recupera seu tamanho normal.

18.29 A proteína P53 controla o estado do DNA antes que a célula ingresse na fase S

Antes de ingressar na fase S a célula controla o estado de suas moléculas de DNA. O controle é exercido por uma proteína citoplasmática denominada **P53** (devido à sua massa molecular, de *53 kDa)*, que é sintetizada pela própria célula em resposta ao aparecimento de alterações em seu DNA. O gene **p53** que a codifica pertence a uma categoria de genes conhecidos como supressores de tumores, assim chamados por causas que veremos mais adiante.

A P53 comporta-se como um fator de transcrição que promove a expressão dos genes de outras proteínas reguladoras – denominadas **P21** e **P16** –, que têm por missão bloquear a atividade da Cdk2. Como este efeito opõe-se ao das ciclinas G1, a célula não replica suas moléculas de DNA e permanece na fase G1. Finalmente, se fica comprovado que o dano no DNA é perigoso para as futuras células-filhas, a proteína P53 volta a agir, mas agora para provocar a morte da célula e com ela o desaparecimento do DNA danificado (ver *Seção 22.6*).

Com relação à proteína P21, se não for suficiente para bloquear a Cdk2, resta ainda outro recurso para impedir a mitose: no início da replicação do DNA, une-se à braçadeira deslizante de PCNA (ver *Seção 17.7*) e anula sua função.

Na célula existem outras proteínas reguladoras da proliferação celular, como a proteína **Rb** (a sigla Rb deriva do tumor da retina denominado retinoblastoma). É codificada pelo gene **rb**, que também é supressor de tumores. A proteína Rb inibe a proliferação celular quando está fosforilada. Faz isso pelo bloqueio dos genes de determinadas proteínas necessárias para a replicação.

18.30 Muitos tipos de câncer ocorrem pelo acúmulo de alterações genéticas

Apesar de existirem múltiplas causas ambientais envolvidas no aparecimento de quadros cancerígenos, é sabido que, em algumas famílias, surgem alguns tipos de câncer com uma incidência maior que a habitual, o que levou à investigação das possíveis bases genéticas da doença. Foram descobertas duas espécies de genes ligados ao câncer, os **proto-oncogenes** e os **genes supressores de tumores**. A alteração dos primeiros produz um aumento da proliferação celular, enquanto a falha dos segundos leva à perda dos mecanismos normais que detêm a proliferação.

O câncer não é gerado a partir de células normais que se transformam potencialmente em células malignas. Ao contrário, surge ao final de sucessivas gerações de células que passam por estados pré-cancerígenos cada vez mais acentuados. Esses estados são consequência da soma progressiva de mutações em proto-oncogenes e em genes supressores de tumores – que ativam os primeiros e inativam os segundos –, o que, ao longo de um período, instala a doença nas células descendentes.

Além disso, nas células cancerígenas os cromossomos frequentemente aparecem rompidos ou com partes translocadas, e alguns encontram-se repetidos várias vezes. Aparentemente, essas alterações não são consequência do desenvolvimento tumoral; elas estão associadas às suas causas.

18.31 Os proto-oncogenes são genes normais e os oncogenes, suas versões defeituosas

Os **proto-oncogenes** são genes normais que codificam proteínas envolvidas no controle da proliferação celular e da morte celular. Até o momento foram caracterizados, aproximadamente, cem; entre eles os que codificam as seguintes proteínas (os nomes dos genes aparecem entre parênteses):

(1) Os fatores de crescimento PDGF (sis), EGF (ver *Seção 11.12*) e GM-CSF (ver *Seção 18.28*)

(2) Os receptores dos fatores de crescimento PDGF, EGF (erb-B) (ver *Seção 11.12*) e GM-CSF (fms)

(3) A proteína Ras (ras), que é fosforilada por receptores com atividade de tirosinoquinase (ver *Seção 11.12*)

(4) A serina-treonina quinase Raf (raf), que é ativada pela proteína Ras (ver *Seção 11.12*)

(5) As tirosinoquinases Src (src), Fes (fes) e Abl (abl)

(6) O receptor do hormônio da tireoide (erb-A), localizado no citosol (ver *Seção 11.6*)

(7) Várias proteínas nucleares que agem como fatores de transcrição, como, por exemplo, as proteínas Myc (myc), Myb (myb), Fos (fos) e Jun (jun). Os produtos dos genes que ativam promovem a proliferação celular

(8) A proteína Bcl-2 (bcl-2), incluída nessa categoria não por estar envolvida no controle da proliferação, mas, sim, na sobrevivência das células (ver *Seção 22.4*).

A denominação de proto-oncogenes deve-se ao fato de que, como resultado de mutações, eles podem gerar suas versões defeituosas: os **oncogenes**. Estes diferenciam-se dos normais porque são transcritos de maneira descontrolada e geram quantidades excessivas de seus produtos ou porque sua transcrição origina produtos fora do padrão. Em ambos os casos, trazem como consequência aumento descontrolado da proliferação celular ou diminuição da morte celular (ver *Capítulo 22*).

Diversos vírus são portadores de oncogenes. Acredita-se que entraram no genoma viral como proto-oncogenes, quando – em alguma ocasião remota – esses vírus infectaram células de animais e os "subtraíram"; uma vez instalados no genoma viral, os proto-oncogenes transformaram-se em oncogenes. Essa hipótese é respaldada pelo fato de que, nos vírus, os oncogenes não têm função alguma. Atualmente quando esses vírus infectam diversas espécies animais, os oncogenes transferidos são causa de quadros cancerígenos (p. ex., o sarcoma de Rous no frango, provocado pelo oncogene src).

Ainda que diversos tipos de câncer que afetam a espécie humana encontrem-se associados a infecções virais (p. ex., o vírus da hepatite B aumenta a incidência de carcinoma hepático, o papilomavírus aumenta o aparecimento de câncer de colo uterino, o vírus da AIDS faz o mesmo com o sarcoma de Kaposi etc.), por sorte, nenhum câncer humano é provocado por oncogenes transferidos

278 ■ Biologia Celular e Molecular

por vírus. A presença de oncogenes nas células cancerígenas humanas deve-se ao aparecimento de defeitos nos proto-oncogenes próprios, com a alteração do DNA por mutações gênicas ou por aberrações cromossômicas estruturais (ver *Seções 17.17* e *20.10*).

É suficiente **apenas um alelo** alterado de um proto-oncogene para transformar uma célula normal em uma célula cancerígena ou para que possa vir a sê-lo. Vejamos alguns exemplos de alterações de proto-oncogenes na espécie humana.

Foram observadas mutações no proto-oncogene **ras** em muitos tipos de tumores. Comprovou-se que esse gene costuma ser alvo de diversos carcinógenos, o que confirma o papel de seu análogo alterado – o oncogene ras – no desenvolvimento do câncer. Devido à superexpressão do oncogene ras, são geradas grandes quantidades de proteína Ras, que ativa outras moléculas relacionadas com a proliferação celular (ver *Seção 11.12*).

Na leucemia mieloide crônica o proto-oncogene **abl** presente normalmente no cromossomo 9, é translocado ao cromossomo 22, onde se funde ao gene **bcr** (ver *Seção 20.17*). A união gera uma tirosinoquinase Abl híbrida, cuja atividade é consideravelmente maior do que a da Abl normal.

Finalmente, em alguns neuroblastomas, o proto-oncogene **myc** costuma estar amplificado cerca de 300 vezes.

18.32 Os genes supressores de tumores previnem a multiplicação anormal das células

Enquanto os produtos dos proto-oncogenes promovem o crescimento celular, os derivados dos **genes supressores de tumores** inibem a reprodução excessiva das células. Desse modo os defeitos dos genes supressores de tumores – devido a mutações gênicas ou aberrações cromossômicas – deixam a célula sem esses freios naturais. Consequentemente, se a célula adquire outros defeitos genéticos – agora estimulantes da atividade mitótica –, ocasiona-se um quadro cancerígeno.

Como os genes supressores de tumores são recessivos, o defeito se manifesta quando **os dois alelos** do gene são alterados (ver *Seção 20.3*).

Até o momento, foram caracterizados cerca de 10 genes supressores de tumores. Entre eles estão:

O gene **p53**, situado no braço curto do cromossomo 17. A mutação de seus dois alelos – com a consequente falta de proteína P53 – explica a gênese de muitos tumores. As células sem proteína P53 não controlam o estado de suas moléculas de DNA antes da replicação (ver *Seção 18.29*). Isso provoca o acúmulo de alterações genéticas nas sucessivas gerações celulares – por exemplo, nos proto-oncogenes –, o que propicia o aparecimento de muitos tipos de câncer.

Algo semelhante ocorre quando os dois alelos do gene **rb**, pertencente ao braço longo do cromossomo 13, são alterados. Nesse caso, devido à falta de proteína Rb, surge um tumor maligno na retina das crianças, além de haver sido também detectados defeitos do gene rb em cânceres de muitos outros tecidos. Os defeitos nos dois alelos são variados, já que ambos podem ser encontrados mutados, ausentes (por deleção), um mutado e um ausente etc.

Outros genes supressores de tumores são:

(1) O gene **mcc** (de *mutated in colon carcinoma)*, pertencente ao cromossomo 5
(2) O gene **dcc** (de *deleted in colon carcinoma)*, localizado no cromossomo 18
(3) O gene **apc** (de *adenomatous polyposis of the colon)*, localizado no cromossomo 5 (não relacionado com o complexo proteico APC visto na *Seção 18.26*)
(4) O gene **wt** (de *Wilms' kidney tumor)*, localizado no cromossomo 11.

Bibliografia

Albertson R., Riggs B. and Sullivan W. (2005) Membrane traffic: a driving force in cytokinesis. Trends Cell Biol. 15:92.
Bailly E. and Bornens M. (1992) Centrosome and cell division. Nature 355:300.
Bielas J.H., Loeb K.R., Rubin B.P. et al. (2006) Human cancers express as mutator phenotype. Proc. Natl. Acad. Sci. USA 103:18238.
Bishop J.M. (1981) Enemies within: the genesis of retrovirus oncogenes. Cell 23:5.
Bishop J.M. (1982) Oncogenes. Sci. Am. 246 (3):69.
Bishop J.M. (1991) Molecular themes in oncogenesis. Cell 64:235.
Burgess D.R. and Chang F. (2005) Site selection for the cleavage furrow at cytokinesis. Trends Cell Biol. 15:156.
Cantley L.C. et al. (1991) Oncogenes and signal transduction. Cell 64:281.
Cao L.G. and Wang Y.L. (1990) Mechanism of the formation of contractile ring in dividing cultured animal cells. II. Cortical movement of microinjected actin filaments. J. Cell Biol. 111: 1905.
Cavenee W.K. and White R. (1995) The genetic basis of cancer. Sci. Am. 272 (3):50.
Cobrinik D. et al. (1992) The retinoblastome protein and the regulation of cell cycling. TIBS 17:312.
Cross F., Roberts J. andWeintraub H. (1989) Simple and complex cell cycles. Annu. Rev. Cell Biol. 5:341.
Cross M. and Dexter T.M. (1991) Growth factors in development, transformation, and tumorigenesis. Cell 64:271.
Culotta E. and Koshland D.E. Jr. (1993) p53 sweeps through cancer research. Science 262:1958.

Capítulo 18 | Mitose | Controle do Ciclo Celular ■ **279**

Dong Y., Vanden Beldt K.J., Meng X. et al. (2002) The outer plate in vertebrate kinetochores is a flexible network with multiple microtubule interactions. Nature Cell Biol. 9:516.

Dunphy W.G., Brizuela L., Beach D. and Newport J. (1988) The *Xenopus* cdc2 protein is a component of MFP, a cytoplasmic regulator of mitosis. Cell 54:433.

Dupree P. (1996) Cell division forms a pattern. Curr. Biol. 6:683.

Easton D.F., Pooley K.A., Dunning A.M. et al. (2007) Genome-wide association study identifies novel breast cancer susceptibililty loci. Nature 447:1087.

Fang F. and Newport J.W. (1991) Evidence that the G1-S and G2-M transitions are controlled by different cdc2 protein in higher eukaryotes. Cell 66:731.

Gerace L. and Blobel G. (1988) The nuclear lamina is reversibly depolymerized during mitosis. Cell 19:277.

Glotzer M., Murray A.W and Kirschner M.W. (1991) Cyclin is degraded by the ubiquitin pathway. Nature 349:132.

Hirano T. (2005) Condensins: organizing and segregating the genome. Curr. Biol. 15:R265.

Johnston L.H. (1990) Periodic events in the cell cycle. Curr. Opin. Cell Biol. 2:274.

Jurgens G. (2005) Plant cytokinesis: fission by fusion. Trends Cell Biol. 15:277.

Kaufmann W.K. and Paules R.S. (1996) DNA damage and cell cycle checkpoints. FASEB J. 10:238.

Kirschner M. (1992) The cell cycle then and now. TIBS 17:281.

Levine A.J., Hu W. and Feng Z. (2006) The P53 pathway: what questions remain to be explored? Cell Death Differ. 13:1027.

Li R., Hannon G.J., Beach D. and Stillman B. (1996) Subcellular distribution of p21 and PCNA in normal and repair-deficient cells following DNA damage. Curr. Biol. 6:189.

Liao H., Li G. and Yen T.J. (1994) Mitotic regulation of microtubule cross-linking activity of CENP-E kinetochore protein. Science 265:394.

Lowe S.W., Cepero E. and Evan G. (2004) Intrinsic tumour suppression. Nature 432:307.

Lucocq J.M. and Warren G. (1987) Fragmentation and partitioning of the Golgi apparatus during mitosis in HeLa cells. EMBO J. 6:3239.

Mann D.J. and Jones N.C. (1995) E2F-1 but not E2F-4 can overcome p16-induced G1 cell-cycle arrest. Curr. Biol. 6:474.

Mazia D. (1987) The chromosome cycle and the centrosome cycle in the mitotic cycle. Int. Rev. Cytol. 100:49.

McIntosh J.R. and McDonald K.L. (1989) The mitotic spindle. Sci. Am. 261 (4):48.

McNeill P.A. and Berns M.W. (1981) Chromosome behavior after laser microirradiation of a single kinetochore in mitotic PtK2 cells. J. Cell Biol. 88:543.

Morgan D.O. (2007) The Cell Cycle: Principles of Control. New Science Press, London.

Murray A.W. and Szostak J.W. (1985) Chromosome segregation in mitosis and meiosis. Annu. Rev. Cell Biol. 1:289.

Murray A.W. and Kirschner M.W. (1989) Cyclin synthesis drives the early embryonic cell cycle. Nature 339:275.

Murray A.W., Solomon M.J. and Kirschner M.W. (1989) The role of cyclin synthesis and degradation in the control of maturation promoting factor activity. Nature 339:280.

Murray A.W. and Kirschner M.W. (1991) What controls the cell cycle? Sci. Am. 264 (3):56.

Murray A. and Hunt T. (1993) The Cell Cycle. Oxford University Press, Oxford.

Musacchio A and Saimon E.D. (2007) The spindle-assembly checkpoint in space and time. Nature Rev. Mol. Cell Biol. 8:379.

Muzi-Falconi M., Brown G. and Kelly T. (1996) DNA replication: controlling initiation during the cell cycle. Curr. Biol. 6:229.

Nicklas R.B. (1997) How cells get the right chromosomes. Science 275:632.

Nigg E.A. (1993) Targets of cyclin-dependent protein kinases. Curr. Opin. Cell Biol. 5:187.

Nigg E.A. (2007) Centrosome duplication: of rules and license. Trends Cell Biol. 17:215.

Nislow C., Lombillo V.A., Kuriyama R. and McIntosh J.R. (1992) A plus-end-directed motor enzyme that moves antiparallel microtubules in vitro localizes to the interzone of mitotic spindles. Nature 359:543.

Nurse P. (1990) Universal control mechanism regulating onset of M-phase. Nature 344:503.

Perry M.E. and Levine A.J. (1993) Tumor suppressor p53 and the cell cycle. Curr. Opin. Genet. Dev. 3:50.

Peter M. et al. (1990) In vitro disassembly of the nuclear lamina and M phase specific phosphorylation of lamins by cdc2 kinase. Cell 61:591.

Peters J.M. (2006) The anaphase promoting complex/cyoclosome: a rmachine designed to destroy. Nature Rev. Mol. Cell Biol. 7:644.

Pluta A.F. et al. (1995) The centromere: Hub of chromosomal activities. Science 270:1591.

Ridley A.J. (1995) Rho-related proteins: actin cytoskeleton and cell cycle. Curr. Opin. Genet. Dev. 5:24.

Rosenblatt J., Gu Y. and Morgan D.O. (1992) Human cyclindependent kinase 2 is activated during the S and G2 phases of the cell cycle and associates with cyclin A. Proc. Natl. Acad. Sci USA 89:2824.

Rowley J.D. (1983) Human oncogene locations and chromosome aberrations. Nature 301:290.

Sherr C.J. (1993) Mammalian G1 cyclins. Cell 73:1059.

Straight A.F. (1997) Cell cycle: Checkpoint proteins and kinetochores. Curr. Biol. 7:R613.

Sunkel C.E. and Coelho P. (1995) The elusive centromere: sequence divergence and functional conservation. Curr. Opin. Genet. Dev. 5:756.

Theriot J.A. and Satterwhite L.L. (1997). New wrinkles in cytokinesis. Nature 385:388.

Vafa O. and Sullivan F. (1997) Chromatin containing CENP-A and α-satellite DNA is a major component of the inner kinetochore plate. Curr. Biol. 7:897.

Vallee R. (1990) Dynein and the kinetochore. Nature 345:206.

Vogelstein B. and Kinzler K.W. (2004) Cancer genes and the pathways they control. Nature Med. 10:789.

Weinberg R.A. (1990) The retinoblastoma gene and cell growth control. Trends Biochem. Sci. 15:199.

Weinberg R.A. (1991) Tumor suppressor genes. Science 254:1138.

Weinberg R.A. (2007) The Biology of Cancer. Garland Science, New York.

Winey M. (1996) Genome stability: keeping the centrosome cycle on track. Curr. Biol. 6:962.

Yu H. et al. (1996) Identification of a novel ubiquitin-conjugating enzyme involved in mitotic cyclin degradation. Curr. Biol. 6:455.

Meiose
Fecundação   19

Meiose
19.1 Meiose e reprodução sexuada

A meiose é um tipo especial de divisão celular que só ocorre em organismos que se reproduzem de modo sexuado. Em muitos protozoários, algas e fungos, a reprodução é assexuada, ou seja, ocorre por divisão simples ou mitose. Nesse caso, todos os descendentes têm herança que provém de um único antepassado. Por outro lado, na maioria dos organismos multicelulares (animais e vegetais), a reprodução é realizada por meio de gametas ou células sexuais gerados por meiose – **espermatozoides** e **ovócitos** nos animais. Os espermatozoides e os óvulos nesses organismos multicelulares unem-se por um processo denominado **fecundação**, que resulta na formação da **célula-ovo** (ou **zigoto**). O zigoto contém o material hereditário dos dois progenitores e se reproduz por mitose até a formação de um novo indivíduo multicelular.

As Figuras 1.12 e 19.1 mostram os fenômenos básicos da **meiose** (do grego *meíōsis*, "diminuição"). O genoma humano contém 46 cromossomos (44 + XY no homem; 44 + XX na mulher). Se a divisão ocorresse por mitose, cada gameta teria 46 cromossomos e o zigoto teria 92 cromossomos. Visto que isso se repetiria nas sucessivas gerações, o número de cromossomos duplicaria de geração em geração. A meiose é o mecanismo usado pelos organismos para evitar que isso aconteça. Assim, por meio de duas divisões celulares consecutivas, as células sexuais reduzem à metade o número de seus cromos-

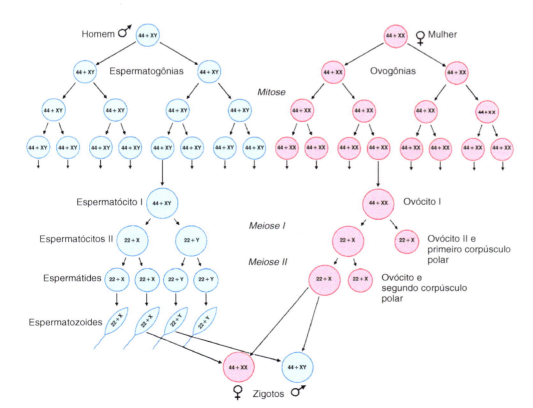

Figura 19.1 Esquema da espermatogênese e da ovocitogênese na espécie humana. São mostradas três divisões mitóticas sucessivas das espermatogônias e das ovogônias, as respectivas divisões meióticas e a fecundação do ovócito (22 + X) pelo espermatozoide (22 + X ou 22 + Y).

somos, o que resulta na formação de gametas haploides (quatro espermatozoides no homem; um ovócito e corpúsculos polares na mulher). Os processos que resultam na produção de gametas, denominados **espermatogênese** e **ovogênese**, ocorrem nas gônadas, ou seja, nos testículos e nos ovários.

Vale lembrar que, para compreender os aspectos mais importantes da citogenética (*Capítulo 20*), o leitor deve conhecer bem a meiose, tanto sua dinâmica estrutural quanto sua bioquímica.

Neste capítulo a meiose será descrita como um tipo especial de divisão celular. Graças à meiose há:

(1) Redução do número de cromossomos à metade
(2) Recombinação genética, ou seja, a troca de segmentos cromossômicos
(3) Segregação aleatória dos cromossomos homólogos paternos e maternos.

Os **cromossomos homólogos** são os dois cromossomos teoricamente idênticos (um do pai e o outro da mãe) que coexistem nas células diploides. Visto que nas células somáticas humanas existem dois conjuntos haploides de 23 pares de cromossomos cada um, sendo um conjunto haploide proveniente do espermatozoide e outro proveniente do ovócito, diz-se que as células somáticas humanas têm 23 pares de homólogos (Figura 12.15).

19.2 Diferenças entre mitose e meiose

Muitos dos fenômenos que ocorrem na mitose também acontecem na meiose. São exemplos a sequência de alterações no núcleo e no citoplasma, os períodos de prófase, prometáfase, metáfase, anáfase e telófase, a formação do fuso mitótico, a condensação dos cromossomos, a evolução dos centrômeros etc. Todavia existem diferenças essenciais:

(1) A mitose ocorre nas células somáticas e a meiose, nas células sexuais
(2) Na mitose cada replicação do DNA é seguida por uma divisão celular; portanto, as células-filhas apresentam a mesma quantidade de DNA que a célula-mãe e um número diploide de cromossomos. Na meiose, por outro lado, cada replicação do DNA é seguida por duas divisões celulares (**meiose I** e **meiose II**), das quais resultam quatro células haploides que contêm metade do DNA (Figuras 1.12 e 19.2)
(3) Na mitose a síntese de DNA ocorre durante a fase S e, depois, a fase G2. Na meiose a fase S é muito longa e a fase G2 é breve ou inexistente (Figura 19.3)
(4) Na mitose cada cromossomo evolui de modo independente. Na meiose, durante a primeira de suas divisões, os cromossomos homólogos relacionam-se entre si (pareiam-se) e trocam partes de suas moléculas (recombinam-se) (Figuras 1.12 e 19.2)
(5) A duração da mitose é curta (aproximadamente uma hora), enquanto a duração da meiose é bem longa (24 h nos homens e vários anos nas mulheres)
(6) Outra diferença fundamental é que, na mitose, o material genético permanece constante nas sucessivas gerações de células-filhas (exceto quando ocorrem mutações gênicas ou aberrações cromossômicas), enquanto a meiose gera grande variabilidade genética.

19.3 Descrição geral da meiose

Como se pode ver na Figura 19.1 as divisões da meiose começam depois de várias divisões mitóticas das **espermatogônias** e das **ovogônias**, ou seja, das células germinativas menos diferenciadas do testículo e do ovário.

Ao término das divisões mitóticas, parte das espermatogônias e das ovogônias diferencia-se, respectivamente, em **espermatócitos I** e **ovócitos I**, finalizando a **meiose I**. Como corolário da primeira divisão meiótica, são produzidos os **espermatócitos II**

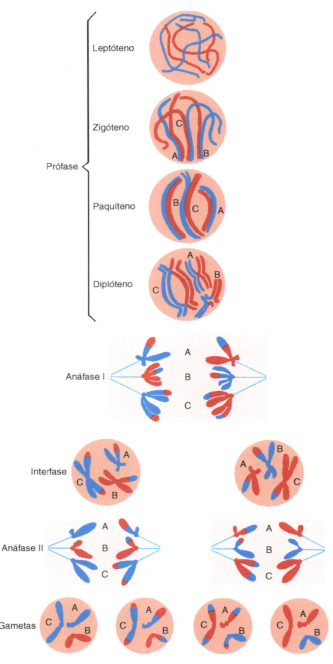

Figura 19.2 Esquema geral da meiose mostrando o pareamento dos cromossomos homólogos, a troca de alguns de seus segmentos e a segregação dos cromossomos. Os cromossomos provenientes de cada progenitor estão representados em azul e vermelho, respectivamente.

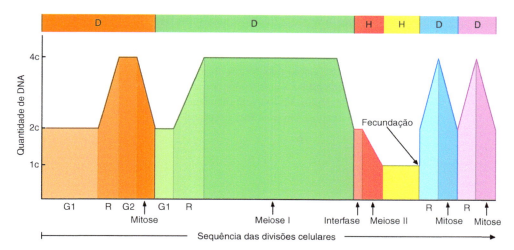

Figura 19.3 Células germinativas diploides (*D*) e haploides (*H*) e permutas no conteúdo de DNA nuclear durante as mitoses que antecedem as divisões meióticas, no transcorrer dessas últimas, nos gametas, no zigoto e nas duas primeiras divisões de segmentação. Espermatogônias e ovogônias (*marrom*). Espermatócitos I e ovócitos I (*amarelo*). Espermatócitos II e ovócitos II (*azul*). Espermatozoides (*vermelho*). Zigoto (*verde*). Células embrionárias derivadas da primeira divisão da segmentação (*roxo*). Fase G1 do ciclo celular (*G1*). Fase G2 (*G2*). Fase S ou duplicação do DNA (*S*). Conteúdo simples de DNA (*1c*). Conteúdo duplo de DNA (*2c*). Conteúdo quádruplo de DNA (*4c*).

e o **ovócito II**, células que realizam a **meiose II**. Por fim, a segunda divisão meiótica culmina na formação das **espermátides** e do **óvulo**. Vale lembrar que as espermátides transformam-se em **espermatozoides** e que, devido a causas comentadas na *Seção 19.5*, na mulher o ovócito II recebe o nome de óvulo.

A Figura 19.3 mostra as divisões mitóticas e meióticas das células germinativas, a formação do zigoto e as duas primeiras divisões de segmentação (as características gerais das divisões de segmentação são apresentadas nas *Seções 18.22* e *21.7*). A Figura 19.3 também mostra a condição haploide ou diploide e o conteúdo de DNA nuclear das células que passam por esses processos. Isso será analisado nas próximas seções.

19.4 A meiose consiste em duas divisões celulares

Já foi mencionado que a **meiose** consiste em duas divisões celulares. A meiose I diferencia-se da meiose II (e da mitose) pelo fato de sua prófase ser demorada e, durante ela, ocorrer o pareamento e a recombinação de cromossomos homólogos para promover a permuta de material genético.

Os períodos da mitose não são suficientes para descrever os fenômenos que ocorrem na meiose, cujos estágios evoluem na seguinte ordem:

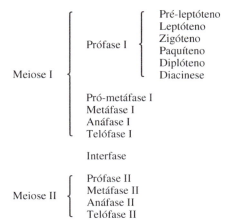

Inicialmente serão analisadas com detalhes as alterações que ocorrem durante a **meiose I**, começando pelos estágios da **prófase I**. Como já foi mencionado, eles ocorrem nos **espermatócitos I** e nos **ovócitos I**.

19.5 Durante o pré-leptóteno é difícil observar os cromossomos

O **pré-leptóteno** corresponde à fase inicial da prófase da mitose. Os cromossomos são muito delgados e de difícil visualização.

19.6 Durante o leptóteno os cromossomos parecem ser filamentos únicos

No início do **leptóteno** (do grego, *leptós*, "delgado", e *tainía*, "filamento") o núcleo aumenta de tamanho e os cromossomos tornam-se visíveis (Figuras 19.2 e 19.4A). Além disso, apresentam uma importante diferença com relação aos cromossomos da prófase mitótica: embora seu DNA tenha duplicado (durante a fase S), havendo, portanto, duas cromátides cada um, parecem ser filamentos únicos em vez de duplos. Muitas vezes a maioria dos cromossomos curva-se e suas duas extremidades (os telômeros) fixam-se em uma área circunscrita do envoltório nuclear próximo ao centrossomo.

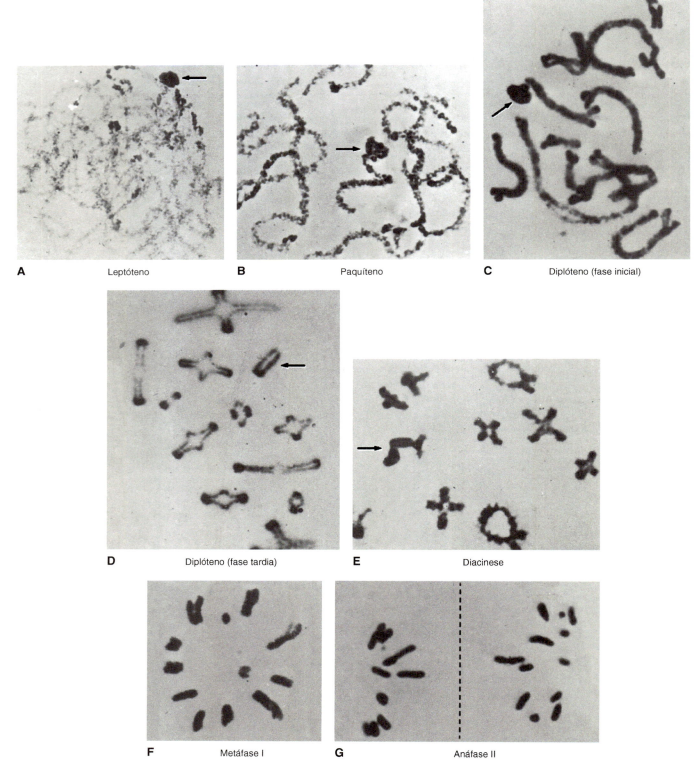

Figura 19.4 Etapas da meiose na lagosta *Laplatacris dispar* ($2n = 22 + X$). O cromossomo X está indicado por uma seta. (De F. A. Saez.)

19.7 Durante o zigóteno ocorre o pareamento dos cromossomos homólogos e é formado o complexo sinaptonêmico

Durante o **zigóteno** (do grego, *zeûgos*, "par"), ocorre o primeiro fenômeno essencial da meiose: os cromossomos homólogos alinham-se no processo conhecido como **pareamento** ou **sinapse** (Figura 19.2). O pareamento envolve a formação de uma estrutura complexa – observada com a ajuda da microscopia eletrônica – conhecida como **complexo sinaptonêmico (CS)** (Figuras 19.5, 19.6 e 19.7). O processo pode começar em qualquer ponto dos cromossomos. Assim, em alguns casos, os cromossomos homólogos ligam-se primeiramente no plano de uma de suas extremidades e a união avança em direção à outra extremidade como se fosse um zíper. Por outro lado, em outros casos, a associação ocorre simultaneamente em vários pontos ao longo dos cromossomos homólogos. O pareamento é extremamente exato e específico, pois ocorre ponto a ponto entre os cromossomos homólogos. Não obstante, os cromossomos ficam separados por, aproximadamente, 200 nm. Essa distância é ocupada pelo complexo sinaptonêmico. Em termos moleculares essa distância é considerável, visto que o diâmetro do DNA é de 2 nm, e algumas partes dos dois DNA devem se deslocar 100 nm para conseguirem se encontrar e se recombinar nesse espaço.

O CS é formado por dois componentes laterais e um componente central (Figuras 19.5, 19.6 e 19.7). Os componentes laterais desenvolvem-se ao final do leptóteno e o componente central aparece durante o zigóteno. As duas cromátides-irmãs de um dos dois cromossomos homólogos se sobrepõem a cada um dos componentes laterais.

Em um corte transversal os componentes laterais estão separados do componente central por espaços regulares de mesma largura. No todo, o CS assemelha-se a uma escada, com degraus que a cruzam em intervalos de 20 a 30 nm. Esses "degraus", formados por filamentos muito delgados, parecem cruzar toda a largura do CS, de um componente lateral até o outro (Figura 19.6). Tanto os filamentos transversais quanto os componentes laterais contêm proteínas fibrilares.

Nas cromátides-irmãs as fibras de 30 nm formam alças e cada uma dessas alças contém 5 a 25 μm de DNA. Como se pode ver na Figura 19.8, durante o leptóteno, as alças de cromatina apresentam um arranjo frouxo no eixo do cromossomo. Posteriormente, à medida que a cromatina se condensa, as alças se aproximam cada vez mais dos componentes laterais do CS. Além disso, como nos cromossomos mitóticos, nos cromossomos meióticos existe um arcabouço de proteínas não histonas que oferece suporte às alças de cromatina (Figura 19.8). A diferença entre os cromossomos mitóticos é que aos meióticos se agregam os componentes do CS.

A fixação dos telômeros ao envoltório nuclear ordena a orientação espacial dos cromossomos e isso propicia o alinhamento dos cromossomos homólogos. Após a formação do CS, suas extremidades também se inserem no envoltório nuclear (Figura 19.5). Nos pontos de inserção surgem espessamentos denominados **placas de fixação**.

Uma das funções do CS é estabilizar o pareamento dos cromossomos homólogos e facilitar sua recombinação. Desse modo, as moléculas proteicas de seus componentes laterais possibilitam que os DNA dos cromossomos homólogos se disponham de modo a favorecer a troca de material genético entre eles. O CS deve, consequentemente, ser considerado um arcabouço proteico elaborado para promover o alinhamento e a recombinação dos cromossomos homólogos.

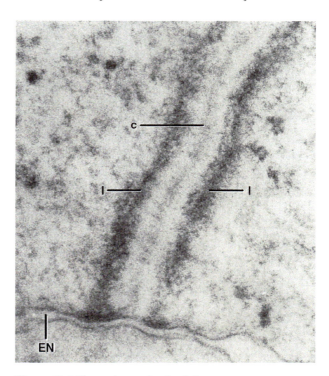

Figura 19.5 Eletromicrografia eletrônica que mostra os componentes laterais (*l*) e o componente central (*c*) do complexo sinaptonêmico entre os cromossomos homólogos. Deve-se observar como os telômeros se fixam ao envoltório nuclear (*EN*).

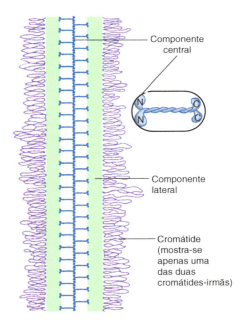

Figura 19.6 Esquema do complexo sinaptonêmico, com os componentes laterais, os filamentos transversais e o componente central. Os filamentos transversais são dímeros proteicos que brotam dos componentes laterais e se estendem até o plano sagital do complexo. Nesse ponto suas extremidades livres se sobrepõem e formam a linha com elevada densidade eletrônica do componente central, no qual também existem proteínas longitudinais. O detalhe mostra que as duas proteínas dos dímeros são fibrosas, estão entrelaçadas e suas extremidades globulares estão orientadas como no dímero mostrado na Figura 5.2.

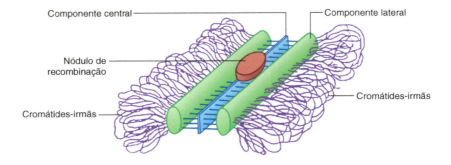

Figura 19.7 Visão tridimensional do complexo sinaptonêmico, com um nódulo de recombinação.

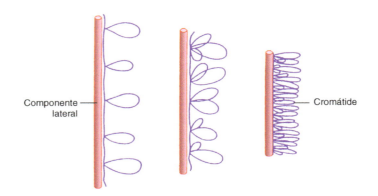

Figura 19.8 Formação de alças de cromatina cada vez mais compactas conforme avança a prófase da meiose I.

Por ocasião do início do pareamento, o encurtamento dos cromossomos já está muito pronunciado e existe uma relação de, pelo menos, 300:1 entre o comprimento do DNA e a extensão cromossômica. Isso significa que apenas 0,3% do DNA dos cromossomos homólogos está em contato direto com os componentes laterais do CS.

19.8 Durante o paquíteno ocorre a recombinação das cromátides homólogas

Durante o **paquíteno** (do grego *pakhús*, "espesso"), os cromossomos se encurtam e o pareamento dos cromossomos homólogos se completa (Figuras 19.2 e 19.4B). Todavia, o evento mais importante desse período é a permuta de segmentos de DNA entre as cromátides homólogas, um fenômeno conhecido como **recombinação genética** (em inglês, *crossing-over*) (Figura 19.9).

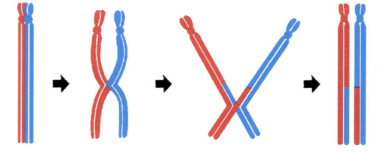

Figura 19.9 Representação esquemática da formação do bivalente (tétrade), da formação do quiasma e da separação dos cromossomos.

Os eventos que conduzem à recombinação são muito complexos, pois acredita-se que ocorram como é mostrado na Figura 19.10. Todavia, uma descrição sucinta é mostrada na Figura 19.11, na qual são visualizadas secções nas duas cromátides e, depois, o cruzamento e a conexão dos segmentos permutados.

O paquíteno é um processo relativamente prolongado, podendo durar dias. Diferentemente, os processos do leptóteno e do zigóteno duram algumas horas.

Durante o paquíteno o núcleo parece conter um número haploide de cromossomos. Contudo, não é assim, já que cada uma das unidades visíveis é constituída por dois cromossomos independentes, porém intimamente emparelhados. Por esse motivo, cada um dos 23 pares de cromossomos recebe a designação de **bivalente**. Visto que cada conjunto é composto por quatro cromátides, também é denominado **tétrade** (Figura 19.9).

As duas cromátides-irmãs de cada cromossomo estão conectadas pelo centrômero e, assim, em um bivalente ou tétrade existem dois centrômeros, um por cromossomo. Como na mitose, cada centrômero contém dois cinetócoros, um para cada cromátide-irmã. Todavia, os cinetócoros-irmãos comportam-se como uma unidade até o fim da meiose I (Figura 19.15).

Ao longo do bivalente, no CS surge uma sucessão de nódulos densos com, aproximadamente, 100 nm de diâmetro, chamados **nódulos de recombinação** (Figura 19.7). Seu número e suas localizações coincidem com os locais de recombinação genética, o que sugere que, nesses locais, ocorre a permuta dos segmentos de DNA entre as cromátides homólogas.

Para que ocorra a recombinação, as moléculas de DNA das cromátides homólogas devem estar localizadas a uma distância de, aproximadamente, 1 nm no componente central do CS. Acredita-se que esse contato virtual ocorra no nível dos filamentos transversais que unem os componentes laterais. As sequências homólogas de nucleotídios procurariam esses filamentos e isso é imprescindível para que ocorra a permuta dos segmentos de DNA. O nódulo de recombinação seria considerado a expressão

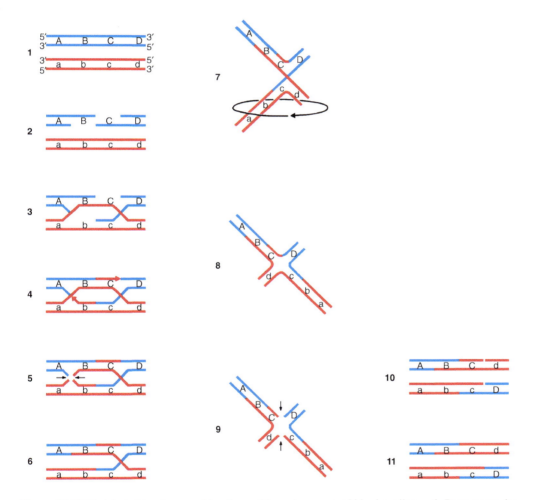

Figura 19.10 Modelo teórico de recombinação genética entre as cromátides homólogas. **1.** Pareamento das cromátides. Os pares de letras *Aa, Bb, Cc* e *Dd* simbolizam os dois alelos dos quatro genes representados (ver *Seção 20.3*). **2.** Corte das duas cadeias de DNA de uma das cromátides e ampliação das separações por meio de exonucleases. Visto que essas exonucleases removem nucleotídios no sentido 5′ → 3′, forma-se, em cada cadeia cortada, uma extremidade 3′ livre (não pareada). **3.** Uma dessas extremidades invade a cromátide homóloga e substitui uma de suas cadeias, que, por sua vez, se desloca para o local vazio deixado pela cadeia invasora. **4.** Síntese de DNA nas cadeias cortadas para reconstruir os segmentos que faltam. Nessa etapa, intervêm polimerases que usam as duas cadeias da cromátide homóloga como moldes, assim os segmentos que faltam são sintetizados por um mecanismo semelhante ao do reparo do DNA (ver *Seção 17.22*). Em função das etapas anteriores formam-se entrecruzamentos ou *estruturas* ou *junções de Holliday* (assim chamadas em homenagem ao geneticista Robin Holliday que descreveu esses cruzamentos em 1964). **5.** Corte das duas cadeias em um desses entrecruzamentos (*setas*). **6.** Ligação lateral das cadeias cortadas na etapa anterior. **7.** Curvatura das duas cromátides na altura do segundo entrecruzamento e rotação de 180° de uma das cromátides. **8.** Formação de uma estrutura de Holliday isométrica. **9.** Corte em uma das cadeias de cada cromátide (*setas*). **10.** Retificação das cromátides. **11.** Conexão lateral das cadeias cortadas na etapa 9.

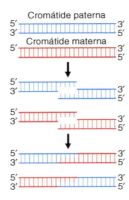

Figura 19.11 Modelo simplificado de cortes e ligações entre as moléculas de DNA das cromátides homólogas durante a recombinação genética.

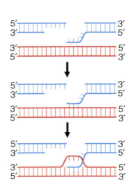

Figura 19.12 Formação de uma tripla-hélice transitória no começo da recombinação genética. Isso ocorre entre as etapas 2 e 3 da Figura 19.10.

morfológica dessa permuta. Além disso, o nódulo seria um complexo multiproteico que juntaria as cromátides paternas e maternas e produziria os cortes e as conexões necessários para a recombinação.

Entre as proteínas que agem no começo da recombinação está a **Rad51** (do inglês, *radiation sensitive*), cuja participação é essencial para que sejam geradas as permutas mostradas na Figura 19.12, as quais ocorreriam entre as etapas 2 e 3 do modelo de recombinação genética mostrado na Figura 19.10. Deve-se observar que a cadeia invasora combina-se com a dupla-hélice da cromátide homóloga e gera uma tripla-hélice transitória. Considera-se que a cadeia invasora acomode-se no sulco maior da dupla-hélice e que suas bases se unam com as bases da cromátide homóloga por meio de pontes de hidrogênio incomuns.

19.9 Durante o diplóteno os cromossomos pareados separam-se, embora persistam alguns pontos conectados

Durante o **diplóteno** (do grego *diplóos*, "duplo"), os cromossomos homólogos começam a se separar, de tal modo que as cromátides da tétrade tornam-se visíveis e o CS desintegra-se (Figuras 19.2 e 19.4C e D). Todavia, a separação não é completa e as cromátides homólogas permanecem conectadas nos pontos em que ocorreu a permuta de material genético (Figuras 19.4D, 19.9 e 19.13). Essas conexões, denominadas **quiasmas** (do grego *khiasmós*, "cruz"), representam a etapa final da recombinação, pois mostram os cromossomos homólogos prestes a se separar, embora ainda ligados por esses pontos. O número de quiasmas é variável, visto que podem ser encontrados pares de cromossomos homólogos com apenas um quiasma (é o número mínimo) e outros pares com vários. Além disso, o número de quiasmas e suas localizações geralmente coincidem com o número de nódulos de recombinação.

Na mulher o diplóteno é um período extraordinariamente longo. Todos os ovócitos I alcançam essa fase do ciclo celular antes do sétimo mês de vida intrauterina e permanecem nessa fase, pelo menos, até a puberdade (ver *Seção 19.15*).

No diplóteno vários setores da cromatina apresentam intenso desenovelamento. Situações extremas desse fenômeno são constatadas nos peixes, nos anfíbios, nos répteis e nas aves. Nesses animais o fenômeno de desenovelamento é tão acentuado que os cromossomos bivalentes adotam uma configuração especial (emitem delicados prolongamentos laterais). Por esse motivo, são denominados **cromossomos plumosos** ou **em escova** (Figura 19.14). Esses prolongamentos são alças de cromatina muito desenoveladas, cujo DNA é transcrito rapidamente. Assim, essa configuração cromossômica expressa intensa síntese celular de RNA, que é a causa do crescimento substancial que o ovócito apresenta antes de ser expulso do ovário.

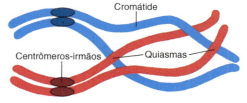

Figura 19.13 Eletromicrografia de um bivalente e sua interpretação. Podem ser observados dois quiasmas e a posição dos centrômeros-irmãos, unidos entre si.

Em algumas das classes zoológicas mencionadas anteriormente, ao longo do cromossomo, podem ser detectados espessamentos da cromatina dispostos entre as alças, denominados **cromômeros**, que se assemelham a um colar de contas (Figura 19.14). Os cromômeros correspondem a setores de cromatina extremamente condensada, ao contrário da cromatina das alças, que, como acabamos de descrever, são desenoveladas. Os cromômeros começam a ser vistos a partir do leptóteno.

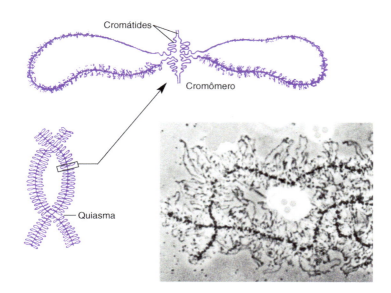

Figura 19.14 Cromossomos plumosos ou em escova. A figura à esquerda é uma representação esquemática, um pouco aumentada, dos quiasmas e das alças de cromatina laterais. A figura acima mostra duas alças laterais em maior aumento e a compactação das cromátides no nível do cromômero. (Cortesia de O. L. Miller Jr.) A micrografia (contraste de fase) possibilita a observação da sucessão de cromômeros, criando uma imagem semelhante a um colar de contas. (Cortesia de U. Scheer.)

19.10 Durante a diacinese torna a ocorrer a condensação da cromatina

Durante a **diacinese** (do grego *diá*, "através") a condensação dos cromossomos acentua-se novamente (Figura 19.4E). As tétrades distribuem-se de modo homogêneo por todo o núcleo e o nucléolo desaparece. Exceto pela aparência dos cromossomos, esse estágio breve assemelha-se à prófase tardia da mitose.

19.11 Nas etapas restantes da primeira divisão da meiose os cromossomos homólogos separam-se e deslocam-se para os polos opostos da célula

Durante a **prometáfase I** a condensação dos cromossomos alcança seu grau máximo. A carioteca desaparece e os microtúbulos do fuso conectam-se com os cinetócoros. Essa conexão é diferente daquela observada na mitose, pois as fibras do fuso provenientes de cada polo celular associam-se aos dois cinetócoros-irmãos e não a um cinetócoro (na *Seção 19.8* foi descrito que, na meiose I, os cinetócoros-irmãos comportam-se como uma unidade).

Durante a **metáfase I** os cromossomos bivalentes distribuem-se no plano equatorial da célula (Figura 19.4F). Em função do modo de conexão das fibras do fuso, os cinetócoros de cada cromossomo homólogo são voltados para o mesmo polo (Figura 19.15). Os cromossomos bivalentes ainda exibem seus quiasmas. Quando os cromossomos são curtos, os quiasmas localizam-se nas extremidades dos cromossomos homólogos (quiasmas terminais). Quando os cromossomos são longos, os quiasmas são encontrados em vários pontos ao longo dos eixos cromossômicos (quiasmas intersticiais).

Durante a **anáfase I** os cinetócoros opostos são tracionados para os respectivos polos de tal modo que os homólogos de cada bivalente (cada um constituído por duas cromátides-irmãs) se separam e se deslocam em sentidos opostos (Figuras 19.2 e 19.15). A obser-

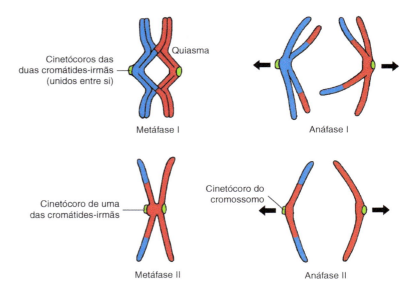

Figura 19.15 Evolução das cromátides-irmãs e dos cinetócoros durante a primeira e a segunda divisões da meiose.

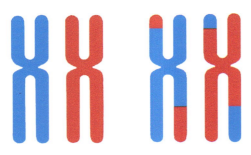

Figura 19.16 Resultado da recombinação genética ao final da anáfase II.

vação dos bivalentes nesta fase possibilita comprovar que, frequentemente, a recombinação genética (*crossing-over*) ocorre entre as cromátides dos dois pares de homólogos (Figuras 19.13). Assim, em alguns segmentos do cromossomo, a recombinação ocorre entre um par de cromátides homólogas (não é o mesmo que cromátides-irmãs); e, em outros segmentos, ocorre entre as cromátides do outro par. Consequentemente, após a separação completa dos cromossomos homólogos, as células-filhas das duas cromátides de cada cromossomo são mistas, pois contêm segmentos cromossômicos paternos e maternos (Figura 19.16).

Durante a **telófase I** os grupamentos cromossômicos haploides chegam a seus respectivos polos e, em torno deles, formam-se os envoltórios nucleares.

19.12 Entre as duas divisões da meiose ocorre uma breve interfase

A telófase I é seguida pela **divisão,** ou **partição do citoplasma**, e as duas células-filhas passam por um breve período de interfase durante o qual não há replicação do DNA (não existe fase S). Por sua vez, as células-filhas derivadas da meiose I apresentam número haploide de cromossomos, cada um deles constituído por duas cromátides-irmãs (Figuras 19.2 e 19.3).

No homem o resultado da meiose I é a formação de duas células-filhas iguais, denominadas **espermatócitos II**. Na mulher, por outro lado, são formadas duas células de tamanho muito diferente, em decorrência da divisão desigual do citoplasma do ovócito: o **ovócito II**, que é relativamente volumoso; e o primeiro **corpúsculo polar**, que é pequeno e desaparece (Figura 19.1).

Os espermatócitos II e o ovócito II começam a **meiose II**, cujas etapas são semelhantes às da mitose, como veremos adiante.

19.13 Na segunda divisão da meiose as cromátides-irmãs se separam

A **prófase II** é muito breve, embora o período de tempo seja suficiente para o reaparecimento das fibras do fuso e o desaparecimento do envoltório nuclear.

Na **metáfase II** os cromossomos deslocam-se para o plano equatorial da célula. As fibras do fuso conectam-se aos cinetócoros e esses posicionam-se como nos cromossomos mitóticos, ou seja, um cinetócoro apontando para um polo e o outro para o polo oposto (Figura 19.15).

Na **anáfase II**, em decorrência da tração exercida pelas fibras do fuso sobre os cinetócoros, o centrômero divide-se e as cromátides-irmãs de cada cromossomo são separadas e tracionadas para os polos opostos da célula (Figuras 19.2, 19.4G e 19.15).

Na **telófase II** cada um dos polos da célula recebe um conjunto haploide de cromátides, que passam a ser chamados cromossomos. A formação de um novo envoltório nuclear em torno de cada conjunto cromossômico haploide, seguida pela **partição do citoplasma**, finaliza a meiose (Figuras 19.2 e 19.3).

Como acabamos de ver, a segunda divisão da meiose é semelhante à mitose, exceto pelo fato de que, na meiose II, as células-filhas recebem apenas uma cópia de cada cromossomo e não os dois homólogos.

A Figura 19.1 mostra que, no homem, o resultado da meiose II é a formação de duas células-filhas iguais, denominadas espermátides. Estas, após algum tempo, se diferenciam em **espermatozoides**. Na mulher, por outro lado, são formadas duas células de tamanhos bem diferentes (pois a partição do citoplasma do ovócito II é desigual): o **óvulo**, que é volumoso, e o segundo **corpúsculo polar** que, como o primeiro corpúsculo polar, é pequeno e desaparece.

Em suma, a meiose gera quatro espermatozoides a partir de um espermatócito I e apenas um óvulo a partir de cada ovócito I (Figura 19.1).

19.14 Consequências genéticas da meiose

Na *Seção 19.1* foi mostrado que os processos essenciais da meiose são:

(1) Redução do número de cromossomos à metade (Figura 19.3)
(2) Recombinação genética
(3) Segregação dos cromossomos paternos e maternos.

Portanto, do ponto de vista genético, a meiose pode ser descrita como um processo de distribuição aleatória dos genes paternos e maternos nos gametas, tanto por meio de recombinação genética quanto pela segregação dos cromossomos homólogos.

Na Figura 19.17 podem ser observadas as consequências genéticas da meiose em uma célula hipotética que contém três pares de cromossomos homólogos nos quais ocorreram, respectivamente, uma, duas e três recombinações.

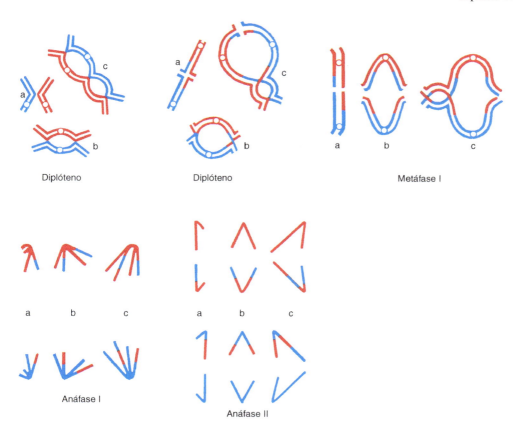

Figura 19.17 Consequências genéticas da meiose em três pares de cromossomos, um par com um quiasma (*a*), outro par com dois quiasmas (*b*) e outro par com três quiasmas (*c*). Os cromossomos paternos estão representados em azul e os cromossomos maternos estão em vermelho. Os círculos marcam as localizações dos centrômeros.

As **recombinações** são assinaladas pelos quiasmas e pode-se ver que ocorreram somente em um dos dois pares de cromátides homólogas. Todavia, conforme foi mencionado na *Seção 19.11*, a recombinação ocorre entre os dois pares de cromátides homólogas e não apenas um. Assim, ao final da meiose, todos os cromossomos dos gametas apresentam segmentos maternos e paternos alternados (Figura 19.16).

A **segregação aleatória** dos cromossomos paternos e maternos durante as anáfases I e II também contribui para a diversidade genética dos gametas, embora o faça em grau diferente. Não se observa isso na Figura 19.17, que mostra apenas o caso (teoricamente possível) de segregação em bloco dos cromossomos paternos e maternos nas anáfases I e II. Visto que o homem apresenta 23 pares de cromossomos homólogos nas células predecessoras dos gametas, as combinações de segregação possíveis chegam a 8.388.608 (2^{23}). A esse número, devem ser acrescidas as incontáveis possibilidades de segregação dos genes em decorrência de recombinação.

Em suma, quando são examinadas as consequências genéticas derivadas da associação dos dois processos (recombinação genética e segregação dos homólogos), verifica-se que cada um dos gametas oriundos da meiose herda conjuntos de genes diferentes.

Eventualmente a segregação dos cromossomos homólogos falha e os dois cromossomos homólogos não se separam e vão juntos para uma das células-filhas. Esse fenômeno, denominado **não disjunção**, pode ocorrer na anáfase I ou na anáfase II da meiose (ver *Seção 20.9*) e a consequência é que um desses gametas terá um cromossomo a mais (24) e o outro terá um cromossomo a menos (22). Se um desses gametas participar da fecundação, as células somáticas do novo indivíduo apresentarão um número anormal de cromossomos (47 e 45, respectivamente). Essas condições são denominadas **aberrações cromossômicas numéricas** e o exemplo mais conhecido é a **síndrome de Down**. Nesta síndrome as células têm 47 cromossomos, visto que existem três unidades do cromossomo 21, em vez de duas (ver *Seção 20.13*).

19.15 Na mulher a meiose pode durar aproximadamente 50 anos

No embrião humano as células germinativas primitivas aparecem na parede do saco vitelínico no vigésimo dia após a fecundação e daí migram para os rudimentos gonadais, nos quais, no embrião feminino, se dividem e se transformam em ovogônias. Entre o terceiro e o sétimo mês da vida pré-natal as ovogônias entram em meiose e tornam-se ovócitos I. Os ovócitos I permanecem em diplóteno até o começo da puberdade.

Durante esse período tão prolongado do diplóteno os cromossomos passam por um tipo especial de desenovelamento que faz com que se assemelhem – embora vagamente – aos cromossomos plumosos (ver *Seções 19.9* e *19.14*).

A partir da puberdade, a cada ciclo menstrual, vários ovócitos I retomam a primeira divisão da meiose, porém apenas um se torna um ovócito II. Os outros ovócitos I degeneram no ovário. Ocasionalmente dois ovócitos I completam a meiose I e, raramente, mais de dois ovócitos I fazem isso.

Quando o ovócito II é liberado do ovário (ovulação ou ovocitação) e alcança a tuba uterina, a segunda divisão da meiose já foi iniciada, mas só prossegue se o ovócito for fecundado por um espermatozoide. Se não ocorrer a fecundação, o ovócito II morre em poucas horas. Em contrapartida, a fecundação ativa no ovócito II alguns mecanismos que deflagram a continuação da meiose II e, ao final desta, será gerado o zigoto (ou célula-ovo) e o segundo corpúsculo polar. Como se pode ver, não há formação de óvulo em nenhum caso, embora esse termo seja frequentemente utilizado quando se fala do ovócito II.

Na recém-nascida o número de ovócitos I gira em torno de 1 milhão. Aos 12 anos esse número cai para 300.000, dos quais aproximadamente 400 alcançarão a maturidade plena entre essa idade e a menopausa. Portanto, na mulher, a meiose pode durar cerca de 50 anos e isso explica por que a proporção de aberrações cromossômicas na prole aumenta com a idade materna (ver *Seção 20.13*).

19.16 No homem a meiose tem início a partir da puberdade

No embrião masculino as células germinativas primitivas provenientes do saco vitelínico chegam aos rudimentos gonadais e incorporam-se aos túbulos seminíferos em formação, nos quais se convertem em espermatogônias. As espermatogônias entram em meiose a partir da puberdade e, conforme já vimos, cada uma gera quatro espermatozoides. A prófase I dura, aproximadamente, 14 dias e a meiose completa-se em torno de 24 dias. Ao contrário da ovogênese, a espermatogênese prossegue até uma idade relativamente avançada.

Fecundação

19.17 Características dos gametas por ocasião da fecundação

A fertilização do óvulo pelo espermatozoide (**fecundação**) é o evento que inicia o processo de desenvolvimento embrionário e, por esse motivo, é analisada nos livros de embriologia. Aqui apresentaremos apenas uma descrição sucinta de seus aspectos celulares e moleculares.

Geralmente a fecundação ocorre no terço externo da tuba uterina, na qual chega o ovócito II – sem ter completado a segunda divisão da meiose – após a ovulação (Figura 19.18).

O **ovócito** é uma célula muito grande, que apresenta numerosas **microvilosidades** e está circundada pela membrana pelúcida e pelas células foliculares da coroa radiada (Figura 19.18). A **membrana pelúcida** é rica em glicoproteínas, entre as quais se destacam a **ZP2** e a **ZP3** (de *zona pellucida*). As células da **coroa radiada**, por sua vez, estão unidas entre si por um material fixante rico em **ácido hialurônico**.

O espermatozoide tem uma cabeça, um colo e uma cauda. A Figura 19.19 mostra a cabeça e parte do colo de um espermatozoide com seus respectivos componentes. Na cabeça deve ser assinalada a existência do **acrossomo**, um derivado lisossômico que contém vários tipos de enzimas hidrolíticas. Duas dessas enzimas hidrolíticas, a **hialuronidase** e a **acrosina**, desempenham funções importantes durante a fecundação.

As duas últimas etapas da diferenciação dos espermatozoides, chamadas **maturação** e **capacitação**, ocorrem no epidídimo e no trato genital feminino, respectivamente. Em seu transcurso, surgem, no nível molecular, algumas características nos espermatozoides imprescindíveis para que um deles consiga fecundar o ovócito II e formar a **célula-ovo** ou **zigoto**. Durante a maturação, por exemplo, os espermatozoides são recobertos por uma proteína secretada no epidídimo – a **DEFB126** (do inglês, *defensin-beta126*) –, que os protege da ação destruidora do sistema imunológico da mulher desde o momento que penetram na vagina até quando chegam às tubas uterinas. Já foi comprovado que uma das principais causas de infertilidade masculina é a ocorrência de defeitos nos dois alelos do gene da proteína DEFB126.

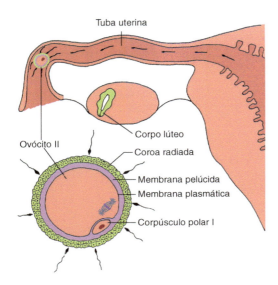

Figura 19.18 Corte frontal da tuba uterina, que mostra o encontro dos espermatozoides com o ovócito II.

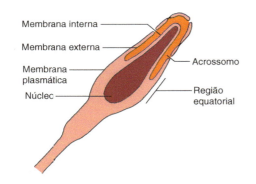

Figura 19.19 Representação de algumas estruturas da cabeça do espermatozoide. São mostrados o acrossomo e as áreas de fusão entre a membrana acrossômica externa e a membrana plasmática, com a consequente formação de poros (reação acrossômica).

19.18 Os espermatozoides adquirem movimentos hiperativos

Entre outras alterações, a capacitação promove o aparecimento de movimentos muito enérgicos na cauda dos espermatozoides e isso recebe o nome de **hiperativação**. Desse modo, os espermatozoides passam subitamente de um tipo de movimento delicado e linear para um movimento vigoroso e errático, embora intercalado por breves episódios de deslocamentos lineares.

Os mecanismos moleculares que desencadeiam a hiperativação podem ser observados na Figura 19.20. Como se pode ver, uma substância indutora (ou **fator de capacitação**), até agora desconhecida, interage com um **receptor** da membrana plasmática do espermatozoide. Esse receptor está, provavelmente, situado na altura do colo do espermatozoide, e seu domínio citosólico ativa uma proteína G (ver *Seção 11.14*). Essa proteína G, por sua vez, abre um canal de Ca^{2+} e induz a entrada desse íon no citosol a partir do meio extracelular. Visto que a proteína G também ativa a enzima adenilato ciclase, as concentrações de cAMP citosólico aumentam e a quinase A é ativada (ver *Seção 11.15*). Por sua vez, a quinase A desencadeia uma cascata de reações que culminam na fosforilação de uma **proteína com 15 kDa** associada aos microtúbulos do axonema (ver *Seção 5.12*). Por fim, se houver ATP para fornecer energia, o íon Ca^{2+} e a proteína com 15 kDa ativam o deslizamento das dineínas entre os microtúbulos e, com isso, os movimentos de hiperativação na cauda do espermatozoide.

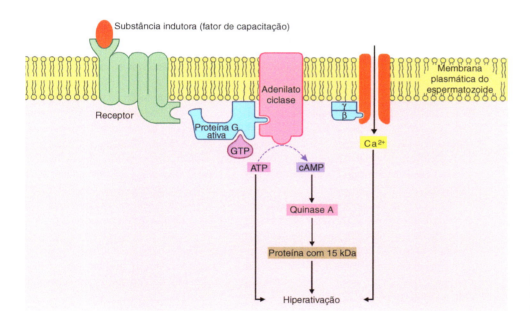

Figura 19.20 Mecanismo molecular que desencadeia a hiperativação do espermatozoide.

19.19 A fecundação é dividida em várias fases

A fecundação começa no momento em que não mais de 100 espermatozoides completamente diferenciados – esse é o número que chega ao terço externo da tuba uterina – entram em contato com as células foliculares que circundam o ovócito II.

Para maior compreensão o processo de fecundação pode ser dividido nas seguintes fases (Figura 19.21):

(1) **Penetração da coroa radiada**. Ao entrar em contato com a coroa radiada, cada espermatozoide, com seu acrossomo íntegro, alcança a membrana pelúcida avançando entre as células foliculares (Figura 19.21A). Para isso, o espermatozoide cria uma espécie de **túnel** no ácido hialurônico que une as células foliculares com a ajuda de pequenas quantidades da **hialuronidase** que existe em sua membrana plasmática (essa enzima é quimicamente idêntica à encontrada no acrossomo). A força mecânica derivada dos movimentos de **hiperativação** impulsiona o movimento para frente do espermatozoide. Desse modo, enquanto a hialuronidase digere localmente o cimento intercelular, os movimentos de hiperativação impulsionam o espermatozoide para frente. É possível que esse mecanismo atue como um filtro seletivo de modo que apenas os espermatozoides mais aptos alcancem a membrana pelúcida

(2) **Reação acrossômica**. Quando o espermatozoide alcança a membrana pelúcida e entra em contato com ela, um processo denominado reação acrossômica é desencadeado em sua parte frontal e promove a formação de múltiplas áreas de fusão entre a membrana externa do

acrossomo e a membrana plasmática do gameta. Isso forma os poros – pelos quais extravasam as enzimas acrossômicas – e, logo após, o **desaparecimento das duas membranas** (Figuras 19.19 e 19.21B). Consequentemente, na região frontal do espermatozoide, fica exposta uma nova membrana, a membrana acrossômica interna, no lugar da membrana plasmática que desapareceu (Figura 19.21C). O mecanismo molecular que provoca a reação acrossômica é o seguinte (Figura 19.22):

A glicoproteína **ZP3** da membrana pelúcida acopla-se a um **receptor** da membrana plasmática do espermatozoide que ativa uma proteína G. Essa proteína G ativa a enzima fosfolipases C, que gera trifosfato de inositol (IP_3) e diacilglicerol (DAG) a partir de difosfato de fosfatidilinositol (PIP_2).

Como foi mostrado na *Seção 11.18*, o (IP_3) abre canais de Ca^{2+} na membrana do retículo endoplasmático liso (REL) e possibilita que o íon passe dessa organela para o citosol. Como no espermatozoide a maioria do IP_3 é convertida em tetrafosfato de inositol (IP_4) e o IP_4 abre canais de Ca^{2+} na membrana plasmática, o íon penetra a partir do exterior e a sua concentração citosólica aumenta ainda mais. O pH citosólico também se eleva, pois a entrada de Ca^{2+} a partir do exterior está acoplada à saída de H^+.

O DAG, por sua vez, ativa a quinase C, que desencadeia uma sucessão de fosforilações em várias proteínas.

A Figura 19.22 mostra a ativação das fosfolipases A e D pela proteína G. Visto que a fosfolipase A elimina um ácido graxo da fosfatidilcolina e a fosfolipase D remove a colina, são gerados lisofosfatidilcolina e ácido fosfatídico (Figura 2.13), respectivamente.

Embora não seja mostrado na Figura 19.22, a proteína G também ativa a enzima adenilato ciclase, que forma cAMP a partir de ATP. O cAMP, por sua vez, ativa a quinase A que fosforila várias proteínas.

Finalmente, todas as alterações mencionadas resultam na formação de múltiplas áreas de fusão entre a membrana acrossômica externa e a membrana plasmática do espermatozoide. Essas fusões dão origem a orifícios de diâmetros crescentes que eliminam as membranas. Em suma, essas alterações desencadeiam a reação acrossômica (Figuras 19.19 e 19.21B, C).

É preciso acrescentar que, antes da reação acrossômica, ocorrem dois processos biológicos, o **reconhecimento** e a **adesão** dos gametas. Esses dois processos são consequência da interação da ZP3 da membrana pelúcida com o receptor da membrana do espermatozoide.

A seguir será mostrado como a reação acrossômica torna possível o desprendimento da coroa radiada do ovócito II, a passagem do espermatozoide através da membrana pelúcida e a fusão das membranas plasmáticas dos gametas

(3) **Desnudamento**. O desnudamento consiste no desprendimento da coroa radiada do ovócito II. As células foliculares da coroa radiada são separadas pela **hialuronidase** que extravasa dos acrossomos, visto que essa enzima hidrolisa o ácido hialurônico que as mantém unidas (Figura 19.21B e C)

(4) **Penetração da membrana pelúcida**. Como já foi mencionado, a membrana acrossômica interna é exposta quando desaparecem a membrana plasmática e a membrana acrossômica externa da cabeça do espermatozoide. A membrana acrossômica interna apresenta o **receptor** P_{H_2O} (do inglês, *posterior head*), que interage com a glicoproteína **ZP2** da membrana pelúcida. Isso possibilita que o espermatozoide atravesse a membrana pelúcida à procura da membrana plasmática do ovócito II. A **acrosina** torna possível essa penetração, pois essa enzima hidrolisa o material da membrana pelúcida e forma um **túnel** nela com trajetória diagonal (Figura 19.21D).

Como na penetração da coroa radiada, o avanço do espermatozoide deve-se à força mecânica gerada pelos movimentos de **hiperativação**. Essa força é da ordem de 3.000 microdinas, suficiente para romper qualquer ligação covalente.

Voltando à acrosina, ela não hidrolisa maciçamente a membrana pelúcida, como se poderia esperar de uma enzima hidrolítica liberada abruptamente no meio. A acrosina forma um túnel porque hidrolisa partes pequenas e sucessivas porções da membrana pelúcida à frente do espermatozoide. A hidrólise controlada é consequência do fato de que a enzima é liberada na forma de um precursor, a **pró-acrosina**, a qual, à medida que a P_{H_2O} interage com novas glicoproteínas ZP2 encontradas no percurso, gera, em dois passos, as formas ativas da enzima, a α-acrosina e a β-acrosina. Vemos, assim, que o espermatozoide, como na penetração da coroa radiada, desempenha essa tarefa delicadamente e avança pelo trajeto que ele mesmo cria

(5) **Fusão**. Embora muitos espermatozoides atravessem a membrana pelúcida, apenas um entra em contato íntimo com a membrana plasmática do ovócito II. Quando isso acontece, os movimentos de hiperativação desaparecem.

A seguir, as partes das membranas dos dois gametas que estão em contato se fundem. Assim, é estabelecida a continuidade entre os dois citoplasmas e isso torna possível a penetração do conteúdo do espermatozoide no ovócito (Figura 19.21E).

No espermatozoide a membrana plasmática envolvida na fusão corresponde à região equatorial da cabeça (Figura 19.19). No ovócito, qualquer zona de sua extensa superfície pode participar da fusão, com exceção da zona adjacente ao núcleo (o ovócito ficou detido na meiose II). É preciso recordar que a membrana plasmática do ovócito apresenta um número muito grande de microvilosidades e é justamente com elas que a região equatorial da cabeça do espermatozoide se funde.

Uma vez estabelecida a continuidade entre os dois citoplasmas, penetram no ovócito sucessivamente: a parte posterior da cabeça, o colo e a cauda do espermatozoide. Logo depois, penetra a parte anterior da cabeça do espermatozoide, que o faz por um processo que se assemelha à fagocitose. O material incorporado apresenta evolução singular. Assim, enquanto o DNA e o centríolo do espermatozoide sobrevivem, as mitocôndrias e as fibras axonêmicas desaparecem rapidamente.

A fusão das membranas é mediada pelas **proteínas fusogênicas** existentes nas duas bicamadas lipídicas (ver *Seção 7.41*). Já foram descobertas várias dessas proteínas na membrana do espermatozoide; por exemplo, as proteínas denominadas DE e fertilina, encontradas na fêmea do rato e na cobaia, respectivamente. A proteína **DE** é composta por duas proteínas com 37 kDa (*D* e *E*) que foram adquiridas durante a passagem do espermatozoide pelo epidídimo. A **fertilina** também é constituída por duas proteínas (ambas transmembrana): uma que se liga à proteína complementar do ovócito e a outra, responsável pela fusão.

Pouco se conhece a respeito das proteínas fusogênicas da membrana plasmática do ovócito. Elas não se encontram na região adjacente ao núcleo, onde também não existem microvilosidades

(6) **Bloqueio da polispermia**. Apenas um espermatozoide deve se fundir com o ovócito. Para que isso ocorra, após a fusão dos gametas, ocorrem alterações em algumas estruturas do ovócito com o propósito de impedir a penetração de novos espermatozoides e evitar a polispermia. Essas alterações originam-se de um processo denominado **reação cortical**, que consiste na exocitose das enzimas hidrolíticas contidas nas numerosas vesículas de secreção, denominadas **grânulos corticais**, que a célula-ovo apresenta abaixo da sua membrana plasmática. Como todas as vesículas de secreção, são produzidas pelo complexo de Golgi.

Entre as enzimas expulsas pelos grânulos corticais, está uma protease que modifica a glicoproteína ZP3 e hidrolisa a ZP2. Isso resulta em modificação da estrutura da membrana pelúcida, com consequente imobilização e posterior expulsão dos espermatozoides "agarrados" à membrana pelúcida.

Outro impedimento à polispermia está localizado na membrana da célula-ovo, que perde a capacidade de fundir-se com as membranas dos novos espermatozoides circundantes. Esse impedimento dependeria da existência de alguns componentes recebidos das membranas dos grânulos corticais. Esses componentes integram-se à membrana plasmática da célula-ovo durante a exocitose.

A secreção dos grânulos corticais é regulada (ver *Seção 7.23*) e provocada pelo aumento da concentração de Ca^{2+} no citosol. Como se pode ver na Figura 19.23, esse aumento é induzido pelo IP_3, que libera Ca^{2+} do REL (ver *Seção 11.18*). Convém lembrar que o processo desencadeia-se no momento da fusão dos gametas e que a substância indutora que ativa o receptor da membrana plasmática do ainda ovócito é uma proteína da membrana plasmática do espermatozoide. O receptor estimula uma proteína G associada à fosfolipase C, que, como se sabe, atua sobre o PIP_2 e forma DAG e o citado IP_3 (ver *Seção 11.17*). Adiante, será analisada a importância funcional do DAG. O aumento da concentração de Ca^{2+} no citosol começa a ocorrer 10 segundos após ser iniciada a fusão dos gametas, enquanto a exocitose dos grânulos corticais é desencadeada quase dois minutos depois

(7) **Retomada da segunda divisão da meiose pelo ovócito II**. Enquanto bloqueia a polispermia, o ovócito II retoma a segunda divisão da meiose. Isso gera a formação de duas células haploides, o óvulo (que não chega a se formar porque o ovócito II fecundado se converte diretamente em célula-ovo) e o segundo corpúsculo polar (Figura 19.21E e F). Como se pode ver na Figura 19.23, a retomada da meiose II é promovida pelo DAG mencionado anteriormente. O DAG ativa a enzima quinase C, que fosforila as proteínas responsáveis pelo processo

(8) **Formação dos pronúcleos masculino e feminino**. Na célula-ovo, os núcleos haploides do espermatozoide e do ovócito passam a ser denominados **pronúcleo masculino** e **pronúcleo feminino**, respectivamente (Figura 19.21F). Enquanto se tornam esféricos, os pronúcleos masculino e feminino se dirigem para a região central da célula, onde seus cromossomos se desenovelam e o DNA se replica.

296 ■ Biologia Celular e Molecular

A descondensação dos cromossomos no pronúcleo masculino merece uma descrição especial. Nos espermatozoides, o DNA não está associado a histonas, mas a outro tipo de proteínas básicas, denominadas **protaminas**, que exibem capacidade de compactação do DNA muito maior do que a das histonas. Quando o espermatozoide penetra no ovócito, as histonas substituem as protaminas após a conclusão da descondensação dos cromossomos e fazem isso muito rapidamente (em menos de 5 min)

(9) **Singamia**. Os pronúcleos estão muito próximos um do outro no centro da célula-ovo e perdem suas cariotecas (Figura 19.21G)

(10) **Anfimixia (cariogamia)**. Por fim, os cromossomos voltam a se condensar e se localizam no plano equatorial da célula, do mesmo modo que fazem isso em uma metáfase mitótica comum (Figura 19.21H).

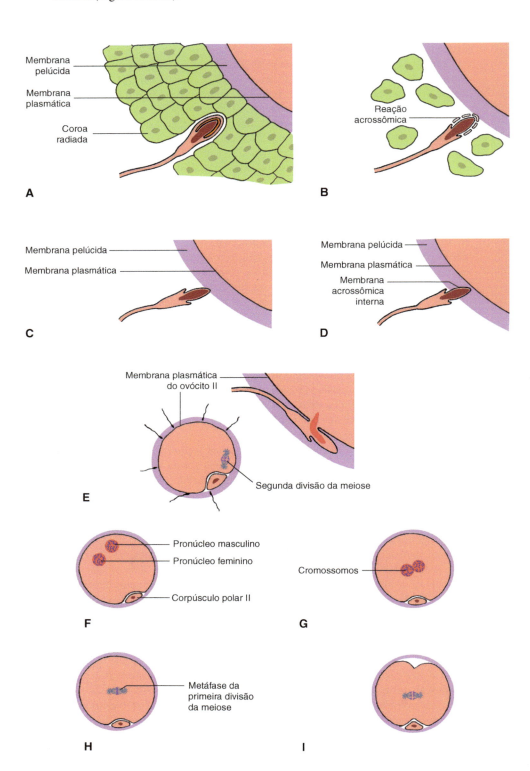

Figura 19.21 Fases da fecundação. **A.** Penetração da coroa radiada. **B.** Reação acrossômica. **C.** Desnudamento. **D.** Penetração da membrana pelúcida. **E.** Fusão das membranas plasmáticas dos gametas e retomada da meiose II pelo ovócito II. **F.** Formação dos pronúcleos masculino e feminino. **G.** União dos pronúcleos (singamia). **H.** Metáfase da primeira divisão da mitose (anfimixia). **I.** Começo da primeira divisão da segmentação da célula-ovo.

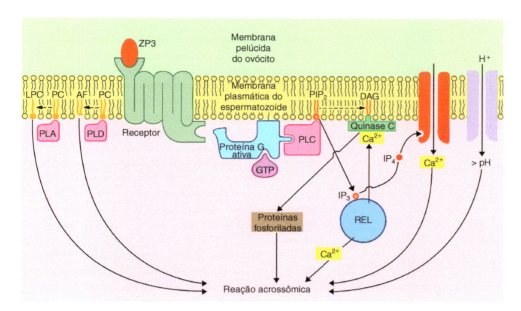

Figura 19.22 Mecanismo molecular que desencadeia a reação acrossômica. *PLC*, *PLA* e *PLD*, fosfolipases C, A e D, respectivamente; *PC*, fosfatidilcolina; *AF*, ácido fosfatídico; *LPC*, lisofosfatidilcolina.

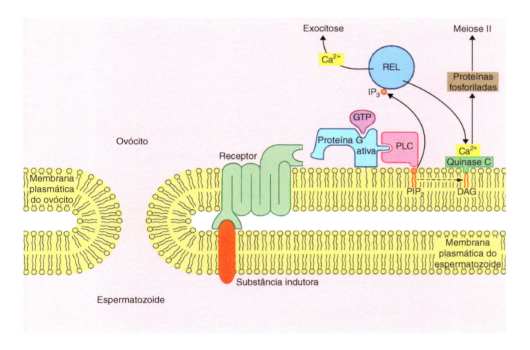

Figura 19.23 Mecanismo molecular que desencadeia a reação cortical e a retomada da meiose II no ovócito II.

Durante a anfimixia existe um par de centríolos em cada polo da célula-ovo. Como os quatro centríolos derivam de um único centríolo, proveniente do espermatozoide (ver *Fusão*), esse centríolo deve duplicar-se e depois seus dois centríolos-filhos também fazem isso (ver *Seção 18.12*).

A anfimixia representa o fim da fecundação. Nela, inicia-se a primeira divisão de segmentação da célula-ovo, ou seja, o desenvolvimento embrionário (Figuras 19.3 e 19.21I) (ver também *Seções 18.22* e *21.7*).

Meiose nas células vegetais e reprodução das plantas

19.20 Os mecanismos celulares responsáveis pela reprodução das plantas são diferentes dos existentes nos animais

Os mecanismos celulares que levam à reprodução das plantas são muito diferentes dos observados nos animais. Nas plantas superiores, o processo começa nos órgãos reprodutores masculino (antera) e feminino (ovário). Esses órgãos geram **microsporócitos** e **megasporócitos**, respectivamente. Eles se dividem por meiose, mas esta é esporádica e ocorre em um momento intermediário entre a formação dos gametas e a fecundação.

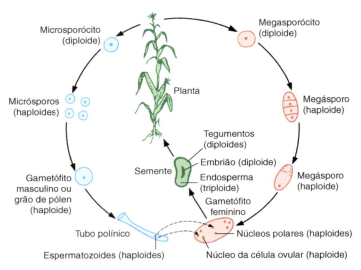

Figura 19.24 Representação esquemática do ciclo vital de uma planta fanerogâmica.

Como se pode ver na Figura 19.24, ao final da meiose cada microsporócito gera quatro **micrósporos** haploides funcionais. Por sua vez, a partir de cada megasporócito, formam-se, portanto, quatro **megásporos** haploides, dos quais três degeneram.

Os micrósporos transformam-se em **gametófitos masculinos**, conhecidos habitualmente como **grãos de pólen**. O megásporo sobrevivente, por sua vez, passa por três divisões mitóticas e forma o **gametófito feminino**, que contém oito núcleos haploides. Três desses núcleos, o núcleo da **célula ovular** e os dois **núcleos polares**, participam da fecundação.

Cada grão de pólen gera uma estrutura acessória denominada tubo polínico e dois **espermatozoides** haploides. Um desses espermatozoides fecunda o núcleo da célula ovular. Forma-se, assim, a **célula-ovo** diploide – e dela se origina, no interior da semente, o embrião da nova planta. O outro espermatozoide une-se aos dois núcleos polares, formando um núcleo triploide que, após várias divisões mitóticas, gera o **endosperma** da semente, ou seja, o material nutritivo do embrião. Como se pode ver, a semente é um mosaico de tecidos nos quais o embrião é diploide, o endosperma é triploide e os tegumentos têm células diploides de origem materna.

Bibliografia

Börner G.V., Kleckner N. and Hunter N. (2004) Crossover/noncrossover differentiation, synaptonemal complex formation and regulatory surveillance at the leptotene/zygotene transition of meiosis. Cell 117:29.

Burks D.J., Carballada R., Moore H.D.M. and Saling P.M. (1995) Interaction of a tyrosine kinase from human sperm with the zona pellucida at fertilization. Science 269:83.

Carpenter A.T.C. (1979) Recombination nodules and synaptonemal complex in recombination-defective females of *Drosophila melanogaster*. Chromosoma 75:259.

Conrad M.N., Domínguez A.M. and Dresser M.E. (1997) Ndj1p, a meiotic telomere protein required for normal chromosome synapsis and segregation in yeast. Science 276:1252.

De Jonge C. (2005) Biological basis for human capacitation. Hum. Reprod. Update 11:205.

Dressler D. and Potter H. (1982) Molecular mechanism of genetic recombination. Annu. Rev. Biochem. 51:727.

Grindley N.D., Whiteson K.L. and Rice P.A. (2006) Mechanisms of site specific recombination. Annu Rev Biochem 75:567

Hauf S. and Watanabe Y. (2004) Kinetochore orientation in mitosis and meiosis. Cell 119:317.

Hib J. (2006) Embriología Médica, 8ª Ed. Editorial Clareo, Buenos Aires.

Hib J. (2009) Histología de Di Fiore. Texto y atlas. 2ª Ed. Editorial Promed, Buenos Aires.

Jordan P. (2006) Initiation of homologous chromosome pairing during meiosis. Biochem. Soc. Trans. 34:545.

Messelsohn M.S. and Radding C.M. (1975)Ageneral model for genetic recombination. Proc. Natl. Acad. Sci. USA 72:358.

Moens P.B. (1987) Meiosis. Academic Press, New York.

Moreno R.D. and Alvarado C.P. (2006) The mammalian acrosome as a secretory lysosome: new and old evidence. Mol. Reprod. Dev. 73:1430.

Moses M.J. (1968) Synaptonemal complex. Annu. Rev. Genet. 2: 363.

Murray A.W. and Szostak J.W. (1985) Chromosome segregation in mitosis and meiosis. Annu. Rev. Cell Biol. 1:289.

Roeder G.S. (1990) Chromosome synapsis and genetic recombination: their roles in meiotic chromosome segregation. Trends Genet. 6:385.

Sathananthan A.H. et al. (1991) Centrioles in the beginning of human development. Proc. Natl. Acad. Sci. USA 88:4806.

Solari A.J. (1974) The behavior of the XY pair in mammals. Int. Rev. Cytol. 38:273.

Stein K.K., Primakoff P. and Myles D. (2004) Sperm-egg fusion: events at the plasma membrane. J. Cell Sci. 117:6269.

Tsaadon A., Eliyahu E., Shtraizent N. and Shalgi R. (2006) When a sperm meets an egg: block to polyspermy. Mol. Cell Endocrinol. 252:107.

Wassarman P.M. (2005) Contribution of mouse egg zona pellucida glycoproteins to gamete recognition during fertilization. J. Cell Physiol. 204:388.

Wassarman P.M., Jovine L. and Litscher E.S. (2004) Mouse zona pellucida genes and glycoproteins. Cytogenet. Genome Res. 105:228

Wassarman P.M. and Mortillo S. (1991) Structure of the mouse egg extracellular coat, the zona pellucida. Int. Rev. Cytol. 130:85.

Whitaker M. (2006) Calcium at fertilization and in early development. Physiol. Rev. 86:25.

Yudin, A.I. et al. (2005) Beta-defensin 126 on the cell surface protects sperm from immunorecognition and binding of anti-sperm antibodies. Biol. Reprod. 73:1243

Citogenética 20

20.1 A citogenética resulta da união da biologia celular com a genética

A **citogenética** trata das bases cromossômicas e moleculares da hereditariedade e ajuda a solucionar questões importantes nos campos da medicina, da pecuária e da agricultura. Visto que esses temas são discutidos nos livros de genética, neste capítulo serão abordados apenas os aspectos relacionados com a biologia celular. Assim serão analisadas as bases cromossômicas dos princípios da hereditariedade, algumas anormalidades cromossômicas que ocorrem na espécie humana (as mutações genéticas foram estudadas no *Capítulo 17*) e o papel desempenhado pelos cromossomos na evolução das espécies.

Leis da herança mendeliana

20.2 Mendel descobriu as leis que receberam seu nome em 1865

Os princípios que regem a transmissão das características hereditárias se fundamentam no comportamento dos cromossomos durante a meiose e nas repercussões genéticas desse tipo de divisão (ver *Seção 19.14*). Vale lembrar que, em 1865, quando Gregor J. Mendel descobriu os princípios fundamentais da hereditariedade, nada se sabia sobre os cromossomos e a meiose. Suas descobertas foram decorrentes de cruzamentos de plantas analisados quantitativamente, segundo um pensamento abstrato notável.

Mendel realizou cruzamentos entre vagens (*Pisum sativum*) com características diferentes e contrastantes. Ele utilizou plantas com ervilhas amarelas e verdes, com ervilhas lisas e rugosas, com flores brancas e vermelhas, com caules compridos e curtos etc. Depois do primeiro cruzamento, ele passou a observar os híbridos da primeira geração filial ($\mathbf{F_1}$), cruzou os híbridos F_1 entre si e estudou os resultados da segunda geração filial ($\mathbf{F_2}$).

20.3 A lei de segregação estabelece que os genes se distribuem sem se combinar

Em um cruzamento realizado entre os progenitores ($\mathbf{P}$) com ervilhas amarelas e verdes, constatou-se que todos os híbridos da primeira geração (F_1) eram ervilhas amarelas, ou seja, apenas a coloração de um dos progenitores se manifestou. No segundo cruzamento (F_2), as ervilhas apresentavam as características dos seus antepassados em uma proporção de 75% de ervilhas amarelas e 25% de ervilhas verdes (uma razão 3:1).

Mendel afirmou, então, que a coloração das ervilhas era controlada por um "fator" que era transmitido para a descendência pelos gametas e esse "fator", atualmente denominado gene, podia ser transmitido sem se combinar com outros genes. Desse modo, Mendel afirmou que os genes se separavam nos híbridos F_1, penetravam em gametas diferentes e se distribuíam nos híbridos F_2. Por causa disso, esse princípio passou a ser chamado **lei de segregação dos genes**.

Posteriormente Mendel constatou que as vagens com ervilhas amarelas na F_2 possuíam constituições genéticas diferentes. Um terço desse grupo sempre dava origem a ervilhas amarelas na geração $\mathbf{F_3}$, enquanto os outros dois terços originavam vagens com ervilhas amarelas e verdes na proporção 3:1. Os 25% de vagens da F_2 com ervilhas verdes, quando cruzados entre si, sempre produziam vagens com ervilhas verdes na geração F_3. Isso demonstra que existem duas linhagens puras para essa característica.

Se nos cruzamentos os genes forem representados por letras e **A** for atribuído ao gene para o traço amarelo e **a** ao gene para o traço verde, obtém-se o seguinte resultado:

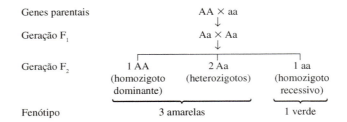

A geração F1 tem os dois genes – **A** e **a** –, mas apenas o **A** é visível (cor amarela), pois é **dominante**. O gene **a** permanece oculto e é denominado **recessivo**. Nos órgãos reprodutores, os dois genes se separam e vão para gametas diferentes. Portanto, metade dos gametas recebe o gene **A** e a outra metade recebe o gene **a**. Visto que em ambos os sexos as plantas geram os dois tipos de gametas, na geração F_2 são produzidas três combinações genéticas possíveis em uma relação de 1:2:1. Vinte e cinco por cento correspondem às plantas **AA** com ervilhas amarelas puras, 50% são plantas **Aa** com ervilhas amarelas híbridas e 25% são plantas **aa** com ervilhas verdes puras.

Agora é possível explicar os resultados de Mendel com base no comportamento dos cromossomos e dos genes. Os genes existem em pares, um em cada cromossomo homólogo, e os dois membros de cada par são chamados **alelos**. Em cada cromossomo homólogo, o alelo ocupa um lugar específico denominado **locus** (plural, *loci*).

No caso mostrado na Figura 20.1 é analisado o comportamento de dois alelos homólogos no rato, os dominantes **GG** no rato cinza e os recessivos **gg** no rato branco. Como se sabe, os alelos separam-se na meiose e penetram nos gametas. Na geração F_1, os ratos são híbridos, visto que carreiam os alelos **G** e **g** nos cromossomos homólogos. Não obstante, a cor de todos os ratos da F_1 é cinza. Quando é feito o cruzamento dos híbridos F_1, os gametas unem-se nas combinações mostradas na Figura 20.1. Os indivíduos que têm alelos iguais (**GG** ou **gg**) são denominados **homozigotos**, e os que apresentam alelos diferentes (**Gg**) são chamados de **heterozigotos**.

O termo **genótipo** descreve a constituição genética do indivíduo, enquanto o termo **fenótipo** descreve as características visíveis. Por exemplo, nas ervilhas analisadas anteriormente existem dois fenótipos na F_2: a cor amarela e a cor verde, três amarelas para cada verde. No entanto há três genótipos (**AA**, **Aa** e **aa**) em uma proporção de 1:2:1. Isso significa que existem duas proporções mendelianas, a fenotípica (3:1) e a genotípica (1:2:1). O conceito de fenótipo abrange todas as expressões dos genes, tanto as visíveis (p. ex., a cor da pele, a cor dos olhos etc.) quanto as que não são detectadas à observação direta (p. ex., as diferentes classes de hemoglobina, os grupos sanguíneos etc.).

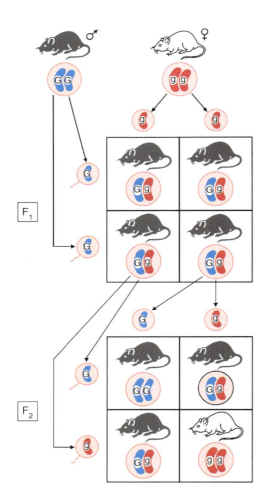

Figura 20.1 Cruzamento mono-híbrido entre um rato cinza (traço dominante) e um rato branco (traço recessivo). Mostra-se a semelhança entre a distribuição dos genes e dos cromossomos, o mesmo que ocorre nos genótipos resultantes nas gerações F_1 e F_2.

Se forem cruzadas plantas com flores vermelhas e brancas, como a *Mirabilis jalapa*, é possível encontrar na F_2 três fenótipos em vez de dois fenótipos: flores vermelhas, brancas e rosadas, que correspondem aos três genótipos. Esses casos de herança intermediária resultam do fato de que a dominância é incompleta nos heterozigotos (flores rosadas). Por conseguinte, nesse caso existe uma **codominância**. Como podemos ver, nem sempre é seguida a regra da dominância e da recessividade. A codominância é menos frequente do que a dominância e a recessividade é plena. Na codominância é encontrado um fenótipo com características intermediárias dos fenótipos dos progenitores, embora não haja mistura dos alelos.

20.4 A lei da distribuição independente estabelece que os genes em cromossomos diferentes se distribuem de modo independente

Enquanto o princípio de segregação se aplica ao comportamento de um único par de genes, a **lei da distribuição independente** descreve o comportamento simultâneo de dois pares de alelos quando estão localizados em cromossomos diferentes. Os genes que não estão localizados em um mesmo cromossomo se distribuem de modo independente nos gametas, de modo que a descendência seja híbrida em dois *loci*.

A Figura 20.2 mostra o cruzamento entre uma cobaia de pelo preto e curto (***BBSS***) e uma cobaia de pelo castanho e longo (***bbss***). O animal ***BBSS*** produz apenas gametas **BS** e o animal ***bbss*** produz somente gametas **bs**. Na geração F_1 todas as cobaias são pretas com pelo curto, mas heterozigotas (***BbSs***).

Visto que cada di-híbrido da F_2 produz quatro tipos de gametas (***BS***, ***Bs***, ***bS*** e ***bs***), quando dois di-híbridos da F_2 se pareiam, a fecundação dá origem a 16 combinações diferentes nos zigotos. Nove indivíduos da F_2 têm pelo preto e curto, três apresentam pelo preto e longo, três têm pelo castanho e curto e um tem pelo castanho e longo. Essa proporção fenotípica de 9:3:3:1 é característica do cruzamento de dois pares de genes.

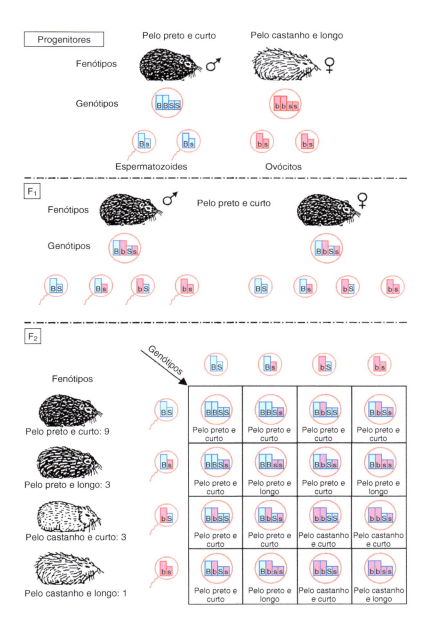

Figura 20.2 Cruzamento de uma cobaia de pelo preto e curto (traços dominantes) com uma cobaia de pelo castanho e longo (traços recessivos). Observe que os genes são segregados de modo independente. (De C. A. Villée.)

20.5 Quando os genes estão localizados no mesmo cromossomo formam-se ligações gênicas

Os exemplos de cruzamentos genéticos mencionados anteriormente mostram que durante a meiose os cromossomos (e com eles os genes) são distribuídos aleatoriamente nas células dos descendentes (ver *Seção 19.14*). No entanto, quando são realizados estudos com objetivos parecidos na mosca *Drosophila melanogaster*, verifica-se que a lei de distribuição independente não se aplica a todas as situações. Assim nos cruzamentos de dois ou mais pares de alelos existe uma tendência acentuada por parte desses genes de permanecerem ligados, de modo que o resultado é uma proporção de combinações diferentes da esperada.

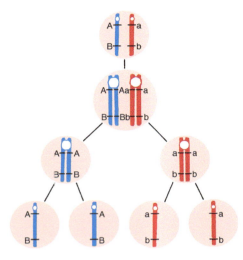

Figura 20.3 Segregação de dois pares de genes (*AB* e *ab*) localizados, cada um, em cromossomos homólogos. Visto que, durante a meiose, não ocorreu recombinação gênica, formaram-se duas classes de gametas diferentes: *AB* e *ab*.

A *Drosophila* tem apenas quatro pares de cromossomos e isso aumenta a possibilidade de seus genes estarem localizados no mesmo cromossomo. Se dois genes distintos (p. ex., *A* e *B*) estiverem localizados no mesmo cromossomo e seus recessivos correspondentes (*a* e *b*) estiverem localizados no cromossomo homólogo, então seriam obtidas duas classes de gametas para esses genes: *AB* e *ab* (e não os quatro esperados: *AB*, *Ab*, *aB* e *ab*).

A coexistência de dois ou mais genes no mesmo cromossomo é denominada **ligação gênica**. A Figura 20.3 mostra o mecanismo da meiose e a formação dos gametas nesses casos.

20.6 As ligações gênicas podem ser rompidas por meio de recombinação genética

Estudos posteriores mostraram que as ligações gênicas não são irreversíveis e que são rompidas com relativa frequência. Isso é ilustrado na Figura 20.4, que apresenta uma recombinação entre os genes *A* e *B* durante a meiose. Consequentemente quatro classes de gametas são formadas e duas delas apresentam cromossomos que sofreram **recombinação genética**. É evidente que a troca de segmentos entre as cromátides homólogas rompeu a ligação gênica.

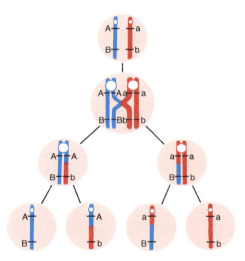

Figura 20.4 Segregação de dois pares de genes (*AB* e *ab*) localizados em cromossomos homólogos. Visto que, durante a meiose, ocorreu uma recombinação genética, foram formadas quatro classes de gametas diferentes: *AB*, *Ab*, *aB* e *ab*.

A frequência de recombinação entre dois genes ligados em um cromossomo depende da distância que os separa. Os genes mais próximos entre si recombinam-se com uma frequência menor do que aqueles que estão afastados. Além disso, as proporções de ligações gênicas possibilitam calcular a distância entre os genes e descobrir suas posições relativas no cromossomo.

Na *Seção 19.7* foi mostrado que a recombinação genética não é detectável à microscopia. No entanto os quiasmas observados no diplonema são uma representação dos locais onde ocorreu a troca. Por conseguinte, o número de recombinações pode ser estimado a partir da contagem dos quiasmas meióticos. Nas espécies com mais quiasmas meióticos, a possibilidade de recombinações genéticas é mais elevada e isso resulta em maiores variações na descendência.

Aberrações cromossômicas

20.7 O cariótipo pode ser modificado acidentalmente

A atividade normal do sistema genético é mantida conforme a constância do material genético nos cromossomos. Nas Seções *12.19* e *19.1* foi esclarecido que as células somáticas têm um número diploide de cromossomos (dois conjuntos haploides de 23 cromossomos cada um), sendo analisado o cariótipo.

Capítulo 20 | Citogenética ■ **303**

Acidentalmente podem ser produzidas **alterações no cariótipo** e isso tem várias repercussões genéticas. Assim os cromossomos podem apresentar alterações de número ou estruturais. Essas alterações são denominadas, respectivamente, **aberrações cromossômicas numéricas** e **aberrações cromossômicas estruturais**.

20.8 Nas poliploidias as células apresentam múltiplos do número haploide de cromossomos, diferente do número diploide

As duas classes principais de trocas do número de cromossomos são mostradas na Tabela 20.1. Nas **poliploidias** existe um número superior de conjuntos haploides (mais de dois), mas cada conjunto está equilibrado. Assim nas células triploides existem três conjuntos haploides normais; nas tetraploidias, quatro conjuntos e por aí vai. Nas células somáticas, as poliploidias podem ser consequentes à reduplicação dos cromossomos (ver *Seções 17.4* e *18.24*). Nos gametas, as poliploidias resultam da não separação dos cromossomos nas divisões da meiose.

Tabela 20.1 Fórmulas e complementos cromossômicos nas células poliploides e aneuploides.

Quadro clínico		Fórmula	Complemento cromossômico*
Poliploidias	Triploidias	3n	(ABCD) (ABCD) (ABCD)
	Tetraploidias	4n	(ABCD) (ABCD) (ABCD) (ABCD)
Aneuploidias	Monossomia	2n − 1	(ABCD) (ABC)
	Trissomia	2n + 1	(ABCD) (ABCD) (B)
	Tetrassomia	2n + 2	(ABCD) (ABCD) (B) (B)
	Trissomia dupla	2n + 1 + 1	(ABCD) (ABCD) (AC)
	Nulissomia	2n − 2	(ABC) (ABC)

* Com o propósito de simplificar, neste exemplo foram utilizados apenas quatro cromossomos, denominados A, B, C e D.

20.9 Nas aneuploidias o número diploide de um dos pares de cromossomos homólogos é alterado

Nas **aneuploidias** há perda ou ganho de um ou mais cromossomos e o conjunto deixa de ser equilibrado. Como a alteração é quantitativa, conserva-se a mensagem genética contida nos cromossomos, embora as aneuploidias possam causar alterações substanciais no organismo.

As aneuploidias resultam de falha na separação dos cromossomos homólogos (denominada **não disjunção**) durante a divisão celular. A causa imediata da não disjunção é a não ocorrência da separação de uma das cromátides-irmãs na anáfase. Por causa disso, quando a célula entra na telófase, essa cromátide permanece em uma das células-filhas junto com a cromátide-irmã. O resultado é uma célula com um cromossomo a menos e outra célula com um cromossomo a mais (Figura 20.5). De modo geral, a não disjunção ocorre na meiose, embora também ocorra na mitose.

A não disjunção cromossômica na meiose dá origem a um gameta aneuploide que forma um zigoto portador de aneuploidia ao se unir a um gameta normal. Se o gameta aneuploide não tiver um cromossomo, o zigoto será **monossômico**. Se o gameta aneuploide tiver um cromossomo a mais, o zigoto será **trissômico**. Assim, nos indivíduos monossômicos há perda de um dos cromossomos, enquanto nos indivíduos trissômicos existe um cromossomo a mais (Tabela 20.1).

A não disjunção cromossômica na mitose pode ocorrer na divisão que precede a formação dos gametas ou nas células derivadas da divisão do zigoto. No primeiro caso os efeitos são semelhantes aos promovidos pela não disjunção cromossômica na meiose. No segundo caso, como a não disjunção ocorre nos estágios iniciais do desenvolvimento embrionário, são originados **mosaicos**, ou seja, indivíduos com linhagens celulares somáticas com cariótipos diferentes.

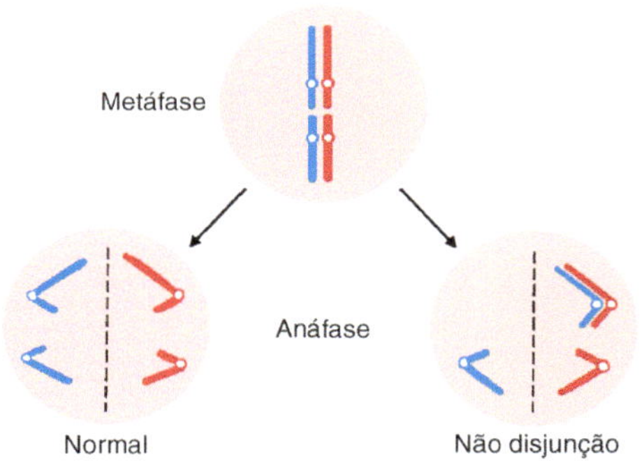

Figura 20.5 Não disjunção mitótica. (*Acima*) Metáfase normal. (*Abaixo, à esquerda*) Anáfase normal. (*Abaixo, à direita*) Não disjunção na anáfase (origina uma célula-filha com uma trissomia e uma célula-filha com uma monossomia).

20.10 Há vários tipos de aberrações cromossômicas estruturais

As aberrações cromossômicas estruturais devem ser diferenciadas das mutações gênicas. Nas mutações gênicas as trocas ocorrem em nível molecular com consequente alteração do código genético (ver *Seção 17.16*).

Para compreender os mecanismos que desencadeiam as aberrações cromossômicas estruturais, é necessário lembrar que os cromossomos contêm apenas uma molécula de DNA (ver *Seção 12.1*). Nas aberrações cromossômicas estruturais ocorre alteração na composição ou na organização de um ou mais cromossomos. Dependendo do caso, a ruptura de um dos cromossomos pode resultar na perda de um segmento cromossômico (fenômeno denominado **deleção**), na **duplicação** de um segmento cromossômico, na **translocação** de segmentos entre cromossomos não homólogos ou na **inversão** de um segmento dentro do próprio cromossomo. Esses defeitos podem ser detectados quando se analisam os cromossomos em seu estado de compactação máxima, ou seja, na metáfase (ver *Seção 12.12*) (Figura 12.15).

Deleção. A perda do material cromossômico pode ser terminal (em uma extremidade do cromossomo) ou intersticial (em um segmento intermediário do cromossomo) (Figura 20.6A). No primeiro caso a aberração resulta de uma única ruptura e, no segundo, de duas rupturas. Em geral as deleções são letais no indivíduo homozigoto e isso indica que a maioria dos genes é essencial ao desenvolvimento do organismo.

Duplicação. Nessa aberração um segmento cromossômico aparece mais de uma vez no mesmo cromossomo (Figura 20.6B). As duplicações provocam efeitos menos graves nos indivíduos do que as deleções.

Inversão. Um segmento de um cromossomo sofre uma inversão de 180°. As inversões são denominadas pericêntricas quando o segmento afetado envolve o centrômero e chamadas de paracêntricas quando não o envolve (Figura 20.6C).

Translocação. Essa aberração cromossômica resulta da ruptura de dois cromossomos não homólogos e da troca de seus segmentos (Figura 20.6D). Quando a ruptura ocorre no lado do centrômero, os dois cromossomos podem se fundir e dar origem a um cromossomo metacêntrico maior (Figura 20.6E). Esse processo denomina-se **translocação robertsoniana** e aconteceu durante a filogenia de muitas espécies nas quais surgiram cromossomos novos, embora em menor número.

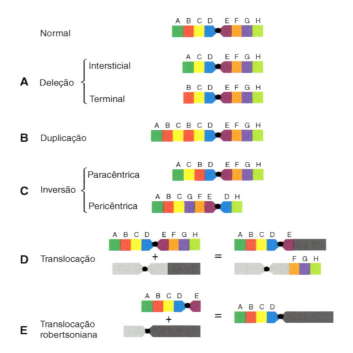

Figura 20.6 Representações esquemáticas de algumas aberrações cromossômicas mais frequentes.

20.11 Radiações e agentes mutagênicos químicos podem provocar rupturas nos cromossomos

Do mesmo modo que as mutações gênicas, as aberrações cromossômicas estruturais podem ocorrer espontaneamente. Todavia, a frequência das aberrações cromossômicas estruturais é aumentada pela ação de agentes químicos mutagênicos, determinados vírus ou por efeito das radiações ionizantes (raios X, raios β, raios γ e raios ultravioleta) (Figura 20.7).

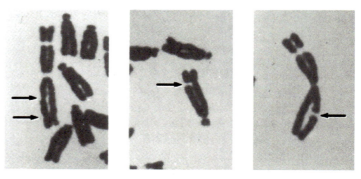

Figura 20.7 Rupturas de cromátides (*setas*) provocadas por radiação. (De H. Evans.)

Aberrações cromossômicas na espécie humana

20.12 As células humanas podem ser afetadas por aberrações cromossômicas

As alterações cromossômicas mais comuns nos seres humanos são as aneuploidias (monossomias e trissomias) e as aberrações estruturais. Provocam malformações congênitas graves, retardo mental e esterilidade. Esses seriam mecanismos seletivos para eliminar esses graves desequilíbrios genéticos da população.

O diagnóstico das aberrações cromossômicas pode ser feito no período pré-natal por meio de estudos de algumas células fetais obtidas do líquido amniótico (**amniocentese**) ou das vilosidades coriônicas (**biopsia**) (Figura 20.8).

20.13 Uma das aneuploidias autossômicas mais comuns é a síndrome de Down

A **síndrome de Down** é uma das aneuploidias mais frequentes. Nessa aneuploidia existem três cromossomos do par 21 (trissomia) em vez de dois cromossomos. Os portadores dessa síndrome apresentam retardo do desenvolvimento do sistema nervoso central, retardo mental e outras malformações.

O aumento da frequência dessa aberração cromossômica relaciona-se com o avanço da idade da mãe (ver *Seções 19.4* e *19.15*). A história familiar não revela dados dignos de nota.

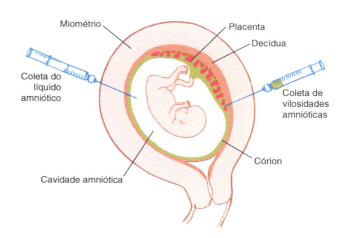

Figura 20.8 Representação esquemática de amniocentese para extração de células fetais do líquido amniótico e de biopsia por punção para extração de vilosidades coriônicas.

20.14 Outras aneuploidias ocorrem nos cromossomos dos pares 18 e 13

Na trissomia do par 18, conhecida como **síndrome de Edwards**, o recém-nascido é pequeno e frágil, com achatamento lateral da cabeça, desenvolvimento insatisfatório dos pavilhões auriculares, mãos curtas e impressões digitais extremamente simples. Além disso, apresenta retardo mental evidente e morre antes de completar 1 ano de vida.

Na trissomia do par 13 –, chamada **síndrome de Patau**, existem múltiplas malformações somáticas e retardo mental profundo. A cabeça dos pacientes é pequena e, com frequência, os olhos são pequenos ou não existem. Também é comum a ocorrência de fenda labial e fenda palatina. Na maioria dos casos, a morte ocorre pouco tempo depois do nascimento.

20.15 As aneuploidias também podem ocorrer nos cromossomos sexuais

Na Tabela 20.2 são apresentadas as aneuploidias mais frequentes nos cromossomos sexuais, junto com os nomes das síndromes clínicas e a anotação da existência ou não da cromatina sexual ou do corpúsculo de Barr (ver *Seções 12.11* e *14.12*).

Tabela 20.2 Aneuploidias sexuais nos seres humanos.

Quadro clínico			Cromatina sexual
Fenótipo feminino	**Fenótipo masculino**		
Monossomia XO Turner 2n = 45	Dissomia XY Normal 2n = 46	Trissomia XYY Síndrome XYY 2n = 47	0
Dissomia XX Normal 2n = 46	Trissomia XXY Klinefelter 2n = 47	Tetrassomia XXYY Klinefelter 2n = 48	1
Trissomia XXX Metafêmea 2n = 47	Tetrassomia XXXY Tipo Klinefelter 2n = 48	–	2
Tetrassomia XXXX Metafêmea 2n = 48	Pentassomia XXXXY Tipo Klinefelter 2n = 49	–	3

Síndrome de Klinefelter. Os portadores têm 47 cromossomos (44 autossomos + XXY e, portanto, cromatina sexual positiva). O aspecto é normal, contudo, os indivíduos apresentam testículos pequenos, ginecomastia, tendência a estatura elevada, obesidade e desenvolvimento mínimo das características sexuais secundárias. Não há espermatogênese, portanto, os indivíduos são estéreis. Já foram encontrados homens com 48 cromossomos (44 autossomos + XXXY), dois corpúsculos de Barr, as manifestações clínicas da síndrome de Klinefelter mencionadas e retardo mental. Menos comum é o achado de pacientes com 49 cromossomos (44 autossomos + XXXXY), três corpúsculos de Barr, defeitos esqueléticos, hipogenitalismo extremo e quociente de inteligência muito baixo.

Síndrome XYY. Os portadores dessa síndrome apresentam 47 cromossomos (44 autossomos + XYY). Os indivíduos afetados são homens de aspecto normal, altos e com transtornos da personalidade.

Síndrome XXX. Essa síndrome é decorrente da existência de 47 cromossomos (44 autossomos + XXX) e gera mulheres com fenótipo praticamente normal. Algumas apresentam graus diferentes de retardo mental ou características psicóticas. Nas células dessas mulheres são encontrados dois corpúsculos de Barr. Também já foram detectadas pacientes com 48 cromossomos (44 autossomos + XXXX), três corpúsculos de Barr e considerável retardo mental.

Síndrome de Turner. No cariótipo dessas pacientes existem 45 cromossomos (44 autossomos + X) e não há cromatina sexual. Os indivíduos apresentam fenótipo feminino, geralmente têm baixa estatura e apresentam membranas cervicais (pescoço alado, pregas de pele que se estendem desde os processos mastoides até os ombros) e órgãos sexuais internos infantis. O ovário não completa sua formação e, por causa dessa disgenesia ovariana, as portadoras dessa síndrome não desenvolvem as características sexuais secundárias.

Mosaicos. Nos tecidos desses indivíduos são encontradas células com complementos cromossômicos diferentes. A Tabela 20.3 mostra os mosaicos de cromossomos sexuais, tanto em homens quanto em mulheres.

Tabela 20.3 Mosaicos cromossômicos sexuais.

		Síndrome clínica	Cromatina sexual
Mulheres	X0/XY	Turner	–
	X0/XXY	Turner	–/+
	X0/XXX	Variável	–/++
Homens	XX/XXY	Klinefelter	+
	XY/XXY	Klinefelter	+
	XXXY/XXXXY	Órgãos sexuais pouco desenvolvidos	++/+++
	X0/XY	Hermafrodita	–

20.16 As aberrações cromossômicas estruturais causam várias síndromes

A aberração cromossômica estrutural mais frequente nos seres humanos é consequência da translocação de um segmento de um dos cromossomos do par 21 para um cromossomo do par 13, 14 ou 15 (Figura 20.9). Essa translocação dá origem a **síndromes de Down**, porém menos graves e menos frequentes (representam 2% dos casos) e sem correlação com o avanço da idade materna. Ocasionalmente, o segmento translocado é compensado pela ausência do mesmo segmento em um cromossomo do par 21. Nesse caso, os indivíduos são fenotipicamente normais, mas portadores da aberração podem transferir a malformação para seus descendentes.

A **síndrome do miado do gato** (*cri-du-chat*) deve-se à deleção do braço curto do cromossomo 5. Isso provoca múltiplas malformações e retardo mental significativo. Além disso, a criança emite um choro peculiar, que se assemelha ao miado de um gato.

Outros quadros de aberrações cromossômicas estruturais originam-se pela deleção de um segmento de um dos cromossomos X (provocando um quadro semelhante à **síndrome de Turner**) ou pela deleção do braço curto ou longo de um dos cromossomos do par 18 (provocando o aparecimento de alterações faciais, esqueléticas e oftalmológicas associadas a acentuado retardo mental).

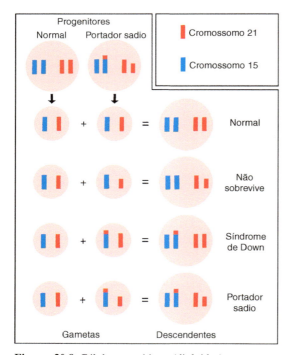

Figura 20.9 Células somáticas (diploides) e gametas (haploides) dos progenitores quando no genótipo de um deles existe uma translocação de um segmento de um cromossomo do par 21 em um cromossomo do par 15. À direita são mostradas as células somáticas (diploides) possíveis dos descendentes.

20.17 Alguns tumores apresentam aberrações cromossômicas em suas células

As células cancerosas apresentam, com frequência, aneuploidias, rupturas cromossômicas e aberrações cromossômicas estruturais (translocações) (ver *Seção 18.30*). Por exemplo, na **leucemia mieloide crônica** é encontrado o chamado **cromossomo Filadélfia**, produto de uma translocação entre os cromossomos 9 e 22 (ver *Seção 18.31*). No **retinoblastoma** o defeito nos dois alelos do gene Rb possivelmente é resultado de deleções do braço longo dos dois cromossomos do par 13 (ver *Seção 18.32*). No **linfoma de Burkitt** existe translocação de um segmento do cromossomo 8 para o cromossomo 14. Em alguns tipos de **câncer de pulmão** é encontrada deleção no cromossomo 3.

Participação dos cromossomos na evolução

20.18 A citogenética impulsionou o estudo da evolução das espécies

O estudo da evolução avançou muito graças ao desenvolvimento da citogenética, que possibilitou a comparação dos genomas de espécies correlatas. A sistemática também progrediu consideravelmente, devido aos conhecimentos de citogenética, pois ela proporcionou muitos recursos para elucidar inter-relações de diferentes categorias taxonômicas (como se sabe, as famílias, os gêneros e as espécies caracterizam-se por apresentar sistemas genéticos distintos).

O estudo do cariótipo de diversas espécies possibilitou estabelecer uma série de eventos muito interessantes, tanto no reino animal quanto no reino vegetal. Constatou-se, em populações selvagens, que os indivíduos são, até certo ponto, geneticamente heterozigotos. Em alguns casos os genes, mesmo quando são idênticos, estão dispostos de maneira distinta por causa de alterações ocorridas nos segmentos cromossômicos. Essas trocas desempenharam um papel muito importante no mecanismo de formação das espécies.

A organização dos cromossomos e dos cariótipos observada nos indivíduos, nas espécies, nos gêneros e nos grupos sistêmicos principais indica que alguns mecanismos cromossômicos interferiram na evolução. As principais fontes de variação foram a aneuploidia e a poliploidia. A poliploidia não é muito importante no reino animal. Entre os vertebrados, diversas classes de peixes apresentam números diferentes de cromossomos. Os anfíbios, sobretudo os anuros (p. ex., sapos, rãs), são caracterizados por um número fixo de cromossomos para cada família. A variação nas aves e nos mamíferos deve-se mais a alterações nos cromossomos individuais e a mutações gênicas do que a modificações no conteúdo total do material genético.

20.19 Estudos da evolução do cariótipo nos primatas

Muitos dos trabalhos a respeito da evolução abordam a correlação citogenética entre os seres humanos e os grandes símios (chimpanzé, gorila, orangotango). Como os seres humanos têm 23 pares de cromossomos e os grandes símios, 24 cromossomos, pode haver, em sua evolução, pelo menos uma translocação robertsoniana (ver *Seção 20.10*). Acredita-se que o cromossomo 2 dos seres humanos seja o resultado dessa translocação a partir de dois cromossomos dos símios. Por outro lado, 13 pares de cromossomos humanos são quase idênticos a outros 13 pares de cromossomos do chimpanzé, e nos cromossomos restantes são encontradas inversões pericêntricas e acréscimo de material cromossômico. Em resumo, nos primatas a evolução dos cromossomos foi consequência de fusões, translocações e, fundamentalmente, inversões pericêntricas de segmentos cromossômicos. Esse conjunto de eventos possibilitou a escolha dos genes que deram origem ao *Homo sapiens*.

A análise da sequência do DNA mitocondrial também exerceu grande impacto nos estudos taxonômicos. Tornou possível estabelecer correlações genealógicas entre espécies muito próximas, como os seres humanos e os símios, e a reconstrução da possível árvore filogenética (evolutiva) dessas espécies.

Bibliografia

Brinkley B.R. and Hittelman W. N. (1975) Ultrastructure of mammalian chromosome aberrations. Int. Rev. Cytol. 42:49.

Bühler E.M. (1980) A synopsis of the human Y chromosome. Human Genet. 55:145.

Dutrillaux B. (1979) Chromosomal evolution in primates. Human Genet. 48:251.

Dutrillaux B. (1981) Les chromosomes des primates. La Recherche 12:1246.

Fuchs F. (1980) Genetic amniocentesis. Sci. Am. 242:47.

Gethart E. (1981) Sister chromatid exchange and structural chromosome aberration in mutagenicity testing. Human Genet. 58:235.

Greagan R.P. and Ruddle F. H. (1977) New approaches to human gene mapping by somatic cell genetics. In: Molecular Structure of Human Chromosomes. Academic Press, New York.

Harnden D. (1982) Human cytogenetic nomenclature. Human Genet. 59:269.

Hasold T.J. and Jacobs P. A. (1984) Trisomy in man. Annu. Rev. Genet. 18:69.

Henderson S.A. (1969) Chromosome pairing, chiasmata, and crossing over. In: Handbook of Molecular Cytology. North-Holland Publishing, Amsterdam.

Hib J. (2006) Embriología Médica, 8ª Ed. Editorial Clareo, Buenos Aires.

308 ■ Biologia Celular e Molecular

Hook E.B. (1973) Behavioral implication of the human XYY genotype. Science 179:139.

John B. and Lewis K.R. (1973) The meiotic mechanism. In: Readings in Genetics and Evolution. Oxford University Press, Oxford.

Jukes T. (1983) Mitochondrial codes and evolution. Nature 301:19.

Kolata G. (1983) First trimester prenatal diagnosis. Science 221: 1031.

Latt S.A. and Schreck R.R. (1980) Sister chromatid exchange analysis. Human Genet. 32:297.

Levan A., Levan G. and Mitelman F. (1977) Chromosomes and cancer. Hereditas 86:15.

Lewin B. (2008) Genes, 9th Ed. Jones and Bartlett Publishers, Sudbury, USA.

Lewis K.R. and John B. (1964) The Matter of Mendelian Heredity. J. & A. Churchill, London.

Lyon M.F. (1972) X-chromosome inactivation and development patterns in mammals. Biol. Rev. 47:1.

Martin G.R. (1982) X-chromosome inactivation in mammals. Cell 29:721.

Olby R.C. (1966) Origins of Mendelism. Constable, London.

Ott J. (1985) Analysis of Human Genetic Linkage. University Press, Baltimore.

Pearson P.L. (1977) Banding patterns, chromosome polymorphism, and primate evolution. In: Molecular Structure of Human Chromosomes. Academic Press, New York.

Rowley J.D. (1983) Human oncogene locations and chromosome aberrations. Nature 301:290.

Sánchez O. and Yunis J. J. (1977) New chromosome techniques and their medical application. In: New Chromosome Syndromes. Academic Press, New York.

Sing L., Purdom I. F. and Jones K.W. (1980) Sex chromosome associated satellite DNA. Evolution and conservation. Chromosoma 79:137.

Solari A.J. (2004) Genética Humana, 3ª Ed. Editorial Médica Panamericana, Buenos Aires.

Stahl F.W. (1969) The Mechanics of Inheritance, 2nd Ed. Prentice-Hall, New Jersey.

Suzuki D.T., Griffiths A.J.F., Miller J.H. and Lewontin R.C. (1989) An Introduction to Genetic Analysis. W. H. Freeman & Co, San Francisco.

Swanson C.P., Metz T. and Young W.J. (1981) Cytogenetics: The Chromosome in Division, Inheritance, and Evolution. Prentice-Hall, New Jersey.

Taylor J.H. (1967) Meiosis. In: Encyclopaedia of Plant Physiology. Springer-Verlag, Berlin.

von Wettstein D. et al. (1984) The synaptonemal complex in genetic segregation. Annu. Rev. Genet. 18:331.

Wolff S. (1977) Sister chromatid exchange.Annu. Rev. Genet. 11: 183.

Yunis J.J., Tsai M.Y. and Willey A.M. (1977) Molecular Organization and Function of the Human Genome. Academic Press, New York.

Yunis J.J. and Prakash O. (1982) The origin of man: A chromosomal pictorial legacy. Science 215:1525.

Diferenciação Celular 21

21.1 Introdução

Na primeira parte deste capítulo, depois de apresentadas as características gerais das diferenciações celulares, serão analisados os possíveis mecanismos responsáveis por essas diferenças iniciais entre as células dos embriões mais jovens. A seguir serão apresentados esses mecanismos – e como são mantidos – nas fases mais avançadas do desenvolvimento e a formação do corpo do embrião. Por fim, serão estudados os genes responsáveis pelo estabelecimento do plano corporal na mosca *Drosophila melanogaster* e seus possíveis equivalentes nos embriões dos vertebrados.

21.2 Características gerais da diferenciação celular

Graças à microscopia, tornou-se possível examinar as formas e as estruturas das células do corpo humano. Concluiu-se, após esses estudos, que existem, aproximadamente, 200 tipos celulares diferentes. Todavia, os métodos que possibilitaram o estudo das características bioquímicas e funcionais das células também revelaram que muitos desses tipos celulares subdividem-se. O exemplo mais notável dessa subdivisão é o dos linfócitos, os quais são morfologicamente iguais, mas apresentam diferenças bioquímicas e funcionais que possibilitam a classificação em linfócitos B, linfócitos T citotóxicos, linfócitos T auxiliares (*helper*) e linfócitos NK (*natural killer*). Além disso, todos esses subtipos de linfócitos subdividem-se em incontáveis variedades, cada uma portadora de uma singularidade bioquímica projetada para defender o organismo do ataque de um antígeno específico.

Em termos moleculares, **diferenciação celular** significa a atividade gênica diferente nos vários tipos de células de um organismo.

A especialização das células relaciona-se com a síntese de proteínas específicas (como a hemoglobina nos eritrócitos, os anticorpos nos linfócitos, os neurofilamentos nos neurônios e assim por diante). Assim cada tipo celular expressa um gene específico que difere parcial ou totalmente dos expressados nos outros tipos celulares (na verdade, as diferenças não são determinadas por um único gene, mas por conjuntos de genes distintos). No *Capítulo 14* foram analisados os mecanismos reguladores da expressão gênica. Boa parte da pesquisa atual em biologia molecular busca interpretar o modo de expressão dos genes nos diferentes tipos de células.

Evidentemente a expressão de alguns genes não é exclusiva de um determinado tipo celular. Alguns genes são ativados em todos os tipos celulares – esses são denominados **genes de manutenção** e são necessários para a formação dos elementos comuns a todas as células (p. ex., as membranas celulares, os ribossomos, as mitocôndrias, as enzimas glicolíticas etc.). Por outro lado os genes expressados de modo diferenciado (como os da hemoglobina, os anticorpos, os neurofilamentos etc.) exercem, por assim dizer, **funções seletivas**.

21.3 O genoma permanece constante nas células diferenciadas

A diferenciação celular não implica perda de informações genéticas. Portanto, em todas as células do organismo, seja qual for o seu estado de diferenciação, existem conjuntos de genes idênticos que são os mesmos encontrados na célula-ovo ou zigoto. Uma prova categórica disso proveio de experiências de **transplante nuclear** em ovos da rã *Xenopus laevis*. Os núcleos dos ovos da rã *Xenopus laevis* foram destruídos com radiação ultravioleta e foram injetados núcleos somáticos de células intestinais plenamente diferenciadas provenientes do mesmo animal. Como se pode observar na Figura 21.1, os ovos que receberam

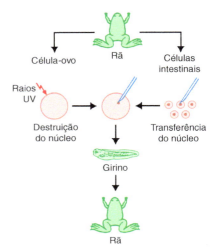

Figura 21.1 Transplante nuclear na rã *Xenopus laevis*. Foram extraídos núcleos de células do intestino e eles foram transplantados para ovos cujos núcleos foram previamente destruídos por raios ultravioleta (*UV*). Como foram obtidas rãs adultas, é possível afirmar que as células somáticas contêm os genes necessários para formar um organismo completo.

um núcleo de célula intestinal se desenvolveram e formaram rãs adultas normais e férteis. Isso demonstra que as células somáticas conservam todos os genes necessários para completar o ciclo vital da rã, inclusive a formação de suas células germinativas.

Também é possível o transplante nuclear nos mamíferos. No rato o procedimento baseia-se na introdução de um núcleo somático de um embrião precoce em um zigoto recém-fertilizado do qual são extraídos, com a mesma micropipeta, os pronúcleos masculino e feminino (Figura 21.2). Como seria de esperado, o filhote resultante é geneticamente idêntico ao embrião do qual foi extraído o núcleo. Procedimentos semelhantes possibilitam a **clonagem** de mamíferos de maior porte, embora nestes seja utilizado um ovócito, do qual são removidos os cromossomos e em que é introduzido o núcleo diploide de uma célula somática coletada geralmente de outro animal adulto.

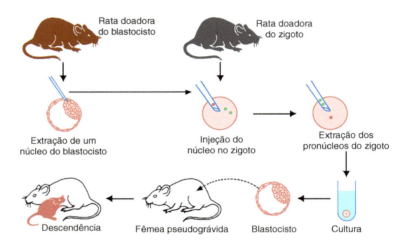

Figura 21.2 Esquema de transplante nuclear em rato. Coletou-se um blastocisto de uma rata grávida e, com uma micropipeta, extraiu-se o núcleo de uma de suas células. Com a mesma micropipeta, esse núcleo foi introduzido em um zigoto recém-formado de outra rata, do qual, posteriormente, foram extraídos os pronúcleos masculino e feminino. O embrião obtido desenvolveu-se *in vitro* até a fase de blastocisto e foi implantado no útero de uma fêmea com pseudociese, no qual evoluiu até o nascimento.

21.4 O estudo das interações nucleocitoplasmáticas resultou na aquisição de conhecimentos sobre os mecanismos que estabelecem e conservam as diferenciações celulares

O núcleo e o citoplasma são estruturas interdependentes, ou seja, um não sobrevive sem o outro. Por exemplo, embora o citoplasma tenha as moléculas de RNA para a síntese proteica e produza a maior parte da energia da célula graças à fosforilação oxidativa que ocorre nas mitocôndrias, é o núcleo que fornece as informações genéticas que originam esses RNA.

As células *HeLa* – uma linhagem células indiferenciada derivada do carcinoma uterino de uma paciente chamada Henrietta Lacks – apresentam a propriedade de multiplicação indefinida em meios de cultura. Essas células podem ser enucleadas por centrifugação após a agregação de **citocalasina B**, uma substância que desagrega os filamentos de actina (ver *Seção 5.8*). Esse tratamento promove a saída dos núcleos dos citoplasmas, embora inicialmente mantenham a conexão por meio de um pequeno istmo (Figura 21.3). Quando os núcleos se desconectam totalmente, são formados núcleos envoltos por uma fina camada de citoplasma (**carioplastos**) e citoplasmas sem núcleo (**citoplastos**). As duas estruturas sobrevivem por pouco tempo. Todavia, os citoplastos, que permanecem viáveis durante pelo menos 2 dias depois da enucleação, realizam as principais funções das células normais. Isso indica que as funções citoplasmáticas não dependem do núcleo celular, pelo menos durante um curto período de tempo.

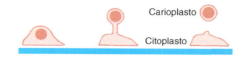

Figura 21.3 Formação de carioplastos e citoplastos a partir de células aderidas a uma superfície de plástico e tratadas com citocalasina B.

A interdependência entre o núcleo e o citoplasma foi demonstrada por meio de experimentos de **fusão celular.** A fusão das células com o auxílio do vírus *Sendai* possibilita a colocação de núcleos em citoplasmas de outras células. O produto da fusão de duas células diferentes é denominado **heterocário** (ver *Seção 3.6*), nada mais que uma célula com dois núcleos de origem diferente. Como se pode observar na Figura 21.4, os dois núcleos conseguem entrar em mitose, formar uma placa metafásica comum, dividir-se e produzir células-filhas híbridas com cromossomos dos dois núcleos progenitores.

Após a fusão dos eritrócitos de uma galinha com células HeLa, os núcleos inativos desses eritrócitos são reativados. Vale lembrar que os eritrócitos têm uma vida muito curta (ver *Seção 18.1*). Enquanto nos mamíferos os eritrócitos perdem o núcleo ao final de sua diferenciação, isso não ocorre nas aves, que o conservam em forma inativa. Consequentemente, os eritrócitos de galinha são células diferenciadas com um núcleo muito condensado que não sintetiza DNA nem RNA. O interessante sobre o heterocário é que, depois da fusão, o volume do núcleo do eritrócito aumenta aproximadamente 20 vezes, com dispersão de sua cromatina, iniciação da síntese de RNA, formação de um nucléolo e seu DNA começa a se replicar. Assim consegue retomar a síntese de RNA e DNA, apesar de ser proveniente de uma célula na qual as duas atividades nunca ocorrem.

A revelação mais importante desse experimento de fusão celular é que a síntese de RNA e DNA no núcleo é controlada pelo citoplasma; ou seja, substâncias presentes no citoplasma penetram no núcleo e induzem a duplicação do DNA e a produção dos RNA.

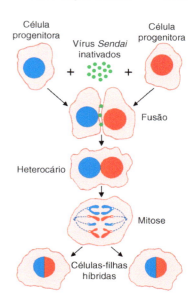

Figura 21.4 Fusão celular por meio do vírus *Sendai*, que resulta na produção de um heterocário com dois núcleos. A célula híbrida resulta da divisão sincrônica dos dois núcleos, que carreiam os cromossomos das duas células progenitoras. (De N. R. Ringertz e R. E. Savage.)

21.5 O controle da atividade gênica é realizado em vários níveis

Os experimentos de fusão de células e de transplante nuclear demonstraram que os genes não desaparecem durante a diferenciação celular e que as diferenças entre as células especializadas são consequentes ao fato de que conjuntos de genes diferentes são expressos em cada uma. Além disso os resultados obtidos nos experimentos de fusão celular mostram, de modo inegável, que o citoplasma tem componentes capazes de regular a atividade dos genes. Na *Seção 21.7* será mostrado que, se, na célula-ovo, esses componentes se distribuem de maneira assimétrica no citoplasma e, por isso, se dividem entre as células-filhas embrionárias de modo desigual, podem ter um papel fundamental no estabelecimento das primeiras diferenciações celulares no embrião.

Conforme mencionado nas *Seções 14*, *15* e *16*, o controle da atividade gênica é feito em vários níveis, embora o mais generalizado seja o controle transcricional. É preciso lembrar o modo de ação dos fatores de transcrição, a importância do grau de enovelamento da cromatina e os efeitos reguladores da metilação das citosinas. A correlação desses elementos com a **partilha assimétrica dos componentes citoplasmáticos da célula-ovo** entre as primeiras células embrionárias sugere, com base em diversos experimentos, que alguns desses componentes são fatores de transcrição específicos que ativam genes especiais nas sucessivas células-filhas, à medida que a célula-ovo se segmenta.

21.6 Alguns dos principais enigmas da biologia atual são o aparecimento das diferenciações celulares no embrião e o modo como o plano corporal se desenvolve

A questão do aparecimento das diferenças entre as células durante a embriogênese é um dos principais enigmas da biologia de desenvolvimento. Embora recentemente tenham sido feitas descobertas importantes a respeito do tema, ainda não foram esclarecidas questões essenciais, mesmo que estejam sendo respondidas conforme as pesquisas vão progredindo.

Outra questão que intriga os pesquisadores é conhecer como é estabelecida a organização espacial do corpo. Já se sabe que as células embrionárias, enquanto se reproduzem e se diferenciam, não ficam misturadas para depois se organizarem. Na verdade as células organizam-se de modo a formar o corpo em pequena escala. As células formam uma espécie de arcabouço ou modelo corporal que constitui a base arquitetônica definitiva do corpo.

21.7 Os determinantes citoplasmáticos dividem-se de modo assimétrico na célula-ovo

Os organismos multicelulares desenvolvem-se a partir de uma célula-ovo que, após sucessivas divisões e diferenciações, origina todas as células que compõem os tecidos corporais. A princípio o zigoto passa por uma série de divisões rápidas, nas quais duplica apenas o DNA

(Figura 19.3). Como o citoplasma das sucessivas células-filhas diminui e se reduz ou segmenta a cada ciclo de divisão, essas divisões são denominadas **segmentação** ou **clivagem** (ver *Seção 18.22*) (Figura 21.5).

Vale a pena mencionar que, a partir do estágio de 16 células, os citoplasmas conectam-se por junções comunicantes (ver *Seção 6.14*) e as células periféricas ligam-se por zônulas de oclusão (ver *Seção 6.11*). Quando o embrião alcança esse estágio, adquire a forma de uma esfera sólida com aspecto de amora e, por isso, recebe o nome de **mórula** (Figura 21.5D).

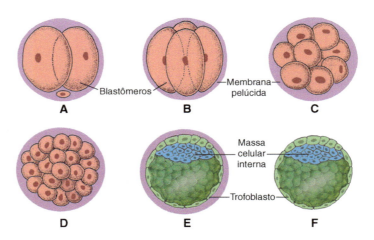

Figura 21.5 Segmentação ou clivagem da célula-ovo até a formação do blastocisto.

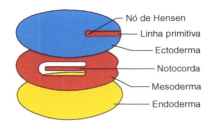

Figura 21.6 Esquema trilaminar do embrião de 21 dias.

Posteriormente o embrião torna-se uma esfera oca, denominada **blastocisto** (Figura 21.5E e F), na qual são visualizados dois tipos de tecidos – a **massa celular interna** ou **embrioblasto**, primórdio do futuro corpo do indivíduo, e o **trofoblasto**, que participa na formação da placenta. Uma semana depois a massa celular interna origina um embrião plano discoidal constituído por duas camadas epiteliais superpostas. Essas duas camadas são denominadas **epiblasto** e **hipoblasto** e apresentam flagrantes sinais de diferenciação. Após mais 1 semana o embrião apresenta três camadas epiteliais diferentes, denominadas **ectoderma**, **mesoderma** e **endoderma** (Figura 21.6)

A seguir será descrito como surgem as diferenças iniciais entre as células do embrião primitivo. Como as células mais iniciais obedecem à regra de conter os mesmos genes da célula-ovo, devem-se buscar as desigualdades iniciais entre elas nas moléculas distribuídas em seus citoplasmas, herdadas por ocasião da segmentação da célula-ovo. Na verdade acredita-se que o citoplasma da célula-ovo contenha moléculas, assimetricamente distribuídas, que são repartidas de modo desigual entre as primeiras células do embrião e que influenciam a atividade de seus genes (Figura 21.7). Assim, essas moléculas, denominadas **determinantes citoplasmáticos** do desenvolvimento, atuariam como fatores de transcrição específicos (ver *Seções 14.7* e *21.5*).

21.8 A noção de distribuição assimétrica dos determinantes citoplasmáticos foi apresentada há mais de 100 anos

A noção de que o citoplasma da célula-ovo contém determinantes que se distribuem de modo desigual entre as células-filhas e que influenciam a atividade nuclear não foi formulada recentemente. Na edição de 1896 da obra clássica de E. B. Wilson, *The Cell in Development and Heredity*, o desenvolvimento embrionário precoce é resumido da seguinte maneira:

> Se a cromatina fosse o idioplasma (termo antigo que era atribuído aos genes) no qual estaria a soma total das forças da hereditariedade e se houvesse uma distribuição igual a cada divisão celular, como seu modo de ação poderia variar nas diferentes células para que surgissem estruturas diferentes (ou seja, diferenciação celular)? Graças à influência do idioplasma, o citoplasma da célula-ovo ou dos blastômeros derivados dela apresenta alterações específicas e progressivas e cada alteração promove uma reação no núcleo e incita uma nova modificação. Essas alterações são diferentes nas distintas regiões da célula-ovo, em decorrência de diferenças químicas e físicas preexistentes na estrutura citoplasmática, e essas constituem as condições sob as quais o núcleo atua.

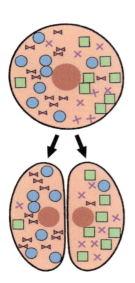

Figura 21.7 (*Acima*) Determinantes citoplasmáticos do desenvolvimento da célula-ovo. (*Abaixo*) Observa-se a divisão assimétrica desses determinantes entre as células-filhas.

Como podemos ver, alguns de nossos conceitos sobre o desenvolvimento mudaram pouco ao longo dos anos. Por outro lado, aprendemos muito a respeito do controle gênico. Os métodos de estudo atuais tornaram o controle da atividade gênica um dos campos das ciências biológicas que mais avança. Dessa maneira, justifica-se o sentimento de otimismo dos estudiosos que acreditam que logo será possível compreender detalhadamente como se controlam os genes durante o desenvolvimento embrionário.

21.9 A segregação dos determinantes citoplasmáticos é facilmente detectada em algumas espécies

Em algumas espécies a segregação dos componentes citoplasmáticos da célula-ovo é evidente. Um bom exemplo consiste nos ovos de anfíbios (e outras espécies) que apresentam em seus citoplasmas uma região denominada **plasma germinativo**, que pode ser reconhecido pelo fato de ter grânulos especiais. Ao final da segmentação, essa região do citoplasma da célula-ovo dá origem às células germinativas do novo organismo. Por isso, quando o plasma germinativo dos ovos é irradiado com ultravioleta, os animais tornam-se estéreis. Por outro lado, se for injetado plasma germinativo em outros pontos do ovo, o indivíduo adulto apresentará células germinativas em localizações anormais.

21.10 Os ovócitos acumulam substâncias que serão utilizadas durante o desenvolvimento inicial do novo indivíduo

De modo geral, os ovócitos – e, portanto, os zigotos – são muito volumosos, pois acumulam muitas das moléculas e das estruturas celulares essenciais às primeiras fases do desenvolvimento embrionário. Por exemplo, o ovócito da rã *Xenopus laevis* contém 100.000 vezes mais RNA polimerases, histonas, mitocôndrias e ribossomos do que uma célula somática do mesmo animal adulto. Um dos motivos para acumular esses materiais – e não precisar produzi-los durante a fase inicial da embriogênese – é a extraordinária velocidade das divisões celulares durante a segmentação (clivagem) da célula-ovo. A velocidade é tal que não há tempo para sintetizar novos RNA e proteínas. É fato conhecido que a maioria dessas moléculas é formada durante a ovocitogênese, de tal modo que se encontram no citoplasma do ovócito muito antes de ocorrer a fecundação. Evidentemente essas moléculas são codificadas por genes pertencentes à mãe e não ao embrião.

O ovócito da rã *Xenopus laevis* apresenta assimetria evidente: um de seus hemisférios é pigmentado, mas não o outro, por causa da abundância de vitelo (Figura 21.9A). Os dois hemisférios são conhecidos como **polo ativo** (ou **polo animal**) e **polo vegetativo** (ou **polo vegetal**), respectivamente (Figura 21.9B). Isso possibilita que os ovos fiquem camuflados quando são depositados em lagoas.

A primeira divisão da segmentação da célula-ovo ocorre 90 min após a fertilização. As 11 divisões seguintes ocorrem a intervalos de 30 min, de maneira sincrônica. Compare esse período de tempo com o período de 24 h utilizado para a divisão de uma célula comum. Esses ciclos celulares tão breves se devem ao fato de que, no DNA das primeiras células embrionárias, há um número bem maior de origens de replicação (e isso encurta a fase S) e de que nessas células não ocorrem as fases G1 e G2. Assim, cada mitose é seguida imediatamente por outra. O RNA do embrião começa a ser sintetizado a partir da décima segunda divisão da segmentação (4.000 células).

21.11 Nos embriões de mamíferos as primeiras oito células são totipotentes

A partir da primeira divisão da segmentação, a distribuição desigual das moléculas contidas na célula-ovo persiste e diversifica-se cada vez mais nas sucessivas gerações de células. Isso persiste até a formação do embrião trilaminar.

Todavia, nos mamíferos, isso não ocorre até a quarta divisão da segmentação, visto que, após as três primeiras divisões, ao formar-se o embrião com oito células, entre as células e o zigoto aparentemente não existe diferenciação. Desse modo, até esse estágio, cada uma das células é **totipotente**, ou seja, pode gerar um organismo completo como a própria célula-ovo. Essa condição é o que torna possível o desenvolvimento de gêmeos idênticos (monozigóticos). Em suma, é provável que, nos citoplasmas das primeiras oito células embrionárias, existam moléculas quantitativa e qualitativamente equivalentes às da célula-ovo e isso indicaria que, até esse momento, a partilha é igual.

21.12 Nas etapas mais primitivas do desenvolvimento embrionário as células diferenciar-se-iam de acordo com suas posições

Nos embriões de mamíferos não se descarta a possibilidade da ocorrência do mecanismo descrito a seguir para a geração das primeiras diferenciações celulares. Durante o trajeto do embrião pela tuba uterina (trompa de Falópio), suas células entrariam em contato com diferentes concentrações

314 ■ Biologia Celular e Molecular

de substâncias existentes no meio, de acordo com as posições ocupadas na mórula. Assim, quanto mais profunda estiver uma célula na mórula, menos concentradas essas substâncias chegariam a ela e essa desigualdade poderia contribuir para o desencadeamento das primeiras diferenciações celulares. Vale lembrar que as substâncias que penetram no embrião se propagam de uma célula para outra através das junções comunicantes, que surgem assim que se forma a mórula, quando se alcança o estágio de 16 células (ver *Seção 21.7*).

Recebe o nome de **morfógeno** toda substância difusível que provoca respostas diferentes em células idênticas, de acordo com o nível de concentração ao alcançá-las. As características da resposta – nesse caso, e o tipo de diferenciação – são consequentes à ativação de genes diferentes nas células quando o morfógeno se encontra abaixo ou acima de sucessivos limiares de concentração.

21.13 Os valores posicionais das células embrionárias formam a base para o aparecimento dos fenômenos de indução

As substâncias envolvidas na geração das primeiras diferenciações têm uma responsabilidade adicional: estabelecer os fatores condicionantes do aparecimento das futuras diferenciações. De fato, à medida que os grupos celulares se alojam em suas localizações corporais correspondentes, essas substâncias conferem às células determinados **valores posicionais**, que são diferentes entre si.

Esses valores posicionais começam a se instituir nas células das duas camadas do **embrião plano bilaminar** e se expandem a partir do momento no qual se estabelecem as três camadas superpostas do **embrião plano trilaminar** (ver *Seção 21.7*) (Figura 21.6), que dá origem a relações de vizinhança entre grupos celulares diferentes. Isso possibilita as interações entre esses grupos.

Nesse contexto uma célula pode interagir com outra, a primeira emitindo um sinal e a segunda diferenciando-se, ao disponibilizar seus respectivos valores posicionais, como ação e reação. Em outras palavras: os valores posicionais criam as bases para o aparecimento dos **fenômenos de indução**, que são os propulsores da maioria das diferenciações posteriores. Esses fenômenos serão descritos após a análise de como se estabelece o modelo corporal nos embriões dos mamíferos.

21.14 O plano corporal é estabelecido muito precocemente nos embriões

Nos embriões dos mamíferos, as **polaridades corporais**, ou seja, os eixos cefalocaudal, dorsoventral e mediolateral do corpo, são implantadas logo quando começa a ser formado o mesoderma, a terceira das camadas epiteliais que integram o disco embrionário de 21 dias (Figura 21.6). Os pontos de referência para essas coordenadas são o **nó de Hensen** e a **linha primitiva**, dos quais se originam a notocorda e as outras partes do mesoderma, ou seja, a placa precordal, a placa cardiogênica, o mesoderma branquial, os somitos, os gononefrótomos e os mesodermas laterais (Figura 21.8).

O embrião plano trilaminar não demora a ingressar em uma etapa importante de seu desenvolvimento e crucial para o estabelecimento do modelo a partir do qual se formará o corpo do futuro indivíduo. Nessa etapa, o disco embrionário dobra-se tanto longitudinal quanto transversalmente, formando um **corpo cilíndrico**, com suas extremidades cefálica e caudal, suas faces ventral e dorsal e suas partes laterais direita e esquerda perfeitamente identificáveis. Além disso, em seu dorso, onde já havia surgido um sulco ectodérmico, forma-se o **tubo neural**. No tubo neural, é possível discernir uma sutil **metamerização** (ou segmentação), sobretudo no prosencéfalo e no rombencéfalo. Os segmentos nos quais o prosencéfalo se divide são denominados **prosômeros** e os segmentos no rombencéfalo são chamados **rombômeros**. Após a formação do tubo neural, os **somitos** ficam localizados um de cada lado da medula espinal. Os somitos conferem ao corpo uma segunda metamerização (Figura 21.8).

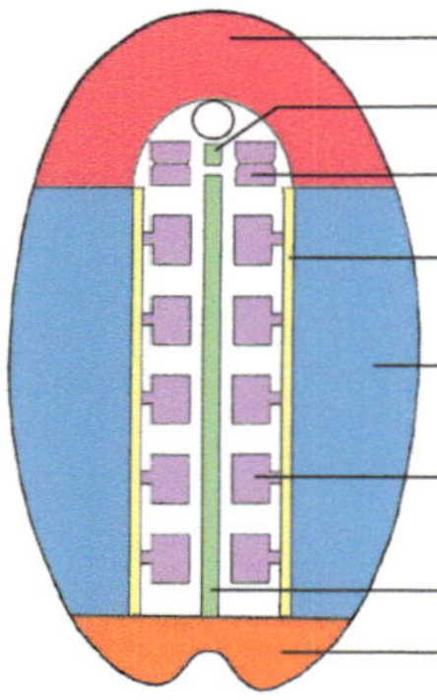

Simultaneamente à implantação do plano geral do corpo, começam a surgir os rudimentos e a diferenciação das células e dos tecidos de praticamente todos os órgãos do corpo. O primeiro sistema de órgãos a aparecer – e funcionar – é o cardiocirculatório, cujo sangue em pouco tempo transportará, entre outros elementos, as substâncias indutoras de múltiplas diferenciações (ver *Seção 21.18*).

Figura 21.8 Setores em que se segmenta a camada mesodérmica do embrião de 21 dias, com evidente polaridade corporal.

Labels da figura: Placa cardiogênica, Placa precordal, Somitômero, Gononefrótomo, Mesoderma lateral, Somito, Notocorda, Mesoderma caudal

21.15 As diferenciações provocadas por fenômenos de indução começam no embrião bilaminar

As **induções** são processos pelos quais as células de alguns tecidos incitam a diferenciação das células de outro tecido. Dependendo da situação, também podem incitar a morte, a modificação do ritmo de proliferação ou a mobilização das células. A manifestação desse mecanismo biológico revela a existência de, pelo menos, três grupos celularares diferentes: alguns se comportam como **indutores**, outros são **induzidos** e outros ainda não induzem nem são induzidos.

Para que as células possam ser induzidas, é preciso que sejam **competentes**. Isto é, elas devem ter a capacidade de reagir com uma modificação em razão de uma **substância indutora**. Essa competência engloba um intervalo de tempo muito preciso, de tal modo que, se o indutor atua antes ou depois do momento adequado, sua influência é nula. Contudo, em alguns casos, a mesma célula pode seguir vias de diferenciação diferentes, dependendo do momento de atuação do indutor. Assim, muitas vezes, os tecidos induzidos também têm um intervalo de tempo limitado para exercer suas ações de indução.

Um exemplo de indução e competência é o que acontece com a notocorda e o ectoderma situado logo acima (Figura 21.6): a notocorda não exerce efeito indutor sobre o endoderma e o restante do mesoderma, pois esses tecidos não são competentes como o ectoderma. Parte do ectoderma se diferencia em tecido nervoso ao ser induzido precisamente pela notocorda, único tecido capaz de fazê-lo. Percebemos, então, que a notocorda e o ectoderma são diferentes entre si e com relação a outros tecidos, não apenas por suas localizações e características morfológicas como também por seus comportamentos indutores. Esses estados de diferenciação derivam das histórias prévias dos grupos celulares, que teriam valores posicionais distintos de acordo com os determinantes citoplasmáticos herdados da célula-ovo.

Nos embriões em fase inicial, o tipo de indução que acabamos de analisar exige que os tecidos participantes sejam vizinhos, visto que o tecido indutor exerce sua influência por meio de moléculas difusíveis secretadas no meio e que alcançam o tecido competente, se este estiver nas proximidades (secreção parácrina). Vale a pena mencionar que o tecido vizinho reagirá, ou seja, apresentará competência, apenas se suas células tiverem receptores específicos para as moléculas indutoras.

Habitualmente os fenômenos de indução ocorrem de modo encadeado. Um exemplo de indução em cadeia é o desenvolvimento do olho. O processo começa na notocorda, que, como acabamos de ver, induz o ectoderma localizado acima, para que seja convertido em tecido nervoso. Em seguida o tubo neural dá origem à vesícula óptica, que induz o ectoderma adjacente a se converter no cristalino do olho. Logo depois o cristalino e a vesícula óptica induzem o mesoderma circunjacente a se transformar na coroide e na esclerótica, respectivamente, e assim sucessivamente. Como se pode ver, após a indução os tecidos recém-formados passam a se comportar como indutores.

21.16 O conhecimento das bases moleculares do desenvolvimento dos vertebrados provém principalmente de estudos realizados na rã Xenopus laevis

A maior parte do conhecimento sobre as bases moleculares do desenvolvimento embrionário dos vertebrados provém de estudos realizados na rã *Xenopus laevis*. Graças a esses estudos foram descobertas numerosas moléculas com comprovada capacidade indutora. Para analisar a ação dessas moléculas, é necessário fazer uma descrição sucinta do desenvolvimento inicial da rã *Xenopus laevis*, a partir do ovócito estudado na *Seção 21.10*.

Quando o espermatozoide fecunda o ovócito, faz isso em um ponto do seu polo ativo ou polo animal (Figura 21.9A). A parte mais superficial do córtex da célula-ovo forma microtúbulos e gira sobre o citoplasma subjacente, deslocando o polo ativo em, aproximadamente, 30°. Aparece, então, uma zona com pigmentação distinta e formato de meia-lua entre os polos ativo e vegetativo da célula-ovo (Figura 21.9B). Essa meia-lua assinala o futuro lado dorsal do embrião.

A fecundação desencadeia na célula-ovo o início das divisões de segmentação, ou clivagem (ver *Seções 18.22 e 21.10*), que culminam na formação da **blástula**, cujas células são denominadas **blastômeros**. Como se pode ver na Figura 21.9C2, no interior do polo ativo da blástula existe uma cavidade denominada **blastocele**.

Após a conclusão das divisões da segmentação, no lado dorsal da blástula aparece uma invaginação curva incipiente denominada **blastóporo**, que aumenta progressivamente até se converter em um círculo. O lábio dorsal do blastóporo tem localização diametralmente oposta ao ponto de penetração do espermatozoide (no crescente dorsal mencionado anteriormente) e isso determina a posição do lado dorsal do embrião (Figura 21.9C2). Posteriormente, o blastóporo determina também o lado caudal que, após a conclusão da gastrulação, transforma-se no ânus (Figura 21.9G). As referências espaciais dos lados dorsal e ventral possibilitam traçar, respectivamente, os eixos dorsoventral e anteroposterior do corpo e, com ambas as coordenadas, estabelecer as posições de seus lados direito e esquerdo.

316 ■ Biologia Celular e Molecular

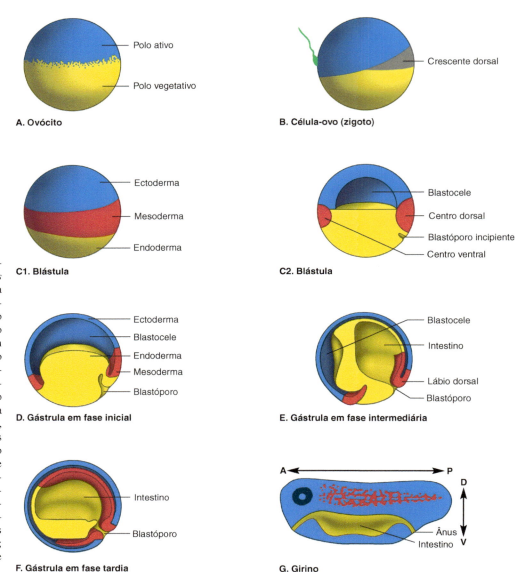

Figura 21.9 Etapas do desenvolvimento embrionário da rã *Xenopus laevis*. **A**, **B** e **C1** correspondem a vistas externas; **C2, D, E, F** e **G** correspondem a cortes sagitais. Estão destacados: a assimetria do ovócito (**A**); o crescente dorsal do ovo em um ponto diametralmente oposto ao local de penetração do espermatozoide (**B**); o anel mesodérmico localizado no córtex da blástula, entre o ectoderma e o endoderma (**C1**); a blastocele no polo ativo da blástula, próximo aos centros morfogenéticos dorsal e ventral (**C2**); o blastóporo no lado dorsal da gástrula em fase inicial (**D**); as localizações do ectoderma, do mesoderma e do endoderma nas gástrulas em fases intermediária e tardia, após os substanciais deslocamentos celulares promovidos pela gastrulação (**E, F**); e os eixos anteroposterior (*AP*) e dorsoventral (*DV*) do girino (**G**).

O blastóporo é a estrutura fundamental da **gastrulação**, pois até ele se movem as células superficiais da blástula para penetrar no interior do embrião. As primeiras células incorporadas são as do futuro endoderma, seguidas pelas do futuro mesoderma.

O produto da gastrulação é a **gástrula**, como se pode ver na Figura 21.9D, E e F, uma estrutura esférica e com uma cavidade em crescimento contínuo. Essa cavidade corresponde ao intestino primitivo com sua parede de **endoderma**, em torno da qual estão o **mesoderma** e o **ectoderma**.

O endoderma e o ectoderma derivam, respectivamente, das células dos polos animal e vegetativo da blástula. É necessário voltar a estudar a blástula para entender a origem do mesoderma. No polo vegetativo da blástula é sintetizada a proteína **VegT** (do inglês, *vegetal-T factor*), cuja função é promover a síntese de várias moléculas da família TGF-β, como por exemplo, as proteínas **Xnr-1**, **Xnr-2** e **Xnr-4** (do inglês, *Xenopus nodal related*. Essas proteínas induzem a borda de células do córtex situada entre os polos ativo e vegetativo a se converter em mesoderma (Figura 21.9C1).

Simultaneamente, outras substâncias provenientes do polo vegetativo da blástula – entre as quais se sobressai uma da família de proteínas indutoras **Wnt** (do inglês *wingless/int*) – criam um campo morfogenético especial no mesoderma do **lábio dorsal do blastóporo** (Figura 21.9C2). Como esse tecido é responsável pela sequência de induções seguintes, é denominado, em homenagem ao seu descobridor, **centro organizador de Spemann**. Também é conhecido como **centro dorsal**.

Recentemente descobriu-se a existência de um segundo campo morfogenético, complementar ao anterior, que recebeu a denominação **centro ventral**, pois está localizado no lado oposto ao centro dorsal (Figura 21.9C2).

Os centros dorsal e ventral são essenciais para a realização das etapas seguintes do desenvolvimento porque sintetizam as moléculas que promovem a diferenciação dos setores do mesoderma. A cada setor do mesoderma é estampada uma identidade dorsoventral e anterior própria. Essas identidades sedimentam-se conforme o mesoderma ingressa e se expande no interior do embrião durante a gastrulação. Por exemplo, os primeiros setores que ingressam se posicionam nas zonas mais cefálicas do corpo e os setores que o seguem se distribuem nas zonas intermediárias e caudais.

Estudos recentes mostraram que as deformidades anatômicas que aparecem nos embriões de anfíbios em decorrência de determinadas manipulações experimentais são autocorrigidas graças a uma espécie de "diálogo" entre as moléculas sintetizadas nos centros dorsal e ventral. Esses estudos também evidenciaram que esse mecanismo de autocorreção – ou **autorregulação** – ajusta possíveis distúrbios funcionais durante o desenvolvimento normal do embrião.

As principais moléculas sintetizadas no centro dorsal são denominadas **cordina, noguina, folistatina, BMP-2** (do inglês, *bone morphogenetic protein*), **ADMP** (do inglês, *anti-dorsalizing morphogenetic protein*), **crescent** (termo inglês que significa "meia-lua", zona da célula-ovo que apresenta essa forma), **Dkk** (do alemão *Dickkopf*, que significa "cabeção"), **Frzb-1** (do inglês *frizzled-bone protein*), **sFRP-2** (do inglês, *secreted frizzled-related protein*) e **cerberus** (do grego *kérberos*, "Cérbero", o cão mitológico com três cabeças). Por outro lado, as moléculas sintetizadas no centro ventral são **Xlr** (do inglês, *xolloid related*), **sizzled**, **BMP-4**, **BMP-7** e **CV-2** (do inglês, *crossveinless*). Vejamos alguns exemplos de como atuam essas moléculas.

A proteína cordina liga-se aos fatores de crescimento da família BMP, sobretudo os chamados BMP-2 e ADMP, e os inativa, pois impede que se acoplem a seus respectivos receptores na membrana celular. Imediatamente os complexos binários cordina/BMP-2 e cordina/ADMP saem do lado dorsal do embrião e se deslocam para o lado ventral. É preciso acrescentar que esse fluxo de moléculas é essencial para que ocorram os ajustes autorreguladores previamente mencionados.

A proteína CV-2 apresenta uma estrutura semelhante à da cordina, mas não se difunde e fica no lado ventral, onde liga entre si os complexos cordina/BMP, concentrando-os. Em seguida, sempre no lado ventral, a protease Xlr separa os fatores BMP-2 e ADMP da cordina, desaparecendo, assim, o obstáculo ao acoplamento deles a seus respectivos receptores. Desse modo, os fatores BMP-2 e ADMP paradoxalmente não atuam no lado dorsal, onde são sintetizados, atuando, em vez disso, no lado ventral do embrião. O propósito dessa rede de proteínas é a geração de um gradiente de atividade de BMP que é máximo no lado ventral (Figura 21.10).

Quando as concentrações dos fatores BMP ultrapassam determinados limiares, a proteína sizzled é produzida no lado ventral e inibe a protease Xlr. Consequentemente a concentração de cordina eleva-se e, conforme já foi mencionado, inativa os fatores BMP. Esse tipo de regulação negativa também ocorre no lado dorsal do embrião, no qual a proteína crescent desempenha uma atividade semelhante à da proteína sizzled.

Em suma: para o desenvolvimento normal do embrião são necessários, durante o estabelecimento da polaridade dorsoventral, ajustes compensatórios, muito complexos e opostos, entre os centros dorsal e ventral.

A formação do gradiente de atividade de BMP determina as diferenciações do ectoderma e do mesoderma. Em níveis baixos os fatores BMP induzem a diferenciação do ectoderma em sistema nervoso central. Em níveis intermediários o ectoderma é induzido a se diferenciar em cristas neurais. Por fim, em níveis elevados o ectoderma diferencia-se em epiderme. Com o mesoderma ocorre algo semelhante, pois níveis diferentes de BMP induzem sua diferenciação em notocorda, em músculos, em tecido conjuntivo da parede abdominal e em sangue.

Resta mencionar algumas funções das proteínas noguina, folistatina, Dkk, Frzb-1, sFRP-2 e cerberus. As duas primeiras são antagonistas dos fatores BMP, promovem novas alterações no mesoderma e induzem a transformação de um setor específico do ectoderma em tecido neural. Por outro lado, as proteínas Dkk, Frzb-1 e sFRP-2 são antagonistas das moléculas indutoras Wnt, como a cerberus, que também é antagonista dos fatores de crescimento BMP-4 e **nodal**.

Assim como um gradiente de atividade de BMP, máximo no lado ventral do embrião, forma o eixo dorsoventral do corpo, pesquisas recentes revelaram que o eixo anteroposterior é determinado por um gradiente de Wnt, cujo nível máximo é encontrado no lado posterior do embrião onde se expressam várias proteínas Wnt. Pesquisas adicionais revelaram que, no lado anterior, as proteínas Wnt são inibidas pelas proteínas Dkk, Frzb-1 e sFRP-2.

A Figura 21.10 mostra o embrião da *Xenopus* na etapa final da gastrulação (nêurula) sobre um sistema de coordenadas perpendiculares, também chamadas cartesianas em homenagem ao matemático René Descartes. As linhas verticais correspondem ao gradiente de atividade dos fatores BMP

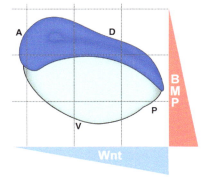

Figura 21.10 Vista externa do embrião da rã *Xenopus* na fase de nêurula, ao final da gastrulação. A estrutura de cor azul-escura corresponde ao futuro sistema nervoso central. A informação posicional proporcionada por essas coordenadas cartesianas mostra como os eixos dorsoventral (*DV*) e anteroposterior (*AP*) do embrião são determinados pelos gradientes de concentração de BMP e Wnt, respectivamente. (De E. M. F. De Robertis.)

ao longo do eixo dorsoventral do corpo e as linhas horizontais correspondem ao gradiente de proteínas Wnt ao longo do eixo anteroposterior. Como se pode perceber, os níveis máximos de BMP e Wnt ocorrem nos lados ventral e posterior do embrião, respectivamente.

As informações proporcionadas pelas coordenadas tornam possível deduzir que a formação dos diferentes órgãos embrionários e suas posições no corpo resultam das múltiplas combinações entre os diferentes níveis de BMP e Wnt. Esse sistema, empregado pela primeira vez na rã *Xenopus*, foi adotado universalmente para a análise de todas as espécies animais, como planárias, insetos e mamíferos.

21.17 Alguns indutores comportam-se como morfógenos

Em alguns casos as substâncias indutoras comportam-se como morfógenos, pois, após serem secretadas pelo tecido indutor, suas concentrações diminuem à medida que fluem pelo citoplasma das células. Dependendo de suas posições no tecido induzido, as células recebem concentrações diferentes do morfógeno e, por isso, são convertidas em tipos celulares distintos. Além disso, cada limiar de concentração do morfógeno confere às células um **valor posicional** ímpar. Esse valor posicional é conservado de modo permanente, independentemente de as células se manterem juntas no tecido ou separadas, localizadas em pontos distantes do embrião. Os valores posicionais diferentes dão origem aos futuros comportamentos das células, inclusive a ocorrência de novas diferenciações.

21.18 Nas etapas mais avançadas do desenvolvimento ocorrem induções entre os tecidos distantes

Nas etapas mais avançadas do desenvolvimento embrionário surgem induções mediadas por **hormônios**, ou seja, entre tecidos distantes, que se somam às induções anteriores. Após os hormônios serem produzidos pelas células indutoras, eles chegam aos locais de destino, transportados pelo sangue (secreção endócrina). Como nas induções mediadas por secreções parácrinas, as células competentes são aquelas que apresentam receptores específicos.

É preciso lembrar que os processos de indução, seja por contiguidade ou a distância, perduram até o nascimento e durante toda a vida pós-natal, pois são imprescindíveis para o funcionamento e sobrevivência do organismo. No *Capítulo 11* foi analisado como atuam as moléculas indutoras sobre os receptores celulares e como se propagam os sinais no interior das células.

21.19 A determinação para a diferenciação é estabelecida nas células antes de elas se revelarem diferenciadas

As células "comprometem-se" a passar por alterações antes mesmo de "saberem" que estão diferenciadas. Esse comprometimento prévio, denominado **determinação**, é irreversível e pode ser estabelecido por um determinante citoplasmático ou por uma substância indutora. Existe, portanto, um **período de latência** – que varia de acordo com o tipo celular – entre o momento da determinação da célula e o momento no qual se torna evidente sua diferenciação.

21.20 Quanto menos diferenciada for uma célula, maior é a sua potencialidade evolutiva

A **potencialidade evolutiva** é a condição biológica que possibilita à célula produzir determinado número de células diferentes. Assim, quanto maior for o número de tipos celulares que uma determinada célula consegue originar, maior é a sua potencialidade (Figura 21.11). A célula-ovo, por ser a predecessora de todos os tipos celulares do organismo, é a que apresenta maior potencialidade evolutiva. À medida que o desenvolvimento avança e aparecem os sucessivos tecidos embrionários, diminui a potencialidade das células. Os somitos, por exemplo, originam um número mais restrito de tipos celulares.

Quando uma célula alcança seu grau máximo de diferenciação, ou seja, quando adquire as características de um dos tipos celulares encontrados no organismo adulto, sua potencialidade desaparece. Diz-se, então, que alcançou seu **significado evolutivo** final. As células embrionárias aumentam seu significado evolutivo (aproximam-se do tipo celular que devem alcançar ao final de sua evolução), ao mesmo tempo que restringem suas potencialidades evolutivas (conforme se diferenciam, conseguem dar origem a um número menor de tipos celulares).

Em alguns tipos celulares a potencialidade se mantém relativamente elevada de modo permanente, mesmo na vida pós-natal. Na medula óssea, por exemplo, existe uma célula multipotente que dá origem a eritrócitos, granulócitos, linfócitos, monócitos e plaquetas.

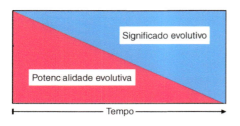

Figura 21.11 Diagrama que ilustra a diminuição da potencialidade evolutiva e o aumento inversamente proporcional do significado evolutivo nos tecidos embrionários.

Por outro lado, em circunstâncias relacionadas com o reparo de tecidos, as células que já alcançaram seu significado evolutivo final costumam se desdiferenciar e retroceder para um estado mais primitivo, algo imprescindível para sua multiplicação. Vejamos o seguinte exemplo: se for extirpada uma parte do fígado, algumas células do setor não extirpado **desdiferenciam-se** e multiplicam-se (ver *Seção 18.28*). Uma vez recuperado o tamanho original do fígado, essas células voltam a se diferenciar e recuperam as características dos hepatócitos originais.

Não existem registros de que uma célula possa se desdiferenciar até retomar um grau de potencialidade evolutiva tal que consiga se diferenciar em outro sentido, isto é, em um tipo celular diferente daquele ao qual pertence. Uma vez que as células sofram a determinação, seus estados diferenciados mantêm-se para sempre. A seguir será mostrado que, se uma célula se divide, a estabilidade de sua diferenciação é transmitida para as células-filhas e isso se repete de geração em geração.

21.21 Os estados de diferenciação mantêm-se estáveis e são transmitidos às células-filhas

Uma das características da diferenciação celular nos organismos superiores é que ela, uma vez instalada, mantém-se estável e persiste até a morte da célula. Por exemplo, as células que não se dividem (neurônios etc.) permanecem como são durante toda a vida do indivíduo. Algo semelhante ocorre nas células que se dividem com assiduidade. Seu tempo de vida é curto e seu estado de diferenciação não se modifica.

As células diferenciadas não conseguem se converter em outros tipos celulares em nenhuma condição, nem mesmo quando submetidas a manipulações experimentais extremas (pelo menos com os recursos atuais). Essa característica biológica é conhecida como **memória celular**. A memória celular depende da persistência na célula dos fatores que controlam a expressão dos genes, ou seja, dos fatores de transcrição, da metilação do DNA e do grau de enovelamento da cromatina (ver *Seções 12.6, 12.12 e 12.13*). Esses mecanismos persistem por toda a vida das células graças a processos biológicos que ainda não são bem compreendidos. Muito provavelmente estão relacionados com substâncias citoplasmáticas específicas para cada tipo celular. Essa pressuposição é validada pelos experimentos de transplante nuclear descritos na *Seção 21.3*, visto que, na célula transplantada, não se expressam os genes que estavam ativos quando o núcleo se encontrava no citoplasma original. Os genes expressados são aqueles que estavam ativos no núcleo eliminado.

Os estados de diferenciação são transmitidos para as células-filhas de geração em geração até a última das células descendentes. Essa **herança da memória celular** deve-se ao fato de que, quando o DNA se duplica, os elementos que controlam a expressão gênica, além de serem conservados, também são duplicados. Assim, nas células-filhas são encontrados os mesmos fatores de transcrição, os mesmos padrões de metilação do DNA e os mesmos modelos de condensação da cromatina das células progenitoras (ver *Seções 14.12 e 14.13*).

21.22 O estabelecimento do plano corporal na Drosophila resulta de "decisões" progressivas tomadas por vários genes

Ao ser iniciado o desenvolvimento embrionário, o genoma, além de codificar a síntese das proteínas que vão dar origem a tipos celulares diferentes, fornece o programa que resulta no estabelecimento do **modelo tridimensional do corpo**. As informações contidas nesse programa e suas repercussões, que aparecem após o espermatozoide fecundar o ovócito e perduram até etapas relativamente avançadas do desenvolvimento embrionário, começaram a ser descobertas quando foi revelado o modo como os códigos unidimensionais nos genes originam organismos tridimensionais. Os dados mais reveladores provêm de trabalhos realizados na mosca *Drosophila melanogaster*, cujo desenvolvimento embrionário descreveremos sucintamente adiante com o propósito de facilitar a compreensão desse tema (Figura 21.12).

A mosca *Drosophila* desenvolve-se, logo após formação da **célula-ovo** em decorrência da fecundação e passado o período embrionário, a partir de uma **larva**. A larva é constituída por sucessão de **segmentos**, um cefálico, três torácicos e oito abdominais, que lhe conferem uma flagrante polaridade espacial. Isso é percebido porque, logo que aparecem os segmentos, são configurados os eixos cefalocaudal, dorsoventral e mediolateral do corpo larval.

A larva converte-se em **mosca** a partir de vários grupamentos celulares que surgem e se localizam sob a epiderme dos segmentos larvares. Esses grupamentos celulares são denominados **discos imaginais** (lembre-se de que imago é o inseto adulto que se forma a partir de uma larva). Existem nove pares dispostos nas laterais da linha média

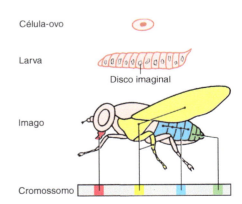

Figura 21.12 Desenvolvimento da mosca *Drosophila melanogaster*. Na parte inferior é mostrado um dos cromossomos da mosca, no qual estão vários genes homeóticos. Observe como a ordem dos genes corresponde à ordem dos segmentos corporais nos quais esses genes se expressam.

da larva mais um localizado na extremidade caudal (19 discos no total). Cada disco origina uma das estruturas exteriores da mosca. Assim, de um par de discos surgem os olhos e as antenas; de outro disco, surge a boca; de outro, aparecem as asas e parte do tórax; de outros, as patas unidas ao tórax; de outros, as estruturas que compõem o abdome; e assim por diante. Essas partes, devidamente reunidas, formam um corpo adulto também segmentado, como o corpo da larva.

Embora, desde o princípio, as células de todos os discos imaginais sejam morfologicamente idênticas, elas já estão determinadas, pois geram, qualquer que seja a manipulação experimental à qual sejam submetidas, apenas as estruturas pertinentes aos seus segmentos de origem. De fato, se um par de discos imaginais for transplantado para a posição de outro par, ao formar-se a mosca adulta, os discos transplantados desenvolvem as estruturas correspondentes aos seus locais de origem, seja qual for a sua nova localização.

O desenvolvimento do plano corporal que acabamos de descrever é controlado por uma complexa rede de genes reguladores que começam a exercer suas funções assim que se forma a célula-ovo. Os primeiros genes que atuam são os chamados **genes da polaridade da célula-ovo**, que pertencem à mãe. A função desses genes é estabelecer os eixos cefalocaudal, dorsoventral e mediolateral do corpo. A seguir, atuam três conjuntos de genes que recebem a designação de **genes segmentares**. Esses genes promovem a formação dos segmentos larvares. Por fim, atuam os denominados **genes homeóticos**, que promovem a formação dos discos imaginais e, consequentemente, o desenvolvimento das estruturas exteriores da mosca adulta (olhos, antenas, boca, asas, patas, tórax, abdome etc.).

A polaridade do corpo instala-se desde o começo do desenvolvimento embrionário graças a determinadas moléculas, herdadas do ovócito, que, da mesma maneira antes da fecundação, concentram-se e se distribuem de modo desigual nos diferentes setores do zigoto. Após as divisões de segmentação, essas moléculas são passadas, também de modo desigual, para as primeiras células embrionárias, fixando, assim, as polaridades espaciais do futuro corpo larvar. É evidente que essas moléculas, provenientes do ovócito, não são codificadas por genes do embrião, e sim por genes da mãe, especificamente os **genes da polaridade da célula-ovo**, pertencentes ao ovócito. Na verdade alguns desses genes correspondem às células foliculares que circundam o ovócito, as quais, durante a permanência do mesmo no ovário, sintetizam as moléculas mencionadas (mRNA e proteínas) e as liberam no citoplasma da célula germinativa.

Já mencionamos que existem três classes de **genes segmentares: genes de segmentação, genes de regra em pares** e **genes da polaridade de segmentos**. Aparecem nessa ordem ao serem ativados por sinais posicionais estabelecidos nas células embrionárias que apresentam anterioridade. Esses genes são responsáveis pela formação dos segmentos larvares e pelo desenvolvimento dos detalhes mais "finos" nos segmentos larvares.

Por último expressam-se os **genes homeóticos**, depois de serem ativados pelos produtos de alguns genes que agiram antes. Os genes homeóticos definem a formação das partes adultas da *Drosophila*. Assim, de acordo com os discos imaginais, alguns formam a cabeça, outros formam os segmentos torácicos, outros formam os segmentos abdominais e assim por diante. Esses genes estão alinhados no cromossomo na mesma ordem dos segmentos corporais da mosca, começando por aqueles que se expressam na cabeça e terminando com aqueles que se expressam na cauda (Figura 21.12).

Os três tipos de genes que participam da formação do plano corporal atuam segundo ativações sucessivas, em forma de cascata, de tal modo que cada gene (por meio da proteína que codifica) provoca a diferenciação que lhe compete e prepara o gene a ser ativado na próxima etapa. Os eventos ocorrem de modo sucessivo e ordenado, não somente em termos temporais (vimos a ordem de expressão dos genes) como também em termos espaciais, visto que sempre ocorrem no sentido cefalocaudal. Além disso, o produto de cada gene influencia os genes precedentes, preparando as células de cada segmento para um valor posicional determinado e permanente. O conjunto desses valores, além de garantir a organização do plano corporal, cria as bases para a ocorrência das diferenciações futuras.

21.23 Os genes que participam na formação do plano corporal contêm uma sequência de nucleotídios conservada, chamada caixa homeótica

Os genes que participam da formação do plano corporal pertencem à categoria dos **genes diretores**, pois controlam a expressão de vários genes subordinados que se sucedem, segundo uma hierarquia. Os genes diretores codificam **fatores de transcrição específicos** (ver *Seção 14.5*), cujas moléculas proteicas costumam ser diferentes entre si. Todavia, quase todas têm em comum um segmento semelhante de 60 aminoácidos denominado **homeodomínio**. Isso ocorre porque o DNA dos genes que codificam esses fatores apresenta uma sequência de 180 pares de nucleotídios com pouquíssimas variações entre si, conhecida como **caixa homeótica (*homeobox*)**. Seu nome deve-se ao fato de ter sido descoberta nos genes homeóticos.

Foram descobertos genes com *homeobox* em todas as espécies estudadas, inclusive os seres humanos, ordenados nos cromossomos de modo semelhante aos da *Drosophila*. Esse achado fez supor que os mecanismos genéticos responsáveis pelo desenvolvimento do plano corporal estivessem difundidos na maioria dos organismos multicelulares. Essa hipótese foi reforçada pelo fato de que os embriões dos vertebrados expressam vários genes com *homeobox* nas células dos somitos e do tubo neural, órgãos que apresentam organização metamérica análoga à dos segmentos da *Drosophila*. Contudo as suposições sobre o assunto devem ser feitas com cautela, pois, para muitos estudiosos, essa analogia não existe e porque, no modelo que resulta na formação do corpo dos vertebrados, parecem prevalecer os fenômenos de indução.

Bibliografia

Agius E., Oelgeschläger M., Wessely O., Kemp C. and De Robertis E.M. (2000) Endodermal nodal-related signals and mesodem induction in *Xenopus*. Development 127:1173.

Bard J. and Lehtonen E. (1996) Introduction: The contempo rary view of induction. Semin. Cell Dev. Biol. 7:145.

Boncinelli E. and Mallamaci A. (1995) Homeobox genes in vertebrate gastrulation. Curr. Opin. Genet. Dev. 5:619.

Cho K.W.Y., Blumberg B., Steinbeisser H. and De Robertis E.M. (1991) Molecular nature of Spemann's organizer: the role of the *Xenopus* development. Development 115:573.

De Robertis E.M. (2006) Spemann's organizer and self-regulation in amphibian embryos. Nature Rev. Mol. Cell Biol. 4:296.

De Robertis E.M. (2008) Evo-Devo: Variations on Ancestral themes. Cell 132:185.

De Robertis E.M. (2009) Spemann's organizer and the selfregulation of embryonic fields. Mech. Dev. 126:925.

De Robertis E.M. and Kuroda H. (2004) Dorsal-ventral patterning and neural induction in Xenopus embryos. Annu. Rev. Cell Dev. Biol. 20:285.

De Robertis E.M., Larraín J. et al. (2000) The establishment of Spemann's Organizer and patterning of the vertebrate embryo. Nature Rev. Genet. 1: 171.

De Robertis E.M., Morita E.A. and Cho K.W.Y. (1991) Gradient fields and homeobox genes. Development 112:669.

De Robertis E.M., Oliver G. and Wright C.V.E. (1990) Homeobox genes and the vertebrate body plan. Sci. Am. 263 (1):46.

De Robertis E.M. and Sasai Y. (1996) A common plan for dorsoventral patterning in *Bilateria*. Nature 380:37.

Dubnau J. and Struhl G. (1996) RNA recognition and translational regulation by a homeodomain protein. Nature 379:694.

Edelman G.M. (1992) Morphoregulation. Develop. Dynam. 193:2.

Fristrom D. (1988) The cellular basis of epithelial morphogenesis. Tissue Cell 20:645.

Fuentealba L.C., Eivers E. et al. (2008) Asymmetric mitosis: Unequal segregation of proteins destined for degradation. Proc. Natl. Acad. Sci. USA 105:7732.

Gehring W.J. (1992) The homeobox in perspective. TIBS 17:277.

Gilbert S.F. (2006) Developmental Biology. 8th Ed. Sinauer, Sunderland, MA.

Giraldez A.J., Cinalli R.M., Glasner M.E. et al. (2005) MicroRNAs regulate brain morphogenesis in zebrafish. Science 308:833.

Gregor T., Bialek W. et al. (2005) Diffusion and scaling during early embryonic pattern formation. Proc. Natl. Acad. Sci. USA 102:18403.

Gurdon J.B. (1968) Transplanted nuclei and cell differentiation. Sci. Am. 219 (6):24.

Gurdon J.B. (2000) The future of cloning. Nature 402:743.

Heasman J. (2006) Maternal determinants of embryonic cell fate. Semin. Cell Dev. Biol. 17:93.

Hib J. (2006) Embriología Médica, 8ª Ed. Editorial Clareo, Buenos Aires.

Hirokawa N. Tanaka Y. et al. (2006) Nodal flow and the generation of left-right asymmetry. Cell 125:33.

Hynes R.O. and Lander A.D. (1992) Contact and adhesive specificities in the associations, migrations, and targeting of cells and axons. Cell 68:303.

Ingham P.W. (1988) The molecular genetics of embryonic pattern formation in Drosophila. Nature 335:25.

Kelly S.J. (1977) Studies of the developmental potential of 4- and 8-cell stage mouse blastomeres. J. Exp. Zool. 200:365.

Kimble J. (1994) An ancient molecular mechanism for establishing embryonic polarity? Science 266:577.

Kintner C. (1992) Regulation of embryonic cell adhesion by the cadherin cytoplasmic domain. Cell 69:225.

Lander A.D. (2007) Morpheus unbound: reimagining the morphogen gradient. Cell 128:245.

Larraín J., Bachiller D., Lu B., Agius E., Piccolo S. and De Robertis E.M. (2000) BMP-binding modules in chordin: a model for signallin regulation in the extracellular space. Development 127:821.

Lemaire P. and Gurdon J.B. (1994) Vertebrate embryonic inductions. Bioessays 16:617.

Lemons D. and McGinnis W. (2006) Genomic evolution of Hox gene clusters. Science 313:1918.

Lumsden A. (1990) The cellular basis of segmentation in the developing hindbrain. Trends Neurosci. 13:329.

Lyon M.F. (1993) Epigenetic inheritance in mammals. Trends Genet. 9:123.

Madem M. et al. (1995) Vitamin A-deficient quail embryos have half a hindbrain and other neural defects. Curr. Biol. 6:417.

McGinnis W. and Krumlauf R. (1992) Homeobox genes and axial patterning. Cell 68:283.

McGinnisW. and Kuziora M. (1994) The molecular architects of body design. Sci. Am. 270 (2):36.

McMahon A.P. (1992) The Wnt family of developmental regulators. Trends Genet. 8:236.

Morriss-Kay G.M. and Sokolova N. (1996) Embryonic development and pattern formation. FASEB J. 10:961.

Nüsslein-Volhard C. (1996) Gradients that organize embryo development. Sci. Am. 275 (2):38.

Nüsslein-Volhard C., Frohnhöfer H.G. and Lehmann R. (1987) Determination of anteroposterior polarity in Drosophila. Science 238:1675.

Patel N.H. (1994) Developmental evolution: insights from studies of insect segmentation. Science 266:581.

Piccolo S. et al. (1999) The head inducer Cerberus is a multifunctional antagonist of Nodal, BMP and Wnt signals. Nature 397:707.

Placzek M. (1995) The role of the notochord and floor plate in inductive interactions. Curr. Opin. Genet. Dev. 5:499.

Rebagliati M.R., Weeks D.L., Harvey R.P and Melton D.A. (1985) Identification and cloning of localized maternal RNAs from Xenopus eggs. Cell 42:769.

Reversade B. and De Robertis E.M. (2005) Regulation of ADMP and BMP2/4/7 at opposite embryonic poles generates a self-regulating morphogenetic field. Cell 123:1147.

Ringrose L. and Paro R. (2007) Polycomb/Trithorax response elements and epigenetic memory of cell identity. Development 134:223.

Rogulja D. and Irvine K.D. (2005) Regulation of cell proliferation by a morphogen gradient. Cell 123:449.

Rubenstein J.L.R. et al. (1994) The embryonic vertebrate forebrain: the model. Science 266:579.

Schier A.F. (2007) The maternal-zygotic transition: death and birth of RNAs. Science 316:406.

Smith W.C., Knecht A.K., Wu M. and Harland R.M. (1993) Secreted noggin protein mimics the Spemann organizer in dorsalizing *Xenopus* mesoderm. Nature 361:547.

St. Johnston D. and Nüsslein-Volhard C. (1992) The origin of pattern and polarity in the *Drosophila* embryo. Cell 68:201.

Tam P.P.L. and Quinlan G.A. (1996) Mapping vertebrate embryos. Curr. Biol. 6:104.

Thomsen G.H. and Melton D.A. (1993) Processed Vg1 protein is an axial mesoderm inducer in *Xenopus*. Cell 74:433.

Tickle C. (1995) Vertebrate limb development. Curr. Opin. Genet. Dev. 5:478.

Morte Celular 22

22.1 A morte celular programada é um fenômeno comum no organismo

A morte das células é um fenômeno comum durante o desenvolvimento embrionário, necessário para remover tecidos provisórios (p. ex., as membranas interdigitais durante a formação dos dedos), eliminar células supérfluas (como ocorre com quase metade dos neurônios ao longo da neurogênese), gerar ductos, formar orifícios etc.

Também ocorre morte celular durante a vida pós-natal, quando o organismo necessita remodelar tecidos ou remover células danificadas, desnecessárias, redundantes, envelhecidas ou perigosas para sua saúde, como, por exemplo, as células infectadas, as tumorais ou as autorreativas (p. ex., os linfócitos T que reagem contra o próprio organismo).

Como as células destinadas a morrer costumam perecer para que as restantes do corpo sobrevivam, pode-se dizer que protagonizam uma espécie de sacrifício biológico de imolação. Essas mortes celulares fisiológicas ou programadas ocorrem ao final de uma série de alterações morfológicas que recebem o nome de **apoptose** (do grego *apó,* "separado de", e *ptôsis,* "queda"), termo utilizado para diferenciá-las das mortes celulares acidentais – provocadas por traumatismos, substâncias tóxicas, obstruções vasculares etc. –, denominadas **necrose**.

22.2 A apoptose produz alterações celulares características

As alterações que ocorrem nas células quando morrem por apoptose são características. Acontecem porque são ativadas proteases citosólicas especiais denominadas **caspases** (de *cysteinyl aspartate proteinases*) e ocorrem na seguinte ordem (Figura 22.1):

(1) O citoesqueleto é desarranjado devido à ruptura de seus filamentos. Consequentemente, a célula perde contato com suas vizinhas (ou com a matriz extracelular) e torna-se esférica
(2) A célula encolhe-se, pois o citosol e as organelas condensam-se sem que suas estruturas sejam afetadas. A condensação deve-se à alteração da permeabilidade das membranas celulares
(3) Os laminofilamentos dissociam-se, com a consequente desintegração do envoltório nuclear
(4) A cromatina é compactada e as moléculas de DNA seccionam-se por ação de uma endonuclease, dividindo o núcleo em pequenos fragmentos que se distribuem no citoplasma
(5) Da superfície da célula emergem numerosas saliências, quase todas com fragmentos nucleares em seu interior
(6) Logo as saliências desprendem-se, convertidas em segmentos celulares denominados **corpos apoptóticos**. Cabe dizer que suas organelas encontram-se relativamente bem conservadas
(7) As fosfatidilserinas das membranas que envolvem os corpos apoptóticos – previamente localizadas na monocamada citosólica da membrana plasmática (ver *Seção 3.3*) – deslocam-se em direção à monocamada externa
(8) Finalmente, atraídos por estas fosfatidilserinas, numerosos macrófagos chegam ao local da apoptose e fagocitam os corpos apoptóticos.

Observa-se então que, diferentemente da necrose, a remoção das células mortas por apoptose preserva a arquitetura original dos tecidos, já que não provoca reações inflamatórias nem produz cicatrizes.

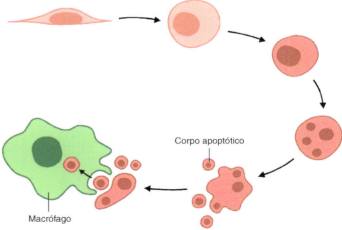

Figura 22.1 Alterações celulares que ocorrem durante a apoptose. Observe a fagocitose dos corpos apoptóticos por um macrófago.

22.3 A apoptose é ativada por diferentes razões

A maior parte das mortes celulares por apoptose ocorre quando:

(1) São suprimidos os fatores tróficos que mantêm as células vivas
(2) Substâncias que induzem a morte celular se unem a receptores específicos
(3) O DNA nuclear é afetado por mutações capazes de colocar em risco o organismo.

A seguir será descrito que estas causas desencadeiam vias de sinalizações intracelulares diferentes entre si, as quais convergem para um fim comum.

22.4 A apoptose ativada quando os fatores tróficos são suprimidos é a mais comum

Cada tipo de célula é mantido vivo por uma substância indutora específica denominada **fator trófico ou fator de sobrevivência**, enviado pelas células vizinhas (ver *Seção 11.1*) (Figura 11.1B). A maioria das mortes celulares por apoptose ocorre quando essas substâncias são suprimidas.

Os fatores tróficos mais estudados são as glicoproteínas **CSF** (de *colony-stimulating factors*) e o grupo de substâncias denominadas **neurotrofinas**. As CSF estimulam a sobrevivência, o crescimento e a diferenciação das células sanguíneas. Já as neurotrofinas – substâncias secretadas pelos tecidos inervados, a cuja família pertence o **NGF** visto nas *Seções 11.12* e *18.28* – têm por função manter vivos os neurônios e estimular o crescimento de seus axônios.

A Figura 22.2A mostra o modo como os fatores tróficos interagem com os receptores das células induzidas, situados na membrana plasmática. Cabe explicar que, embora essa figura ilustre um fator trófico que interage com um receptor com atividade de tirosinoquinase (ver *Seção 11.12*) (Figura 11.11), existem fatores que interagem com receptores acoplados às proteínas G_{13} ou Gi (ver *Seção 11.20*) (Figura 11.21).

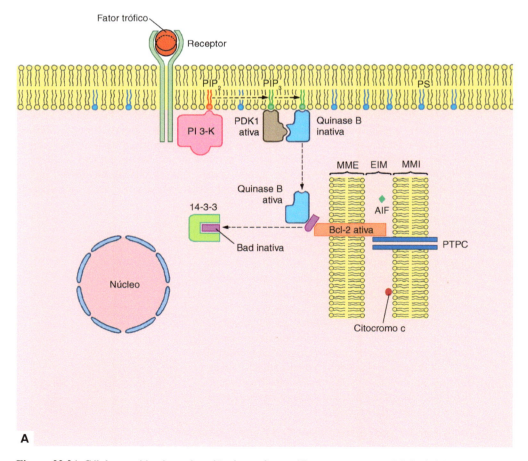

Figura 22.2A Célula mantida viva pela união de um fator trófico a seu receptor. *PS,* fosfatidilserina; *MME,* membrana mitocondrial externa; *MMI,* membrana mitocondrial interna; *EIM,* espaço intermembranoso.

Nas *Seções 11.12, 11.14* e *11.20* foi visto que, quando esses receptores são ativados, unem-se e ativam diferentes **fosfatidilinositol 3-quinases (PI3-K)**. Também foi observado que, com fosfatos de moléculas de ATP, as PI 3-K ativadas fosforilam o inositol do fosfatidilinositol 4,5-difosfato (PIP$_2$) da membrana plasmática e o convertem em **fosfatidilinositol 3,4,5-trifosfato (PIP$_3$)** (Figuras 11.11, 11.21 e 11.22).

A seguir, sem abandonar a membrana plasmática, um PIP$_3$ liga-se à quinase **PDK1** (de *phosphatidylinositol dependent-protein kinase*) e outro à serina-treonina **quinase B**, o que faz com que ambas as enzimas permaneçam próximas.

A PDK1 fosforila a quinase B, que é ativada e se separa do PIP$_3$. Em seguida, a quinase B ativada fosforila uma proteína denominada **Bad** (de *Bcl-2 antagonist of cell death*), que é inativada e se liga à proteína citosólica denominada **14-3-3**.

Na condição descrita, a Bad encontra-se separada da **Bcl-2** (de *B cell leukemia*), uma proteína pertencente à membrana mitocondrial externa que deriva do proto-oncogene Bcl-2. Quando está separada da Bad, a Bcl-2 permanece ativa e impede que a célula morra por apoptose. Em breve será descrito que previne a morte celular porque mantém fechado um canal da membrana mitocondrial interna denominado **PTPC** (de *permeability transition pore complex*).

Vejamos de que maneira a apoptose é desencadeada. A Figura 22.2B mostra que, na ausência do fator trófico, a Bad – que carece de fosfato – é ativada, desvincula-se da proteína 14-3-3 e se une à Bcl-2 no lado citosólico da membrana mitocondrial externa.

Devido ao fato de a Bad inativar a Bcl-2, o PTPC abre-se e descontrola a passagem de moléculas entre os compartimentos da mitocôndria. Isso distorce a estrutura da membrana mitocondrial externa e possibilita que dois componentes presentes normalmente no espaço intermembranoso dessa organela – a proteína AIF e o citocromo c (ver *Seção 8.11*) (Figura 8.12) – saiam em direção ao citosol.

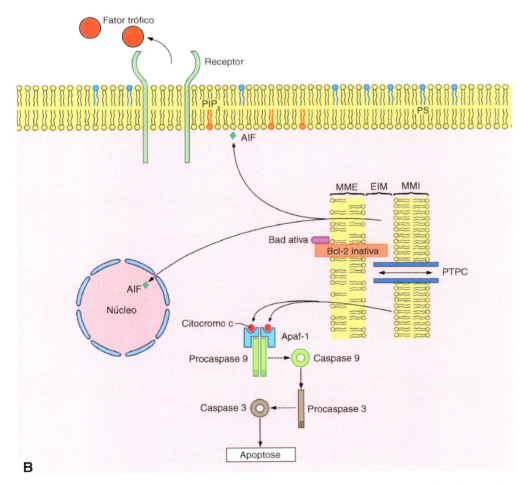

Figura 22.2B Apoptose provocada pela supressão do fator trófico. *PS*, fosfatidilserina; *MME*, membrana mitocondrial externa; *MMI*, membrana mitocondrial interna; *EIM*, espaço intermembranoso.

Uma vez no citosol, a **AIF** (de *apoptosis inducing factor*) dirige-se à membrana plasmática e inverte a posição das fosfatidilserinas, que, conforme visto na *Seção 22.2*, deslocam-se rumo à camada externa da membrana e atraem os macrófagos. Além disso, a AIF entra no núcleo, induz a condensação da cromatina e ativa a endonuclease que degrada as moléculas de DNA.

Com relação ao **citocromo c**, este se combina com a proteína adaptadora **Apaf-1** (de *apoptosis protease activating factor*). Isso a une à procaspase 9, que é cindida e convertida em **caspase 9**. Em seguida, esta corta a procaspase 3, que se transforma em **caspase 3** e ativa as enzimas que provocam as alterações apoptóticas enumeradas na *Seção 22.2*.

É importante acrescentar que, nas células moribundas, o Ca^{2+} citosólico aumenta consideravelmente. Quando se trata de células epiteliais, o Ca^{2+} fecha as conexões e evita a passagem de elementos que possam danificar as células vizinhas (ver *Seção 6.14*).

22.5 A apoptose decorrente da ativação de receptores específicos é rápida

Durante algumas respostas imunológicas, na membrana plasmática de algumas células infectadas e cancerosas aparecem receptores especiais cuja ativação conduz à apoptose de uma maneira muito mais rápida do que a analisada na seção anterior. Algo semelhante ocorre na membrana plasmática dos linfócitos T específicos restantes ao final dessas respostas imunológicas.

Os receptores que estão sendo analisados são denominados TNF-R e Fas. São compostos por três subunidades proteicas iguais entre si e pertencem a uma categoria diferente das descritas na *Seção 11.9*, já que seus domínios citosólicos – que contêm uma sequência de aminoácidos conhecida como **domínio de morte** – ativam caspases, ou seja, enzimas proteolíticas.

As substâncias indutoras que interagem com esses receptores são denominadas TNF e FasL. São também homotriméricas e, como seus nomes sugerem, combinam-se com os receptores TNF-R e Fas, respectivamente.

O **TNF** (de *tumor necrosis factor*) é secretado por células situadas nas proximidades, principalmente macrófagos e linfócitos T, devido a diversas infecções (Figuras 11.1B e 22.3). O ponto de partida da via de sinalização induzida pelo TNF é a união de suas três subunidades com os domínios externos das três subunidades do receptor **TNF-R** (Figura 22.3). Isso as reúne – o receptor se trimeriza – e faz com que seus domínios citosólicos se conectem com a proteína adaptadora **TRADD** (de *TNF receptor-associated death domain*), que, por sua vez, se une a outras três proteínas adaptadoras, denominadas **FADD** (de *Fas receptor-associated death domain*), **RIP** (de *receptor-interacting protein*) e **TRAF** (de *TNF receptor-associated factor*).

As duas últimas proteínas relacionam-se parcialmente com a apoptose, diferentemente da FADD, que se liga à procaspase 8, a quebra e a transforma em **caspase 8**. Em seguida, esta enzima ativa a procaspase 9 e a converte em **caspase 9**, que, conforme visto na seção anterior, cinde a procaspase 3 e a transforma em **caspase 3**. Os passos que se seguem até que se chegue à apoptose são semelhantes aos descritos na *Seção 22.4*.

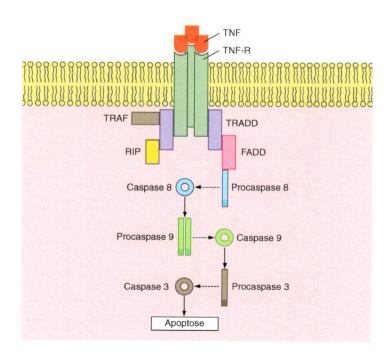

Figura 22.3 Apoptose provocada pela ativação do receptor TNF-R.

O **FasL** (de *fascicle ligated*) é elaborado por linfócitos T citotóxicos e linfócitos *natural killers*, devido a alguns tipos de câncer e infecções. Como o FasL não é secretado, e, sim, se situa na membrana plasmática, para que possa interagir com o receptor **Fas**, é necessário que os linfócitos mencionados estabeleçam contato com as células cancerosas ou infectadas (Figuras 11.1E e 22.4).

A via de sinalização induzida pelo FasL diferencia-se da estimulada pelo TNF, pois é mais curta, já que os domínios citosólicos do receptor Fas conectam-se com a proteína **FADD** não por meio da TRADD, e, sim, diretamente (Figura 22.4).

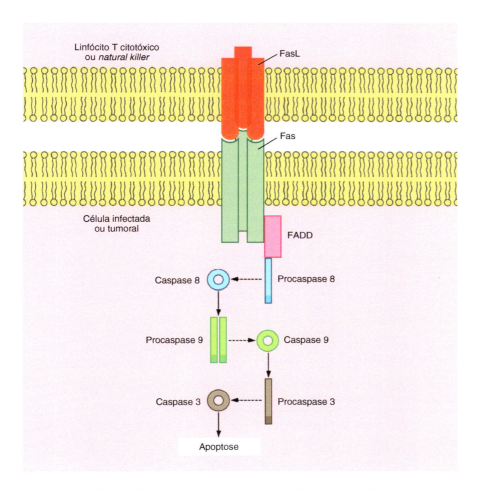

Figura 22.4 Apoptose provocada pela ativação do receptor Fas.

22.6 A apoptose provocada por mutações no DNA evita o aparecimento de diversos tipos de câncer

Outra condição biológica que leva à apoptose ocorre quando o DNA apresenta alterações provocadas por envelhecimento celular (ver *Seção 17.9*), replicação (ver *Seções 17.18* e *17.20*), ação de agentes ambientais (raios γ, raios X, radiação solar ultravioleta, substâncias químicas, vírus etc.) (ver *Seção 17.19*) ou acúmulo na célula de peróxido de hidrogênio (H_2O_2) ou de ânions superóxido (O_2^-) (ver *Seções 10.2* e *10.3*).

Diante dessas alterações costuma intervir a proteína **P53**, derivada do gene supressor de tumores p53. Na *Seção 18.29* foi observado que a proteína P53 estabiliza o ciclo celular na fase G1 e controla as alterações no DNA para procurar seu reparo. Quando não consegue repará-las e são perigosas para o organismo, a própria proteína P53 induz a morte da célula a fim de impedir a transmissão do DNA danificado às células-filhas. Para isso, a P53 inativa a Bcl-2, ativando o mecanismo que causa apoptose, descrito na *Seção 22.4* (Figura 22.2B).

Com frequência encontra-se alterado o próprio gene p53, que gera uma proteína P53 defeituosa, incapaz de controlar o estado do DNA e de conduzir a célula "ao suicídio". Consequentemente, caso se trate de um tipo de célula que se divida, as células descendentes acumularão alterações ao longo das sucessivas divisões. Esse fato é grave quando são afetados genes relacionados com a regulação da proliferação celular, já que podem originar diferentes tipos de câncer (ver *Seção 18.32*).

Bibliografia

Ashkenazi A. and Dixit V.M. (1998) Death receptors: Signaling and modulation. Science 281:1305.

Banin S. et al. (1998) Ehhanced phosphorylation of p53 by ATM in response to DNA damage. Science 281:1674.

Barinaga M. (1994) Cell suicide: by ICE, not fire. Science 263:754.

Barinaga M. (1996) Forging a path to cell death. Science 273:735.

Barinaga M. (1998) Death by dozens of cuts. Science 280:32.

Beutler B. and van Huffel C. (1994) Unraveling function in the TNF ligand and receptor families. Science 264:667.

Bissonnette R.P., Echeverri F., Mahboubi A. and Green D.R. (1992) Apoptotic cell death induced by c-myc is inhibited by bcl-2. Nature 359:552.

Brenner C. and Kroemer G. (2000) Mitochondria: the death signal integrators. Science 289:1150.

Brown J.M. and Attardi L.D. (2005) The role of apoptosis in cancer development and treatment response. Nature Rev. Cancer 5:231.

Cardone M.H. et al. (1998) Regulation of cell death protease caspase-9 by phosphorylation. Science 282:1318.

Chang H.Y et al. (1998) Activation of apoptosis signal regulating kinase 1 (ASK1) by the adapter protein Daxx. Science 281:1860.

Chen G. and Goeddel D.V. (2002) TNF-R1 signaling: a beautiful pathway. Science 296:1634.

Chen-Tzu K. et al. (2009) Apoptosis signal-regulating kinase 1 mediates denbinobin-induced apoptosis in human lung adenocarcinoma cells. J. Biom. Sci. 16:43.

Cheng J. et al. (1994) Protection from Fas-mediated apoptosis by a soluble form of the Fas molecule. Science 263:1759.

Chinnaiyan A.M. et al. (1997) Interaction of Ced-4 with Ced-9: a molecular framework for cell death. Science 275:1122.

Cohen J.J. (1993) Apoptosis. Immunol. Today 14:126.

Danial N.N. and Korsmeyer S.J. (2004) Cell death: critical control points. Cell 116:205.

Demaurex N. and Distelhost C. (2003)Apoptosis-The calcium connection. Science 300:65.

Duke R.C., Ojcius D.M. and Ding-E Young J. (1997) Cell suicide in health and disease. Sci. Am. 275 (6):48.

Ellis R.E., Yuan J.V. and Horvitz H.R. (1991) Mechanisms and functions of cell death. Annu. Rev. Cell Biol. 7:663.

Enoch T. and Norbury C. (1995) Cellular responses to DNA damage: cell-cycle checkpoints, apoptosis and the roles of p53 and ATM. TIBS 20:426.

Fesik S.W. and Shi Y. (2001) Controlling the caspases. Science 294:1477.

Finkel E. (2001) The mitochondrion: is it central to apoptosis? Science 292:624.

Galonek H.L. and Hardwick J.M. (2006) Upgrading the BCL-2 network. Nature Cell. Biol. 8:1317.

Gerschenson L.E. and Rottello R.J. (1992) Apoptosis: a different type of cell death. FASEB J. 6:2450.

Goldstein P. (1997) Controlling cell death. Science 275:1081.

Goldstein P. (2000) FasL binds preassembled Fas. Science 288:2328.

Green D.R. (2005) Apoptotic pathways: ten minutes to dead. Cell 121:6 71.

Green D.R. and Reed J.C. (1998) Mitochondria and apoptosis. Science 281:1309.

Hengartner M.O. (1995) Life and death decisions: ced-9 and programmed cell death in *Caenorhabditis elegans*. Science 270:931.

Hermeking H. and Eick D. (1994) Mediation of c-Myc-induced apoptosis by p53. Science 265:2091.

Hunot S. and Flavell R.A. (2001) Death of a monopoly? Science 292:865.

Jacobson M.D. (1996) Reactive oxygen species and programmed cell death. TIBS 21:83.

Jiang Y. et al. (1999) Prevention of constitutive TNF receptor 1 signaling by silencer of death domains. Science 283:543.

Jiang X. and Wang X. (2004) Cytochrome C-mediated apoptosis. Annu. Rev. Biochem. 73:87.

Kumar S. (2007) Caspase function in programmed cell death. Cell Death Differ 14:32.

Lavrik I., Golks A. and Krammer P.H. (2005) Death receptor signaling. J. Cell Sci. 118:265.

Li C. and Thompson C.B. (2002) DNA damage, deamination and death. Science 298:1346.

Martin S.J., Green D.R. and Cotter T.G. (1994) Dicing with death: dissecting the components of the apoptosis machinery. TIBS 19:26.

Marx J. (1994) New link found between p53 and RNA repair. Science 266:1321.

McCabe M.J., Nicotera P. and Orrenius S. (1992) Calcium-dependent cell death. Ann. N.Y. Acad. Sci. 663:269.

Nagata S. and Goldstein P. (1995) The Fas death factor. Science 267:1449.

Nicholson D.W. and Thornberry N.A. (1997) Caspases: killer proteases. TIBS 22:299.

Rudel T. and Bokoch G.M. (1997) Membrane and morphological changes in apoptotic cells regulated by caspasemediated activation of PAK2. Science 276:1571.

Soengas M.S. (1999) Apaf-1 and caspase-9 in p53-dependent apoptosis and tumor inhibition. Science 284:156.

Steller H. (1995) Mechanisms and genes of cellular suicide. Science 267:1445.

Vousden K.H. (2005) Apoptosis p53 and PUMA: a deadly duo. Science 309:1685.

Wajant H. (2002) The Fas signaling pathway: more than a paradigm. Science 296:1635.

Wang C.Y. (1998) NF- B antiapoptosis: induction of TRAF1 and c-IAP1 and c-IAP2 to suppress caspase-8 activation. Science 281:1680.

Wright S.C. et al. (1997) Calmodulin-dependent protein kinase II mediated signal transduction in apoptosis. FASEB J. 11:843.

Métodos de Estudo em Biologia Celular 23

23.1 Introdução

A observação das estruturas biológicas é dificultada pelo fato de as células serem muito pequenas e transparentes. É mais difícil ainda descobrir a organização das moléculas e como estas agem para determinar as estruturas e as funções celulares.

O extraordinário progresso experimentado pela biologia molecular da célula nos últimos anos provém do desenvolvimento de novos métodos de estudo dos componentes celulares, com base na aplicação de técnicas bioquímicas e biofísicas de última geração. Como atualmente o número de metodologias experimentais é bem grande, a ideia de descrevê-las exaustivamente em um livro é impossível. Portanto, o atual capítulo não é mais que um resumo dos métodos geralmente empregados para decifrar as estruturas e as funções celulares.

Serão descritos os princípios gerais da microscopia óptica e eletrônica, alguns métodos especiais que tornam possível o estudo da célula viva, diversos métodos de citoquímica, imunoquímica, radioautografia e fracionamento celular. Além disso, serão apresentadas as técnicas utilizadas para análise molecular dos ácidos nucleicos.

Microscopia óptica

23.2 Microscópio óptico

No *Capítulo 1* foram descritos os limites de resolução do olho humano e dos distintos tipos de microscópios (Figura 1.1). O olho é capaz de detectar variações no comprimento de onda e na intensidade da luz. Os avanços da microscopia estenderam ambas as possibilidades, tanto por meio do uso de instrumentos que ampliam o poder de resolução quanto de técnicas que alteram a transparência das células, aumentando o contraste de suas estruturas.

A maioria dos componentes celulares é transparente, com exceção de alguns pigmentos citoplasmáticos que absorvem determinados comprimentos de onda da luz. A baixa absorção desses comprimentos pela célula viva deve-se ao seu alto conteúdo de água, embora, mesmo após ser desidratada, continue apresentando escasso contraste. Um meio de lidar com esta limitação consiste em utilizar substâncias que corem seletivamente os diferentes componentes celulares, introduzindo diversos compostos que absorvem comprimentos de onda específicos. Entretanto, na maioria dos casos, as técnicas de coloração têm o inconveniente de não poderem ser utilizadas em células vivas. Também, antes de serem corados, os tecidos devem ser fixados, desidratados, incluídos e seccionados. Todos esses procedimentos provocam alterações químicas e morfológicas nas células e na matriz extracelular.

23.3 Poder de resolução do microscópio óptico

Assim como em qualquer tipo de microscópio, no microscópio óptico (Figura 23.1) o **poder de resolução** – que é a capacidade de o instrumento fornecer imagens diferentes de pontos bem próximos – depende do comprimento de onda λ e da abertura numérica (AN) da objetiva. Desse modo, o limite de resolução, definido como a distância mínima que deve existir entre dois pontos para serem discriminados assim, responde à seguinte equação:

$$\text{Limite de resolução} = \frac{0{,}61\,\lambda}{\text{AN}}$$

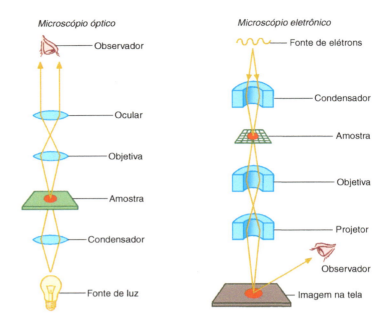

Figura 23.1 Trajetórias dos raios de luz e dos feixes de elétrons no microscópio óptico e no microscópio eletrônico, respectivamente.

Por sua vez, a AN depende do índice de refração do meio (n) e do seno do ângulo de abertura (α), de acordo com a fórmula:

$$AN = n \times seno\ \alpha$$

Deve-se salientar que o limite de resolução é inversamente proporcional ao poder resolutivo do instrumento utilizado, de maneira que, quanto maior for este, menor será o limite de resolução conseguido. Como o seno de α não pode passar de 1 e o índice de refração dos melhores materiais ópticos não pode ser superior a 1,6 (usando-se óleo de imersão), a máxima AN possível das lentes é de cerca de 1,4. Com esses parâmetros é fácil calcular que o limite de resolução do microscópio óptico não pode ultrapassar 170 nm (0,17 μm) quando se usa luz monocromática de λ = 400 nm (violeta). Por outro lado, com luz branca, o poder resolutivo é de 250 nm (0,25 μm).

O aumento da imagem no microscópio óptico depende, principalmente, das lentes da objetiva, com as quais a ampliação máxima é de 100 a 120×. Como a ocular aumenta a imagem da objetiva entre 5 e 15 vezes, consegue-se uma ampliação de 500 a 1.500×.

23.4 Fixação do material

A fixação do material é essencial para preservar a morfologia e a composição química dos tecidos e das células. Consiste na morte destes de tal maneira que as estruturas que possuíam em vida sejam conservadas com um mínimo de artefatos.

A escolha do **fixador** adequado depende do estudo a ser realizado. Por exemplo, para o núcleo, são utilizados os fixadores ácidos e, para a avaliação da atividade enzimática no citoplasma, são utilizados a acetona, o formaldeído e o glutaraldeído, que produzem mínima desnaturação e preservam muitos sistemas enzimáticos. Alguns agentes fixadores, como o formaldeído, o glutaraldeído, o bicromato e o bicloreto de mercúrio, produzem fortes ligações entre as moléculas proteicas.

O grau de organização em nível macromolecular é de grande importância para a conservação da estrutura logo após a fixação. Em estruturas bem organizadas – como os cromossomos, as mitocôndrias e os cloroplastos – existem diversas forças que mantêm as moléculas unidas, portanto, a ação do fixador não altera as estruturas. Entretanto, nas regiões celulares menos organizadas, como o citosol, a preservação é difícil. Desse modo, costumam ocorrer artefatos de fixação.

Quando se tenta manter intacta a composição química dos componentes teciduais, são utilizados métodos de fixação físicos. O mais conhecido é o método de **congelamento-dessecação**, que consiste no congelamento rápido do tecido e na sua desidratação a vácuo e baixa temperatura. A fase de congelamento tem início com a introdução de pequenas peças de tecido em um banho a uma temperatura de −160 a −190°C, conseguida com nitrogênio líquido. Também se faz a fixação com hélio líquido a uma temperatura próxima ao 0° absoluto (Kelvin). A dessecação é realizada a vácuo entre −30 e −40°C. Em tais condições, o gelo sublima-se em vapor e, assim, ocorre a desidratação dos tecidos.

As vantagens desse método são evidentes: não causa retração do tecido, a fixação é homogênea em toda a peça, não há extração de substâncias solúveis, a composição química mantém-se praticamente sem alterações e a estrutura é conservada com mínimas modificações, produzidas pelos cristais de gelo. A rapidez da fixação também permite surpreender as células em momentos funcionais críticos.

23.5 Microtomia

Para poder ser observado ao microscópio, o tecido deve ser cortado em lâminas finas, com instrumentos denominados **micrótomos**. Essa técnica exige que o tecido tenha sido posto em um material que lhe confira determinada consistência. Se o tecido for corado com os métodos convencionais, coloca-se em parafina ou em celoidina. Para ser infiltrado pelo material, o tecido deve ser desidratado. Esse processo requer o uso de um líquido intermediário apropriado, como, por exemplo, xileno, benzeno ou tolueno, para a parafina, e etanol-éter para a celoidina.

Quando se deseja manter a composição química de alguns componentes celulares, são empregados micrótomos dentro de câmaras resfriadas com CO_2 líquido. Eles são denominados micrótomos de congelamento ou **criostatos**. Como estes produzem boa fixação dos tecidos e não requerem inclusão, podem ser efetuados com eles cortes de tecidos frescos para estudos citoquímicos. Já os **vibrátomos** são micrótomos de congelamento que contêm uma navalha vibrátil.

23.6 Coloração do material

A maioria dos **corantes teciduais** é de natureza orgânica e aromática. São conhecidos dois tipos de corantes, os básicos e os ácidos. Nos corantes básicos, o grupo cromóforo (ou seja, o que confere a cor) é básico (catiônico). Por exemplo, o azul de metileno é o cloreto de tetrametiltionina, em que a parte ácida é incolor. Às vezes, os dois componentes do sal são cromóforos, como no eosinato de azul de metileno. Nos corantes ácidos, os grupos cromóforos mais comuns contêm nitritos.

Convém o estudante aprender qual é o mecanismo de ação dos corantes. Para isso, deverá se lembrar da propriedade das proteínas, dos ácidos nucleicos e de alguns polissacarídeos de se ionizar como bases ou como ácidos. Nas proteínas, a ionização básica se estabelece no grupo amina ($-NH_2$) e em outros grupos básicos. A ionização ácida ocorre nos grupos carboxila ($-COOH$), hidroxila ($-OH$), sulfato ($-HSO_4$) e fosfato ($-H_2PO_4$). Se o pH for superior ao ponto isoelétrico, os grupos ácidos ionizam-se; se for inferior, são os grupos básicos que se ionizam (ver *Seção 23.31*). Devido a essa propriedade, acima do ponto isoelétrico as proteínas reagem com os corantes básicos (azul de metileno, fucsina básica etc.) e, abaixo, com os corantes ácidos (alaranjado G, eosina, azul de anilina etc.).

Para os ácidos nucleicos, determina-se a carga líquida pela ionização dos grupos fosfato, e seu ponto isoelétrico é muito baixo. Por essa razão, para tingir esses ácidos, são utilizados corantes básicos, como o azul de toluidina para o ácido ribonucleico (sua especificidade pode ser demonstrada mediante hidrólise prévia com a enzima ribonuclease).

Determinados corantes básicos do grupo das tiazinas – como a tionina, o azur A e o azul de toluidina – têm a propriedade de tingir certos componentes celulares com uma tonalidade diferente da que caracteriza o corante. Essa propriedade – conhecida como metacromasia – tem interessantes derivações citoquímicas. A reação é bastante positiva com os polissacarídios complexos (glicosaminoglicanos) e menor com os ácidos nucleicos e alguns lipídios ácidos. É mais intensa nas células que têm moléculas com grupos sulfato, como no caso do condroitina-sulfato na cartilagem.

23.7 Microscópio de fase

Para o estudo das células vivas, utilizam-se técnicas ópticas especiais, como a microscopia de contraste de fase e a de interferência, nas quais se recorre a alterações de fase (atrasos) nas radiações que atravessam as estruturas biológicas, mesmo estas sendo muito transparentes à luz visível.

Na Figura 23.2 são mostrados os efeitos de certos materiais transparentes e não absorventes sobre as ondas dos raios de luz. Como os índices de refração desses materiais são diferentes dos do meio, as amplitudes das ondas não se alteram; apenas suas velocidades. Assim, as ondas se atrasam – fenômeno conhecido como mudança de fase. Evidentemente, o atraso subsiste com a saída do raio do material transparente.

No microscópio de contraste de fase, quando os raios laterais passam através da objetiva, são adiantados ou atrasados 25% do comprimento de onda com relação aos centrais. Estes atravessam o objeto por meio de uma placa anular que produz variação no plano focal posterior da objetiva. O efeito depende da interferência entre a imagem geométrica direta dada pela parte central da objetiva e a imagem lateral, que é atrasada ou adiantada 25% de comprimento de onda. Dado que os dois grupos de raios se somam, quando o contraste é negativo, o material aparece mais brilhante no meio que o rodeia, porém, quando

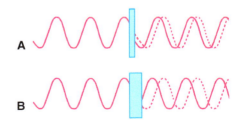

Figura 23.2 A. Atraso ou mudança de fase nas ondas de um raio de luz quando atravessam um material transparente não absorvente de maior índice de refração que o meio. **B.** Mudança de fase mais pronunciada ocasionada por um material igual ao anterior, porém mais espesso.

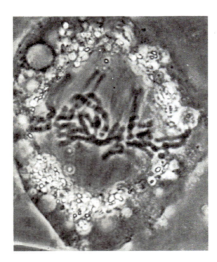

Figura 23.3 Observação com microscopia de fase da divisão celular por mitose em uma célula viva que se encontra em metáfase. 700×. (Cortesia de A. S. Bajer.)

é positivo, os dois jogos de raios passam por uma interferência subtrativa, e a imagem do material aparece mais escura que a do meio (Figura 23.3). Desse modo, há pequenas mudanças de fase. Por isso, a imagem aparece com diversas tonalidades de cinza, que dependem da espessura do material e das diferenças existentes entre os índices de refração do material e do meio.

A microscopia de fase é usada como método de rotina na observação de células e tecidos vivos e é particularmente valiosa na observação *in vivo* da mitose em células cultivadas (Figura 23.3).

23.8 Microscópio de interferência

O microscópio de interferência tem base similar ao do microscópio de fase, porém tem a vantagem de dar resultados quantitativos.

Este instrumento possibilita determinar alterações no índice de refração, enquanto o microscópio de fase apenas revela as descontinuidades mais notáveis. Além disso, as variações de fase podem refletir mudanças de cor tão acentuadas que as células vivas parecem ter sido coradas.

Um tipo especial de microscópio de interferência é o chamado microscópio de Nomarski, no qual um raio de luz único atravessa o material e a objetiva e, logo após, se divide em dois raios que interferem entre si por meio de um prisma birrefringente. São também utilizados filtros que agem como polarizadores e analisadores e um prisma compensador localizado no condensador. A imagem resultante apresenta um relevo característico (Figura 23.4). Esse microscópio é particularmente útil para o estudo das células vivas durante a mitose.

23.9 Microscópio de campo escuro

Na microscopia de campo escuro, a luz se dispersa no nível dos limites entre os diferentes componentes celulares, sempre quando têm índices de refração diferentes. O microscópio tem um condensador que ilumina o material obliquamente. Com o condensador de campo escuro, a luz direta não passa pela objetiva, de modo que o fundo aparece escuro e o material, brilhante devido à dispersão da luz. Por exemplo, em uma célula cultivada, o nucléolo, a membrana celular, as mitocôndrias e as gotas de lipídios mostram-se brilhantes e destacam-se sobre o fundo escuro do citoplasma. Por meio desse instrumento, podem ser descobertas estruturas menores do que as visualizadas com o microscópio óptico comum.

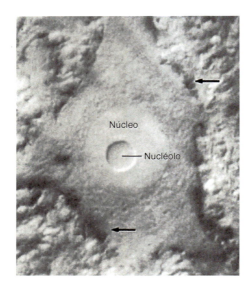

Figura 23.4 Micrografia obtida com a óptica de Nomarski de um neurônio evidenciado com um anticorpo. O núcleo contém um nucléolo grande e sobre a superfície celular observam-se terminações nervosas que estabelecem contatos sinápticos *(setas)*. Os demais pontos escuros representam cortes de axônios. (Cortesia de J. Pecci Saavedra e T. Pasik.)

23.10 Microscópio de polarização

Esse microscópio mostra o comportamento de alguns componentes celulares e teciduais quando observados com luz polarizada. Se o material for isotrópico, a luz polarizada propaga-se através dele com a mesma velocidade, qualquer que seja a direção do plano de incidência. As substâncias e estruturas isotrópicas caracterizam-se por ter o mesmo índice de refração em todas as direções. Já em um material anisotrópico a velocidade de propagação da luz polarizada é diferente, de acordo com sua direção. Um material com essas características é denominado **birrefringente**, pois apresenta dois índices de refração diferentes, os quais correspondem a duas velocidades de transmissão da luz.

Nas fibras biológicas, a birrefringência é positiva, se o índice de refração existente quando a luz segue o plano longitudinal da fibra for maior do que quando segue o plano perpendicular, ou negativa, na situação contrária.

O microscópio de polarização difere dos convencionais pelo conjunto de dois elementos, o polarizador e o analisador, que são constituídos por uma folha de polaroide ou por prismas de Nicol de calcita. O polarizador é montado abaixo do condensador e o analisador, acima das lentes da objetiva. Esse microscópio pode ser acoplado a uma câmera de vídeo.

Microscopia eletrônica

23.11 Microscópio eletrônico de transmissão

O microscópio eletrônico de transmissão é um instrumento que possibilita conhecer a ultraestrutura das células e da matriz extracelular, pois tem um poder de resolução maior do que o do microscópio óptico. Ele utiliza a propriedade dos feixes de elétrons de serem desviados por um campo eletrostático ou eletromagnético, do mesmo modo que um raio de luz é refratado ao atravessar uma lente.

Se um filamento for colocado no interior de um tubo de vácuo e, em seguida, aquecido, o filamento emite elétrons que podem ser acelerados por meio de um potencial elétrico. Nessas condições, o feixe de elétrons tende a seguir uma trajetória retilínea e apresenta propriedades semelhantes às da luz.

Assim como a luz, manifesta um caráter vibratório e corpuscular, mas o comprimento de onda é menor (λ = 0,005 nm para os elétrons, em vez dos 250 nm da luz). O filamento (cátodo) que emite a corrente de elétrons age como uma fonte termoiônica. Por meio de uma bobina eletromagnética com as funções do condensador do microscópio óptico, os elétrons concentram-se no plano onde o material é colocado. Uma segunda bobina funciona como uma lente objetiva, dando uma imagem ampliada do objeto em observação. Essa imagem é recebida por uma terceira "lente" eletromagnética, que, ao agir como a ocular ou a lente de projeção, aumenta a imagem que provém da objetiva. A imagem final é observada sobre uma tela fluorescente ou recolhida em uma placa fotográfica (Figura 23.1).

Apesar das semelhanças entre o microscópio óptico e o microscópio eletrônico, há grandes diferenças, algumas das quais correspondem ao mecanismo de formação da imagem. No microscópio eletrônico, esse mecanismo baseia-se na dispersão dos elétrons, que, ao se chocarem com os núcleos dos átomos do material, se dispersam de tal modo que ficam fora do campo da lente da objetiva. Nessa dispersão, denominada elástica, a imagem observada na tela fluorescente revela a ausência desses elétrons, já que – como vimos – ficam fora do campo da objetiva. Além disso, a dispersão ocorre devido a múltiplas colisões entre os elétrons, os quais diminuem a energia dos que conseguem passar. Nesse caso, a dispersão chama-se inelástica.

A dispersão dos elétrons depende da espessura e da densidade molecular do material e do número atômico dos átomos que o compõem. Quanto maior o número atômico, maior a dispersão. Grande parte dos átomos que integram as estruturas biológicas tem um número atômico baixo e contribui muito pouco para a formação da imagem. Por essa razão, o material deve ser processado com átomos pesados para aumentar seu contraste (ver *Seção 23.13*).

O poder de resolução do microscópio eletrônico é tão alto que a imagem da objetiva pode ser ampliada pela ocular em uma proporção muito maior que a conseguida com o microscópio óptico. Assim, com um aumento inicial da objetiva de 100×, pode-se ampliar a imagem com a bobina projetora cerca de 200 vezes, o que equivale a um aumento de 20.000×. Com os instrumentos modernos, há aumentos ainda maiores, já que têm uma ou mais lentes intermediárias, as quais possibilitam conseguir ampliações de até 1.000.000×. As imagens também podem ser ampliadas, o que possibilita aumentos finais de 10.000.000×, quando a resolução das imagens possibilita.

Outra diferença com relação ao microscópio óptico é que o eletrônico oferece maior profundidade de foco.

23.12 Ultramicrotomia

Uma das limitações da microscopia eletrônica deriva do escasso poder de penetração dos elétrons. Se a espessura do material a ser estudado exceder 500 nm, a opacidade é quase total.

A necessidade de realizar cortes ultrafinos possibilitou o emprego de meios de inclusão de considerável dureza. Os mais usados são as resinas de epóxi, que impregnam os tecidos e, em seguida, polimerizam-se com catalisadores apropriados. Foram elaboradas resinas miscíveis em água, que podem infiltrar-se e polimerizar-se a temperaturas de −35 a −50°C. Essas resinas reduzem os artefatos e possibilitam realizar estudos citoquímicos.

Para conseguir cortes bem finos, são utilizados **ultramicrótomos**, que empregam navalhas de vidro ou diamante. Com esses instrumentos conseguem-se cortes de até 20 nm de espessura. O material cortado é disposto sobre uma película de colódio ou de carvão bem fina (de 7,5 a 15 nm de espessura), que, por sua vez, se dispõe sobre uma fina grade de metal. Além disso, o material deve ser desidratado para poder suportar o vácuo ao qual será submetido.

Uma metodologia para o estudo das macromoléculas é a chamada "de monocamadas", na qual são dispostas sobre uma interface ar-água antes de serem colocadas sobre uma película. Esse procedimento tem dado excelentes resultados para a observação de moléculas de DNA e de RNA.

23.13 Aumento de contraste entre os componentes do material

O emprego de substâncias com átomos pesados – como ósmio, urânio e chumbo – torna possível obter um contraste aceitável entre os componentes das células e dos tecidos. Em certas condições essas substâncias agem como corantes eletrônicos comparáveis aos corantes histológicos, pois se ligam de modo específico a diversas estruturas do material examinado.

Para estudar alguns processos biológicos – como incorporação de macromoléculas ou de partículas por endocitose –, utilizam-se traçadores, que têm alto grau de opacidade aos elétrons. Esses traçadores possibilitam a detecção das vias pelas quais são transportadas determinadas substâncias, tanto entre as células quanto dentro delas. Em geral, os traçadores são enzimas cujos produtos são opacos aos elétrons. Por exemplo, as peroxidases – injetadas em animais que, em seguida, são sacrificados em prazos progressivamente maiores – são detectadas mediante o uso de peróxido de hidrogênio e 3,3-diaminobenzidina. Um dos menores traçadores é a microperoxidase, que tem um peso molecular de apenas 1,9 kDa.

Outra técnica que possibilita o aumento de contraste dos componentes celulares é a de **sombreamento**. Nas eletromicrografias, ela produz imagens tridimensionais que não são conseguidas por outros métodos. Para isso, o material é colocado em uma câmera de vácuo em cujo interior é evaporado um metal pesado (como cromo, paládio, platina ou urânio), por meio de um filamento incandescente. Como o metal é aplicado obliquamente, ele é depositado sobre um dos lados das estruturas em estudo, formando, no lado oposto, sombras cujos comprimentos possibilitam calcular a espessura dos elementos observados.

Outra técnica – empregada para o estudo das macromoléculas e dos vírus – é a de **coloração negativa**, na qual o material é embebido em uma gota de um líquido denso, como, por exemplo, fosfotungstato. Este penetra em todos os espaços vazios entre as macromoléculas, que aparecem bem delimitadas e com um contraste negativo (Figura 1.4).

23.14 Criofratura de membranas celulares e congelamento e réplica de células

A análise da ultraestrutura interior das membranas celulares foi facilitada com o emprego da técnica denominada **criofratura**.

O mesmo ocorreu com o estudo ultramicroscópico das demais estruturas da célula, embora, nesse caso, tenha sido graças ao uso de uma técnica um pouco mais complexa, conhecida como **congelamento e réplica** (Figura 23.5). Ambas as técnicas baseiam-se no congelamento rápido do tecido

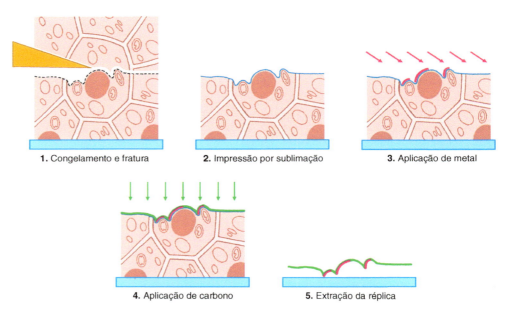

Figura 23.5 (*Acima*) Técnica de congelamento e réplica. **1.** Congelamento do tecido e fratura com um instrumento cortante. **2.** Exposição de um dos fragmentos e impressão de sua superfície por sublimação do gelo a vácuo. **3.** Partes da superfície da impressão são cobertas com um metal aplicado obliquamente. **4.** As áreas de metal e as que se encontram entre elas são cobertas com carbono, que é aplicado em um ângulo de 90°. **5.** Dissolução do tecido e extração da réplica de metal-carbono para ser observada com o microscópio eletrônico. (*Abaixo*) Réplica de uma célula de raiz de cebola. Observam-se os poros nucleares *(PN)*, o núcleo *(N)*, o envoltório nuclear *(EN)*, o complexo de Golgi *(G)* e um vacúolo *(V)*. 75.000×. (Cortesia de D. Branlon.)

e sua fratura com um instrumento cortante. Se o objetivo é que a fratura passe pelo plano que separa as monocamadas lipídicas de uma membrana, o tecido deve ser congelado com nitrogênio líquido. Por outro lado, se o objetivo é que a fratura passe entre as células ou que as atravesse, o tecido deve ser congelado com hélio líquido.

A criofratura continua com o depósito de uma camada de metal sobre a superfície da monocamada lipídica da membrana que fica exposta. O metal – costuma-se usar a platina – é evaporado como na técnica de sombreamento descrita na seção anterior. Finalmente, o tecido que serviu de molde dissolve-se e a réplica de metal obtida é disposta sobre uma grade para sua observação com o microscópio eletrônico. A criofratura possibilitou importantes descobertas sobre a estrutura molecular da bicamada lipídica de diferentes membranas celulares, por cortá-la em seu interior.

Ao contrário do método anterior, a técnica de congelamento e réplica requer que seja cinzelada a superfície do tecido que fica exposta após a fratura. Consegue-se isso por meio da sublimação a vácuo da fina camada de gelo que a recobre, já que a passagem direta de gelo a vapor tem a propriedade de esculpir seu relevo. Em seguida, sobre a superfície impressa, deposita-se um metal, que também costuma ser platina e é aplicado tal como na técnica de criofratura. Logo depois, agrega-se uma camada de carbono evaporado, depositado em um ângulo de 90° para preencher as áreas da impressão que não foram cobertas pelo metal. Por fim, o tecido subjacente é descartado e a réplica de metal-carbono obtida é colocada sobre uma grade para sua observação com o microscópio eletrônico. A eletromicrografia da Figura 23.5 mostra que a técnica de congelamento e réplica dá uma ideia bastante precisa da organização tridimensional dos componentes celulares.

23.15 Microscópio eletrônico de varredura

Com o microscópio eletrônico de varredura ou SEM (de *scanning electron microscope*) podem ser obtidas imagens topográficas tridimensionais dos materiais sujeitos a estudo (Figura 23.6).

Utiliza-se um feixe de elétrons que age sobre a superfície do material. Nela, os elétrons excitam as moléculas da amostra, que emitem um fino feixe de elétrons secundários que adquirem um movimento semelhante ao observado nos tubos de raios catódicos. Como esses elétrons são dirigidos a um tubo fotomultiplicador, formam imagens em uma tela de televisão.

Para aumentar o poder dispersante das estruturas situadas na superfície da amostra, esta é coberta com um metal pesado (p. ex., platina), o qual é evaporado em uma câmara a vácuo. Além disso, a amostra é colocada em rotação para que o metal seja depositado uniformemente em toda a superfície.

Conseguiu-se uma combinação da eletromicrografia de varredura com o microscópio de transmissão, denominada STEM (por *scanning-transmission electron microscope*).

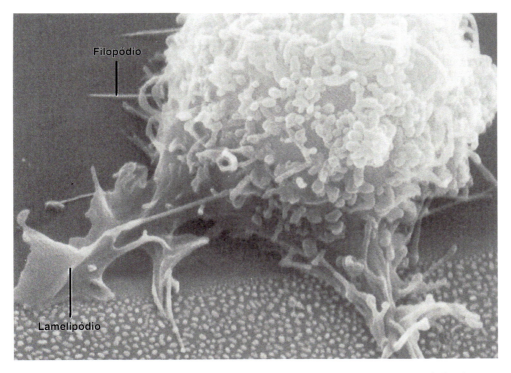

Figura 23.6 Eletromicrografia de varredura de uma célula cultivada e recoberta com partículas de ouro. Observam-se lamelipódios e filopódios. (Cortesia de Albrecht-Buehler.)

336 ■ Biologia Celular e Molecular

23.16 Reconstrução de imagens a partir de eletromicrografias

No caso de moléculas ou estruturas supramoleculares dispostas em forma de cristais, é possível obter uma informação detalhada partindo de eletromicrografias pouco claras. O método de reconstrução de imagens consiste em colocar a eletromicrografia na trajetória de um feixe de raios *laser*, para se obter um diagrama de difração óptica. Em seguida, a partir desse diagrama, é possível reconstruir a imagem das moléculas individuais mediante o processamento por computador das fases e amplitudes correspondentes a uma área da micrografia eletrônica.

Na Figura 6.13 há um exemplo de reconstrução de imagens no qual, a partir de um conjunto de macromoléculas com coloração negativa localizadas em uma união comunicante, foi possível obter imagens das seis proteínas do conéxon (ver *Seção 6.14*).

23.17 Difração de raios X

Para descobrir a estrutura molecular ao nível atômico, utiliza-se técnica diferente da microscopia eletrônica, denominada difração de raios X.

O método requer que a molécula seja bombardeada por um fino feixe de raios X de 0,1 a 0,2 nm de comprimento de onda para que os átomos da molécula dispersem o feixe em distintas direções, e que ele, assim difratado, alcance uma placa fotográfica situada atrás da amostra. Por fim, a estrutura tridimensional da molécula é decifrada mediante complexa análise das posições e das intensidades das manchas registradas na placa fotográfica.

Estudo das células vivas

23.18 Cultura de células

Um dos métodos mais utilizados para estudar as células vivas é a cultura de células. Desde que se conseguiu fazer crescer explantes de tecidos ao longo do tempo, a técnica de cultura teve um notável progresso. Atualmente é um dos procedimentos mais utilizados para elucidar problemas fundamentais da biologia celular.

Inicialmente a técnica consistia em colocar um explante de um pequeno segmento de tecido – preferencialmente embrionário – em um meio composto por soro sanguíneo, extrato de embriões e solução salina. A partir de 1955 foram criados meios químicos mais adequados, e, agora que são conhecidas as necessidades nutricionais das células eucariontes, é possível mantê-las e fazê-las crescer em um meio sintético enriquecido com soro.

Distinguem-se três tipos de culturas, denominados primários, secundários e de linhas estabelecidas. As **culturas primárias** são obtidas diretamente dos animais ou dos vegetais. O tecido é separado em condições de assepsia e cortado em pequenos segmentos tratados com tripsina. Esta enzima proteolítica dissocia os agregados celulares e forma uma suspensão de células livres que são cultivadas em uma placa de Petri com um meio de cultura apropriado.

A **cultura secundária** é obtida mediante o tratamento com tripsina de uma cultura primária, seguida de um nova cultura em outra placa de Petri.

As mais utilizadas são as **culturas de linhas estabelecidas**, cujo crescimento é prolongado, devido à condição cancerosa das células. Entre as mais usadas, encontram-se as células *HeLa* – obtidas de um carcinoma humano (ver *Seção 21.4*); as células *L* e *3T3*, de embriões de rato (Figura 23.6); as células *BHK*, obtidas do rim do *hamster* recém-nascido; e as células *CHO* do ovário do mesmo animal adulto. Quando células normais são cultivadas, não sobrevivem muito tempo, pois, ao final de várias subculturas, param de se dividir e morrem. As linhas estabelecidas têm características especiais: dispõem-se de modo "apertado", necessitam de menor concentração de soro sanguíneo e costumam ser hetero-haploides (o número dos cromossomos varia de uma célula a outra). Apesar de tais anomalias, essas culturas são muito úteis para o estudo do câncer. Um dos avanços mais importantes consistiu na obtenção de cepas puras, ou seja, de populações celulares derivadas de apenas uma célula progenitora.

23.19 Microcirurgia celular

Esse método contribuiu consideravelmente para o conhecimento da célula viva. A microcirurgia consiste na introdução de micropipetas, microagulhas, microeletrodos e microtermopares nas células e nos tecidos. Utiliza aparatos especiais que possibilitam o movimento controlado de tais instrumentos sob o microscópio. Este recurso torna possível a dissecção e a extração de partes de células e tecidos, introdução de substâncias, medição de variáveis elétricas, passagem de componentes de uma célula a outra etc. São também empregados raios *laser* para produzir danos controlados em determinadas estruturas celulares.

Citoquímica

23.20 Os métodos citoquímicos possibilitam identificar compostos químicos em suas localizações celulares originais

O principal objetivo da citoquímica consiste na identificação *in situ* dos diferentes compostos químicos das células. Esse objetivo não apenas é qualitativo, mas, também, quantitativo. Além disso, às vezes envolve também o estudo das alterações dinâmicas produzidas no conteúdo químico celular durante os diferentes estados funcionais. Desse modo, possibilitou estabelecer o papel desempenhado por diferentes componentes celulares em vários processos metabólicos.

Para a determinação citoquímica de uma substância, são necessários os seguintes requisitos: (1) deve ser imobilizada em sua posição original; e (2) deve ser identificada por um procedimento que seja específico para ela ou para um grupo químico que ela contenha. Isso é possível por meio de métodos físicos ou mediante reações químicas similares às usadas em química analítica, porém adaptadas aos tecidos.

23.21 Para a detecção de grupos aldeído utiliza-se o reagente de Schiff

Para detectar proteínas, ácidos nucleicos, polissacarídios e lipídios podem ser utilizados alguns agentes cromogênicos capazes de se ligar seletivamente a certos grupos químicos dessas moléculas. Vejamos alguns exemplos a seguir.

O reagente de Schiff, específico para os grupos aldeído, é utilizado para detectar o ácido desoxirribonucleico, alguns hidratos de carbono e lipídios. Prepara-se esse reagente com fucsina básica, que contém parafucsina (cloreto de triaminotrifenilmetano), e ácido sulfuroso. A parafucsina transforma-se em um composto incolor (ácido bis-N-aminossulfônico), ou seja, o reagente de Schiff, que é "recolorido" quando reage com os grupos aldeído das moléculas celulares.

Reação de Feulgen. O DNA pode ser detectado por meio da reação de Feulgen. Para isso, os cortes de tecido fixado são submetidos a uma hidrólise ácida fraca e, em seguida, tratados com o reagente de Schiff. Essa hidrólise é suficiente para extrair o RNA (que desaparece), mas não o DNA. As etapas da reação são as seguintes: (1) a hidrólise ácida extrai as purinas do DNA no nível da ligação desoxirribose-purina, liberando os grupos aldeído da desoxirribose; e (2) os grupos aldeído livres reagem com o reagente de Schiff. Quando aplicada à célula, a reação de Feulgen é positiva no núcleo e negativa no citoplasma. As fibras de cromatina condensada são francamente Feulgen-positivas, porém o nucléolo é negativo. A especificidade da reação pode ser confirmada tratando os cortes com desoxirribonuclease, enzima que hidrolisa o DNA.

Reação de PAS. A reação de PAS baseia-se na oxidação dos grupos glicólicos 1-2′ dos polissacarídios, por intermédio do ácido periódico, o qual produz a liberação dos grupos aldeído, que tornam positiva a reação de Schiff. Nas células vegetais esse teste é positivo para o amido, a celulose, a hemicelulose e as pectinas, enquanto, nas células animais, é positivo para as mucinas, o ácido hialurônico, os proteoglicanos e a quitina.

23.22 Os lipídios podem ser detectados por meio de corantes lipossolúveis

As gotas de lipídios no citoplasma são demonstradas por meio do tetróxido de ósmio, que, ao reagir com os ácidos graxos não saturados dos triglicerídios, as colore de preto. As colorações com Sudan III ou vermelho-escarlate têm maior valor citoquímico, pois agem por meio de um simples processo de difusão e solubilidade, razão pela qual se acumulam no interior das gotas lipídicas. O preto de Sudan B, além de proporcionar maior contraste, apresenta a vantagem de se dissolver também nos fosfolipídios e no colesterol.

23.23 Algumas enzimas podem ser detectadas após sua incubação com substratos adequados

Para estudar algumas enzimas, os cortes devem ser realizados no criostato (ver *Seção 23.5*). No entanto, outras enzimas resistem a uma breve fixação em acetona fria, formaldeído ou glutaraldeído. As técnicas enzimáticas baseiam-se na incubação dos cortes teciduais com um substrato apropriado. Por exemplo, para a fosfatase alcalina utiliza-se o método de Gomori, que emprega ésteres fosfóricos de glicerol como substratos.

23.24 Os métodos citofotométricos utilizam a absorção da radiação ultravioleta

Diversos componentes celulares têm a propriedade de absorver especificamente a radiação ultravioleta. Desse modo, os ácidos nucleicos a absorvem na faixa de 260 nm, enquanto as proteínas o fazem na de 280 nm. Essas substâncias podem ser analisadas quantitativamente por meio dos instrumentos denominados citofotômetros. Nos ácidos nucleicos a absorção específica da radiação deve-se às bases purínicas e pirimidínicas, sendo semelhante ao DNA, ao RNA e aos nucleotídios. Por isso, a citofotometria com radiação ultravioleta possibilita a localização dos dois tipos de ácidos nucleicos, sem diferenciá-los entre si.

23.25 A fluorescência pode ser natural ou mediada por fluorocromos

Os componentes teciduais podem ser descobertos pela fluorescência que emitem no espectro visível. Os tecidos emitem dois tipos de fluorescência: (1) uma natural (autofluorescência), gerada por substâncias presentes normalmente nos tecidos; e (2) uma secundária, induzida por corantes fluorescentes, denominados **fluorocromos**. A análise dos cortes é realizada com o **microscópio de fluorescência**. Vejamos alguns exemplos.

O corante laranja de acridina produz uma fluorescência verde no DNA e outra vermelha no RNA. Ambas podem ser analisadas simultaneamente a partir de um citofluorômetro especial. Algumas proteínas são detectadas por meio de corantes fluorescentes, como a fluoresceína e a rodamina, sem passarem por alterações. Assim, ao serem introduzidas em um animal que em seguida é sacrificado, é possível localizá-las em suas células ou na matriz extracelular. Entre outras aplicações, esses corantes possibilitam analisar a fluidez das proteínas nas membranas celulares (ver *Seção 3.6*) e detectar as ligações comunicantes entre as células. Por isso são utilizados para o estudo da permeabilidade tecidual.

Imunocitoquímica

23.26 Nas reações imunocitoquímicas são utilizados anticorpos marcados

A imunocitoquímica baseia-se nas propriedades antigênicas dos componentes celulares. Por essa razão, eles podem ser detectados mediante anticorpos quando estes são acoplados com marcadores capazes de serem vistos com a ajuda do microscópio óptico, do microscópio de fluorescência ou do microscópio eletrônico.

Métodos diretos. A Figura 23.7 ilustra três métodos de observação direta do complexo anticorpo-componente celular. No primeiro, o anticorpo é conjugado a um corante fluorescente que é detectado, como já vimos, com o microscópio de fluorescência. No segundo, o anticorpo é marcado com uma substância radioativa (p. ex., trítio), o qual se revela por meio de uma radioautografia (ver *Seção 23.27*). No terceiro, o anticorpo liga-se à peroxidase, uma enzima que, na presença de diaminobenzidina e peróxido de hidrogênio, produz um depósito opaco visível ao microscópio. Além da peroxidase, são utilizadas outras enzimas, como a fosfatase alcalina e a β-galactosidase. Por fim, outro método imunocitoquímico de observação direta emprega anticorpos acoplados à ferritina, que é uma proteína rica em ferro e opaca aos elétrons.

Figura 23.7 Métodos imuno-histoquímicos diretos que utilizam anticorpos marcados com um corante fluorescente (**A**), uma substância radioativa (**B**) ou a enzima peroxidase (**C**).

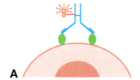

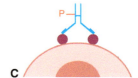

Métodos indiretos. Quando a sensibilidade dos métodos diretos é baixa, deve-se recorrer aos métodos indiretos, nos quais a imagem do complexo anticorpo-componente celular é amplificada, devido à introdução de um segundo anticorpo (Figura 23.8). Os dois anticorpos são obtidos de animais diferentes. Por exemplo, se o primeiro for extraído do coelho, o segundo deve ser um anticorpo anticoelho obtido da cabra ou da ovelha. Assim como nos métodos diretos, o segundo anticorpo é marcado com corantes fluorescentes, substâncias radioativas, peroxidase ou ferritina.

Figura 23.8 Método imuno-histoquímico indireto que utiliza um segundo anticorpo marcado.

Outro método imunocitoquímico indireto que requer a ajuda do microscópio eletrônico baseia-se na aplicação de partículas de ouro coloidal, as quais são bem opacas aos elétrons. Estas partículas são envolvidas por proteínas extraídas do *Staphylococcus aureus* – denominadas proteínas A –, que têm a propriedade de interagir com a extremidade livre do anticorpo. As partículas de ouro são facilmente vistas ao microscópio eletrônico. Além disso, devido ao seu pequeno tamanho, também possibilitam identificar claramente os componentes celulares e fazer uma estimativa quantitativa destes.

Radioautografia

23.27 A radioautografia tem múltiplas aplicações

A radioautografia baseia-se na marcação de componentes celulares com **radioisótopos**, que podem ser demonstrados por sua capacidade de interagir com os cristais de brometo de prata (BrAg) das emulsões fotográficas. Desse modo, o radioisótopo é incorporado a um componente da célula e, em seguida, localizado por meio de uma emulsão fotográfica. Para isso, o tecido com o componente celular marcado é colocado em contato com a emulsão fotográfica durante um tempo e a radioautografia é revelada como uma fotografia comum. Assim, a imagem fotográfica sobrepõe-se a outra do tecido (que foi processado para ser examinado com o microscópio) e é obtida uma ideia bastante precisa sobre a localização do componente celular que carrega a marca do radioisótopo.

A técnica radioautográfica mais usada é a que utiliza emulsões fotográficas líquidas com cristais de BrAg. O método compreende as seguintes etapas (Figura 23.9):

(1) O corte do tecido é montado sobre uma lâmina histológica ou uma grade e é submergido na emulsão fotográfica a 45°C
(2) O preparado permanece à temperatura ambiente até que a emulsão fotográfica forme uma película de gelatina sobre a superfície do tecido
(3) O conjunto é guardado por vários dias ou semanas em uma caixa hermeticamente fechada, para que não entre luz, pois assim a radiação emitida pelo radioisótopo incide sobre os cristais de BrAg da película e converte os íons Ag em grãos de prata metálica
(4) A película é revelada e os grãos de prata são vistos como pontos escuros.

O radioisótopo mais usado é o trítio (^3H). Por exemplo, utiliza-se timidina tritiada para estudar o metabolismo e o mecanismo de replicação do DNA, já que a timidina é um nucleosídio específico desse ácido nucleico. De modo semelhante, utiliza-se a uridina tritiada para estudar a formação e a

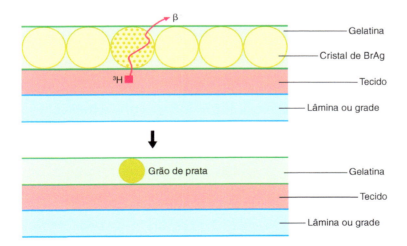

Figura 23.9 Radioautografia. (*Acima*) Uma partícula beta (β^-) emitida por um átomo de trítio (^3H) do tecido se choca contra um cristal de BrAg convertendo-o em um grão de prata metálica. (*Abaixo*) Análise com o microscópio eletrônico após a revelação. Todos os cristais de BrAg não impactados pela radiação foram dissolvidos durante a fixação fotográfica. (Cortesia de L. G. Caro.)

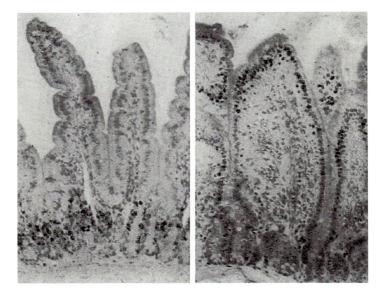

Figura 23.10 Cortes de intestino de rato, no qual foi injetada timidina tritiada. (*Esquerda*) Intestino de rato sacrificado 8 h após a injeção. (*Direita*) Intestino de rato sacrificado 36 h após a injeção. (Cortesia de C. P. Leblond.)

dinâmica celular do RNA. Por outro lado, no exemplo que aparece na Figura 23.10, observa-se que os núcleos marcados com timidina tritiada que se localizam no fundo das criptas intestinais de um rato injetado 8 h antes aparecem na extremidade livre das vilosidades intestinais 36 h após a injeção. Portanto, o marcador revela de maneira gráfica a evolução de algumas células intestinais, mostrando que elas se multiplicam no fundo das criptas, alcançam o epitélio e morrem na extremidade das vilosidades.

Fracionamento celular e molecular

23.28 O fracionamento celular serve para isolar os diferentes componentes da célula

O fracionamento celular consiste na homogeneização ou na destruição das ligações celulares por meio de diferentes procedimentos mecânicos ou químicos, que rompem as membranas plasmáticas e separam as frações subcelulares de acordo com sua massa, sua superfície e seu peso específico. Utilizam-se diversos métodos de fracionamento celular, a maioria pela homogeneização da célula em uma solução aquosa – geralmente de sacarose – em diferentes concentrações.

Na Figura 23.11 foi esquematizado o procedimento comum. Nesse exemplo, o fígado de um animal é perfundido com uma solução salina gelada e, em seguida, com sacarose a 0,25 M, também gelada. Atravessa-se o tecido com um disco de aço perfurado, homogeneíza-se em uma solução de sacarose a 0,25 M e submete-se a uma série de centrifugações de força centrífuga crescente. Este tipo de fracionamento celular possibilita dividir os componentes celulares em quatro frações:

(1) A **nuclear**, que inclui os núcleos e os filamentos do citoesqueleto
(2) A **mitocondrial**, com as mitocôndrias, os peroxissomos e os lisossomos
(3) A **microssômica**, com fragmentos do RE, do complexo de Golgi e de outras membranas celulares
(4) A **solúvel**, que contém os ribossomos, macromoléculas grandes, vírus etc. Em alguns tecidos glandulares, obtêm-se ainda outra fração, rica em grânulos secretores.

23.29 As frações celulares são obtidas por ultracentrifugação

No exemplo da Figura 23.11 separam-se frações celulares mediante o método de ultracentrifugação diferencial, que requer o uso de **ultracentrífugas**. A princípio, todas as partículas encontram-se distribuídas homogeneamente, porém, após a centrifugação, depositam-se no tubo em diferentes alturas de acordo com suas respectivas velocidades de sedimentação. As técnicas de ultracentrifugação são facilitadas se, previamente, são estabelecidos os gradientes de densidade, que podem ser contínuos ou descontínuos. Para se conseguirem gradientes descontínuos, são inseridas no tubo da centrífuga sucessivas soluções de densidade crescente, como, por exemplo, as de sacarose, cuja molaridade, partindo do fundo do tubo, varia entre 1,6 e 0,5 M. Uma vez formado o gradiente, coloca-se a amostra no topo da solução, que, então, é centrifugada até as diferentes partículas alcançarem sua posição de equilíbrio com relação às sucessivas fases do gradiente.

Capítulo 23 | Métodos de Estudo em Biologia Celular ■ **341**

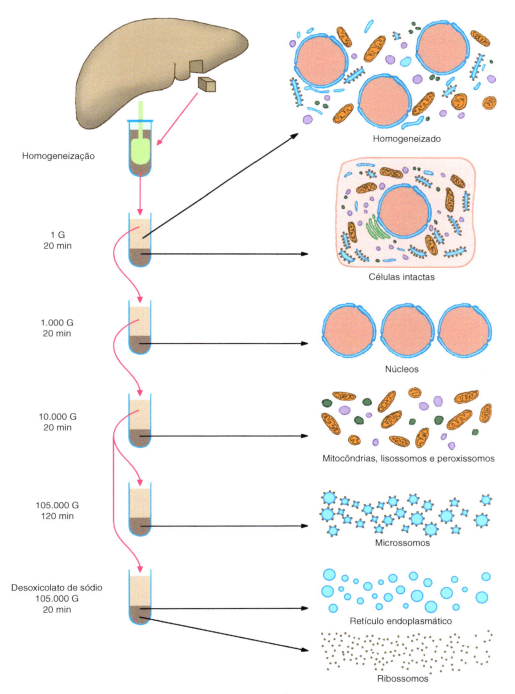

Figura 23.11 Etapas da técnica de centrifugação diferencial. (*À esquerda*) Observa-se um segmento de fígado homogeneizado e submetido a uma série de centrifugações de forças centrífugas crescentes. (*À direita*) Ilustradas as subfrações reveladas pelo microscópio eletrônico. (Adaptada de W. Bloom e D. W. Fawcett.)

A ultracentrifugação possibilita separar partículas ainda menores – como vírus e macromoléculas (proteínas, ácidos nucleicos) – na **ultracentrífuga analítica**. Com esse aparelho são determinados os coeficientes de sedimentação dessas partículas, que, conforme visto na *Seção 16.9*, são expressados em unidades svedberg ou S.

23.30 A citometria de fluxo possibilita selecionar células ou componentes subcelulares inteiros de uma amostra

Existem métodos para selecionar células inteiras e os cromossomos metafásicos. Isso é possível por meio do uso de câmeras de sedimentação especiais – que funcionam com pequenas forças de gravidade –, nas quais as células ou os cromossomos se separam de acordo com seus tamanhos e densidades.

Entretanto, as populações celulares podem ser separadas de modo muito mais eficiente mediante um instrumento denominado **citômetro de fluxo**, no qual as células fluem uma após a outra por meio de um tubo muito delgado. São discriminadas – e então separadas – de acordo com a fluorescência que emitem. O fluorocromo é agregado aos distintos tipos de células mediante anticorpos específicos (ver *Seção 23.26*).

23.31 As proteínas podem ser separadas por enfoque isoelétrico e por eletroforese

Na *Seção 2.11* definimos o mecanismo da **eletroforese** e vimos que cada proteína tem um **ponto isoelétrico** característico. Agora veremos como podem ser utilizadas estas propriedades para separar as proteínas.

Na técnica denominada enfoque isoelétrico é feita a eletroforese das proteínas por meio de um gradiente de pH. As proteínas deslocam-se até atingirem um pH igual ao do ponto isoelétrico. Nesse momento, a migração no campo elétrico se detém, pois as proteínas têm carga zero.

Assim, foram combinadas as técnicas de enfoque isoelétrico e de eletroforese em géis de poliacrilamida para a separação bidimensional das proteínas. A Figura 23.12 mostra como podem ser isoladas centenas de proteínas celulares. Essa técnica aproveita duas propriedades das proteínas: primeiramente, separa-as por suas cargas (ponto isoelétrico) e, em seguida, por suas massas (peso molecular).

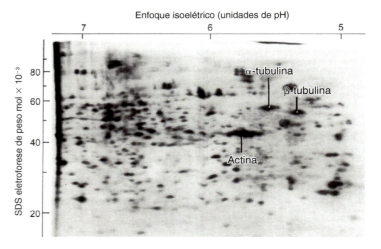

Figura 23.12 Eletroforese bidimensional das proteínas do ovócito de *Xenopus borealis*. As células foram marcadas com metionina ^{35}S e homogeneizadas. Em seguida, as proteínas foram separadas por enfoque isoelétrico (primeira dimensão) e agregou-se dodecilsulfato de sódio sobre um gel de poliacrilamida (segunda dimensão). Por meio da radioautografia, foram detectadas centenas de proteínas, entre as quais se destacam a actina e as tubulinas α e β. Observe que a migração das proteínas na segunda dimensão é proporcional ao logaritmo do peso molecular. (De E. M. De Robertis.)

Quando o detergente iônico dodecilsulfato de sódio (SDS) se une às proteínas, elas separam-se, principalmente, por seu peso molecular. Isso se deve ao fato de que o SDS se liga às proteínas e lhes proporciona um grande número de cargas negativas. Assim, reduz-se o efeito das cargas, de modo que as proteínas se deslocam de acordo com suas massas: as proteínas pequenas são mais rápidas que as grandes, pois encontram menos resistência para atravessar os poros moleculares do gel de poliacrilamida. Esse tipo de eletroforese é usado também para determinar o peso molecular das proteínas.

23.32 A cromatografia possibilita a obtenção de grandes quantidades de proteínas bastante puras

As técnicas cromatográficas utilizam colunas verticais nas quais são colocadas as amostras, de modo que as moléculas proteicas distribuem-se em duas fases: uma fixa e outra móvel. A fase móvel corresponde ao solvente, que flui arrastando a maioria das moléculas da amostra. Já a fase fixa contempla um elemento imóvel acondicionado para que se unam a ele a proteína ou as proteínas desejadas. O elemento imóvel pode ser papel de filtro, resinas carregadas, materiais porosos etc. As proteínas desejadas são recolhidas após algum tempo de a fase móvel ter saído pela parte inferior da coluna. Os métodos de cromatografia mais usados são por filtração em gel, por intercâmbio iônico e por afinidade. Todos obtêm maior quantidade de proteínas do que a eletroforese, ainda que de menor pureza.

Análise molecular do DNA e engenharia genética

23.33 O DNA pode ser desnaturado e renaturado

Considerando-se que a estrutura de dupla-hélice do DNA é mantida por ligações não covalentes entre as bases opostas (pontes de hidrogênio), é possível separar suas duas cadeias por meio de calor e de outros tratamentos, como o pH alcalino. Esse processo é denominado **desnaturação do DNA**. Como a temperatura necessária para romper o par C-G (que tem três pontes de hidrogênio) é maior do que a requerida para romper o par A-T (com duas pontes de hidrogênio), a temperatura na qual as cadeias do DNA se separam – denominada ponto de fissão – depende da relação CG/AT.

Se o DNA desnaturado for lentamente resfriado, as cadeias complementares parar-se-ão de maneira ordenada, sendo restabelecida a conformação original da molécula. Esse processo é denominado **renaturação**.

Além disso, uma das cadeias do DNA pode ser unida a uma cadeia de RNA complementar para gerar uma molécula híbrida, metade DNA e metade RNA.

23.34 Os métodos de sequenciamento do DNA possibilitaram revelar a composição molecular de muitos setores dos cromossomos

A sequência dos nucleotídios de um gene pode ser parcialmente deduzida a partir da sequência dos aminoácidos da proteína que codifica. Os resultados obtidos por meio desse recurso englobam apenas as partes codificadoras do gene, já que não fornecem informação sobre os segmentos reguladores nem sobre os íntrons. Também leva em conta uma das características do código genético, a que estabelece que a maioria dos aminoácidos é codificada por mais de um códon (ver *Seção 16.2*).

Foram desenvolvidos vários métodos para obter rápido **sequenciamento do DNA**, o que provocou uma verdadeira revolução no mundo da biologia molecular. Graças a esses métodos, passou-se a conhecer a composição dos cromossomos nucleares e mitocondriais humanos e a de muitos de seus genes. Além disso, estudou-se o DNA de outros organismos eucariontes e de vários vírus e bactérias.

Os métodos de sequenciamento baseiam-se na produção de fragmentos de DNA de comprimentos crescentes, os quais têm início em um ponto comum e têm um dos quatro tipos de nucleotídios em suas extremidades terminais.

A Figura 23.13 apresenta as etapas do método de sequenciamento denominado **terminação de cadeia**, a qual tem início com a desnaturação do DNA que se deseja analisar para obter moléculas de somente uma cadeia. Em seguida, coloca-se um *primer* na extremidade 3' de uma das cadeias. Desse modo, com a ajuda de uma DNA polimerase, a cadeia complementar é sintetizada. O *primer* é um fragmento de DNA que deixa exposta sua própria extremidade 3', a partir da qual a DNA polimerase agrega os nucleotídios, assim como faz durante a replicação do DNA. É importante lembrar que os nucleotídios utilizados estão marcados com uma substância radioativa e que o procedimento é realizado de modo simultâneo em quatro dispositivos.

A síntese das cadeias novas é interrompida em sítios específicos, devido a cada dispositivo conter um dos quatro nucleotídios (A, T, G e C) sob a forma 2',3'-didesoxinucleotídios (ddATP, ddTTP, ddGTP e ddCTP), que são moléculas que bloqueiam a síntese do DNA quando são incorporadas à cadeia em crescimento. Dessa maneira, bloqueiam-na no nível das A em um dos dispositivos, das T no segundo, das G no terceiro e das C no quarto. O bloqueio ocorre porque os 2',3'-didesoxinucleotídios carecem de OH no sítio 3' de suas

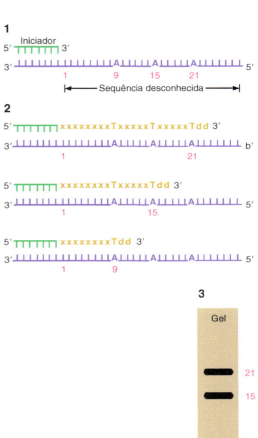

Figura 23.13 Etapas no método de terminação de cadeia para sequenciar o DNA. **1.** Coloca-se um *primer* junto ao DNA monocatenário que se deseja sequenciar. **2.** A segunda cadeia do DNA é sintetizada após a incorporação da DNA polimerase e dos quatro tipos de trifosfato de nucleosídios. A síntese é interrompida quando são acrescentados didesoxinucleotídios. No exemplo mostrado pela figura, observa-se como o ddTTP interrompe a síntese na altura das timinas da cadeia em crescimento. **3.** Para a leitura da sequência, desnatura-se o DNA e correm por eletroforese, sobre diferentes baias de um gel de poliacrilamida, as cadeias de DNA terminadas nos quatro tipos de didesoxinucleotídios (mostra-se apenas a correspondente à timina).

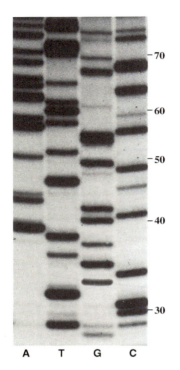

Figura 23.14 Gel de poliacrilamida que mostra a sequência de um fragmento de DNA. Cada baia representa as cadeias de DNA terminadas em um dos quatro nucleotídios. (Cortesia de W. Barnes.) Neste exemplo a sequência é:

30 CCTGCGTGTA
40 GCGAACTGCG
50 ATGGGCATAC
60 TGTAACCATA

desoxirriboses, o que impede que sejam unidos a novos nucleotídios. Como resultado, em cada dispositivo, são gerados fragmentos de DNA de comprimentos crescentes, já que todos começam em um ponto comum mas terminam – com o mesmo tipo de nucleotídio – em um sítio diferente.

Para ler a sequência, os fragmentos de DNA dos quatro dispositivos voltam a ser desnaturados e as cadeias novas correm simultaneamente em quatro "baias" de um gel de poliacrilamida, as quais separam e ordenam os fragmentos de acordo com seus tamanhos. Evidentemente, cada baia do gel corresponde a um dos nucleotídios. Na Figura 23.14 observa-se que os fragmentos de DNA aparecem como bandas verticalmente ordenadas.

Por fim, os fragmentos são revelados por radioautografia e a sequência do DNA é lida integrando-se as posições das bandas nas quatro baias. Por exemplo, na Figura 23.14, as bandas 30 e 31 encontram-se na baia C (correspondem a duas citosinas sucessivas); a banda 32, na baia T (corresponde a uma timina); a banda 33, na baia G (corresponde a uma guanina); e a banda 34, novamente na baia C (corresponde à outra citosina). Assim, entre as posições 30 e 34, a sequência do DNA é CCTGC. Recomenda-se que o estudante leia essa figura entre as posições 30 e 70 e compare seu resultado com a sequência indicada na legenda.

Atualmente utiliza-se uma técnica de sequenciamento muito mais rápida do que a que acaba de ser descrita. Utilizam-se fragmentos de DNA cujos últimos nucleotídios são marcados com um de quatro corantes fluorescentes, aplicando-se uma cor determinada a cada tipo de nucleotídio (A, T, G e C). Uma vez que o instrumento separa os fragmentos marcados de acordo com seu comprimento, um raio *laser* excita os corantes e revela suas posições. O resultado é uma sequência de cores lida eletronicamente correspondente à ordem em que estão os nucleotídios no DNA.

23.35 A técnica do DNA recombinante torna possível o estudo do genoma

O sequenciamento dos DNA dos vírus, bactérias, mitocôndrias e cloroplastos é relativamente simples, por eles serem moléculas de pequeno tamanho que podem ser obtidas puras. Por outro lado, todos os cromossomos eucarióticos nucleares têm a molécula de DNA muito extensa e, portanto, são muito mais difíceis de serem estudados.

Esse problema é resolvido com o uso de **técnicas de DNA recombinante** – ou de **engenharia genética** –, que utilizam segmentos de DNA curtos, inseridos em cromossomos circulares bacterianos muito pequenos, denominados **plasmídios** (ver *Seção 1.5*). Posteriormente, uma vez que as bactérias se multiplicam, a replicação repetida do plasmídio produz numerosos segmentos de DNA idênticos ao inserido no plasmídio original. Em seguida, esses segmentos são separados dos plasmídios com diversos fins – por exemplo, para serem sequenciados por meio das técnicas descritas na seção anterior, para obter organismos transgênicos (ver *Seção 23.46*) etc.

23.36 As endonucleases de restrição reconhecem no DNA sequências de nucleotídios específicas

As técnicas do DNA recombinante são possíveis graças às **endonucleases de restrição**, enzimas que reconhecem nas moléculas de DNA sequências específicas de nucleotídios e as cortam. Assim, cada endonuclease constitui uma espécie de bisturi molecular que corta o DNA em um lugar determinado.

A maioria das células procariontes tem endonucleases de restrição, cuja função principal é proteger as bactérias quando são invadidas por DNA estranhos. Portanto, se um **bacteriófago** (ver *Seção 1.5*) infecta uma bactéria, esta pode destruir o DNA viral utilizando as endonucleases do seu protoplasma. O DNA bacteriano não é afetado, pois, nas bactérias, existem enzimas que o metilam no nível das sequências suscetíveis aos cortes pelas endonucleases, tornando-o resistente.

A denominação das endonucleases de restrição provém dos nomes dos microrganismos em que foram isoladas. Por exemplo, a ***Eco RI*** é uma endonuclease encontrada em um plasmídio da *Escherichia coli* chamado **RI**, que confere à bactéria resistência a certos fármacos.

As endonucleases de restrição costumam reconhecer sequências que têm entre quatro e seis nucleotídios (Tabela 23.1). Aquelas que reconhecem quatro nucleotídios produzem fragmentos de DNA curtos (de cerca de 250 pares de bases), enquanto as que reconhecem seis nucleotídios produzem fragmentos mais extensos (de cerca de 4.000 pares de bases). Uma característica importante dessas sequências é que são simétricas. Ou seja, existe um eixo de simetria a partir do qual a sequência é lida do mesmo modo em ambas as cadeias tanto na direção 5′ → 3′ quanto na 3′ → 5′. Por exemplo:

$$5'—GAATTC—3'$$
$$3'—CTTAAG—5'$$

Algumas endonucleases produzem um corte reto no DNA (observe a endonuclease **Hae/III** na Tabela 23.1). Outras, como a Eco RI, produzem cortes oblíquos, gerando extremidades de apenas uma cadeia, que podem parear-se a outras complementares (Figura 23.15). Desse modo, essas extremidades – denominadas "adesivas" – ligam-se a qualquer fragmento de DNA cortado pela mesma endonuclease de restrição, o que é aproveitado em algumas reações da engenharia genética.

Figura 23.15 A endonuclease Eco RI reconhece no DNA uma sequência de quatro nucleotídios. Os asteriscos indicam a presença de nucleotídios metilados, os quais impedem que esses lugares sejam cortados por endonucleases de restrição.

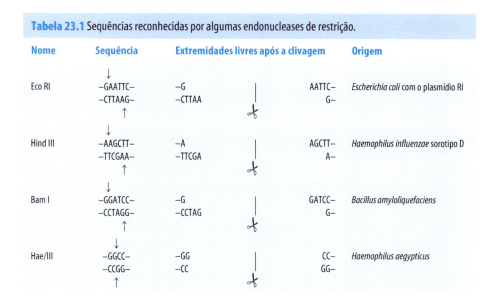

Tabela 23.1 Sequências reconhecidas por algumas endonucleases de restrição.

Nome	Sequência	Extremidades livres após a clivagem	Origem
Eco RI	–GAATTC– –CTTAAG–	–G / –CTTAA | AATTC– / G–	*Escherichia coli* com o plasmídio RI
Hind III	–AAGCTT– –TTCGAA–	–A / –TTCGA | AGCTT– / A–	*Haemophilus influenzae* sorotipo D
Bam I	–GGATCC– –CCTAGG–	–G / –CCTAG | GATCC– / G–	*Bacillus amyloliquefaciens*
Hae/III	–GGCC– –CCGG–	–GG / –CC | CC– / GG–	*Haemophilus aegypticus*

23.37 Os genes das células eucariontes podem ser introduzidos em plasmídios e clonados em bactérias

Na *Seção 23.35 f*oi descrito que as bactérias têm DNA circulares pequenos – os plasmídios – que se replicam de maneira autônoma. Entre os plasmídios mais conhecidos estão aqueles que têm genes que conferem às bactérias resistência aos antibióticos. Foi dito também que, com a ajuda de endonucleases de restrição, um fragmento de DNA eucariótico pode ser incorporado em um plasmídio e ambos são introduzidos em uma bactéria para que o DNA eucariótico seja multiplicado. A combinação de dois DNA de diferentes procedências realizada para que um se multiplique em uma célula alheia deu origem à engenharia genética.

A Figura 23.16 mostra as diferentes etapas compreendidas na produção de um DNA recombinante. O DNA circular do plasmídio é cortado por uma endonuclease de restrição, gerando duas extremidades de DNA "adesivas". Como é empregada a mesma endonuclease para cortar o DNA eucariótico, neste são gerados segmentos de DNA com extremidades "adesivas" idênticas às do plasmídio cortado. Como consequência, ambos os DNA – o do plasmídio e o da célula eucarionte – aderem-se por meio de suas extremidades, união que é completada com a ajuda da DNA ligase.

Em seguida, o plasmídio com o DNA recombinante é introduzido em bactérias simplesmente colocando-se ambos em uma solução de cloreto de cálcio (Figura 23.16). Devido à função que desempenha, o plasmídio recebe o nome de **vetor**. São então acrescentados antibióticos para eliminar as bactérias que não incorporaram o plasmídio. Vejamos um exemplo: se o plasmídio contém um gene que confere resistência à **tetraciclina**, quando acrescentado esse antibiótico, sobrevivem apenas as bactérias cujos plasmídios têm o gene. Uma vez selecionadas as bactérias desejadas, estas se reproduzem, resultando em milhões de cópias do DNA eucariótico incorporado ao plasmídio (Figura 23.16). Como todas as cópias do DNA provêm de apenas uma, a técnica é denominada **clonagem de fragmentos de DNA** ou **clonagem de genes**.

23.38 Outras espécies de vetores podem ser utilizadas para clonar fragmentos de DNA

Para serem clonados fragmentos de DNA, não são usados somente plasmídios como vetores. Outro vetor usado é o **bacteriófago lambda**, que pôde ser construído *in vitro* misturando-se o DNA do vírus com suas proteínas. Desse modo, foram construídos bacteriófagos que podem aceitar inserções de DNA estranhas a ele de 15.000 a 20.000 nucleotídios. Os plasmídios que aceitam moléculas de DNA tão extensas replicam-se muito pouco – daí, a vantagem dos bacteriófagos.

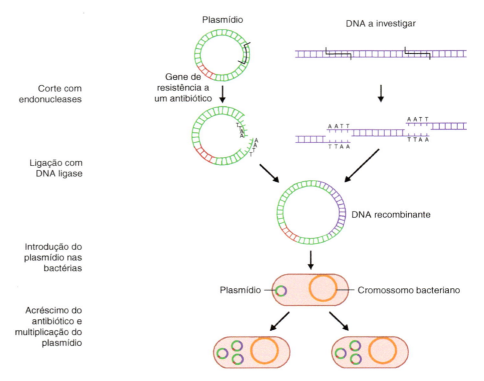

Figura 23.16 Produção de uma molécula de DNA recombinante mediante engenharia genética. (Adaptada de S. Cohen.)

Outros vetores utilizados para a clonagem de fragmentos de DNA são os **cromossomos artificiais de leveduras** ou **YAC** (de *yeast artificial chromosomes*), que contêm sequências centroméricas e teloméricas e uma sequência ARS. Conforme visto nas *Seções 12.6* e *17.4*, esta última sequência está relacionada com as origens de replicação.

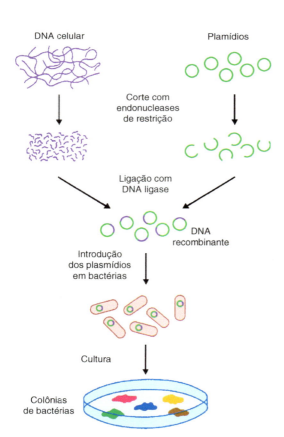

Figura 23.17 Etapas da formação de uma "biblioteca de genes" ou genoteca. (Cortesia de A. Blanco.)

23.39 As técnicas de engenharia genética possibilitaram a construção de "bibliotecas de genes" de células eucariontes

A localização, a separação e a multiplicação de um gene na célula eucarionte podem ser obtidas seguindo-se os passos mostrados na Figura 23.17. O processo tem início com o isolamento do DNA de várias células, que, ao ser digerido com enzimas de restrição, gera enorme quantidade de segmentos curtos de DNA, denominados **fragmentos de restrição**. Por meio do procedimento indicado na *Seção 23.37*, tais fragmentos são incorporados a vetores – plasmídios, por exemplo –, de modo que cada vetor recebe um dos fragmentos. Em seguida, os vetores com seus fragmentos de restrição são introduzidos em bactérias, que são cultivadas em meios de cultura.

A multiplicação de cada bactéria gera uma colônia separada das demais, de modo que, nas culturas, são formadas milhares de colônias. Como consequência, cada colônia é habitada por um **clone de bactérias** que descendem de um ancestral comum. Evidentemente, cada clone contém um fragmento de restrição diferente.

A coleção desses clones, cujo conjunto apresenta a totalidade do DNA das células investigadas, é conhecida com o nome de **"biblioteca de genes"** ou **genoteca**. O fragmento de DNA desejado encontra-se em um dos "exemplares" da biblioteca.

23.40 Sondas de DNA radioativo complementar são utilizadas para localizar a colônia de bactérias que contém o fragmento de DNA que se deseja isolar

A técnica mais usada para individualizar o clone de bactérias que contém o DNA que se deseja encontrar está resumida na Figura 23.18. Primeiramente coloca-se um papel de nitrocelulose sobre a cultura semeada com as colônias de bactérias para que estas sejam transferidas ao papel e, assim, se forme uma **réplica** da cultura. A seguir as bactérias são lisadas e seus DNA são desnatu-

Capítulo 23 | Métodos de Estudo em Biologia Celular ■ **347**

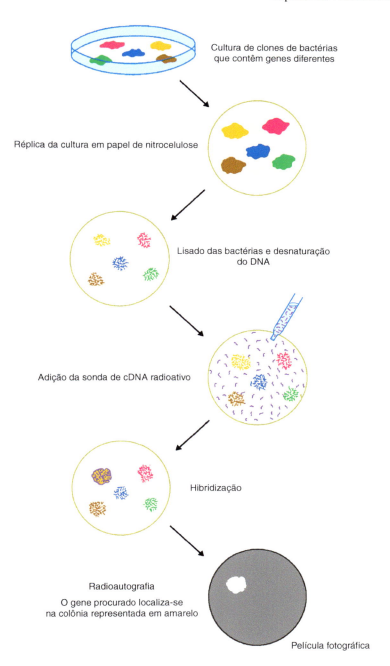

Figura 23.18 Técnica para individualizar o clone de bactérias portador do fragmento de DNA que se deseja obter. (Cortesia de A. Blanco.)

rados por meio de calor (ver *Seção 23.33*). Esse procedimento não altera a posição dos DNA, que continuam no papel de nitrocelulose nos mesmos locais que ocupavam as colônias bacterianas.

A réplica no papel de nitrocelulose é incubada com uma **sonda de DNA** radioativo complementar (**cDNA**) do segmento de DNA que se deseja encontrar. O lento resfriamento do papel faz com que o cDNA radioativo se hibride com o segmento de DNA procurado. O próximo passo consiste em colocar sobre o papel de nitrocelulose uma película fotográfica na qual fique impressa – por radioautografia – a posição desse segmento de DNA. Esse dado, quando confrontados a película e o cultivo, possibilita identificar a posição da colônia portadora do DNA. Se a colônia é novamente cultivada em novos meios de cultura, consegue-se um número crescente de bactérias e, consequentemente, grandes quantidades do DNA. Para seu estudo (seu sequenciamento, por exemplo), deve ser extraído dos vetores mediante endonucleases de restrição, após a lise das bactérias.

Vale lembrar que as sondas de DNA complementar (cDNA) são obtidas a partir de moléculas de RNA retiradas de células que as fabricam em grande quantidade. Esses RNA servem como moldes para a construção dos cDNA, que são sintetizados com a enzima **transcriptase reversa**. Obtém-se a radioatividade do cDNA, utilizando-se trifosfato de desoxirribonucleosídios marcados com ^{32}P. As sondas de cDNA podem também ser construídas considerando-se a ordem dos aminoácidos nas proteínas codificadas pelos genes que se deseja identificar.

23.41 Os fragmentos de restrição podem ser separados por eletroforese e detectados pelo método de transferência do DNA

Os fragmentos de restrição podem ser separados por eletroforese em uma placa de gel de agarose com base em seus tamanhos (Figura 23.19), o que possibilita a localização de um deles. Inicia-se tratando o gel com uma solução alcalina que desnature as moléculas de DNA, ou seja, separe suas duas cadeias. Com o objetivo de facilitar a manipulação das bandas eletroforéticas (invisíveis para o investigador), estas são transferidas para um filtro de nitrocelulose. Para isso, coloca-se o gel sobre várias folhas de papel embebidas em solução fisiológica e aplica-se o filtro de nitrocelulose sobre o gel. Por fim, são colocadas várias folhas secas de papel absorvente sobre o filtro. A solução salina ascende das folhas embebidas em direção às folhas secas, por capilaridade, e arrasta os fragmentos de DNA contidos nas bandas do gel, que são transferidas ao filtro de nitrocelulose sem que sejam alteradas as posições que tinham no gel.

O filtro – separado do gel e dos papéis usados para a transferência do DNA – é tratado com uma sonda radioativa de cDNA marcada com ^{32}P, específica para o segmento de DNA que interessa ser localizado. Após a hibridização desse DNA com o cDNA, o filtro é aplicado sobre uma película fotográfica, de modo que a banda ou as bandas que contêm o DNA fiquem impressas na película (radioautografia). Para localizar os fragmentos de DNA no gel de agarose, bastará confrontar o gel com a película.

A transferência do DNA do gel de agarose para o filtro de nitrocelulose recebe o nome de **Southern blotting**, parte por seu significado literal (do inglês *blotting*, "transferência") e parte como homenagem ao criador do método, E. M. Southern.

Existem outras técnicas semelhantes para transferir RNA e proteínas, designadas – com certo humor – *Northern blotting* e *Western blotting*, respectivamente.

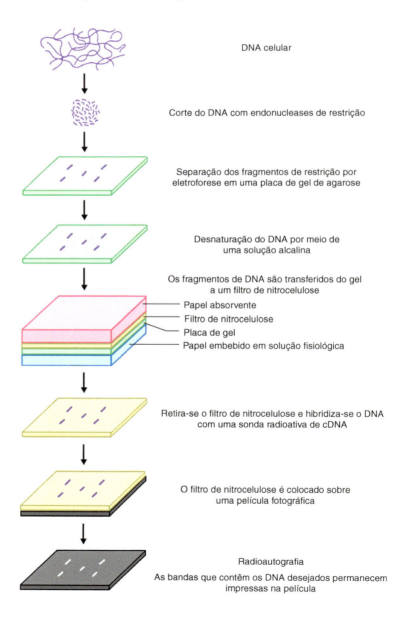

Figura 23.19 Separação dos fragmentos de restrição mediante a técnica de transferência de DNA denominada *Southern blotting*.

23.42 A reação em cadeia da polimerase produz grandes quantidades de um fragmento de DNA em pouco tempo

Vimos que as técnicas de clonagem produzem grandes quantidades de um fragmento determinado de DNA. Entretanto, essas técnicas estão sendo substituídas por uma metodologia relativamente nova – denominada **reação em cadeia da polimerase (PCR)** –, que é um sistema de amplificação *in vitro* do DNA em que podem ser obtidas em poucas horas grandes quantidades de um gene (ou de uma parte dele) a partir de muito pouco DNA ou de apenas uma célula. Com essa técnica, evitam-se as endonucleases de restrição e não é necessário recorrer a uma biblioteca de genes nem construir moléculas de DNA recombinante.

O procedimento está ilustrado na Figura 23.20. O DNA da célula é desnaturado por aquecimento e adicionam-se ao meio dois tipos de oligonucleotídios *primers*, complementares das sequências situadas nas extremidades do segmento de DNA que se deseja amplificar. Uma vez que os *primers* encontram as sequências complementares em todo o DNA celular, ligam-se a elas (hibridização), o que é possível porque a temperatura do meio é resfriada.

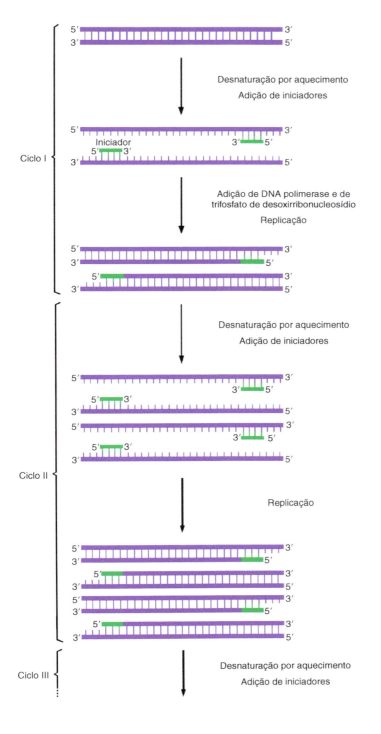

Figura 23.20 Ilustrações que representam os dois primeiros ciclos da reação em cadeia da polimerase (PCR). (De A. Blanco.)

350 ∎ Biologia Celular e Molecular

Em seguida são fabricadas as cadeias-filhas a partir das extremidades 3' dos *primers*, síntese que é catalisada por uma DNA polimerase especial – extraída da bactéria *Thermus aquaticus* –, resistente à temperatura usada durante a desnaturação. Junto com a enzima, acrescentam-se quantidades suficientes dos quatro trifosfatos de desoxirribonucleosídios que compõem o DNA.

Com a conclusão do processo, obtêm-se dois fragmentos de DNA a partir de um. Como a mesma operação é repetida em cada fragmento duplicado, ao final do segundo ciclo, são obtidos quatro desses fragmentos, e assim sucessivamente nos ciclos posteriores. Portanto, o DNA é amplificado de modo exponencial.

23.43 A técnica de hibridização de ácidos nucleicos in situ possibilita o mapeamento genético

Muitos genes podem ser detectados diretamente nos lugares que ocupam nos cromossomos, mediante o método de **hibridização *in situ***. O experimento consiste na hibridização do gene que se deseja detectar com um DNA complementar, o qual deve ter um marcador para que seja identificado no tecido ou na distensão. Quando o marcador é fluorescente, a técnica é denominada **FISH** (de *fluorescent in situ hybridization*).

Essa técnica possibilitou localizar um grande número de genes humanos, como, por exemplo, o gene do rRNA 45S nas constrições secundárias dos cromossomos 13, 14, 15, 21 e 22 (ver *Seção 13.8*) e o gene do rRNA 5S na extremidade distal do braço longo do cromossomo 1 (ver *Seção 13.9*).

Análise das funções dos genes

23.44 Um técnica criada recentemente torna possível o estudo da função dos genes

Entre os 3×10^9 pares de nucleotídios que compõem as moléculas de DNA do genoma humano, existem cerca de 20.000 genes, e a maioria codifica proteínas. Salvo as exceções, ainda não se sabe qual proteína ou quais proteínas cada gene codifica, ou seja, que função ou funções desempenha.

Graças a uma técnica desenvolvida recentemente, atualmente é possível realizar estudos sistemáticos sobre as funções dos genes individuais sem necessidade de se recorrer às trabalhosas e custosas manipulações requeridas há alguns anos. A técnica baseia-se em um mecanismo biológico normal das células – a **interferência do RNA ou iRNA** –, mencionado na *Seção 16.20* ao final da descrição dos miRNA.

23.45 Em células de plantas e de animais invertebrados são produzidos iRNA mediados por piRNA

Antes de se analisar a técnica empregada no estudo das funções dos genes, pode-se dizer que, nas células das plantas e dos animais invertebrados, há – além dos iRNA mediados por miRNA – iRNA nos quais interferem os RNA denominados **piRNA** ou **RNA pequenos de interferência** (em inglês, ***siRNA*** ou ***small interfering RNA***), muito parecidos com os miRNA.

Posteriormente serão citadas as origens das moléculas precursoras dos piRNA. Antes, será descrito seu processamento, que, apesar de bastante semelhante ao processamento dos transcritos primários dos miRNA, diferencia-se pelas seguintes particularidades (ver *Seção 15.14*) (Figura 15.12):

(1) Não requer a intervenção da enzima Drosha

(2) O piRNA do piRNA-RISC pareia-se totalmente com o segmento complementar do mRNA, já que a complementariedade entre ambos é perfeita (Figura 23.21). Vale lembrar que o pareamento entre o miRNA e o mRNA, ainda que amplo, não é total (ver *Seção 16.20*) (Figura 16.10)

(3) O RISC do piRNA-RISC destrói o mRNA e impede sua tradução. Vale lembrar que o RISC do miRNA-RISC não destrói o mRNA, e sim bloqueia sua tradução (ver *Seção 16.20*).

São duas as origens das moléculas precursoras dos piRNA nas plantas e nos animais invertebrados: instalam-se nas células quando são infectadas por vírus que contêm RNA de cadeia dupla ou quando seus transpósons são transcritos.

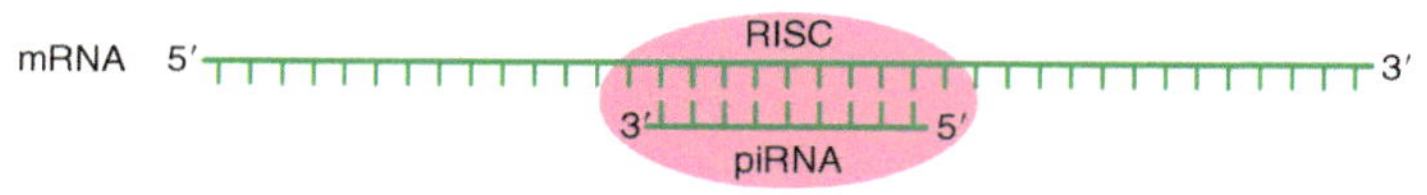

Figura 23.21 Pareamento completo do piRNA com a sequência complementar do mRNA.

Capítulo 23 | Métodos de Estudo em Biologia Celular ■ **351**

Então, quando um **vírus** com RNA de cadeia dupla infecta uma célula, este RNA replica-se reiteradamente no citosol e gera múltiplos RNA simples, alguns dos quais são processados e convertidos em piRNA duplos. Assim como os miRNA, estes piRNA duplos combinam-se com os complexos proteicos RISC, suas cadeias passageiras são destruídas e suas cadeias-guia formam complexos ribonucleoproteicos piRNA-RISC. Simultaneamente, os RNA virais simples restantes comportam-se como mRNA, para que as células infectadas sintetizem as proteínas dos vírus-filhos em formação. Entretanto, essa síntese é interrompida, pois os piRNA-RISC detectam os mRNA virais, pareiam-se a eles e os destroem. Como pode ser observado, aqui o iRNA procura evitar – em plantas e animais invertebrados – o progresso das infecções produzidas por certos vírus, mediante a destruição de seus RNA.

Quando em uma célula são transcritos segmentos do genoma que contêm **transpósons** (ver *Seção 17.25*), aparecem moléculas precursoras de piRNA, pois as repetições invertidas desses segmentos genéticos produzem transcritos primários que contêm um par de sequências complementares idênticas quando lidas em direções opostas. Como essas sequências pareiam-se entre si, os transcritos primários adotam a forma de arcos com um segmento de RNA de cadeia dupla. Já no citosol, tais arcos são processados, convertendo-os primeiramente em piRNA duplos e, em seguida, em piRNA simples associados ao RISC. Por fim, os piRNA-RISC detectam e destroem os mRNA que se formam a partir das próximas transcrições dos mesmos genes. Como se vê, aqui o iRNA aponta para a conservação da estabilidade do genoma em plantas e animais invertebrados, mediante o controle dos efeitos indesejados da transcrição de seus transpósons.

23.46 Atualmente é possível averiguar a função de cada gene por meio de ensaios com base no iRNA

A maquinaria do iRNA tem sido aproveitada experimentalmente para se observar que efeito causa nas células a anulação funcional de cada gene individualmente. De tudo o que foi descrito nas seções anteriores, pode-se deduzir que o que se procura é silenciar a expressão pós-transcricional do gene, com a posterior falta de produção da proteína que ele codifica. Portanto, o efeito celular causado pela ausência da proteína possibilita inferir a função de determinado gene.

A técnica com base no iRNA requer a introdução de um piRNA duplo em células cultivadas ou em organismos vivos. Além disso, teoricamente, ela pode ser aplicada em todas as espécies, inclusive o homem.

Em **células cultivadas**, o piRNA duplo é introduzido diretamente ou utilizando-se plasmídios (ver *Seções 1.5* e *23.35*). Quando são usados plasmídios, introduz-se um RNA simples que contenha duas sequências de nucleotídios complementares, separadas por um segmento espaçador. Como as sequências complementares se pareiam, o RNA simples adota a forma de um arco capaz de ser processado pela Dicer (ver *Seção 15.14*). A Dicer converte o arco em um piRNA duplo. Os passos posteriores à ação da Dicer estão descritos nas *Seções 15.14* e *23.45*.

Naturalmente, para silenciar um gene, o piRNA introduzido deve ser específico, ou seja, ter uma sequência de nucleotídios capaz de se parear a um segmento do mRNA derivado desse gene. Outra técnica com base no iRNA – com maiores alcances que a descrita nos parágrafos anteriores – utiliza **organismos vivos** e um fragmento de DNA sintético que contém (similarmente ao RNA simples que é usado nas células cultivadas) duas sequências de nucleotídios complementares, separadas por um segmento espaçador.

O DNA sintético é introduzido nas células das plantas e dos animais mediante vetores virais, plasmídios ou outros métodos de transferência. Após ser introduzido, o DNA estranho entra no núcleo e insere-se aleatoriamente em um sítio de algum cromossomo. Permanece ali e, quando é transcrito, gera um piRNA simples similar ao que se introduz nas células cultivadas. O gene estranho recebe o nome de **transgene*** e – como qualquer outro gene – é transferido às células-filhas e pode ser transmitido aos descendentes.

---

*A inserção de material genético estranho ao genoma de um organismo vivo recebe o nome de **transgênese**. O DNA acrescido ao genoma – ou seja, o **transgene** – pode ser sintético ou obtido de outro organismo. Os organismos cujos genomas recebem um transgene são denominados **organismos transgênicos**. As seguintes são algumas **aplicações** – atuais ou em desenvolvimento – dos organismos transgênicos: (1) Estudar a função dos genes, conforme descrito nessa seção; (2) Criar fêmeas de mamíferos produtoras de leite que contenha proteínas humanas terapêuticas; (3) Analisar a regulação do desenvolvimento embrionário no nível molecular; (4) Manipular a expressão de genes *in vivo*; (5) Corrigir erros congênitos do metabolismo mediante terapia gênica; (6) Cultivar plantas geneticamente modificadas para que produzam vacinas comestíveis, descontaminem solos, sejam mais nutritivas ou sejam resistentes a doenças, herbicidas, secas, pragas de insetos etc.

23.47 Investigações no iRNA estão sendo realizadas para prevenir ou curar doenças

Por sua grande especificidade, a técnica com base na interferência do RNA, além de possibilitar o estudo da função dos genes, tornou-se uma ferramenta promissora para prevenir e curar doenças. As principais investigações revelam:

(1) Vários tipos de câncer, já que, com a ajuda de piRNA específicos, seria possível inibir pós-transcricionalmente genes relacionados com a divisão celular. Assim, o avanço desses cânceres seria contido

(2) Doenças causadas por vírus, como a hepatite A, a hepatite B, o sarampo, a AIDS, a gripe e a síndrome respiratória aguda grave. Nas hepatites procura-se introduzir nas células hepáticas, por exemplo, um piRNA capaz de provocar a inibição pós-transcricional do gene da proteína Fas (ver *Seção 22.5*), que poderia prevenir a morte dessas células, uma das complicações mais temidas da doença

(3) Doenças neurodegenerativas, como a doença de Huntington

(4) A degeneração macular

(5) Doenças causadas por alterações genéticas.

Recentemente, foi possível silenciar em ratos o gene da apopoliproteína-B, mediante a administração do piRNA modificado. A apopoliproteína-B é um componente essencial das lipoproteínas de baixa densidade (LDL), cujos níveis no sangue aumentam na hipercolesterolemia. Trata-se do primeiro caso de sucesso de silenciamento de um gene de mamífero, mediante a aplicação de uma terapia médica com base no iRNA.

Bibliografia

Abelson J. and Butz E. (1980) Recombinant DNA. Science 209: 1317.

Baulcombe D. (2002) An RNA microcosm. Science 297:2002.

Beer M. et al. (1982) STEM studies of biological structure. Ultramicroscopy 8:207.

Blanco A. (2000) Química Biológica, 7ª Ed. El Ateneo, Buenos Aires.

Bradbury S. (1989) An Introduction to the Optical Microscope, 2nd Ed. Oxford University Press, Oxford.

Celis J.E. and Bravo R. (1984) Two-Dimensional Gel Electrophoresis of Proteins. Academic Press, New York.

Cohen S.N. (1975) The manipulation of genes. Sci. Am. 233:24.

Coons A.H. (1956) Histochemistry with labeled antibody. Int. Rev. Cytol. 5:1.

Couzin J. (2002) Small RNAs make big splash. Science 298:2296.

Crewe A.V. (1983) High resolution scanning transmission electron microscopy. Science 221:325.

Dean P.D.G., Johnson W.S. and Middle F.A. (1985) Affinity Chromatography: A Practical Approach. IRL Press, Arlington.

de Duve C. (1975) Exploring cells with a centrifuge. Science 189:186.

de Duve C. and Beaufay H. (1981) A short history of tissue fractionation. J. Cell Biol. 91:293.

De Robertis E.M.F. and Gurdon J.B. (1979) Gene transplantation and the analysis of development. Sci. Am. 241:74.

Everhart T.E. and Hayes T.L. (1972) The scanning electron microscope. Sci. Am. 226 (1):54.

Freshney R.I. (1987) Culture of Animal Cells: A Manual of Basic Techniques. Alan P. Lyss, New York.

Gabe M. (1976) Histological Techniques. Springer-Verlag, Berlin.

Griffin H.G. and Griffin A.M. (1993) DNA sequencing. Recent innovations and future trends. Appl. Biochem. Biotech. 38:147.

Haseltine W.A. (1997) Discovering genes for new medicines. Sci. Am. 276 (3):78.

Hawkins T.L. et al. (1997) DNA sequencing. A magnetic attraction to high-throughput genomics. Science 276:1887.

Heuser J. (1981) Quick-freeze, deep-etch preparation of samples for 3-D electron microscopy. TIBS 6:64.

Hib J. (2009) Histología de Di Fiore. Texto y atlas. 2a Ed. Editorial Promed, Buenos Aires.

Hutvágner G. and Zamore P.D. (2002) AmicroRNA in a multiple-turnover RNAi enzyme complex. Science 297:2056.

Kamarck M.E. (1987) Fluorescence-activated cell sorting of hybrid and transfected cells. Methods Enzymol. 151:150.

Kamath R.S., Fraser A.G., Dong Y. et al. (2003) Systematic functional analysis of the *Caenorhabditis elegans* genome using RNAi. Nature 421:231.

Kendrew J.C. (1961) The three-dimensional structure of a protein molecule. Sci. Am. 205 (6):96.

Kessler C. and Manta V. (1990) Specificity of restriction endonucleases and DNAmodification methyltransferases. Gene 92:1 (review).

Maniatis T. et al. (1978) The isolation os structural genes from libraries of eukaryotic DNA. Cell 15:687.

Matzke M., Matzke A.J.M. and Kooter J.M. (2001) RNA: guidind gene silencing. Science 293:1080.

Maxam A.M. and Gilbert W. (1977). A new method for sequencing DNA. Proc. Natl. Acad. Sci. USA 74:460.

Melo C.C. and Conte D. (2004) Revealing the world of RNA interference. Nature 431:338.

Minsky M. (1988) Memoir on inventing the confocal scanning microscope. Scanning 10:128.

Nathans D. and Smith H.O. (1975) Restriction endonucleases in the analysis and restructuring of DNAmolecules. Annu. Rev. Biochem. 44:273.

Nelson D.L. (1991) Applications of polymerase chain reaction methods in genome mappings. Curr. Opin. Genet. Dev. 1:62.

Pearse A.G.E. (1980) Histochemistry. Theoretical and Applied, 4th Ed. J. & A. Churchill, London.

Pease D.C. and Porter K.R. (1981) Electron microscopy and ultramicrotomy. J. Cell Biol. 91:287.

Pretlow T.G. and Pretlow T.P. (1982) Cell separation. Academic Press, New York.

Rasmussen N. (1996) Cell fractionation biochemistry and the origin of "cell biology". TIBS 21:319.

Saiki R.K. et al. (1988) Primer-directed enzymatic amplification of DNA with a thermostable DNA polymerase. Science 239:487.

Schröck E. et al. (1996) Multicolor spectral karyotyping of human chromosomes. Science 273:494.

Scopes R.K. (1987) Protein Purification. Principles and Practice, 2nd Ed. Springer-Verlag, New York.

Southern E.M. (1992) Genome mapping: cDNA approaches. Curr. Opin. Genet. Dev. 2:412.

Sternberger L.A. (1979) Immunocytochemistry, 2nd Ed. J. Wiley & Sons, New York.

Thomas P.S. (1980) Hybridization of denatured RNA and small DNA fragments transferred to nitrocellulose. Proc. Natl. Acad. Sci. USA 77:5201.

Trask B.J. (1991) Gene mapping by in situ hybridization. Curr. Opin. Genet. Dev. 1:82.

Valencia-Sanchez M.A., Liu J., Hannon G.J. et al. (2006) Control of translation and mRNA degradation by miRNAs and siRNAs. Genes Dev. 20:515.

Watson J.D., Caudy A.A., Myers R.M. and Witkowski J.A. (2007) Recombinant DNA: Genes and Genomes—A Short Course, 3rd Ed. W.H. Freeman, New York.

Westbrook T.F., Stegmeier F. and Elledge S.J. (2005) Dissecting cancer pathways and vulnerabilities with RNAi. Cold Spring Harb. Symp. Quant. Biol. 70:435.

Yoo M.J. et al. (1997) Scanning single-electron transistor microscopy: imaging individual charges. Science 276:579.

Zernike E. (1955) How I discovered phase contrast. Science 121:345.

Índice Alfabético

A

ABC (*ATP-binding cassette*), 52
Aberrações cromossômicas, 258, 302
- estruturais, 303
- numéricas, 291, 303
ABP (*actin-binding protein*), 79
Acetil, 135
Acetil-coa, 135
Acetilação, 212
Acetilas, 136
Ácido(s)
- aspártico, 26
- desoxirribonucleico, 16
- fosfatídico, 23
- fosfórico, 17
- glicurônico, 20, 90
- glutâmico, 26
- graxos, 133, 136, 143
- hialurônico, 22, 89, 292, 293
- idurônico, 20, 90
- N-acetilneuramínico, 20
- nucleicos, 15
- pirúvico, 20
- retinoico, 165
- ribonucleico, 16
- siálico, 20
Aconitase, 242
Acrocêntricos, 192
Acrosina, 292, 294
Acrossomo, 292
Actina G, 75
Adaptação induzida, 164
Adaptinas, 125
Adenilato ciclase, 172, 173
Adenina(s), 17, 224
Adenosina, 18
- difosfato (ADP), 18
- monofosfato (AMP), 18
- - cíclico, 172, 173
- trifosfato (ATP), 18, 131, 172
Adesão, 294
- celulares, 92, 93
ADF (*actin-depolymerizing factor*), 76
Adipócitos marrons, 143
ADMP (*anti-dorsalizing morphogenetic protein*), 317
ADP (adenosina difosfato), 18
Aducina, 87
Agentes
- ambientais e mutações gênicas, 259
- fusogênicos, 42
- mutagênicos químicos, 304
Água, 15, 16, 45
- ligada, 16
- livre, 16
AIF (*apoptosis inducing factor*), 326
Alanina, 26
Alça(s), 190
- anticódon, 233
- D, 233
- T, 233

- variável, 234
Aldosterona, 144
Alelos, 300
α-actinina, 76, 78, 78, 86, 95
α-hélice, 28
α-MSH, 244
α-tubulina, 66
α₁-adrenérgico, 176
α₂-adrenérgico, 175
Alimentos, 132
- degradação dos, 133
Alolactose, 217
Alongamento SII, 208
Alterações
- do DNA, 258
- funcionais, 258
- no cariótipo, 303
Amido, 15, 21
Amiloplastos, 149
Aminoácidos, 26, 133
Aminoacil
- AMP, 234
- tRNA sintetase, 234
- tRNA^^, 232, 234
Amniocentese, 305
AMP (adenosina monofosfato), 18
- cíclico, 218
Amplificadores, 200
Anáfase, 13, 266, 267
- A, 271
- B, 271
- I, 289
Análise
- das funções dos genes, 350
- molecular do DNA, 343
Andrógeno androstenediona, 144
Anel contrátil, 82, 272
Aneuploidias, 303
Anfimixia, 296
Angina do peito, 166
Animal *BBSS*, 301
Ânions superóxido, 159, 160
Anisotrópicas, 83
Anquirina, 76, 88
Antena, 153
Antibióticos, 239
Anticódon, 231
Anticorpos marcados, 338
Antígenos, 170
Antiparalelas, cadeias, 18
APC (*anaphase-promoting complex*), 275
Apoptose, 323
Aquaporinas, 48
Áreas da morfologia, 2
ARF (*adenosine diphosphate ribosylation factor*), 123
Arginina, 26
ARS (*autonomous replication sequence*), 186
Arteriosclerose precoce, 127
Árvore de natal, 209, 214
ASF (*alternative splicing factors*), 226
Asparagina, 20, 26
Áster, 267

Astrotactina, 81
Ativação por precursor, 219
Ativadores, 207
ATP (adenosina trifosfato), 18, 131, 140, 172
- sintase, 139, 141, 154
- - ADP translocase, 141
ATPase, 141
Aumento de contraste entre os componentes do material, 333
Autoarranjo, 33
Autocorreção de erros da DNA polimerase, 260
Autócrina, 164
Autofagia, 120
Autofagossomos, 114, 120
Autorregulação, 317
Autossomos, 192
Autótrofos, 4
Axonema, 70
Azidotimidina, 52
AZT, 52
Azul de toluidina, 331
Azur A, 331

B

Bactérias, 4
- aeróbicas, 147
Bacteriófago(s), 5, 344
- lambda, 345
Bainha interna, 72
Balsas lipídicas, 127
Banda(s)
- 3, 88
- 4.1, 87
- 5, 87
- A, 83
- H, 83
- I, 83
Bandeamento
- C, 193
- cromossômico, 192, 193
- G, 193
- Q, 193
- R, 193
Barra terminal, 95
Bases nitrogenadas, 17
β-tubulina, 66
β-endorfina, 244
β-globina, 243
β-lipotropina, 244
β-MSH, 244
β-oxidação, 136
- dos ácidos graxos, 140
β₂-adrenérgico, 175
Biblioteca de genes, 346
Bicamada(s) lipídica(s), 38, 44
- artificiais, 38
Bicarbonato, 16
Biopsia, 305
Bipasso, 109
Birrefringente, 332
Bivalente, 286

356 ■ Biologia Celular e Molecular

Blastocele, 315
Blastocisto, 312
Blastômeros, 315
Blastóporo, 315
Blástula, 315
Bloqueio da polispermia, 295
BMP-2, 317
BMP-4, 317
BMP-7, 317
Bolha
- de replicação, 251
- de transcrição, 206
Bomba(s)
- de H$^+$, 52
- de K$^+$H$^+$, 51
- de Na$^+$K$^+$, 49
- de prótons, 52
- de Ca^{2+}, 51, 52
- de H$^+$, 141
- eletrogênicas, 50
Bordetella pertussis, 175
Braçadeira deslizante, 252, 254

C

CAAT, 200
Cadeia(s)
- antiparalelas, 18
- complementares, 19
- contínua de DNA, 252
- de complexos moleculares, 153
- descontínua, 253
- líder, 252
- respiratória, 136
- transportadoras de elétrons, 136, 139
Caderina(s), 76, 95
- E, 93
- N, 93
- P, 93
CAF-I (*chromatin assembly factor*), 257
Caixa homeótica, 320
Cálcio, 16
Calcitonina, 225
Calmodulina, 86, 177
CAM (*cell-adhesion molecules*), 93
Câmbio, 53
cAMP (adenosina monofosfato cíclico), 172, 173
Canal(is)
- da membrana mitocondrial, 325
- dependentes
- - de ligante, 47
- - de voltagem, 47
- iônicos, 44, 46
Câncer, 277
- de pulmão, 307
Capacitação, 292
Capsídio, 5
Capsômeros, 5
Carboidratos, 17, 20
Cardiolipina, 24, 39
Carga elétrica, 31
Cariogamia, 296
Carioplastos, 310
Carioteca, 12, 181, 182, 271
Cariótipo, 191
Carotenoides, 153
Carotenos, 153
Caseína, 242
Caspase, 323
- 3, 326
- 9, 326
Catalase, 159
Catastrofina, 69
Catenina, 76, 95
Cavéolas, 127
Caveolina, 127
Cavidade do RER, 108
Cdc2 (*cell-division cycle*), 274, 275
Cdc6p (*cell division cycle protein*), 250
Cdk2 (*cyclin-dependent protein kinase*), 274
Célula(s)
- alvo, 163
- autótrofas, 4
- cancerosas, 256

- características gerais, 3
- citoesqueleto, 9
- citoplasma, 8
- citosol, 8
- complexo de Golgi, 9
- componentes químicos da, 15
- - ácidos nucleicos, 16
- - água, 16
- - carboidratos, 20
- - DNA, 18
- - enzimas, 31
- - inorgânicos, 15
- - lipídios, 22
- - minerais, 16
- - orgânicos, 15
- - origem, 33
- - proteínas, 26
- - RNA, 19
- cromossomos homólogos, 12
- cultivadas, 351
- da glia radial, 81
- diploides, 187
- endomembranas, 9
- endossomos, 9
- eucariontes, 3
- - organização geral das, 6
- - variedade morfológica entre as, 8
- foliculares da coroa radiada, 292
- haploides, 187
- HeLa, 311
- heterótrofos, 4
- indutora, 163
- induzida, 163
- lisossomos, 9
- meiose, 14
- membrana plasmática, 8
- mitocôndrias, 10
- mitose, 13
- musculares lisas, 87
- níveis de organização, 1
- núcleo, 12
- organização geral, 4
- - eucariontes, 6
- - - procariontes, 4
- ovo, 12, 281, 292, 319
- ovular, 298
- peroxissomos, 12
- plastídios, 10
- procariontes, 3, 35, 209
- retículo endoplasmático, 9
- unidades constituintes, 1
- variedade morfológica, 8
- vegetais, 53, 97
- - meiose nas, 297
- - mitose nas, 272
- vivas, 336
Celulose, 15, 21
CENP-A, 270
CENP-B, 270
CENP-C, 270
CENP-D, 270
CENP-E, 270
CENP-F, 270
Centríolos, 9, 66, 73, 268
Centro
- de reação, 153
- dorsal, 316
- organizador
- - de Spemann, 316
- - dos microtúbulos, 66
- ventral, 316
Centrômero, 186
Centrossomo, 9, 66, 268
Ceramida, 24
Cerberus, 317
Cerebrosídios, 25, 42
CFI e CFII (*cleavage factor*), 223
CGRP (*calcitonin gene-related product*), 225
Chaperonas, 59
- hsp70, 110, 146
- hsp90, 165
Chaperoninas, 59
CHIP (*channel-forming integral protein*), 48

Ciclina(s), 274
- G1, 274
- M, 274, 275
Ciclo
- C3, 154
- C4, 154
- celular, controle do, 265, 273
- de ácido cítrico, 140
- de Calvin, 154
- de Krebs, 135, 136, 140
- do glioxilato, 160
- dos ácidos tricarboxílicos, 140
Ciclossomo, 275
Ciliogênese, 74
Cílios, 70
- movimentos dos, 71
Cinectina, 69
Cinesina, 69
Cinetocóricas, 267
Cinetócoros, 269
Cinetossomo, 70
Cis, 102
Cisteína, 27
Cisterna(s)
- cis, 103
- médias, 103
- trans, 103
Citocalasina B, 76, 310
Citocinas, 170
Citocinese, 14, 82, 266, 268, 271
Citocromo c, 139, 326
Citocromo-oxidase, 139
Citocromos P450, 115, 144
Citoesqueleto, 9, 63
- do eritrócito, 87
- filamentos
- - de actina, 75
- - intermediários, 63
- - - propriedades, 65
- microtúbulos, 66
Citogenética, 299, 307
Citometria de fluxo, 341
Citômetro de fluxo, 342
Citomusculatura, 63
Citoplasma, 6
Citoplastos, 310
Citoqueratinas, 65
Citoquímica, 337
Citosina, 17
Citosol, 8
- chaperonas, 59
- componentes, 57
- degradação de proteínas, 60
- inclusões, 57
- ribossomos, 58
Clatrina, 124
Claudinas, 94
Clivagem, 311
Clonagem, 310
- de fragmentos de DNA, 345
- de genes, 345
Clone de bactérias, 346
Cloranfenicol, 239
Clorofila, 11, 151, 152
- a, 153
- b, 153
- tipos de, 152
Cloroplastos, 11, 149
- biogênese dos, 156
- características, 149
- estrutura dos, 150
Cloroquina, 52
Coacervados, 35
Coatômero, 122
Cobalto, 16
Cobertura de tubulinas-GTP, 68
Cobre, 16
Código
- genético, 18, 199, 231
- histônico, 212
Codominância, 300
Códon(s), 199, 231
- AUG de iniciação, 237
- de finalização, 199, 239
- de iniciação, 232

Coenzima(s), 32
- A, 135
Coesinas, 247
Colágeno, 89
- do tipo IV, 92
Colcemida, 69
Colchicina, 69
Cólera, 176
Colesterol, 26, 39, 106
- LDL, 126
Coloração
- do material, 331
- negativa, 334
Colunas proteicas, 183
Compactação da cromatina, 257
Complementares, cadeias, 19
Complexo
- b-f, 153
- cAMP-CAP, 218
- de Golgi, 10, 54, 100, 101
- do poro, 183, 271
- pré-RC, 275
- proteico ORC, 275
- RISC, 229
- sinaptonêmico, 285
Composição dos genes, 200
Comunicação intercelular, 163
Condensação da cromatina, 289
Condensinas, 189
Cone de crescimento, 81
Conexinas, 96
Conéxons, 96
Congelamento, 334
- dessecação, 330
Constante
- de Michaelis, 33
- de Planck, 152
Constrição
- primária, 186
- secundária, 192
Contato focal, 78, 91
Contração das células musculares cardíacas, 87
Contratilidade das células musculares estriadas, 82
Contratransporte, 48, 49
Controle
- do ciclo celular, 265, 273
- pós-transcricional, 219
COP I, 123
COP II, 123
Coqueluche, 175
Corantes
- lipossolúveis, 337
- teciduais, 331
Cordina, 317
Coroa radiada
- penetração da, 293
Corpo(s)
- apoptóticos, 323
- central, 70
- cilíndrico, 314
- intermediário, 268, 271
- multivesiculares, 120
- prolamelares, 156
- proteicos, 128
Corpúsculo(s)
- basal, 73
- de Barr, 191, 212, 257
- polar, 290
- residuais, 120
Correpressor, 218
Corte(s), 223, 225
Corticotropina, 244
Cotransporte, 48, 49
CPSF (*cleavage and polyadenylation specificity factor*), 222
Crescent, 317
Criofratura, 334
Criostatos, 331
Cristais, 58
Cristas mitocondriais, 139
Cromátides, 14, 192, 267
- homólogas, recombinação das, 286
- irmãs, 247
Cromatina, 186, 191, 248

- compactação da, 257
- sexual, 191, 212
Cromatossomo, 188
Cromômeros, 289
Cromoplastos, 149
Cromoproteínas, 28
Cromossomo(s), 4, 181, 186, 247
- artificiais de leveduras, 346
- em escova, 288
- Filadélfia, 306
- filhos, 267
- homólogos, 282
- - pareamento dos, 285
- plumosos, 288
CSTF (*cleavage stimulation factor*), 222
CTP (citidina trifosfato), 18
Cultura(s)
- de células, 336
- de linhas estabelecidas, 336
- primárias, 336
- secundária, 336
Curva
- hiperbólica, 46
- sigmoide, 33
CV-2, 317

D

DAG (diacilglicerol), 23
Dálton, 3
Dedos de zinco, 211
DEFB126, 292
Degeneração, 199, 231
Degradação das proteínas, 244
Deleção, 304
Desacetilação, 212
Desaminação, 259, 260
Desaparecimento das duas membranas, 294
Descarboxilação oxidativa, 135
- do piruvato, 140
Desenhos comuns, 211
Desfosforilação, 212
- da glicose 6-fosfato, 115
Deslocamento dos transpósons no genoma, 261
Desmetilação, 212
Desmina, 86, 87
Desmocolina
- I, 95
- II, 95
Desmogleína I, 95
Desmoplaquina
- I, 95
- II, 95
Desmossomos, 87, 95
Desnaturação do DNA, 343
Desnudamento, 294
Desoxicorticosterona, 144
Desoxicortisol, 144
Desoxirribose, 17
Despurinizações, 260
Determinação, 318
Determinantes citoplasmáticos, 312
Detoxificação, 115
- celular, 159
Di-hidrouridinas, 228
Diacilglicerol (DAG), 23, 172, 176
Diacinese, 289
Diafragma, 183
Dictiossomos, 101, 103
Diferenciação celular, 309
- características gerais, 309
Difosfatidilglicerol, 24, 39
Difração de raios X, 336
Difusão
- facilitada, 44, 46
- simples, 44, 45
Digitoxina, 51
Dímeros de timina, 260, 261
Dinactina, 69
Dinamina, 69, 122
Dineína, 69
- ciliar, 72
Dipeptídio, 28
Diploide, 13
Diplossomo, 66

Diplóteno, 288
Disco(s)
- imaginais, 319
- intercalares, 87
- Z, 83
Dissacarídios, 20
Dissomias uniparentais, 214
Distrofias musculares, 86
Distrofina, 86
Distroglicanos, 86
Distúrbios metabólicos, 258
Divisão, 12
- celular, 258, 265
- do citoplasma, 290
Dkk, 317
DNA, 16, 186
- alterações do, 258
- circular, 145, 156
- espaçadores, 189, 201
- hipervariável, 187
- ligase, 252, 254
- mitocondrial, 145
- mutação do, 258
- nuclear, 145
- polimerase, 248
- - autocorreção de erros da, 260
- - α, 253
- - β, 252, 254
- - δ, 252
- primase, 252, 253
- reparação do, 260
- repetitivo, 187
- - disperso, 187
- - disposto em tandem, 187
- - dos telômeros, 187
- replicação do, 247
- satélites, 187
- transcrição do, 205
- transponíveis, 261
- transposição de sequências de, 261
Dodecilsulfato de sódio, 342
Doença
- CREST, 270
- das células I, 121
- de Alzheimer, 70
- de células I, 113
- de Gaucher, 121
- de Niemann-Pick, 121
- de Tay-Sachs, 121
Dogma central da biologia molecular, 17
Dolicol, 39
- fosfato, 110
Dominante, 300
Domínio(s)
- de morte, 326
- intercromossômicos, 194
Drosophila melanogaster, 262, 301, 309
Dupla-hélice, DNA, 18
Duplicação, 304
- genética, 262

E

Eco RI, 344
Ectoderma, 312, 316
EGF (*epidermal growth factor*), 168
Elementos fluidos e fibrosos, 89
Eletroforese, 31, 342
Elongina, 208
Embrião plano
- bilaminar, 314
- trilaminar, 314
Embrioblasto, 312
Emendas, 223
Encaixe, 232
- induzido, 32, 164
Endocitose, 114, 116
Endócrinas, 163
Endoderma, 312, 316
Endomembranas, 9, 99
Endonucleases de restrição, 344
Endosperma, 298
Endossomas, 52, 100, 115
- multivesiculares, 120
- primários (precoces), 117

358 ■ Biologia Celular e Molecular

- secundários (tardios), 117, 118
Energia
- celular, 20
- luminosa, 151
Engenharia genética, 343, 344
Enovelamento da cromatina, 212
Entrada de proteínas no núcleo, 184
Envelhecimento celular prematuro, 255
Envoltório, 150
- de clatrina, 122, 124
- de COP, 122, 123
- nuclear, 6, 9, 181, 182
Enzima(s), 15, 31, 133
- citosólica, 166
- oxidativas, 159
- quitina-sintetase, 55
Epiblasto, 312
Epinefrina, 164, 175, 176
Ereção, 166
Eritrócito, 87
Eritromicina, 239
Eritropoetina, 170
Escherichia coli, 4, 6, 18
Esclerodermia, 270
Esfingofosfolipídio, 106
Esfingolipídio, 24
Esfingomielina, 24, 39, 106
Esfingosina, 24
Espaçadores, 202
Espaço
- intermembranoso, 140
- perinuclear, 182
- tilacoide, 151
Especificidade, 31, 164
Espectrina, 76, 82, 87
Espermátides, 283
Espermatogênese, 282
Espermatogônias, 282
Espermatozoides, 281, 283
Ésteres de forbol, 178
Esteroides, 26
- síntese de, 115
Estreptomicina, 239
Estroma, 150
- do cloroplasto, 154
Estrutura(s)
- diméricas simétricas, 211
- primária, 28
- quaternária, 30
- secundária, 28
- terciária, 29
Etapa
- de alongamento, 238
- de finalização, 239
- de iniciação, 237
Etiolação, 156
Etioplasto, 156
Eucariontes, 3
Eucromatina, 191
Evolução do cariótipo nos primatas, 307
Exocitose, 114
Éxons, 198, 200
Exportinas, 185
Extremidade aceitadora, 233

F

Face
- citosólica, 100
- côncava, 102
- de entrada (formação), 102
- de saída (maturação), 102
- luminal, 100
Fagocitose, 116
Fagolisossomo, 118, 121
Fagossomo, 116
Família
- ABC, 109, 114
- Alu, 187
Fase
- G0, 275
- G1, 247, 274, 275
- G2, 247, 275
- M, 247, 275

- S, 12, 247, 274
Fator(es)
- de alongamento, 238
- de capacitação, 293
- de crescimento, 168, 243, 276
- de despolimerização de actina, 76
- de finalização, 239
- de iniciação, 237
- de sobrevivência, 324
- de transcrição
- - específicos, 207, 208, 320
- - gerais, 207
- hematopoéticos, 276
- SPF (S-phase promoting factor), 250
- trófico, 324
Fecundação, 281, 292
Fenda
- labial, 305
- palatina, 305
Fenilalanina, 27
Fenômenos de indução, 314
Fenótipo, 300
Fermentação láctica, 143
Ferredoxina, 153
Ferritina, 242
Ferro, 16
Fertilina, 295
FGF (fibroblast), 168
Fibra(s)
- de colágeno, 78, 90, 91
- de cromatina, 12
- do fuso, 267
- - mitótico, 70
- tensoras, 78, 87
Fibrilas, 90
- proteicas, 183
Fibronectina, 78, 89, 91
Fibrose cística, 52
Filagrina, 65
Filamentos, 63
- de actina, 9, 75
- - corticais, 75, 95
- - curtos, 87
- - transcelulares, 75
- de desmina, 63, 65
- de queratina, 63 65
- de vimentina, 63, 65
- gliais, 63, 65
- intermediários, 9, 63
Filamina, 79
Filopódios, 79
Fimbrina, 80, 82
FISH (fluorescent in situ hybridization), 350
Fissão binária, 144, 156, 160
Fixação do material, 330
Fixador, 330
Flagelos, 70
Flavina adenina dinucleotídio, 133
Flip-flop, 39
Flipase, 106
Floema, 53
Fluidez das proteínas, 41
Fluorescência, 338
Fluorocromos, 338
Fodrina, 76
Folha pregueada beta, 29
Folistatina, 317
Formadores de canais, 48
Forquilha de replicação, 251
Fosfatases, 177
Fosfatidilcolina, 23, 39, 104
Fosfatidiletanolamina, 23, 39, 104
Fosfatidilinositol, 23, 39, 105
- 3-quinase (PI 3-K), 170, 172, 178, 325
- 3,4,5-trifosfato (PIP3), 23, 172, 179, 325
- fosfato, 105
- 4-fosfato, 23
- difosfato, 105
- 4,5-difosfato (PIP2), 23, 172, 176
- trifosfato, 105
Fosfatidilserina, 23, 39, 105
Fosfato, 16
- de dolicol, 26
Fosfodiesterase, 174

Fosfoglicomutase, 175
Fosfolipase
- A, 177
- C-β, 176
- C-γ, 170, 172, 177
- D, 177
Fosfolipídios, 23, 38
Fosforilação, 154, 212
- oxidativa, 132, 136
- - oxidações da, 140
Fótons, 152, 154
Fotorrespiração, 161
Fotossíntese, 4, 132, 149, 151
- balanço químico, 155
Fotossistema, 153
Fracionamento celular, 340
Frações celulares, 340
Fragmentoplasto, 273
Fragmentos
- de Okazaki, 252, 253
- de restrição, 346
FRAP (fluorescense recovery after photobleaching), 42
Frutose, 20
Frzb-1, 317
Fucose, 20
Funções seletivas, 309
Fusão, 294
- celular, 311
Fuso mitótico, 266, 267, 270

G

GAG (glicosaminoglicanos), 21
Galactocerebrosídios, 106
Galactose, 20, 90
Gametófito(s)
- feminino, 298
- masculinos, 298
Gangliosídios, 25, 42, 106
GAP (GTPase activating protein), 123
Gasto
- de energia, 49
- energético, 45
Gástrula, 316
Gastrulação, 316
Gelsolina, 79
Gene(s), 186, 197
- apc, 278
- composição dos, 200
- da polaridade da célula-ovo, 320
- da polaridade de segmentos, 320
- dcc, 278
- de manutenção, 309
- de regra em pares, 320
- de segmentação, 320
- diretores, 320
- homeóticos, 320
- mcc, 278
- p53, 278
- segmentares, 320
- supressores de tumores, 277, 278
- wt, 278
- Xist, 212
Genoma, 186
Genoteca, 346
Genótipo, 300
Girase, 256
Glicana, 53
Glicerofosfolipídios, 23, 104
Glicerol 3-fosfato, 142
Glicina, 26
Glicocálice, 43
Glicocerebrosídios, 106
Glicoforina, 87
Glicogênio, 15, 21
- fosforilase, 175
- - quinase, 175
- sintase, 175
Glicogenoses, 57
Glicolipídios, 20, 25, 42, 106
Glicólise
- citosol, 134
Glicoproteínas, 20, 28, 43, 110
- CSF, 324

Índice Alfabético ■ **359**

- ZP2, 294
- ZP3, 294
Glicosaminoglicanos (GAG), 21, 43, 89, 111
Glicose, 15, 133, 134, 143
- 6-fosfatase, 175
- 6-fosfato, desfosforilação da, 115
Glicossomos, 57
Glioxissomos, 160
Glutamina, 26
GMPc (guanosina monofosfato cíclico), 166, 167
Gota, 69
Gotículas lipídicas, 58
Gradiente
- de concentração, 45
- de voltagem, 45
- eletroquímico, 45
- osmótico, 45
Gramicidina A, 48
Grânulos
- corticais, 295
- de glicogênio, 57
- de secreção, 114
Granum, 150
Grãos
- de aleurona, 128
- de amido, 152
- de pólen, 298
GTP (guanosina trifosfato), 18
GTPases, 123
Guanilato ciclase, 166, 167
Guanina, 17

H

H1, 188
H2A, 188
H2B, 188
H3, 188
H4, 188
Halofantrina, 52
Haploide, 12
Haptotaxia, 80
HCl gástrico, 51
Helicase, 256
Hélice
- giro-hélice, 211
- volta-hélice, 211
Hemidesmossomos, 92
Herança
- da memória celular, 319
- das mC, 213
Heterocário, 41, 311
Heterocromatina, 12, 191
- constitutiva, 191
- facultativa, 191
Heterótrofos, 4
Heterozigotos, 300
Hexoquinase, 175
Hexoses, 20
HGF (*hepatocyte*), 168
Hialuronidase, 292, 293, 294
Hibridização *in situ*, 350
Hidrogênio, 132
Hiperativação, 293, 294
Hipérbole, 33
Hipercolesterolemia familiar, 127
Hipoblasto, 312
Hipófise, 244
Histidina, 26
Histogênese do sistema nervoso central, 81
Histonas, 186, 188, 212, 243
HnRNA, 208
HnRNP, 208
Homeobox, 320
Homeodomínio, 320
Homólogos, 13
Homozigotos, 300
Hormônio(s), 164, 318
- do crescimento, 170
- estimulante dos melanócitos, 244
- esteroides, 165
- tireóideos, 165
Hsp60, 59

Hsp70, 59
Hsp90, 59

I

Importina, 184
Imprinting genômico, 213
Imunocitoquímica, 338
Inclusões, 57
Indução(ões), 163, 314
- celulares, 165
- enzimática, 216
- mediadas por hormônios, 318
- tipos, 163
Informação
- genética, 186
- transcrita, 16
Inibição
- irreversível, 33
- por contato, 81
- por retroalimentação, 219
- reversível, 33
Inibidores, 200
Inosinas, 228
Inositol 1,4,5-trifosfato, 172, 176
Instabilidade dinâmica, 68
Insulina, 112, 168
Integrina(s), 78, 92
Interação(ões)
- de van der Waals, 30
- entre substância indutora e receptor, 165
- hidrofóbicas, 30
Interfase, 12, 247, 265
Interferência do RNA, 241, 350
Intergrana, 150
Interrupção prematura da transcrição, 219
Íntron, 198, 200
- remoção de um, 228
Inversão, 304
Iodo, 16
Ionóforos, 48
IRF (*iron responding factor*), 242
IRNA, 241, 350
Isoleucina, 27
Isopreno, 26
Isotrópicas, 83

J

Junção(ões)
- comunicantes, 87, 96
- estreita, 94

K

Kilodálton, 3
K_m (constante de Michaelis), 33

L

L-CAM, 93
Lábio dorsal do blastóporo, 316
Lactação, 119
Lactato, 143
Lactose, 20, 216
Lamelipódios, 79
Lamina(s), 65
- A, 194, 255
Lâmina
- basal, 89, 92
- nuclear, 65, 182, 194, 271
Laminina, 86, 89, 91, 92
Laminofilamentos, 63, 65
Lançadeiras, 142
Larva, 319
Lei(s)
- da distribuição independente, 300
- da herança mendeliana, 299
- de segregação dos genes, 299
Leishmania, 52
Leishmaniose, 52
Leitura de provas, 260
Leptóteno, 284
Leucemia mieloide crônica, 306

Leucina, 27
Leucoplastos, 149
Ligação(ões)
- covalentes, 30
- diésteres, 17
- fosfodiéster(es), 205, 248
- gênica, 302
- iônicas ou eletrostáticas, 30
- N-glicosídica, 20, 43, 110
- O-glicosídica, 20, 43, 111
- peptídica, 27, 232
Ligante, 163
LINE, 187
Linfoma de Burkitt, 307
Linha
- M, 83
- primitiva, 314
Lipídios, 15, 22, 337
- das membranas, 104
Lipofuscina, 58
Lipoproteínas, 28
- síntese de, 115
Lipossomos, 38
Líquido amniótico, 305
Lisina, 26
Lisossomos, 10, 52, 100, 118, 119
LMNA, 255
Lúpus eritematoso, 224

M

Macromoléculas, 15, 44
Magnésio, 16
Malária, 52
Malato-aspartato, 142
Malformações congênitas anatômicas, 258
Manose, 20
- 6-fosfato, 113
MAP (*microtubule-associated proteins*), 66
MAP1, 70
MAP2, 70
Massa
- celular interna, 312
- centrossômica, 66, 269
- citoplasmática, 8, 57
- extracelular, 89
- mitocondrial, 137
- nuclear, 12, 181
Maturação, 102, 292
MCM (*minichromosome maintenance proteins*) 250
Mecanismos de agregação, 35
Mefloquina, 52
Megasporócitos, 297
Megásporos, 298
Meiose, 12, 281
- consequências genéticas da, 290
- descrição geral da, 282
- nas células vegetais, 297
- reprodução sexuada, 281
Membrana(s)
- celulares
- - aquaporinas, 48
- - canais iônicos, 46
- - carboidratos, funções nas, 42, 43
- - difusão facilitada, 46
- - difusão simples, 45
- - estrutura das, 38
- - fluidez das proteínas, 41
- - funções, 37
- - ionóforos, 48
- - mosaico fluido, 40
- - parede da célula vegetal, 53
- - permeabilidade, 44
- - permeases, 48
- - proteínas, 39
- - transporte
- - - ativo, 49
- - - passivo, 44
- do RER, 108
- externa da mitocôndria, 140
- interna da mitocôndria, 139
- novas, 104
- nuclear, 12

360 ■ Biologia Celular e Molecular

- pelúcida, 292
- - penetração da, 294
- plasmática, 4, 6, 8, 37
- terminal, 82
- tilacoide, 151
Memória celular, 319
Mesoderma, 312, 316
Metacêntricos, 192
Metáfase, 13, 191, 266, 267, 289
Metamerização, 314
Metilação, 212
- do DNA, 213
Metilase de manutenção, 213
Metilcitosina, 213
7-metilguanosina, 221
Metionina, 27, 232
Métodos
- citofotométricos, 337
- diretos, 338
- indiretos, 338
Micoplasmas, 5
Microcirurgia celular, 336
Microfibrila, 53
Microfilamentos, 75
MicroRNA, 198
Microscopia
- eletrônica, 332
- óptica, 329
Microscópio
- de campo escuro, 332
- de fase, 331
- de fluorescência, 338
- de interferência, 332
- de polarização, 332
- eletrônico
- - de transmissão, 332
- - de varredura, 335
- óptico, 329
- - poder de resolução, 329
Microsporócitos, 297
Micrósporos, 298
Microssatélites, 187
Microtomia, 331
Micrótomos, 331
Microtúbulos, 9, 66
- centriolares, 66
- ciliares, 66
- citoplasmáticos, 66
- do fuso mitótico, 270
- mitóticos, 66
Microvilosidades, 82, 292
Migração celular, 79
Miofibrilas, 83
Miosina
- I, 77, 78, 80, 82
- II, 78, 80, 82, 83
- V, 77, 78, 81
Mirabilis jalapa, 300
Miran, 216
Mirna, 198, 228, 241
- RISC, 241
Mitocôndria(s), 10, 52
- ácidos graxos, 136
- ciclo de Krebs, 136
- composição das, 137
- descarboxilação oxidativa, 135
- estrutura das mitocôndrias, 136
- fosforilação oxidativa, 136
- funções das, 140
- membrana
- - externa, 140
- - interna, 139
- reprodução das, 144
Mitose, 13, 247, 265
- anastrais, 272
- descrição geral da, 266
- e meiose, 282
- nas células vegetais, 272
Modelo tridimensional do corpo, 319
Molibdênio, 16
Monossacarídios, 20
Monotransporte, 48, 49
Morfógeno, 314
Morte celular, 144, 323
Mórula, 311

Mosaico(s), 303, 306
- fluido, 40
Mosca, 319
MOTC (microtubule-organizing centre), 66
Motilidade, 9
Movimentos dos cílios, 71
MPF (M phase-promoting factor), 275
Mrna, 19, 198, 200
- tradução do, 231
Multipasso, 40, 109
Mutação(ões)
- do DNA, 258
- gênicas, 258
- - agentes ambientais, 259
- - espontâneas, 259

N

N-acetilgalactosamina, 20, 21, 90
N-acetilglicosamina, 20, 21, 90
N-CAM, 93
N-etilmaleimida, 126
Na+ K+-ATPase, 49
NADH desidrogenase, 139
NADP redutase, 153
Não disjunção, 291, 303
Nebulina, 86
Necrose, 323
NEM, 126
NES (*nuclear export signal*), 185
Neuroendócrinas, 163
Neurofilamentos, 63, 65
Neurotransmissor, 164
Neurotrofinas, 324
Nexinas, 72
Ng-CAM, 93
NGF (*nerve*), 168
Nicotinamida adenina dinucleotídio, 133
Níquel, 16
Nitroglicerina, 166
Níveis de organização, 1
- em biologia celular, 1
Nó de Hensen, 314
Nódulos de recombinação, 287
Noguina, 317
NSF (*NEM sensitive factor*), 126
NSL (*nuclear signal localization*), 184
Nuclease
- e reparação dos dímeros de timina, 261
- reparadora, 252, 254, 260
Núcleo, 6, 12, 181
Nucleoide, 4
Nucléolo, 12, 181, 201, 214, 226, 227
Nucleoplasma, 12, 181
Nucleoplasmina, 188, 257
Nucleoporinas, 183
Nucleoproteínas, 28
Núcleos
- filhos, 268
- haploides, 298
- polares, 298
Nucleosídio, 18
Nucleossomo, 12, 188
Nucleotídios, 18
Número diploide, 12

O

Ocludinas, 94
OCT (*octamer sequence*), 202
Oligossacarídios, 20, 43, 110
Oncogenes, 277
Operon lac, 216
Operon Trp, 218
Opsoninas, 116
ORC (*origin recognition complex*), 250
Organismos
- autótrofos, 4
- heterótrofos, 4
- pluricelulares, 163
- transgênicos, 351
- vivos, 351
Organização geral das células
- eucariontes, 6
- procariontes, 4

Organizador nucleolar, 227
Origens de replicação, 186, 249
Ouabaína, 51
Ovócito(s), 281, 292
Ovogênese, 282
Ovogônias, 282
Óvulo(s), 281, 283
Oxidação(ões), 4, 132
- da fosforilação oxidativa, 140
Óxido nítrico, 166
Oxigênio, 132

P

Paclitaxel, 70
Paquíteno, 286
Par sexual, 192
Parácrina, 164
Pareamento dos cromossomos
   homólogos, 285
Parede
- celular, 4, 8, 53
- primária, 54
- secundária, 54
Partição do citoplasma, 290
Partícula de reconhecimento do sinal, 107
Partilha assimétrica, 311
Paxilina, 78
PCNA (*proliferating cell nuclear antigen*), 253
PcRNA, 198, 228
PDGF (*plateled-derived*), 168
Penetração
- da coroa radiada, 293
- da membrana pelúcida, 294
Pentoses, 17, 20
Peptidase-sinal, 108
Peptídio(s)
- natriurético atrial, 167
- sinais, 59, 107, 146, 184, 240
Período de latência, 318
Período G1, 266
Permeabilidade das membranas
- aquaporinas, 48
- canais iônicos, 46
- carboidratos, funções nas, 42, 43
- celulares, 44
- difusão
- - facilitada, 46
- - simples, 45
- estrutura das, 38
- fluidez das proteínas, 41
- funções, 37
- ionóforos, 48
- mosaico fluido, 40
- parede da célula vegetal, 53
- permeabilidade, 44
- permeases, 48
- proteínas, 39
- transporte
- - ativo, 49
- - passivo, 44
Permeases, 44, 46, 48
Peróxido de hidrogênio, 159
Peroxissomos, 12, 159
- nas células vegetais, 160, 161
Picogramas, 3
Pigmento(s), 58
- de desgaste, 58, 120
Pinocitose, 116
- inespecífica, 116
- regulada, 116
Pirimidinas, 17
PiRNA, 350
Piruvato, 134
- - desidrogenase, 135
Pisum sativum, 299
Placa(s)
- celular, 54, 273
- de fixação, 285
- discoidal, 92
Placenta, 119
Placoglobina, 76, 95
Plactina, 65

Plano corporal, 311
Plasma germinativo, 313
Plasmídio, 5, 344
Plasmodesmos, 97
Plasmodium falciparum, 52
Plastídios, 11, 149
Plastocianina, 153
Plastoquinona, 153
PLC-γ, 170, 172
PnoRNA, 198, 215
PnoRNP, 226
PnRNA, 198, 215, 223, 228
PnRNP, 223
Poder de resolução, 329
Polares, 267
Polaridades corporais, 314
Poli A, 222
Poliadenilação, 222, 225
Polímeros, 15
Polipeptídio, 28
Poliploidias, 275, 303
Poliprenoides, 26
Poliproteína, 244
Polirribossomos, 101, 236
Polispermia
- bloqueio da, 295
Polissacarídios, 15, 21, 43
Polissomo(s), 101, 236
Polo
- animal, 313
- ativo, 313
- vegetal, 313
- vegetativo, 313
POMC (pró-opiomelanocortina), 112
Pontes de hidrogênio, 30
Ponto
- de controle G1, 274
- de partida, 274
- de ramificação, 223
- isoelétrico, 31, 342
Porção
- F0, 139
- F1, 139
Porina(s), 4, 140
Poros, 44, 181, 183
- nucleares, 12
Potencial elétrico, 45
Potencialidade evolutiva, 318
Potocitose, 128
Pré-leptóteno, 283
Pré-RC (*pre-replication complex*), 250
Pregnenolona, 144
Primaquina, 52
Primatas, 307
Primeiro mensageiro, 166
Primers, 252, 349
Pró-acrosina, 294
Pró-centríolo, 268
Pró-opiomelanocortina (POMC), 112, 244
Procariontes, 3
Procentríolos, 74
Processamento do RNA, 198, 221
- pequenos, 228
- ribossômico 5S, 228
- transportadores, 228
Processo bidirecional, 252
Prófase, 13, 266, 267, 283
Profilina, 76
Progéria, 255
Progerina, 255
Prolactina, 170
Prolina, 27
Prometáfase, 13, 266, 267, 289
Promotor, 200, 201, 202
Pronúcleo
- feminino, 295
- masculino, 295
Proplastídios, 156
Prosômeros, 314
Protaminas, 296
Proteína(s), 15, 26
- acessórias, 63
- adesivas, 89
- CBP, 175
- Cdc42, 80

- CFTR (*cystic fibrosis transmembrane conductance regulator*), 53
- com 15 kDa, 293
- conjugadas, 28
- CRE, 175
- CREB, 175
- de ancoragem, 183
- DE, 295
- degradação das, 244
- estruturais, 89
- fibrosas, 29
- fusogênicas, 126, 295
- G, 171
- G$_{13}$, 178
- G$_i$, 174, 178
- globulares, 29
- G$_q$, 176
- G$_s$, 173
- indutoras Wnt, 316
- integrais, 39, 40
- intercambiadoras, 144, 160
- ligadoras, 63, 72, 73
- MDR 52
- mitocondriais, 146
- motoras, 63, 72
- multipasso, 109
- N1, 188, 257
- não histônicas, 186
- P53, 276, 327
- periféricas, 39, 40
- puras, 342
- Rab, 80, 125
- radiais, 72, 183
- Ran, 184
- Ras, 168
- Rb, 277
- reguladora Arp2/3, 80
- reguladoras, 63
- Rho, 78
- síntese de, 231
- Smad, 168
- SR, 226
- STAT, 171
- transmembrana, 40
- - bipasso, 109
- - unipasso, 109
- VegT, 316
- Xnr-1, 316
- Xnr-2, 316
- Xnr-4, 316
Protenoides, 35
- primitivos, 35
Proteoglicanos, 22, 43, 89, 111
Proteossoma, 60
Proto-oncogenes, 277
Protofilamentos, 64, 67
Próton-motora, 141
Protoplasma, 4
PSE (*proximal sequence element*), 202
Pseudogenes, 262
- processados, 262
Pseudouridinas, 228
PTPC (*permeability transition pore complex*), 325
Purinas, 17
Puromicina, 240

Q

Queratina, 92, 95
Quiasmas, 288
Quimiorrepulsão, 81
Quimiotaxia, 81
Quinase(s), 167
- A, 173
- B, 325
- C, 178
- CaM, 177
- dependentes de ciclinas, 274
- ERK, 168
- G, 167
- MAP, 169
- MEK, 168
- Raf, 168

Quirromicina, 239
Quitissomas, 55

R

Rad51, 288
Radiações, 304
Radicais livres, 160
Radioautografia, 339
Radioisótopos, 339
Reação(ões)
- acrossômica, 293
- cortical, 295
- de Feulgen, 337
- de PAS, 337
- em cadeia da polimerase, 349
- fotoquímicas, 152
- imunocitoquímicas, 338
- no escuro, 152
Reagente de Schiff, 337
Receptor(es), 163
- citosólicos, 165
- da membrana plasmática, 293
- da transferrina, 242
- P$_{H_2O}$, 294
Recessivo, 300
Recombinação(ões), 291
- das cromátides homólogas, 286
- genética, 12, 286, 302
Reconhecimento, 92, 93, 294
Reconstrução de imagens, eletromicrografias, 335
Recuperação da fluorescência, fotobranqueamento, 42
Rede
- cis, 103
- trans, 103
Região(ões)
- CG, 200
- CG, 213
- fibrilar, 227
- granular, 227
Regulações
- alostéricas, 33
- genéticas pós-transcricionais, 241
Regulador(es), 200, 202
Relação nucleocitoplasmática, 12, 273
Remoção
- de Ca^{2+} do citosol, 143
- de um íntron, 228
- dos íntrons, 223
Renaturação do DNA, 343
Reparação do DNA, 260
Repetições invertidas, 261
Réplica, 334, 346
Replicação, 258
- bolha de, 251
- do DNA, 198, 247
- forquilha de, 251
- origens de, 249
- unidade de, 249
Replicons, 251
Repressão enzimática, 218
Repressor(es), 207
- lac, 216
- Trp, 218
Reprodução das plantas, 297
Resolução dos equipamentos, 1
Respiração aeróbica, 4
Resposta celular, 165
Retículo
- endoplasmático, 9, 100
- - liso, 100
- - rugoso, 100
- microfibrilar, 53
- sarcoplasmático, 101
Retinoblastoma, 306
Retrotranslocação, 110
Retrovírus, 5
Reversibilidade, 164
Ribonucleoproteína heterogênea nuclear, 208
Ribose, 17
Ribossomo(s), 4, 9, 58, 198, 201, 231, 234
Ribotimidinas, 228
Ribozimas, 31
Ribulose 1,5-difosfato carboxilase, 156

RNA, 16, 181
- 5S, 202
- citosólico pequeno, 107
- da telomerase, 198
- de inativação do cromossomo X, 198
- de transferência (tRNA), 19
- heterogêneo nuclear, 208
- mensageiro (mRNA) 19, 198
- pequeno(s)
- - citosólico, 198
- - de interferência, 350
- - nucleares, 198
- - nucleolares, 198
- - processamento dos, 228
- policistrônico, 216
- polimerases, 206, 207
- processamento do, 221
- ribossômico (rRNA), 19, 198, 201
- - 45S, 214
- - 5S, processamento do, 228
- tipos de, 19
- transportadores, 198, 215, 231
- - processamento dos, 228
RNAcp, 107
Rombômeros, 314
rRNA, 19, 198

S

Saída de proteínas e de moléculas de RNA, 185
Sais minerais, 16
SAR (scaffold associated regions), 190
Sarcoglicanos, 86
Sarcômeros, 83
Saturabilidade, 164
scRNA, 107
Secreção, 114
- apócrina, 58
- constitutiva, 114
- regulada, 114
Segmentação, 311, 314
- da célula-ovo, 273
Segmento(s), 319
- codificador, 200, 202
Segregação aleatória, 291
Segundos mensageiros, 167
Selectinas, 92
Selênio, 16
Semaforina, 81
Semiconservador
- mecanismo, 249
Senescência replicativa, 256
Sequência(s)
- alfoide, 187, 270
- de finalização, 200, 202
- espaçadoras, 201, 226
- reguladoras, 200
Sequenciamento do DNA, 343
Serina, 26
- treonina quinase, 167
sFRP-2, 317
Sialoadesinas, 92
Significado evolutivo, 318
Simbiose, 157
Sinal(is)
- de ancoragem, 59, 107
- de poliadenilação, 222
- intracelulares, 167
Sinamina, 65
Sinapse(s), 285
- nervosas, 164
Síndrome
- de Angelman, 214
- de Down, 291, 305, 306
- de Edwards, 305
- de Kartagener, 73
- de Klinefelter, 306
- de Patau, 305
- de Prader-Willi, 214
- de Turner, 306
- de Zellweger, 160
- do miado do gato (cri-du-chat), 306
- XXX, 306
- XYY, 306

SINE, 187
Singamia, 296
Síntese
- de aminoácidos, 144
- de esteroides, 115, 144
- de lipoproteínas, 115
- de proteínas, 231
- de RNA, 271
- proteica, 271
- - etapas da, 237
Sistema(s)
- de endomembranas, 99
- multienzimáticos, 33
Sítio(s)
- A, 235
- ativos, 31
- de implantação dos microtúbulos, 269
- E, 235
- P, 235
Sizzled, 317
Smad, 168
Small cytosolic RNA, 107
SNAP (soluble NSF accessory proteins), 126
Sódio, 16
Solenoide, 189
Solutos, 44
Somatomedina, 276
Sombreamento, 334
Somitos, 314
Sonda(s) de DNA, 346, 347
Southern blotting, 348
SPF (S phase-promoting factor), 274
Spliceossoma, 223
SSB (single-strand DNA binding), 254
Submetacêntricos, 192
Substância indutora, 163, 217, 315
Substratos, 32
Subunidades, 234
- maior, 235
- menor, 235
Succinato-desidrogenase, 139
Sulco
- equatorial, 272
- maior do DNA, 210
- menor do DNA, 210
Sulfato
- de condroitina, 22
- de dermatano, 22
- de heparano, 22
- de queratano, 22
Sustâncias indutoras, 275

T

T-SNARE, 125
TAF, 207
Talina, 78
TATA, 200
Tau, 70
TBP, 207
Tecido adiposo marrom, 143
Técnica do DNA recombinante, 344
Telófase, 13, 266, 268, 290
Telomerase, 254
Telômeros, 186, 254
Teoria
- do deslizamento, 271
- do equilíbrio dinâmico, 271
Terminação de cadeia, 343
Termogenina, 143
teRNA, 198, 216, 228
Territórios cromossômicos, 194
Tetraciclina, 239, 345
Tétrade, 286
Tetroses, 20
TFIIA, 207
TFIIB, 207
TFIID, 207
TFIIE, 207
TFIIF, 207
TFIIH, 207
TGF-beta, 167
Tilacoides, 150
- do estroma, 150
- dos grana, 150

Timina, 17
Timosina, 76
Tionina, 331
Tirosina, 26
Tirosinoquinase, 168
- JAK, 171
Titina, 86
TNF (tumor necrosis factor), 326
Tonofilamentos, 65
Topoisomerase I, 256
Totipotente, 313
Toxina diftérica, 240
Tradução
- do mRNA, 198, 231
- do RNA, 16
Tramas proteicas, 29
Trans, 102
Transcitose, 118
Transcrição
- do DNA, 198, 205, 256
- reversa, 262, 347
- - de moléculas de RNA, 262
Transcrito(s) primário(s), 198, 207
Transgene, 351
Transgênese, 351
Translocação, 238, 304
- robertsoniana, 304
Translócons, 44, 108
- TOM e TIM, 146
Transmissão intracelular
de sinais, 163
Transplante nuclear, 309
Transportadores, 44
- ABC, 52, 53
- móveis, 48
Transporte
- ativo, 44, 49
- passivo, 44
Transportinas, 184
Transposase, 261
Transposição
- de sequências de DNA, 261
Transpósons, 351
Transpósons no genoma
- deslocamento dos, 261
Treonina, 20, 26
Trevo de quatro folhas, 233
TRF (telomeric repeat binding factor), 186
Triglicerídios, 22, 58, 103
Trincas, 199
Trinucleotídio CCA, 228, 233
Trioses, 20
Tripeptídio, 28
Tripleto, 231
Triplets, 199
Triptofano, 27
Trisquélions, 122, 124
Trissomia
- do par 13, 305
- do par 18, 305
- do par 21, 305
TRNA, 19, 198, 202
- iniciador, 234
Trofoblasto, 312
Tropocolágeno, 90
Tropomiosina, 85, 87
Tropomodulina, 87
Troponina
- C, 85, 177
- I, 85
- T, 85
TTP (timosina trifosfato), 18
Tubo neural, 314
Tubulina, 242
γ-tubulinas, 66, 67
Túnel, 235, 293, 294

U

Ubiquinona, 26, 139
Ubiquitinas, 60
UDP-acetilglicosamina, 55
Ultracentrífuga(s), 340
- analítica, 341

Índice Alfabético ■ **363**

Ultracentrifugação, 340
Ultramicrotomia, 333
Ultramicrótomos, 333
União
- das células com a matriz extracelular, 91
- N, 20
- O, 20
Unidade(s)
- constituintes dos organismos vivos, 1
- de replicação, 249
Uniões
- heterofílicas, 92
- homofílicas, 93
- intercelulares
- - estáveis, 93
- - temporárias, 92
- não covalentes, 30
Unipasso, 109
Uracila, 18
UTP (uridina trifosfato), 18

V

V-SNARE, 125
Vacúolos, 128
Valina, 27

Valinomicina, 48
Valores posicionais, 314, 318
Variedade morfológica,
   células eucariontes, 8
VEGF (*vascular endothelial*), 168
Vesículas, 44
- de transporte, 99, 114, 121
- secretoras, 114
Vibrátomos, 331
Vibrio cholerae, 176
Vilina, 82
Vilosidades coriônicas, 305
Vimblastina, 70
Vincristina, 70
Vinculina, 76, 78, 95
Vírus, 5
Vírus Sendai, 41, 311
Vitamina D, 165

X

Xantofilas, 153
Xenopus laevis, 309, 315
Xic (*X-inactivation center*), 202
Xilema, 53
Xilose, 20

XistRNA, 198, 202, 212, 216, 228
Xlr, 317

Y

γ-lipotropina, 244
YAC (*yeast artificial chromosomes*), 346

Z

Zidovudina, 52
Zigóteno, 285
Zigoto, 12, 265, 281, 292
- monossômico, 303
- trissômico, 303
Zinco, 16
Zíper de leucina, 211
Zona pellucida, 292
Zonula
- *adherens*, 95
- *occludens*, 94
Zônula
- de adesão, 76, 77, 95
- de oclusão, 94
ZP2, 292
ZP3, 292